das neue universum 93

das neue universum 93

Wissen · Forschung · Abenteuer
Ein Jahrbuch

Südwest Verlag München

Umschlagbild
Bohrinsel im Eisschelf. Der Ölbedarf wächst weiter, neue Energiequellen müssen erschlossen werden – unter dem Boden des Eismeeres. Die ölhöffigen Gebiete nördlich des Polarkreises in Alaska, Kanada und Grönland sind größer als die Erdöl- und Erdgasfelder im Iran, in Texas, Libyen und der Nordsee zusammengenommen. 50 mal 50 Meter mißt die Welt auf der Plattform. Die Männer hier leisten harte Arbeit. Bei schneidender Kälte – 40 bis 50 Grad Celsius unter Null sind die Regel – fegen Schneestürme um Bohrturm und Behausungen. Sie frieren, damit wir es warm haben.

Vorderer Vorsatz
Zwei Drittel der Ölreserven unter den Ozeanen liegen in der Nähe der Küste. Von ortsfesten Bohr- und Förderplattformen (links), halbtauchenden Bohrinseln (Mitte) und »mobilen« Bohrhubinseln (rechts) aus zapft man die Erdöl- und Erdgasvorkommen an.

Hinterer Vorsatz
Unterwasser-Bohrlochkopf. Das mächtige Ventil schließt die Bohrung auf dem Meeresboden ab und regelt die Förderung (links). – In Meerestiefen über 300 Meter werden Bohrschiffe mit montierter Bohrplattform eingesetzt (rechts).

Redaktion: Heinz Bochmann
Layout: Manfred Metzger
Illustrationen und Zeichnungen: Horn, München

1.–65. Tausend
© 1976 by Südwest Verlag GmbH & Co. KG, München
Alle Rechte, insbesondere die der Übersetzung,
der Übertragung durch Rundfunk,
des Vortrags und der Verfilmung, vorbehalten.
Nachdruck aus dem Inhalt ist nicht gestattet.
ISBN 3 517 00584 3
Gesamtherstellung: ⊙ Reiff-Druck, 7600 Offenburg

Inhaltsübersicht

Erzähltes und Erlebtes

150 Die Auka-Speergesellschaft. Expedition zum »wildesten Stamm der Welt«. Peter Baumann
236 Neugier eines Roboters vom Typ Xirx. Eine reichlich konfuse Begegnung mit dem blauen Planeten. Wilhelm Peter Herzog
248 Neue Wege auf die Achttausender. Die Wiedergeburt des klassischen Bergsteigens. Bruno Moravetz
331 Der Poonek. Lim Beng Hap. Eine Geschichte aus Sarawak, aus dem Englischen übersetzt von Hans-Wolf Rackl

Länder und Völker

57 Kein anderer Gott als der Fisch. Kabeljaukrieg am Saum der Arktis – Island lebt vom Golfstrom. Dipl.-Ing. Vitalis Pantenburg
140 Rätselhafte Kulturen. Nicht alltägliche Erlebnisse in der Pampa. Georg Kirner und W. Hubert
315 Nepal – ein Zwerg zwischen »Drachen« und »Tiger«. Frank Bergmann
385 »Nach Norden, junger Mann!« Abenteuer ohne Waffen. Dipl.-Ing. Vitalis Pantenburg

Verkehrswesen

98 Die Große Uhuru-Bahn. Vorletztes Teilstück im Schienenstrang vom Kap bis Ägypten. Günter Krabbe
287 Mit der Superlok durch den Sankt Gotthard. Die neuen Re 6/6 SBB-Berglokomotiven. Karl Grieder
402 Transamazonica – Eldorado oder Sackgasse? Der tropische Regenwald Südamerikas soll erschlossen werden. Prof. Dr. Eberhard Brünig

Von Arbeit und Beruf

122 Die »Kochgefäße« der Chemie. Werkstoffprüfung und -forschung in der chemischen Industrie. Dr. Hubert Gräfen
307 »Hallo Joan, wie geht's Dir?« Rays »Kampf« gegen den Taifun TRACY – ein Tag im Leben eines Meteorologen. W. J. Gibbs. Aus dem Englischen übersetzt und bearbeitet von Heinz Panzram
461 Mein Feld ist die Welt. Spediteur – ein Beruf mit großer Zukunft. Hans H. Werner

Technik und Bauwerke

- 37 Die »rotierenden Mädchen für alles«. Den gelenklosen Rotoren gehört die Zukunft. Peter Raabe
- 132 Ein Riese geht ins Trockendock. Hans H. Werner
- 162 Plastischer Mikrokosmos. Räumlich wirkende Bilder aus dem Raster-Elektronenmikroskop. Dieter Dietrich
- 182 Rollout des Raumtransporters. Der zweite Abschnitt in der bemannten Raumfahrt hat begonnen. Werner Büdeler
- 198 Brasilien – das Uranland von morgen. Modernes technisches Wissen im Tausch gegen Energie-Rohstoffe. Dr. Helmut Völcker
- 226 Cabora Bassa – der Sambesi als Entwicklungshelfer. Dipl.-Ing. Hellmut Droscha
- 260 Der Satellit des Kleinen Mannes. Weltraumballone – die aufgeblasene Konkurrenz der Raketen. Hans Gerhard Meyer
- 453 Computer für die Westentasche. Taschenrechner sind für alle da. Obering. Heinrich Kluth

Kraft und Stoff

- 47 Riesen-Kraftwerk Sonne? Ein langer Weg zur Nutzung der Sonnenenergie. Dr. Walter Baier
- 218 Eine neue Ölquelle wird erschlossen: Kohle. Dr. Helmut Völcker
- 434 Eine Lichtkanone für den Frieden. Dipl.-Phys. Klaus Bruns

Die Erde und das Weltall

- 28 Auf der Suche nach dem Anfang der Welt. Ist Kosmologie beweisbar? Prof. Dr. Hans-Jörg Fahr
- 66 Strahlströme, Gewitterwirbel und Düsenjets. Erst der Wetterdienst macht das Fliegen sicher. Heinz Panzram
- 206 Eroberung der Tiefsee. Die Zukunft des Menschen liegt im Meer. Hermann J. Gruhl
- 268 »Helios« in der Sonnenglut. Werner Büdeler
- 362 Wenn Kontinente wandern. Warum die Erde in China, Italien und in Guatemala bebte. Prof. Dr. Ernst W. Bauer
- 374 Eine Insel aus Asche geboren... »Surtsey« erwacht zum Leben. Dr. Harald Steinert

Zum Kopfzerbrechen

- 193 Der Kongreß der Blödmänner. Peter Pfeffer
- 480 Aus der Kongreß-Festschrift. Die Lösungen

Geheimnisvolles Leben

106 Leuchtende Tiere. Dr. Hildegard Woltereck
278 Der bessere Teil der Tapferkeit oder über den Unterschied zwischen einem Flußpferd. Dr. Eva Merz
298 Wilde Tiere sind ganz anders. Feldstudien, ein neues Forschungsmittel der Zoologen. Dr. Walter Sachs
326 Lebende Steine. Dr. Walter Sachs
445 Vom Mauerblümchen zur Riesenblume. Dr. Eva Merz

Kunst und Kultur

75 Superstereo aus dem Kunstkopf. Neues Hörerlebnis durch die kopfbezogene Stereofonie. Otto Knödler
91 Dome, Paläste und Beton. Verjüngungskur für die Zeugen der Vergangenheit. Hermann Hepp
115 Geometrie des Unheimlichen. Der Künstler Maurits Cornelis Escher und sein Werk. Brigitte Krug-Mann
173 Riesenvögel und Urpferdchen. Die Ölschiefergrube Messel – ein einzigartiger Fundplatz von Fossilien. Dr. Harald Steinert
393 Hautnah an der Wirklichkeit. Der amerikanische Bildhauer Duane Hanson oder eine Lektion darüber, wie uns das Nächste am fernsten liegt. Karl Diemer
412 Kunst im Alltag. Die Tunnelbahn von Stockholm. Fritz-Dieter Kegel

Sport und Spiel

82 Rennen der kleinen Flitzer. Die rasenden Rohrgestelle – härteste Herausforderung im Automobilsport. Clauspeter Becker
338 Welche Sportart ist die richtige? Körperbau und Leistung. Prof. Dr. Frohwalt Heiß
346 Skizauber aus der Trickkiste. »Hot-dog«, neue Form des Skisports – Freistil-Skilauf auch in Europa. Ossi Brucker
422 Raupen, Treppen und Sterne. Formationsspringen im freien Fall – eine neue Art des Fallschirmsports. Peter Haggenmiller
466 Gold, Gold und nochmals Gold. Supermänner oder Geheimrezepte? – Kleine olympische Nachlese. Steffen Haffner

Von diesem und jenem

8 Das Ende der Geselligkeit? Dr. Herbert W. Franke
356 Rund um die Zahl Pi. π = 3,14159 26535 89793 23846 26433 83279 50288 41971... Prof. Dr. S. Rösch
381 Zahlenzauberei. Ing. Erwin Kronberger

Die Technik hat uns Geräte beschert, die uns wie niemals zuvor mit Information versorgen. Allein, Brückenschlag und Abkapselung gehen in der modernen Gesellschaft Hand in Hand. Foto IBM

Das Ende der Geselligkeit?

HERBERT W. FRANKE

Ein Mann sitzt am Kontrollpult einer Wohnzelle, irgendwo in einer der riesigen Weltstädte, die sich auf allen Kontinenten ausbreiten. Er hat alles, was er braucht: Wärme und Licht, Nahrung und Wasser. Die Klimaanlage versorgt ihn mit reiner Luft, die es unter freiem Himmel schon längst nicht mehr gibt, die Wände sind schallschluckend – kein Laut dringt nach innen. Die vollautomatische Küche liefert ihm jedes Gericht, jedes Getränk, das er aus einer umfangreichen Liste auswählt.

Doch nur ein kleiner Teil der automatischen Wohnanlage ist für die körperliche Betreuung vorgesehen. Die Mehrzahl der technischen Geräte und Schaltungen dient dem Austausch von Information. Über eine Datenendstation, einen elektronischen Bildschirm zur Ausgabe von Schrift und Bild, lassen sich nicht nur die 20 angebotenen Fernsehprogramme abrufen, sondern auch Bänder und Filme aus den Archiven, Nachrichten aus den Pressezentren, das gesamte Wissen der Datenbanken, kurzum alles, was an menschlichen Einsichten gespeichert ist. Ein Raum ist als Rundhorizont ausgebildet; man sitzt in einem weißen Halbrund, drückt auf einen Knopf, und schon befindet man sich inmitten phantastischer Landschaften, in fernen Ländern, auf Berggipfeln, am Meeresgrund . . . Diese Welt ist bunt und plastisch, und man schwebt darüber wie in einem lautlosen Flugapparat. Es gibt keinen Punkt der Erde, der auf diese Weise nicht erreichbar wäre. Und über Gegensprechanlagen und Videophone besteht Verbindung zu allen anderen Wohnzellen in den unzähligen Städten nah und fern.

Dem Mann am Steuerpult fehlt nichts. In diesem begrenzten Raum ist ihm alles und jedes zugänglich – es besteht kein Grund für ihn, den Raum zu verlassen.

Gelegentlich war der verrückte Gedanke in ihm aufgekommen, aus seiner Wohnung hinauszutreten, durch das Gebäude zu gehen, die Tür zu irgendeiner anderen Wohnzelle zu öffnen . . . Er weiß, daß vieles dagegen spricht, daß es unhygienisch ist, dieselbe Luft zu atmen, die schon ein anderer in den Lungen gehabt hat, mit Dingen in Berührung zu kommen, die ein anderer vorher angefaßt hat. Und gar eine Begegnung mit einem anderen Menschen, der Druck einer fremden Hand, die Wärme einer fremden Haut – eigentlich unvorstellbar, Übertragung von Krankheitskeimen, Allergien . . .

Der Mann versucht solche abwegigen Gedanken aus seinem Gehirn zu verdrängen. Doch sie kommen immer wieder. Und plötzlich setzt er sich über alle Verbote hinweg, durchbricht das Siegel der Tür, tritt hinaus auf den

Ein unglaublicher Betrieb herrscht in den großen Städten. Die Menschen müssen auf der immer dichter bevölkerten Erde eng aneinanderrücken – doch einer kennt den anderen nicht, Großstadteinsamkeit breitet sich aus. Foto Bavaria

Gang, öffnet die Tür einer Nachbarzelle, und jene der nächsten, und noch einige andere – und er stellt fest, daß sie leer sind, so viele er auch aufsucht. Es gibt keine anderen Menschen mehr. Er hat sich mit geschickt angeordneten Video- und Tonbändern unterhalten, mit Computern, die die menschliche Stimme nachahmen und gestellte Fragen beantworten können, mit Simulationsprogrammen, die die dazugehörigen Bilder auf dem Bildschirm erzeugen. Er ist der letzte Mensch auf dieser Welt ...

Diese utopische Skizze beschreibt eine Seite unseres modernen Lebens: die zunehmende Vereinsamung des Menschen inmitten überhandnehmender technischer Mittel. Diese Entwicklung ist eigentlich unverständlich, denn noch nie haben so viele Menschen auf der Erde gelebt wie heute, und ihre Zahl wächst schnell weiter. Zukunftsforscher haben ausgerechnet, wie lange es dauern wird, bis es für diese Menschenmasse keine Nahrung und Rohstoffe mehr gibt. Aber wir brauchen gar nicht zu warten, bis die vorhergesagte Katastrophe eintritt. Schon heute zeigt sich, daß lange vorher Erscheinungen auftreten, die das Leben unerträglich machen.

Einer der üblen Begleitumstände des Bevölkerungswachstums ist, daß die

Auto und Massenverkehrsmittel – Kennzeichen unserer Zeit. Sie vermitteln uns Freizügigkeit und Beweglichkeit. Der Straßenlärm, der Signalstreß durch Verkehrsampeln und Reklameschilder, Terminhast und Leistungsdruck sind die Kehrseite. Foto W. H. Müller

Menschen immer dichter aneinanderrücken müssen. Das bringt viele Unannehmlichkeiten mit sich – so ist es beispielsweise nötig, den bebaubaren Boden weit gründlicher auszunützen als früher, um die benötigten Nahrungsmittel heranzuschaffen, und die Umweltschäden werden immer größer. Es hat aber auch ganz unerwartete Folgen. Eine davon ist die widersinnig scheinende Tatsache, daß sich der Mensch inmitten dieser dichtgedrängten Masse so einsam fühlt wie nie zuvor. Er neigt dazu, sich von den anderen abzusondern, sich in seiner Behausung zu verkriechen. Er vermeidet es, engere Bindungen zu anderen Menschen einzugehen und leidet dabei unter seiner Einsamkeit. Ist das Ende der Geselligkeit erreicht?

Verhaltensforscher haben die naheliegende Frage gestellt: Kann man ähnliche Erfahrungen auch im Tierreich machen? Was geschieht, wenn immer mehr Tiere auf beschränktem Raum zusammenleben müssen?

Die Tierexperimente, um die es hier geht, zeichnen sich dadurch aus, daß die Versuchstiere keinerlei körperlichen Mangel leiden. Sie werden ausreichend mit Futter, Wasser, Luft und allem versorgt, was zu ihrem Wachstum nötig ist. Zum Erstaunen der Wissenschaftler hat sich aber gezeigt, daß

das trotzdem nicht gutgeht. Bringt man beispielsweise in einem Aquarium Strandkrabben unter und erhöht ihre Zahl nach und nach, so kommt es bereits zu Störungen der Lebensgemeinschaft, ehe die durch die Raumverhältnisse gegebene Höchstgrenze erreicht ist. Man kann leicht beobachten, was dann geschieht: Die Krabben fressen einander auf. Normalerweise sind sie durch ihren kalkhaltigen Panzer geschützt, aber wenn sie weiterwachsen, müssen sie sich häuten. Sie werfen den alten Panzer ab, darunter kommt eine empfindliche Haut zum Vorschein, die sich erst durch Aufnahme von Kalk härten muß. Im Falle der Übervölkerung überstehen die Tiere diesen Lebensabschnitt nicht: Sie werden von ihren Artgenossen zerrissen.

Ähnliche Versuche hat man mit höheren Tieren gemacht, beispielsweise mit Mäusen und Ratten. Hier sind die Folgeerscheinungen schon verwickelter. Es kommt zu Störungen, die man beim Menschen als seelisch bezeichnen würde. Die Tiere werden reizbar, können nicht mehr ruhig schlafen, später treten Lähmungen und Krämpfe auf.

Die Erscheinungen, die sich beim Menschen zeigen, lassen sich durchaus mit jenen der Tiere vergleichen. Schließlich sind ja auch die Ursachen ähnlich. Es läuft darauf hinaus, daß sich die Einzelwesen einer Gruppe gegenseitig um so mehr stören, je enger sie zusammenleben müssen. Die negativen Empfindungen, die jeder dem anderen entgegenbringt, überwiegen allmählich. Er betrachtet den anderen als Störenfried und Mitbewerber und nicht als Freund und Helfer.

Es ist also verständlich, daß wir uns abzukapseln versuchen, daß wir unsere Wohnung als eine Art Burg ansehen, die wir gegen die Außenwelt verteidigen müssen. Nun ist der Mensch aber ein Herdentier. Kein Geschöpf der Erde ist so eng mit anderen verbunden, so völlig von anderen abhängig wie

Linke Seite: Die Verhaltensforscher haben herausgefunden, daß Tiere, die längere Zeit eingepfercht werden, einander angreifen. Genauso reagieren Menschen gereizt, wenn sie auf engstem Raum zusammenleben müssen. Foto Roebild

Gewiß, die modernen Wohnmaschinen bieten jeder Familie ein sonniges, zweckmäßig gestaltetes Heim. Aber allzuviele wohnen hier beieinander — Hochhäuser und Vorstadtsiedlungen, Wohn- und Verkehrsdichte machen die Menschen kontaktfeindlich, sie verlieren immer mehr die Fähigkeit, miteinander umzugehen.
Fotos Süddeutscher Verlag

er. Und dieser Tatsache ist auch unser Gemütsleben angepaßt: Wir brauchen den Umgang mit anderen, den Austausch der Gedanken, Beziehungen, die durch Gefühle verstärkt sind – durch Freundschaft, Liebe, Vertrauen. Gerade Bindungen dieser Art verkümmern mehr und mehr, und statt daß wir etwas dagegen tun, wird diese Entwicklung zum Einsiedler durch unsere technischen Errungenschaften nur gefördert. Vielleicht ist der Tag gar nicht so fern, da wir nicht mehr wissen, ob die Stimmen, die wir hören, noch von Menschen aus Fleisch und Blut stammen oder Laute sind, die ein Computer synthetisiert hat.

Der Kybernetiker und Informationstechniker Karl Steinbuch, auch als Autor mehrerer kritischer Bücher bekannt, meint, daß die Vervollkommnung der Nachrichtenmedien schließlich zu einem Zustand führt, in dem persönliche Begegnungen entbehrlich sind. Geschäftsreisen erübrigen sich, man kann an Besichtigungen über Fernsehanlagen einfacher und besser teilhaben, Verhandlungen über Konferenzschaltungen führen. Es ist kaum noch nötig, an den Arbeitsplatz und ins Büro zu fahren. Über Fernleitungen kann man Maschinen ebensogut bedienen wie heute von der Werkhalle aus, und Büroarbeit läßt sich über Fernschreiber und Datenvermittlungsgeräte erledigen. Auch der Schulbesuch ist überflüssig; programmierter Unterricht läßt sich durch jene Datenstation erteilen, die vermutlich in jedem Haus steht – eine Weiterentwicklung unserer Fernsehgeräte – und auch den Austausch von Informationen in Ton und Bild gestattet. Ob es sich um Unterricht, ähnlich den heutigen Fernsehkursen, handelt oder um Prüfungen und Diskussionen – es ist nicht nötig, sich vom Sessel seines Fernsehpults zu erheben.

Es ist doch heute schon so: Ein großer Teil der Nachrichten, Aufklärung und Belehrung erreicht uns über die sogenannten Medien, also über Zeitungen und Illustrierte, über Radio und Fernsehen, über das Telefon. Die Welt, mit der wir auf diese Weise in Verbindung treten, ist mehrfach umgesetzt – Ton und Bild werden durch Mikrofone und Kameras aufgenommen und in elektrische Stromstöße verwandelt. Unsere Empfangsgeräte setzen diese Impulse wieder in Erscheinungen um, die unsere Sinnesorgane wahrnehmen können. Aber wissen wir, ob das, was auf diese Weise zu uns dringt, die Wirklichkeit ist? Auf keinen Fall ist es die ganze Wirklichkeit, schon deshalb nicht, weil – vorläufig noch? – einige Eindrücke, beispielsweise die des Gefühls und des Geruchs, fehlen. Und damit sind wir wieder bei unserer Geschichte, die uns auf den ersten Blick so utopisch erschien.

Das Erschreckende aber ist nicht die vollendete Meisterschaft solcher Nachrichtentechnik, sondern es sind die Folgen, die sich daraus ergeben. Menschen, die in einer solchen Welt leben, kommen kaum noch in Kontakt mit anderen. Brauchen wir aber nicht gerade diese Bindung, wenn wir unser inneres Gleichgewicht bewahren wollen?

Es beginnt schon bei den Beziehungen zwischen Kind und Eltern. Früher, als es noch keine Geburtskliniken, keine Babysitter und keine Kinderwagen

Leistungsfähigere Satelliten wie Intelsat V (oben) und die dazugehörigen Bodenstationen (unten: Raisting) sollen den ständig anwachsenden Nachrichtenverkehr rund um die Erde bewältigen. Anstelle der heutigen Informationsrinnsale werden uns wahre Nachrichtenströme überfluten – jedermann hat die ganze Welt im Haus. Fotos AEG-Telefunken

gab, befand sich der Säugling in steter Fühlung mit der Mutter. Ganz anders heute: In den ersten Tagen bekommt die junge Mutter ihr Kind kaum noch zu Gesicht, und sobald sie wieder zu Hause ist, erhält das Baby sein eigenes Bett, sein eigenes Zimmer – eine abgetrennte hygienische Umgebung. So wünschenswert das im Hinblick auf den Schutz vor Krankheiten ist, so bedenklich ist es im Hinblick auf erste gefühlsmäßige Verbundenheit.

Und so geht es weiter – keiner Mutter fällt es ein, ihr Kind über Jahre hinweg stets mit sich herumzutragen. Bei berufstätigen Eltern sind die Wochenstunden, während der sie sich mit ihrem Kind beschäftigen können, an den Fingern einer Hand aufzuzählen. Es folgt die Entwicklungsstufe des Schülers. So, wie unser Schulwesen heute aufgebaut ist, steht jeder Schüler unter dem Zwang, besser als der andere zu sein. So wichtig die Einzelleistung unzweifelhaft ist, hier wird ein anderer Teil menschlicher Aktivitäten vernachlässigt – nämlich die gemeinsame Arbeit, das Handeln miteinander und nicht gegeneinander. Das Wettbewerbsdenken erschwert das Entstehen von Freundschaften erheblich.

Kaum haben wir das Licht der Welt erblickt, sind wir schon allein. Viele Verhaltensstörungen entstehen in den ersten Lebensjahren, weil das Kind zu bald von der Mutter getrennt worden ist oder die Eltern es im Alltagsstreß an der erforderlichen Zuneigung fehlen ließen. Lebensangst ist eine der Folgen. Foto Bavaria

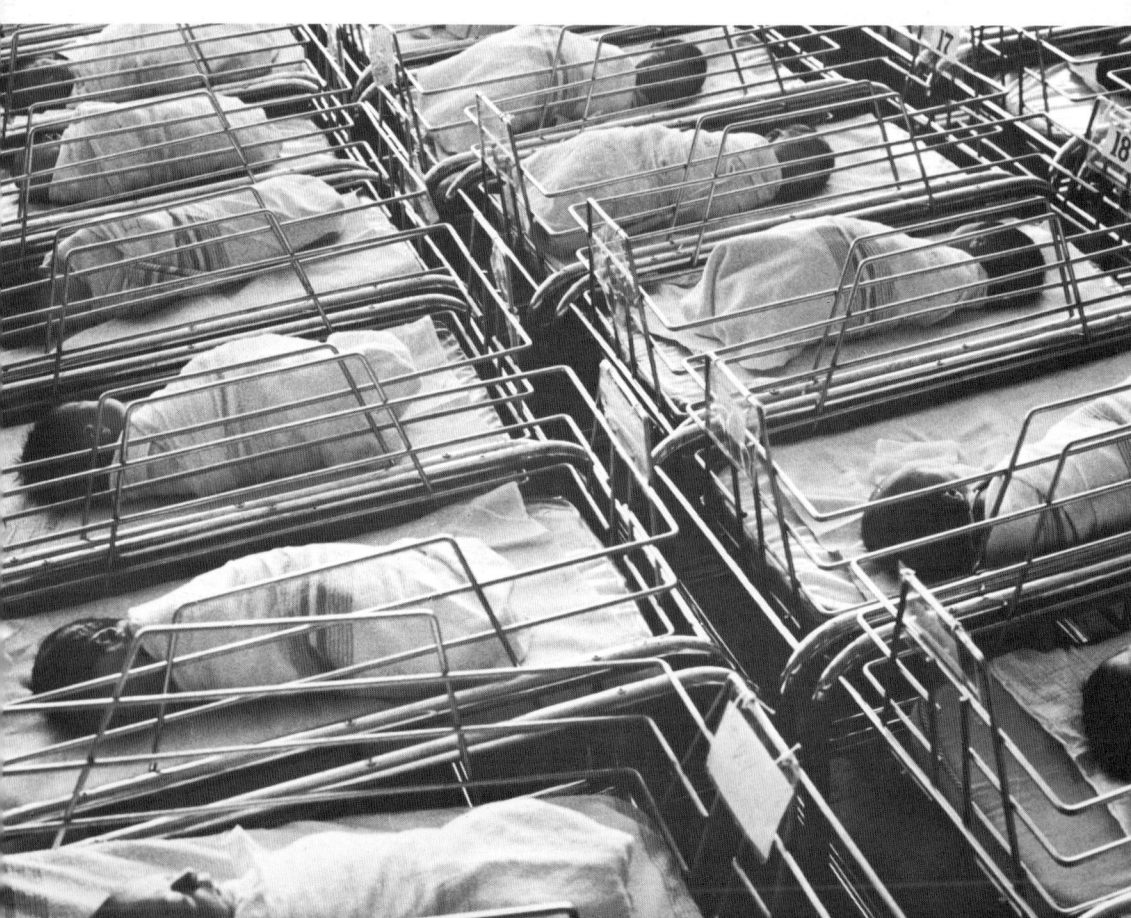

Gemeinsam fühlen sie sich stark – und wenn es nur der Fetisch knatternder Motoren ist, der sie beflügelt. Miteinander und nicht gegeneinander handeln, das ist es, was jungen Menschen in unserer Gesellschaft fehlt – vom Wettbewerbsdenken erstickt. Foto dpa

Und wieder wirkt der nächste Lebensabschnitt im selben Sinn auf den jungen Menschen ein – die ersten Jahre des Berufs. Nicht das Gemeinschaftserlebnis ist es, das alle anderen Eindrücke überwiegt, sondern der Kampf jeder gegen jeden – um mehr Geld, um den besseren Job. So schwer die körperliche Arbeit in den früheren Gemeinschaften von Bauern und Handwerkern gewesen sein mag, hatte sie doch Vorzüge. Keiner fühlte sich als Rädchen in einem Getriebe, sondern jeder konnte recht gut überblicken, was er zum Wohl des Ganzen beitrug. Außerdem fehlten jener Schutz und jene Sicherheit, die wir heute als selbstverständlich betrachten. Man war vielerlei Bedrohungen ausgesetzt und wehrte sich gemeinsam. Und wieder hat – so wünschenswert sie ist – die gesteigerte Sicherheit unangenehme Folgen: den Verlust des Bewußtseins der Zusammengehörigkeit.

Ist es unter diesen Umständen ein Wunder, daß die Hemmungen, sich enger an andere anzuschließen, immer größer werden? Es gibt Menschen, die Hunderte Bekannte haben, aber keinen wirklichen Freund. Man trifft sich zwar zu Partys und zu Diskussionen, aber man hat niemanden, mit dem man einfach gern zusammen ist, in dessen Gesellschaft man sich wohl fühlt, auch

Alltäglich stehen wir an den Haltestellen der Straßen- und U-Bahn, aber kaum einer richtet das Wort an seinen Nachbarn. Mehr Hinwendung zum Mitmenschen, mehr Verständnis für ihn, mehr Freiheit in der Bekundung von Sympathie nach dem Vorbild südlicher Länder – das gesellige Miteinanderreden ist den Großstadtmenschen abhanden gekommen. Foto Werner H. Müller

Oben: Kühn entworfene Stadtviertel und saubere Trabantenstädte bürgen keineswegs für Zufriedenheit. Nur allzuoft sind dabei die Bedürfnisse der Bewohner vergessen worden.

Darunter: Noch nie haben so viele Menschen auf der Erde gelebt wie heute; die übervölkerten Badestrände und Ferienorte – hier das Nordseebad Büsum – zeigen es nicht minder deutlich als die Städte. Und noch nie fühlten sich so viele Menschen allein. Fotos E. Andres

»Zum anderen findet nur, wer zuvor zu sich selbst gefunden hat.« Das Unvermögen, miteinander umzugehen, läßt Großstadtbewohner inmitten der namenlosen Menschenmassen vor Einsamkeit verkommen (oben). – Selbst Kneipen und Cafés, einst Stätten der Geselligkeit, wo jeder für jeden ein gutes Wort fand, sind heute schal und trostlos (unten).
Fotos R. Dietrich, Südd. Verlag

wenn es nichts zu reden gibt. Das ist ein sehr bedrückender Mangel. Ein vielgebrauchtes Mittel, sich darüber hinwegzutäuschen, sind die Massenmedien, insbesondere Rundfunk und Fernsehen. Man holt sich die Darsteller in die eigene Wohnung, nimmt an den von ihnen dargestellten Handlungen teil. Manche wollen nicht wahrhaben, daß alles Theater ist – sie sehen die Stars als Bekannte an, nehmen Anteil an deren Privatleben. Das mag eine Weile gutgehen, bis der Betreffende dann in eine Lage kommt, in der er die persönliche Ansprache braucht. Dann wird er gewahr, daß die Unterhaltungsmedien nicht helfen können. Sie lassen uns einige Zeit das Gefühl des Alleinseins vergessen, aber sie sind kein Ersatz für Geselligkeit. Sie wirken sich sogar recht nachteilig aus, indem sie uns wirklichkeitsferne Leitbilder vermitteln. Die schönen und klugen Menschen auf dem Bildschirm, die hübschen Mädchen und die mutigen Männer, die gibt es in Wirklichkeit nicht. Je mehr wir uns aber auf sie einstellen, um so mangelhafter erscheint uns der Mensch wie du und ich, dem wir im Flur des Hochhauses oder an unserer Arbeitsstätte begegnen. Eigentlich schade, daß nützliche Einrichtungen, die uns wertvolles Wissen übermitteln, auf so dümmliche Weise mißbraucht werden!

Das Gegenteil von Isolation ist Kommunikation – die Verbindung von Mensch zu Mensch. Erst seit den letzten Jahren beginnt man einzusehen, daß dieser menschliche Kontakt ebenso wichtig ist wie Nahrung, Kleidung, Wohnraum und Energie. Umweltplaner und Architekten haben erkannt, daß prächtige Gebäude, kühn entworfene Stadtviertel und saubere Trabantenstädte keineswegs für zufriedene Menschen bürgen. Man muß auch die geistigen Bedürfnisse des Menschen berücksichtigen, seinen Hang, sich zu beschäftigen, Meinungen auszutauschen, Ideen zu entwickeln. Vor kurzem beschwerte sich ein Architekt bitter darüber, daß den Menschen von heute jedes Schöpferische verlorengegangen sei, und er stützte sich dabei auf einen eigenen Mißerfolg: Er hatte ein System »veränderlicher« Wohnungen entwickelt. Dadurch wollte er den Leuten die Möglichkeit geben, ihren Wohnraum selbst zu gestalten und den jeweils vorherrschenden Bedürfnissen anzupassen. Sie wandten sein System zwar an, beließen es aber in der einmal gewählten Gruppierung: Von der Möglichkeit ständiger Veränderung machte niemand Gebrauch.

Dieses Beispiel zeigt sehr gut, wie wenig Spürsinn oft auch Fachleute gegenüber dem Begehr des Menschen aufweisen. Hätte sich besagter Architekt mit einem Verhaltensforscher unterhalten, so hätte er erfahren, daß sich mit dem Begriff des Wohnraums bestimmte Eigenschaften verbinden, die der Idee eines ständigen Umbaus nachhaltig entgegenstehen. In jedem Menschen mischen sich konservative und progressive Vorstellungen – das heißt solche, die auf Beibehaltung bestimmter Zustände, und solche, die auf deren Wechsel ausgerichtet sind. Und alles, was die Wohnung, das Heim betrifft, gehört zu dem, was wir nicht gern ändern. Es ist der Ruhepol in einer sich ständig wandelnden Welt, jene Stätte, in der wir uns auch zurechtfinden, wenn wir müde nach Hause kommen, elend oder krank sind. Genaugenom-

Jugend in der Diskothek – noch immer ist der Tanz ein Weg des Sichkennenlernens, Kontakt zu finden mit einem Partner, der die gleichen Neigungen, die gleichen Anschauungen hat wie wir selbst: Mit dem wir uns gern unterhalten (großes Bild). Foto L. Windstoßer

Oben: Im modernen Sprachlabor lernt jeder für sich. Unter dem Zwang, besser zu sein als der andere, obsiegt schon in der Schule die Einzelleistung über das Gemeinschaftserlebnis. Foto Bavaria

Darunter: Datensichtgeräte übermitteln Information unmittelbar von Arbeitsplatz zu Arbeitsplatz, sogar Korrekturen lassen sich darauf anbringen. Die Begegnung von Mensch zu Mensch wird weitgehend überflüssig. Foto IBM

Links: Nur allzuoft ist das Haustier Ersatz für menschliche Nähe. Besonders in Großstadtwohnungen fühlen sich alte Menschen ebenso allein ...

... wie sie die Phantasie der Kinder einengen. Die Gleichförmigkeit solcher Bauten und die beschränkten Spielmöglichkeiten hemmen die Entwicklung der Persönlichkeit (rechts). Fotos Anthony, R. Dietrich

men ist es noch immer die Wohnhöhle, in der wir uns bei Gefahr verkriechen und in der wir Ängste überwinden. Ein solcher Ort erfüllt seine Aufgabe dann am besten, wenn er bleibt, wie er ist.

In frühen Zeiten haben sich Wohnstätten von den Eltern auf Kinder und Kindeskinder vererbt. Reichte der Raum nicht mehr aus, wurde ein zusätzlicher Teil angebaut. Im schlimmsten Fall siedelte man sich in der Nähe an. Auf diese Weise blieben die Mitglieder der Familien über Generationen hinweg in Kontakt. Sicher wird es auch in der Dorfgemeinschaft Menschen geben, die einem weniger sympathisch sind, aber es befindet sich kein Fremder darunter; die Spielregeln sind bekannt. Es gibt weder einsame Alte noch grüne Witwen. Und selbst im Unglück, beim Verlust der nächsten Familienangehörigen oder des Wohnhauses, kann man an Beziehungen anknüpfen, die längst schon bestehen.

Das Leben in der modernen Stadt ist völlig anders. Die gemieteten Wohnungen lassen nicht zu, daß sich die Familien vergrößern. Die jüngere Generation muß außer Haus gehen, die Alten bleiben zurück. Viele Ehepaare lassen sich in fremden Gegenden nieder, so daß der Wunsch, sich zunächst

einmal vor der fremden Umgebung, den unbekannten Menschen, abzuschirmen, verständlich ist. Mit den Nachbarn ergeben sich nur wenige Berührungspunkte. Weitaus besser vertraut sind ihnen die Menschen, die sie am Arbeitsplatz kennenlernen, doch diese wohnen irgendwo anders in der Stadt. Sie können sie aufsuchen, wenn sie zum Abendessen eingeladen werden, aber sie bilden mit ihnen keine Lebensgemeinschaft.

Es sind also verschiedene Umstände unserer modernen technischen Entwicklung, die eine Geselligkeit, wie sie früher einmal bestand, zum Verschwinden bringt, die uns inmitten einer unübersehbaren, namenlosen Menschenmasse vor Einsamkeit verkommen läßt. Und trotzdem ist damit das Problem nicht endgültig geklärt. Denn in dem Augenblick, wo wir uns des Alleinseins bewußt werden, sollte uns doch nichts daran hindern, uns im Bekanntenkreis nach Menschen umzusehen, mit denen wir uns gut verstehen – vielleicht mit solchen, die selbst unter Vereinsamung leiden. Wir sind ja nicht in der Lage eines einsamen Fallenstellers, der tage- oder wochenlang keinen Menschen zu Gesicht bekommt. Das Übel sollte also verhältnismäßig einfach zu beheben sein.

Oben: Das Telefon ist eine der Errungenschaften unserer Zeit, mit der wir auf einfache Weise mit Freunden und Verwandten in Verbindung treten können. Für viele ist es gar die einzige Brücke zur Umgebung und ein Anruf das Tagesereignis.
Unten: Wo es an persönlicher Ansprache fehlt, bleibt das Buch als letzter Freund. Soweit freilich sollten wir es nicht kommen lassen. Fotos Bavaria, R. Dietrich

Die Erklärung für diesen seltsamen Widerspruch liegt sicher wieder in den äußeren Bedingungen unseres Handelns und Erlebens innerhalb der Gesellschaft. Wieder ist es angebracht, einen Seitenblick auf die Frühzeit der menschlichen Zivilisation zu werfen. Damals trug jeder die Verantwortung für sich selbst. Wenn er von irgendeiner Seite bedroht war, so mußte er sich selbst verteidigen – unter Beistand der Familienangehörigen, der Sippe oder der Dorfgemeinschaft. Die Entscheidungen, die er fällte, mögen nicht immer sehr vorausschauend und klug gewesen sein, doch er mußte sie selbst treffen. Das sieht heute völlig anders aus – es gibt unzählige Stellen, die für unsere soziale Sicherheit sorgen, und die Entscheidungen, die uns überlassen sind, haben nur wenig Spielraum. Wir gewöhnen uns immer mehr daran, daß wir in jeder Hinsicht gesichert und versorgt sind, und das bezieht sich heute schon fast auf sämtliche Bedürfnisse – körperliche und geistige. Die Geselligkeit, die wir suchen, ist eine Form der Unterhaltung, der man sich passiv aussetzt. Andere haben die Pflicht, etwas für unseren eigenen geselligen Zeitvertreib zu tun.

Es hat auch wenig Sinn zu klagen, daß uns die Massenmedien beanspruchen, daß eine Informationslawine über uns niedergeht und uns Reize überfluten. Das alles hindert nicht daran, den Nachbarn einmal zum Tee einzuladen oder in einen Sportklub einzutreten. Viele technischen Errungenschaften, etwa das Telefon, die Massenverkehrsmittel und das Auto, beeinträchtigen nicht den Umgang mit anderen Menschen, sondern fördern ihn. Sie versetzen uns in die Lage, einen guten Bekannten zu besuchen, wann immer wir Lust dazu haben. Auch der Bereich, innerhalb dessen wir Freunde finden, Geselligkeit anregen und pflegen können, ist durch sie erweitert. Der Dorfbewohner von ehedem sah immer dieselben Gesichter; auch das bringt gewisse Nachteile mit sich. Wir dagegen können uns die näheren Bekanntschaften aus einer Vielzahl sehr verschiedener Menschen auswählen.

Gewiß hat die technische Entwicklung dazu beigetragen, daß die Menschen heute nicht mehr so fest im Boden verwurzeln, nicht mehr in der Gemeinschaft bleiben, in die sie hineingeboren sind. Viele von uns empfinden das als angenehm: Die Welt steht jedem offen, wir können hinaustreten aus der Enge herkömmlicher Verhältnisse, ohne uns gleich die Rückkehr zu verbauen wie ein Auswanderer alten Stils. Viele sind sehr zufrieden damit, daß sie in ihren Großstadtwohnungen Stätten der Ruhe besitzen, in denen sie ungestört ihren Neigungen nachgehen können. Wer will – und das sind viele von uns –, kann im Unbekanntsein eines Hochhauses untertauchen. Und für jene, die freiwillig oder gezwungenermaßen einsam leben, erfüllen die technischen Mittel die willkommene Aufgabe, die Fühlung mit der Umwelt aufrechtzuerhalten – als Nachrichtenquelle und Unterhaltungslieferant. Aber alle diese Geräte und Anlagen haben nur eine Mittlerrolle; den anderen Menschen ersetzen können sie nicht. Gegen die Einsamkeit hilft nur ein Gesprächspartner, ein Freund. Solche Geselligkeit wird einem aber nicht durch staatliche Organisation ins Haus geliefert – wir müssen selbst etwas dafür tun.

Auf der Suche nach dem Anfang der Welt

HANS-JÖRG FAHR

Ist Kosmologie nachprüfbar?

Viele sind der Meinung, die Welt müsse ewig sein in Raum und Zeit. Als Begründung dafür geben sie an, daß nur unter dieser Voraussetzung den Forderungen der Vernunft Genüge getan sein könnte. Ein Weltall, das sich endlich im Raum erstreckte, muß auf immer die Frage unbeantwortet lassen, was denn jenseits dieses endlich großen Weltraumes zu erwarten ist; und ein Weltall, das endlich in der Zeit wäre, das also einen Anfang und ein Ende besäße, muß zwangsläufig die Frage aufwerfen, was denn vor oder nach diesem Weltgeschehen sein soll. Auch diese Frage läßt sich nicht beantworten. Wenn man solcher Ausweglosigkeit im Verstehen der Welt entgehen will, so muß man, meinen viele, wohl oder übel ein Weltall fordern, das nichts außer sich läßt, weder Räume noch Zeiten, kurz, das von Ewigkeit zu Ewigkeit dauert.

Nun ist aber sehr die Frage, ob das Universum nach der Art geschaffen sein muß, die unserem Verstand am meisten zusagt, nur weil wir es so am besten begreifen könnten. Könnte es nicht durchaus sein, daß das Weltall – ganz gegen die Forderungen unseres Verstandes nach Unendlichkeit – endlich ist in einer Weise, die uns ganz ungereimt erscheint? Was würden wir mit solch einem All anfangen? Die Naturwissenschaftler versuchen diese Frage, so gewichtig sie ist, zunächst zurückzustellen und sehen in erster Linie darauf, daß eine Theorie vom Werden und Vergehen des Kosmos den Forderungen der Physik genügt. Über die Jahrhunderte hinweg haben sie feststellen müssen, daß Naturgeschehen im Kleinen, das heißt im »menschlichen Bereich«, nach festen und unverbrüchlichen Gesetzen abläuft, die sich unmittelbar auf das Große, das heißt den Kosmos, übertragen lassen. Warum auch sollte die Natur gegen die Gesetze, die sie sich im Kleinen auferlegt, im Großen verstoßen? Wenn es für die Natur überhaupt Gesetze gibt, so können sie nur durchgängig vom Kleinen zum Großen gelten!

Wie also sieht die Welt dann aus? Die Frage nach der Endlichkeit oder Unendlichkeit beantwortet sich für den Physiker dadurch, daß er solche zunächst unbewiesenen Annahmen oder deren unmittelbare Folgen auf physikalischem Wege nachprüft. Welche physikalischen Auswirkungen beispielsweise hätte eine räumlich unendlich ausgedehnte Welt? Nehmen wir an, der Weltraum sei überall in einer bestimmten Dichte gleichmäßig mit Sternen erfüllt. Jeder Stern hat eine bestimmte Ausdehnung und einen bestimmten Abstand von seinen Nachbarsternen. Schauen wir nun zwischen zwei uns unmittelbar benachbarten Sternen hindurch, so sehen wir in dem Zwischenraum, der durch den Sichtwinkel dieser beiden Sterne begrenzt wird, Sterne auftauchen, die weiter entfernt sind. Der Zwischenraum zwischen diesen Sternen erlaubt uns abends einen Durchblick in den Kosmos bis hin zu noch abgelegeneren Sternen. Wenn jedoch die Sterne, wie wir angenommen haben, den Weltraum in gleichmäßiger Dichte bis in unendliche Fernen hinein erfüllten, so würde jeder noch so kleine Winkelzwischenraum, wenn wir nur genügend weit in den Kosmos blicken, dicht mit strahlenden Sternscheiben ausgefüllt sein. Es könnte demnach in einem unendlich ausgedehnten Weltall keine Stelle am Himmel geben, die nicht mit strahlenden Sternen aus irgendwelchen kosmischen Entfernungen ausgelegt ist. Dieses Phänomen, das schon

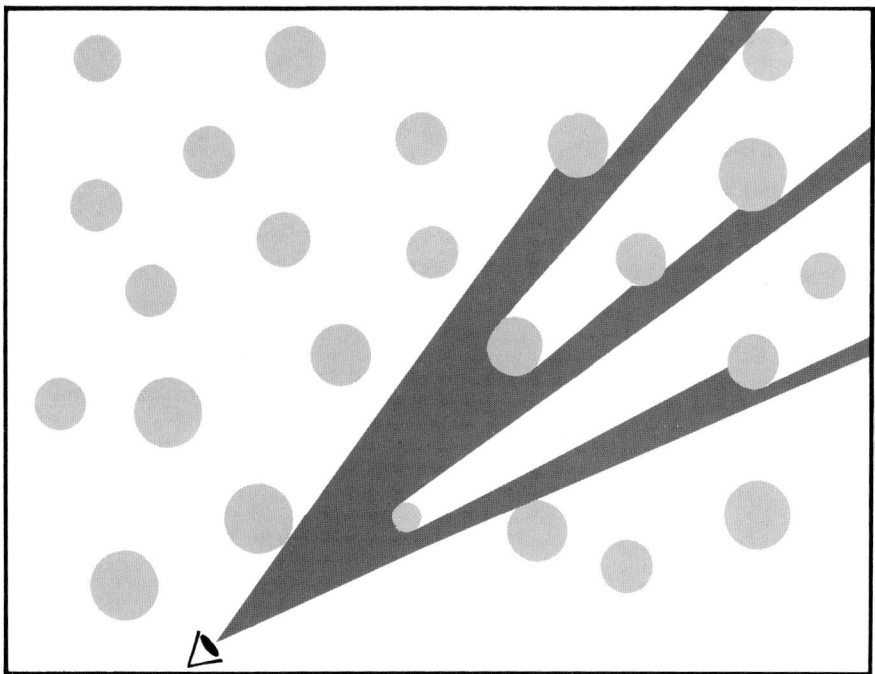

Wenn man in einen genügend weit ausgedehnten Wald hineinschaut, so trifft der Blick schließlich überall auf einen Baumstamm, ohne daß sich vorhersagen läßt, wie weit der Baum, der in der jeweiligen Richtung unseren Blick begrenzt, von uns weg ist. Das Olberssche Paradoxon besagt genau das gleiche für ein Universum, das räumlich unendlich ausgedehnt und überall gleichmäßig mit Sternen gefüllt ist: Für ein solches Universum ist zu erwarten, daß unser Blick in den Himmel, ganz gleich wohin er geht, immer von einem leuchtenden Stern begrenzt wird. Der Himmel könnte somit nie dunkel werden.

im letzten Jahrhundert von dem astronomisch interessierten Arzt Olbers aus Bremen als typisch für eine im Raum unendliche Sternenwelt erkannt wurde, trägt den Namen Olberssches Paradoxon. Das Paradoxe daran ist nämlich, daß der Himmel, wenn wir es in der Tat mit einem räumlich unendlich ausgedehnten All zu tun hätten, auch nachts sternenhell sein müßte. An der Tatsache, daß es nachts dunkel wird, erkennen wir demnach, daß unser Weltall nicht im vermuteten Sinne unendlich sein kann.

Nun muß man vorsichtig sein und untersuchen, was gegen diese so einfach scheinende Schlußfolgerung zu sagen ist. Daß die Himmelssphäre durch die räumliche Unendlichkeit des Weltalls mit hell leuchtenden Sternscheiben zuwächst, ist natürlich nur dann gewährleistet, wenn alle diese Sterne auch ein unendliches Leben haben oder zumindest dafür gesorgt ist, daß überall im Kosmos Sterne neu entstehen und so der Strahlungsverlust durch sterbende Sterne ausgeglichen wird. Nur dann kann überall im Raum über alle Zeiten hin die Strahlungsdichte erhalten bleiben. Anderenfalls kann es nicht zu dem Olbersschen Paradoxon kommen. Das Licht der ferneren Sterne ist sehr lange unterwegs, bis es bei uns eintrifft. Wenn aber – bei endlicher Lebensdauer und ohne die Geburt neuer Sterne – inzwischen die Sterne in unserer näheren Umgebung alle verloschen sind, so kann es keine dichte Ausleuchtung des Firmaments geben. Das Olberssche Paradoxon des dunklen Nachthimmels ist also nur gegenüber einem Weltall, das räumlich und zeitlich zugleich unendlich ist, wirklich paradox.

Und wie nun läßt sich die Forderung nach der zeitlichen Unendlichkeit des Weltalls überprüfen? Hier muß zunächst auffallen, daß es einen strengen »Richtungssinn« beim Entstehen und Vergehen von Sternen gibt. Um es kurz zu sagen: Unter einer Kraftwirkung, die zufällig auf ein Zentrum im Kosmos hin ausgerichtet ist, verdichtet sich fein verteiltes Wasserstoffgas, bis unter steigendem Druck und steigenden Temperaturen in der Mitte der Zusammenballung Kernverschmelzungsprozesse anlaufen. Bei diesen Vorgängen wird Wasserstoff zu Helium und höheren chemischen Elementen verbrannt und dann Energie freigesetzt, mit der der Stern den größten Teil seines Lebens bestreitet. Wenn schließlich alle Kernverschmelzungsvorgänge, die unter dem Schweredruck vor sich gehen, abgelaufen sind, erkaltet der jeweilige Stern allmählich, oder aber er explodiert in einer Supernova. Entscheidend ist, daß in keinem Falle der Ausgangszustand vor der Sternentstehung wieder hergestellt wird, womit sich ganz klar ein Zeitsinn von der Vergangenheit zur Zukunft ergibt.

Das Weltall kommt nie mehr zu dem Zustand zurück, von dem her es sich zu seinem heutigen Aussehen entwickelt hat. Es gibt somit auch keinen Kreislauf, der bis in alle Ewigkeit, ins zeitlich Unendliche, durchlaufen werden könnte, vielmehr entwickelt sich zielgerecht aus einem kosmischen Anfangszustand ein kosmischer Endzustand. Physikalisch ist dieses Geschehen durch den »Entropiesatz« beschrieben. Er besagt, daß es für jeden Zustand der Materie eine bestimmte physikalische Größe gibt, die sich, wenn sich der Zustand der Materie verändert, stets vergrößert. Für den Kosmos als Ganzen bedeutet dies, daß alle möglichen Veränderungen in ihm die »kosmische Entropie« vergrößern müssen und er deshalb auf seinem Weg durch die Zeiten niemals irgendeinen seiner früheren Zustände wieder einnehmen kann.

Die Physik muß aus dem Vorhergesagten also folgern, daß es weder ein zeitlich noch ein räumlich unendliches Weltall geben kann. Wie aber sieht die Entstehung des Weltalls dann aus? Allem Anschein nach muß die Welt einen zeitlichen Anfang gehabt haben, von dem her sie sich zu ihrer Zukunft hin entwickelt. Längs dieses äonenlangen Entwicklungsweges stellt der heutige Zustand des Weltalls nur ein Durchgangsstadium dar. Allerdings ist dieses Jetztstadium für die Erforschung dessen, was vorher war und was nachher sein wird, von äußerster Wichtigkeit. Es ist für die Physiker der einzige Hinweis, mit dem sie wie ein Detektiv die Anfänge des Weltalls erschließen können.

Verfolgen wir einmal die möglichen Entwicklungswege unseres Weltalls näher. Wir nehmen an, das Weltall habe zur Zeit des Weltanfanges »$t=0$« in Form einer endlich ausgedehnten Kugel vorgelegen, in der bereits dieselbe Energiemenge versammelt war, die wir auch in unserem heutigen Weltall antreffen, wenn wir nur alle vorhandenen Formen von Energie zusammenfassen. Im Regelfall müßte gelten, daß die Temperatur der kosmischen Materie, die in einer solchen Anfangsweltkugel versammelt ist, um so höher sein sollte, je kleiner deren Radius ist. Nach den neuesten Erkenntnissen der thermodynamischen Kernteilchentheorie gilt diese Regel der »adiabatischen« Kompression jedoch nicht mehr oberhalb einer Temperatur von einer Billion Grad Celsius. In diesem Bereich macht sich ganz kräftig die Neigung der Materie bemerkbar, bei Zusammenstößen von Elementarteilchen die Stoßenergie in Materie zu verwandeln, wobei neue Elementarteilchenpaare entstehen. Dies führt dazu, daß oberhalb von 1,86 Billionen Grad jede weitere Energiezufuhr die betroffene Materie nicht heißer werden läßt, sondern lediglich die Teilchenzahl erhöht. Es gibt demnach eine Maximaltemperatur, über die hinaus man keine Materie erhitzen kann.

Wir wissen somit aus der Theorie der Elementarteilchen, daß bei Weltanfang die Materie 1,86 Billionen Grad heiß gewesen sein muß. Um zu solch hohen Temperaturen zu kommen, müßten wir die gesamte Materie des heutigen Weltalls auf eine Kugel von der Größe unseres Sonnensystems zusammendrücken. Unser zweites Diagramm veranschaulicht nun die möglichen Entwicklungswege, die unser Weltall von einem solchen Anfangszustand aus hätte nehmen können, aufgezeigt am Beispiel des jeweiligen Weltdurchmessers. Alle diese in der Abbildung gezeigten Wege sind Lösungen der Allgemein-Relativistischen Gleichung des Kosmos, in die der Gedanke Albert Einsteins eingegangen ist, daß ein Zusammenhang zwischen Raum, Kraft und Materie besteht. Wenn wir den heutigen Weltradius kennen und gleichzeitig wissen, mit welcher Geschwindigkeit sich das heutige Weltall aus-

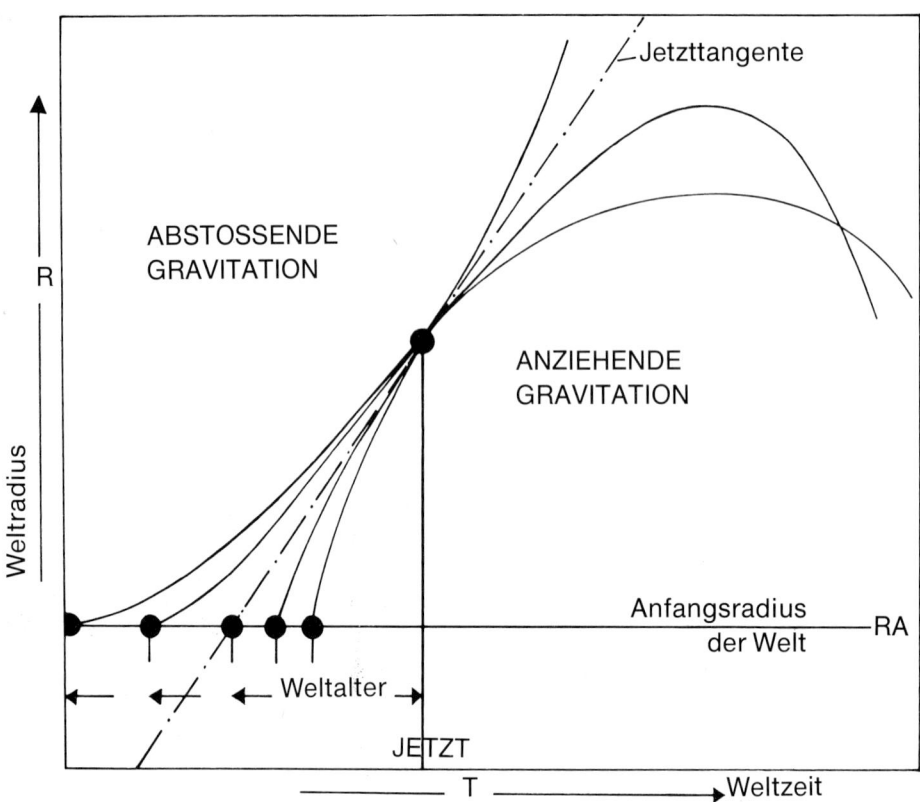

Dafür, wie sich der Radius unserer Welt (R) seit deren zeitlichen Anfang entwickelt haben könnte, gibt es nach unserer derzeitigen Kenntnis des Kosmos viele Lösungen. Welche davon zutrifft, kann der »Jetzt«-Punkt entscheiden, der den für das heutige Universum gültigen Weltradius angibt. Die »Jetzt«-Tangente in diesem Punkt zeigt an, wie sich das Universum in Vergangenheit und Zukunft entwickelt, wenn die Ausdehnung des Weltalls stets so verläuft wie heute. Alle tatsächlichen Lösungen müssen durch den »Jetzt«-Punkt gehen und nahe diesem Punkt etwa die Steigung der »Jetzt«-Tangente haben. Wird das Weltall nur von anziehenden Gravitationskräften beherrscht, war die Expansion des Universums früher mit Sicherheit größer als heute: Es kämen nur Kurven in Frage, die unterhalb der Tangente verlaufen. Nur wenn es in unserem Weltall abstoßende Gravitationskomponenten gibt, kommen auch Lösungen in Frage, die oberhalb verlaufen.

dehnt, das heißt, wie sich der heute erreichte Weltradius augenblicklich mit der Zeit ändert, so ist damit nicht nur bestimmt, wo die Weltkurve jetzt liegt – ihre Jetztlage –, sondern auch der Verlauf dieser Kurve in der Umgebung des Jetztpunktes. Denn aus dem heutigen Weltdurchmesser geht, in Verbindung mit dem heutigen Wert für die zeitliche Veränderung dieses Durchmessers, der »morgige« Weltdurchmesser hervor, also ein Punkt, der auf der Weltkurve ein Stückchen weiter rechts als der Jetztpunkt liegt. Warum nun gibt es neben den aufgezeigten Entwicklungswegen nicht noch viele andere, die grundsätzlich ebenso möglich sein könnten? Die Antwort hierauf heißt: Der derzeitige kosmische Zustand legt einen ganz bestimmten Punkt der Weltkurve fest. Durch diesen Punkt müssen alle Lösungen gehen, die überhaupt erwägenswert sind. Deswegen wollen wir zunächst einmal erörtern, wie man diesen Punkt des Diagramms, den Jetztpunkt, finden kann.

Aus Beobachtungen der Spektrallinien im Lichte ferner Quasare und Galaxien ist bekannt, daß alle Signale, die von kosmischen Quellen zu uns ausgesandt werden, rotverschoben sind, das heißt, ihre ursprüngliche Schwingungszahl je Sekunde ist geringer geworden. Nun hatte bereits im Jahr 1929 der englische Astronom Edmund Hubble festgestellt, daß diese Rotverschiebung der Spektrallinien um so größer ist, je weiter das Objekt, dessen Spektrallinien wir da gerade beobachten, von uns entfernt ist. Deutet man – was inzwischen als unausweichlich angesehen werden muß – die Verschiebungen zum roten Bereich des Spektrums hin als Folge einer Bewegung der ausstrahlenden Objekte von uns weg, das heißt als sogenannte Dopplerverschiebung, so folgt aus Hubbles Feststellung, daß sich das Weltall mit all den darin untergebrachten Objekten ausdehnt, und zwar derart, daß die Objekte des Kosmos um so schneller von uns weichen, je weiter sie von uns fort sind. Danach kommt jeder Entfernung von uns eine Fluchtgeschwindigkeit zu, deren Wert für den augenblicklichen Zustand, den Jetztzustand, gilt. Aus der Gesetzmäßigkeit dieses Zusammenhangs leitet sich folglich auch ein Wert ab, mit dem sich die entferntesten Punkte unseres Weltalls, die sozusagen den Rand des Universums ausmachen, von uns fort bewegen. Nehmen wir also an, daß die entferntesten Objekte des Weltalls mit den größten Rotverschiebungen die Außenhaut unserer Weltkugel darstellen, so können wir deren Entfernung als den derzeitigen Weltdurchmesser ansehen. Ihre Fluchtgeschwindigkeit aber gibt dann an, wie sich der heutige Weltdurchmesser zeitlich verändert. Damit kennen wir auf unserer zweiten Abbildung genau einen Punkt der Kurve und den Verlauf der Kurve in der Umgebung dieses Punktes. Die Tangente an die Kurve gibt, mathematisch gesehen, die Geschwindigkeit an, mit der sich der heutige Weltdurchmesser vergrößert.

Hätte sich das Weltall zu allen Zeiten mit genau dieser Geschwindigkeit ausgedehnt, so ließe sich die Geschichte unserer Welt sehr leicht anhand der »Jetzttangente« verfolgen. Aus dem Zeitabschnitt zwischen dem Schnittpunkt dieser Tangente mit dem Anfangsdurchmesser R_a der Welt und dem Jetzt würde das heutige Weltalter folgen. Leider verhält sich die Ausdehnung oder »Expansion« des Weltalls verwickelter, weshalb irgendeine der an der Tangente entlanglaufenden Kurven das richtige Verhalten wiedergeben muß. Das hängt damit zusammen, daß die Objekte, die sich in einem sich ausdehnenden Weltall voneinander weg bewegen, den gegenseitigen Gravitationskräften unterliegen. Sie verändern demnach ihre Fluchtbewegung. Gibt es lediglich anziehende Gravitationskräfte, wie die klassische Newtonsche Gravitationstheorie dies annimmt, so verlangsamt sich die Ausdehnung des Weltalls ständig, weil die Bewegungsenergie der Objekte sich an deren gegenseitiger Anziehung verbraucht. Hieraus folgt, daß die Expansionsgeschwindigkeit des Alls sich vom Weltanfang an laufend verringert, bis zum

Die Galaxien mit ihren Myriaden von Sternen bewegen sich um so schneller von uns fort, je weiter sie entfernt sind. Aus dieser Fluchtgeschwindigkeit haben die Astronomen auf das Alter der Welt geschlossen. Aber war die Ausdehnung des Weltalls in früheren kosmischen Zeiten immer gleich, hat es wirklich einen Anfang der Welt gegeben? Links die beiden Spiralnebel M 81/82 und rechts NGC 253, aufgenommen mit Newton-Spiegelteleskop mit 200 mm Öffnung, in der Mitte die große Magellansche Wolke, Maksutow-Kamera, 150 mm Öffnung.
Fotos Arbeitsgemeinschaft
Alt – Brodkorb – Rihm – Ruschex

Erreichen eines größten Weltdurchmessers. Wir können also sicher sein, daß eine der unter der Jetzttangente verlaufenden Kurven die richtige Lösung der Weltgeschichte wiedergibt. Jede solche Kurve legt durch ihren Schnittpunkt mit dem Anfangsdurchmesser R_a des Weltalls ein mögliches Weltalter fest. Er ist in jedem Fall kürzer als bei gleichmäßiger Expansion.

Lösungen, die den oberhalb der Jetzttangente verlaufenden Kurven entsprechen, könnte es nur dann wirklich geben, wenn die Gravitationskräfte zusätzlich und unter bestimmten Umständen abstoßenden Charakter hätten. Doch dafür gibt es heute noch keinerlei stichhaltige Hinweise. Dennoch könnte man den Beweis für das Bestehen einer abstoßenden Gravitationskomponente in die Hand bekommen, wenn sich herausstellte, daß das Alter der heutigen Welt, wie es von den Kurven unterhalb der Jetzttangente angegeben wird, kürzer ist als mit den Tatsachen der heutigen Welt zu vereinbaren. Wenn sich etwa zeigen sollte, daß das Alter der ältesten Sterne in unserer Milchstraße allein schon größer ist als das durch die Jetzttangente angezeigte Weltalter, so könnte das nur bedeuten, daß unsere Welt durch eine Kurve oberhalb der Jetzttangente beschrieben werden muß. Dann nämlich wird das Weltalter erst so groß, daß wir nicht zu der unsinnigen Folgerung kommen müssen, gewisse Sterne unserer Galaxie seien älter als die Welt selber.

Zwei Dinge machen es vorläufig noch unmöglich zu entscheiden, ob es abstoßende Gravitationskräfte wirklich gibt. Zum ersten ist die genaue Lage der Jetzttangente nicht sehr gut bekannt. Das heißt, es ist nur mit verhältnismäßig großen Fehlern möglich, die heutige Ausdehnungsgeschwindigkeit der Welt aus der Beobachtung der Rotverschiebung zu erschließen. Je nach den Galaxien, die man dazu heranzieht, hat man Fluchtgeschwindigkeiten von 15 bis 40 km/s je Million Lichtjahre kosmischer Entfernung gefunden. Daraus folgt ein Weltalter von 9 bis 17 Milliarden Jahren. Die Astrophysiker haben ihrerseits für die ältesten Sterne in stellaren Kugelhaufen unserer Milchstraße ein Mindestalter von 14 Milliarden Jahren ausgerechnet. Natürlich liegen diesen Berechnungen des Alters auch viele Annahmen zugrunde, wodurch der Altersangabe eine verhältnismäßig große Ungenauigkeit anhaftet. Immerhin scheint sich anzudeuten, daß das Weltalter, das aus der Expansion des Kosmos über die Hubblekonstante bestimmt wurde, in der Größenordnung genau dem Alter der ältesten Sterne entspricht. Es ist also durchaus nicht ausgeschlossen, daß dereinst, wenn wir sowohl die Hubblekonstante als auch das Sternalter genauer bestimmen können, aus diesem Altersvergleich eine Entscheidung zu fällen sein wird, für oder gegen eine abstoßende Gravitationskomponente. Aus unserer unmittelbaren Umgebung her ist für uns klar ersichtlich, daß die Schwerkraft anziehenden Charakter hat. Wer aber könnte deswegen dafür bürgen, daß diese Wirkung der Schwerkraft über alle Entfernungen hinweg erhalten bleibt? Der einzige Weg, dies zu erfahren, liegt, wie wir gesehen haben, darin, daß wir die Entwicklung des Weltalls von seinem Anfang her betrachten.

Die »rotierenden Mädchen für alles« PETER RAABE

Den gelenklosen Rotoren gehört die Zukunft

Störche und Hubschrauber haben, außer, daß beide fliegen, wenig gemeinsam. Bei der Schweizer Rettungsflugwacht bestehen allerdings durchaus noch andere Zusammenhänge. Sie hat mit ihrem Bo 105-Hubschrauber schon manches vom »Klapperstorch« zu früh gebrachte Baby zur dringend notwendigen Behandlung ins Krankenhaus geflogen. Die Schweizer Rettungsflugwacht war die erste Hilfsorganisation, die für diese Art Säuglingsfürsorge eine Drehflügler-Luftbrücke aufbaute. Um das Neugeborene auch schon unterwegs medizinisch betreuen zu können, gehört zur Besatzung ein Arzt. Er überwacht den verfrüht angekommenen neuen Erdenbürger in einem an Bord der Bo 105 eingebauten »Brutkasten« oder »Inkubator«. Inzwischen sind auch die 14 Hubschrauber, die das Rettungsnetz der Bundesrepublik Deutschland bedienen, mit solchen Inkubatoren ausgerüstet.

Zweifellos ist der Hubschrauber eines der vielseitigsten und segensreichsten Mitglieder der großen Flugzeugfamilie. Als »Mädchen für alles« eignet er sich ganz besonders für alle die Aufgaben, die schnelles Handeln erfordern. Gegenüber der Verwandtschaft mit starren Tragflächen besitzt er den großen Vorteil, daß er senkrecht starten und landen kann. Er ist für eilige Krankentransporte ebenso zu gebrauchen wie für den Polizeieinsatz, er hat sich bei Brand- wie bei Flutkatastrophen als »fliegende Feuerwehr« tausendfach bewährt, er übernimmt Überwachungsaufgaben aller Art und verbindet Leuchttürme und Bohrinseln mit dem Festland. Und er macht Manager und »VIPs« (Very Important Persons, zu deutsch: besonders wichtige Persönlichkeiten) unabhängig von verstopften Autostraßen und sonstigen Mißlichkeiten am Boden.

Dabei ist der Helikopter, wie der Hubschrauber im angelsächsischen Sprachgebrauch genannt wird, erheblich jünger als das Starrflügelflugzeug. Freilich reichen die ersten Entwürfe, wie bei vielen anderen Erfindungen, bis ins Mittelalter, bis zu Leonardo da Vinci, zurück. Der Däne Jacob Ellehammer aber war es, der sich im Jahre 1912 mit einem Flugapparat vom Fleck weg in die Luft erhob und dessen Flugmaschine schon eines der technischen Merkmale des modernen Hubschraubers aufwies: die sogenannte zyklische

Selbst einen Looping fliegt die Bo 105 und beweist damit ihre erstaunliche Manövrierfähigkeit (links oben).

Tatsächlich steht der neue deutsche Hubschrauber auch im Alltag seinen Mann: Auf dem Achterdeck eines Seenot-Kreuzers setzt er ebenso zielsicher auf (links unten) . . .

wie er im alpinen Rettungsdienst bei schwierigen Geländeverhältnissen, über der Unfallstelle schwebend, Bergsteiger an Bord hievt (großes Bild).

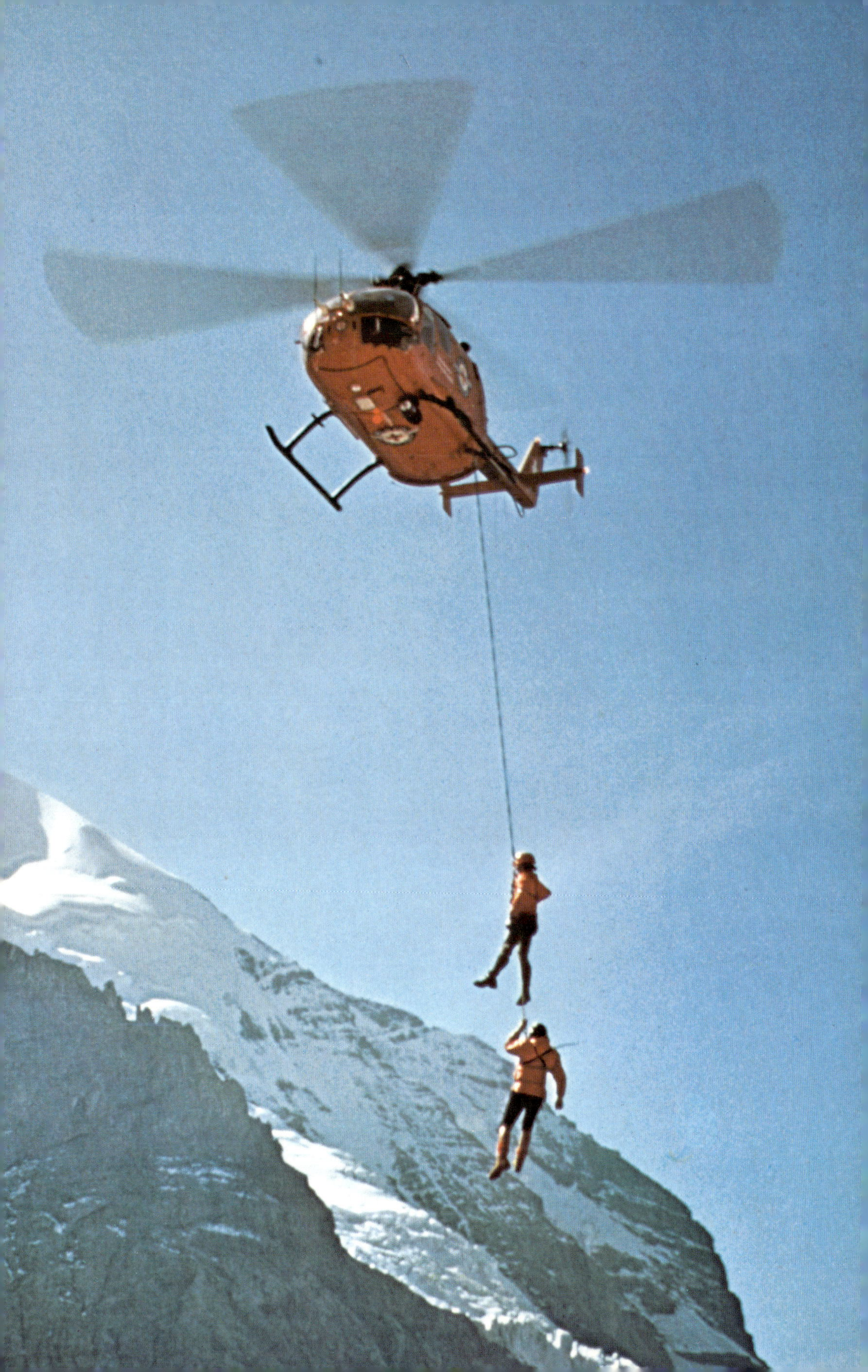

Links: Die Focke-Wulf FW 61 (im Modell) und ihr Erbauer, Prof. Henrich Focke, verhalfen dem Hubschrauber zum Durchbruch. Dieser erste, voll einsatzfähige Hubschrauber besaß zwei gegenläufige Rotoren auf sperrigen Auslegern.

Rechts: Der erfolgreichste Drehflügler der Welt – die Bo 105. Der gelenklose Rotor besteht aus karbon- und glasfaserverstärktem Kunststoff, der den starren Rotorblättern hohe Eigenelastizität verleiht. Das freie Drehmoment wird bei einem einrotorigen Helikopter durch eine Hilfsschraube am Heck ausgeglichen. Foto MBB

Blattverstellung. Dadurch, daß die Flügelblätter mit gleichbleibendem Anstellwinkel um eine senkrechte Achse herumlaufen, entsteht eine nach oben gerichtete Kraft: Der Hubschrauber kann senkrecht steigen, auf der Stelle schweben oder sinken. Damit er sich auch in waagerechter Richtung vorwärtsbewegen kann, wird der Anstellwinkel der Flugblätter bei jedem Umlauf – »zyklisch« – so verändert, daß in der hinteren Schraubenkreishälfte ein höherer Auftrieb entsteht als in der vorderen. Die Hubschraube neigt sich nach vorn, und die erzeugte Kraft zerfällt in zwei Teilkräfte: den Vortrieb und den Auftrieb. Trotz dieser Erfindung betrug der Hubschrauberrekord, von dem Belgier Nicolaus Florin aufgestellt, noch im Jahre 1933 ganze 10 Minuten. Diese Weltbestleistung wurde ein Jahr später durch den Streckenweltrekord von 10 Meter (!) und den Höhenrekord von 1100 Meter ergänzt.

Immer wieder waren es Fragen der Steuerung, die die Entwicklung bremsten. Erst als Mitte der dreißiger Jahre Professor Henrich Focke die Focke-Wulf FW 61 konstruierte, war endlich der große Augenblick für den Hubschrauber gekommen. Mit zwei gegenläufigen Rotoren, die auf sperrigen Auslegern angeordnet waren, ließ sich dieser Hubschrauber ohne Schwierigkeiten im Gleichgewicht halten. Flugkapitän Hanna Reitsch führte ihn damals in der riesigen Berliner »Deutschlandhalle« dem staunenden Publikum vor. Sie flog vor- und rückwärts, schwenkte nach links und nach rechts, und die FW 61 blieb, gleich einem bösartig lärmenden Rieseninsekt, schwirrend auf der Stelle stehen . . .

In den USA machte sich um dieselbe Zeit Igor Sikorsky erstmalig einen Namen als Hubschrauberkonstrukteur. Bei der deutschen FW 61 hob sich das freie Drehmoment, das den Rumpf um die Hochachse zu drehen versucht, durch die beiden gegenläufigen Rotoren auf. Sikorsky beschäftigte sich dagegen mit dem von nur einem Rotor angetriebenen Hubschrauber, der in der Bauart weniger aufwendig ist und weniger Luftwiderstand aufweist. Dafür ist hier der Ausgleich des Drehmoments schwieriger. Sikorsky, der aus Rußland stammt, löste die Aufgabe, indem er den Heckrotor als stabilisierende Hilfsschraube erfand.

Ein bißchen Hubschraubergeschichte im Zeitraffertempo. Welcher technische Fortschritt im Hubschrauberbau inzwischen erreicht worden ist, zeigt besonders eindrucksvoll die von Messerschmitt-Bölkow-Blohm (MBB) in Ottobrunn bei München entwickelte Bo 105. Mit diesem Hubschrauber hat die deutsche Luftfahrtindustrie nicht nur einen der erfolgreichsten Drehflügler der Welt geschaffen, sondern sie hat darüber hinaus Schrittmacherdienste geleistet, indem sie neue technische Gedanken verwirklichte. Bisher wurden über 250 Bo 105 aus aller Welt in Ottobrunn bestellt, ein für einen Hubschrauber großartiger Verkaufserfolg! Außerdem besteht mit den USA, dem Dorado der Flugtechnik, eine enge Zusammenarbeit: Die Vertol-Hubschrauberabteilung von Boeing hat für ihren jüngsten Transporthubschrauber »Uttas« das Patent des »Starr-Rotorsystems« übernommen.

Die ein wenig irreführende Bezeichnung »Starr-Rotor« ist darin begründet, daß die Rotorblätter ohne die üblichen Schlaggelenke starr am Rotorkopf befestigt sind. Treffender ist der Name »gelenkloser Rotor«. Beim Vorwärtsflug des Hubschraubers entsteht auf der Schraubenkreishälfte, in der sich die Flugblätter gegen den Flugwind drehen, ein höherer Auftrieb als auf

Auch der Transporthubschrauber »Uttas« besitzt den neuen Starr-Rotor. Die Vertol-Helikopterabteilung des amerikanischen Flugzeugherstellers Boeing hat das Patent von der deutschen Firma Messerschmitt-Bölkow-Blohm übernommen.

der anderen Seite; dieser Unterschied wird durch die gesteuerte Schlagbewegung der Flugblätter, die sich in gewissen Grenzen nach oben und unten bewegen können, ausgeglichen. Da die sonst üblichen Gelenke, die die aerodynamischen Kräfte abfangen, also fortfallen, müssen die starren Rotorblätter hohe Eigenelastizität aufweisen. Die vier Blätter des Bo 105-Rotors, deren Lebensdauer auf 10 000 Stunden berechnet ist, bestehen aus Glasfasern, die mit Karbonfasern verstärkt sind. Ein solches Gefüge bietet die sichere Gewähr, daß das Material nicht vorzeitig ermüdet. Es handelt sich um ein Abfallprodukt der Raumfahrt – meist übernimmt, umgekehrt, die Raum- von der Luftfahrttechnik irgendwelche Erkenntnisse. Karbonfasern lassen sich zu den leichtesten und steifsten aller derzeitigen Werkstoffe verarbeiten.

Aufsehen erregte auch die Verwendung von Titan für den Rotorkopf, der das verzwickteste Bauteil eines Hubschraubers ist. Mit diesem Werkstoff wurden sozusagen zwei Fliegen mit einer Klappe geschlagen: Zum einen erhöht das Titan die Dauerbelastbarkeit des Rotorkopfes, zum anderen wird Gewicht eingespart. Alles in allem ist der Bo 105-Rotorkopf gegenüber der herkömmlichen Bauweise stark vereinfacht. Das bringt nicht nur wirtschaftliche Vorteile, sondern vereinfacht auch die Wartung.

Schließlich ist der Ottobrunner Hubschrauber als einziger Vertreter der Zweitonnen-Klasse mit zwei Triebwerken, Turbomotoren zu je 405 PS (331 kW), ausgerüstet. Das erhöht seine Flugsicherheit so entscheidend, daß er auch für den Instrumentenflug und damit für Nacht- und Schlechtwetterflüge amtlich zugelassen ist. Wetterradar und das besonders zuverlässige DECCA-Navigationssystem sind dabei wertvolle Ortungshilfen. Die Blindflugeignung setzt ein einwandfreies »Stabilitätsverhalten« voraus – beim Hubschrauber bisher die Achillesferse. Auch hier wirkt sich der gelenklose Rotor der Bo 105 günstig aus. Die Piloten bestätigten schon bald, was die Aerodynamiker und Konstrukteure vorausgesagt hatten: Der »Rigid Rotor«, wie die Amerikaner den auch von ihnen untersuchten Starr-Rotor nennen, führt zu Flugeigenschaften, die denen eines Flugzeuges mit festen Tragflächen entsprechen. Besucher internationaler Luftfahrtveranstaltungen glaubten zunächst ihren Augen nicht zu trauen, als die Bo 105, als wäre es das Selbstverständlichste der Welt, in atemberaubendem Kunstflug herumwirbelte. Loopings, Rollen und Turns wechselten miteinander ab, und eine Figur ging so flüssig in die

Links werden Rotorköpfe der üblichen Bauart mit Schlag- und Schwenkgelenken montiert, rechts der Rotor einer Bo 105. Deutlich ist zu erkennen, daß hier das Schlaggelenk nahe der Rotorachse fehlt. Der Kopf des gelenklosen Rotors ist aus Titan hergestellt.
Fotos MBB

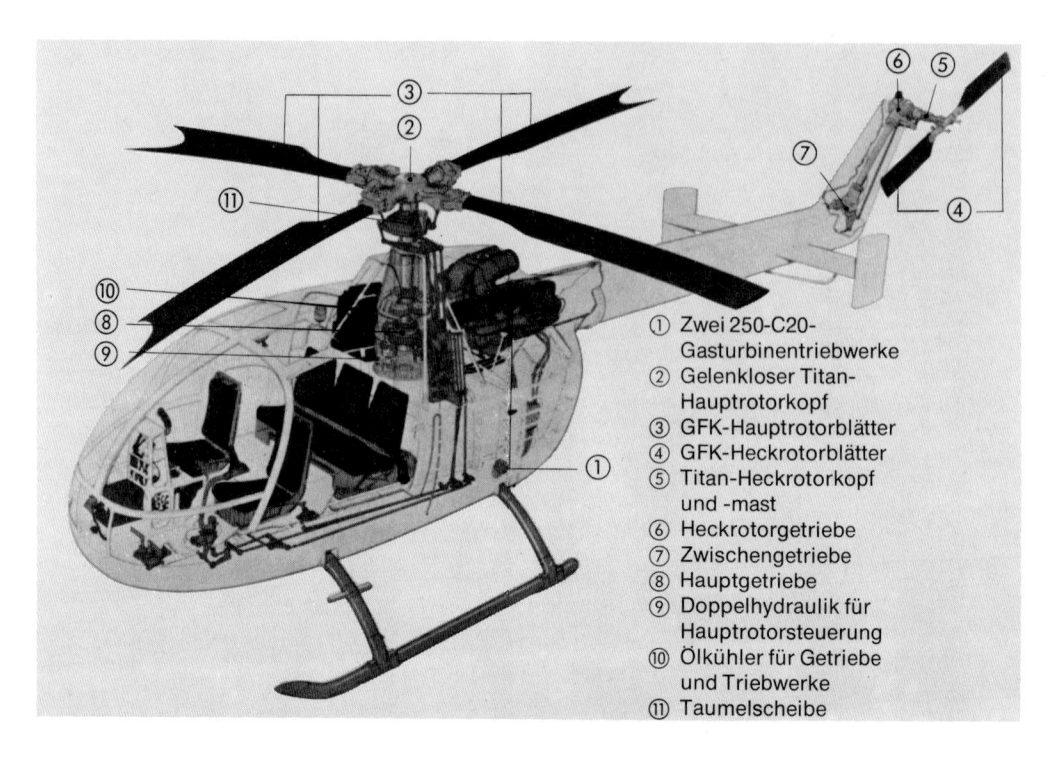

① Zwei 250-C20-Gasturbinentriebwerke
② Gelenkloser Titan-Hauptrotorkopf
③ GFK-Hauptrotorblätter
④ GFK-Heckrotorblätter
⑤ Titan-Heckrotorkopf und -mast
⑥ Heckrotorgetriebe
⑦ Zwischengetriebe
⑧ Hauptgetriebe
⑨ Doppelhydraulik für Hauptrotorsteuerung
⑩ Ölkühler für Getriebe und Triebwerke
⑪ Taumelscheibe

Gleichsam mit Röntgenaugen blicken wir der Bo 105 unter die Haut. Hinter den Sitzen für den Piloten und den Copiloten sind weitere drei Sitze angeordnet. Es finden also 5 Personen bequem Platz. Die zwei Turbomotoren von je 405 PS liegen hinter der Rotorachse mit dem Hauptgetriebe sowie Hydraulik und Taumelscheibe für die Rotorsteuerung.

andere über, wie man es bisher nur von einem richtigen Kunstflugzeug her kannte. Der Cheftestpilot der MBB-Hubschrauberabteilung, Siegfried Hoffmann, nach dem Warum und Wozu solcher für einen Hubschrauber im alltäglichen Einsatz doch völlig absurden Bravourstücke befragt, meinte: »Erstens wollen wir damit die erstaunliche Manövrierfähigkeit des mit gelenklosem Rotor versehenen Hubschraubers vorführen, zweitens und drittens ist solche Hubschrauberakrobatik nur mit besonderer Genehmigung erlaubt und ›normalen‹ Piloten auch nicht zu empfehlen . . .«

Glaubt Testpilot Hoffmann, daß Kunstflug auch mit einem herkömmlichen, mit Schlag- und Schwenkgelenken ausgerüsteten Hubschrauber möglich wäre? »Theoretisch schon«, gab er zur Antwort, »praktisch ist das jedoch sehr gefährlich; da sich die Steuerwirkung bei nur geringen Belastungen der Flügelblätter vermindert, vollführt der Rotor unkontrollierbare Bewegungen, und es kann damit zur Zerstörung der Maschine kommen . . .« Die gutmütigen Flugeigenschaften des Starr-Rotorers erleichtern nicht zuletzt auch das »Umsteigen« des Piloten vom Tragflächenflugzeug auf den

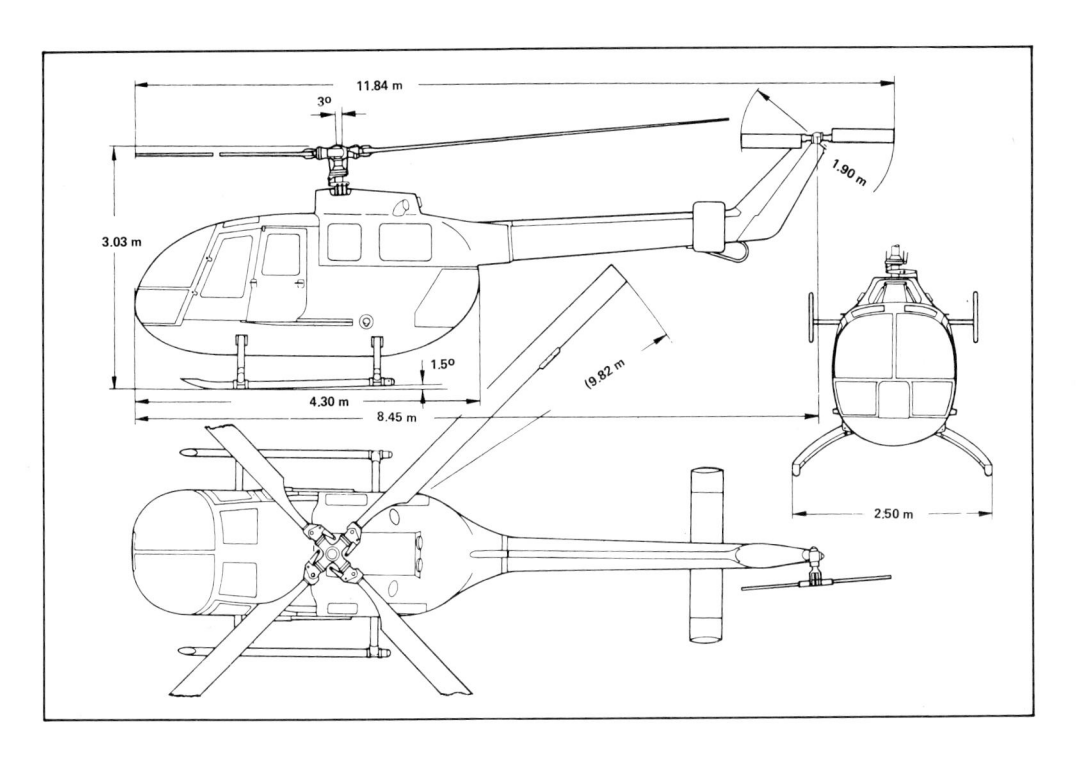

Die Abmessungen der Bo 105. Als echter Allzweckhubschrauber besitzt sie eine Reisegeschwindigkeit von 232 km/h, die Höchstgeschwindigkeit beträgt 270 km/h. Bei einem Höchstabfluggewicht von 2 300 kg können 1 100 kg Nutzlast befördert werden. Bei dem siebensitzigen Schwestermodell Bo 106 ist nur der Rumpf etwas länger.

Drehflügler. Bei den Hubschraubern alter Bauart ist diese Umschulung nämlich nicht ganz einfach.

Auch die Leistungen dieser durch den Starr-Rotorer verkörperten jüngsten Hubschraubergeneration beeindrucken. So fliegt die Bo 105 mit einer Höchstgeschwindigkeit von 270 km/h selbst manchem Starrflügelflugzeug davon. Eine Bo 105, die für Höchstgeschwindigkeitsflüge mit auftrieberzeugenden Hilfsflügeln ausgerüstet wurde, hat sogar schon über 400 km/h erreicht. Aber auch die Reichweite des Hubschraubers, jahrzehntelang als unzureichend bemängelt, konnte entscheidend verbessert werden. Sie beträgt bei der Bo 105 etwa 580 Kilometer und mit Zusatztanks sogar über 1 000 Kilometer. Die Gipfelhöhe – das heißt die größte erreichbare Flughöhe – von etwa 5 000 Meter läßt den Einsatz dieses Helikopters auch im alpinen Rettungsdienst zu.

Bei alldem ist auch das Tragvermögen ein wichtiger Gesichtspunkt. Bei einem Startgewicht von 2 300 Kilogramm nimmt die Bo 105 eine Zuladung bis zu 1 100 Kilogramm auf, davon können bis zu 950 Kilogramm auch als

Außenlast an einem Spezialhaken befördert werden. Auf solche Weise hat eine Bo 105 gelegentlich schon eine andere, havarierte Bo 105 zur Reparaturwerft abgeschleppt.

Aus dem Fünfsitzer wurde die siebensitzige Bo 106 entwickelt. Beide Hubschrauber gleichen sich, bis auf die Rumpflänge, wie ein Ei dem anderen. Man könnte die herkömmliche Bo 105 durch ein sogenanntes Rüstpaket in das siebensitzige Schwestermodell verwandeln oder die Bo 106 von vornherein als selbständiges Baumuster in Serie bauen. Hier müssen erst noch die Marktforschungen ausgewertet werden, um zu sehen, welche der beiden Methoden sich als günstiger erweist.

Der Preis der Bo 105 liegt, je nach Ausstattung, etwas unterschiedlich, bei rund 1 Million Mark, eine Flugstunde kostet etwa 1 000 Mark. Ein entsprechendes Starrflügelflugzeug mit Kolbenmotor ist »schon« für etwa 350 000 bis 500 000 Mark zu haben, wobei für die Flugstunde 250 bis 350 Mark veranschlagt werden müssen. Freilich lassen sich beide Flugzeuggattungen im Grunde nicht recht miteinander vergleichen.

Die Bo 105 ist ein typischer Mittelklasse-Hubschrauber. Mit dem amerikanischen Boeing-Vertol »Uttas« weist – wie schon erwähnt – inzwischen auch ein größerer Drehflügler das neuartige Starr-Rotorsystem auf. Diese trotz ihrer gedrungenen Bauweise fast elegant anmutende Maschine befördert bis zu 22 Personen. Bei einem Abfluggewicht von 8 500 Kilogramm beträgt ihre Höchstgeschwindigkeit beinahe 290 km/h und ihre Reisegeschwindigkeit um 270 km/h. Nach wie vor ist der Hubschrauber das einzige senkrecht startende und landende Flugzeug, das im Alltag anzutreffen ist. Die dem mit festen Tragflächen versehenen Senkrechtstarter (VTOL = Vertical Take Off and Landing) vorausgesagte Zukunft hat noch immer nicht begonnen. Er beschränkt sich vorerst auf einige militärische Maschinen und Versuchsflugzeuge. Insbesondere der vom starrflügeligen VTOL verursachte höllische Lärm, gegen den das Hubschrauberknattern wie gedämpfter Trommelschlag anmutet, verhindert dessen allgemeine Verwendung. In der Zivilluftfahrt hat der Hubschrauber offenbar noch für längere Zeit einen beträchtlichen Vorsprung und somit einen sicheren Platz am Himmel. Zahlenmäßig ist der mit herkömmlichem Schlag- und Schwenkgelenk ausgerüstete Helikopter dem Starr-Rotorer freilich noch überlegen – aber der »Rigid Rotor« hat seinen Siegeszug ja gerade erst angetreten.

Die Flotte von Zivilhubschraubern in der westlichen Welt hat sich in den letzten sieben Jahren von ungefähr 4 000 auf etwa 8 500 Maschinen erhöht. Wie Marktuntersuchungen zeigen, wird sich ihre Zahl in sieben bis acht Jahren abermals verdoppelt haben. An diesem Hubschrauberpark ist Europa mit 15 bis 20 Prozent des Fluggerätes beteiligt. In den Oststaaten und in der übrigen Welt erfüllen zur Zeit an die 3 000 Hubschrauber zivile Aufgaben, außerdem werden in Ost und West insgesamt etwa 24 000 bis 30 000 militärische Hubschrauber eingesetzt. Das ergibt summa summarum die stattliche Zahl von 35 000 bis 40 000 in aller Welt »rotierenden Mädchen für alles«.

Riesen-Kraftwerk Sonne? WALTER BAIER

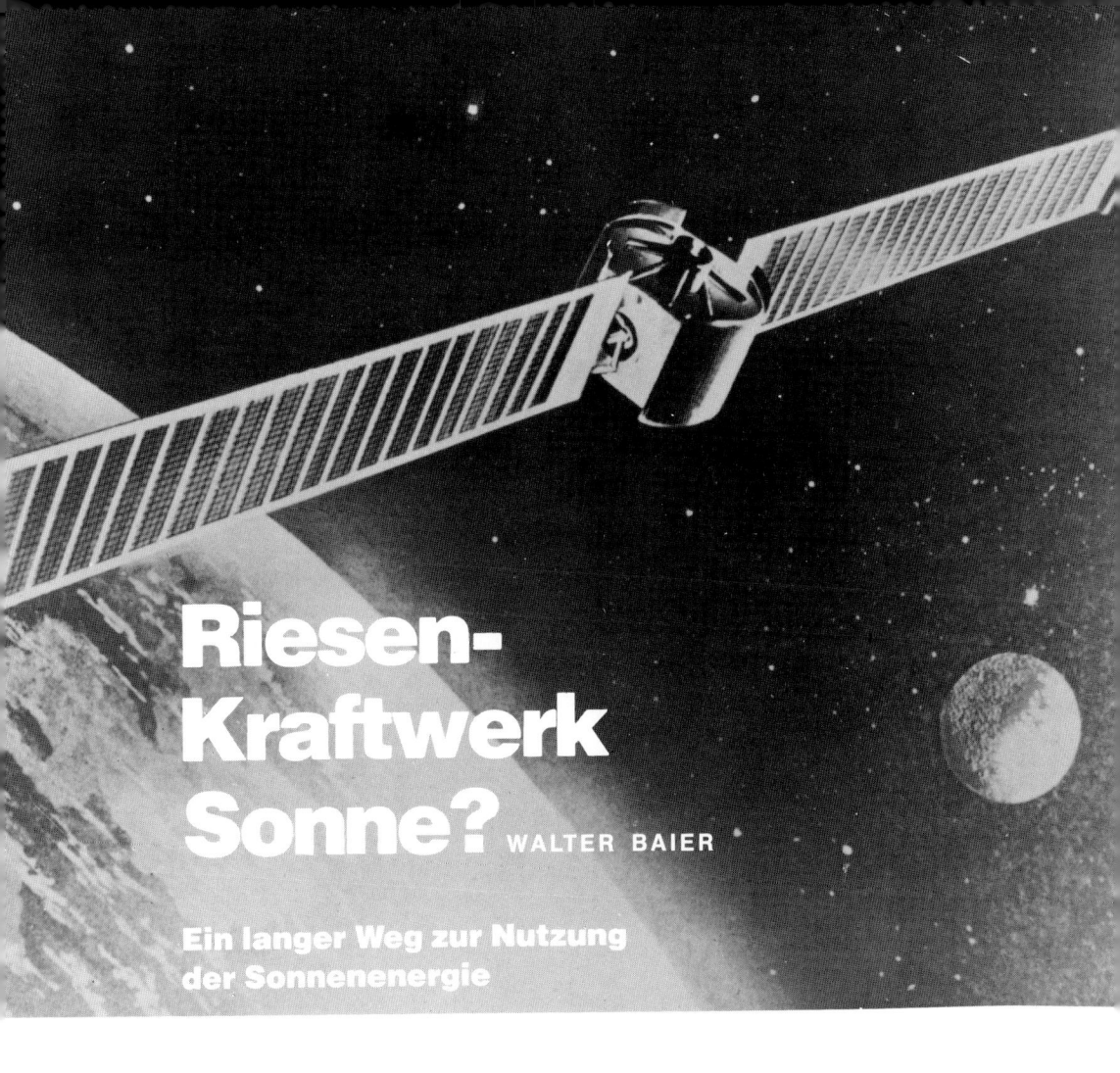

Ein langer Weg zur Nutzung der Sonnenenergie

Umweltschützer, hat einmal ein amerikanischer Ingenieur gesagt, müßten eigentlich begeisterte Verfechter der Weltraumtechnik sein. Der Satz ist so unsinnig nicht: Technisch erscheint es durchaus möglich, Bergbau auf dem Mond zu betreiben oder einen der metallreichen Asteroiden – die kleinen Himmelskörper, die sich zwischen Mars und Jupiter bewegen – aus seiner Bahn in Erdnähe zu drängen, um seine Erzvorkommen auszubeuten. Damit wäre die Rohstoffknappheit behoben, die viele Zeitgenossen befürchten und die sich bei manchen Metallen auch schon abzuzeichnen beginnt. Aber auch vom Standpunkt des Umweltschutzes wäre die Verlagerung der Hüttenindustrie in den Weltraum nur wünschenswert, weil die Belastung der irdischen Atmosphäre entfiele. Selbst Naturfreunden müßte dergleichen am Herzen liegen, denn die Abraumhalden der Bergwerke, bislang notwendige Folge des Rohstoffhungers der Menschheit, würden die schönen Landschaftsbilder nicht mehr zerstören. Solche Aussichten muten heute noch utopisch an – aber sind sie es wirklich?

In der Weltraumtechnik wurden sogar Möglichkeiten entwickelt, den Energiebedarf zu decken. Seit zwei Jahrzehnten schon werden die meisten Forschungsgeräte, die der Mensch in den Weltraum entsandt hat, mit elektrischem Strom betrieben, der aus der Sonnenstrahlung gewonnen wird. Sonnenlicht ist ebenso wie Wärme oder auch der elektrische Strom eine Erscheinungsform der Energie. Nichts scheint dagegen zu sprechen, diese für den Weltraum entwickelte Technik auch auf der Erde anzuwenden. Hoffnungsvoll sehen manche sie schon greifbar nahe: kilometerlange Felder, mit Halbleiter-Bauelementen bedeckt, die die Strahlung der Sonne in elektrische Energie umwandeln – Solarkraftwerke –, und Sonnenkollektoren, die unsere Häuser mit Wärme versorgen, auf den Dächern. Kernenergiegegner hoffen auf Sonnenenergie, um die andere Möglichkeit, die Atomenergie, ausschließen zu können. Die Sonne könnte uns Energie gleichsam frei Haus liefern. Trotzdem regt sich auf diesem Gebiet anscheinend nur sehr wenig. Woran liegt das eigentlich?

Ein Gespräch mit Fachleuten muß die Zuversichtlichen enttäuschen. Es stimme gar nicht, meint Robert G. Forney vom Labor für Rückstoßantriebe der Technischen Hochschule in Kalifornien, daß es bereits eine Technik für Sonnenkraftwerke gäbe, die sich praktisch anwenden ließe. Und Forney muß es wissen: Er ist der Manager des gemeinsamen Vorhabens der Raumfahrtbehörde NASA und der Energiebehörde ERDA, Solarkraftwerke zu entwickeln. Forney und seine Mitarbeiter sind dabei, ganz von vorne anzufangen. Die auf Weltraumbedingungen zugeschnittene Technik taugt nicht für die Erde.

In der Weltraumtechnik, sagt Dr. Horst Fischer aus dem Fachbereich »Halbleiter« der AEG-Telefunken, müssen für ein Watt Leistung 500 Mark, bei Atomkraftwerken dagegen ungefähr 1 Mark aufgewendet werden. Man schätzt, daß eine Kilowattstunde elektrischer Strom aus einem Solarkraftwerk rund gerechnet 6 Mark kosten müßte. In der Weltraumtechnik ist der Strompreis gegenüber anderen Erfordernissen zweitrangig; auf der Erde aber sind solche Energiekosten undenkbar.

Tatsächlich, erklärt Forney, hat man heute noch nicht einmal einen geeigneten Werkstoff für die Sonnenzellen künftiger Solarkraftwerke. Sie werden zwar mit Sicherheit aus Silizium bestehen, denn dieses chemische Element ist nicht nur reichlich vorhanden – dem Gewicht nach macht es etwa ein Viertel der Erdrinde aus –, es ist auch ein Stoff, dessen Eigenschaften genau bekannt sind und dessen Verarbeitung ausgereift ist. Aber es liefert heute auf der ganzen Erde noch keine Fabrik Silizium für Solarzellen. Die Hersteller sind auf Silizium angewiesen, aus dem auch Dioden, Transistoren und die integrierten Schaltungen der Mikroelektronik gemacht werden. Gewonnen wird dieses Halbleitermaterial aus Quarz oder Quarzsand. Aus dem reinen Silizium – auf eine Milliarde Siliziumatome kommen weniger als ein Fremdatom – schmilzt man große Barren mit bis zu 12 Zentimeter Durchmesser, die nur aus einem einzigen, nahezu fehlerfreien Kristall be-

Oben: Das erste sonnenbeheizte Wohnhaus Deutschlands steht in Essen. Mit der auf dem Dach angebrachten, 70 m² großen Kollektorfläche (System Dornier), mehreren Warmwasser-Großspeichern und einer Wärmepumpe werden zwei Drittel des Energieverbrauchs durch Nutzung der Sonnenenergie gedeckt. – Unten: Die größte Solaranlage in Europa: das Schwimmbad Wiehl im Oberbergischen Land. Modell-Fotos ASE

stehen. Diese Stangen zersägt man dann in bis zu 0,1 Millimeter dünne Scheiben. Das ist die Stärke der Silizium-Solarzellen für die Weltraumtechnik.

Die aufwendige Technik und äußerste Reinheit des Siliziums drücken sich im Preis aus. Wahrscheinlich genügt für Solarzellen, die auf der Erde verwendet werden, auch ein weniger reines Silizium, meint Forney. Wie rein es sein müßte, weiß freilich niemand. Das läßt sich nur herausfinden, indem man es ausprobiert. Gleichzeitig müssen Wege gesucht werden, das Solar-Silizium billiger herzustellen. Unter anderem hat man an eine Machart gedacht, bei der man Siliziumplatten, ähnlich wie Glasplatten, aus einer 1200 Grad Celsius heißen Schmelze zieht. Welches von den vorgeschlagenen Verfahren das beste und wirtschaftlichste ist, läßt sich nur in Versuchsfabriken eindeutig feststellen. Die Montage der einzelnen Zellen erfordert heute noch sehr viel Handarbeit; um die Platten zu Kraftwerks-Großflächen zusammenzusetzen, müssen geeignete automatische Verfahren entwickelt werden.

Das erklärt auch, warum scheinbar so wenig für die Nutzung der Sonnenenergie ausgegeben wird: Es gibt einfach noch nichts, in das man viel Geld stecken könnte. Dieser Zeitpunkt kommt erst, wenn die Solarzellentechnik so weit ausgereift ist, daß man sie für große Kraftwerke anwenden kann; dann muß nämlich die nötige Industrie aus dem Boden gestampft werden. Ein deutsches Werk in Wedel bei Hamburg, das Solarzellen in alle Welt liefert, hat in den letzten zehn Jahren etwas mehr als 300 000 Solarzellen hergestellt. Aneinandergesetzt würden sie eine Fläche von 150 Quadratmeter bedecken, was einer elektrischen Leistung von 20 Kilowatt entspricht. Das ist nicht viel: Es läuft darauf hinaus, daß jährlich ein »Solarkraftwerk« mit 2 000 Watt Leistung entstanden ist. Etwa gleichviel nehmen eine Waschmaschine oder ein elektrischer Heizlüfter auf. Die Kraftwerke in der Bundesrepublik Deutschland erreichen zusammen knapp 60 Milliarden Watt; bis zum Jahr 1985 sollen 140 Milliarden Watt verfügbar sein. Diese Zahlen zeigen, wie wenig derzeit noch solare Kraftwerke zur Energieversorgung beitragen könnten. Ein bescheidenes Sonnenkraftwerk von 50 Millionen Watt würde noch nicht einmal ein Tausendstel zur Versorgung der Bundesrepublik beisteuern; für seinen Bau aber ist mehr Silizium erforderlich, als zur Zeit auf der ganzen Erde jährlich gewonnen wird.

Bei der Weltraum-Solarzelle machen – wegen der geforderten hohen Zuverlässigkeit – die Prüfkosten fast die Hälfte des Preises aus. Die Anforderungen an Zellen für irdische Zwecke sind geringer, außerdem sind Reparaturen möglich, so daß sich hier sehr viel Geld einsparen läßt. Das gilt auch für eine Reihe von Herstellungstechniken; Verbindungen lassen sich löten und müssen nicht mikrogeschweißt, die Zellen selbst nicht gegen energiereiche Strahlungen geschützt werden. Auf der Erde spielt auch das Gewicht keine so große Rolle wie im Weltraum. Nützt man alle diese Sparmöglichkeiten zielbewußt aus, würden Solarzellen für den irdischen Ge-

Oben: In einer Vakuumanlage werden die Solarzellen auf die Trägerplatten geklebt; ein Arbeitsgang, der höchste Genauigkeit erfordert. – Unten: Knapp 1,3 m² Zellenfläche enthält dieser Versuchsgenerator von AEG-Telefunken. Er leistet je nach Sonnenstand bis zu 140 Watt. Mit ihm kann eine Bohrmaschine (im Hintergrund) betrieben werden.

brauch, wenn man sie in Serie herstellen könnte, nur noch 45 Mark je Watt kosten. »Serie« bedeutet in diesem Fall: im Jahr Zellen für 50 000 Watt Leistung. Das ist für Fotoelektroniker ein riesiger Aufwand. Wie wenig das in der Alltagstechnik ist, veranschaulicht ein Vergleich. 50 Kilowatt – früher hätte man 68 PS gesagt – leisten die Motoren zahlreicher Mittelklassewagen, die jährlich zu Hunderttausenden von den Fließbändern der Autoindustrie rollen.

Andererseits ist diese neue Solarzelle verblüffend billig. Sie läßt sich bereits heute überall dort verwenden, wo der Anschluß an eine öffentliche Versorgung unmöglich oder teuer ist: bei Bojen, Leuchttürmen, automatischen Wetterstationen und Notstromaggregaten auf Bohrschiffen. Bei den neuen Zellen entfällt ein Drittel des Gesamtpreises auf das Ausgangsmaterial, die Siliziumscheibe. Deshalb müssen, wenn die Nutzung der Sonnenenergie Aussicht auf Erfolg haben soll, vor allem die Fertigungskosten gesenkt werden: Neue Techniken werden gebraucht.

Um ein Sonnenkraftwerk zu bauen, das wirklich wettbewerbsfähig ist, muß der Preis je Watt ungefähr auf ein Hundertstel des heutigen Standes herabgedrückt werden. Die »Traumgrenze« der Ingenieure liegt bei 60 Pfennigen. Weil aber die Sonneneinstrahlung sehr stark schwankt, läßt sich dieser Preis nicht ohne weiteres mit dem von Wärme- oder Wasserkraftwerken vergleichen. Während bei ihnen die Entwurfsleistung gleich der Dauerleistung ist, beträgt bei Solarkraftwerken die Dauerleistung, die über einen Speicher abgegeben wird, nur ein Viertel der Entwurfsleistung. Das bedeutet,

Links: Diese von MBB entwickelten Sonnenkollektoren bestehen aus einer wasserdurchströmten Röhrenplatte, die mit zwei Glasscheiben abgedeckt und mit einem wärmeaufnehmenden, mattschwarzen Belag versehen ist. Die Röhrenplatte erwärmt sich durch einfallendes Licht. Das durchströmende Wasser führt die Wärme in einen Speicher ab.

Rechts: Röhrenkollektor von Philips. Durch die äußere Röhre verläuft eine zweite, die von Wasser durchströmt wird. Zwischen beiden herrscht ein Vakuum. Die äußere Röhre ist teilverspiegelt und so raffiniert beschichtet, daß die einfallende Sonnenstrahlung auf das Innenrohr ausgerichtet, dessen Wärmerückstrahlung nach außen aber weitgehend blockiert wird. Am »Tag der offenen Tür« wurden damit Würstchen erhitzt. Fotos Baier

daß für ein 50-Megawatt-Sonnenkraftwerk Solarzellen von 200 Megawatt Leistung eingebaut werden müssen.

In unseren Breiten beträgt die Sonneneinstrahlung – über das Jahr gemittelt – rund 100 Watt je Quadratmeter. Die heute vorhandenen Solarzellen erreichen Wirkungsgrade zwischen 12 und 15 Prozent; die physikalisch bedingte, obere Grenze des Wirkungsgrades liegt an der Erdoberfläche bei 18 Prozent, unter Weltraumbedingungen bei 16 Prozent. Eine Solarzellenanlage für den Betrieb einer schwachen 25-Watt-Glühlampe würde somit derzeit über 1 100 Mark kosten, wobei die notwendigen Energiespeicher, wie vielleicht Blei-Akkumulatoren, noch nicht eingerechnet sind.

Kaum ein Fachmann glaubt freilich, daß Solarkraftwerke in Mitteleuropa jemals sinnvoll sein werden. Solche Kraftwerke können – entsprechende Preissenkungen vorausgesetzt – erst in Gebieten südlich des 35. Breitengrades wettbewerbsfähig sein.

Hart umstritten sind auch Pläne, Sonnenzellenkraftwerke in Erdumlaufbahnen einzurichten. Abgesehen von der Schwierigkeit, wie vorgeschlagen, 13 000-Tonnen-Kraftwerke auf eine Umlaufbahn zu befördern und sie dort an bestimmten Orten festzuhalten, haben sorgfältige Kostenberechnungen ergeben, daß die Solarzellen für Weltraumbedingungen rund 100mal billiger werden müßten, damit eine solche Anlage gewinnbringend arbeitet. Zur Zeit erscheint das aussichtslos.

Es gibt noch eine andere Möglichkeit, die Sonnenenergie zu nutzen: Man bündelt das Licht durch Spiegel oder Linsen und erzielt auf diese Weise die hohen Temperaturen, die zum Betrieb von Dampfkraftmaschinen notwendig sind, also 500 bis 600 Grad Celsius. Mit solchen Anlagen könnte vielleicht ein Wirkungsgrad zwischen 25 und 30 Prozent erreicht werden. Die Verfechter dieser Technik erhoffen sich wettbewerbsfähige Strompreise. Unabhängige Gutachter bezweifeln das, zumal die Baukosten solcher Kraftwerke sehr hoch sein dürften.

Hierzulande ist es nur dann sinnvoll, die Sonnenenergie auszunutzen, wenn mit sehr viel höheren Wirkungsgraden gearbeitet wird. Das ist tatsächlich möglich, wenn man die Sonnenstrahlung dazu verwendet, Wärme bis zu Temperaturen von 100 Grad Celsius zu erzeugen. »Sonnenkollektoren« für diesen Temperaturbereich verwerten teilweise mehr als die Hälfte der eingestrahlten Wärmeenergie.

Der ideale Sonnenkollektor ist ein Gefäß, dessen Wände einfallende Strahlen ungehindert durchlassen, die vom Gefäßinhalt ausgehenden Strahlen jedoch zurückhalten. Die einfallende Strahlung erwärmt den Inhalt, dessen Temperatur dadurch höher ist als die der Umgebung. Leider erwärmen sich dabei auch die Gefäßwände, so daß sie Wärme an die Umgebung abgeben. Kollektoren, die die einfallenden Sonnenstrahlen vollständig in nutzbare Wärme umwandeln, gibt es deshalb ebensowenig wie ein Perpetuum mobile.

Immerhin arbeiten diese Kollektoren durchaus zufriedenstellend. An einem schönen Sommertag ist es für sie nichts Besonderes, kochendes oder fast kochendes Wasser aus der Leitung zu liefern. Heikel wird die Sache erst in den kühleren Jahreszeiten; dann erweist sich, daß es bei einer solchen Anlage auf einen ausgeklügelten Wärmehaushalt ankommt. Die Frage, wie man sommerliche Wärme bis zum Winter speichern kann, ist bislang noch nicht befriedigend beantwortet. Eher scheint es schon möglich, die wärmenden Sonnenstrahlen von Wintertagen mit hellem Himmel in die folgenden trüben Wochen hinüberzuretten. Da der einzige praktisch anwendbare Wärmespeicher aber Wasser ist, muß der Wasserbehälter sehr gut isoliert sein. Das gilt auch für das gesamte Haus. Daß eine solche Wärmedämmung Geld kostet, liegt auf der Hand. Soll die Sonnenenergie bestmöglich genutzt werden, muß auch dem Abwasser aus Badewanne und Spüle die von den Kollektoren gesammelte Wärme durch Wärmepumpen entzogen und wieder verwendet werden. Technisch ist das ohne weiteres möglich, aber es kostet gleichfalls Geld.

Trotz dieses Aufwandes läßt sich der Energiebedarf eines Wohnhauses aus Sonnenkollektoren allein nicht decken. Technisch möglich wären noch Klimaanlagen, die selbst die animalische Wärme der Bewohner und erst recht die Abwärme der Beleuchtungskörper ausnutzen. Dennoch bleibt, daß gerade im Winter zusätzliche Energie bezogen werden muß. Nach Berechnungen von Messerschmitt-Bölkow-Blohm in München lassen sich bei 100 Quadratmeter Kollektorfläche und 30 Grad Dachneigung 42 bis 68 Prozent des jährlichen Verbrauchs an Heizung und Warmwasser durch Sonnenwärme bestreiten.

So stellen sich die Architekten die sonnenbeheizten Häuser der Zukunft vor. Durch geschickte Anordnung der Solarkollektoren in den Dach- und Fassadenflächen sollen der Sonnenstand im Tagesablauf, die Sonnenhöhe im Jahreszeitenablauf und das Streulicht bei bedecktem Himmel bestmöglich ausgenützt werden. Foto: Goertz-Bauer

Solarheizsysteme – hier ein Schema – kommen ohne die herkömmliche Zentralheizung noch nicht aus. Eine automatische Regelung sorgt dafür, daß die Zentralheizung eingeschaltet wird, wenn die Temperatur im Solarspeicher unter einen bestimmten Wert sinkt. Der Energieersparnis stehen die höheren Anschaffungskosten der Anlage gegenüber.

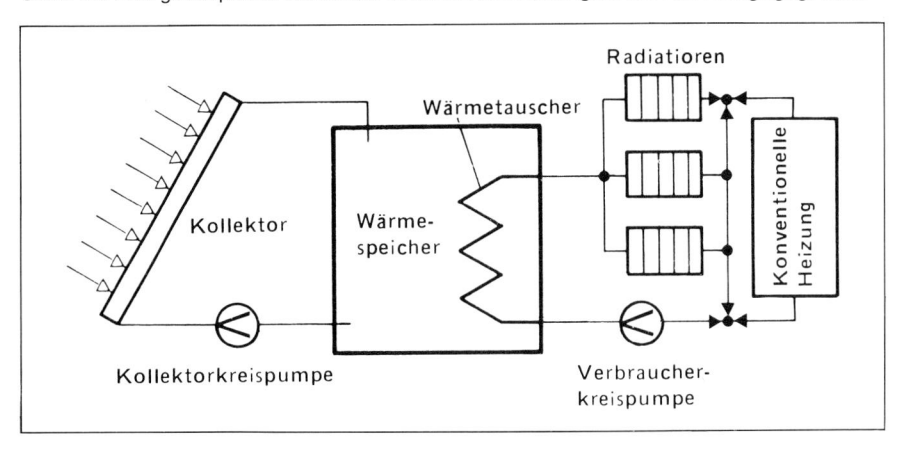

Das allerdings heißt, daß ein Solarhaus zweier Heizsysteme bedarf: Neben der Wärmeverwertungsanlage, zu der die Solarkollektoren gehören, ist auch noch der herkömmliche Heizkessel für Zentralheizungs- und Warmwasserbereitung notwendig. Zweifellos spart die Wärmeverwertungsanlage Energie, jedoch um den Preis hoher Baukosten.

Welcher Aufwand sinnvoll ist, läßt sich heute noch nicht sagen; die Erfahrungen mit Solarhäusern sind zu gering. Auch hängt das sehr stark von den Energiepreisen ab, ebenso freilich vom Standort des Hauses und der allgemeinen technischen Entwicklung. In Ballungsräumen wird das Solarhaus vielleicht niemals recht wirtschaftlich sein, weil es dort möglich ist, den Verbrauchern die Abwärme von Kraftwerken als Nutzwärme ins Haus zu liefern. Der Gedanke ist nicht neu, wenngleich noch wenig verbreitet: Erst sieben von hundert deutschen Haushalten werden mit Fernwärme versorgt. Fernwärme ist zudem billig. In Heizkraftwerken werden nur 10 bis 15 Prozent des Brennstoffes verbraucht, den die hauseigene Zentralheizung für eine gleiche Raumtemperatur benötigt, ganz abgesehen davon, daß sich der Gesamtwirkungsgrad des Kraftwerks gegenüber der bloßen Stromerzeugung dadurch mindestens verdoppelt. Auch fällt dabei sehr viel weniger Abwärme an, was den Verantwortlichen für Umweltschutz manche Sorge ersparen dürfte. Die Verfechter der Ausnutzung von Sonnenstrahlen mit Hilfe von Kollektoren müssen demnach auch mit Fernwärme als der anderen Möglichkeit rechnen. Die Zukunft wird zeigen, ob aus dem Gegeneinander ein Miteinander wird.

Der Anteil der Solarenergie an der Hausheizung steigt einerseits mit größeren Kollektorflächen, andererseits bei geringerem Heizbedarf (der durch gute Wärmedämmung des Hauses sinkt). Bei 30 000 kWh Heizbedarf im Jahr und 150 m² Kollektorfläche können 65 Prozent der Heizkosten gespart werden. Zeichnung Baier

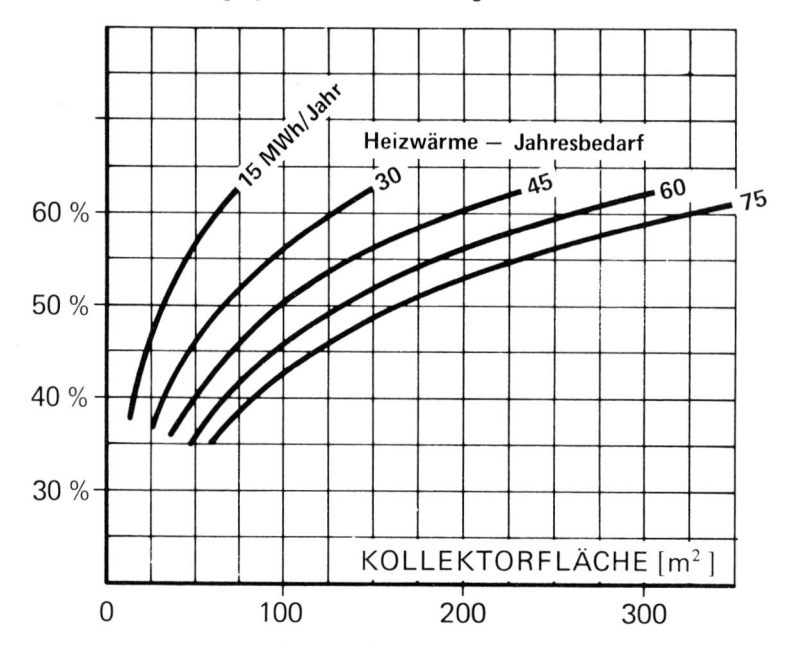

Kein anderer Gott als der Fisch VITALIS PANTENBURG

Kabeljaukrieg am Saum der Arktis – Island lebt vom Golfstrom

Gute zwei Flugstunden, nachdem Europas Küste im Meer versunken war und nun der eintönig weißgekämmte Nordatlantik, unter den Silberschwingen des Icelandair-Jet abrollend, das Einnicken beschleunigte, packte Sveinn Bjarnarsson, mein bisher ziemlich wortkarger isländischer Fluggefährte, meinen rechten Arm, eine Geste, jetzt doch seinen Fensterplatz einzunehmen: »Schauen Sie nur einmal dorthin – voraus«, sagte er vieldeutig.

In diesem, zuvor rundum völlig leeren Seegebiet, noch weit vor seiner Heimatinsel, schlingerten gleich drei Schiffe durch die unruhvollen Wasser. Eines, offenbar das größte, hielt in beträchtlichem Abstand genau Kurs auf die beiden anderen. Der schien es eilig zu haben. In Form und Art waren es recht unterschiedliche Schiffstypen. Sveinn, kürzlich fertiggewordener Ingenieur der Technischen Universität Aachen (übrigens in Fächern, die nach seiner Meinung in Island Zukunft haben mußten), war vor seinem Studium, das er sich ohne Stipendium wohl kaum hätte leisten können, auf dem Motorfangkutter seines Vaters in diese Fischgründe vor der Südküste gefahren. Er kannte sich daher gut in den hier kreuzenden Schiffstypen aus. »Sehen Sie, von den beiden kleineren, die sich jetzt ziemlich nahe sind, ist der dunkle ein Trawler, die Landratten sagen Fischfänger; er schleppt ein Grundnetz hinter sich her. Wenn er Glück hat«, meinte er zweifelnd, »kann er einen guten Fang von unten heraufholen. Aber in den letzten Jahren wurde es immer schlechter damit. Zu viele fischen hier, zu viele für die schwindenden Bestände.«

Sveinn kramte ein Fernglas aus seinem Handgepäck und peilte die beiden Schiffe an: »Der da, dieser schwarz gemalte Kasten, zeigt am Heck den Union Jack, ist also Brite. Ha – wenn ich nicht irre«, stieß er ärgerlich hervor, »fischt der genau da, wo wir es inzwischen verboten haben: innerhalb der 200-Seemeilen-Fischereigrenze.«

»Ja« – konterte er meine Frage, »das ist die Grenze, die unsere Regierung bekanntgegeben hat. Innerhalb dieses Gebietes dürfen nur Isländer Grundschleppnetze ausbringen. Hier das Glas, und nun sehen Sie mal genau hin: Das schmale, graublau gestrichene Schiff nahebei ist eines unserer Küstenwachboote.« Das ranke Fahrzeug war mittlerweile auf gleicher Höhe, ziem-

In schwerer See. Bei Wind und Wetter sind die Motorkutter vor der isländischen Küste unterwegs. Die Fischer lassen keinen Tag aus, denn Islands Wirtschaft lebt vom Fisch und nur vom Fisch. Fremde Schiffe sind da ungern gesehen (großes Bild).

Oben: Fischfang bedeutet harte Arbeit. Die Grundnetze, die hier an Bord gehievt worden sind, wiegen viele Tonnen.

Darunter: Noch an Bord wird der Fang sortiert.
Fotos Laenderpress, Mats Wibe

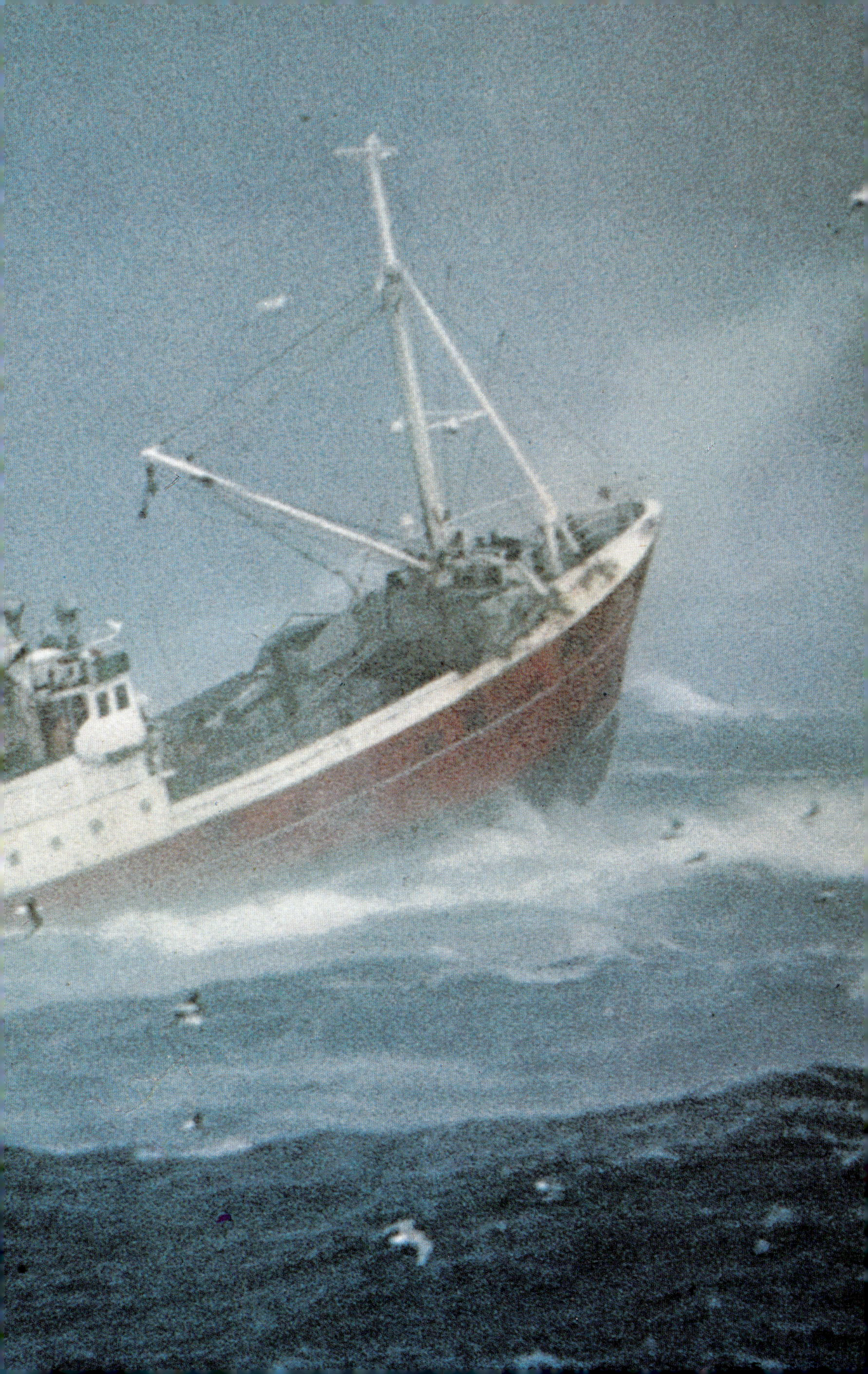

lich dicht bei dem britischen Trawler. Das kleinere Geschütz vorn auf der Back wurde dräuend auf den Briten gerichtet. Seinem Kapitän riet der Kommandant nun wohl über Sprechfunk, unverzüglich sein Fanggerät einzuholen und aus diesem Seegebiet zu verschwinden, anderenfalls würden seine Trossen gekappt.

Der Brite, übrigens ein moderner Heckfänger, über dessen Slip achtern das Schleppnetz an Deck geholt wird, machte keinerlei Anstalten, dieser Aufforderung Folge zu leisten – nicht einmal, als der Wachbootkapitän ihm einen scharfen Warnschuß vor den Bug setzen ließ. (Man sah das deutlich am blauen Wölkchen vor der Rohrmündung.) Der fühlte sich wahrscheinlich sicher, weil die britische Fregatte in Höchstfahrt ihm zu Hilfe steamte. Sie machte jetzt große Fahrt und kam rasch näher. Eine bedrohlich aussehende Situation. Sollte der immer hitziger gewordene »Kabeljaukrieg« zwischen Island und fremden Wettbewerbern hier auf den Austausch gezielter scharfer Schüsse hinauslaufen und nicht nur mit Warnschüssen enden?

Doch der Klügere, in diesem Fall freilich der hoffnungslos Unterlegene, sah wohl keine Gelegenheit mehr, dem Trawler die Trossen seines Fanggeschirrs zu kappen und ihn nach Reykjavik einzubringen. Vielleicht hatte der Wachbootkommandant auch Anweisung seiner Behörde, es in solchen Fällen nicht auf einen Schußwechsel mit unweigerlich diplomatischem Nachspiel ankommen zu lassen.

»Zwischenfälle dieser Art sind in unseren Gewässern seit Jahren an der Tagesordnung«, bemerkte ärgerlich der junge Isländer, fügte aber mit freundlicher Miene gleich an: »Trossenkappen, Aufbringen bundesdeutscher Hochseefischer und die hohen Geldbußen wird es für euch in Zukunft ja nicht mehr geben. Unsere beiden Regierungen haben sich inzwischen gütlich geeinigt. Deutschen Schleppnetzfischern ist das Recht zugestanden, innerhalb der 200-Seemeilen-Fischereigrenze, aber nicht mehr innerhalb der 50-Seemeilen-Zone vor der Küste, jährlich 60000 Tonnen Fisch zu fangen.«

Die mit 200000 Insulanern kleinste nordische Nation kann ohne einträglichen Großfischfang vor ihren Küsten wirklich nicht bestehen. Fische und fabrikverarbeitetes Fanggut für die Ausfuhr machen in der isländischen Wirtschaft mehr als 90 Prozent aus. Klar und eindringlich hat Halldór Laxness, isländischer Nobelpreisträger für Literatur, in einem seiner auf der ganzen Welt gelesenen Romane einen Landsmann aussprechen lassen, was die Bewohner dieses kargen, vulkanischen Insellandes bewegt: »Was ist das für ein Gott, der all das hier lenkt?« Die Antwort einer Isländerin: »Wohl kein anderer Gott als der Fisch!«

Fischfang und -verarbeitung als die einzige Erwerbsmöglichkeit haben hier ein sehr bedenkliches Vorzeichen, solange andere Nationen ebenfalls immer mehr Fischfang betreiben und scharfen Wettbewerb bedeuten. Schlimmer noch ist das, weil die Schelfzonen vor den Küsten heute bereits als überfischt gelten; die Fänge nehmen nachweisbar mehr und mehr ab.

Island liegt im Bereich zweier Strömungen. Der von Südost her kommende »Irminger-Strom«, ein Zweig des Golfstromes, bestreicht mit seinen warmen Wassermassen die Süd- und Westküste, taucht an der Nordküste unter und ist auch an der Ostküste noch festzustellen. Nordher kommt der polare »Ostisland-Strom«, Zweig der Ostgrönlandströmung. Er umrundet die Ostküste und stößt vor der Südküste auf einen Zweig des »Irminger-Stroms«. Die verschiedenartigen Strömungen wirken sich dahin aus, daß die Temperaturen von der Süd- bis zur Nordküste an der Wasseroberfläche zwischen −1 und +12 Grad Celsius schwanken; an den übrigen Küstenabschnitten mißt man zwischen −1 und +7 Grad. Die Küstenvorfelder in Süd und Südwest mit den höheren Temperaturen sind schon seit je bevorzugte Laichplätze der Fische. Nach dem Laichen ziehen sie in die nahrungsreicheren Gründe vor der Nordküste. Hier wieder sind, infolge des verstärkten Auftreffens kalter nordpolarer auf atlantische Wasser, die Voraussetzungen für die Ernährung günstiger. Dazu kommen riesige Nährstoffmengen, die mit den Gletscherbächen Grönlands zufließen. Dieser Mischwasserbereich ist es, auf den sich die hohe Lebenskraft des Island-Sockels gründet.

Die Fischgründe hier zählen zu den reichsten der Welt. Zu verdanken sind sie dem warmen Golfstrom, der aus den heißen äquatorialen Breiten im Nordatlantik polwärts zieht und unter Island auf kältere Meeresteile trifft. An solchen Stellen entwickelt sich besonders reichlich Plankton (griechisch: »Schwebendes, das sich aus eigenem nicht bewegen kann«), winzige tierische und pflanzliche Lebewesen, die das unterste Glied in der langen Nahrungs- und Lebenskette der Meerestiere bilden, auf der allein sie sich aufbaut. Fischen die Großfänger mit Schleppnetzen in diesem so wichtigen Brutgebiet, holen sie leider auch ein gut Teil Jungfische ein. Wirtschaftlich kaum zu nutzen, bilden sie doch Grundlage dafür, daß sich die Fischbestände vermehren oder zumindest erhalten werden. Daher ist die Forderung der Isländer, ihre Fischereigrenzen weiter nach draußen zu verlegen, verständlich. Mit der 50-Seemeilen-Linie (1 Seemeile = 1 852 Meter) hatten sich die Hauptfangnationen, vor allem Deutsche und Engländer, inzwischen einverstanden erklärt. Vorausgegangen waren ständige, scharfe Auseinandersetzungen mit Trawlern. Die isländischen Wachboote hatten die Fanggeräte weggekappt und die Schiffe gezwungen, Reykjavik anzulaufen, wo man sie festhielt, bis ihre Reedereien sie durch Zahlung hoher Bußgelder auslöste. Und nun kamen weitere 150 Seemeilen dazu. Das war, vor allem für die britische Hochseefischerei, einfach zuviel. Sie berief sich darauf, daß Fischereizonen solcher Ausdehnung bisher noch nicht im Internationalen Seerecht vereinbart sind. Das konnte die isländische Regierung jedoch nicht veranlassen einzulenken. Sie erklärte die 200-Seemeilen-Grenze als für ihr Land verbindlich, duldete innerhalb dieser Gewässer keine ausländischen Fangschiffe und verstärkte den Küstenwachdienst.

Die Isländer, deren Außenhandelsbilanz seit vielen Jahren beträchtliche Verluste aufweist, sind fest davon überzeugt, diese Fehlbeträge auf längere

Ein Trawler hat festgemacht. Sofort nach dem Einlaufen werden die Fische verarbeitet (großes Bild).

Oben: Mit reichem Fang heimwärts, tief taucht das Boot ins Wasser.

Mitte: Neben Kabeljau wird vor Islands Küste Schellfisch und Seelachs gefangen.

Unten: In langen Reihen dörrt der Stockfisch. Fotos Mats Wibe

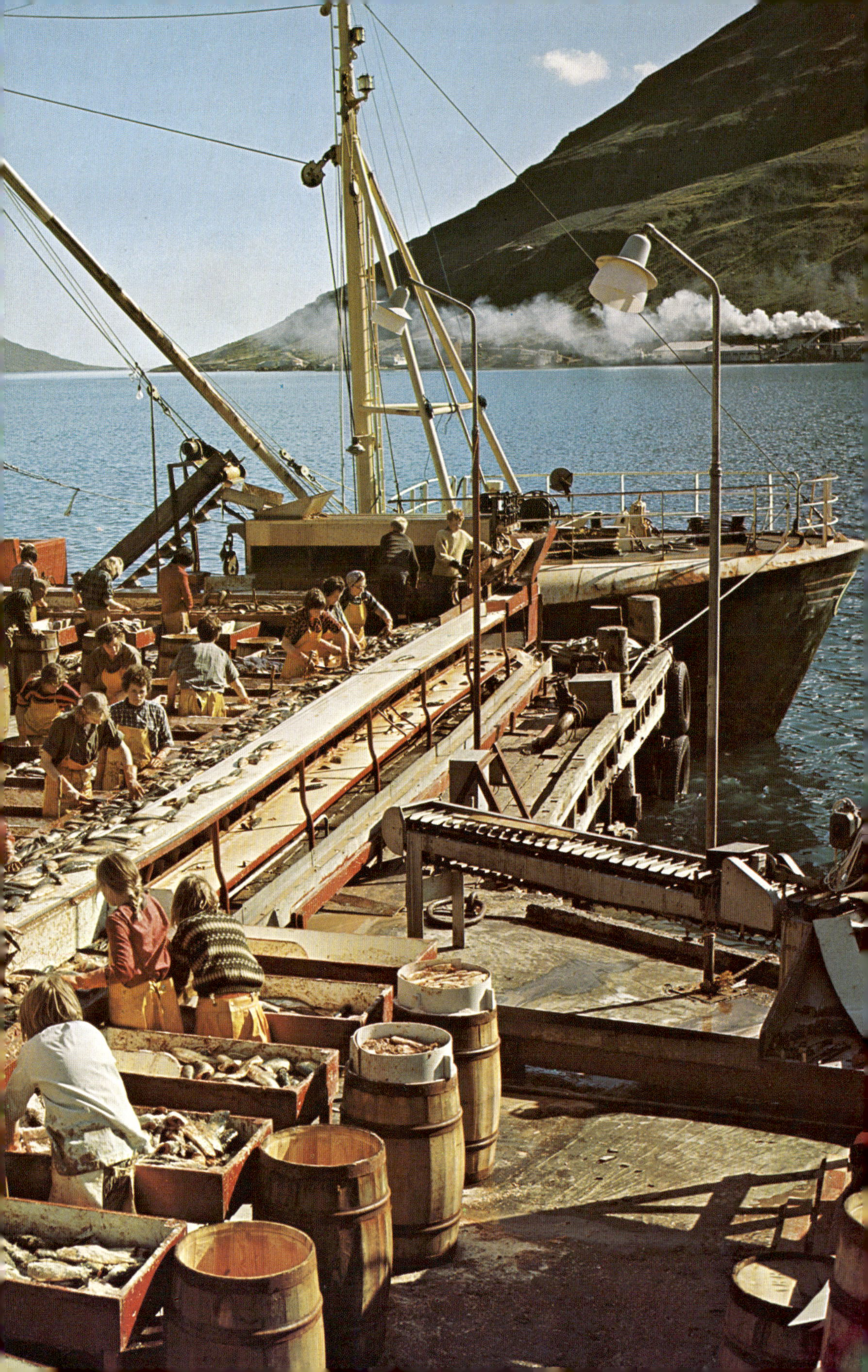

Sicht einzig aus Fischfangerträgen ausgleichen zu können. Sie verweisen darauf, daß sie in wohl einmaliger Weise völlig vom Fisch abhängig sind, weil ihr Land nur über wenig natürliche Reichtümer verfügt. Daher beklagen sie, daß Deutsche und Engländer zusammen bisher fast die Hälfte der 750 000 Tonnen einholten, die jährlich über isländischen Fischbänken eingebracht worden sind. Ihr wirtschaftliches Überleben hänge nun einmal von der Küstenfischerei ab. 63 Trawler und gegen 4 000 kleinere Boote der isländischen Fischereiflotte reichten, wie Island anführt, voll aus, die Fischbestände »unter wissenschaftlicher Leitung« bis zu der Grenze auszunutzen, die zum Schutz junger Fischstämme notwendig sei. Die Überfischung, vor allem durch fremde Nationen, sei dadurch erwiesen, daß das Fangergebnis seit über dreißig Jahren gleichblieb, obwohl sich die Fischfangkapazität verdoppelt habe.

»Arbeitsplätze für alle, gute Entlohnung für steigende Lebensansprüche, das sind unsere Hauptaufgaben«, bemerkte Sveinn verständnisvoll, »und wer verzichtet denn wohl gern auf besseren Lebensstandard; die Industrienationen, nicht zuletzt ihr Deutschen, leben ihn uns ja vor. Jeder achte meiner Landsleute fährt ein Auto, fast jeder zweite wohnt in Reykjavik, unserer Hauptstadt. Wir leben vielleicht etwas leichtsinnig, über unsere Verhältnisse, führen weit mehr ein, als wir durch Ausfuhr bezahlen können. So erklären sich unsere verzweifelten Bemühungen, die Fangerträge durch Ausweiten der Fischereigrenze zu erhöhen. Wir müssen aus dem Ausland Getreide und Baumaterialien, Eisen und Maschinen, Treibstoffe, Traktoren und vieles mehr kaufen.«

Ein beklemmendes Dilemma, gibt der frischgebackene Ingenieur zu. Er ist überzeugt, daß es für die Zukunft nur den einen Weg gibt, den Energievorrat der heißen, geothermischen Quellen aus dem Erdinnern bestmöglich zu nutzen, um das Land stärker zu industrialisieren und allmählich weniger vom »Gott Fisch« abhängig zu sein. Genau in dieser Richtung hatte Sveinn Bjarnarsson, jung und zukunftsbewußt, sein Studium betrieben. Hauptfächer: Energiewirtschaft, Elektrotechnik, Geotechnik (Vulkanismus), Geologie, Wasserkraftwerksbau und Wasserwirtschaft. Seine Überlegung zeichnet ihm wahrscheinlich einen guten Weg vor, obwohl Hochseefischfang neben wenig Ackerbau und Viehzucht (Rinder, Pferde, vor allem Schafe) sicher noch lange für die isländische Volkswirtschaft entscheidend sein wird. Sveinn jedenfalls fand die Abhängigkeit vom Fisch erschreckend hoch. Um die für seine nach Wohlstand strebenden Landsleute fatale Situation ändern zu helfen, hatte er sich, für sein Land noch etwas ungewöhnlich, den angewandten Ingenieurwissenschaften verschrieben. Islands unerschöpfliche Wasserkräfte gäben, voll gezähmt, in modernen Kraftwerken mindestens 4 000 Megawatt her. Damit ließe sich zum Beispiel billig Aluminium erschmelzen. Der Rohstoff, angereichertes Bauxit, müßte über See herangebracht, Rohaluminium oder Halbfabrikate müßten mit dem Schiff ausgeführt werden. An etwa 750 Stellen schießen anzapfbare, unerschöpfliche Dampfkräfte aus der Erde, mit denen sich geothermische Kraftwerke betreiben lassen. So könnte die für

Armdick überziehen im Winter Eispanzer Takelage und Decksaufbauten der Trawler. Trotz der eiskalten Polarluft friert das Meer nicht zu, denn Islands Küste wird von einem Zweig des Golfstroms bestrichen. Der Süden und Südwesten sind die bevorzugten Laichplätze der Fische, nach dem Laichen ziehen sie vor die nahrungsreichere Nordküste – sie zählt zu den reichsten Fischgründen der Welt. Foto Mats Wibe

die Isländer so gefährliche, feurige, oberflächennahe Glut des tieferen Erdmantels (das »Magma«) mit dazu beitragen, die bedenkliche Monokultur der Fischereiwirtschaft abzulösen.

Auf nicht absehbare Zeit bestimmt vorerst noch der Fisch Leben und Werken der Isländer. Daher blieb ihnen keine andere Wahl, als die Fischereigrenzen schließlich bis auf 200 Nautische Meilen hinauszurücken. Sie sahen sich gezwungen, sich so gegen den rücksichtslosen Fang, einen regelrechten Raubzug, zu wehren. Über dem verhältnismäßig flachen Schelf vor den Küsten liegen die Laichgründe, leben die Jungfische. Sie werden von den Riesenbäuchen der Grundschleppnetze mit erfaßt und vernichtet. Die Isländer müßten auf ihrer kargen, feuerspeienden, eis- und lavaüberzogenen Nordinsel mit einiger Wahrscheinlichkeit auf die Dauer verhungern oder – wie in früheren Zeiten nur allzuoft – arg darben, könnte das Meer ringsum ihnen nicht soviel Nutzfisch, hauptsächlich Kabeljau (Dorsch) und Hering, liefern, wie ihre gut ausgestattete Fischindustrie nun einmal anlanden muß, um zu überleben.

Strahlströme, Gewitterwirbel und Düsenjets HEINZ PANZRAM

Erst der Wetterdienst macht das Fliegen sicher

Beginnen wir mit einem Zahlenspiel. In jedem Monat werden ausgegeben: rund 13 000 Wetterauskünfte, 1 500 Wetterbeobachtungen, etwa 11 000 Wetterberatungen, 1 100 Wettervorhersagen und ungefähr 60 Wetterwarnungen! Wer gibt sie für welchen Zweck aus? Die Antwort: Allein die Flugwetterwarte auf dem Flughafen Frankfurt (Main) leistet das, um den Luftverkehr meteorologisch zu sichern. Wollte man diese Angaben für die vielen hundert Flugwetterwarten auf der ganzen Welt zusammenzählen, man käme zu wahrhaft astronomischen Zahlen!

Kein anderer Verkehrszweig ist so wetterabhängig wie die Luftfahrt. Wettereinflüsse begünstigen, erschweren, verhindern oder gefährden den Ablauf der Flüge ständig. Dank neuer technischer Geräte und Verfahren konnte in den letzten Jahren zwar die Wetterabhängigkeit der Luftfahrt gesenkt werden, aber das wird selbst für den Überschall-Luftverkehr immer nur bis zu einem gewissen Grade möglich sein. Vereinzelt stürzen auch heute noch Flugzeuge in einem Taifun oder schweren Gewitterwirbel ab, allein durch das Wetter verursachte Flugzeugunfälle zählen jedoch zu den Ausnahmen.

Daran haben der Ausbau und die technische Vervollkommnung des Flugwetterdienstes entscheidenden Anteil. Zunächst zum Thema »Ausbau«. Das Wetter anerkennt keine Grenzen, also muß die meteorologische Flugsicherung auch weltumspannend geordnet sein. Gleichgültig, ob ein Pilot sich die Flugwetterberatung in Frankfurt, Tokio oder Honolulu holt, sie ist nach Regeln abgefaßt, die in allen Ländern einheitlich gelten, und die Wettervorhersagen erstrecken sich über die ganze Erde. Für eine solche gegenseitige Abstimmung der Flugwetterdienste sorgen zwei Sonderorganisationen der Vereinten Nationen: die Internationale Zivilluftfahrt-Organisation und die Weltorganisation für Meteorologie.

Und nun zur »technischen Vervollkommnung«. Heute gehören Satelliten und Radargeräte genauso zum Rüstzeug des Flugwetterdienstes wie ein die ganze Welt umspannendes Wetterfernschreibnetz und wie der Bildfunk, der Wetterkarten übermittelt. An Ort und Stelle, das heißt auf den Flughäfen, sind Geräte eingesetzt, mit denen sich die Wolkenhöhe (Ceilometer), die Sichtweite (Transmissometer) und der Wind (Anemometer) messen lassen. Das geschieht weitgehend automatisch, um den Menschen als Wetterbeobachter zu entlasten.

Flugzeugbauer und die Luftverkehrsgesellschaften sind darauf aus, die (automatische) Allwetterlandung zu ermöglichen. Dem sind aber Grenzen gesetzt. Schlechte Wetterverhältnisse, die eine vollautomatische Landung notwendig machen, treten zwar in unseren Breiten und weiter nördlich verhältnismäßig häufig auf, nicht aber in den südlicheren Zonen, wie Afrika, Südamerika und Fernost. Man würde also viel Geld für Geräte ausgeben, die bei Flügen rund um die Erde nur selten gebraucht werden. Man hat sich daher auf einen Mittelweg geeinigt. Die Bodeneinrichtungen der größeren Flughäfen – auch die in der Bundesrepublik Deutschland – sind fast alle technisch und elektronisch so weit ausgebaut, daß Start und Landung noch mög-

Mit einer solchen Antenne werden die Satellitenfotos empfangen. Die in vielen tausend Meter Höhe vom Wettersatelliten im sichtbaren und infraroten Bereich aufgenommenen Bilder werden in Funksignale zerlegt und zur Erde gesendet.

lich sind, wenn die Sichtweite auf den Pisten mindestens 400 bis 800 Meter beträgt und der Pilot beim Anflug aus einer Wolkendecke die Landebahn spätestens in etwa 35 Meter Höhe sieht. Bei dieser »Kategorie II des Allwetterlandesystems« liegt also die letzte Entscheidung beim Piloten. Das ist auch bei der Kategorie II (a) der Fall, die für die kommenden Jahre angestrebt wird: Die Sichtweite muß dann mindestens 200 Meter betragen, die Wolkenhöhe aber kann gleich Null sein, das heißt, die Flugzeuge sollen auch bei ziemlich dichtem Nebel landen können.

Bleiben wir einen Augenblick bei der Flugwetterwarte auf dem Frankfurter Flughafen, dem größten Airport in der Bundesrepublik Deutschland. Was müssen die Meteorologen dort alles für ihre »Kunden« bereithalten! Auskünfte über die Sichtverhältnisse in Moskau bis zur Meereswassertemperatur

Dieses aus Einzelbildern zusammengesetzte Satellitenfoto mit eingezeichneter Wetterlage deckt das Gebiet von Neufundland bis zum Ural und vom Nordpol bis zur Mitte Nordafrikas ab. Der Luftverkehr verlangt einen weiträumigen Wetterdienst.

in San Franzisko, Wetterbeobachtungen vom Erdboden bis zur radarvermessenen Obergrenze einer Gewitterwolke in 13000 Meter Höhe, Wetterberatungen für Segelflieger an den Hängen des Odenwaldes ebenso wie für die Piloten der Luftverkehrsgesellschaften auf den Flugstrecken und in allen Flughöhen von Deutschland via Nordpol nach Alaska oder Japan, Messungen von dem langsamen Einsickern nebelreicher Luft in das Rhein-Main-Gebiet, ob in den frühen Morgenstunden am Boden mit Reif zu rechnen ist oder in höheren Wolken Vereisung droht.

Es gibt insgesamt 45 Warnmerkmale für die verschiedenen Kundenkreise. Das sind durchaus nicht nur die großen Fluggesellschaften (über 60 an der Zahl), die den regelmäßigen Linienflugverkehr betreiben – obwohl sie die große Masse ausmachen –, sondern auch die sogenannte Allgemeine Luftfahrt, die den Sport- und privaten Reiseverkehr umfaßt, die Segelflieger, der Charter- und Touristenverkehr, die Flugsicherungsbehörden auf den Flughäfen, die Ballonfahrer, die Fallschirmspringer und andere mehr. Diese »meteorologische Allroundbetreuung« erfordert natürlich einen riesigen technischen Aufwand. Wir haben in der Bundesrepublik Deutschland ausgezeichnete Funk- und Fernschreibverbindungen zu den großen Wetternachrichtenzentralen in Europa, Afrika, Asien und Amerika und zu fast allen größeren Flughäfen auf der ganzen Welt. Täglich treffen allein in Frankfurt etwa 30 000 Wettermeldungen mit Nachrichten über verschiedene »Wetterelemente« ein – wobei Wolkenhöhe, Landebahnsicht und Wind zu den wichtigsten gehören. Dazu kommen noch die Wetterkarten vom Boden und in den Höhenstufen 1,5 km, 3 km, 5,5 km, 9,2 km und 11,8 km bis hinauf zu Höhen von 17 km. Das ist notwendig, weil die Piloten die Wetterlage in jeder Flugfläche, die ihnen von der Flugsicherung zugewiesen wird, kennen müssen.

Aber auch die Flugzeugbesatzungen selbst helfen mit, das Wetterbild zu vervollständigen. Die Wetterbeobachtungen, die sie während des Fluges machen, setzen sie als sogenannte AIREPS (Air Reports) entweder über Funk ab oder hinterlegen sie schriftlich bei der Wetterwarte des nächsten angeflogenen Flughafens. Die »Kunden« werden zu »Zulieferern«. Diese Meldungen sind besonders wichtig, wenn andere Flugzeuge vor Gewittern, tropischen Wirbelstürmen, Hagel, Turbulenzen, Vereisung, Sand- oder Staubstürmen und gefrierendem Niederschlag gewarnt werden müssen.

Die Anforderungen an den Flugwetterdienst sind in den letzten dreißig Jahren gewaltig gestiegen. Reichten bei den älteren Propeller- oder Turboprop-Maschinen Wetterangaben für verhältnismäßig kurze Strecken und für Flughöhen bis 5 000 Meter aus, erstreckt sich heute die Flugwetterberatung bis auf 10 000 Kilometer Streckenlänge und bis zu Flughöhen von 12 000 Meter. Mit anderen Worten: Es genügt nicht mehr, die augenblickliche Wetterlage am Startflughafen zu beobachten, sondern es werden auch Übersichten benötigt, welches Wetter auf der Flugstrecke und dem planmäßigen Landeflughafen, aber auch auf den Ausweichflughäfen herrscht.

Das ist natürlich nur mit Vorhersagen möglich. Deshalb haben alle Flughafenwettermeldungen als »Anhang« einen Hinweis auf die Entwicklung in den nächsten zwei Stunden, sogenannte TREND-Vorhersagen. Außerdem werden in größeren zeitlichen Abständen 9- oder 18stündige Flughafen-Wettervorhersagen herausgegeben. Sie enthalten in einem Zahlenschlüssel (siehe Seite 71) alle Angaben, die notwendig sind, um zu entscheiden, ob ein Flughafen als Ziel- oder Ausweichflughafen benutzt werden kann. Für die Wetterberatung während des Fluges erhalten die Piloten Wetterkarten in handlichem Format. Diese unterrichten die Besatzung in erster Linie darüber, wie sich Hoch- und Tiefdruckgebiete verlagern, sowie über Schlechtwetterzonen, über Windstärke, Windrichtung und Temperatur in verschiedenen Höhen.

```
...Paris-Orly zero six three zero, wind zero eight zero
degrees two knots, visibility six kilometres one okta
one one zero zero feet, seven okta five thousand feet,
temperature eight dew point seven, nosig
Berlin-Tempelhof zero six two zero, wind zero eight zero
degrees five knots, visibility six kilometres three okta
five zero zero feet...
```

An diesem Arbeitsplatz wird die automatische Wetterdurchsage in halbstündlichem Abstand auf Band gesprochen. Sie kann von allen interessierten »Kunden« abgerufen werden. Unter dem Bild ein kurzer Auszug aus einer solchen Durchsage. In der Luftfahrt wird englisch gesprochen.

Windangaben sind für die Streckenberatung besonders wichtig, denn der kürzeste Weg, zum Beispiel von Europa nach Nordamerika, ist nicht immer auch der schnellste. Wenn das Flugzeug einen Umweg fliegt, auf dem es Rückenwind hat, kann das auf der – viel beflogenen – Nordatlantikroute einen Zeitgewinn von einer Stunde bringen, und das heißt, es werden fünfeinhalb Tonnen Treibstoff gespart. Die Rechnung geht noch weiter: Je weniger Treibstoff am Starthafen getankt werden muß, um so mehr Passagiere oder Fracht können die Flugzeuge aufnehmen. Dabei wird insbesondere auf die »Strahlströme« geachtet: schmal gebündelte Starkwindfelder (etwa 200 bis 400 Kilometer breit), die in 8 bis 12 Kilometer Höhe auftreten. Sie wehen mäanderförmig (also in Schlangenlinien) mehrere 1 000 Kilometer lang in der Erdatmosphäre. Windgeschwindigkeiten von 150 bis 300 Kilometer in der Stunde sind für Strahlströme normal, es sind aber auch schon Orkane von 500 Kilometer Stundengeschwindigkeit und mehr in diesen Starkwindfeldern

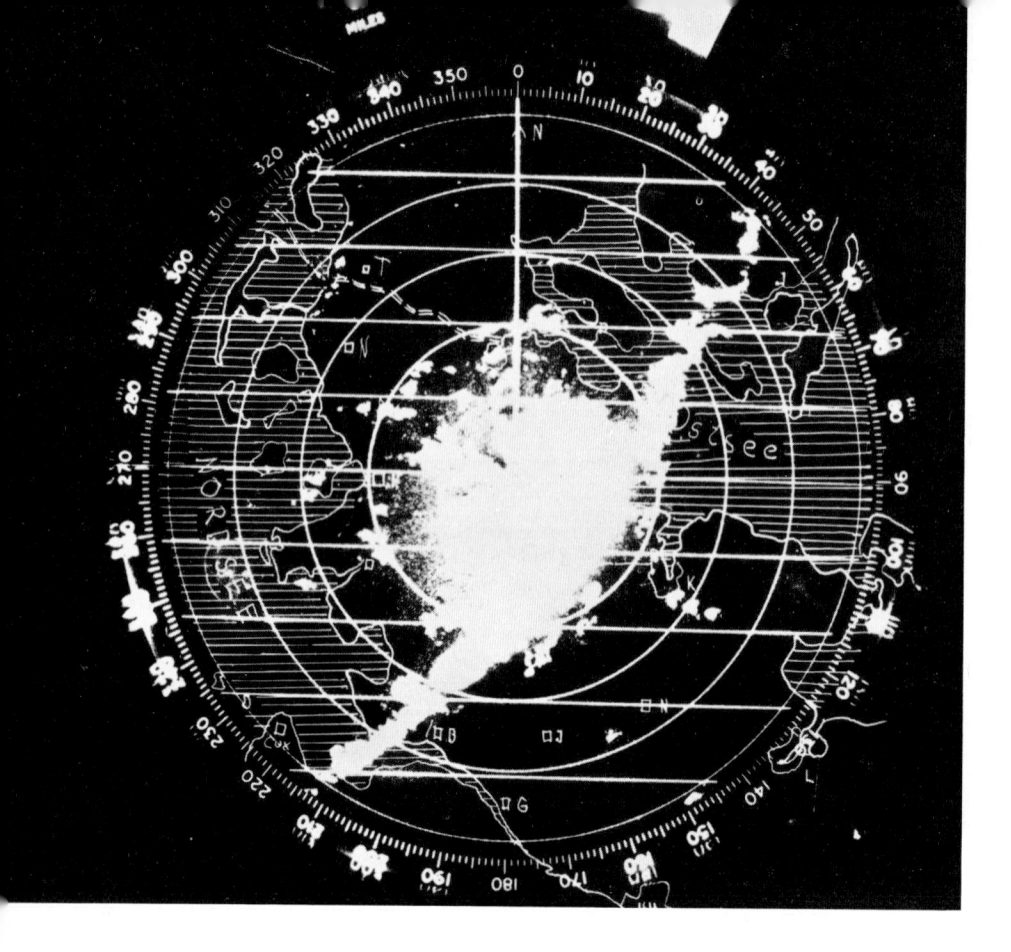

Radarbildschirm während des Durchzugs einer Wolkenfront. Über 300 km Reichweite hat das Wetterradar auf dem Rhein-Main-Flughafen. Auf den Bildschirm werden Flüsse, große Städte und die Standorte wichtiger Flugnavigationsanlagen eingespiegelt.

gemessen worden. Gelingt es einem Flugzeug, so einen Strahlstrom als Schiebewind zu benutzen, könnte der Pilot – einmal stark übertrieben – die Triebwerke abschalten. Bläst der Strahlstrom von vorn »auf die Nase«, kostet das viel Zeit und Treibstoff.

Auch die Temperaturen in den Flughöhen sind wichtig, weil die Leistung der Triebwerke temperaturabhängig ist. Je wärmer (und damit »dünner«) die Luft ist, um so geringer ist die Triebwerksleistung. Deshalb hat auch jeder Flughafen für den gleichen Flugzeugtyp andere Bestimmungen über die zulässige Nutzlast. Nur ein Beispiel: In der dünnen Luft des Flughafens von Nairobi auf der ostafrikanischen Hochebene kann ein Flugzeug weniger Passagiere und Fracht an Bord nehmen als in Hamburg oder Moskau.

Die Mitgliedstaaten der Internationalen Zivilluftfahrt-Organisation haben, da die Anforderungen an den Flugwetterdienst laufend gestiegen sind, eine Art Arbeitsteilung vereinbart: Es wurden Gebietsvorhersagen-Zentralen geschaffen. In Europa gibt Paris Beratungen für die Langstreckenflüge nach Afrika ab, London ist für den Nordatlantik und Frankfurt für den Raum

Europa – Mittelmeer und die interkontinentalen Strecken nach Ostasien zuständig. So kann sich jede Zentrale bei der Flugwetterberatung auf ein bestimmtes Gebiet beschränken und die Beratungsunterlagen für die anderen Bereiche von den Kollegen in Paris, London oder Frankfurt einholen.

Alle größeren Flughäfen verfügen über ein modernes Wetterradargerät. Es ist wertvolles Hilfsmittel für Kurzzeitvorhersagen und für die Wetterüberwachung in der näheren Umgebung des Flughafens. Jede bedrohliche Wettererscheinung wird von den Radargeräten in einem Umkreis von 300 Kilometer zuverlässig erfaßt; wenn sonst vielleicht doch noch ein Gewitter durch das herkömmliche Beobachtungsnetz schlüpfen könnte – beim Radargerät ist das unmöglich. Eine rotierende Antenne überstreicht innerhalb weniger Sekunden das Gebiet rund um den Flughafen und »versorgt« das Ortungsgerät laufend mit Lichtimpulsen. Die Impulse folgen einander in einem zeitlichen Abstand von ungefähr einer Millisekunde ($=1/1000$ s), wobei der einzelne Impuls jeweils nur eine Mikrosekunde ($= 1/1 000 000$ s) dauert. In den sendefreien Zwischenzeiten von 999 Mikrosekunden schaltet sich die Antenne jedesmal selbsttätig auf Empfang um und erwartet jetzt das Echo von solchen Impulsen, die auf ihrem Weg auf ein Hindernis gestoßen sind und von ihm zurückgeworfen werden, das kann auch eine Wolke sein. Flugsicherung in Millionstel Sekunden.

Trotzdem lauern in der Luft noch Gefahren. Die größte ist die »Turbulenz im wolkenfreien Raum«. Diese Luftstöße in der Senkrechten lassen sich heute noch nicht genau vorhersagen, die Meteorologen können bei bestimmten Wetterlagen nur auf die Wahrscheinlichkeit des Auftretens hinweisen. Aber das nützt dem Flugzeugführer nicht viel, weil die Turbulenzen selbst die größeren Flugzeuge ohne jede Vorwarnung im wolkenfreien Raum »beuteln«. Die beste Hilfe sind hier die schon genannten AIREPS, sie werden, wenn eine Maschine in eine solche gefährliche, für die Passagiere in jedem Fall unangenehme Lage gerät, über das internationale Fernschreibnetz verbreitet, damit andere Flugzeugbesatzungen vor dem Durchfliegen dieser Gebiete gewarnt werden können.

Der Überschall-Luftverkehr (Super Sonic Transport = SST) steht vor der Tür. Während dieser Beitrag geschrieben wird, kündigt eine große europäische Fluggesellschaft an, daß sie ihre Passagiere ab 21. Januar 1976 in nur sieben Stunden von Paris nach Rio de Janeiro befördern wird, in 18 000 Meter Höhe und mit einer Geschwindigkeit von 2 350 Kilometer in der Stunde. Seit Jahren wird behauptet, daß Überschallflugzeuge »über dem Wetter« fliegen. Das stimmt und stimmt auch wieder nicht. Tatsächlich werden die Reiseflughöhen der SST-Maschinen über der 10 bis 12 Kilometer hohen eigentlichen Wetterzone (Troposphäre) und damit in der niederschlags-, wolken- und gewitterfreien Stratosphäre liegen. Aber – bei einem Flug von London nach New York befinden sich die Überschallflugzeuge mit Start, Steigphase, Übergang vom Unterschall- zum Überschallflug, Absteigphase und Landung rund ein Drittel der Gesamtflugzeit von zweieinhalb Stunden innerhalb der Troposphäre. Schon aus diesem Grund kann der Überschall-Luftverkehr nur bei Langstreckenflügen wirtschaftlich sein. Zum zweiten gibt es auch in den SST-Reiseflughöhen, die zwischen 18 und 20 Kilometer liegen, Winde, Temperaturen und Turbulenzen. Allerdings spielen hier Windrichtung und -stärke eine geringere Rolle als beim Unterschallflug. SST-Maschinen sind zwei- bis dreimal so schnell wie die jetzigen Düsenflugzeuge und damit dem Windeinfluß weniger lang ausgesetzt. Außerdem betragen die Windgeschwindigkeiten in Höhen von 8 bis 20 Kilometer im Mittel 200 Kilometer in der Stunde; dem stehen Eigengeschwindigkeiten der Flugzeuge von zwei- bis dreifacher Schallgeschwindigkeit (Mach 2 bis Mach 3) gegenüber, das sind 2400 bis 3600 Kilometer in der Stunde. Da spielen 200 km/h Windgeschwindigkeit wirklich keine Rolle mehr. Auch von den Turbulenzen geht keine große Gefahr aus, weil sie vor allem in Höhen zwischen 15 und 17 Kilometer, also unterhalb der SST-Reiseflughöhen, auftreten.

Ganz anders sieht es mit der Temperatur aus: Es hat sich herausgestellt, daß die Temperatur einen nachhaltigen Einfluß auf den Treibstoffverbrauch und die Fluggeschwindigkeit im Überschallbereich ausübt. Liegen die Temperaturen in Flughöhe 4 bis 10 Grad Celsius über dem Normalwert, steigt der Treibstoffverbrauch um 10 bis 20 Prozent an. Da man bei Mach 3 ohnehin mit einem Treibstoffverbrauch von 100 Tonnen je Stunde rechnen muß, sind Steigerungen um ein Fünftel aus wirtschaftlichen Gründen nicht mehr tragbar. Hier sind für den SST-Flugverkehr Zusammenhänge vorhanden, weil durch die Erwärmung des Luftmantels der Erde sich die Atmosphäre ausdehnt und dadurch die Schichten gleicher Luftdichte in größere Höhen angehoben werden. Man spricht daher auch von einem »Aufblähen der Atmosphäre«. Lufttemperatur, Luftdichte und Eigengeschwindigkeit des Flugzeuges hängen so voneinander ab.

Besonders kritisch ist das Abhängigkeitsverhältnis von Temperatur und Treibstoffverbrauch während der Beschleunigung. Bei »warmen Temperaturen« muß die Maschine, um Treibstoffverluste zu vermeiden, die Schallmauer in niedereren Höhen durchbrechen als bei Kälte. Der Flugzeugführer der Zukunft wird daher die besten Höhen für den Übergang vom Unterschall- zum Überschallflug aus der Wetterkarte ablesen müssen.

Die Temperatur in diesen großen Höhen zu messen, ist wegen des »Strahlungsfehlers« der Meßfühler recht schwierig. Wahrscheinlich werden die in jüngster Zeit entwickelten Verfahren, Temperaturen in der Senkrechten von Satelliten aus zu bestimmen, hier weiterhelfen. Mit diesen Satelliten, die im Rahmen der großen Forschungsprogramme der Weltorganisation für Meteorologie eingesetzt sind und die ständig technisch verbessert werden, hoffen die Meteorologen, auch bei dem zivilen Überschall-Luftverkehr der Zukunft das Wetter in seine Schranken zu weisen. Gleichgültig ob Unterschall- oder Überschall-Luftverkehr, ein Flug ohne Wetterberatung wäre genauso gefährlich wie eine Autofahrt ohne Sicherheitsgurte.

OTTO KNÖDLER

Super-stereo aus dem Kunstkopf

Neues Hörerlebnis durch die kopfbezogene Stereofonie

»Superstereo aus dem Kunstkopf«, »Dem Hörer kriecht's in Nacken und Ohr«, »Dreidimensionales Hören mit dem künstlichen Kopf«, »Die ganze Philharmonie im Schlafzimmer«, »Oskars Ohren vermitteln das vollkommene Hörerlebnis« – das sind nur einige der Schlagzeilen, die im Herbst 1973 den deutschen Zeitungsleser aufmerken ließen und einen Meinungsstreit auslösten, der heute noch die Gemüter erhitzt. Da sprechen die einen von einem »alten Hut« und die andern von einer »Revolution der Aufnahmetechnik«, die alles Dagewesene in den Schatten stelle. Wer soll sich da noch auskennen?

Um die Voraussetzungen für eine sachliche Beurteilung zu geben, bedarf es einiger Erinnerungen. Als es dem großen amerikanischen Erfinder Thomas Alva Edison im Jahre 1877 zum erstenmal gelang, eine Maschine zum Sprechen zu bringen, als rund zehn Jahre später Emil Berliner, der Amerikaner aus Hannover, sein Grammophon vorstellte und als schließlich

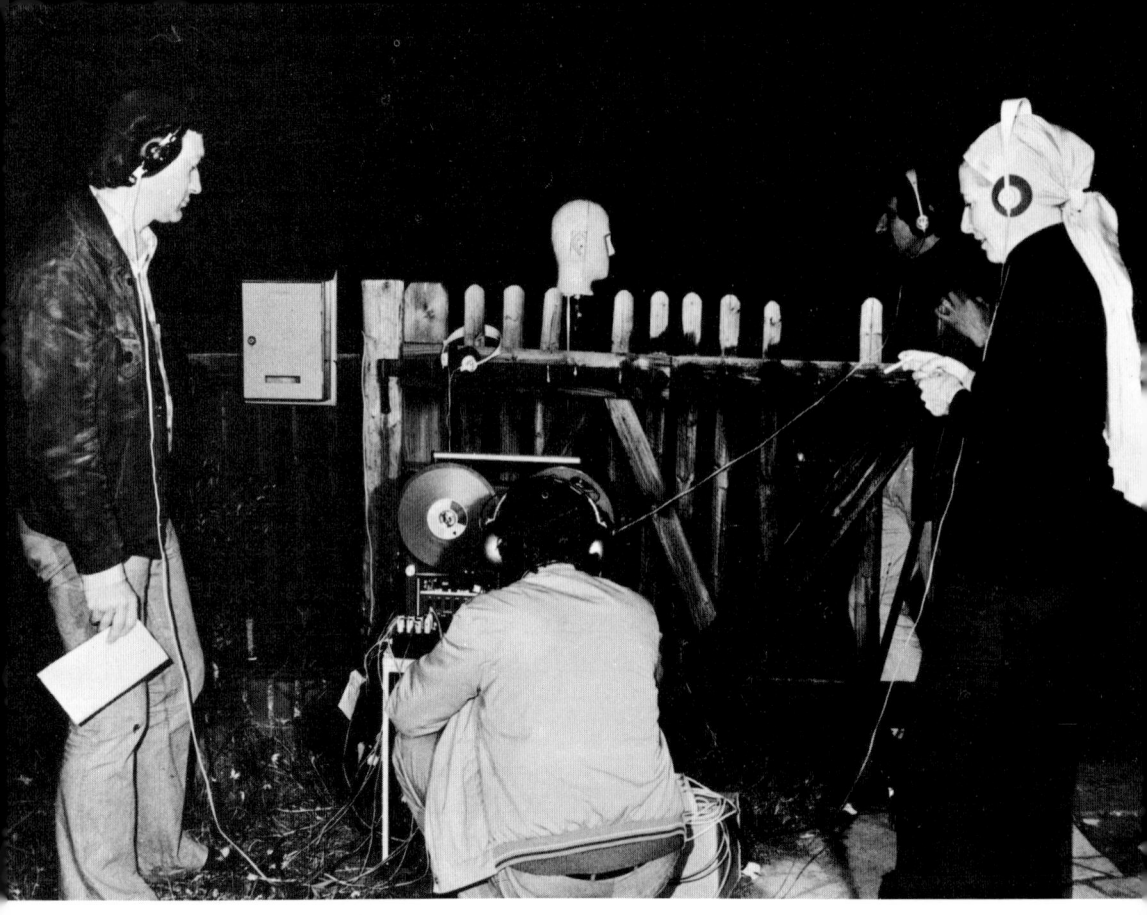

Außenaufnahme zu dem Science-fiction-Krimi »Demolition«. Da sind keine Rückgriffe auf das Schallarchiv mehr möglich, selbst wenn dort über 100 verschiedene Schrittgeräusche, nach Art des Bodens oder der Sohlen, nach Schrittlänge oder -schnelligkeit geordnet, auf Tonband lagern sollten – der Kunstkopf hört sie noch natürlicher. Foto RIAS

nach weiteren 80 Jahren die unzerbrechliche Langspielplatte ihren Siegeszug um die Welt antrat, handelte es sich immer um einkanalige Verfahren, um Monofonie oder kurz Mono. Es war jeweils nur eine Information – Schallwellen –, die dem Tonträger eingeprägt wurde, egal, ob es sich dabei um eine Walze oder eine Platte aus Wachs, Schellack oder Kunststoff handelte, und die über eine Schallquelle – Hörrohr, Trichter, Kopfhörer und Lautsprecher – wieder zu hören war. Dies blieb lange Zeit so, genaugenommen bis zum Jahr 1959. Damals wurde das »Wunder der Konserve« um eine weitere technische Errungenschaft bereichert: Es war die Geburtsstunde der Zweikanaltechnik, der Stereofonie oder kurz Stereo. Dabei liegen, und zwar von der Aufnahme im Konzertsaal bis zur Wiedergabe im Wohnzimmer, zwei voneinander getrennte Informationen vor – entsprechend den unterschiedlichen Schalleindrücken im linken und rechten Ohr. Sofern man zwei Lautsprecher richtig aufstellt, summieren sich die beiden Informationen wieder zu einer Einheit – zu einem räumlichen Klangbild, das der Originaldarbietung sehr nahekommt. Allerdings mit Einschränkungen, so meinen jedenfalls jene Akustiker, die mit wissenschaftlichen Meßmethoden nachgewiesen haben, daß in einem Konzertsaal nur 11 Prozent der Schallwellen, die unser Ohr erreichen, unmittelbar vom Orchester kommen, während der Löwenanteil von 89 Prozent von der Bühnenrückwand, der Decke und den Wänden zurückgestrahlt wird. Auf Grund dieser Erkenntnisse entwickelten die Techniker der Unterhaltungselektronik neuartige Lautsprechersysteme und die Vierkanalübertragung (Quadrofonie, vgl. Das Neue Universum, Band 90). Alle diese Bemühungen haben zum Ziel, das ursprüngliche Klangbild in einem Wohnraum mit den dort gegebenen akustischen Verhältnissen möglichst naturgetreu (High Fidelity) nachzugestalten.

Genau an diesem Punkt setzt nun die »kopfbezogene Stereofonie« ein. Sie versucht nicht, die Schallquelle, zum Beispiel den Konzertsaal, ins Zimmer zu verlegen, sondern bringt das Ohr des Hörers zur Aufnahmestelle. Dieses Vorhaben technisch zu verwirklichen, setzt jedoch genaue wissenschaftliche Kenntnisse vom menschlichen Hörvorgang voraus. In der Tat beschäftigen sich bereits seit 50 Jahren Wissenschaftler mit der Frage: Wie hört eigentlich der Mensch? Wie der Schall vom Ohr aufgenommen und an das Nervenzentrum im Gehirn weitergeleitet wird, ist weitgehend bekannt, nicht aber, wie diese Meldungen dort zu einem Geräuscheindruck verarbeitet werden. Forschungsinstitute in den USA, in Großbritannien und in der Bundesrepublik Deutschland haben sich eingehend mit dieser Frage befaßt. Das Ergeb-

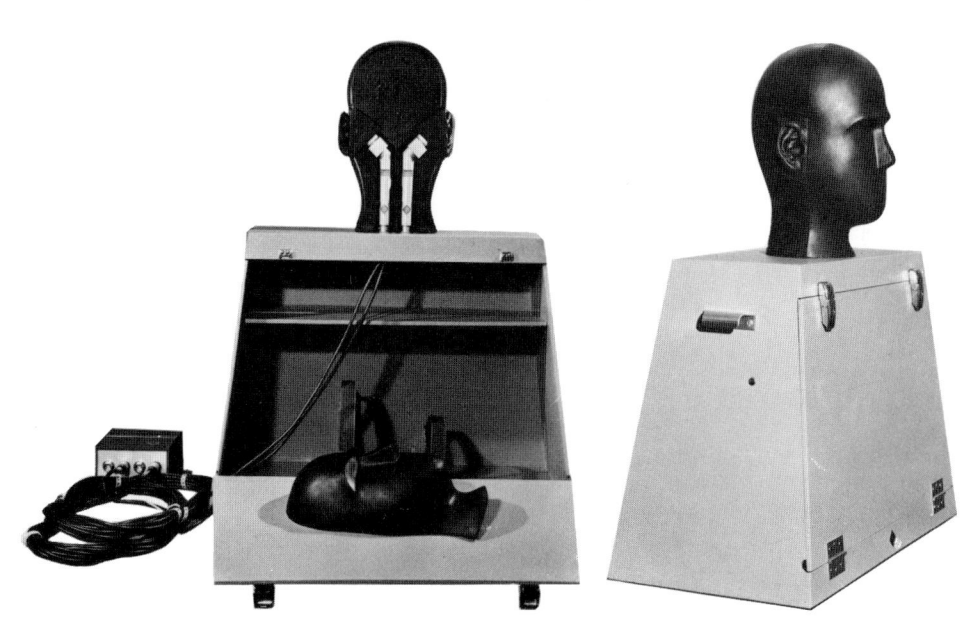

In jahrelangen Versuchen entwickelten Wissenschaftler und Techniker diesen »Neumann-Kunstkopf KU 80«, bei dem erstmals Kopfform, Ohrmuschel und Ohrkanal genau nachgebildet wurden. An Stelle der Trommelfelle befinden sich hochempfindliche Kondensatormikrofone, die so arbeiten, daß bei der Wiedergabe der Schalldruck am Trommelfell dem natürlichen Hören entspricht. Fotos Georg Neumann, Berlin

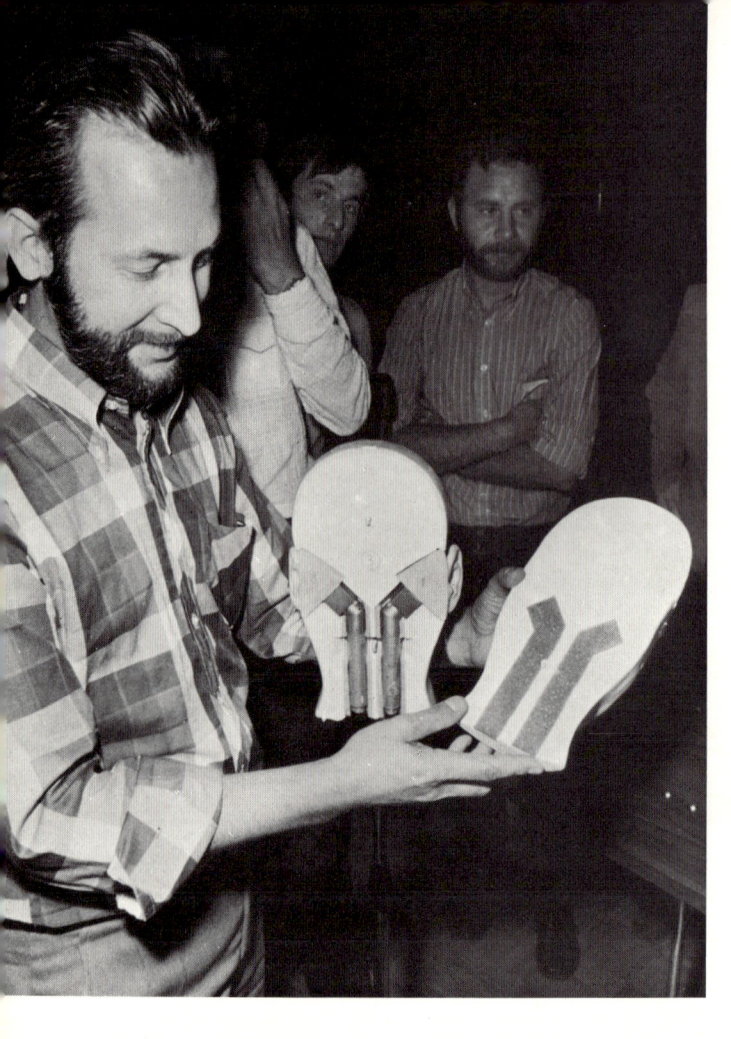

Links: Maßgeblichen Anteil an der Entwicklung des Kunstkopfes hatten drei Wissenschaftler des Heinrich-Hertz-Institutes in Berlin. Einer von ihnen, Dr. Ralf Kürer, erläutert hier an einem aufgeklappten Modell die einzelnen Funktionen des künstlichen Kopfes.

Rechts: Die Premiere des Kunstkopfes auf der Funkausstellung in Berlin. Was jeder einzelne über Kopfhörer empfängt, ist genau das, was der Kunstkopf zuvor gehört und auf Tonband weitergegeben hat. Die Schallquelle wird nicht wie bei früheren Kopfhörerdarbietungen im Kopf, sondern außerhalb des Kopfes geortet, in der richtigen Richtung, Entfernung und Halligkeit.
Fotos RIAS – D. Schulze

nis, zu dem man auf deutscher Seite gelangte, verblüffte im September 1973 auf der Berliner Funkausstellung alle, die ihn sahen und hörten: den Kunstkopf – Dummy Head Stereo!

Es ist nicht das erstemal, daß den Elektroakustikern bei der Entwicklung neuer Übertragungswege ein Kunstkopf Pate stand. Aber weder der zu Beginn der dreißiger Jahre entwickelte Kunstkopf »Oskar« noch der zwanzig Jahre später bestaunte Stereokopf erfüllten die Erwartungen. In den Jahren 1968/69 begannen dann zwar gleichzeitig, aber unabhängig voneinander Wissenschaftler des Physikalischen Instituts in Göttingen und des Heinrich-Hertz-Institutes der Technischen Universität Berlin an einem Kunstkopf zu basteln, der sich von allen seinen Vorgängern dadurch unterschied, daß Kopfform, Ohrmuschel und Ohrkanal naturgetreu nachgebildet wurden. Den Abschluß, also das Trommelfell, bildete eine hochempfindliche Mikrofonmembrane, die den Schalldruck in elektrische Schwingungen verwandelte. Auf diese Weise liefern das linke und das rechte Ohr gleichzeitig verschiedene Informationen; es entsteht bei einer Aufzeichnung auf Tonband eine Zweikanal-Aufnahme, also Stereo. Für die Wiedergabe können deshalb auch nur hierfür taugliche Geräte verwendet werden. Zusätzliche Einrichtungen sind nicht erforderlich.

   Die kopfbezogene Stereofonie geht von dem Gedanken aus, daß beim natürlichen Hören alle akustischen Eindrücke von den Signalen herrühren, die die beiden menschlichen Trommelfelle weitergeben. Aus diesem Grunde ist »Kunstkopfhören« nur dann wirklich eindrucksvoll, wenn die beiden Übertragungskanäle ausschließlich an das jeweils zuständige Ohr gelangen. Dies läßt sich am einfachsten mit Kopfhörern erreichen. Lautsprecher beschallen beide Ohren fast gleichzeitig von links und rechts, zudem überlagern die Reflexionen des Wiedergaberaums die ursprünglichen Richtungs- und Entfernungseindrücke sowie den Nachhall. Damit sind die entscheidenden Merkmale der Kunstkopfstereofonie angesprochen: Wir hören nicht nur von links und rechts, sondern aus allen Richtungen, von hinten oder vorne, oben oder unten. Aber auch nah und fern läßt sich deutlich unterscheiden sowie die Halligkeit eines Raumes nachempfinden. Die Fähigkeit des Kunstkopfes, alle drei Raumausdehnungen, nämlich Länge, Breite und Höhe wahrzunehmen, führte zu der Bezeichnung »dreidimensionales Hören«.

In dieser Hinsicht ist die kopfbezogene Stereofonie allen anderen Aufnahmeverfahren überlegen. Nur ihr gelingt es, einen Raum vollständig aufzulösen, wie die Akustiker sagen, und damit einen wirklichkeitsgetreuen Höreindruck von einem Geschehen zu übermitteln. Die Kunstkopfstereofonie ist geradezu wie geschaffen für die Darstellung szenisch gebundener Sprache, wie etwa in Hörspielen und zeitnahen Dokumentarberichten (Features). Der Rundfunk hat diese Möglichkeit sehr schnell erkannt, und so war es auch ein Hörspiel, das die Kunstkopfära im drahtlosen Welttheater einläutete. Weitere Produktionen folgten. Ihnen allen war eines gemeinsam: Der Hörer wird völlig in das Geschehen einbezogen, er wird zum Mitspieler, zum Tatzeugen. Die Empfindungen, die dieses akustische Trommelfeuer auslöst, reichen von »einmaliger Bezauberung« bis zu »seelischer Grausamkeit«, der sich viele besonders dann ausgesetzt fühlen, wenn sich eine Stimme im Flüsterton bis unmittelbar an das Ohr nähert. Dann bleibt nur noch ein Fluchtweg: die Befreiung vom Kopfhörer.

Das Angebot an Langspielplatten in Kunstkopftechnik ist noch nicht sehr groß, doch lassen erste Einspielungen erkennen, daß mit diesem raumauflösenden Verfahren musikalische Feinheiten auf einzigartige Weise hörbar werden. Dies gilt vor allem für das große Musikrepertoire des 16. bis 18. Jahrhunderts, wo, abweichend zur heutigen Praxis, mit großen Orchestern zu musizieren, das Klanggeschehen auf mehrere, meist kleine Instrumentalgruppen und Chöre verteilt war. So sind auch die ersten Langspielplatten in Kunstkopftechnik, die ein Schweizer Musikverlag herausbrachte, dem »Heiteren Barock« und »Fröhlicher Musik aus sechs Jahrhunderten« gewidmet. Hinzu treten Orgelwerke von Johann Sebastian Bach. Im Spätherbst 1974 legte ein deutscher Musikvertrieb weitere Kunstkopfaufnahmen mit klassischer und elektronischer Musik sowie mit Folklore und Pop vor. Auch hier fällt auf, daß große Orchester- und Chorwerke noch fehlen und ebenfalls auf deutsche Ensemblemusik des 17. Jahrhunderts zurückgegriffen wird, vorbildlich interpretiert vom »Berliner Ensemble für Alte Musik«, das auf Originalinstrumenten spielt. Zweifellos ein eindrucksvolles Hörerlebnis. Eine solche Einengung auf bestimmte Musikbereiche macht jedoch deutlich, daß auch der Kunstkopfstereofonie Grenzen gesetzt sind. Hinzu kommt, daß die akustischen Eigenschaften des Kunstkopfes, so naturgetreu er auch gestaltet sein mag, von denen des eigenen Kopfes immer abweichen werden und sich deshalb eine völlige Angleichung der Schalldruckverläufe nie erreichen läßt. Außerdem hat sich gezeigt, daß Schallereignisse, die von vorne kommen, sehr schwer zu orten sind. Der Mensch »hört« nämlich auch mit den Augen, und sobald die optische Information fehlt, verlegen unsere Sinne das Hörereignis, wie die Erfahrung lehrt, zumeist nach hinten.

Damit stellt sich die Frage nach der Zukunft des neuen Verfahrens. Sicherlich ist es nicht jedermanns Sache, mit Ohrmuscheln zu hören. Aber man kann sich daran gewöhnen, zumal die Kopfhörer immer leichter und bequemer werden. An einer Wiedergabe über Lautsprecher wird gearbeitet.

Auch dem Tonbandamateur ist es möglich, Kunstkopfaufnahmen zu machen. Er kann dabei sogar auf künstliche Ohren verzichten, indem er hochwertige Kondensatormikrofone mit Hilfe eines Kinnbügels lose in die eigenen Ohren einhängt und die dort eintreffenden Informationen an ein Stereo-Bandgerät weiterleitet. Naturgetreuer hat ein Löwe noch nie in einem Wohnzimmer gebrüllt. Foto Sennheiser

Mit zwei zusätzlichen Lautsprechern und einem Schaltkästchen möchte man das Handicap, das Kopfhörer gegenüber Lautsprechern haben, ausgleichen. Bei dieser Entwicklung würde jedoch die Kunstkopfstereofonie ihre ureigene Grundlage aufgeben und sich der Quadrofonie nähern, die sie doch ersetzen möchte. Keines der erläuterten Übertragungsverfahren kann für sich das Recht auf Ausschließlichkeit beanspruchen. Man sollte sie deshalb auch nicht gegeneinander ausspielen. Am besten mag fahren, wer eine Beethoven-Sinfonie in Stereo hört, bei Tschaikowskys »Ouvertüre 1812« eine Quadroplatte auflegt und den unermeßlichen Reichtum barocker Musik in Kunstkopftechnik genießt.

Rennen der kleinen Flitzer

Die rasenden Rohrgestelle – härteste Herausforderung im Automobilsport

CLAUSPETER BECKER

Mit knatternden Motoren, den Kopf mit einem riesigen Vollvisierhelm geschützt, warten die Kart-Piloten in ihrem luftigen Cockpit auf das Startzeichen – und schon jagen die giftigen Kleinkaliber mit 50 bis 120 Sachen über die Piste, durch die engen Kurven.

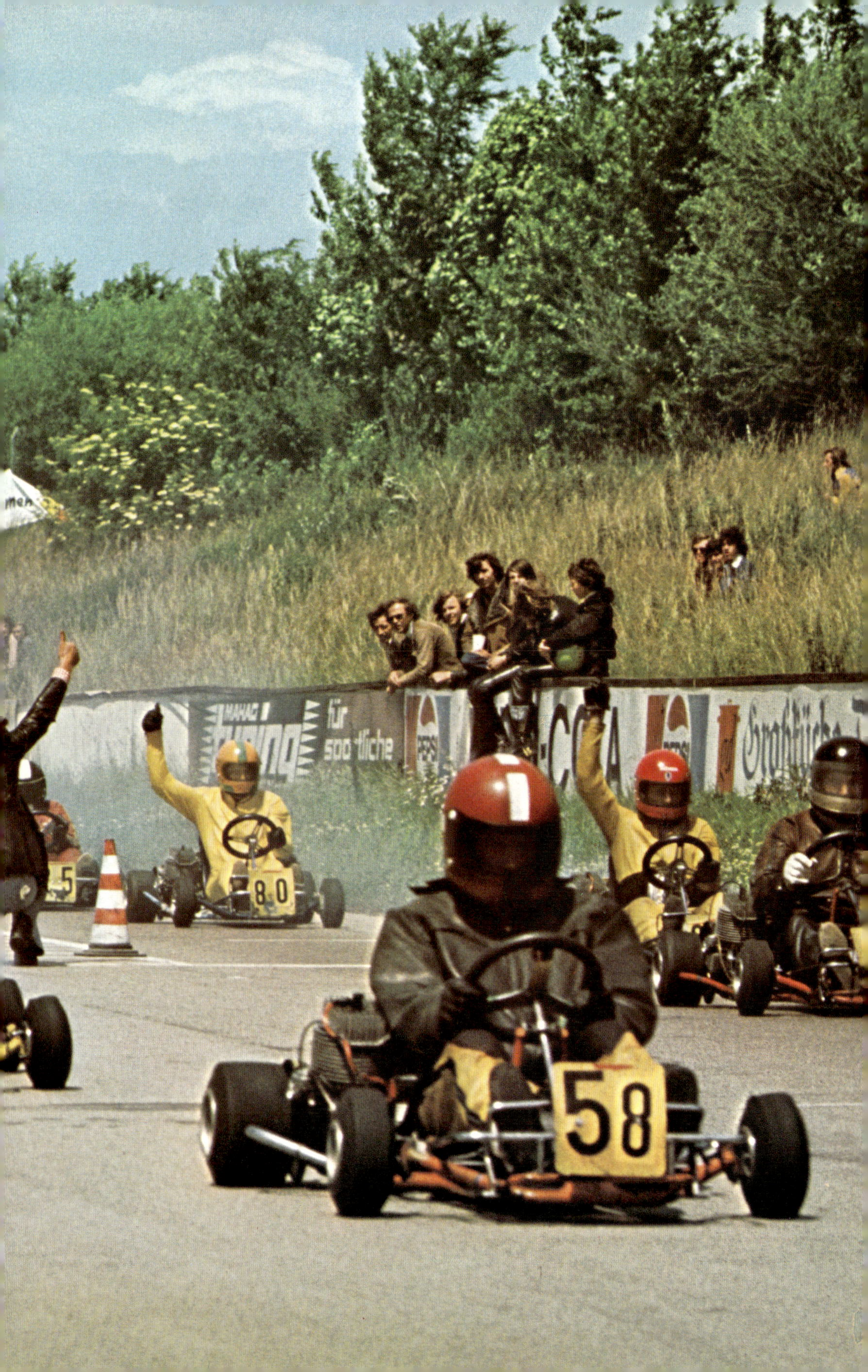
MAHAG
für
80
58

Ehrlich gesagt, mein Respekt hielt sich in Grenzen. Sie hatten mir eine Proberunde auf dem Renn-Kart und eine gründliche Lektion im Fürchten und im Gruseln versprochen. Doch was die beiden Kart-Fachmänner vom Dachgepäckträger ihres Kombiwagens auf den Asphalt des Verkehrsübungsplatzes herunterhoben, sah nicht eben furchterregend aus – ein teils rot gestrichenes, teils verchromtes Rohrgestell mit mächtig dicken Reifen; so ein Ding hätte ich mit acht Jahren gern unter dem Weihnachtsbaum vorgefunden, um fortan das schönste Kett-car weit und breit zu besitzen. Selbst die Aufschrift »Europameister«, umrankt von Lorbeerblättern und verschiedenen Jahreszahlen, verfehlte weitgehend ihren Eindruck, denn ein zweiter Blick auf das Gefährt ließ eine höchst ernüchternde Tatsache erkennen: Die Hauptsache, der Motor nämlich, fehlte.

Ohne sich um diesen bedenklichen Mangel sonderlich zu kümmern, bat mich der Teamchef »Vater Adolf« in den Schalensitz und befahl mit Meisterstimme seinem Sohn, die Werkzeugkiste zu holen. Es folge nun, so erfuhr ich, die Sitzprobe, und die sei das Wichtigste überhaupt. Mit entsprechendem Ernst bemühten sich die beiden dann, mich und den Sitz auf dem Kart so lange herumzuschieben, bis ich die Pedale sicher durchtreten und das Lenkrad in lockerer Haltung bewegen konnte.

Nach dieser Prozedur mußte ich das luftige Cockpit wieder verlassen. Nun holten die beiden einen zierlichen Holzkasten aus dem Kombi. Sein Inhalt wurde als Serienmotor bezeichnet, denn der sei für den Anfänger weniger schwierig zu handhaben als ein hergerichtetes Renn-Triebwerk. Auch war die Rede von nur 15 PS und einer kurzen – also langsamen – Übersetzung. Was ans Tageslicht kam, war von gleicher Art wie das Kart selbst: ein ziemlich unscheinbares Motörchen, kaum größer als das eines Mopeds.

Sein Einbau war mein erstes wirklich verblüffende Erlebnis an diesem Morgen: Nach fünf Minuten war die Maschine einschließlich Vergaser, Schalldämpfer und Antriebskette installiert. Daß es nun losgehen könne, war der nächste Irrtum, denn jetzt geriet erst mal meine Person selbst in den Mittelpunkt der Startvorbereitungen. Vater Adolf und Sohn Michael paßten mir ein Paar ziemlich enge Stiefel an und eine reichlich weite Fahrerkombination, dazu Lederhandschuhe, und schließlich verschwand mein Kopf noch in einem riesigen Vollvisierhelm.

Bei meinem zweiten Einstieg ins Cockpit erreichten alle Anweisungen meine Trommelfelle wegen des Helmes nur sehr gedämpft, obschon es sich dabei um sehr Wichtiges zu handeln schien: »Du darfst nicht gleich zu viel Gas geben«, hörte ich. »Paß auf, die Lenkung ist sehr direkt.« Und schließlich noch: »Denk dran, die Bremse ist links« – ein Umstand, der besonders für Autofahrer sehr verwirrend ist.

Da Renn-Karts weder Anlasser noch andere Startvorrichtungen haben, müssen sie angeschoben werden. Meine beiden Betreuer machten das offensichtlich mit Routine. Nach anfänglichem Ruckeln und Schnaufen gab der Motor einige Bellaute von sich. Dann hörte ich das Kommando »Gas!« und trat einigermaßen aufgeregt zu. Für einen Augenblick schien es aus eigener Kraft weiterzugehen, doch einem kurzen Brummen folgte wieder Husten, Schnaufen und Ruckeln – dann stand das Kart, regungslos und schweigend.

Die beiden schoben neuerlich und mit der Ermahnung »sanft Gas geben« an. Alles begann wie beim erstenmal, nur folgte jetzt dem Husten ein kräftiger, recht vertrauenerweckender Brummton, und ein sanfter Schub von hinten kündete an: Wir fahren. Nur eins stört – der linke Straßenrand, gesäumt von Autoreifen, kommt bedenklich näher. Kurswechsel nach rechts, nun schießt die Fuhre in noch viel erschreckenderer Weise auf die gegenüberliegende Begrenzung zu. Dieses Spiel wiederholt sich vier-, fünfmal, auch die nächste Kurve wird zum Vieleck. Die Lenkung spricht auf die kleinste Handbewegung an, und, wie es scheint, sogar auf den bloßen Gedanken.

Am schlimmsten sind die geraden Streckenabschnitte, denn Richtungsstabilität ist für Renn-Karts ein Fremdwort, doch je weniger man gegen dieses Übel unternimmt, desto besser lassen sie sich meistern. In den Kurven ist die Fahrerei eher erholsam, die Neigung zum Zickzackfahren ist deutlich geringer, sofern man die Straßenbiegung nur mit sehr kleinen Lenkausschlägen würdigt.

Zwei Runden schienen vorbei – es waren drei –, ich werfe einen ungewissen Blick zu den Fachleuten am Start. Sie schauen recht zufrieden aus und nicken mir aufmunternd zu. Vielleicht sollte ich etwas mehr Gas geben? Der Motor beantwortet das mit dumpferem, ziemlich hohlem Geräusch. Für Bruchteile von Sekunden deucht es, als ob das Kart auch weiterhin mit zügigem Radfahrertempo voranstreben wolle. Doch nach dieser Verschnaufpause schwillt das Geräusch zu dem einer Kreissäge an. Das Kart schießt nach vorn, wie von einem gigantischen Hammer getroffen, und ich fliege auf die nächste Kurve zu, als sei ich soeben aus dem vierten Stock gefallen.

Bremsen! Die Hinterräder blockieren. Die Kurve nähert sich plötzlich nicht mehr von vorn, sondern seitlich; der Druck, der eben noch von hinten kam, schiebt nun von der Seite. Links kommen die Autoreifen näher, aber die Straße geht nach rechts weiter, und mitten vor dem Kart liegt der rettende Kurvenausgang. Mit Vollgas könnte mir die Flucht gelingen. Zum zweiten Mal schlägt die Urgewalt im Rücken zu, schiebt das Kart auf den rechten Weg zurück und mit einem Satz in die nächste Kurve. Diesmal geht's linksherum, und ich erinnere mich, irgendwann auch in diese Richtung gelenkt zu haben. Ein Blick auf die Vorderräder belehrt mich jedoch eines Besseren: Sie sind nach rechts eingeschlagen und zeigen dennoch auf den Kurs in die nächste Gerade. Kein Zweifel, das Kart steht schon wieder quer, doch es fährt dabei so kursstabil wie nie zuvor.

Durch fünf Kurven geht die Rutschpartie gut, dann – in der Spitzkehre – hat die Physik gewonnen. Die Straßenränder und die Autoreifen dahinter fahren um mich herum Karussell, der Motor verstummt schlagartig, dafür kreischen die Reifen um so eindringlicher. Eine letzte Umdrehung noch. Ruhe! Es ist nichts passiert.

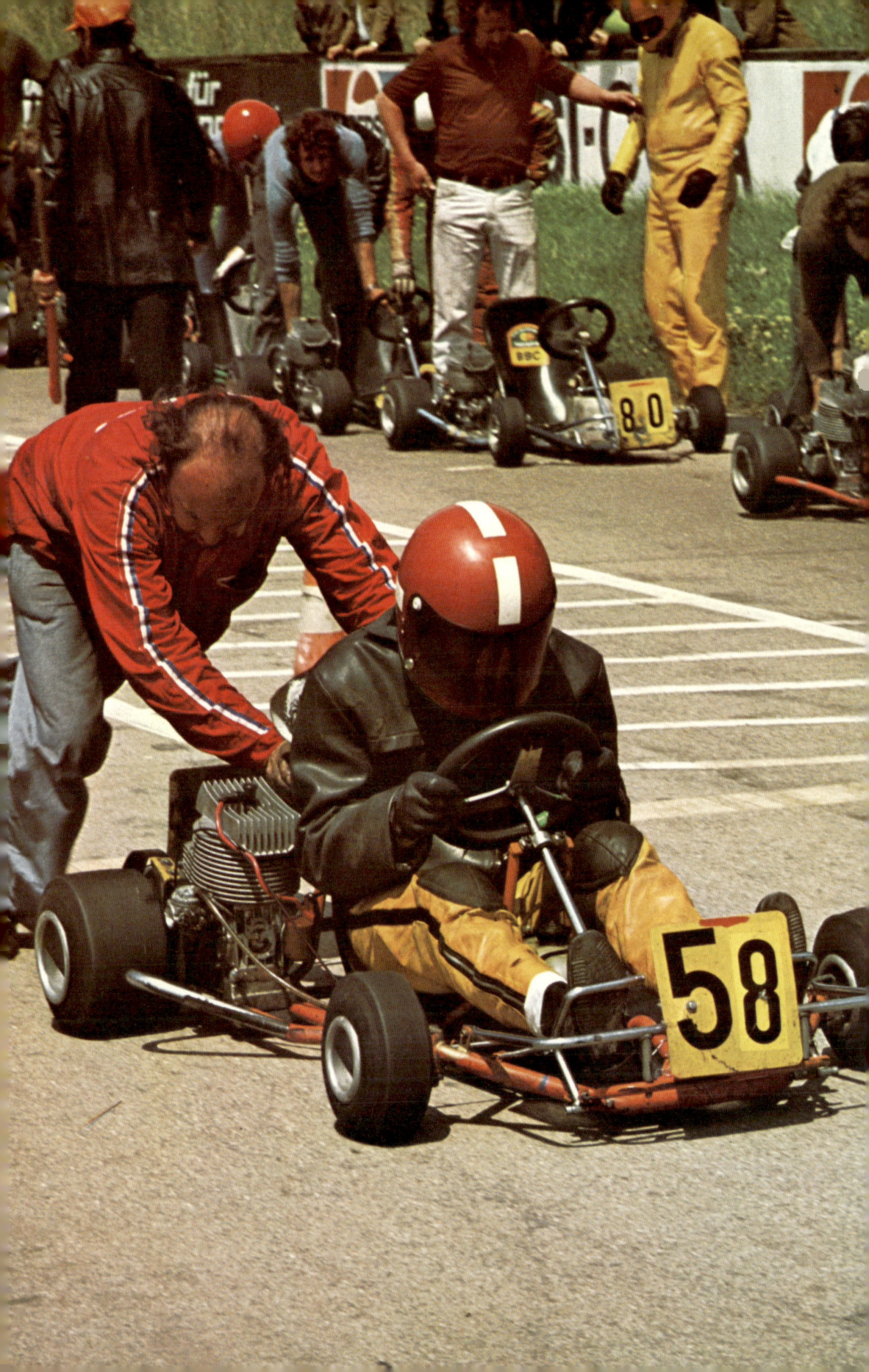
für
80
58

Linke Seite: Die Mini-Flitzer werden vor dem Start angeschoben, denn die rasenden Rohrgestelle besitzen keinen Anlasser. Einmal in Schwung, zeigen die Karts ein recht eigenwilliges Fahrverhalten – die 5 PS wollen gefühlvoll gezügelt werden.

Oben: Die Technik der Karts ist einfach, aber ausgefeilt. Da die Sportgesetze enge Grenzen ziehen, ist die Bauweise recht einheitlich.

Oben: Auf der Hinterachse befindet sich links die Scheibenbremse. Der Schalensitz ist nicht gepolstert, und auch eine Federung besitzt das Kart nicht. Die Fahrer müssen schon einen kräftigen Stoß vertragen.

Unten: Im Fahrerlager wird nicht nur gefachsimpelt, man versucht auch, beim Gegner einen technischen Kniff auszuspähen. Alle Fotos A. Thill

Die Lektion über schnelles Autofahren war gründlich. Nirgendwo wird sie so unmittelbar und überzeugend erteilt wie in einem Renn-Kart. Denn die mit 15 und mehr Pferdestärken geladenen Leichtgewichte (50 bis 60 Kilogramm Leergewicht) verführen jeden, der sich in ihren Schalensitz begibt, alsbald zu rennmäßigem Kurventempo. Anders, so sagen fast alle, die je ein Kart probiert haben, lassen sich die rasenden Rohrgestelle ohnehin nicht kontrolliert bewegen.

Ein derartiges Studium der Physik und der Fahrdynamik ist fürs sichere Autofahren durchaus nützlich, nur – mit normalen Automobilen wäre das selbst auf abgesperrten Strecken recht gefährlich. Mit dem Kart hingegen sind diese lehrreichen Vorstöße in jenen unheimlichen Grenzbereich der Fahrsicherheit meist harmlos. Aus solch aufschlußreicher Grundausbildung am Lenkrad zogen dann auch einige, inzwischen sehr berühmte Autorennfahrer Nutzen: Formel-1-Weltmeister Emerson Fittipaldi begann seine Karriere daheim in Brasilien in einem Kart. Der Tourenwagen-Europameister Hans Heyer startete seine Laufbahn in Deutschland ebenso: Er hatte im Kart schon einmal den gleichen Titel errungen.

Und weil sich das Kart-Fahren eines so guten Rufes erfreut, ist es Jugendlichen früher gestattet als das Chauffieren jedes anderen Kraftfahrzeugs oder gar der Motorsport. In Deutschland darf man mit vollendetem vierzehnten Lebensjahr an Junioren-Rennen teilnehmen. In Frankreich ist es sogar schon Zehnjährigen erlaubt, Wettfahrten mitzumachen. Und in den USA liegt das Mindestalter noch niedriger.

Daß in der Bundesrepublik Deutschland trotzdem noch nicht einmal 50 Jungen und Mädchen zwischen 14 und 17 Jahren Junioren-Rennen bestreiten – was sogar die Aussicht verspricht, Junior-Europameister zu werden –, liegt hauptsächlich an den Kosten. Nach siebzehn Jahren technischer Entwicklung sind die Karts trotz der einfachen Bauweise sehr kostspielige Sportgeräte geworden.

Ein auf das beste hergerichtetes Renn-Kart für die Klasse A (bis 100 cm^3 ohne Getriebe) kostet etwa 4000 Mark. Der Versuch, diese Kosten zu senken, indem man eine Klasse für Karts mit serienmäßigen Motoren einführt und die Reifenbreite begrenzt, verspricht nur milden Erfolg. Für ein wettbewerbsfähiges »Serien-Kart«, so errechneten Fachleute, bezahlt man etwa 3500 Mark. Diese Summe müssen auch die Väter von Junioren ausgeben, denn die 14- bis 17jährigen starten seit diesem Jahr in der neuen Serienklasse.

Eine nennenswerte Verbilligung verspricht da eher schon ein gebrauchtes Kart. Man sollte es von einem fair kalkulierenden Fachmann dieser Branche kaufen, der für ein überholtes Fahrzeug nach der Rennsaison etwa 2000 Mark berechnet. Die laufenden Ausgaben freilich bleiben in jedem Fall erheblich: Je Veranstaltung sind 100 bis 300 Mark für Spesen, Reifen und Ketten aufzubringen.

Die Technik der Karts ist zwar ihrer Grundlage nach einfach, aber außerordentlich ausgefeilt. Wettbewerbsfähiger Eigenbau ist fast ausgeschlossen,

Kart-Motoren sind Zweitakter, die durch einen Drehschieber gesteuert werden. Bei 19 PS aus 100 cm³ Hubraum ist die spezifische Leistung größer als bei dem Motor eines Formel-1-Rennwagens. Billig freilich sind diese kleinen Triebwerke nicht.
Foto Clauspeter Becker

denn in jedem Teil steckt mittlerweile sehr viel Erfahrung hochgradiger Fachleute. Auch Fahrzeuge, die älter als drei Jahre sind, können kaum noch mithalten. Abzuraten ist schließlich vom Kauf solcher gebrauchter Karts, die nicht ständig von wirklichen Fachleuten gewartet wurden. Bei ihnen weiß man nie, wie viele Teile verschlissen oder verbogen sind.

Viele Einzelheiten des technischen Aufbaus sind durch das Sportgesetz festgelegt. In ganz besonderem Maße gilt das für den Rahmen. Dem Radstand und der Spurbreite des Fahrwerks sind enge Grenzen gesetzt. Jede Art von Federung ist strikt verboten. Namentlich diese Vorschrift hat eine recht einheitlich wirkende Bauweise entstehen lassen. Fast alle Konstrukteure nämlich gleichen den Mangel an Federung dadurch aus, daß sie dem Rahmen absichtlich eine Neigung zum Verwinden geben. Unterschiedlich stabile Stoßstangen gestatten sogar, dieses Biegeverhalten zu verändern und das Fahrwerk so auf die jeweilige Strecke abzustimmen. Drei Firmen beherrschen in Europa den Markt für Kart-Rennen: Birel in Italien, Zip in England und Taifun in Deutschland.

Einen solchen Rahmen selbst zu bauen, lohnt sich einmal deshalb nicht, weil es an Erfahrung fehlt, ein andermal, weil die Ersparnis nur gering ist, denn als Einzelteil kostet er zwischen 300 und 400 Mark. Weit höhere Ausgaben verursacht die Vielzahl der Bauteile, mit denen der Rahmen zum eigentlichen Fahrgestell aufgerüstet wird. Vollständig, aber noch ohne Motor, kostet das zwischen 1 700 und 1 900 Mark. Kenner pflegen hier nicht zu sparen, obschon der Unterschied nur in unscheinbaren Kleinigkeiten liegt.

Bezeichnend für alle Kart-Fahrwerke ist die Vorderachse mit extrem direkter Lenkung, die im Gegensatz zum Auto ohne Lenkgetriebe auskommt. In ihrer Konstruktion ähnlich einfach ist die Hinterachse. Beide Räder sind durch eine starre Achswelle verbunden – ein Differential oder Ausgleichgetriebe nämlich ist bei Karts nicht erlaubt. Rechts auf dieser – übrigens massiven – Welle befindet sich das Kettenrad, links die einzige Bremse des Karts – neuerdings eine hydraulisch betätigte Scheibenbremse.

Höchst unterschiedliche Abmessungen zeigen die Reifen der beiden Achsen. Vorn sind sie mit 4,10 Zoll so schmal wie die Bereifung eines Citroën

2 CV. Die Slicks an der Hinterachse hingegen sind 11 Zoll breit und besitzen in dieser Richtung fast die gleiche Schuhnummer wie ein Porsche Turbo. Ausgesprochen winzig ist der Durchmesser der Alufelgen. Er beträgt 5, zum Teil sogar nur 4 Zoll. Profillos übrigens fuhren die Kart-Piloten schon lange, bevor dies im Rennsport mit ausgewachsenen Autos Mode wurde.

In ihrem Aufbau ebenso einheitlich wie die Fahrwerke sind die Motoren der klassischen Karts. Es sind Zweitakter mit knapp 100 Kubikzentimeter Hubraum, wobei der Einlaß hinter dem Vergaser durch einen Drehschieber gesteuert wird. Diese Bauweise bürgt nicht nur für eine beträchtliche Höchstleistung, sondern auch für ein kräftiges Durchzugsvermögen, das in Ermangelung eines Getriebes unerläßlich ist. Bei 13 000 Umdrehungen in der Minute leistet so ein 100-cm³-Motor in Rennausführung bis zu 19 PS oder 14 Kilowatt. Diese Ausbeute ist im Verhältnis zum Hubraum gewaltig, denn hier beträgt die sogenannte spezifische Leistung, die aus einem Liter Zylinderinhalt errechnet wird, 190 PS (140 kW). Der Motor eines Formel-1-Rennwagens liefert einen erheblich geringeren Wert: 166 PS (122 kW) je Liter Hubraum. Dabei macht ein Kart-Motor noch sehr viel weniger Lärm als der große Bruder – er muß einen Schalldämpfer besitzen, und seine Lautstärke darf 90 Dezibel (Fahrgeräusch eines Lkw) nicht überschreiten.

Die Renn-Kart-Motoren stammen fast ausnahmslos aus Italien. Die beiden Marken Parilla und Komet, die übrigens beide zum gleichen Konzern gehören, beherrschen weitgehend die Rennstrecken. Der ebenfalls italienische BM-Motor und der britische ZED sind verhältnismäßig selten anzutreffen. Die Preise für Serienmotoren liegen zwischen 1 100 und 1 650 Mark. Wirklich wettbewerbsfähig jedoch sind ausschließlich Triebwerke in der neueren TT-Ausführung, die wenigstens 1 550 Mark kosten, einschließlich einer kontaktlosen Zündanlage von Motoplat (Spanien) und eines Membran-Vergasers von Tillotson (USA).

Zu welchem Temperament die kleinen, aber kräftigen Maschinen so einem leichten Kart verhelfen, läßt sich recht einfach errechnen. Startfertig und mit Fahrer wiegt ein Kart ungefähr 120 Kilogramm, das ergibt je PS 6,3 Kilogramm. Ein Porsche Carrera mit Pilot kommt etwa auf den gleichen Wert. Natürlich ist der 200 PS starke Porsche bedeutend schneller als ein Kart, doch hat er im typischen Geschwindigkeitsbereich der kleinen Flitzer zwischen 50 und 120 km/h gegen sie überhaupt nichts zu bestellen. Dort nämlich sind die giftigen Kleinkaliber im Beschleunigen kaum und im Kurvenfahren fast überhaupt nicht zu schlagen.

Diese Möglichkeiten auszunutzen, fordert vom Fahrer allerdings den ganzen Einsatz. Selbst Formel-1-Fahrer geben unumwunden zu, daß Kart-Rennen zu den härtesten Herausforderungen im Automobilsport gehören, weil fast ausschließlich die fahrerische Leistung über den Sieg entscheidet. Denn nirgendwo sonst auf der Rennpiste sind infolge gleichwertigen Fahrzeugmaterials die Chancen so gleichmäßig verteilt. Entsprechend hart wird um den Sieg gefahren.

Dome, Paläste und Beton HERMANN HEPP

Verjüngungskur für die Zeugen der Vergangenheit

Gehen wir spazieren, durch eine unserer Großstädte etwa, irgendwo im Stadtkern. Überall sammeln sich hier auf engem Raum hohe Häuser, Bürotürme, Fassaden mit Leuchtreklamen – in vielen Städten die gleichen Namen, dasselbe Bild. Neue Bauwerke prägen die Innenstadt, und oft erdrücken sie die winkligen Gassen der alten, während Jahrhunderten gewachsenen Städte, überragt nur von den spitzen Kirchtürmen. Und es wird weiter gebaut; zum vertrauten Bild auf den Straßen gehört der Betontransporter, dessen Mischtrommel sich rasselnd dreht bei der Fahrt.

Beton hat sich vorgedrängt als der Baustoff unserer Zeit. Von Beton spricht man, wenn eigentlich die häßlichen Auswüchse moderner Stadtplanungen und ihre Auswirkungen angeprangert werden sollten, wo Großbauten die Wohnstraßen zurückgedrängt und den einstigen Wahrzeichen, alten Kirchen und Häusern, nunmehr ein bescheidenes Dasein in ihrem Schatten auferlegt haben. Beton ist ein beständiger, ein harter Baustoff; die Hartnäckigkeit jedoch, mit der er sich heute in den Städten durchsetzt, ist nicht ihm anzulasten. Während des Zweiten Weltkrieges wurden wertvolle Denkmäler europäischer Vergangenheit zerstört; in den Jahren des Wiederaufbaus galt ihnen ebenso die Sorge wie den neu zu errichtenden Wohn- und Industriebauten. Doch die Vorhand behielt der wirtschaftliche Aufbau Europas, er bestimmte Pläne und Ziele, gab unseren Städten ihr neues Gesicht. Ihm ist es zuzuschreiben, daß nach der hektischen Arbeit des Tages viele Menschen die Innenstädte meiden. Manches Baudenkmal blieb verschüttet, manches Viertel, das vormals das Stadtbild prägte, paßte sich dem Stil der Zeit an, die – wie ein Kritiker bemerkte – Urbanisation, Verstädterung also, »durch Leere bewirken will«. Aber auch nach dem Wahnsinn des Krieges haben wir viel verloren, was erhaltenswert gewesen wäre. In den Industriegebieten zeigen sich deutlich die Schäden, die Abgase, Verkehr und stete Veränderung der Städtebilder den noch unversehrt scheinenden Denkmälern zufügen.

Doch soll hier keine Klageweise erklingen, wir wollen vielmehr davon reden, wie Beton uns mit seinen zahlreichen technischen Möglichkeiten hilft, historische Zeugnisse der Vergangenheit zu sichern und zu erhalten. Was da geleistet wird, beeindruckt sehr. Wir sind »denkmalbewußter« geworden, und vielleicht wäre ein Denkmalschutzjahr wie 1975 gar nicht nötig gewesen, um uns wachzurütteln. Es geht ja nicht nur darum, die Schönheit vergangener Zeiten zu bewahren, sondern zugleich darum, das Bewußtsein für Geschichte, für das Werden bis heute, zu wecken, damit es in Zukunft helfen kann, uns gegen die Einfallslosigkeit und Rücksichtslosigkeit der Planer zu wappnen, die aus rein geschäftlichen Überlegungen heraus handeln.

Der Vorsatz, wertvolles Erbe für künftige Geschlechter zu erhalten, verlangte nach neuen Lösungen. Köln zum Beispiel ist eine Stadt mit geschichtsbewußten Bürgern. Sie bewiesen es, als im Jahre 1953 an der Stelle, an der nun das neue Rathaus steht, die Reste eines römischen Statthalterpalastes, das Praetorium, ausgegraben wurden. Sogleich fiel die Entscheidung, das Bodendenkmal zu schützen. Heute kann man diese Überbleibsel des spätrömischen Palastes, der aus der zweiten Hälfte des vierten Jahrhunderts stammt und damals fast doppelt so groß war, unter einer Decke aus Spannbeton besichtigen. Und die Zahl derer, die jährlich »mit dem Fahrstuhl in die Römerzeit« fahren, wächst. Der Weg führt unter dem Rathaus an den Resten des nördlichen Flügels entlang, um den zentralen Bau herum, der außen als Oktogon (Achteck), innen rund gestaltet ist und einst sicher das Heiligtum der Victoria im Palaste barg. Der Weg führt zurück in den Vorraum, wo Tafeln Sinn und Geschichte der Anlage erläutern. Der Blick der Besucher schweift achtlos über die Betondecke hin, die sich wie ein niedriger Himmel über die Mauerreste spannt. Demnächst wird sie zusammen mit den noch kahlen Wänden des Kellers getüncht und sticht dann gegen die grauen

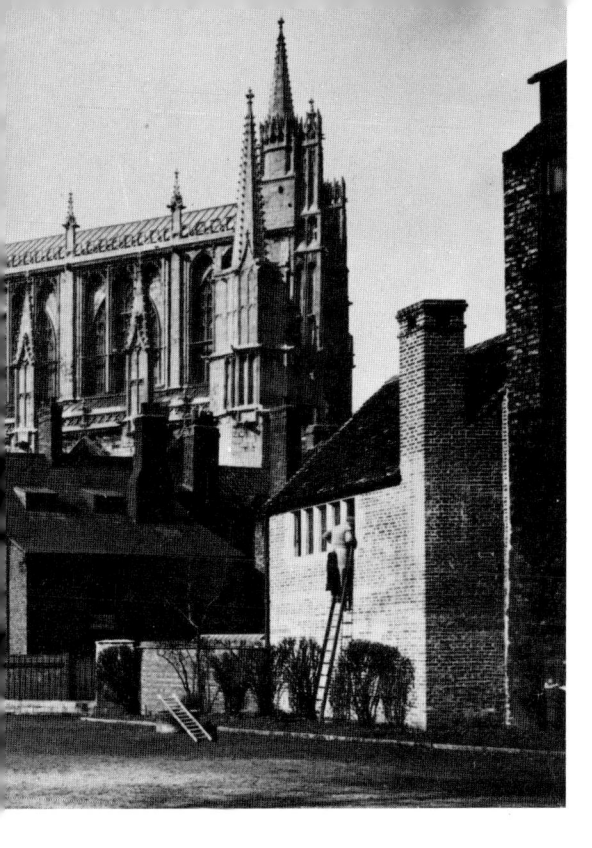

Das Münster von York – auch an diesem herrlichen gotischen Bauwerk nagte der Zahn der Zeit: Die Pfeiler im Querschiff waren umgeschwenkt und hatten sich geneigt, der in der Mitte stehende Turm sich unterschiedlich gesetzt, er zeigt deshalb in seiner Zwickelverkleidung tiefe Risse. Die Ursache der Schäden blieb selbst dem Computer ein Rätsel, bis Historiker die Lösung fanden. Foto Nat. Monuments Record

Mauerreste farbig ab. Nur der Fachmann kann am Denkmal selbst noch Spuren der Arbeit altertümlicher Bauleute entdecken, die auch schon den Baustoff Beton kannten.

Die Reste des Praetoriums von Köln sind gegenwärtig, für die Besucher ein Erinnerungsmal, ein Dokument für den Historiker. Das ist aber nur eine der Aufgaben, die der Denkmalschutz hat. Bei vielen anderen Bauten, besonders bei alten Domen und Kirchen, in denen noch immer wie vor Jahrhunderten das Gotteslob aufsteigt, ergeben sich ganz andere Schwierigkeiten. Die ehemaligen Baumeister errichteten ihre monumentalen Bauten, ohne daß sie, wie wir heute, die Tragfähigkeit des Untergrundes prüfen konnten. So waren sie auch nicht in der Lage vorauszusehen, ob das Gebäude an dem dafür vorgesehenen Platz überdauern würde, und wirklich – allein schon durch den Ablauf der Zeit bedingt, traten an vielen Stellen Schäden auf. Die Fundamente eines Bauwerks setzten sich nicht überall gleich: Risse im Mauerwerk, sich neigende Säulen und reißende Bögen waren die Folge.

Sie hatten große Arbeit bewältigt, die alten Baumeister. Mannsdicke Eichenpfähle wurden oft mehr als zehn Meter tief in den Boden gerammt. Eichenholz fault im Wasser nicht, aber durch die Kanalisation der Flüsse, den Bau der Abwassersysteme in unseren Städten hat sich der Grundwasserspiegel gesenkt – die Pfähle unter den Fundamenten verrotteten, Hohlräume bildeten sich. Die Dombaumeister von heute entdecken die Schäden an den ihnen anvertrauten Kirchen. Sie prüfen die Befunde, suchen nach den Ursachen des Verfalls. Dazu müssen Ingenieure und Historiker zusammenarbeiten. Vom Münster von York beispielsweise, der alten Hauptstadt Nordenglands, erstellten die Ingenieure mit einer Datenverarbeitungsanlage ein mathematisches Modell. Es bewies, daß sie bis dahin noch nicht alle Gründe für die festgestellten Verfallserscheinungen an dem 1472 vollendeten Gotteshaus gefunden hatten.

Jahrhundertelang wurde an der Kirche gebaut; vor dem gotischen Münster stand an derselben Stelle ein normannisches. Was auf den ältesten Fundamenten errichtet wurde, ist besser erhalten als die Neubauten einer späteren Zeit, in der die Baumeister anscheinend nicht so viel Sorgfalt auf die Fundamente verwendeten. Zwischen dem Bau des Westteils der eindrucksvollen Kirche und der Einweihung des Ostteils klafft eine Zeitlücke von fast einem Jahrhundert, doch das war im Rechenmodell berücksichtigt, und alle bisherige Arbeit konnte den wahren Grund der Zerstörungen noch nicht ausfindig machen. Ein Glied fehlte in der Kette – aber welches? Geologen und Bauingenieure untersuchten die Erdschichten unter dem Dom: Sie waren gleichmäßig in ihrer Tragfähigkeit, und dennoch zeigten die Pfeiler im Querschiff an, daß dieser Teil sich stärker verschoben hatte.

Da erinnerte ein Historiker daran, daß es in der Mitte des 13. Jahrhunderts noch einen weiteren Turm gegeben hatte, von dem niemand mehr weiß, als daß er sehr schön gewesen sein mußte – er stürzte nämlich damals schon bald ein. Und diese Tatsache, nun in das mathematische Modell eingefügt, erklärte die Abweichungen, das unterschiedliche Verhalten der Bauteile, und jetzt konnte den Schäden entgegengetreten werden.

Ehe die Ingenieure das Fundament festigten, verstärkten sie den Turm in zwei Ebenen: In der Höhe des Daches konstruierten sie einen Stahlbeton-Ringbalken – 57 Meter hoch mußten sie den Beton pumpen –, und unter den Bogenfenstern ordneten sie einen »Gürtel« aus zwölf jeweils 32 Millimeter dicken Edelstahl-Zugankern an. Dazu bohrten sie passende Röhren durch das dicke Mauerwerk. Im Grundriß dreieckige Stahlbetonblöcke vergrößern jetzt das Fundament des Münsters; sie sind in die Ecken der sich schneidenden mittelalterlichen Fundamentmauern gegossen. Auch hier verbinden wieder Stäbe aus Edelstahl Beton und Mauerwerk.

Die Fachleute haben also viele Möglichkeiten zum Helfen: Fundamente können durch Betonsäulen, die bis auf den tragfähigen Grund hinabreichen, abgestützt oder durch Stahlbetonblöcke vergrößert werden. Ringbalken aus Stahlbeton geben Türmen und Dachkonstruktionen neuen Halt, mit Beton werden Auswaschungen und Risse im Mauerwerk beseitigt, Hohlräume verrotteter Fundierungsroste unter hohem Druck gefüllt.

Ein Beispiel noch aus Köln: die Kirche St. Maria im Kapitol. Sie ist ein Kleinod europäischer Kunst, eine dreischiffige Pfeilerbasilika mit Dreipaß-

Das Münster erhält ein neues Fundament: Stahlbetonblöcke wurden in die sich schneidenden mittelalterlichen Fundamentmauern gegossen und durch Stahlstäbe und Beton mit dem Mauerwerk verbunden. Das Gemäuer eines alten romanischen Gotteshauses (in Bildmitte) verblieb an Ort und Stelle. Foto Shepherd Building

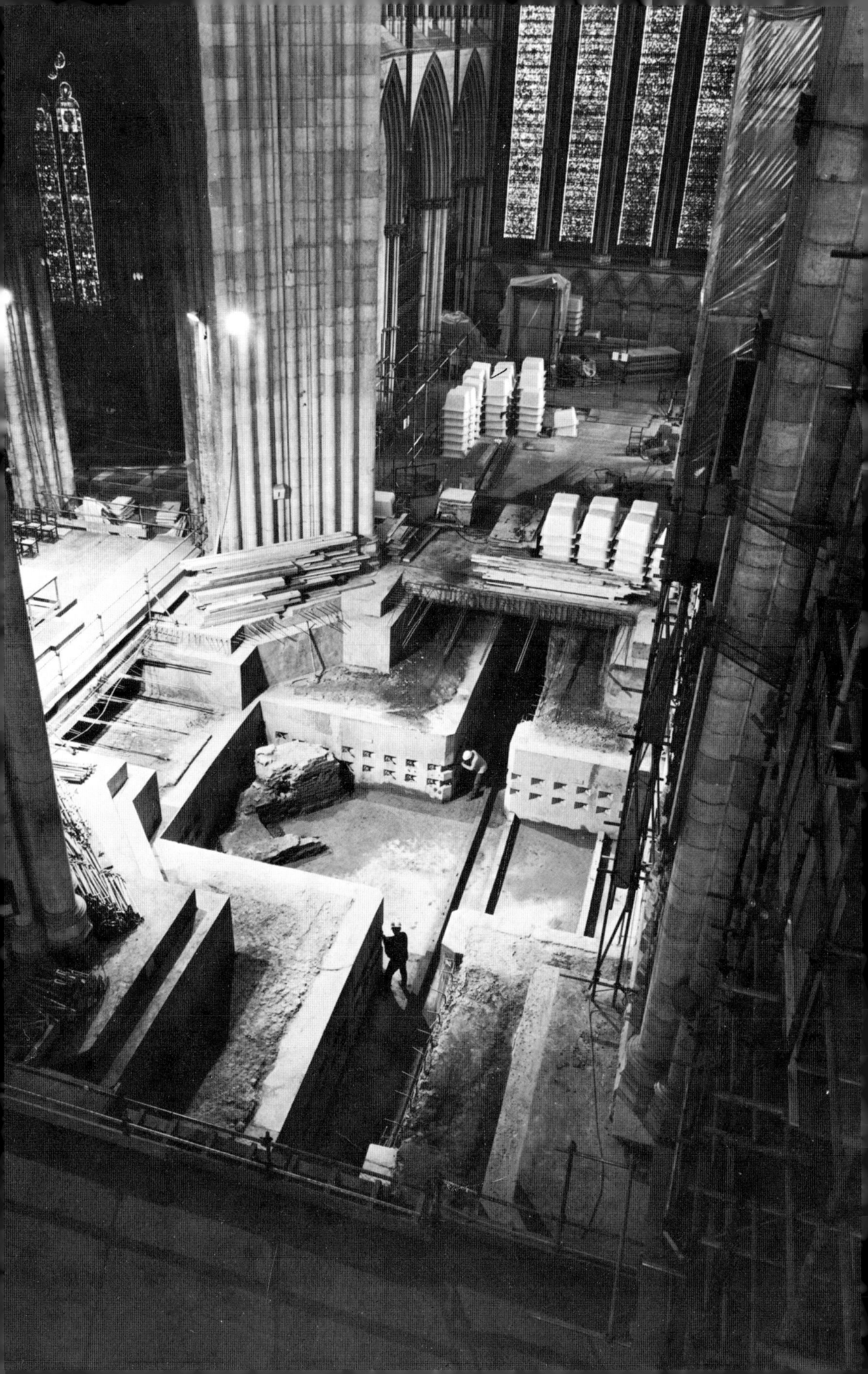

chor, geplant und gebaut in der zweiten Hälfte des zehnten Jahrhunderts. Jahrhunderte hindurch haben kunstvolle Hände an der Kirche weitergearbeitet – bis die Bomben im letzten Krieg ihr schwere Schäden zufügten. Jetzt ist sie nach den Zerstörungen wieder aufgebaut, aber sie steht – wie sich da zeigte – zum Teil über einem Schlammsee, der, 15 Meter tief unter der Erdoberfläche, immer noch vom Rheinwasser gespeist wird. Unter dem besonders bedrohten Ostteil, dem herrlichen Dreipaßchor, trieben die Ingenieure Stahlbetonkonstruktionen durch den See bis auf den gewachsenen Fels und »stellten« die Kirche so sicher. Retten also und bewahren mit einem Baumittel der Zeit und mit neuen Techniken, die für seine Anwendungen entwickelt wurden, dabei aber den Raumeindruck und die Wirkung eines Bauwerks ungestört erhalten – das ist das Ziel solcher Arbeit.

Die neue Betontechnik gibt den bewahrenden Denkmalschützern noch andere Hilfen in die Hand: Ganze Gebäude, die an ihrem ursprünglichen Platz nicht erhalten werden können, lassen sich um das Fundament herum mit einem starken Stützrahmen bewehren, der zugleich ein Transportgerüst ist. Solch ein Stützrahmen kann auch aus Holz sein, wenn der alte Bau selbst ein Holzskelett besitzt. Ziegel- oder Steinbauten müssen unbedingt in starken Stahlbeton »gefaßt« werden. Ein so bewehrtes Gebäude wird gehoben, hochgebockt mit Winden oder hydraulischen Pressen. Raupenfahrzeuge oder Transportwagen mit breiten Reifen fahren unter den Rahmen des Gebäudes, das nun für den Transport bereit ist. Langsam, langsam, meist nur in sehr kleinen Abschnitten, wandert das Haus zum neuen Platz. Da setzt man es mit dem Stützrahmen als neues Fundament wieder ab. Allerdings – die Kosten sind hoch, und ein Bau muß schon bedeutenden historischen Wert haben, wenn man ihn auf diese Weise rettet.

Doch nicht nur künstliche Bauten, sondern auch Naturdenkmale wie die Kreidefelsen von Dover oder die steilen Trachytabhänge der alten Steinbrüche am Drachenfels sind uns heute erhaltenswert – und auch sie müssen mit den dauerhaften Baumaterialien unserer Zeit bewehrt werden. Am Drachenfels im Siebengebirge zum Beispiel, gegenüber von Bonn am rechten Ufer des Rheins gelegen, brachen schon die Römer den Stein. Große Kirchen des Mittelalters wurden zum Teil mit seinem Trachyt gebaut, so das Münster in Bonn, der Kölner Dom und der Viktorsdom zu Xanten unten am Niederrhein. Doch die alten, steilen Hänge waren gefährlich. Sie verwitterten, und Brocken stürzten herab auf den beliebten und belebten Wanderweg unten am Fuße. In jedem Frühjahr mußten sich von neuem die »Felsputzer« an den steilen Hängen hinablassen und das lockere Material abschlagen – bis man sich Anfang dieses Jahrzehnts entschloß, ganz gründlich etwas zu unternehmen.

Voraus gingen wieder genaue geologische Untersuchungen über den Aufbau der Felswände. Dann schlugen Arbeiter die Büsche ab, die sich auf den Felsbändern und in den Rissen angesiedelt hatten, und entfernten lockeres Steinmaterial. Die Steilabstürze zum Rhein hin bekamen nacheinander von

Nicht nur ihrer bizarren Schönheit, sondern auch ihrer Gefährlichkeit wegen wurden die steilen Trachytabhänge des berühmten Drachenfelsen im Siebengebirge befestigt. Erdanker und ein Betonband, das sich weitgehend der natürlichen Umgebung anpaßt, halten das brüchige Gestein zurück. Foto Roschinski

unten bis oben ein festes Gerüst. Mit rund 90 Spannankern – davon eine Hälfte durch den ganzen Berg hindurch, die andere als »Verpreßanker« – setzte man den ganzen Felsen unter inneren Druck. In offene Klüfte wurde Beton gegossen, schlechte Oberflächen mit aufgespritztem Beton gesichert. Und rings um den Felsbereich steht nun eine Reihe von Betonholmen, an der die Spannanker befestigt sind – und jeder trägt 50 Tonnen.

Landschaftsschutz wurde dabei selbstverständlich groß geschrieben: Die Umgebung so schonend wie nur möglich zu behandeln, war allen Mitarbeitern oberstes Gebot. Auch die Betonteile waren nicht größer als unbedingt notwendig, zudem sollte sorgfältige Verschalung gute Betonoberflächen geben. Doch ließ sich dabei nicht vermeiden, daß die vielbesungene Landschaft nun einen etwas künstlichen Eindruck macht.

Beton und Denkmalspflege – unsere Städte verändern sich ständig, Altes muß neben Neuem bestehen. Zwischen beidem sinnvoll zu vermitteln, beidem gleichen Rang zu geben, das ist unsere Aufgabe, unser Ziel in dieser Zeit.

Bahn frei für die »TanSam« – im Oktober 1975 wurde die neugebaute Eisenbahnlinie feierlich eingeweiht, die die Kupferminen Sambias mit der tansanischen Hafenstadt Daressalam verbindet, fünf Jahre früher als geplant. Foto Keystone

Die Große Uhuru-Bahn   GÜNTER KRABBE

Vorletztes Teilstück im Schienenstrang vom Kap bis Ägypten

Jeden Sonntag und jeden Mittwoch macht sich ein langer Personenzug vom Hauptbahnhof Daressalam in Tansania aus auf den Weg. Erst 48 Stunden später erreicht er sein Ziel Kapiri Mposhi. Von der tansanischen Hauptstadt am Indischen Ozean bis zu diesem unbedeutenden Ort in der Mitte Sambias sind es 1919 Streckenkilometer. Nur wenige der über tausend Passagiere fahren die ganze Strecke. Das Flugzeug ist schneller, schafft es in zwei Stunden. Die Fahrgäste im Zug sind fast alles Schwarze: Händler, die geschäftlich unterwegs sind, Frauen mit ihren Kindern auf Familienbesuch, kleine Beamte auf Dienstreise. Touristen gibt es kaum. Die meisten Afrikaner sind Bauern, und auch in Afrika machen Bauern selten eine Urlaubsreise, selbst dann, wenn sie so »reich« sind, daß sie sich die billige Bahnfahrt leisten könnten. Einmal Daressalam – Kapiri Mposhi kostet in der 1. Klasse umgerechnet rund 100 Mark, in der 3. Klasse knapp 45 Mark. Die meisten Passagiere fahren nur zwei oder drei Stationen weit, steigen aus, andere steigen ein; es sind immer neue Leute im Zug.

Der kann sich noch Zeit lassen, er ist wahrhaft kein D-Zug. Auf einigen Abschnitten durch die Savanne »rast« er zwar mit fast 60 Kilometer in der Stunde dahin, wenn nicht gerade Antilopen oder Büffel das Gleis verstellen, doch meistens begnügt er sich mit Tempo 25. Die Reisegeschwindigkeit – ohne Berücksichtigung aller Halte – liegt bei 38 km/h. Man hat Zeit im Überfluß; Afrika ist kein Kontinent der Eile. Aber so langsam wie jetzt wird es nicht immer gehen. Die Bahn ist ja noch nagelneu, erst im Oktober 1975 fertiggestellt. In etwa einem Jahr ist ihre Probezeit vorbei. Dann soll der Lokführer mehr draufdrücken. Zulässige Höchstgeschwindigkeit ist dann 100 km/h. Viel kürzer wird die Reisezeit der Personenzüge dadurch aber nicht werden, denn im Durchschnitt steht alle 13 Kilometer ein Bahnhof. 147 sind es insgesamt. Kaum hat der Zug auf 60 oder später gar 100 km/h beschleunigt, muß er wieder bremsen und anhalten.

Aber Personenzüge, die es eilig haben könnten, sind und bleiben selten. Sieben-, später neunmal in der Woche fährt ein vollbeladener Güterzug in Kapiri Mposhi ab, um jedesmal bis zu zwölfhundert Tonnen Kupfer aus Sambia nach Daressalam zu bringen, wo es im Hafen auf Frachtschiffe in alle

Links: 30 000 chinesische Arbeiter und Ingenieure bauten die Bahn in Schwarzafrika. Hier ein Wagen zum Verlegen der Schienen. Oft mußte Begeisterung die bescheidene technische Ausrüstung ersetzen.

Rechts: Unter sengender Sonne, in der Trockensavanne und im Felsgebirge verlegen die Arbeitstrupps Betonschwellen, schrauben die Schienen auf. Immer weiter treiben sie die Gleise nach Süden vor.

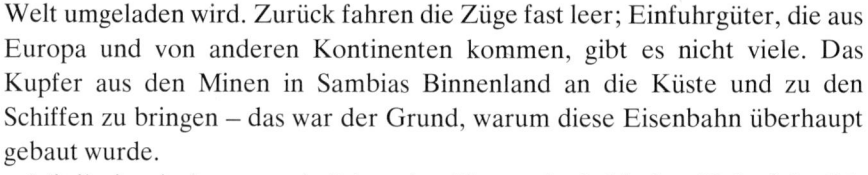

Welt umgeladen wird. Zurück fahren die Züge fast leer; Einfuhrgüter, die aus Europa und von anderen Kontinenten kommen, gibt es nicht viele. Das Kupfer aus den Minen in Sambias Binnenland an die Küste und zu den Schiffen zu bringen – das war der Grund, warum diese Eisenbahn überhaupt gebaut wurde.

Mit ihr ist ein fast neunzig Jahre alter Traum des britischen Kolonialpolitikers und Geschäftsmannes Cecil Rhodes – fast – wahr geworden. Die Briten hatten sich um das Jahr 1795 herum am Kap der Guten Hoffnung in Südafrika festgesetzt und waren in den nächsten hundert Jahren weiter nach Norden vorgedrungen. Rhodes (1853 bis 1902) hatte sich von Königin Viktoria die Konzession geben lassen, der britischen Krone noch weitere Gebiete im südlichen Afrika zu verschaffen. Im Jahr 1889 – es war das Zeitalter des Imperialismus – erwarb er das Matabele- und das Maschona-Land, aus denen dann das nach ihm genannte Rhodesien entstand, und er hatte schon im Jahr 1881 weiter nördlich Teile der heutigen Republik Sambia für die von ihm geleitete, halbprivate »British South Africa Company« an sich gebracht. Zu dieser Zeit bemühte sich Großbritannien auch um die Übernahme Ägyptens. Cecil Rhodes hatte sich in diesen Jahren für den Plan begeistern lassen, »vom Kap bis Kairo« eine Eisenbahn zu bauen. Sein Traum war ein »eisernes Rückgrat« durch ganz Afrika, von dem »eiserne Rippen« rechts und links abzweigen sollten. Ein eisernes Skelett sollte entstehen. Noch »herrenlose«, also nicht kolonisierte, und schon von anderen europäischen Mächten beherrschte Gebiete sollten zum höheren Ruhme und Nutzen der Krone und des Britischen Weltreichs durch diese Bahn erschlossen werden. Ziel war schließlich, sie zu Fleisch auf dem Gerippe des erträumten »British-Africa« zu machen. Doch die Geschichte verlief anders.

Das Zeitalter des europäischen Imperialismus war mit dem Ersten Weltkrieg vorbei. Zwar herrschte Großbritannien in Ägypten, dessen südlicher Nachbar Sudan ein anglo-ägyptisches Kondominium war, zwar war im Jahr 1919 auch der größte Teil des ehemaligen Deutsch-Ostafrika unter britische (der Rest unter belgische) Verwaltung gekommen, so daß, weil Kenia schon früher britische Kolonie war, die territorialen Voraussetzungen für den Bau der Eisenbahn bestanden. Aber der verlustreiche Krieg hatte politische Energie gekostet. Wie der Zweite Weltkrieg zur Aufgabe des afrikanischen Kolonialbesitzes führte und zur Entstehung unabhängiger schwarzer Staaten, hatte schon der Erste Weltkrieg die weitere Ausbreitung der europäischen Mächte in Afrika aufgehalten. Das Streben nach weiterer Ausdehnung des Besitzes und nach neuen Herrschaftsgebieten war abgelöst worden vom Wunsch, das Erreichte erst einmal zu festigen. Als im Jahr 1929 gar die Weltwirtschaftskrise begann, fehlte auch das Geld für ein derart großes Vorhaben wie den Bau der Bahn Kap – Kairo. Straßen wurden angelegt, und das Auto breitete sich aus. Immerhin, im »South and East African Year Book« der britischen Reederei »Union-Castle Mail Steamship Company«, der »Union-Castle Post-Dampfschiff-Gesellschaft«, von 1936 kann man lesen: »Ende 1928 wurde es möglich, mit öffentlichen mechanischen Transportmitteln von Kapstadt bis zur ägyptischen Grenze zu festen Preisen zu fahren, ohne britisches Gebiet zu verlassen. Man folgt dieser Route: von Kapstadt bis Broken Hill (das jetzt Kabwe heißt), 3325 Kilometer mit der

101

Bahn; von Broken Hill nach Kituta-Bucht am Tanganjika-See, 950 Kilometer mit dem Autobus; Dampfer auf dem See bis Kigoma, 2 Tage; von Kigoma über Tabora nach Mwanze, 775 Kilometer mit der Bahn; von Mwanze nach Kampala über den Viktoria-See, 5 Tage mit dem Dampfer; von Kampala nach Jubo, 4 Tage mit dem Autobus; von dort mit dem Nildampfer nach Khartum, 10 Tage; und dann noch 5 Tage bis Kairo. Mit den Verspätungen, die man unbedingt einkalkulieren muß, braucht man etwa 40 Tage, um auf dem Landweg von Kapstadt nach Kairo zu gelangen.«

Wer heute auf die Idee käme, dieser Route zu folgen, muß viele Grenzen und Zollstationen passieren. Von Kapstadt in Südafrika geht es zunächst nach Rhodesien (Broken Hill), dann nach Sambia (Kituta-Bucht) und Tansania (Kigoma, Tabora und Mwanze), weiter durch Uganda (Kampala) nach Sudan (Juba). Nur: So kann man nicht mehr fahren. Als Rhodesien sich im November 1965 einseitig für unabhängig erklärte und seine Bindungen an Großbritannien beendete, ohne daß die 250 000 Weißen im Land die 5 Millionen Schwarzen an der Regierung beteiligten, verhängte der Sicherheitsrat der Vereinten Nationen einen Boykott über das Land. Die Grenze zwischen Rhodesien und Sambia wurde geschlossen. Kein Land darf mehr mit Rhodesien Handel treiben. Ausnahmen werden nur zugelassen für solche Länder, für die eine Beteiligung am Boykott Rhodesiens lebensgefährlich wäre. Darum ließ die Regierung der im Juni 1975 von Portugal unabhängig gewordenen Volksrepublik Mozambique bis März 1976 noch Züge der rhodesischen Eisenbahn durch ihr Land nach den Häfen Beira und Maputo (früher Laurenço Marques) fahren. Danach erklärten sich die Vereinten Nationen bereit, Mozambique die anfallenden Gebühren zu ersetzen. Auch Sambia hatte einige Jahre lang noch sein Kupfer mit der Bahn durch Rhodesien zu den mozambiquischen Häfen befördern müssen, weil die andere Bahnlinie, durch Zaire nach den Atlantikhäfen Lobito und Benguela in Angola, nicht leistungsfähig genug war.

Um sich dem Boykott gegen Rhodesien dennoch anschließen und trotzdem weiter das Kupfer ausführen zu können, belebte die sambische Regierung den Plan Cecil Rhodes' neu, eine Bahnverbindung zwischen Sambia und dem tansanischen Hafen Daressalam herzustellen. Das ist das vorletzte Stück Bahn, das zwischen Kap und Ägypten noch fehlte. Jetzt fehlen Schienen nur noch zwischen Arua in Uganda und Wau im Sudan – 1155 Kilometer.

Die Verhandlungen waren schwierig und dauerten lange. Sambia und Tansania sind arme Länder, die diese Eisenbahn allein gar nicht hätten bauen können. Das erste Angebot zu helfen kam von China, und China bekam dann auch den Auftrag, nachdem westliche Länder das Vorhaben geprüft und festgestellt hatten, daß es unrentabel bleiben würde. Im Oktober 1970 begann die Arbeit. Bis zu 30 000 chinesische Arbeiter und Ingenieure kamen nach Tansania und trieben die Gleise immer weiter nach Süden. Mehr als eine Milliarde Mark wurde verbaut. In Tansania, auf der ersten Hälfte der Strecke, war der Bau besonders schwierig. 18 Tunnels mußten durch

Stolz lassen sich die »blauen Ameisen« vor dem soeben fertiggestellten Tunnel fotografieren. Die »Große Freiheitsbahn«, die Sambia von dem Zwang, rhodesische Schienen benützen zu müssen, unabhängig machen sollte, wurde von China finanziert.

den Fels des Kipengere-Gebirges am Nordufer des Tanganjika-Sees gesprengt, rund 300 Brücken, eine von ihnen 311 Meter lang, geschlagen werden. Auf der tansanischen Hälfte aber konnten die Chinesen weitgehend der Trasse folgen, die kaiserlich-deutsche Bahnbauingenieure schon vor dem Jahr 1914 errechnet hatten. Zehn Jahre, schätzte man, würde es dauern, die Strecke von Daressalam bis Kapiri Mposhi zu verlegen, bis zu jener kleinen Stadt, wo die Bahn den Streckenanschluß von Kapstadt nach Lobito finden sollte.

Die Arbeit war hart, die Begeisterung groß. »TanSam« oder »Tansam-Eisenbahn« wird die Linie nach den ersten Silben der beiden Länder genannt. Die Afrikaner aber nennen sie »Uhuru-« oder gar »Große Uhuru-Bahn«. Uhuru ist ein Wort der ostafrikanischen Suaheli-Sprache und bedeutet Freiheit. Die »Große Freiheitsbahn« sollte ja Sambia unabhängig machen von dem Zwang, die rhodesischen Schienen benutzen zu müssen, und ihm die Freiheit bringen, zwischen den Schienenwegen nach Süden und nach Norden wählen zu können. Während die »blauen Ameisen« aus China unverdrossen arbeiteten, meuterten die tansanischen Arbeiter gelegentlich. Sie waren mit dem niedrigen Lohn von umgerechnet 86 Mark im Monat nicht zufrieden, zumal sie davon noch 27 Mark für Verpflegung abgeben mußten.

Fast alle 13 Kilometer steht ein Bahnhof. Ausgelassen erwartet die Bevölkerung den ersten Zug – für viele die erste Eisenbahn, die sie zu Gesicht bekommen. Fotos Keystone

Einmal Daressalam – Kapiri Mposhi, das sind 1919 Streckenkilometer, das sind 18 Tunnels und rund 300 Brücken, über die Sambia sein Kupfer zum Meer transportieren wird.

Was war das aber für ein Essen: Wochenlang gab es Maisbrei mit dicken Bohnen, dann wieder wochenlang Reis mit Bohnen. Die Chinesen, ob Arbeiter oder Ingenieur, erhielten jeder einen Monatslohn von 120 Mark, lebten abgeschlossen in stacheldrahtumgebenen Lagern. Nur gelegentlich bekamen sie Ausgang. Sie nutzten ihn, um sich in der Savanne Elefanten und Löwen aus der Nähe anzusehen. Ein Voraustrupp berechnete und markierte die Strecke, der Haupttrupp verlegte die Betonschwellen, 1200 bis 1350 Stück je Kilometer, und schraubte die Schienen auf, jeden Tag 1,5 Kilometer weiter nach Süden. Das Terrain wurde einfacher, als das Kipengere-Gebirge überwunden und Sambia erreicht worden war. Die Schienen konnten schneller verlascht werden, der Schwung der Chinesen nahm wieder zu, die sambischen Arbeiter brachten neuen Elan. Die anfangs mit zehn Jahren errechnete Bauzeit wurde immer kürzer, man sprach von sieben, dann nur noch von sechs Jahren. Am Ende waren es gerade fünf Jahre nach dem Verlegen der ersten Schwelle in Daressalam, daß in Kapiri Mposhi die Weiche eingepaßt wurde. Die Strecke war fertig, »Bahn frei für die Große Uhuru-Bahn«.

Die Uhuru-Bahn hat eine Spurweite von 1067 Millimeter. Das ist eine ebenso krumme Zahl wie bei den meisten anderen Eisenbahnen der Welt. Im englischen Maßsystem freilich – die Eisenbahn ist eine englische Erfindung – liest sich das Maß einfacher. Da sind es dreieinhalb Fuß, 3 Fuß 6 Zoll. Diese Spur heißt Kapspur. Sie wurde zuerst für die im Jahr 1860 begonnene Eisenbahn von Kapstadt aus verwendet und hat sich über ganz Südafrika, Rhodesien, Südwestafrika, Mozambique, Botswana, Sambia, Zaire und Angola ausgedehnt und ist auch die Spurweite des weitentfernten Nigeria und Ghana in Westafrika. Sie soll, darauf haben sich die afrikanischen Regierungen verständigt, allmählich die Normalspur für ganz Afrika werden. An dieses Spursystem schließt sich Afrikas jüngste Bahnlinie in Sambia also an. In Tansania aber, am anderen Ende der Strecke, konnte die Uhuru-Bahn nicht an das bestehende Netz der ostafrikanischen Eisenbahn der Länder Tansania, Kenia und Uganda anknüpfen, ja es war sogar nötig, einen neuen Bahnhof in Daressalam zu bauen. Aus der Zeit nämlich, als Ostafrika deutsche Kolonie war, haben die tansanischen Eisenbahnen noch die 1000 Millimeter breite »Meterspur«. Für den praktischen Betrieb ist sie nahezu gleich mit der 991 Millimeter breiten Spur (3 Fuß 3 Zoll) der von den Briten gebauten Eisenbahnen in Kenia und Uganda. Jetzt hat Tansania also zwei verschiedene Eisenbahnen. Lokomotiven und Waggons der einen können nicht auf den Schienen der anderen fahren. Diesen Nachteil mußte eines der beiden Länder, Sambia oder Tansania, auf jeden Fall in Kauf nehmen. Tansania entschied sich für die Kapspur der Uhuru-Bahn, weil dies die afrikanische Normalspur überhaupt werden soll, und wenn Tansania, Kenia und Uganda ihre veralteten Bahnen einmal modernisieren sollten, muß die Uhuru-Bahn nicht wieder umgespurt werden. Außerdem erlaubt schon die geringe Verbreiterung der Spur um drei Zoll, bei entsprechendem Gleisunterbau, höhere Geschwindigkeiten und höhere Achslasten.

Leuchtende
Tiere

HILDEGARD WOLTERECK

Wer hätte sich nicht schon staunend erfreut an den tanzenden Lichtpunkten, die an warmen Sommerabenden Büsche und Sträucher illuminieren? Glühwürmchen sind am zahlreichsten in den Tropen vertreten – hier blinken ihre »Laternchen« in einem Mangrovensumpf auf dem Malaiischen Archipel (großes Bild).

Oben: Die Larve eines afrikanischen Leuchtkäfers. An einem Grashalm hängend, läßt sie des Nachts in dieser typischen Stellung ihr Licht am Hinterleib leuchten, genau wie die erwachsenen Tiere.

Darunter: Wie zwei Autoscheinwerfer strahlen die Lichter dieses Leuchtkäfers. Die grünlich-weiß lumineszierenden Stoffe befinden sich in zwei Säckchen unter dem hinteren Körperabschnitt. Alle Fotos NHPA

Immer wieder fesselt uns Menschen die Fähigkeit mancher Tiere, biologisches Licht auszusenden, nämlich blau, grün, gelb, orange oder auch rot zu leuchten. Dieses Naturwunder wurde schon vor fast 3500 Jahren in China beobachtet, vor etwa 2400 Jahren begeisterte sich Aristoteles am Leuchten bestimmter Pflanzen, und bei Shakespeare verabschiedete sich der Geist mit folgenden Worten von Hamlet: »Der Glühwurm zeigt, daß sich die Frühe naht, und sein unwirksam Feu'r beginnt zu blassen.«

Bei Tieren, die im Salzwasser leben – und hier vor allem bei Fischen – findet man biologisches Licht am häufigsten. Man nennt die Erscheinung Biolumineszenz (von bios = Leben, lumen = Licht). Den Bewohnern der nachtdunklen Tiefsee ersetzt es das fehlende Tageslicht. Da ihnen keine Sonne und kein Stern leuchtet, beleuchten sie sich selbst. Kühne Taucher berichten, daß sie sich bei ihrer Fahrt in die Tiefe einem wahren Feuerwerk von herrlichen Lichtern gegenübersahen, von dessen Schönheit sich nur der wirklich einen Begriff machen kann, der es sieht. Und das waren bisher nur wenige. Sie schilderten, wie manche Fische mit Hunderten von »Lampen« besetzt waren, andere sandten plötzlich so starke Lichtblitze aus, daß die Forscher in ihrer dunklen Kugel dadurch förmlich geblendet wurden. Etwa von 600 Meter Tiefe ab ist die nachtschwarze Tiefsee von dem dauernden Flimmern und Blitzen der Leuchttiere erfüllt. Der Lichtreichtum war bei Beebes Tauchfahrten oft so groß, daß ihm »das Meer dort unten wie der Himmel an einem schönen, sternenklaren Abend erschien«.

Der amerikanische Biologe William Beebe war der erste, dem es im Jahre 1934 gelang, mit einer Tauchkugel, die von einem Schiff hinabgelassen wurde, die Meerestiefe von 923 Meter zu erreichen und durch Quarzfenster das Tierleben zu beobachten. Mittlerweile sind mit Tiefsee-Tauchkugeln Tiefen von 10 900 Meter erreicht worden. Beebe beschreibt ein eindrucksvolles Erlebnis bei einer seiner Tiefseetauchfahrten in 580 Meter Tiefe so: »Ich sah einen nahezu runden Fisch mit langen, mäßig hohen, fortlaufend senkrechten Flossen, einem ansehnlichen Auge, mittelgroßem Maul und kleinen Brustflossen; die Haut war ausgesprochen bräunlich. Wir drehten uns ein paar Grad nach Backbord herum, was den Fisch in den dunkelblauen Halbschatten des Strahls brachte; da sah ich erst seine wirkliche Schönheit. Die Körperseiten entlang liefen fünf unglaublich schöne Lichtstreifen, einer davon quer durch die Mitte, dazu zwei geschweifte darüber und zwei darunter. Jeder Streifen bestand aus einer Reihe großer, blaßgelber Lichter und jedes davon war mit einem Halbkreis sehr kleiner, aber lebhaft und purpurn glühender Lichtträger umgeben. Der Fisch wandte sich langsam um und zeigte, Kopf voran, ein schmales Seitenbild ... Der Name, den ich ihm gab, lautet Bathysidus pentagrammus, der Fünfstreifige Sternbildfisch. In meinem Gedächtnis wird er als eine der prächtigsten Erscheinungen weiterleben, die mir je zu schauen beschieden waren.«

Besonders wunderbare Leuchtorgane besitzen manche Tintenfische. Die Bezeichnung ist etwas irreführend, denn es handelt sich hier nicht um Fische,

Wenn der Gemeine Tintenfisch erregt ist, schimmert er in vielen Farben. Die Augäpfel glänzen dann rot, blau oder grün, und die Pupille wird weit und rund; die durchsichtigen Flossensäume sind violett gefärbt und mit weißen Punkten übersät. Foto G. Mazza

sondern um Weichtiere, die bei Gefahr eine tintenschwarze Flüssigkeit ausstoßen. Einer von ihnen trägt eine ganze Kette verschiedenfarbiger Lampen, die ultramarinblau, rubinrot und himmelblau leuchten. Diese verschiedenen Farben werden teilweise unmittelbar erzeugt, in manchen Fällen verursacht eine rote »Vorsatzlinse«, durch die das Licht der Leuchtorgane gehen muß, das Rotlicht. Ein anderer Tintenfisch, der nur in sehr großen Tiefen vorkommt, besitzt riesige, weißleuchtende »Scheinwerfer« am Kopf, und an den Spitzen seiner langen Arme trägt er orangefarbige Lampen. Manche Tiefseetiere stoßen große Mengen eines leuchtenden Stoffes aus, wenn sie von ihren Feinden verfolgt werden. Der Gegner wird dadurch geblendet. Derartige Lichtsignale dienen einer Reihe von Zwecken: Sie schrecken Feinde ab, locken die Beute an und erleichtern das Sichfinden der Geschlechter. In unserer hellen Oberwelt ist ja jede Art durch Körperform, Farbe, Geruch und Lautsignale leicht zu erkennen; solche Merkmale werden in der dunklen Meerestiefe durch ganz bestimmte und für jede Art typische Leuchtzeichen ersetzt.

Millionen und Milliarden dieser nur stecknadelkopfgroßen Leuchttierchen verursachen eine weithin bekannte Erscheinung: das Meeresleuchten.

Links: Der Tiefsee-Beilfisch ist ein kleiner, nur 9 cm langer Fisch mit zahlreichen Leuchtorganen an seinem silbern schimmernden Körper. Fotos Popper, G. Mazza

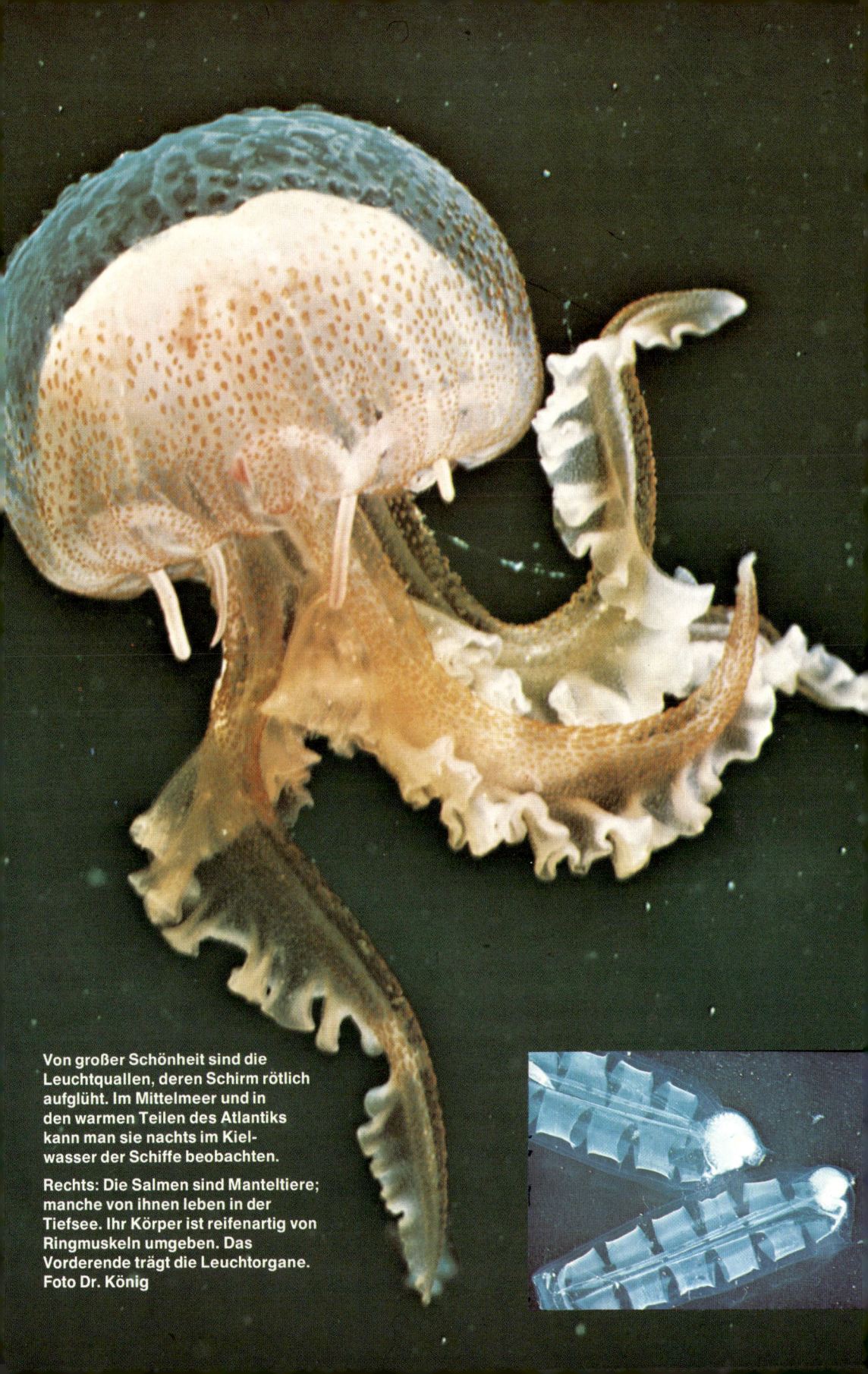

Von großer Schönheit sind die Leuchtquallen, deren Schirm rötlich aufglüht. Im Mittelmeer und in den warmen Teilen des Atlantiks kann man sie nachts im Kielwasser der Schiffe beobachten.

Rechts: Die Salmen sind Manteltiere; manche von ihnen leben in der Tiefsee. Ihr Körper ist reifenartig von Ringmuskeln umgeben. Das Vorderende trägt die Leuchtorgane.
Foto Dr. König

Es gibt aber auch Fische, die nicht selbst leuchten, sondern sich gewissermaßen mit einer Illumination behängen: Ihr Leuchten kommt durch die Symbiose mit Leuchtbakterien zustande. Beim indonesischen Leuchtfisch zum Beispiel sind Bakterien, die dauernd leuchten, unterhalb der Augen eingebettet. Der Fisch kann nun durch Öffnen und Schließen der »Augenlider« seine Beleuchtung ein- und ausschalten. Das Licht ist stark genug, um ihn Beutetiere und Einzelheiten an Korallen oder Felsen erkennen zu lassen.

Unter den Landbewohnern dagegen haben nur einige Tausendfüßler, Würmer und Insekten die Fähigkeit entwickelt zu leuchten. An warmen Sommerabenden, wenn die Lichtpunkte der Glühwürmchen auf und ab tanzen, können wir Zeugen ihres bezaubernden Paarungsspiels werden. Männchen und Weibchen verständigen sich durch Leuchtsignale, und diese Nachrichtentechnik ist besonders bei unseren Glühwürmchen eingehend beobachtet worden. Die Weibchen suchen abends bestimmte Leuchtplätze auf. Dort halten sie ihre Leuchtorgane – es handelt sich um zwei hellgefärbte Drüsen am Hinterleib – so, daß sie von oben gut zu sehen sind. Die Männchen schwirren in etwa Meterhöhe. Wenn das Männchen dann ein Weibchen gefunden hat, klappt es die Flügel ein und läßt sich fallen, und zwar mit einer erstaunlichen Zielgenauigkeit. Durch Versuche hat man festgestellt, daß nicht Licht als solches, sondern nur verhältnismäßig schwaches und kleinflächiges Licht Landungen auslöst – aber eben nur Licht, wie andere Versuche bewiesen haben, bei denen man Weibchen in poröse Pappschachteln setzte. Sie hätten zwar etwaige Duft- und Tonsignale durchgelassen, das Leuchten aber dunkelten sie ab. Bei diesen Versuchen merkten die beiden Geschlechter der Glühwürmchen nichts voneinander.

Bestimmte nordamerikanische Leuchtkäfer-Männchen machen durch Lichtblitze auf sich aufmerksam. Und nun kommt das Überraschende: Die Weibchen funken in festen Zeitabständen zurück, die für jede Art kennzeichnend sind. So wurde bei dieser Leuchtkäferart ein Zeitraum von 2,1 Sekunden festgestellt – nur er vermag ein Männchen der gleichen Art anzulocken. Signalisiert dieses Weibchen zu schnell oder zu langsam, so kann es damit kein Männchen zur Landung veranlassen, und ein Männchen, das in dem für das Weibchen typischen Rhythmus auf Lichtsignale antwortet, wird gar für ein Weibchen gehalten.

Die Verbreitung leuchtender Tiere und Pflanzen gehorcht keiner Regel; sie scheint vollkommen willkürlich zu sein. Der amerikanische Professor Hartvey, Princeton, der sich ein Leben lang damit beschäftigte, die Biolumineszenz zu erforschen, schreibt: »Stellen wir uns eine riesige Wandtafel vor, auf der die Namen aller Lebensformen stehen – die Unzahl von Ordnungen, Klassen und Stämmen, gefolgt von den Hunderttausenden von Pflanzen- und Tierarten. Nun denken wir uns einen Mann, der eine Handvoll nassen Sand auf die Tafel schleudert. Ein Name, an dem ein Sandkorn hängenbleibt, soll dann eine biolumineszierende Art bezeichnen – alle anderen leuchten nicht. Die natürliche Verteilung erscheint genauso ungeordnet wie unerklärlich.«

Ebenso ungeklärt ist noch, wie die Leuchtsysteme im Lauf der Evolution entstanden sind. Möglicherweise war das biologische Leuchten ursprünglich nichts weiter als ein Mechanismus zum Überleben. Zu der Zeit nämlich, als das Leben auf der Erde entstand, enthielt die Lufthülle der Erde keinen Sauerstoff. Der bildete sich erst allmählich, weil die starke Sonnenbestrahlung das Wasser zersetzte. In dem Maße aber, wie sich die Atmosphäre mit Sauerstoff anreicherte, gerieten die Lebewesen in Gefahr, davon zerstört zu werden. Sie mußten also lernen, den Sauerstoff, den sie aufnahmen, unschädlich zu machen, beispielsweise, indem sie ihn mit Wasserstoff zu Wasser vereinigten. Hätten sie aber die dabei freiwerdende Energie in Wärme umgewandelt (wie bei chemischen Reaktionen üblich), so wären sie daran verbrannt. Statt dessen sandten sie die Energie in Form von Licht aus und waren sie damit los.

Das biologische Leuchten war demnach also ursprünglich ein Entgiftungsprozeß, der dazu diente, Sauerstoff zu entfernen. Spätere Generationen entwickelten andere Mechanismen zur Nutzung des Sauerstoffes und wurden schließlich – wie wir heute – gänzlich von ihm abhängig. Damit aber konnte das biologische Leuchten andere Aufgaben übernehmen, wie wir sie geschildert haben. Es hilft widersinnigerweise sogar dem Tier, sich vor Verfolgern zu verstecken: Wenn von oben Sonnenstrahlen ins Wasser einfallen, hebt sich jeder schwimmende Körper dunkel dagegen ab – nicht so der Tiefsee-Beilfisch, der seine Leuchtorgane an der Bauchfläche »anschaltet« und ein starkes, bläuliches Licht ausstrahlt. Er verschmilzt so mit seiner Umgebung, daß er für Verfolger unsichtbar wird.

Man weiß heute, wie das biologische Leuchten zustande kommt: Es ist ein »kaltes Licht«, das auf chemischen Umwandlungen beruht. Normalerweise entsteht bei chemischen Reaktionen Energie in Form von Wärme. Das biologische Leuchten beruht dagegen darauf, daß sich chemische Energie unmittelbar in elektrische Energie umwandelt, die dann in Form von Licht ausgestrahlt wird. Es wird also fast keine Energie in Wärme umgesetzt, daher »kaltes Licht«. Schon Ende des 19. Jahrhunderts konnte der Franzose R. Dubois nachweisen, daß das biologische Licht auf der chemischen Umwandlung von zwei Stoffen beruht. Die eine nannte er Luciferin (von lateinisch Lucifer = Lichtträger), die andere Luciferase, da es sich um ein Enzym handelt. (Enzyme sind Eiweißstoffe, die den Ablauf der Lebensvorgänge in den Organismen steuern und meist durch die Endung -ase bezeichnet werden.) In Gegenwart von Sauerstoff reagieren nun beide Stoffe miteinander, und die dabei freiwerdende Energie erzeugt dann biologisches Leuchten. Man konnte übrigens feststellen, daß geringfügige Unterschiede im Aufbau der Enzyme bei ein und demselben Käfer ein Leuchten in zwei verschiedenen Farben bedingt, so beim Automobilkäfer. Krabbelt er am Boden, dann schaltet er zwei grüne »Scheinwerfer« ein. Erhebt er sich aber, so leuchtet die Bauchseite orange – ein aufschlußreiches Beispiel dafür, wie Änderungen im Aufbau eines Eiweißstoffes sichtbar werden können.

Viel später, nämlich erst während der letzten zehn Jahre, gelang es dann dank der Zusammenarbeit von Wissenschaftlern der ganzen Welt, das innere Gefüge vieler Luciferine zu erklären; denn je nach den verschiedenen Lebewesen, etwa Glühwürmchen oder leuchtenden Meeresbewohnern, sind die Luciferine etwas anders zusammengesetzt. Wie mühsam solche Untersuchungen sind, möge folgendes Beispiel zeigen: Forscher, die an einer amerikanischen Universität den chemischen Aufbau des Farbträgers einer bestimmten leuchtenden Qualle aufklären wollten, mußten 45 000 Quallen im Gewicht von zwei Tonnen verarbeiten, um schließlich ein Milligramm des reinen Farbträgers zu gewinnen.

Es lag nun nahe, im Laboratorium biologisches Licht synthetisch herzustellen, und in der Tat ist es schon möglich, es ohne Tier im Reagenzglas nachzuvollziehen. Das Leuchten solcher Stoffe ist meist recht schwach, doch mit Hilfe eines sogenannten Fluoreszenzverstärkers läßt sich die Helligkeit mehrere tausendmal erhöhen. Diese Erkenntnisse machte sich ein amerikanisches Unternehmen zunutze und brachte eine Notlichtquelle auf den Markt, die ihre nähere Umgebung mit »kaltem Licht« zu erhellen vermag. Das beste System arbeitet mit einer Lichtausbeute von 23 Prozent. Bei unseren Glühbirnen gehen von der zugeführten elektrischen Energie 95 Prozent als Wärme verloren, nur 5 Prozent werden in Licht umgewandelt. Das Leuchtkäferlicht dagegen ist ein wirklich »kaltes Licht«. Die Lichtausbeute liegt bei 80 bis 90 Prozent. Jedes Luciferin-Molekül, das sich mit Sauerstoff verbindet, setzt ein Lichtquant frei.

Ein recht bemerkenswertes Anwendungsgebiet der Biolumineszenz besteht darin, daß man damit Adenosintriphosphat (ATP) nachweisen kann. Alle Lebewesen unseres Planeten enthalten diese Verbindung. Auch bei den chemischen Vorgängen der Lichterzeugung wird dieser Stoff benötigt – erst in Gegenwart von ATP treten die Leuchterscheinungen auf. Man hat also hier ein Mittel, mit dem sich ATP und somit Leben nachweisen läßt. Schickt man nun ein Gemisch von Luciferin und Luciferase ohne ATP in den Weltraum, so müßte es aufleuchten, wenn es auf ATP – also auf Leben – trifft. Das Lichtsignal könnte dann zur Erde gefunkt werden. Dies ist keine Utopie: Die NASA erwägt ernsthaft solche Pläne.

Geometrie des Unheimlichen

BRIGITTE KRUG-MANN

Der Künstler Maurits Cornelis Escher und sein Werk

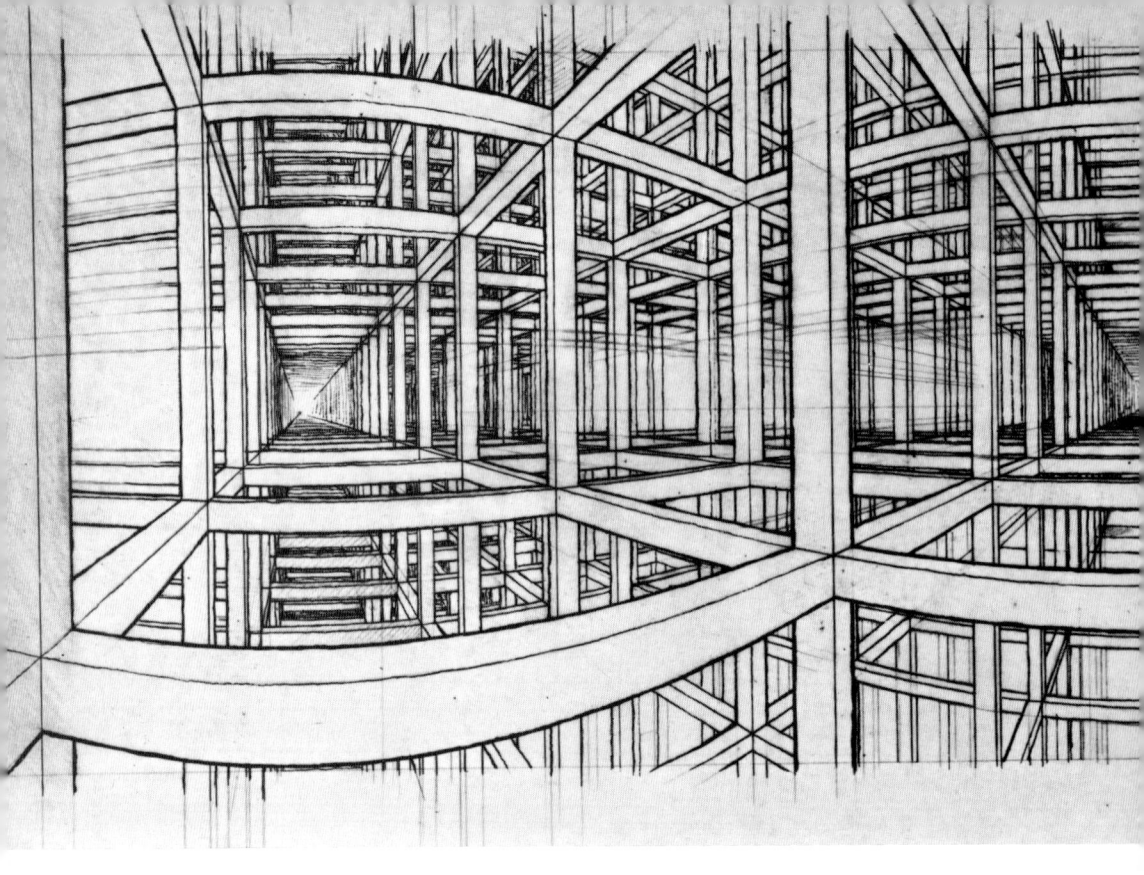

Treppen, die ins Nichts führen. Wände, die sich ineinanderschieben. Häuser als Alpträume, bevölkert von roboterartigen Kapuzenmännern, gesichtslosen Figuren und Eulenspiegeln. Vögel mit dem Gesicht einer Sphinx. Geometrische Körper, aus denen Echsen mit Krallenfüßen und Stachelleibern hervorquellen. Glaskugeln, in denen sich verzerrt eine Traumwelt widerspiegelt.

Bilder eines Künstlers, der außerhalb aller Strömungen seiner Zeit steht: Maurits Cornelis Escher. In kaum einem deutschsprachigen Lexikon findet man seinen Namen. Im neuesten, dickleibigsten wird er nur kurz erwähnt. Trotz aller Phantasie, von der seine Werke zeugen, gilt er Kritikern als »zu rational«, als zu stark von der Vernunft bestimmt. Seine ersten Erfolge außerhalb der Grenzen seiner holländischen Heimat feierte er deshalb auch nicht vor der Kunstwelt, zu seinen ersten Bewunderern zählten fast ausschließlich Mathematiker und Techniker.

Wer ist der Mann, der – von der Kunstgeschichte erst in jüngster Zeit entdeckt – mit seinem Werk Menschen zu bezaubern vermag, die es gewohnt sind, streng rational zu denken? Dessen Weltbild dem der modernen Wissenschaft so sehr verwandt zu sein scheint: in seiner Abstraktion, die sich plötzlich als Realität darstellt; in seiner Fremdheit, die bei näherem Betrachten als erklärbare Wirklichkeit beeindruckt.

Paul Klee, der große Maler und Grafiker, schrieb einmal über sich, daß er von der Ahnung des Gesetzmäßigen ausgeht, sie erweitert, bis sich

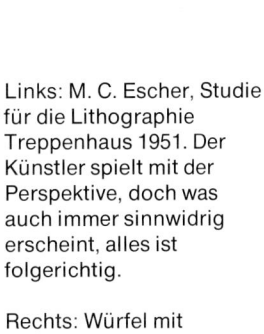

Links: M. C. Escher, Studie für die Lithographie Treppenhaus 1951. Der Künstler spielt mit der Perspektive, doch was auch immer sinnwidrig erscheint, alles ist folgerichtig.

Rechts: Würfel mit magischen Bändern 1957. Immer wieder reizt es Escher, streng wissenschaftliche Darstellungen mit optischen Täuschungen zu verknüpfen. – Escher Foundation, Haags Gemeentemuseum, Den Haag

der Denkhorizont gliedert und sich die Komplikation dadurch ordnet und alles vereinfacht wird. Parallelen dazu finden sich auch im Werk Eschers.

Im Jahr 1898 wird M. C. Escher in Leeuwarden in Holland geboren. Schon als Junge fällt er durch seine zeichnerische Begabung auf. So scheint es ganz selbstverständlich, daß er sich zum Grafiker ausbilden läßt. Von 1922 bis 1935 lebt Escher, mit kurzen Unterbrechungen, in Italien. Mit dem Skizzenblock reist er in dieser Zeit von Kalabrien bis Umbrien, vom Ätna bis zu den Abruzzen, von der Küste um Amalfi bis zu den abgelegenen Dörfern in Apulien. Seine ersten bedeutenden Werke entstehen.

Er malt die Landschaft; er malt sie so, wie er sie sieht. Die Städte, die er zeichnet, haben alle einen Namen, man findet sie auf der Landkarte. Und doch sind sie alles andere als Abbilder der Natur. Escher verschiebt die Perspektiven – ein Experiment, das ihn immer wieder reizt. Er rückt Fernliegendes in den Vordergrund und schiebt Naheliegendes weit zurück. Der Betrachter erlebt bei einer Landschaft oft gleichzeitig Höhe und Tiefe. Bäume gewinnen eine ganz besondere Bedeutung als gespenstische Kulissen. Gräser wachsen ins Übergroße. Steine und Mauerwerk werden zu bedrohlichen Ungetümen, die eine Stadt als Gefängnis erscheinen lassen. Grauen hat sich im Mauerwerk der kahlen Häuser eingenistet. Unheil verkünden auch die Wolken, die sich, geballten Fäusten gleich, auf eine Stadt herniedersenken.

In den Darstellungen von Räumen fallen oft Wand, Boden und Decke zusammen. Dabei sind diese Ineinanderfügungen durchaus nicht zufällig. Den Entwürfen seiner Türme und abenteuerlichen Häuser liegt eine bestimmte Regel zugrunde, die bis in die kleinste Einzelheit folgerichtig durchgeführt ist. Was immer dem Betrachter auch sinnwidrig erscheint, ist die logische Möglichkeit einer ihn kennzeichnenden einheitlichen Gestaltung seiner Bilder. So bauen viele Werke Eschers auf einer geometrischen Figur auf, einem Dreieck etwa oder einem Würfel. Die einzelnen Teile dieser Figur stimmen stets; die Art aber, wie diese Teile ineinandergeschoben sind, machen die Eigenart und Einmaligkeit aus. Meist stehen derlei Bauwerke dann noch in einer naturalistischen Landschaft, die den Blick anzieht und es dem Betrachter schwer macht, sich klarzuwerden, warum an dem Gebäude selbst etwas nicht stimmt.

Escher geht in seinen frühen Werken von der erkennbaren Wirklichkeit aus. Immer wichtiger wird ihm dann der gegliederte Aufbau. So entstehen viele Bilder, die man lesen kann wie eine Geschichte. Element entwickelt sich aus Element, in durchaus logischer Abfolge, wie etwa in seinem »Tag und Nacht« betitelten Bild: eine Stadt am Fluß – die Häuser und Kirchen sind von einer mauerartigen Befestigung umgeben – Felder und Wiesen liegen außerhalb dieser Mauern, gleichmäßig aufgeteilte Quadrate – die Quadrate beginnen sich zu verschieben, werden zu Dreiecken – aus den Dreiecken entstehen Vögel, die aus der Stadt hinausfliegen – die Vögel fliegen zu einem Fluß – am Fluß liegt eine Stadt. Jetzt wiederholt sich das ganze Bild in entgegengesetzter Richtung. Escher erreicht solche Doppelbilder durch den einfachen Gegensatz von Schwarz und Weiß. Die Konturen der weißen Vögel auf dem Hinflug werden zu schwarzen Vögeln auf dem Rückflug.

Diese Metamorphosen – Umwandlungen – gehören zu Eschers eindrucksvollsten Arbeiten. Er zeichnet Fische, deren Konturen zu Vögeln werden; ein Blatt voller Engel, zwischen denen sich schwarze Teufel eingenistet haben; Gesichter, die, wie man das Blatt auch drehen mag, neue Gesichter entstehen lassen.

Was Escher immer wieder von neuem gereizt hat, ist die »Kontinuität«, die Möglichkeit, eine Zeichnung ins Unendliche fortzuführen. Im Jahr 1936 hat er während einer Spanienreise die maurischen Mosaiken in der Alhambra gezeichnet. Angeregt durch den Formenreichtum dieser Ornamente, konstruiert er eigene Formen der Flächenfüllung. Dabei ist ihm nicht die Aneinanderreihung gegenstandsloser Muster wichtig, sondern ein Aneinanderreihen erkennbarer Figuren. Er haucht all den geometrischen Mustern Leben ein; aus flächenfüllenden Ornamenten entstehen Menschen, Tiere und Pflanzen.

Aus flächenfüllenden Ornamenten entstehen Menschen, Tiere, Fabelwesen – eine Figur wächst aus der anderen, die Zeichnung gleichsam bis ins Unendliche fortführend. Oben: M. C. Escher, Begegnung 1944, Lithographie 342 × 469. Unten: Flächenfüllung I 1951, Aquatinte 150 × 202. – Escher Foundation, Haags Gemeentemuseum, Den Haag

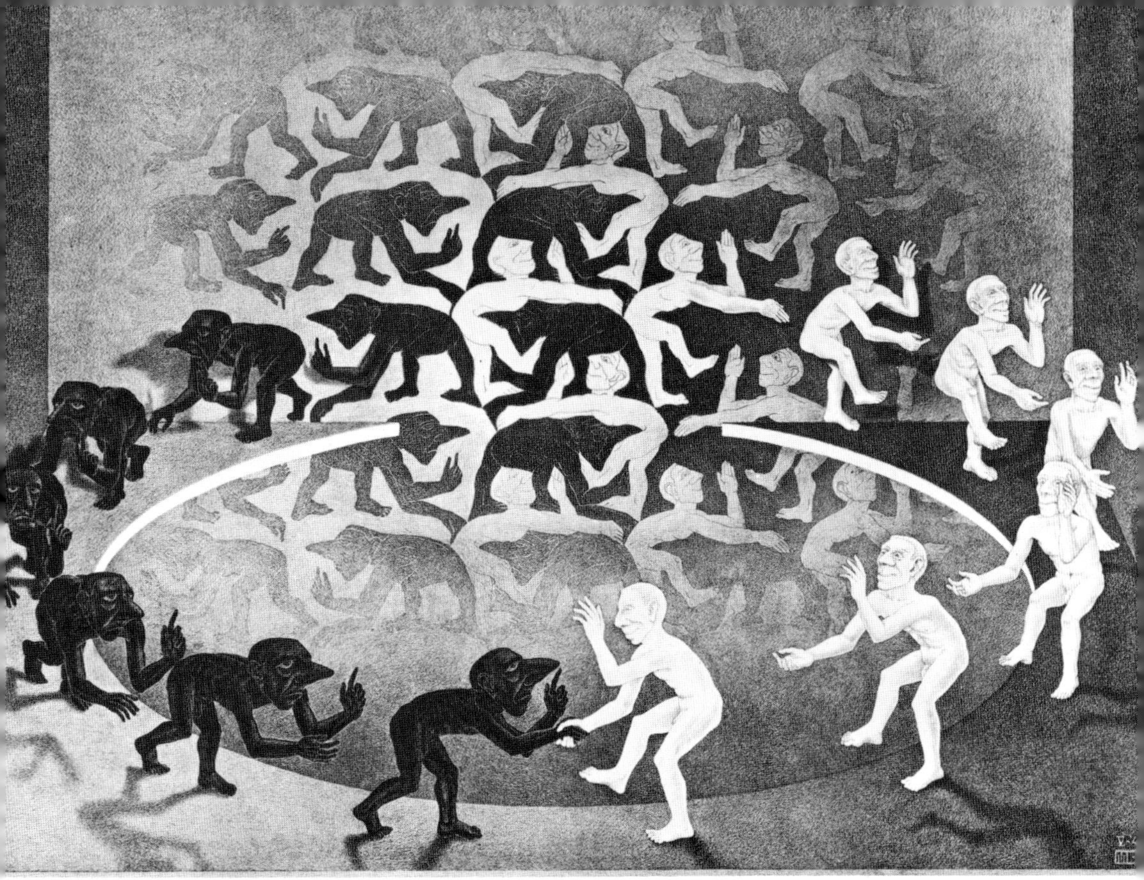

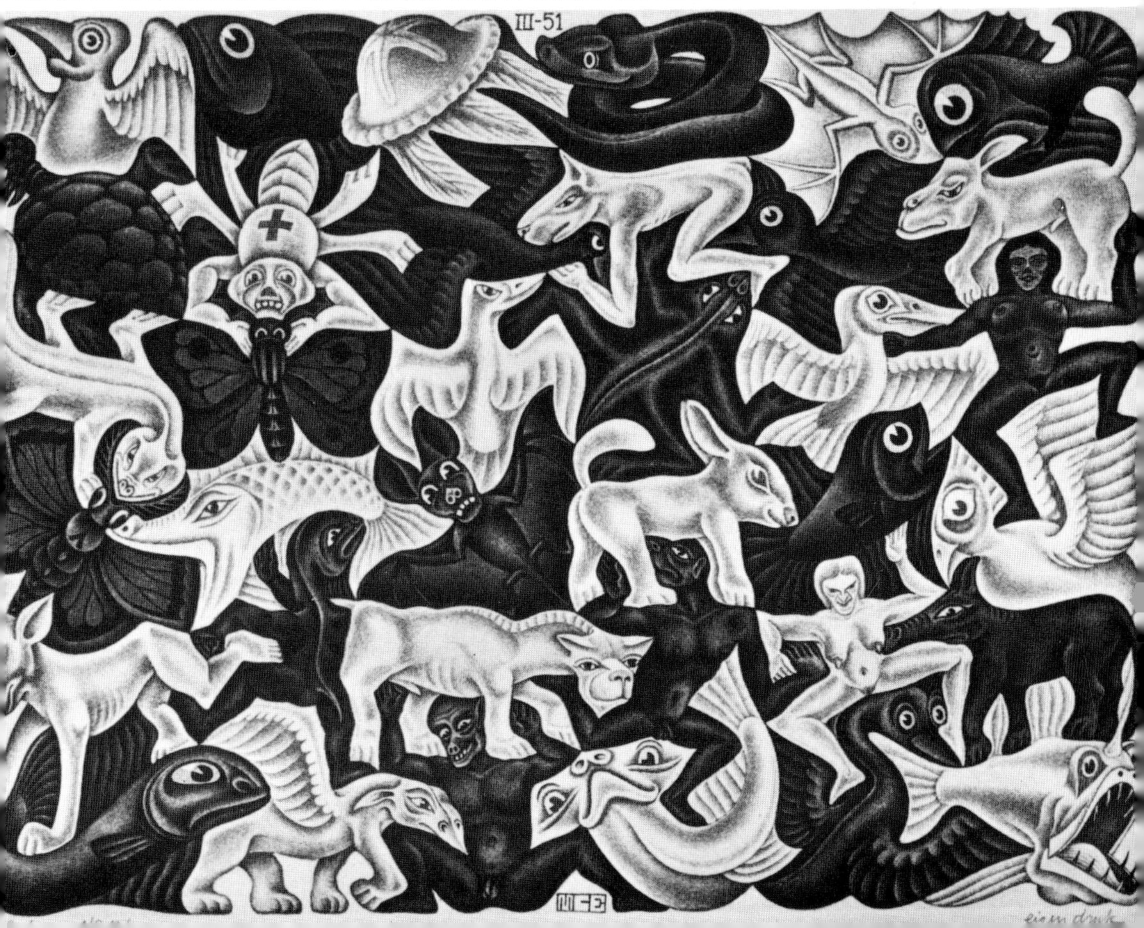
III-51

Links: So vielfältig wie seine Formen sind auch Eschers Techniken. Treppengewölbe 1931, Holzschnitt 179 × 129

Rechts: Immer sind Eschers Zeichnungen in einer besonderen Art unheimlich, hier verknüpft er Tiere mit geometrischen Konstruktionen. Treppenhaus I 1951, Lithographie 470 × 240. – Escher-Stiftung, Haags Gemeentemuseum, Den Haag

Die Tiere in Eschers Zeichnungen sind – so naturgetreu er sie auch abgebildet hat – in einer besonderen Art unheimlich. Riesenameisen laufen, eine nach der andern, über grobmaschige Eisengitter. Vielgliedrige Tausendfüßler mit großen, kugeligen Augen bewegen sich schlangenartig treppauf und treppab. Eine Gottesanbeterin in Überlebensgröße hockt auf dem Körper eines aufgebahrten, toten Bischofs.

Escher versuchte, alle grafischen Möglichkeiten voll auszuschöpfen. Er hat mit Schraffierungen, Schwarzweißkontrasten und Schattierungen aller Art gearbeitet. Er hat die Technik der Lithografie und der Radierung ebenso beherrscht wie die des Holzschnitts und des Holzstichs. Er hat oft die Drucke seiner Arbeiten selbst hergestellt. Bekannte Wissenschaftler gaben ihm, vor allem in späteren Jahren, Hinweise und Anregungen zu neuen Arbeiten; in ihnen hat er häufig streng wissenschaftlich zusammengesetzte Darstellungen mit optischen Täuschungen verknüpft. »Dadurch, daß meine Sinne den Rätseln, die uns umgeben, offenstehen«, sagte Escher einmal, »und dadurch, daß ich meine Empfindungen überdenke und zergliedere, nähere ich mich dem Gebiet der Mathematik. Obwohl es mir an exakt wissenschaftlicher Bildung und Kenntnis mangelt, fühle ich mich oft mehr den Mathematikern als meinen eigenen Berufskollegen verwandt.«

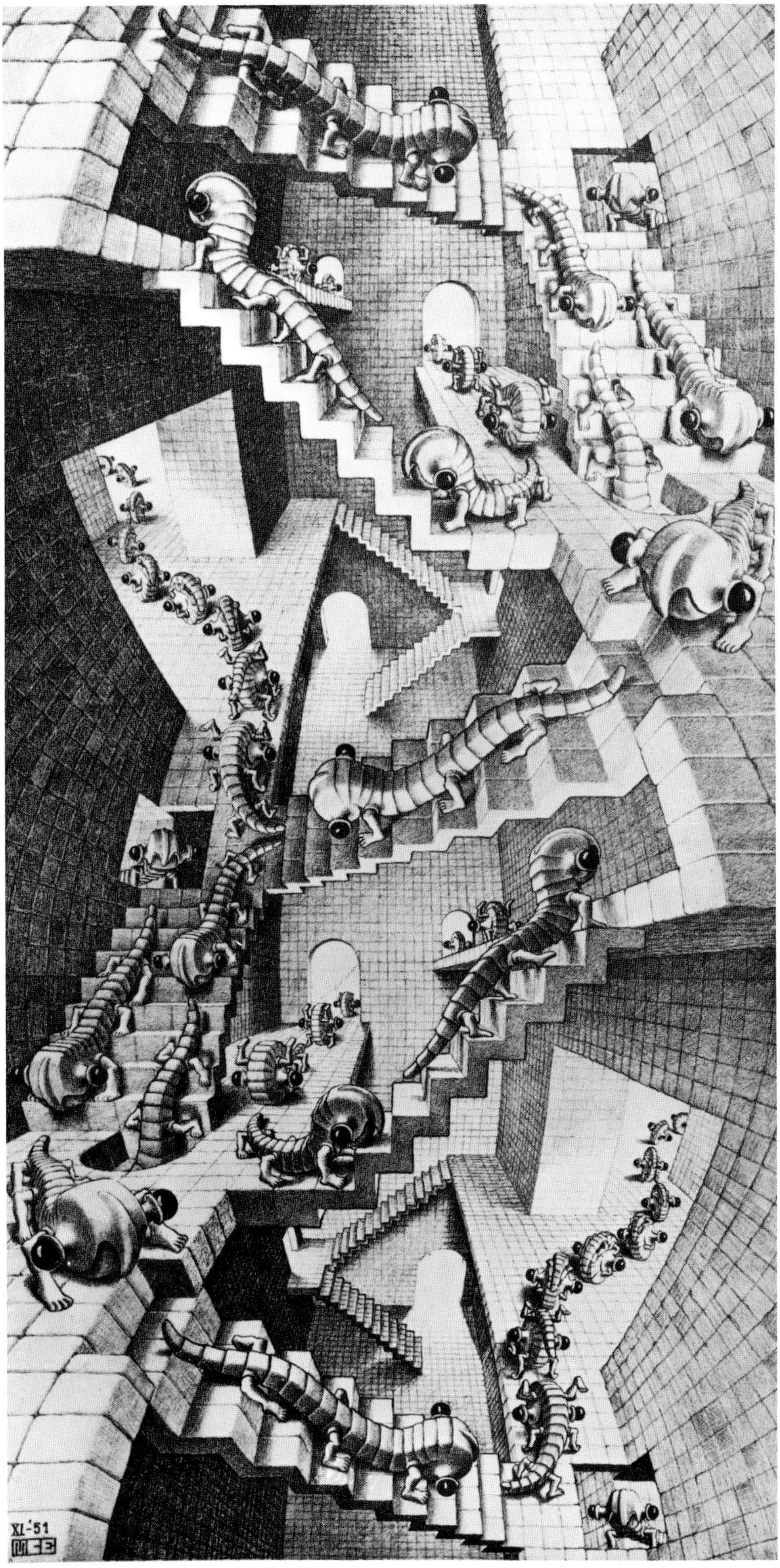
XI-'51

Die »Kochgefäße« der Chemie
HUBERT GRÄFEN

Werkstoffprüfung und -forschung
in der chemischen Industrie

Wohin wir auch blicken, überall im täglichen Leben begegnen uns Erzeugnisse der chemischen Industrie: Textilien, Kunststoffteile aller Art, Gummiwaren, Lacke, Farben, Klebstoffe, Baumaterialien, Arzneimittel, Kosmetika und Fotoartikel entstammen ihren Reaktionskesseln und Destillierkolonnen. Schon diese Vielfalt der Waren und Güter läßt erahnen, daß zu ihrer Herstellung Anlagen notwendig sind, die nach ganz unterschiedlichen Verfahren arbeiten. Aber nicht genug damit, es müssen auch ständig neue Fabrikationstechniken entwickelt werden, um die in den Laboratorien gewonnenen Forschungsergebnisse in marktgängige Produkte umzumünzen.

Kaum ein anderer Industriezweig stellt bei den Produktionsanlagen so hohe und so verschiedenartige Anforderungen an die Werkstoffe wie die Chemie. Die Auswahl ist oft recht schwer, hängen vom richtigen Werkstoff doch die ständige Einsatzbereitschaft und die Sicherheit der Anlage ebenso ab wie die Güte der Erzeugnisse. Säuren, Laugen, Salzlösungen, brennbare Medien, explosionsgefährliche und giftige Stoffe bei teilweise hohen Drükken (bis zu mehreren 100 bar) und Temperaturen (bis etwa 1 100 Grad Celsius) müssen in den »Kochtöpfen« der Chemie zur Reaktion gebracht werden – ein falsch gewählter Stahl oder auch ein falsches Verarbeitungsverfahren bei der Herstellung des Apparates können da katastrophale Folgen haben.

Um den am besten geeigneten Werkstoff herauszufinden, muß der Konstrukteur zum einen die Eigenschaften der zur Wahl stehenden Materialien genau kennen, zum anderen die Bedingungen, unter denen der Apparat künftig beansprucht wird – Temperatur, Druck, chemischer Angriff, Strömungsgeschwindigkeit –, erfassen; und schließlich muß er die Verarbeitungsverfahren für den Werkstoff genau festlegen. Formgebung, Schweißen, Oberflächen- und Wärmebehandlung, das alles wirkt sich auf das spätere Verhalten des Werkstoffes oder Bauteiles aus.

Diese Forderungen sind oft nur schwer zu erfüllen. Bei Rührwerksbehältern, Wärmetauschern, Destillationskolonnen, Verdampfern, Absorbern, Pumpen, Rohrleitungen, Tanks und ähnlichen Chemieapparaten läßt sich das Zusammenspiel der mechanischen Kräfte und der chemischen Beanspruchung durch Korrosion nur selten vollständig durchschauen. Da in der Chemie die Einwirkung der Beschickungsmedien auf die Werkstoffe bei der Auswahl vorrangig ist, haben die Werkstofftechniker Prüfmethoden entwickelt, mit denen sie die Korrosionseigenschaften der Metalle im Laboratorium – wo die Betriebsverhältnisse nachgeahmt werden – feststellen können.

Die beim Bau einer neuen Anlage zur Verfügung stehenden Werkstoffe genügen oft nicht in allen Punkten den Anforderungen. Deshalb haben die werkstofftechnischen Abteilungen der chemischen Großindustrie neben ihrer prüfenden und überwachenden Tätigkeit auch die Aufgabe, Werkstoffe weiter und neu zu entwickeln. Vielfach zeigen sich Werkstoffschwächen erst nach längeren Betriebszeiten, wenn Schäden eintreten. Sie müssen genau untersucht und die Ursachen ermittelt werden, um die Werkstoffe gezielt ver-

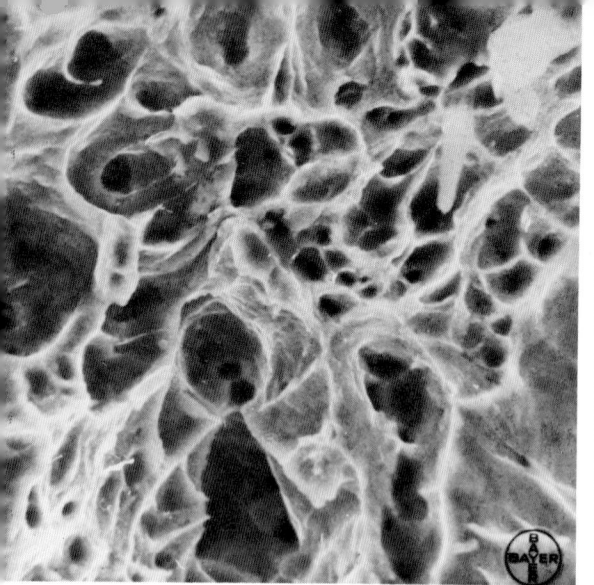

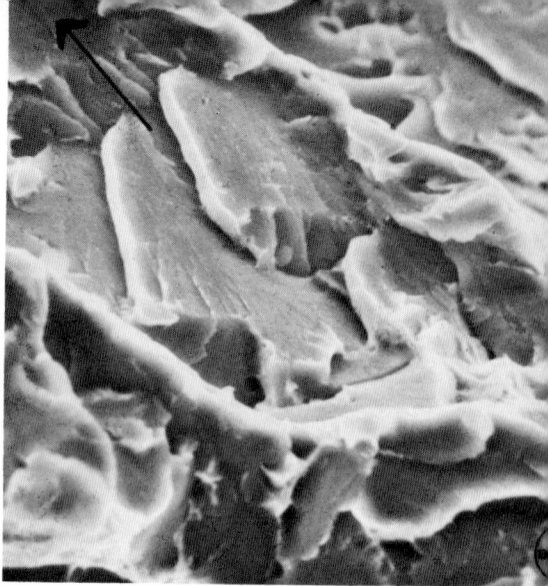

Das Raster-Elektronenmikroskop bringt es an den Tag. Links: Die Wabenstruktur auf der Bruchfläche verrät dem Kundigen, daß dieser Bruch durch rein mechanische Krafteinwirkung entstanden ist – der Werkstofftechniker spricht von einem zähen Gewaltbruch. Rechts: Dagegen weisen die deutlich erkennbaren Spaltflächen in Bildmitte auf einen Sprödbruch hin. Der Pfeil kennzeichnet die Ausbreitungsrichtung. Vergr. 2000 : 1.

bessern zu können. Werkstoffprüfung und Werkstofforschung stehen in einem unmittelbaren Zusammenhang.

Die häufigsten Schäden sind Risse im Material oder der Bruch eines Bauteiles. Bei Brüchen muß der Werkstofftechniker zunächst herausfinden, ob sie rein mechanisch entstanden sind oder ob Korrosion, also chemische Veränderungen an der Oberfläche, mit im Spiel war. Die Eigenschaften des Werkstoffes und die Art der Beanspruchung formen die Bruchfläche in charakteristischer Weise. Gelegentlich können solche Merkmale schon mit der Lupe erkannt werden, meist ist jedoch eine stärkere Vergrößerung notwendig. Dem Lichtmikroskop sind wegen der geringen Schärfentiefe Grenzen gesetzt. Dagegen erlaubt die Raster-Elektronenmikroskopie, bei der mit Hilfe eines Elektronenstrahlmikroskopes Fernsehbilder von Oberflächenpartien erzeugt werden, die Bruchflächen sehr deutlich abzubilden. Die Vergrößerung reicht hierbei vom 20- bis zum 200000fachen, die Schärfentiefe ist etwa 300mal so groß wie beim Lichtmikroskop. Dadurch, daß die typischen Merkmale in allen Einzelheiten erkennbar werden, kann der Werkstoffachmann die Entstehungsgeschichte eines Bruches darstellen und damit beurteilen, welche Art von Bruch vorliegt.

Ein zäher Gewaltbruch, wie er bei mechanischer Überbeanspruchung entsteht, zeichnet sich durch Wabenstruktur der Bruchflächen aus. Diese Musterung kommt dadurch zustande, daß sich an Fehlerstellen – das können nichtmetallische Einschlüsse, Ausscheidungen oder Poren sein – kleine Hohlräume bilden, während sich das Metall plastisch verformt. Die Stege zwischen den Hohlräumen schnüren sich bei fortschreitender Dehnung des Materials ein und zerreißen.

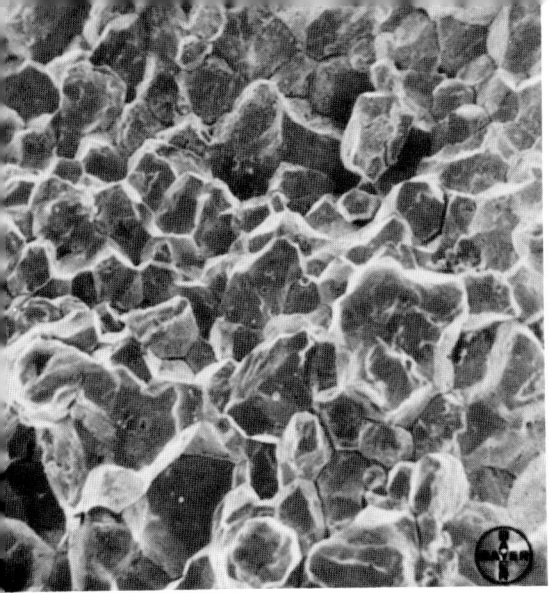

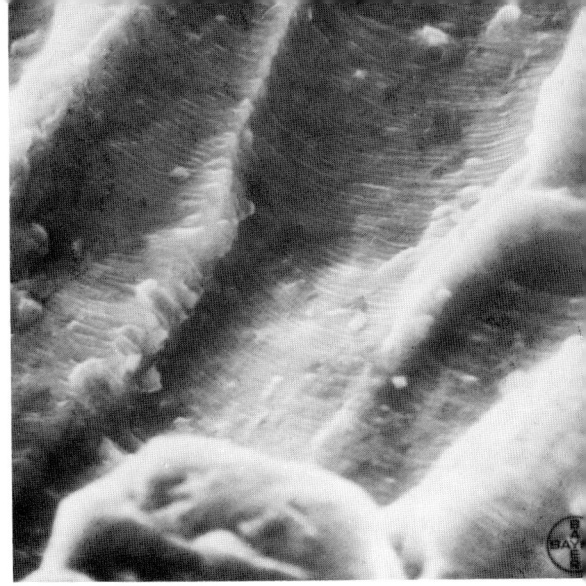

Links: Ammoniak, das durch dieses Messingrohr geleitet wurde, hat den metallischen Werkstoff angegriffen und einen Bruch längs der Kristallgrenzen ausgelöst, man spricht von interkristalliner Spannungskorrosion. Vergrößerung 500 : 1. Rechts: Hier ist der Regenerator einer Luftzerlegungsanlage (aus einer Aluminiumlegierung) infolge pulsierenden Innendrucks gebrochen – ein Schwingbruch. Vergr. 2000 : 1. Werkfotos Bayer

Spröde, das heißt verformungsarme Brüche können z. B. durch Wasserstoff verursacht werden, der in den Stahl eingedrungen ist. Auch dann, wenn sich bei Korrosionsvorgängen Risse bilden, kommt es zu solchen Brüchen; der Fachmann spricht von Spannungsrißkorrosion. Sie wird ausgelöst, wenn mechanische Zugspannungen und örtliche elektrolytische Auflösung zusammenwirken. Sprödbrüche erkennt man an »Spaltbruchflächen« – einer verformungslosen Spaltung von Kristallen längs bestimmter Kristallebenen. Anhand der Spaltbruchbahnen vermag der Werkstoffingenieur festzustellen, in welcher Richtung sich der Bruch ausgebreitet hat. Verformungsarme Trennungen sind auch dann zu beobachten, wenn bei metallischen Werkstoffen die Korrosion längs der Kristallgrenzen ins Innere vordringt.

Brüche, die von wechselnder mechanischer Beanspruchung (Schwingungen, pulsierender Innendruck) herrühren – sei es ohne oder mit zusätzlicher Korrosion –, zeigen meist ein spaltbruchflächiges Bild. Ist Korrosion mit im Spiel, werden mitunter auch noch Kristallflächen freigelegt, so daß dann ein gemischter Bruchverlauf entsteht. Bei jedem Lastwechsel schreitet der Riß ein kleines Stück fort, was auf den Bruchflächen sogenannte Schwingungsstreifen erzeugt – ein sicherer Hinweis auf Lastwechselvorgänge. Leider wird bei starker Korrosion der Bruchflächen dieses Merkmal vernichtet.

Neben der Möglichkeit, die Oberfläche raster-elektronenmikroskopisch abzubilden, läßt sich für gezielte chemische Analysen der Umstand nutzbar machen, daß ein kräftiger Elektronenstrahl, der auf einen Festkörper auftrifft, Röntgenstrahlen erzeugt, die für die jeweils vorhandenen Elemente charakteristisch sind. Solche Analysen sind bis hinab zu einem Volumenbereich von kleiner als 1 Kubikmikrometer möglich. Die Überlegenheit

Der Mikrosonde bedient sich der Werkstofftechniker, wenn die chemische Zusammensetzung des Werkstoffs eine Rolle spielt. Er kann damit Elektronenstrahl-Mikroanalysen vornehmen.

gegenüber herkömmlichen Verfahren besteht darin, daß sich noch verschwindend kleine Massen von 10^{-14} Gramm erfassen lassen. Es können Linienanalysen durchgeführt werden, die Aufschluß geben über die unterschiedliche Konzentration eines Elementes längs einer Linie, und auch Flächenanalysen, welche Gehaltsunterschiede innerhalb eines Flächenbereiches darlegen. Diese Elektronenstrahl-Mikroanalyse (Mikrosonde) ist daher dort nützlich, wo die chemische Zusammensetzung etwas über Ursachen und Ablauf einer Schädigung aussagt oder das Verhalten der Werkstoffe während des Betriebes aufzeigt. Zwei Beispiele sollen dies beleuchten.

Nach mehrwöchigem Betrieb wurden Dichtungen aus Nickel in einem Reaktor brüchig, in dem bei etwa 1 000 Grad Celsius eine Umsetzung zwischen Wasserdampf und schwefelhaltigem Koks stattfand. Nach Ablauf der chemischen Reaktion liegen als Reaktionsprodukte H_2, CO, CO_2 und N_2 vor, sowie – in geringem Umfang – auch Schwefelverbindungen. Querschliffe der gebrochenen Dichtungen zeigten unter dem Mikroskop, daß es sich um einen Angriff längs der Kristallgrenzen – einen interkristallinen Angriff – handelte. Mikroanalytisch wurde durch Elementverteilungsbilder nachgewiesen, daß sich Schwefel im Bereich der Kristallgrenzen angereichert hatte und außerdem Sauerstoff längs der Kristallgrenzen vorhanden war. Das Versagen der Nickeldichtungen war demnach auf gleichzeitige Schädigung durch Schwefel und Oxydation zurückzuführen.

An Armaturen und Rührwerksbehältern aus Grauguß bildeten sich, nachdem sie mehrere Jahre in Betrieb waren, großflächige Risse, die schließlich die Kessel zerstörten. In allen Fällen hatten die darin verarbeiteten Stoffe neben anderen Bestandteilen Oleum, eine hochkonzentrierte, schwefeltrioxydhaltige Schwefelsäure, enthalten. Der Verdacht lag also nahe, daß SO_3 längs der Phasengrenzflächen zwischen die metallische Grundmasse und Graphitlamellen, die im Grauguß vorhanden sind, eingedrungen war und Metall und SO_3 miteinander reagiert hatten. Untersuchungen mit der Mikrosonde an Schadstücken solcher Kessel bestätigten, daß über die gesamte Wanddicke hinweg im Grenzbereich Graphit/Metall Schwefel und Sauerstoff vorhanden waren. Eine normale Verminderung der Wanddicke durch abtragende Korrosion und die nachgewiesene zusätzliche Schädigung durch Oleum haben hier zusammengewirkt. Sobald an einer Stelle ein kritischer Spannungszustand erreicht war, genügte bereits das Leerdrücken des Kessels, das mit einem Luftdruck von 6 bar vorgenommen wurde, um dort die Bildung der Risse einzuleiten.

Die Bedeutung der Korrosion in der chemischen Apparatetechnik hat dazu geführt, daß man sich mit diesem umfangreichen Fragenkomplex besonders eingehend beschäftigt. Einerseits werden Prüfmethoden benötigt, die gestatten, die Werkstoffe entsprechend den Anforderungen, die im praktischen Betrieb gestellt werden, auszuwählen, andererseits sind aber auch Forschungsarbeiten notwendig, um das oft sehr verwickelte Korrosionsgeschehen aufzuklären. Erst dadurch wird es möglich, die chemischen Auflösungsprozesse gezielt zu bekämpfen.

Besonders zu schaffen macht den Chemiewerken die bereits erwähnte Spannungsrißkorrosion. Sie wird ausgelöst, wenn der Elektrolyt eine hierfür spezifische Angriffswirkung besitzt und die Legierung ebenso anfällig ist. Die Spannungsrißkorrosionsprüfung nimmt einen breiten Raum ein, da viele Einflußgrößen ermittelt werden müssen, die für den sicheren Betrieb von Apparaten wichtig sind, wie etwa die Zusammensetzung der Legierung, die Art des Angriffsmittels, die Temperatur und die Belastungshöhe.

Schema der Elektronenstrahl-Mikroanalyse. Trifft ein Strahl beschleunigter Elektronen auf einen Festkörper, so werden außer den Sekundär- und Rückstrahlelektronen auch Röntgenstrahlen erzeugt. Während die Elektronen ein Bild auf einem Bildschirm hervorrufen, dienen die Röntgenstrahlen der Analyse der chemischen Elemente.

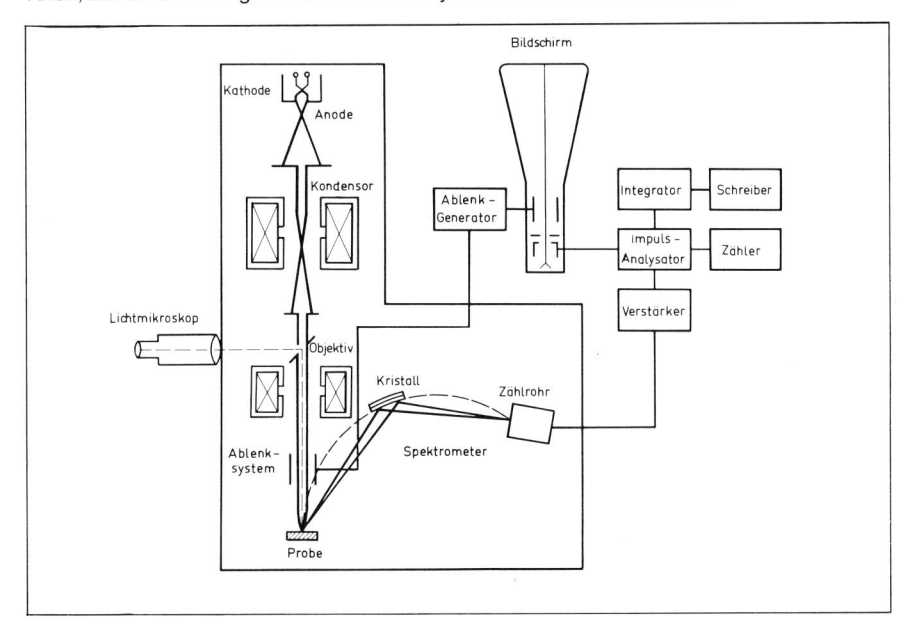

Sehr gut eignet sich dafür der Korrosions-Zeitstandversuch. Proben, die dabei ständig auf Zug beansprucht sind, werden so lange in Prüfmedien eingetaucht, bis es entweder zum Bruch kommt oder ein Bruch nicht mehr zu erwarten ist. Indem man Standard-Prüflösungen verwendet, läßt sich die unterschiedliche Widerstandskraft der Legierungen ermitteln; Zugproben aus besonders rißempfindlichen Legierungen ermöglichen es dagegen, die Betriebslösungen nach ihrem Rißerzeugungsvermögen einzuteilen. Da hierbei elektrochemische Vorgänge ablaufen, können die Versuche auch mit einer elektrochemischen Kontrolle verknüpft werden. Indem der Werkstoffprüfer die Potentiale, bei denen Spannungsrißkorrosion auftritt, oder die potentialabhängigen Stromdichten bestimmt, gewinnt er ebenfalls wertvolle Auskünfte über die Empfindlichkeit verschiedener Werkstoffe und Legierungen.

Ergänzende Aussagen darüber, wann ein Riß beginnt und wie er sich ausbreitet, kann man bei einigen Werkstoffen dadurch erhalten, daß beim Fortschreiten des Risses auftretende Schallwellen aufgenommen werden. Sie sind zwar für das menschliche Ohr nicht wahrnehmbar, da sie im Ultraschallbereich liegen, können jedoch über geeignete Mikrofone erfaßt werden.

Wie sich Stähle und Nichteisenmetalle in Lösungen verhalten, prüft der Werkstofftechniker in erster Linie durch den sogenannten Kochversuch. Er setzt dazu Werkstoffproben in unterschiedlicher Ausführung – Bleche, geschweißte und durch Biegen verformte Stücke – über längere Zeiträume den Lösungen und ihren Dämpfen aus. Danach wiegt er sie, um den Masseverlust zu bestimmen, und untersucht sie optisch auf Lochfraß und Risse. Diese Prüfmethode erlaubt es im Falle der Flächenabtragung, die lineare Korrosionsgeschwindigkeit (Millimeter Abtragung pro Jahr) zu ermitteln, und damit auch, Werkstoffe miteinander zu vergleichen. Sollen bestimmte Eigenschaften erkannt werden – etwa die Neigung zur Spannungsrißkorrosion –, kann man Proben aus unterschiedlichen Legierungen, denen durch Kugeleindruck Zugspannungen aufgeprägt wurden, in Standard-Prüflösungen kochen und dann die Ergebnisse einander gegenüberstellen.

Die chemische Beständigkeit vieler Metalle und Legierungen beruht darauf, daß sie an der Luft und in wäßrigen Lösungen auf ihrer Oberfläche natürliche Schutzschichten ausbilden (zum Beispiel oxydische Schichten auf nichtrostenden Stählen, Aluminium, Titan und Tantal). Daher kommt der Strömungsgeschwindigkeit der Medien, die sich mit den Metalloberflächen in Berührung befinden, eine besondere Bedeutung zu; denn Erosion beeinträchtigt die Haltbarkeit der Schutzschichten. Werden sie abgebaut, öffnen sich der Korrosion Tür und Tor, und die Wände verlieren sehr rasch an Dicke. Um einen hohen Durchsatz und Umsatz der Stoffe zu erreichen, sind manchmal hohe Transport- und Rührgeschwindigkeiten erwünscht. Deshalb muß in Versuchsapparaten, die hohe Strömungsgeschwindigkeiten gestatten, durch praxisnahe Prüfungen für jeden Werkstoff die noch zulässige Strömungsbeanspruchung ermittelt werden. Auch hierbei lassen sich elektrochemische Kenngrößen messen, die ergänzende Auskünfte liefern.

Wie anfällig sind metallische Werkstoffe für Spannungsrißkorrosion? Runde Materialproben werden in eine legierungsspezifische Lösung getaucht und mit Hilfe einer starken Feder auf Zug belastet. Werkfoto Bayer

Die in den werkstofftechnischen Abteilungen der chemischen Industrie anfallenden Ergebnisse der Schadenanalysen und der gezielten Werkstoffforschung werden in Werkstoffentwicklungsprogramme eingebracht, die häufig zusammen mit den Forschungsstellen der metallerzeugenden Industrien erarbeitet werden. Schon viele Legierungen sind so verbessert worden, daß sie den Erfordernissen der Chemie entsprechen und die Betriebssicherheit der Produktionsanlagen erhöhen. Aber auch ganz neue Legierungstypen und Herstellungsverfahren sind entwickelt worden, die es in manchen Fällen erst möglich gemacht haben, Produktionsanlagen technisch zu verwirklichen. Verbessert wurden verschiedene Stahlarten, insbesondere nichtrostende Stähle, aber auch korrosionsbeständige Nickellegierungen, Bleilegierungen und Sondermetalle wie Titan und Tantal. Die laufenden Entwicklungsvorhaben lassen auch für die Zukunft weitere Fortschritte erwarten.

Versuch läuft!

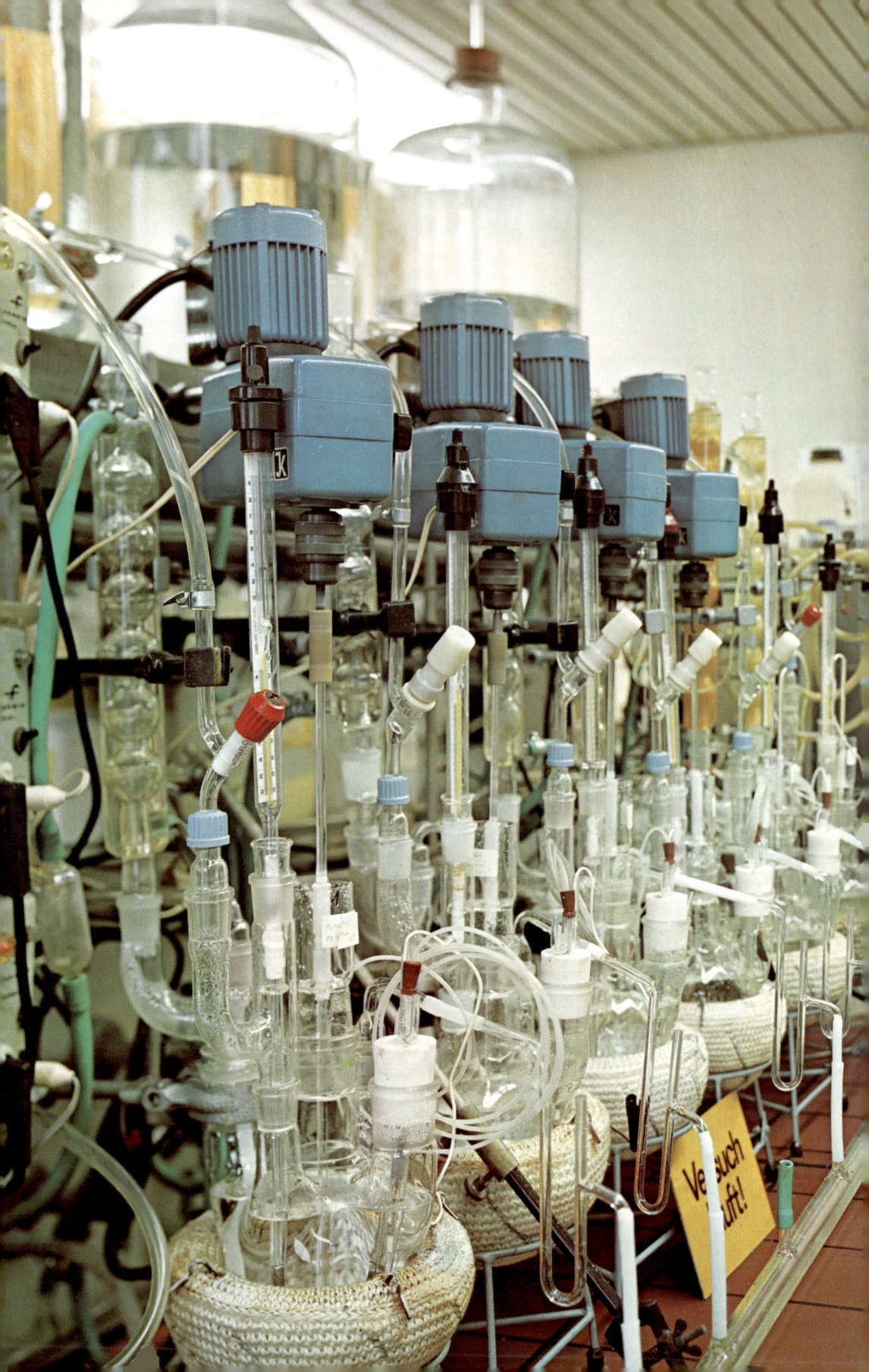

Linke Seite: In dieser Apparatur wird die Widerstandsfähigkeit der metallischen Werkstoffe von Rohren geprüft, die von Lösungen oder Gasen durchströmt werden.

Oben: Kochversuche verraten, wie sich metallische Werkstoffe in aggressiven Lösungen verhalten. In den Gefäßen befinden sich Materialproben in unterschiedlicher Ausführung, deren Korrosionsanfälligkeit der Werkstofftechniker vergleicht.

Rechts: Spannungsrißkorrosion – Probe aus einem Korrosions-Zeitstandversuch. Bei dem auf Zug beanspruchten Material haben sich im Bereich eines Kugeleindrucks Risse gebildet. Werkfotos Bayer

Ein Riese geht ins Trockendock
HANS H. WERNER

Foto Haase

Freitag, 30. Mai 1975. »Morgen läuft das größte Schiff, das jemals in Hamburg war, zum Eindocken in den Hafen ein«, melden die Zeitungen im Bundesgebiet. »Ein Schauspiel, das sicherlich viele tausend Menschen anziehen wird.«

Die Menschen kommen. Sie wollen sehen, wie ein Tanker von 351,45 Meter Länge und 55,40 Meter Breite in ein Trockendock manövriert wird, das 351,25 Meter lang und 56 Meter breit ist. Der Tanker ist die 315 000 Tonnen tragende »Lagena« der Deutschen Shell AG, Hamburg. Das größte Trockendock im nordeuropäischen Raum gehört der Hamburger Werft Blohm + Voss AG und trägt den Namen »Elbe 17«. Hinten wird die »Lagena« 20 Zentimeter über das Dock hinwegstehen, zwischen ihren Bordwänden und den Seiten des Docks gibt es auf jeder Seite genau 30 Zentimeter Platz.

Diese Zahlen machen deutlich, was die Männer erwartet, die sich vorgenommen haben, die »Lagena« trockenzulegen.

Die Menschen kommen an diesem Wochenende zunächst vergebens. Das Wetter läßt nicht zu, daß der Riesentanker in die Elbemündung einfährt, bis hinauf nach Hamburg. Fünf Meilen südwestlich von Helgoland muß die »Lagena« Anker werfen. Erst 22 Minuten nach dem Kommando »Maschinen stopp!« kommt das Schiff zur Ruhe. Immerhin hat es in dieser Zeit trotz kleiner Fahrt noch einen Weg von sechs Kilometer zurückgelegt. Daran zeigt sich, was es heißt, ein so großes Schiff bei Gefahr anzuhalten.

Das große Warten auf das Abflauen des Windes beginnt. Denn bei Windstärke 6 ist es viel zu gefährlich, das Manöver des Eindockens zu wagen; mit ihrem langen, hohen Rumpf bietet die »Lagena« dem Wind eine Angriffsfläche von rund 10 000 Quadratmeter. Das ist fast fünfmal soviel wie die 2 000 Quadratmeter Segelfläche, die die »Gorch Fock«, das Segelschulschiff der deutschen Bundesmarine, besitzt. Nur bei Flaute, das heißt weitgehender Windstille, und dem höchsten Stand der Tide, also bei Hochflut, wenn das Wasser der Nordsee in den Elbstrom gedrückt wird, kann die »Lagena«, die sogar leer noch einen Tiefgang von 9,23 Meter hat, überhaupt Hamburg anlaufen. Und auch dann muß ein minutengenauer Fahrplan eingehalten werden. Kippt die Tide, setzt die Ebbe also ein, bevor das Eindockungsmanöver beendet ist, dann muß der Riese wieder hinaus in die Nordsee; denn in Hamburgs Hafen kann ein Schiff dieser Größe nirgends festmachen. In die Nordsee hinaus: Das bedeutet noch einmal die rund 100 Kilometer den Elbstrom hinab bis in die Deutsche Bucht, wo das Schiff jetzt ankert.

Und hier ist an diesem letzten Maitag, an dem das Schiff eigentlich schon in Hamburg sein sollte, nichts vom Sommer zu verspüren. Hagelschauer gehen über dem auf und ab dümpelnden Schiff nieder, der Wind scheint eher stärker zu werden als abzuflauen. Die Stimmung an Bord ist auf dem Nullpunkt. Seit 50 Tagen sind die Männer auf See. Nun, kurz vor dem Ziel, ist die Reise in den Heimathafen plötzlich zu Ende, und niemand weiß, für wie lange. Sorgenvolle Gesichter gibt es auch in der Reedereizentrale. Immerhin kostet jeder Tag Wartezeit die Reederei rund 100 000 Mark.

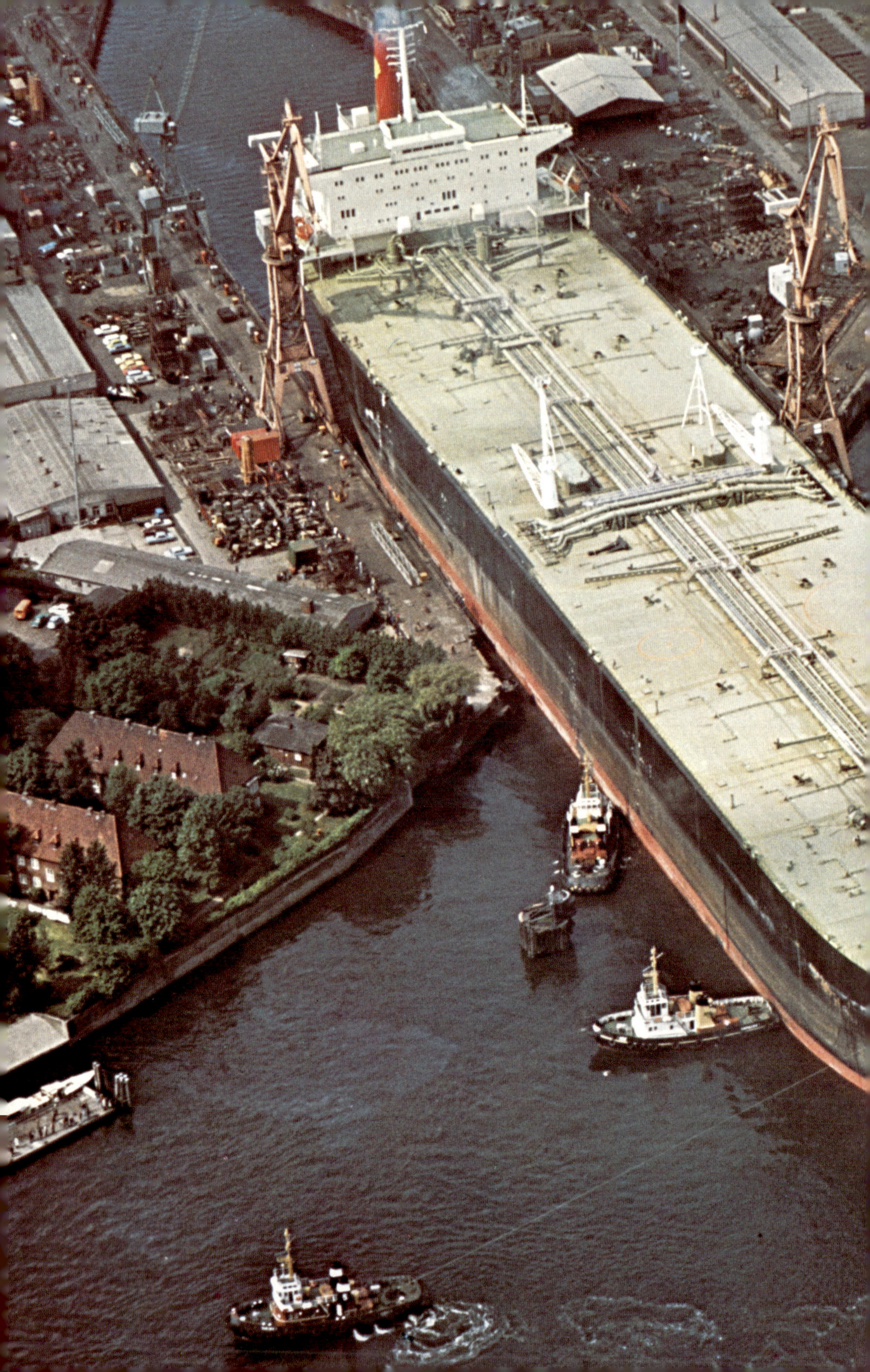

Genau 30 Zentimeter Platz bleiben rechts und links zwischen dem Supertanker »Lagena« und der Dockwand. Fünf Hafenlotsen, zwei Kapitäne auf der »Lagena«, ein Dock-Kapitän mit seiner Crew an Land schafften das Lehrstück an Manövrierkunst – keine Beule, keine Schramme trug der Riese davon (großes Bild).

Oben: Von Schleppern gezogen, schwamm das Riesenschiff bei Elbehochwasser mit dem Strom gen Hamburg – für das Manöver im Hafen mußte genau der »Tidestau« abgepaßt werden. Shell-Fotos, freigegeb. L. A. Hamburg 1122 u. 1123/75

Unten: Geschafft – der Riese liegt in seinem »Bett«. Über einen halben Meter ragt sein Heck über das Dockende hinaus. Die wartenden Werftarbeiter vermitteln einen Eindruck von der Größe des Schiffs.
Foto Conti-Press

Schließlich wird als Termin für das Eindocken in »Elbe 17« der Montagvormittag genannt. Und diesmal macht auch Petrus mit. Der Wind flaut ab, das Wetter klart auf.

Montagmorgen, 2. Juni, kurz nach 9 Uhr. Wieder sind alle Fußwege und Aussichtspunkte an Hamburgs »Küste«, so nennt man hier die citynahe Gegend um den Hafen, ein einziges Menschengewimmel. Dicht an dicht stehen Hamburger und auswärtige Besucher – und diesmal werden sie nicht enttäuscht.

Kurz nach 9 Uhr taucht in der Ferne ein riesiger, schwarzer Schatten auf. Wird größer und immer höher. Plötzlich sieht es so aus, als wäre die Elbe im Westen dicht, der riesige Rumpf des Tankers scheint die Breite des Flusses völlig auszufüllen. Winzig klein wirken die acht kräftigen Hafenschlepper, die den Riesen vorn und achtern ziehen und halten.

Nicht weniger als vier Hafenlotsen beraten die Schiffsführung während

Links: Von Schleppern gezogen und gehalten, hat der Tanker die Landungsbrücken des Hamburger Hafens erreicht. Das Dock »Elbe 17« befindet sich an der gegenüberliegenden Seite. Das Schiff wird zunächst am Dock vorbeigezogen und dann dort, wo der Strom breiter wird, von acht Schleppern langsam in die Dockeinfahrt gedreht. Foto Shell, freigegeb. L. A. Hamburg 733/75

Rechts: Die Rollfender haben zugepackt – während die Schlepper das Schiff auf Kurs halten, wird es in das Dock »Elbe 17« gezogen. Foto Conti-Press

der Fahrt zum Dock. Hier, in Höhe des alten Hamburger Elbtunnels, scheint die Elbe so schmal zu sein, daß man von einem Ufer zum anderen spucken kann. Und ausgerechnet hier muß der Riese in sein »Bett« bugsiert werden. 352 Meter Länge, das ist mehr als der Fluß von einem Ufer zum anderen an Breite aufzuweisen hat. Und nur, weil das Dock »Elbe 17« schräg im gegenüberliegenden Ufer eingebaut ist, kann ein Schiff dieser Größe überhaupt hier gedockt werden.

Nicht nur die mehr als 40 Männer an Bord – Besatzung, Lotsen und Reedereiinspektoren – halten den Atem an, auch die annähernd 30 000 Menschen, die als Zuschauer gekommen sind, drücken die Daumen.

Im Zeitlupentempo wird die »Lagena« am Dock vorbeigezogen. Anders als die kleineren Schiffe, die mit dem Bug voran eingedockt werden, muß die »Lagena« zuerst mit dem Heck in »Elbe 17« bugsiert werden, weil es unmöglich ist, ein Schiff mit diesem Tiefgang im Hafen zu drehen.

Zentimetergenau wird der Riese vor die Einfahrt zum Dock gedreht, zurückgeschoben. Dann werden die Rollfender eingehakt – eine erst 1973 geschaffene besondere Zugvorrichtung, die gleichzeitig als Polster zwischen Bordwand und Dockkasten dient. Nun wird die »Lagena« ohne Schlepperhilfe ins Dock gezogen. Nur an den Seiten und am Bug sorgen diese »Arbeitspferde« des Hafens weiterhin dafür, daß der jetzt antriebslose Schiffsrumpf den vorgesehenen Kurs einhält.

Und alles klappt! Klappt wie am Schnürchen – ohne daß es den geringsten Kratzer gibt. Rund 50 Minuten nach dem Eintreffen vor den Landungsbrücken des Hamburger Hafens liegt der Riese fest in seinem Bett.

Während die letzten Schlepper ihre Leinen loswerfen, sind andere bereits damit beschäftigt, das Docktor heranzubringen. Rund 1000 Tonnen schwer, ist es schwimmfähig und so gebaut, daß »Elbe 17« auch bei Ebbe geöffnet werden kann. Nach dem Schließen des Docks an der Wasserseite beginnt das Abpumpen aus dem Dockkasten. Anders als ein Schwimmdock – dort wird das Wasser dadurch abgelassen, daß man das Dock, nachdem das Schiff eingefahren ist, anhebt – verändert das ortsfeste Trockendock seine Lage nicht.

Durchschnittlich einmal im Jahr muß jedes Schiff ins Dock, muß der Schiffsboden von Algen- und Muschelbewuchs gereinigt und neu gestrichen werden, sind möglicherweise auch Schäden am Schiffskörper und an den Propellern zu beseitigen.

Die »Lagena« ist am 28. März 1974 bei der Bremer Vulkan-Werft als seinerzeit größtes Schiff unter der Flagge der Bundesrepublik Deutschland von Frau Erika Friderichs, der Gattin des Bundeswirtschaftsministers, getauft worden. So lang wie dreieinhalb Fußballfelder, entspricht die Breite dieses Supertankers 14 hintereinandergestellten VW-Käfern, und mit dem täglichen Ölverbrauch könnten 2000 VWs jeweils rund 100000 Kilometer fahren. Seine 24 Öltanks fassen eine Ladung, die Kesselwagen von 230 Kilometer Länge füllen würden. Gleich nach seiner Fertigstellung ist der Riese auf die »Rennstrecke« zu den Quellen des Erdöls am Persischen Golf gegangen. Nun, nachdem er ein Jahr auf Fahrt war, werden in Hamburg die Gewährleistungsarbeiten der Bauwerft vorgenommen.

Sobald das Wasser aus dem Dock herausgepumpt worden ist, kann mit diesen Arbeiten begonnen werden. Wie in einer riesigen Schachtel liegt der Supertanker nun im Dock. Und rund um die Uhr, das heißt 24 Stunden am Tag, sind die Werftarbeiter am Werk. Die Zeit drängt. Die Reederei will ihren Tanker bald wieder einsetzen, auf den Platz im Dock aber warten schon viele andere Schiffe. Der Terminkalender von »Elbe 17« ist voll ausgebucht.

Noch ist dieses Dock das größte Trockendock im nordeuropäischen Raum, und da die Schiffe immer größer werden, ist ein Platz zum Eindocken hier besonders begehrt. Wer nicht nach Portugal will, wo es bei der Lisnave-Werft in Lissabon am Tejo ein vergleichbares Großdock gibt, der muß nach Hamburg kommen. Eine weitere Möglichkeit wird es in absehbarer Zeit in Odense auf der dänischen Ostseeinsel Fünen geben. Doch um dort hinzugelangen, müssen die Großtanker und -bulker – das sind Schiffe für die Massengutfahrt, wie Getreide, Kohlen und Erze – den beschwerlichen Weg durch Skagerrak und Großen Belt nehmen. Bedeutungsvoll ist dieses Großdock, das zur Zeit in Polen gebaut wird, deshalb besonders für Schiffe, die von der zum dänischen Møller-Konzern gehörenden Großwerft auf Stapel gelegt werden. Sie hat dieses Großdock in Polen bestellt. Größer als das Hamburger Trockendock »Elbe 17« ist auch das erst im Februar dieses Jahres in Betrieb genommene »Dock 8a« der Howaldtswerke-Deutsche Werft AG (HDW) in Kiel. Dieses mit einem Aufwand von 200 Millionen Mark gebaute, 400 Meter lange und 88 Meter breite Dock ist als reines Baudock für Großschiffe mit einer Tragfähigkeit bis zu 700 000 Tonnen geplant worden. Die Tatsache, daß bei seiner Fertigstellung der Boom für große Schiffe gebrochen war, könnte dazu führen, daß man auch dieses Dock künftig für die Reparatur und Wartung von Großschiffen verwendet. Doch auch hier wird den Benutzern der umständliche Weg durchs Skagerrak nicht erspart bleiben.

Zwar liegt auch Hamburg vom Standort her keineswegs ideal, doch der Nachteil der langen Anfahrt die Elbe hinauf wird durch schnelle und termingerechte Arbeit ausgeglichen. So hat nicht nur »Elbe 17« ständig Kundschaft, die Werft hat ihr Leistungsvermögen auch bei den kleineren Docks weiter ausgebaut, um viele Reparaturplätze anbieten zu können.

Zehn Tage vergehen, dann verläßt die »Lagena« das Großdock »Elbe 17« wieder. Und wieder klappen die schwierigen Manöver einwandfrei. Zentimetergenau, wie das Schiff in das Dock hineinbugsiert wurde, wird es nun wieder herausgezogen. Und als es die Elbe hinunter in Richtung Nordsee läuft, da können alle Beteiligten zufrieden sein. Für die Hamburger heißt es: »Ahoi, ›Lagena‹, und gute Fahrt!« Denn noch ist nicht abzusehen, wann der Riesentanker seinen Heimathafen wieder besuchen wird.

»Lagena« – ein Riesentanker in Zahlen

Vermessung:	162 062 BRT
Tragfähigkeit:	315 000 t
Besatzung:	34 Mann
Länge:	351,45 m
Breite:	55,4 m
Tiefgang, leer:	9,23 m
beladen:	22,38 m
eine Dampfturbine, Leistung:	max. 36 000 W(ellen)PS
Tagesverbrauch:	184 t Öl
eine Schraube, Durchmesser:	9,2 m
Gewicht:	60 t
Reisegeschwindigkeit:	15,25 kn (28,24 km/h)
Tagesverbrauch an Bord:	80 000 l Frischwasser
Höhe vom Kiel bis zum Mast:	60 m

Ein überwältigender Anblick: der sagenumwobene Machu Picchu – Alter Gipfel – im südöstlichen Hochland Perus. Foto E. van Lew

Rätselhafte
Kulturen GEORG KIRNER UND W. HUBERT

Nicht alltägliche Erlebnisse in der Pampa

Angefangen hatte das Abenteuer eigentlich im bolivianischen Urwald vor der Hütte des bekannten Bergvagabunden und Filmregisseurs Hans Ertl. Wir hatten uns unsere Erlebnisse erzählt: er vom Nanga Parbat, vom Olympiafilm im Jahre 1936 sowie von seinen Urwaldexpeditionen Hito-Hito und Paititi, und ich von meiner Radtour nach Afrika und von meiner letzten Expedition nach Neuguinea. Im Laufe des Gespräches hatte ich erwähnt, daß ich gerne einmal bei einer archäologischen Grabung dabei sein würde. Ertl meinte, daß er mir dabei behilflich sein könnte; einer seiner früheren Expeditionsteilnehmer, ein Archäologieprofessor im Norden Chiles, unternimmt gelegentlich Exkursionen in die Pampa de Tamarugal, um dort Inkadörfer auszugraben. Er habe sicher nichts dagegen, wenn ich mitkomme. Ich war begeistert.

Tage später stehe ich am südlichen Stadtrand von La Paz, wo die Ausfallstraße zur chilenischen Grenze führt, und warte auf ein Fahrzeug, das mich meinem Reiseziel Arica, eine mittelgroße Stadt im Norden Chiles, näherbringen soll. Es ist der 8. Februar 1975. Immer wieder starre ich zu jener Straßenkrümmung, wo die Fahrzeuge, die mit gequälten Motoren aus der tiefer gelegenen Stadt das Hochplateau erklimmen, sichtbar werden. Weiter im Hintergrund zeichnet sich die mächtige Silhouette des Illimani, im oberen Teil mit Schnee bedeckt, in der kalten und klaren Morgenluft ab. Der Wind und vorbeifahrende Autos treiben mir den Staub ins Gesicht, und qualmende Dieselmotoren hüllen mich immer wieder in rußige Schwaden.

Hier, am Rande von La Paz, liegt meine einzige Chance weiterzukommen, denn die Flugverbindung nach Arica ist für Wochen ausgebucht, ebenso wie der Autobusverkehr. Vollgestopfte Busse und Collectivas (Sammeltaxis), die vorbeifahren, machen mir klar, daß ich keine großen Ansprüche in der Wahl des Transportmittels stellen darf, wenn mein Reiseplan nicht ins Stokken geraten soll.

Am 20. Dezember hatte ich mich dem vorweihnachtlichen Trubel Münchens entzogen, um diese Reise zu den Kultur- und Kultstätten der Inka anzutreten. Am Heiligen Abend befand ich mich bereits in Cuzco, dem Königssitz der Inka in vorspanischer Zeit, 3380 Meter über dem Meeresspiegel gelegen, im südöstlichen Hochland Perus. Cuzco war der Aus-

Terrassenartig angelegt, steigt die alte Inkastadt Vilcapampa über 1800 m Höhenunterschied an einem Gebirgsstock empor. Treppen verbinden die verschiedenen Terrassen. Einst sicherer Zufluchtsort, wurde sie von ihren Bewohnern verlassen. Foto E. van Lew

gangspunkt eines Abstechers zu dem sagenumwobenen Machu Picchu (Alte Bergspitze). Diesen Namen hatte der Forscher Hiram Bingham der alten Inkastadt Vilcapampa gegeben, als er sie im Jahre 1911 nach mühsamer Kletterei durch düsteres Bergland, an steilen, schwarzen Felswänden vorbei, mitten im Urwald entdeckte.

Der Anblick dieser Stadt ist überwältigend. Offensichtlich war sie nicht von Menschenhand zerstört, sondern von ihren Bewohnern aus Gründen, die heute nicht mehr nachweisbar sind, verlassen, vom Urwald aufgesogen und vergessen worden. Ausgrabungen und Freilegungen aus dem Gewucher des ehemaligen Dschungels lassen die Anlage in der Gesamtheit klar erkennen. Städtebaulich erstaunlich genau durchdacht, liegt das, was heute noch sichtbar ist, terrassenartig auf verschiedenen Höhenebenen von 500 Meter bis zu 2 300 Meter auf einem Gebirgsstock über dem Urubamba- oder Vilcanota-Fluß. Es muß sich um einen besonders sicheren Zufluchtsort gehandelt haben, da nur ein einziger, gut zu verteidigender Zugang vorhanden war.

Moderne Architekten sind heute noch bezaubert von der klar umrissenen Anlage dieser Stadt. Folgerichtig hat man Verbindungswege in Form vieler Treppen geschaffen, um sie an die verschiedenen Terrassen anzubinden. Vielleicht ist es gut so, daß dieser Stadt nicht der letzte Schleier des Sagenumwobenen genommen werden kann, daß vieles der Phantasie und den Vermutungen überlassen bleibt. Die zerstörte Kultur rächt sich gewissermaßen und hinterläßt dem Wissensdrang unserer heutigen Zeit ein ewiges Rätsel.

Solche Gedanken bewegen mich, als ich fröstelnd an der Ausfallstraße La Paz auf ein Fahrzeug in Richtung zur chilenischen Grenze warte. Aber endlich sitze ich dann doch, eingepfercht zwischen sechs klapperdürren Rindviechern – nicht gerade angenehmen Wegbegleitern – auf der Ladefläche eines Lastwagens. In tollkühnem Tempo geht es nun eine enge Straße bergab. In jeder der vielen Haarnadelkurven ragt der halbe Lkw über den tiefen Abgrund. Als ich dem Fahrer in meinem holprigen Spanisch auf dem noch holprigeren Weg zurufe, doch etwas langsamer zu fahren, meint der Caballero treuherzig: »Die Bremsen sind schon sehr schlecht, Señor, sie greifen kaum noch; aber St. Christophorus beschützt uns schon.« Ich wage gar nicht, nach den Kreuzen am Wegrand zu sehen, die daran erinnern, daß dort ein Lkw oder Omnibus samt seinen Insassen in den Abgrund gestürzt ist – sehr viel Verlaß ist auf St. Christophorus offenbar nicht. Aber zum Denken komme ich sowieso kaum; Reifenpannen, die wir alle zwanzig Kilometer in schöner Regelmäßigkeit haben, sorgen für Abwechslung. Als der Transporter wieder einmal anhält und der Fahrer wild gestikulierend die Motorhaube aufreißt, sehe ich eine Gelegenheit, mir mit meinen technischen Kenntnissen einen Platz im Führerhaus zu ergattern: Ich erkundige mich, was los ist. Doch ein Wunder vollbringen, nämlich die verlorene Halterung, die den Treibriemen für die Lichtmaschine spannt, wieder herbeizaubern, kann auch ich nicht. So stecken die Amigos einfach einen Stein zwischen Motorblock und Lichtmaschine, und weiter geht die halsbrecherische Fahrt.

Lange wollte ich meinen Nerven und mir das nicht mehr zumuten, und bei nächstbester Gelegenheit stieg ich in den Bus nach Arica um, wo nach Ertls Angabe der Professor wohnen sollte.

Nach einem Ruhetag – ich logierte für rund 2 Mark die Nacht im Residencial Madrid – machte ich mich auf die Suche nach Pablo Zinnheimer, was gar nicht so einfach war. Jedesmal, wenn ich jemanden nach ihm fragte, wurde ich nach dem Wort »Pablo« mit südamerikanischer Freundlichkeit sofort unterbrochen und in alle Richtungen geschickt. Pablos gab's anscheinend viele. Endlich fiel mir ein, daß der Pablo, den ich suchte, leicht rötliches Haar haben sollte. Dank dieser bemerkenswerten Eigenschaft hatte ich ihn innerhalb fünf Minuten gefunden.

Als ich mein Sprüchlein aufsagte und erzählte, daß mich Hans Ertl geschickt habe, war die Begrüßung sehr herzlich. Wir verstanden uns prächtig, und erst spät in der Nacht rückte ich mit meinem Anliegen heraus.

Mein Kauderwelsch auf Spanisch, Französisch und Englisch führte zu einem Mißverständnis: Zinnheimer glaubte, ich sei ein Archäologe aus Deutschland. Er fragte mich sofort, was ich von der Ansicht eines Professors Disselhoff hielt, und schleppte auch gleich einige alte Tonscherben und Grabbeigaben heran. Da ich keine blasse Ahnung von Archäologie habe, mußte ich mich in immer neue Ausreden flüchten. Bald fielen mir keine mehr ein, und ich setzte dem Spiel ein Ende: »Also wissen Sie, Herr Kollege, gerade zu diesem Thema möchte ich nichts sagen, denn darüber hatte ich mit Professor Disselhoff eine Auseinandersetzung. Wenn ich mich jetzt äußere, könnte mir das falsch ausgelegt werden.« Zum Glück hatte Zinnheimer Verständnis dafür. Schließlich bot er mir an, am nächsten Tag selbst mit ihm zu einer Ausgrabung zu fahren; seine Kollegen von der Universität seien bereits dort.

Am folgenden Morgen war ich schon vor 9 Uhr am verabredeten Platz. Niemand kam. Auch nicht um 10 Uhr und nicht um 11 Uhr. Abends um 16 Uhr war immer noch niemand da. Ich bekam die Bedeutung des Wortes »mañana« = »morgen« zu spüren – ein dehnbarer Begriff in Südamerika. Es blieb mir nichts anderes übrig, als Herrn Zinnheimer in seiner Wohnung aufzusuchen. Da lag er, auf seiner Couch, und hatte offensichtlich schon mehr Whisky vertilgt, als er vertragen konnte. Wie einen alten Freund lud er mich zum Mittrinken ein. Vorsichtig fragte ich nach, wie es denn mit den Ausgrabungen stehe? »Mañana. Heute ist es zu heiß«, brummte er. »Morgen wird es bestimmt besser.« Wir machten einen neuen Termin aus, den er wieder nicht einhielt. Am übernächsten Morgen war ich so böse, daß ich sofort abreisen wollte; leider ging erst in fünf Tagen ein Flugzeug. So blieben Geduld und Nerven aufs äußerste angespannt. Ich war mir so gut wie sicher, daß dieses Abenteuer nicht mehr zustande käme. Endlich, am vierten Tag, klappte es dann doch noch: Wir fuhren mit einer kleinen Mannschaft sowie Labor- und Gerätewagen rund 40 Kilometer weit in ein Gebiet, wo Indiodörfer und Friedhöfe vermutet wurden.

Unterwegs zeigte mir Pablo Berge, die früher einmal bewachsen gewesen sein mußten. Er meinte, daß das Tal dazwischen zur Zeit der Inka Wasser und damit auch Vegetation gehabt hätte. Durch nicht erklärbare Umstände, vielleicht ein Erdbeben, sei das Wasser versiegt. Die dort lebenden Menschen seien dann weggezogen, um Land mit besseren Lebensbedingungen zu finden.

Luftaufnahmen, die vorher von dem Gelände gemacht worden waren, verglichen die Archäologen immer wieder mit der Landschaft, bis sie endlich eine Übereinstimmung feststellten. Bald darauf kamen wir auch schon zu einer Mauer, die sie als Fundamente einer vorgeschichtlichen Behausung erkannten. Wir wurden in Gruppen aufgeteilt. Die eine legte die Fundamente frei und fand Merkmale, die unsere Vermutung, daß es sich um ein ehemaliges Inkadorf handelte, bestätigten. Ich war bei der zweiten Gruppe. Sie untersuchte unnatürlich erscheinende Hügel in der Nähe, unter denen sich der Friedhof des Dorfes befunden haben konnte. Wir fotografierten

Großartige Funde. Mit einer kleinen Mannschaft waren wir in ein Gebiet vorgestoßen, wo wir ein ehemaliges Inkadorf vermuteten. Unsere Grabungen hatten Erfolg: Die Archäologen stießen auf die Mumie einer Inkafrau – sie war etwa 1 Meter groß. Der salpeterhaltige Sand und die Trockenheit hatten ihr Verwesen verhindert.

sie und gruben dann vorsichtig weiter. Das erwies sich zunächst als erfolglos, außerdem behinderte uns in ungefähr einem Meter Tiefe immer wieder eine durchgehende Felsschicht. Während der ersten beiden Tage machten wir nur einmal eine bemerkenswerte Entdeckung: runde Löcher von etwa 70 Zentimeter Durchmesser und ungefähr 1 Meter tief. Später stellte sich heraus, daß dies Getreidespeicher oder Vorratskammern gewesen sein mußten; wir fanden nämlich einige Maiskolben darin.

Richtig spannend wurde es am dritten Tag. Wir stießen auf einen großen Stein. Als wir ihn entfernten – war die Felsplatte hier durchbrochen! Schwarze Haare kamen zum Vorschein. Vorsichtig buddelten wir weiter und förderten Maiskolben und gewebte Stoffteile zutage. Wir vermuteten, daß es sich um ein Grab handeln müsse, was sich später als richtig erweisen sollte. Immer neue Funde gruben wir aus: einen Bastteller, einen Holzlöffel und sogar eine verschnürte Tasche. Als wir sie öffneten, entdeckten wir darin ein in ein Tuch eingewickeltes Kind ohne Kopf – er mußte gewaltsam abgetrennt worden sein. Nicht weit davon lag der Kopf der Mutter mit einer übergezogenen Manta. Nach uraltem Indianerbrauch blies unser Mestize sofort Tabakrauch gegen den Totenschädel. Vorsichtig gruben wir weiter, fanden auch den dazugehörigen Unterkiefer und eine halbe

Stunde später noch den Körper der Mumie in Hockstellung! Eine lohnende Ausgrabung für die Archäologen, zumal der salpeterhaltige Sand ein Zerfallen der Mumie verhindert hatte. Sie stellten bald fest, daß es sich um eine 16- bis 18jährige Indiofrau handelte, die an Unterernährung gestorben sein mußte. Sie war rund einen Meter groß und einen halben Meter breit. Die Wissenschaftler wickelten sie vorsichtig aus und begutachteten sie und das Kind eingehend. – Für mich war das wenig aufschlußreich, da ich die Fachausdrücke nicht verstand.

Plötzlich kam einer der Mestizen angelaufen. Er berichtete aufgeregt, daß die andere Gruppe auf ein vom Bergrutsch verschüttetes Dorf der Inka gestoßen wäre und schon mehrere Skelette gefunden hätte. Natürlich mußten wir uns das ansehen! Wir gingen hinüber, und der Professor teilte jedem eine bestimmte Fläche zu, auf der er graben sollte. Ausgerechnet ich hatte das Glück, ein Grab mit einem besonderen Skelett zu entdecken: Der Kopf hatte eine quadratische Öffnung. Außerdem stieß ich noch auf ein Skalpell, kleine Steinnäpfe, eine kleine Gottdarstellung und ein kleines Lama. Später fand ich noch ein zweites Skalpell und Schleudersteine. Leider konnte ich diese nicht in meiner Hosentasche verschwinden lassen, denn der Professor war dazugekommen und erklärte, diese beiden Funde seien fürs Museum in Santiago.

Ausgang für den »bösen Geist«. Ausgerechnet ich als Laie fand einen Schädel, den Inka-Ärzte geöffnet hatten. Die abgerundeten Knochenränder ließen darauf schließen, daß der Patient die Operation überlebt hatte – erstaunlich, wenn man an die einfachen Bestecke denkt, mit denen sie ausgeführt worden war. Foto G. Kirner

Besonders wichtig war für den Professor natürlich der Schädel. Der Mann mußte unmittelbar nach einer Operation gestorben sein, denn die Öffnung war nicht mehr verwachsen. Solche – Trepanation genannte – Schädeloperationen wurden bei den Inka häufig vorgenommen. Der Grund dafür war nicht etwa eine Hirnerkrankung, vielmehr sollte damit dem bösen Geist Gelegenheit gegeben werden zu entweichen, wenn Zauberformeln und Beschwörungen nichts mehr nützten. Um derartige Operationen auszuführen, mußte der Arzt ein wahrer Künstler gewesen sein.

Im Altertum gab es zwei große, erstaunlich fortgeschrittene Medizinschulen: die des Hippokrates in Hellas und in Peru die der alten Inka. Die Ärzte der Inka befaßten sich bereits mit der Homöopathie, benutzten schon Schwefel und Chinin und verstanden es, Knochenbrüche zu heilen und Zähne zu plombieren. Auch eine Methode, Arme und Beine zu amputieren und Wunden keimfrei zu machen, war bekannt. Bei Schädeloperationen gingen die Inka-Chirurgen auf verschiedene Weise vor und bedienten sich dabei verschiedener Instrumente, wie der Inka-Historiker Bertrand Ilonoy annimmt. Für die sowohl rechteckigen als auch ovalen Öffnungen benutzten sie zunächst ein Messer aus Feuerstein, später eine halbrunde Bronzeklinge und schließlich einen Pfriem aus Gold, Silber oder Bronze als Sonde. Diese Operationen verliefen meist erfolgreich, wie die Untersuchung von anderen Trepanationen ergab: Die abgerundete Form der Knochenränder ließ darauf schließen, daß die Patienten häufig noch 20 Jahre und länger gelebt haben mußten. Außerdem erwähnt Ilonoy, daß der französische Chirurg Lucas Champoniere im Jahre 1878 innerhalb nur einer halben Stunde eine solche Schädelaufbohrung nach dem Muster der Inkas vornahm, und zwar mit Hilfe eines Feuersteins, den man am Ufer der Seine aufgelesen hatte.

Nach sieben Tagen Aufenthalt in dieser Gegend gingen unsere Wasser- und Lebensmittelvorräte zu Ende. Wir beschlossen, den Rückweg anzutreten. Die Landschaft sah jetzt fahl aus, war aber nach allem, was wir gesehen hatten, doch von einer gewissen Schönheit. Der pulvertrockene Boden, der gewiß noch viele Geheimnisse birgt, leuchtete in vielen Farbschattierungen und zeichnete edle Konturen. Das, was wir ausgegraben haben, ist heute im Völkerkundemuseum in Santiago, Chile, zu bewundern.

Nach diesem Erlebnis flog ich zurück nach Lima, um mir die Scharrbilder – weithin durch Erich von Däniken bekannt und von ihm als Landebahnen außerirdischer Besucher deklariert – in der Pampa von Nazca anzuschauen. Auch mich beschäftigte das Rätsel, wer diese Bilder und Linien geschaffen haben mochte: Waren es Werke eines außerirdischen Volkes, wie Däniken es behauptet, oder nahm er dies nur an, weil es immer noch keine Erklärung dafür gibt?

Von Lima aus ging's an einem Sonntag im Februar weiter Richtung Pisco. In Ica machten wir eine Zwischenlandung, um unseren mitgebrachten Treibstoff zu tanken. Wir setzten auf einer Sandpiste auf und wurden von allen Bewohnern des Dorfes und einer zwei Mann starken Dorfmusik begrüßt

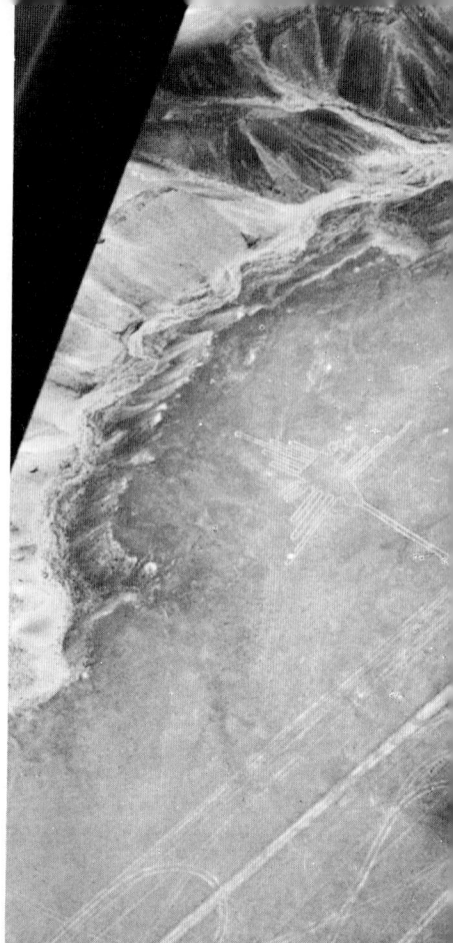

Das große Rätsel: die geheimnisvollen Linien in der Pampa von Nazca. Wer mochte diese Bodenmarkierungen angelegt haben und wozu? Vor allem aber, wie war es möglich, ohne technische Hilfsmittel solche kilometerlangen, kerzengeraden Linien auszuführen? Links die »Landebahn«, rechts der 250 m große stilisierte Kolibri. Fotos G. Kirner

und gebührend bestaunt. Nach kurzem Aufenthalt starteten wir in südöstlicher Richtung.

Auf einmal, unter uns, nichts als Linien. Linien, so weit das Auge reichte. Manchmal parallel, öfter in verschiedene Richtungen auseinanderlaufend. Sie erklimmen Grate und Hügel, auf denen oft kleine Bauwerke errichtet sind, steigen in Schluchten hinab, kreuzen sich mehrmals und sind immer kerzengerade.

Seit 1946 ist die deutsche Forscherin Maria Reiche bemüht, dem Geheimnis dieser seltsamen Landmarken auf die Spur zu kommen. Sie hat dazu folgende Erklärung: Die Linien haben religiöse Bedeutung und können der Kalenderwissenschaft zugeschrieben werden. Frau Reiche vermutet, daß in diesen Bodenmarkierungen Himmelsbeobachtungen festgehalten sind, die so auf unzerstörbare Weise der Nachwelt überliefert werden sollten. Ganz sicher ist dies nicht, ist es bisher doch nicht gelungen, alle Linien astronomisch auszudeuten. Manche – ihre Entstehung setzt man auf 500 nach Christus an – bildeten wohl einen Kalender mit den Tierkreiszeichen. Sie mögen die Zeiten für die Bestellung der Felder sowie den Auf- und Untergang von Sternen angegeben haben. Andere stellten wahrscheinlich sogar die Bahn von bestimmten Gestirnen dar – wie ein riesengroßes Astronomiebuch.

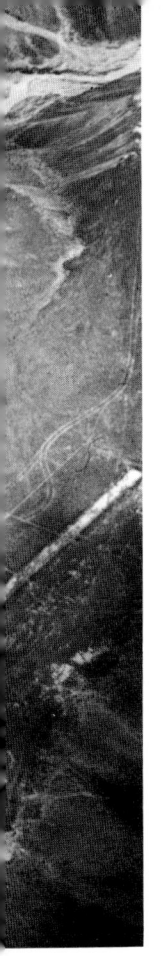

Die Zeichnungen sind alle von unglaublicher Schärfe, sie beweisen eine künstlerische Reife und müssen von Menschen mit einer höherentwickelten Kultur stilisiert worden sein. Der rund 80 Meter große Affe und der annähernd 250 Meter große Kolibri sind in ein geometrisches Liniensystem einbezogen. Eines wird bei sorgfältigem Betrachten deutlich: Die Zeichnungen sind jüngeren Datums als die »Landebahnen«. Die Linien sind geometrisch so exakt, als ob sie vom Reißbrett eines riesigen Architekten stammten. Ohne gründliche Kenntnis eines genauen Winkelmeßsystems scheint die Entstehung dieser Werke unmöglich. Die Logik zwingt geradezu zu der Annahme, daß nur ein von der Erde entferntes Auge diese vollkommene Geradlinigkeit gewährleisten kann – der Architekt hätte also von einem Luftfahrzeug (vielleicht von einem Heißluftballon) aus arbeiten müssen. Forscher und Wissenschaftler suchen sich darauf einen Reim zu machen; etwas Einleuchtendes und Beweisbares konnte bisher noch niemand liefern.

Das gleiche gilt für ein anderes Gebilde: den »Andenleuchter« oder »Dreizack von Pisco«. Wir überflogen auch diese geheimnisvolle Figur und wußten danach nicht mehr als vorher über Entstehung und Sinn dieses Dreizacks an der Felswand. Manche Archäologen sehen ihn als eine für die Schiffahrt bestimmte Küstenmarkierung an; die Tatsache, daß der Dreizack in einer Bucht liegt und für die Schiffe keineswegs von allen Seiten her sichtbar war, spricht jedoch dagegen. Als Navigationspunkte hätten sich viel besser zwei Inseln geeignet, die in Verlängerung der mittleren Säule des Dreizacks weit draußen im Meer liegen und von jedem Schiff ausgemacht werden können – gleich, aus welcher Richtung es kommt.

Es gibt noch viele Deutungen über Sinn und Zweck dieses Dreizacks: Manche meinen, daß es sich um die Markierung für einen verborgenen Inkaschatz handelt, andere behaupten, daß der Andenleuchter von dem katholischen Pater Guatemala im Jahre 1835 angelegt worden sei und die drei Kreuze darstellen soll. Bestimmt ist das eine fromme Lüge, denn der Leuchter ist bereits ein Jahrhundert vorher entdeckt und beschrieben worden. Eine beweisbare Erklärung gibt es für ihn wie für die übrigen Scharrbilder noch nicht. Eines steht jedenfalls fest: Die geheimnisvollen Bilder und Linien in der Pampa von Nazca wurden mit einer uns nicht bekannten Methode, von uns nicht bekannten Wesen, zu einer uns nicht bekannten Zeit und zu einem uns nicht bekannten Zweck erschaffen. Die Schöpfer dieser alten Werke sind längst verschwunden – die noch vorhandenen Reste ihrer Bauwerke sind für uns jedoch eine Verpflichtung, sie nicht nur mit Ehrfurcht zu betrachten, sondern sie auch späteren Generationen zu erhalten.

Die Auka- Speergesellschaft

PETER BAUMANN

Expedition zum »wildesten Stamm der Welt«

Der Lebensraum der letzten Naturvölker ist bedroht, seitdem immer mehr Menschen nach Siedlungsland Ausschau halten, die Missionare beweglicher geworden sind und die weltweite Suche nach neuen Ölquellen begonnen hat. Einer der am meisten bedrohten Stämme sind die Auka im Urwald von Ecuador. Sie gelten – nach einem Missionarswort – als »die wildesten Menschen der Welt«. Das Leben dieser von der Außenwelt noch abgeschlossenen Indianer zu erforschen, ehe sie von der Zivilisation erreicht sind, unternahmen der Berliner Schriftsteller Peter Baumann und Erwin Patzelt, Lehrer am Colegio Aleman und Kulturfilmer, Ende 1973 eine Expedition, deren abenteuerliche Geschichte sie aufgezeichnet haben.

In Quito können wir wenig über die Auka erfahren. Zwar hören wir auf Schritt und Tritt phantastische Geschichten und Legenden über die »wilden Lanzenmänner«, doch zuverlässige Auskünfte sind mager. Die Wissenschaftler im Völkerkunde-Institut der Hauptstadt Ecuadors helfen uns nach Kräften mit historischen Quellen. Noch nie aber sind sie selbst zu einer Aukagruppe vorgestoßen. Die Auka leben im Amazonas-Regenwald wie der Jaguar und die Anakonda. Sie sind gefährlicher noch als ihre beiden Jagdkonkurrenten und Feinde, wenn es darum geht, ihren Lebensraum gegen eine Außenwelt zu verteidigen, der sie mit Furcht und Haß gegenüberstehen. Kaum ein Weißer hat jemals eine Nacht unter ihren Palmdächern verbracht, kein Siedler sich über die Todesgrenze des Rio Napo hinweg tiefer in den Aukawald gewagt. Die Karte des südamerikanischen Staates zeigt, daß nur die Küste und die Kordilleren dicht besiedelt sind. Hinter der Gebirgsbarriere dehnt sich endlos und fast menschenleer die Selva-Virgen – der jungfräuliche Wald. Je näher der Rio Napo dort dem Amazonas kommt, desto spärlicher werden Armeeposten, Missionsdörfer und Pflanzerhütten.

Als unsere Expedition die Annäherung an die feindseligen Urwaldsöhne wagen will, werden wir von allen Seiten gewarnt. Das Abenteuer könnte tödlich ausgehen. Zu viele Menschen starben bei dem Versuch mit einer Aukalanze im Rücken. Der Name Auka ist das Ketschua-Wort für Barbaren; es drückt Wildheit, Unzugänglichkeit, Feindschaft aus. Seinem Namen macht der Stamm noch immer alle Ehre. Kaum ein Jahr vergeht, in dem nicht Meldungen von Angriffen gegen Ölcamps und Armeeposten Schlagzeilen in »El Comercio« machen und reichlich Gesprächsstoff für die Ecuadorianer bieten. Am 25. Juni 1970 drang Kunde von der Tragödie des Aukamissionars Toña nach Quito, der ausgezogen war, um seinen »ungezähmten Brüdern die Bibel zu bringen«. Er wurde von ihnen zerstückelt. Im Jahre 1971 überraschten Aukakrieger den Koch des Ölcamps Tivacuno und rammten ihm 26 federgeschmückte Lanzen in den Leib, die sie in der Leiche steckenließen.

Ende 1973 sind die Aussichten für eine friedliche Begegnung mit den Indianern kaum besser. Die schwerbewaffneten Exkursionstrupps und Arbeitscamps amerikanischer Ölfirmen haben die Aukakrieger in nervöse Spannung versetzt. Sie hören das Knattern der Hubschrauber über ihren Köpfen, werden von irrlichtelierenden Scheinwerfern, großen Wachhunden und Karabinerschüssen erschreckt. Die planmäßige Ölsuche, die den Oriente-Urwald von Ecuador in Planquadrate einteilt, läßt die Auka auch im entlegensten Winkel nicht mehr zur Ruhe kommen. Kein Zweifel auch, daß mancher schnelle Schuß im Augenblick vermeintlicher oder echter Gefahr einen Krieger tötet, der sich in der Nähe eines Lagers blickenläßt. Wer unter solchen Umständen diesen Stamm aufsuchen will, muß auf einen Zusammenstoß gefaßt sein. Doch das hindert uns nicht.

Um die Weihnachtszeit erhalten wir nach vielen vergeblichen Anläufen von der Regierung die Erlaubnis zu einer Aukaexpedition. Mehr noch: Sie stellt uns einen Hubschrauber zur Verfügung und erwartet dafür, daß wir die Ergebnisse unserer Reise den Mitgliedern der naturwissenschaftlichen Gesellschaft des Landes zugänglich machen.

Als wir mit unserem Jeep nach nächtlicher Kordillerenabfahrt in Pastaza ankommen, dem Tor zum Urwald, sehen wir unseren feuerroten Helikopter in einem offenen Hangar stehen und in der Nähe auf dem Flugfeld die gecharterte »Noratlas«, die für uns 350 Gallonen Benzin zum Armeeposten Curaray bringen wird. Trotz des strömenden Regens ist unser Begleiter Tito Pareño, ein urwaldkundiger Mann, zuversichtlich. Zwei Stunden später rollt der Hubschrauber auf das Flugfeld. Wir gehen hinüber und machen uns mit der Mannschaft bekannt: Kapitän Jorge Real, Bordmechaniker Hugo Jaramillo und Kopilot Raul Torres. Wir sind nach der langen Nachtfahrt todmüde. Dennoch versuchen wir mit faulen Sprüchen, mit Zigaretten und Schulterklopfen gegen ihre Zurückhaltung und Besorgnis anzugehen.

28. Dezember, 12 Uhr. Kapitän Real hat über die Kopfhörer Starterlaubnis erhalten. In schrägem Steigflug gewinnen wir an Höhe, lassen schnell die letzten Häuser von Pastaza hinter uns. Nach einer Stunde ist der Rio Villano unser Führer. Wir folgen dem schokoladefarbenen Fluß. Er ist, wie alle Flüsse im Oriente-Urwald, einer der trägen Zubringer, die den Amazonas reich an Wasser machen. Inzwischen hat uns das Kontrollzentrum Pastaza abgegeben. Der Pilot hat Verbindung mit Curaray. Nach insgesamt zwei Flugstunden landen wir bei dem Fort, das sich am Zusammenfluß von Rio Villano und Rio Curaray mit seinen Unterkünften, Lagerschuppen und Wachttürmen besitzergreifend im Aukaland ausbreitet. Alles, was Beine hat, steht um den Hubschrauber herum. In der glühenden Hitze tragen Mannschaften und Offiziere über festgeschnürten Stiefeln und khakifarbenen Drillichhosen weiße Unterhemden. Doch alle Soldaten zeigen ihre Waffen – am Oberschenkel schwingende Trommelrevolver.

Dennoch – wären die zwei Wachttürme nicht, die hoch am Hang in einem Kahlschlag stehen, man möchte das Fort für eine Urwaldidylle halten. Da blühen Rabatten, schnurren Ozelot-Babys und knarren freundlich Aras, die zwischen den Hühnern ihr Futter suchen. Die dreihundert Soldaten, die das »11. Urwaldbataillon Quito« ausmachen, geben uns ohnehin strategische Rätsel auf. Wie können sie in einem verfilzten Gebiet von der Größe Bayerns die einsamen Ölcamps gegen angreifende Auka schützen, wo ihnen nicht einmal Hubschrauber zur Verfügung stehen? In unseren Augen zeigt die Zivilisation hier nur Flagge – kaum mehr.

28. Dezember, 15 Uhr. Wir lassen Fort Curaray zurück. Hinter dem Camp beginnt die unangetastete Wildnis. Der zweite Pilot übernimmt für die erste Stunde den Steuerknüppel des Hubschraubers. So dicht hinter dem Fort sind noch keinerlei Anzeichen für einen Aukawohnplatz zu erwarten. Dennoch beginnen wir nach ausgeholzten Flecken zu spähen. Der Pilot hält Kurs auf das Ölcamp Cononaco, das in seiner Spezialkarte eingezeichnet ist. Von dort wollen wir in Richtung Tivacuno fliegen und dann zurück nach Curaray. Die Route zeichnet ein Dreieck auf die Karte.

Dann sehen wir sie unter uns, die letzten »wilden« Auka. Nur ein winziger ausgeholzter Flecken im endlosen Wipfelmeer hat uns den Wohnplatz der Gruppe verraten.

Endlich, bei Kurs 315 Grad 7 Minuten von Cononaco aus, wir sind schon die längste Zeit geflogen, zeigt der Pilot auf eine Anhöhe zur Rechten. Abgeflacht wie ein Tisch, hebt sie sich hell von den vielfältigen Grünschattierungen ab. Der Hubschrauber geht näher heran. Rötlicher Boden schimmert zwischen nachgewachsenen Pflanzen durch. Wir gewinnen bald Gewißheit: Dort sind die Waldmenschen am Werk gewesen. Im Augenblick ist von ihnen allerdings nichts zu sehen. Wir kreisen in knapp 150 Fuß Höhe, jede Senke spähen wir nach Anpflanzungen oder Hütten aus.

»Da!« – Jorge Real deutet nach unten. Das Plateau hat sich belebt. Kleine, gelblichbraune Gestalten, acht oder zehn, sind wie aus dem Nichts aufgetaucht. Und wir haben noch mehr Glück. Hinter einem Hügel der faltenreichen Landschaft öffnet sich an einem Hang der Urwald ein wenig, und wir entdecken, vielleicht 400 Meter vom Plateau entfernt, ein einzelnes Aukahaus. Beim Tiefergehen erkennen wir hinter dem Haus zwei bunte Aras. Nicht weit davon entfernt liegt ein stattliches Yucca-Feld.

Beim Anblick der Menschen dort unten schwanken wir zwischen Freude und Furcht. Da haben wir sie nun gefunden – eine versteckte Gruppe des »wildesten Stammes der Welt«. Sie lebt so weit von der Pioniergrenze entfernt, daß unsere Begegnung mit ihnen ihre erste Berührung mit der Außenwelt sein könnte. Eine Gelegenheit ersten Ranges, steinzeitliche Menschen in ihrem ureigenen Lebensraum zu erforschen! Wir wissen aber auch, daß wir mit von Furcht und Zorn bestimmten Feindseligkeiten rechnen müssen.

Vorsichtige Verrückte, die wir sind, suchen wir zwar die Begegnung, gehen bei unserer Annäherung jedoch berechnend vor. Während der Hub-

Das große, fensterlose Gemeinschaftshaus ist unter den übrigen Urwaldindianern Ecuadors ohne Vergleich. 30 und mehr Menschen aller Generationen wohnen darin, selten stehen mehr als fünf Häuser auf einer Lichtung. Fehden halten die Familiengruppen auf Distanz.

Rechts oben: Neugierig nähern sich die Männer unserem Hubschrauber. Der eine hat dem Piloten die Mütze abgeluchst, sonst ist das einzige Bekleidungsstück die Hüftschnur. Alle Fotos Erwin Patzelt

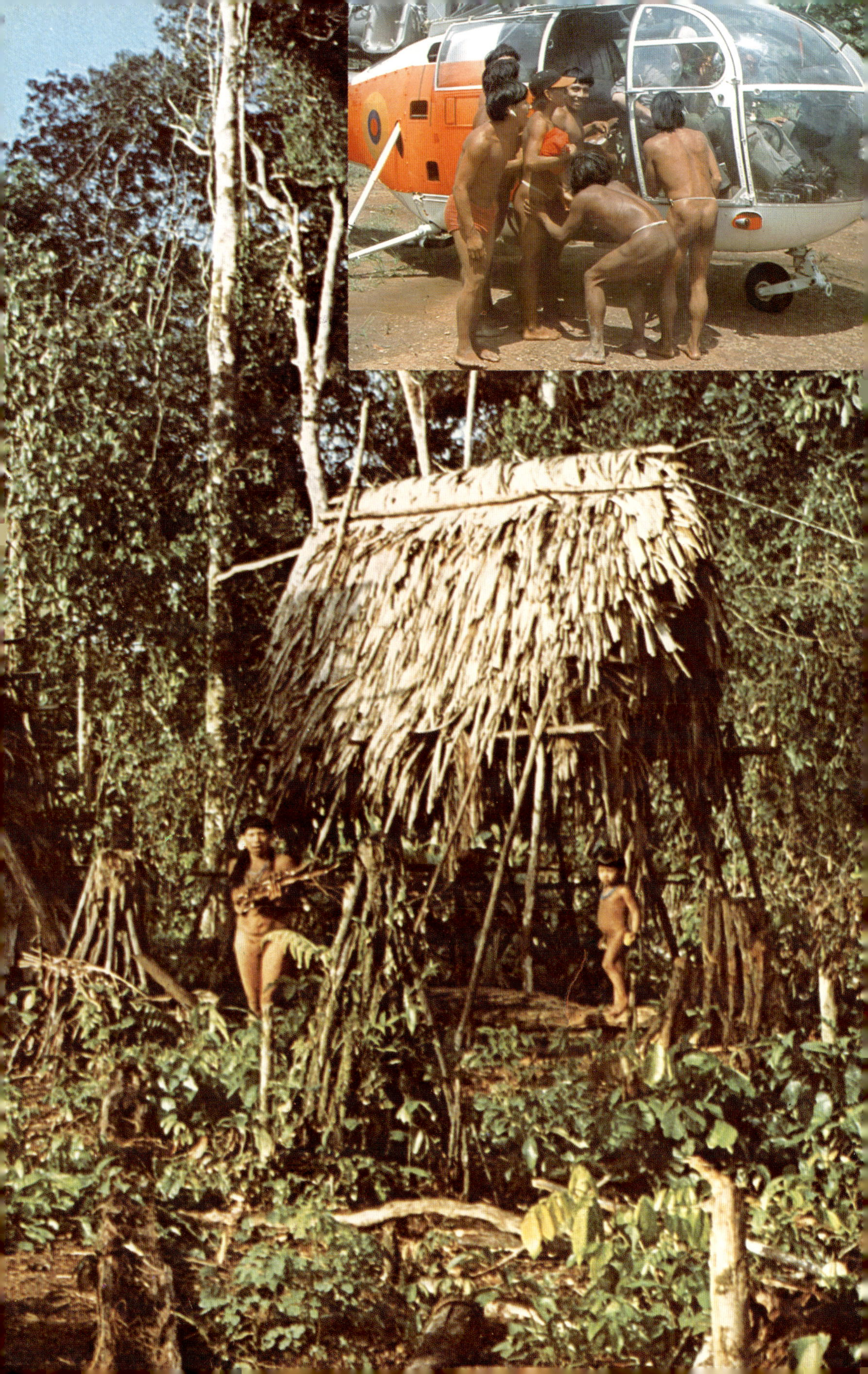

schrauber Kreise fliegt, ordnen wir eilig unsere Fallschirme. Wir wickeln Töpfe mit Geschenken aus der roten Seide und hoffen, daß der Inhalt für die legendäre Speergesellschaft dort unten nützlich sein möge und sie freundlich stimmt. – »Fertig?« – »Fertig!« Wir werfen die ersten beiden Fallschirme aus der geöffneten Kanzel. Sie machen im Wirbel der Luftschraube einen wilden Satz, entfalten sich und schweben schnell auf die Auka zu. Drei Krieger jagen geduckt heran, sind fast gleichzeitig an den Töpfen und zerren an ihnen herum. Dann verschwinden sie im Dickicht. Angenommen!

Bei Fallschirm Nummer vier und fünf signalisieren die Auka, daß sie genauer wissen wollen, wer sie mit Freundlichkeiten bewirft: Drei Männer bleiben in der Mitte des Platzes zurück. Während der eine sich mit ausgebreiteten Armen niederhockt und deutlich mit den nach unten gerichteten Handflächen den Boden berührt, wedelt ein zweiter mit den langen, roten Schwanzfedern des Ara. Der dritte Auka hat die Hände wie ein Nest geformt und hält uns ein blauschimmerndes Etwas entgegen. Selbst die besorgten Hubschrauberpiloten wollen jetzt nicht länger zwischen Himmel und Erde hängen – sie wagen den Abstieg in die Aukawelt. Wir setzen inmitten der Rodung auf. Die drei vom Empfangskomitee klammern sich an dünnen Bäumen fest. Der mittlere Sturm, den der Rotor entwickelt, peitscht ihnen Staub und lose Zweige gegen die nackte Haut. Dennoch suchen sie nicht den Schutz des Urwalds, wenden vielmehr der gewalttätigen »Hummel« die Gesichter zu und bemühen sich, freundlich auszusehen.

Noch ehe die Luftschraube endlich stillsteht, huschen sie geduckt heran, wagen sich ohne Waffen an eine Macht, die vor ihren Augen die Büsche entlaubt. Dann stehen sie vor uns, lachen, reden unablässig in ihrer nasalen Sprache auf uns ein. Zwei der Männer schielen ein bißchen. Sie tragen als Schmuck mächtige Balsaholzpflöcke in den ungewöhnlich geweiteten Ohrläppchen. Ihre kleinen, muskulösen Körper sind kaum größer als ein Meter fünfzig. Sie machen einen gesunden Eindruck. Das schwarze Haar mit den Ponyfransen endet in Schulterhöhe, wirkt sorgfältig geschnitten und gekämmt. Bis auf eine Hüftschnur sind die Aukakrieger völlig nackt.

Die Begegnung beginnt ganz und gar friedlich. Ein Auka hält uns seinen Köcher mit Curarebolzen hin. Der zweite überreicht uns rote Arafedern. Der dritte will uns – eingewickelt in ein trockenes Blatt – einen verängstigten blauen Vogel schenken. An einem Fuß ist die »Schöne Cotinga« an einer federbestickten Lederplatte festgebunden, die sie an der Flucht hindert.

»Tuck, tuck, tuck«, ahmt der Anführer die Hubschraubergeräusche nach. Seine Hände kreisen und trudeln, beschreiben den Flug von Hubschrauber und Fallschirmen. Wir erkennen bald, daß diese Auka keineswegs offenen Mundes und teilnahmslos vor unserem technischen Aufwand stehen. Unversehens sind wir Gegenstand ihrer Experimentierlust geworden. Jorge Real läßt es geschehen, daß ein junger Krieger versucht, einen Finger zwischen seinen Schuh und das Bein zu bringen, dabei gerät er an die Schleife, öffnet sie und zieht unter vergnügtem Schwatzen Schuhe und Strümpfe aus, bis er den blanken Fuß in der Hand hat. Unsere Beine haben es den Auka angetan. Sie rollen Hosenbeine hoch, untersuchen braune Waden, weiße Waden, mit Widerwillen haarige Waden.

In Quito haben wir uns von Sam Padilla, einem Auka-Ketschua-Mischling, ein paar Sätze in Auka auf ein Kassettentonband sprechen lassen. Der Sohn der zivilisierten Aukafrau Dayuma wollte selbst nicht mit zu den »Wilden« kommen, wohl weil er der Wirkung seiner Worte nicht so sicher war. Wir setzen das Gerät auf den Boden, und die drei Männer kauern sich mit uns darum herum. Als nun Sams schnarrende, durch die geringe Wiedergabequalität blechern wirkende Stimme wie aus dem Erdboden an ihr Ohr steigt, da reden sie alle zugleich auf den Kasten ein.

In der einfachen Anrede hat der Übersetzer unserer guten Absichten die wichtigsten Sätze zwei-, dreimal wiederholt: »Sind gute Leute. Machen nichts Schlechtes. Sind wie Verwandte von euch. Gehen wieder.« Als sich Sams Stimme mit einem plötzlichen Knacken verabschiedet, der Aukachef auf seine energische Rede keine Antwort erhält und versehentlich gar fünf Takte aus Ravels »Bolero« mitlaufen, hebt er augenblicklich das Gerät auf und wendet es um und um. Wir sind nicht sicher, ob unsere Erklärungen in primitiver Zeichensprache den Männern das Funktionieren des Gerätes nur halbwegs verständlicher machen.

Nach drei Stunden – immer mehr Männer sind auf die Lichtung gekommen – spüren wir die durch die innere Erregung verursachte Erschöpfung auf beiden Seiten. Das sind Momente, in denen das Lächeln verkrampft wirkt. Man verliert die Gelassenheit und fängt unwillkürlich an, die Reaktionen der anderen Seite falsch einzuschätzen. Kapitän Real bittet uns schließlich, wir möchten uns in den Hubschrauber zurückziehen.

Bange Sekunden während des Starts. In diesem Augenblick sind wir besonders hilflos. Doch nichts geschieht. Unsere Auka pressen sich mit den Leibern gegen die Bäume, erwidern, während der Hubschrauber sich erhebt, unser Winken – winken, winken so lange, bis wir sie aus den Augen verlieren.

Weil wir einen Schlüssel zur ersten Verständigung mit den Auka gefunden haben, besuchen wir diese Gruppe noch viele Male. Am Ende unserer Expedition dürfen wir schließlich auch ihre Hütten betreten, ihre Frauen und ihre Kinder sehen. Aus einer halbzivilisierten, von Missionaren betreuten Gruppe können wir endlich auch einen Sprachmittler überreden, die »wilden Brüder« zu besuchen. Wir nutzen die günstige Gelegenheit, die Lebensbedingungen »steinzeitlicher« Menschen unmittelbar an der Quelle – im Urwald – zu erforschen. Was wir herausfinden konnten, füllt ein ganzes Buch.

Die Auka sind, im Gegensatz zu allen anderen Urwaldindianern Ecuadors, die mit Einbäumen und Balsaholzflößen die Flüsse befahren, der einzige Stamm, der diesen Grundbestandteil seines Lebensbereiches nicht nutzt. Männer und Frauen fischen und schwimmen zwar im Wasser, aber sie kennen weder Floß noch Kanu. Diese »Schwäche« ihrer Kultur war vielleicht lange Zeit auch ihre Stärke: Indem sie die Flüsse mieden, nicht auf sie angewiesen

Rechts: Schrecken und Neugier halten sich die Waage, als wir landen. Frauenraub untereinander ist der Grund, weshalb die Auka ihre Frauen von Besuchern fernhalten.

Links: Gerüstet für die Jagd. Beide Krieger tragen ihre schweren Blasrohre, dazu den verschließbaren Köcher mit vergifteten Bolzen und in einer Kalebasse Dschungelbaumwolle.

Unten links: Im Aukawald hat sich nichts geändert, seit der Mensch zum ersten Mal Macht über das Feuer gewann. Das Quirlholz und ein wenig Baumwolle dienen zum Feuermachen.

Unten rechts: Die mit Curare vergifteten Bolzen holen Papageien und Wollaffen – die wichtigsten Beutetiere – aus den Bäumen.

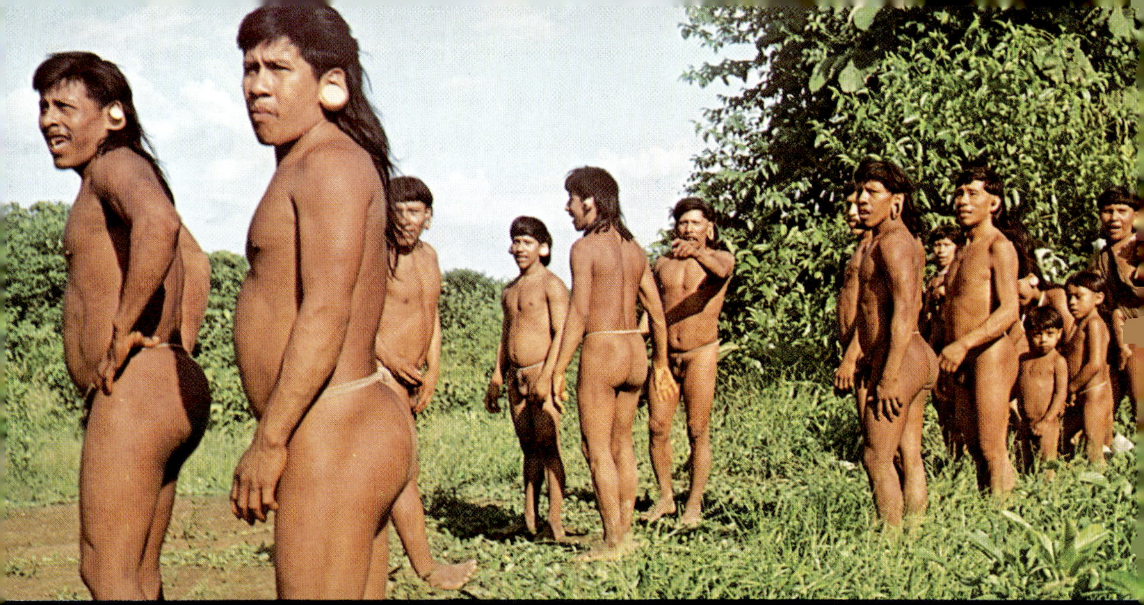
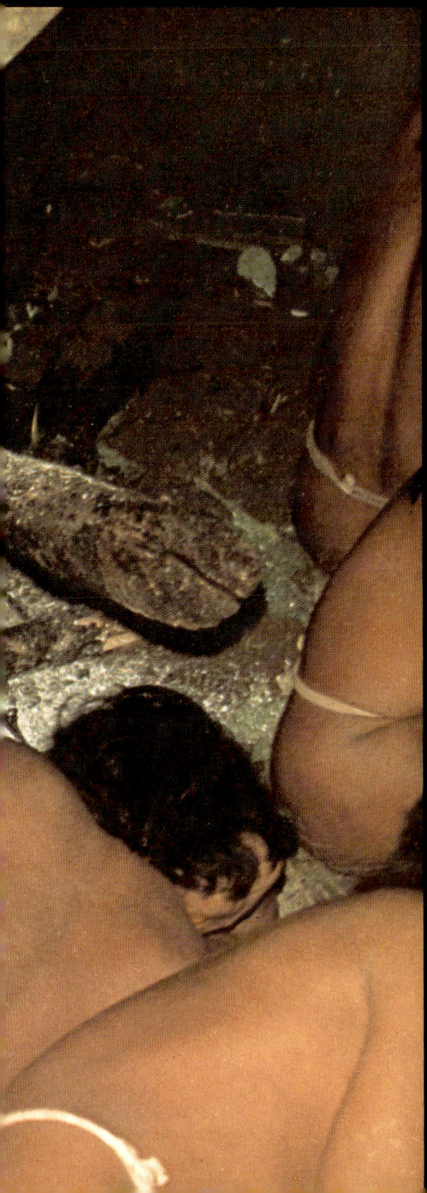
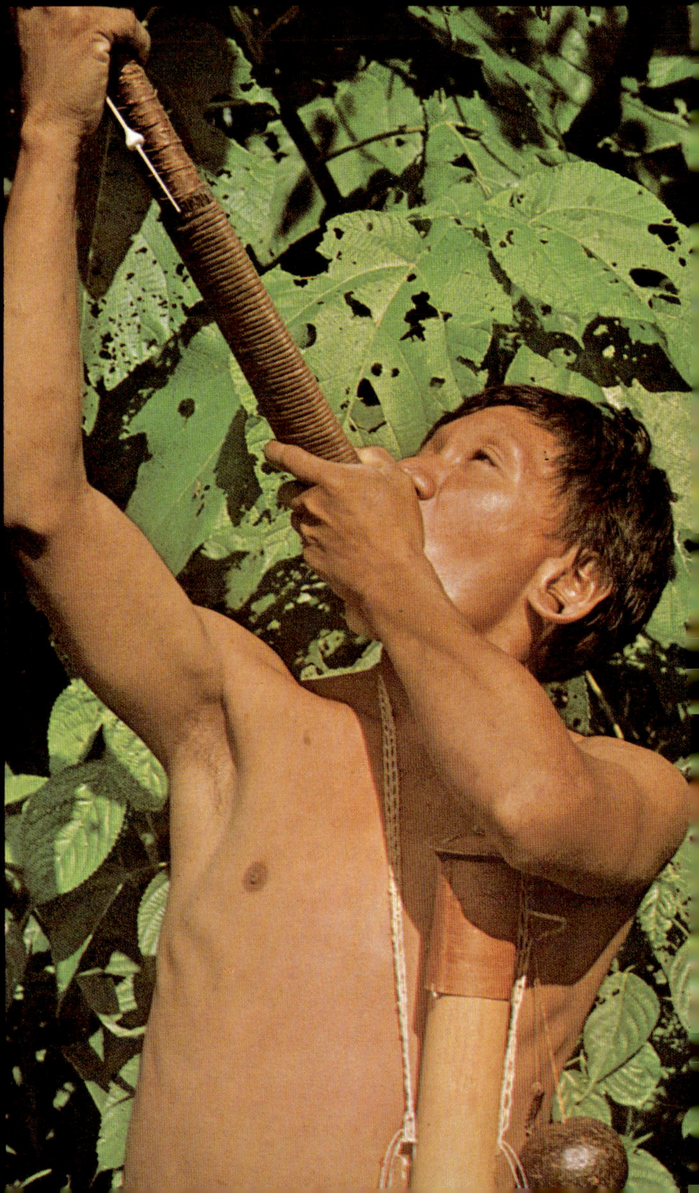

waren, boten die Auka all den Fremden auf den Wasserstraßen keine Gelegenheit, mit ihnen in Berührung zu kommen. In all den Jahren ihrer Abkapselung waren sie davon überzeugt, daß ihre Umwelt ausschließlich ihr Besitz sei. Wohin sie ihren breiten Fuß auch immer setzten – überall fühlten sie sich als die Herren der Welt. Ihre Kinder hören, daß die Jaguarmutter Minimpera, die am Ufer des großen Deroboro-Flusses lebte, auf die Frage, wer jenseits des Aukaufers wohne, geantwortet hätte: »Viele, viele Menschen. Und weiter weg wohnen auch viele, viele Menschen. Und dahinter vereinigt sich die Erde mit dem Himmel.« – »Und der Fluß, wo geht der hin?« wollten sie von der Jaguarmutter wissen. – »Er fließt weit, weit weg und endet in einem großen Sand.«

Erst seit Ende der vierziger Jahre zieht eine Ahnung durch die noch unverfälschten Gemüter, daß die »vielen, vielen Menschen« der Außenwelt ihnen ihren Lebensraum streitig machen. Noch immer aber dürften die letzten freien Gruppen, vielleicht 200 bis 300 Menschen, ein Kernland von mehr als 10 000 Quadratkilometer bewohnen, das – noch zivilisationsfern – östlich des 77. Längengrades liegt. Die langsam von den Andenausläufern ins Amazonasbecken absteigende Landschaft verbirgt die Auka nicht nur im Filzwerk der über zwanzig Meter hohen Vegetation, sie legt sich zudem in zahllose Falten, bildet im Osten Ecuadors über 300 Meter lange Hügel und vertikale Vertiefungen, die sich erst nach Osten zu langsam glätten. Dort aber hat die Natur weitere Barrieren gegen die Zivilisation errichtet. Große Räume im unteren Oriente sind nur unzureichend entwässert. Über viele Quadratkilometer wurzelt und fault die Pflanzenwelt im sumpfigen Untergrund, macht die von Auka bewohnten Gegenden unzugänglich. Die Indianer sind in kleine Familiengruppen von 20 oder 30 Menschen zersplittert. Feindseligkeiten untereinander, zurückgehende Jagderfolge, leergefischte Flußabschnitte und nachlassende Erträge der kleinen Maniok- und Bananenanpflanzungen zwingen zur Wanderschaft. Das alles macht die Auka zu den berüchtigten Stecknadeln im Heuhaufen. Wären nicht die Helikopter, lebten die meisten Gruppen noch unangefochten. So aber sind die ausgeholzten Lichtungen aus der Luft zu entdecken.

Mittelpunkt einer Familiengruppe ist das Gemeinschaftshaus. Nicht weit von den Hütten entfernt haben die Familien dem Regenwald ein kleines Feld abgetrotzt. Der Sieg über die Wildnis mit Hilfe des Feuers und ihrer einfachen Chontaholzwerkzeuge muß den Menschen bitter werden. Und er ist auch nicht von Dauer! Wie überall im tropischen Regenwald wird der schwere Dauerregen, den nun kein tausendfacher Filter aus Blattwerk mehr zurückhält, die fruchtbare Krume wegwaschen. Nach zwei bis drei Jahren müssen die Familien das Feld aufgeben.

Ihren Bedarf an Eiweiß decken die Auka vor allem durch die Jagd auf Affen und Vögel, die sie mit Blasrohr und Curarebolzen schießen. Die Rotten der Halsband-Pekaris, die Tapire und anderes größeres Wild jagen sie mit dem Speer, und zwar im Verband, um den Tieren den Fluchtweg zu verlegen. Im Gegensatz zu den Jivaro, Ketschua und anderen Nachbarn besitzen die Auka keine Hunde zum Treiben und Spüren. Ihre Sinne freilich dürften denen der Nachbarn an Schärfe überlegen sein. So, wie das Curaregift ihnen die Beute in den Baumwipfeln sichert, haben sie für die Flüsse ein Mittel, um dem Fangglück nachzuhelfen: Barbasco. Sie zerquetschen diese armdicke Liane und gewinnen daraus ein Gift. Als Fangplatz suchen sie eine günstig gelegene, flache Stelle im Fluß aus, wo das Wasser langsam fließt. Flußaufwärts davon werfen die Männer größere Mengen der zerstoßenen Liane in den Strom. Das Gift wird von den Fischen über die Kiemen aufgenommen und lähmt die Atemwege. Sobald sie mit dem Bauch nach oben im Wasser treiben, brauchen die Frauen sie nur noch einzusammeln.

Trotzdem hatten wir den Eindruck, daß die Auka dem Wald die wenigen Güter ihres Bedarfs nur unter großen Anstrengungen abgewinnen. Allzuviele unter den Frauen und älteren Menschen sind abgemagert, frühzeitig vergreist oder gar krank. Bei ihren unzulänglichen Werkzeugen muß jeder Streit zwischen den Gruppen die Aukawirtschaft unerträglich belasten. Wir stellten uns oft die Frage: Wie lange würde eine von ihrem Wohnplatz vertriebene Gruppe brauchen, ehe sie wieder ein erntereifes Feld besäße?

Und doch wird der Griff zum tödlichen Speer schon durch Geringfügigkeiten ausgelöst. Der Schmerz über einen Todesfall etwa verwandelt sich in hemmungslosen Zorn auf Zauberer, auf »nutzlose« alte Verwandte unterm eigenen Dach und auf Nachbargruppen: »Ein Beispiel fanden wir in der traurigen Lage einer Greisin, die völlig alleingeblieben war. Vierzig Mitglieder ihrer Familie waren gestorben, davon nur der Ehemann eines natürlichen Todes. Alle anderen hatten die Feindseligkeiten zwischen den Gruppen mit dem Leben bezahlt oder waren im schweren Daseinskampf unterlegen«, schrieb Carlos Espinoza, der an einer unserer Expeditionen teilgenommen hatte, für eine Zeitschrift in Quito. Größtmögliche Fruchtbarkeit ist daher »die einzige Waffe« gegen den Untergang. Schon vom zwölften Lebensjahr an werden die Mädchen als heiratsfähig angesehen. In den kleinen, abgeschiedenen Gruppen sind die Grenzen der Partnerwahl überdies so eng, daß es immer wieder zu Verwandtenehen kommt. Wir sahen in einer Gruppe eine Anzahl Kinder, die je einen kleinen Finger und einen kleinen Zeh zuviel an Händen und Füßen hatten. Obwohl die Auka instinktiv versuchen, der Gefahr der Inzucht zu begegnen, indem sie, wie wir von Missionaren erfuhren, nur die Verbindung von entferntesten Vettern erlauben, läßt die Sechsfingrigkeit in dieser Gruppe auf erblich bedingte Schäden schließen.

Der Untergang der Aukawelt scheint nur noch eine Frage von Jahren zu sein. Drei Einflüsse machen das Ende des freien Umherschweifens im Urwald voraussehbar: das Öl, die Mission und die Kolonisation. Die größte Gefahr kommt vom Öl. Nach planmäßigen Explorationen weiß man: Die Auka »schwimmen« im Öl. So werden sie vielleicht nur als in das Ganze eingefügte, seßhafte, arbeits- und wehrwillige Ecuadorianer eine Überlebenschance haben. Der Verlust ihres ureigenen Aukawesens aber ist gewiß.

Plastischer Mikrokosmos

DIETER DIETRICH

**Räumlich wirkende Bilder
aus dem Raster-Elektronenmikroskop**

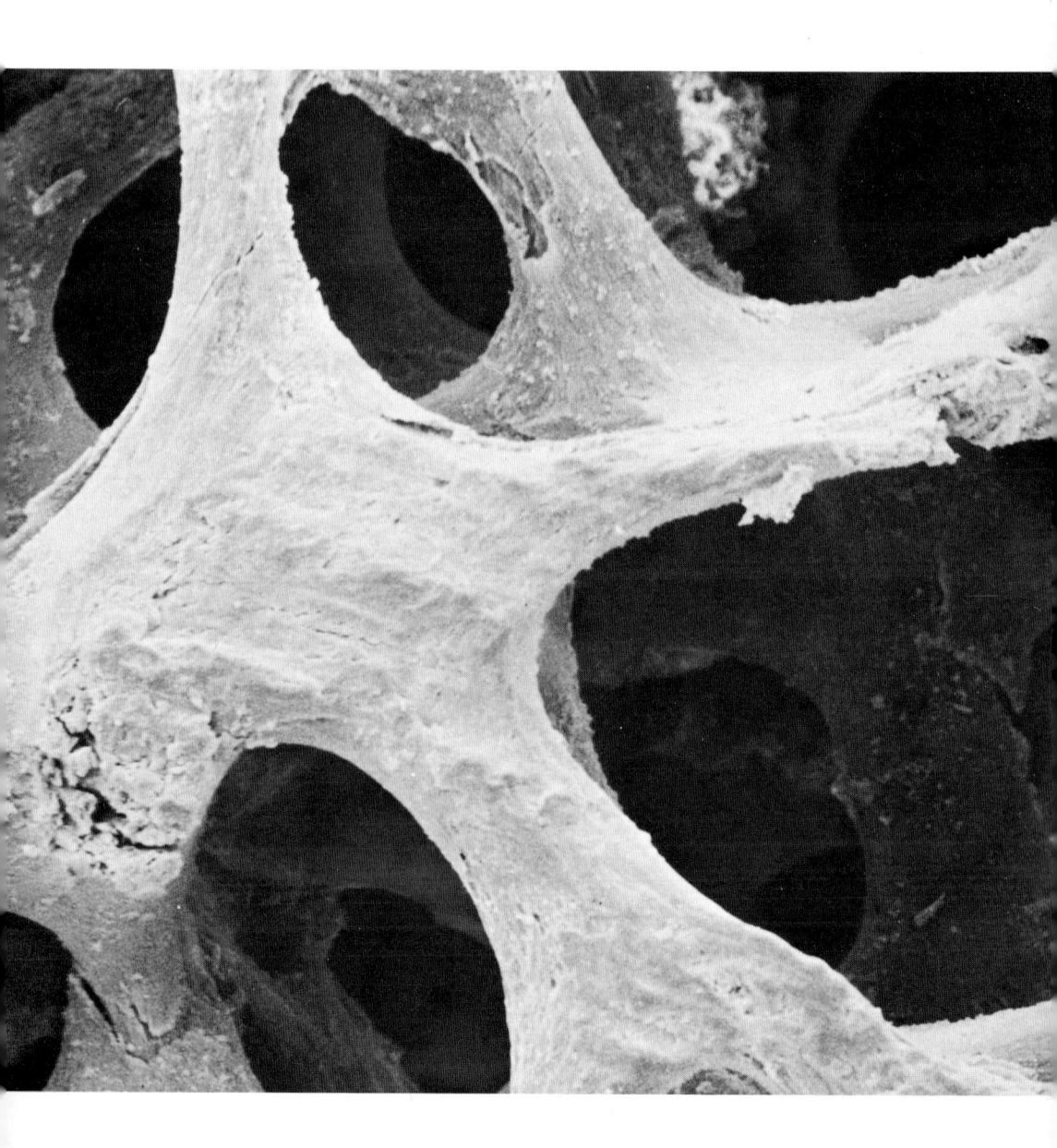

Es geschieht nicht oft, aber mitunter kommt eine Erfindung zu früh. So erging es einem jungen, vielseitig begabten Selfmade-Wissenschaftler Mitte der dreißiger Jahre in Berlin mit einer seiner Ideen. In der Zeit, da die ersten Elektronenmikroskope aufkamen – oder, um genau zu sein: die ersten Durchstrahlungs-Elektronenmikroskope –, ersann und baute er ein besonderes Elektronenmikroskop, das erstmals räumlichwirkende Aufnahmen von Objektoberflächen ermöglichte. Er nannte es Elektronen-Rastermikroskop.

Der Prototyp, das in seinem Labor gebastelte Entwicklungsmodell, lieferte ungeahnt plastische Bilder winzigster Gegenstände und Lebewesen. Einzelheiten wurden sichtbar, die nie zuvor ein Menschenauge erblickt hatte. Die naturwissenschaftlich-technische und die medizinische Forschung witterten Neuland für weitere Erkenntnisse auf ihren Gebieten. Doch als der Erfinder sein Gerät der Industrie zur gewinnbringenden Verwertung anbot, winkten die Bosse ab: Die Anlage erforderte einen so hohen Aufwand an Elektronik und Fernsehtechnik, wie er damals in einer Serienfertigung einfach noch nicht gewährleistet werden konnte.

Erst drei Jahrzehnte später war die Zeit reif für diese Erfindung. Ohne Zutun des Urhebers brachte eine britische Spezialfabrik, Cambridge Scientific Instruments Ltd., Mitte der sechziger Jahre die ersten Scanning Electron Microscopes oder Raster-Elektronenmikroskope, wie wir sie heute auf deutsch nennen, auf den Markt, und bald boten auch andere Firmen solche hochleistungsfähigen Geräte an.

Der Selfmade-Wissenschaftler heißt Manfred von Ardenne. Von seinem 16. Lebensjahr an hatte er mit zahlreichen Erfindungen und Patenten der Elektrotechnik, der Physik und der Hochfrequenztechnik, namentlich der Entwicklung von Radio und Fernsehen wichtige Anstöße gegeben. Mit seinen Ideen traf er meist ins Schwarze: Sie waren so gut auf die jeweiligen Bedürfnisse abgestimmt, daß sie den Erfinder schon mit 17 Jahren als Leiter eines Laboratoriums mit mehreren Mitarbeitern gut ernährten. Nur mit dem Raster-Elektronenmikroskop war er der Zeit zu sehr vorausgeeilt.

Die Kriegs- und Nachkriegsereignisse haben Manfred von Ardenne von Berlin nach Dresden und von der Elektrotechnik zur Krebsforschung verschlagen. In der DDR gilt er heute als eine Art Star unter den Wissenschaftlern. Dort hat der bald Siebzigjährige seine Erinnerungen geschrieben (»Ein glückliches Leben für Technik und Forschung«). Und darin schildert er das Werden eben jener »voreiligen« Erfindung, des Raster-Elektronenmikroskops, und zwar auf eine Weise, die es lohnt, der Person des Erfinders hier etwas mehr Platz einzuräumen, als es um der Sache willen eigentlich erforderlich wäre.

Links: Eher morsch und zerbrechlich wirkt das, was uns aufrecht erhält: ein menschlicher Knochen. Unter dem Raster-Elektronenmikroskop 100fach vergrößert, können wir fast räumlich in seinen inneren Aufbau hineinblicken.

Gegenüberstellung von Oberflächen- und Durchstrahlungsabbildung: Ein abgebrochener Stahlnagel – einmal lichtmikroskopisch (links) . . .

»Zu den Erfindungen, an die ich mich noch heute genau in allen Einzelheiten ihres Entstehens erinnere«, schreibt Ardenne, »gehört das Elektronen-Rastermikroskop. Der Hauptgedanke, das mikroskopische Objekt mit einem durch mehrere elektronenoptische Verkleinerungsstufen hergestellten, extrem feinen Elektronenfleck zeilenweise, wie bei einem Fernsehbild, abzutasten und die vom Objekt ausgehende (sekundäre) Elektronenstrahlung zur Modulation eines synchrongeschriebenen Elektronenbildes zu benutzen, stellte sich in einer stillen Stunde des Nachdenkens über die verschiedenen Abbildungsfehler ein, welche in ihrem Zusammenwirken das Auflösungsvermögen des normalen Durchstrahlungs-Elektronenmikroskops einschränken.«

Nach dieser technisch gehaltenen Aufgabenstellung fährt er fort: »Der Weg zur Lösung der Aufgabe, die zündende schöpferische Idee, ergab sich dann aus der Verknüpfung einer fremden und einer eigenen elektronenopti-

und einmal raster-elektronenmikroskopisch abgebildet. Die Wiedergabequalität springt ins Auge: Die Bruchstelle läßt alle Feinheiten plastisch erkennen.

schen Anordnung. Es war dies der von Max Knoll beschriebene Testbildgeber mit Abbildung eines Klischees durch einen noch verhältnismäßig groben Elektronenstrahl von einigen zehntel Millimeter Durchmesser und die von mir kurz zuvor erdachte Anordnung zur Herstellung submikroskopisch feiner Elektronen-Brennflecke. In dieser guten Stunde des Nachsinnens strömten fast von selbst nahezu alle Lösungsgrundsätze herbei, welche die modernen, industriell gefertigten Elektronen-Rastermikroskope kennzeichnen. Die Phase der Verwirklichung wurde ebenfalls schnell durchlaufen, und noch gegen Ende des gleichen Jahres (1937) konnten die ersten überzeugenden Versuche stattfinden.«

Für Ardenne hat dieses Beispiel ein für das Erfinden schlechthin musterhaftes Merkmal, weil es zeigt, »daß im Pionierstadium einer jungen Wissenschaft, auch unter den Bedingungen der Gegenwart, von einem einzigen Forscher der entscheidende Anstoß ausgehen kann. Aber auch für seinen Erfolg waren Elemente Voraussetzung, die andere vor ihm geschaffen hatten. In späteren Stadien einer Wissenschaft und Technik, besonders jedoch beim Werden bedeutender ›Entwicklungen‹, ist es nur noch selten ein einzelner Forscher allein, von dem die entscheidenden Impulse stammen.«

Jede Erfindung, so lautet die zwingende Aussage, baut auf anderen Erfindungen auf. Das trifft in besonderem Maße auf das Raster-Elektronenmikroskop zu. Am Anfang war das Licht – das Licht, das Bacon um das Jahr 1300 in einer Glaslinse sammelte und damit ein vergrößertes Bild auf sein Auge warf; das vermutlich erste Mikroskop war erfunden: die Lupe. Kurz vor dem Jahre 1600 entstanden, vermutlich durch den Holländer Jansen, die ersten zusammengesetzten Mikroskope, zweilinsige Geräte, die auch wir heute noch im Gegensatz zur Lupe als »Mikroskop« bezeichnen. Die Lichtmikroskopie entwickelte sich in den folgenden Jahrhunderten bis zur Vollkommenheit fort; den Zenit erreichte sie bald nach dem Jahr 1900.

Was die Leistungsfähigkeit der Lichtmikroskope begrenzte, war weniger die Vergrößerung als vielmehr das, was »Auflösung« genannt wird. Damit ist die Fähigkeit gemeint, zwei nebeneinanderliegende Einzelheiten getrennt wiederzugeben und wahrzunehmen. Praktisches Beispiel: Solange wir beim Lesen dieses Buches den Abstand der Seiten zu den Augen so wählen, daß wir die Buchstaben einzeln erkennen können, ist die Auflösung vorhanden; halten wir den Text so weit weg, daß die Buchstaben verschmelzen und die Wörter unleserlich werden, ist keine Auflösung mehr gegeben. Würden wir dieses verschwimmende Bild aus der gleichen Entfernung fotografieren und das Negativ anschließend vergrößern, käme kein schärferes, lesbares Bild zustande. Dies ist zugleich eine Erklärung dafür, daß das Vergrößerungsvermögen mit dem Auflösungsvermögen verzahnt ist: Die Vergrößerung zu steigern, ist zwar technisch immer möglich, aber eben nur bis an die Grenze des Auflösungsvermögens ergiebig und »förderlich«, wie die Fachleute sagen.

Das Auflösungsvermögen selbst hängt ab von der zur Abbildung benutzten Strahlung. Aus physikalischen Gründen reicht es niemals weiter als bis zu dem Punkt, wo die halbe Wellenlänge einer Strahlung größer ist als der Abstand zweier benachbarter Einzelheiten zueinander. Was hier vor sich geht, läßt sich anschaulich machen, wenn wir versuchen, die Buchstaben in dieser Zeile nachzuziehen; mit einem spitzen Bleistift fällt das leicht, bei einem breiten Tuschpinsel verschmieren wir gleich zwei oder drei Buchstaben auf einmal – das heißt, der Pinsel, gleichzusetzen mit der Strahlung, ist für die Abbildung zu grob, es kommt keine Auflösung mehr zustande.

Die Wellenlänge der in Lichtmikroskopen angewandten Strahlen, also des gewöhnlichen Lichts, war der Grund, warum sich mit diesen Geräten nicht beliebig tief in den Mikrokosmos der Materie vorstoßen ließ. Lichtstrahlen haben »nur« eine Wellenlänge von einem halben tausendstel oder fünf zehntausendstel Millimeter. Darum geht die Auflösung von Lichtmikroskopen nicht über die Abbildung von Einzelheiten des betrachteten

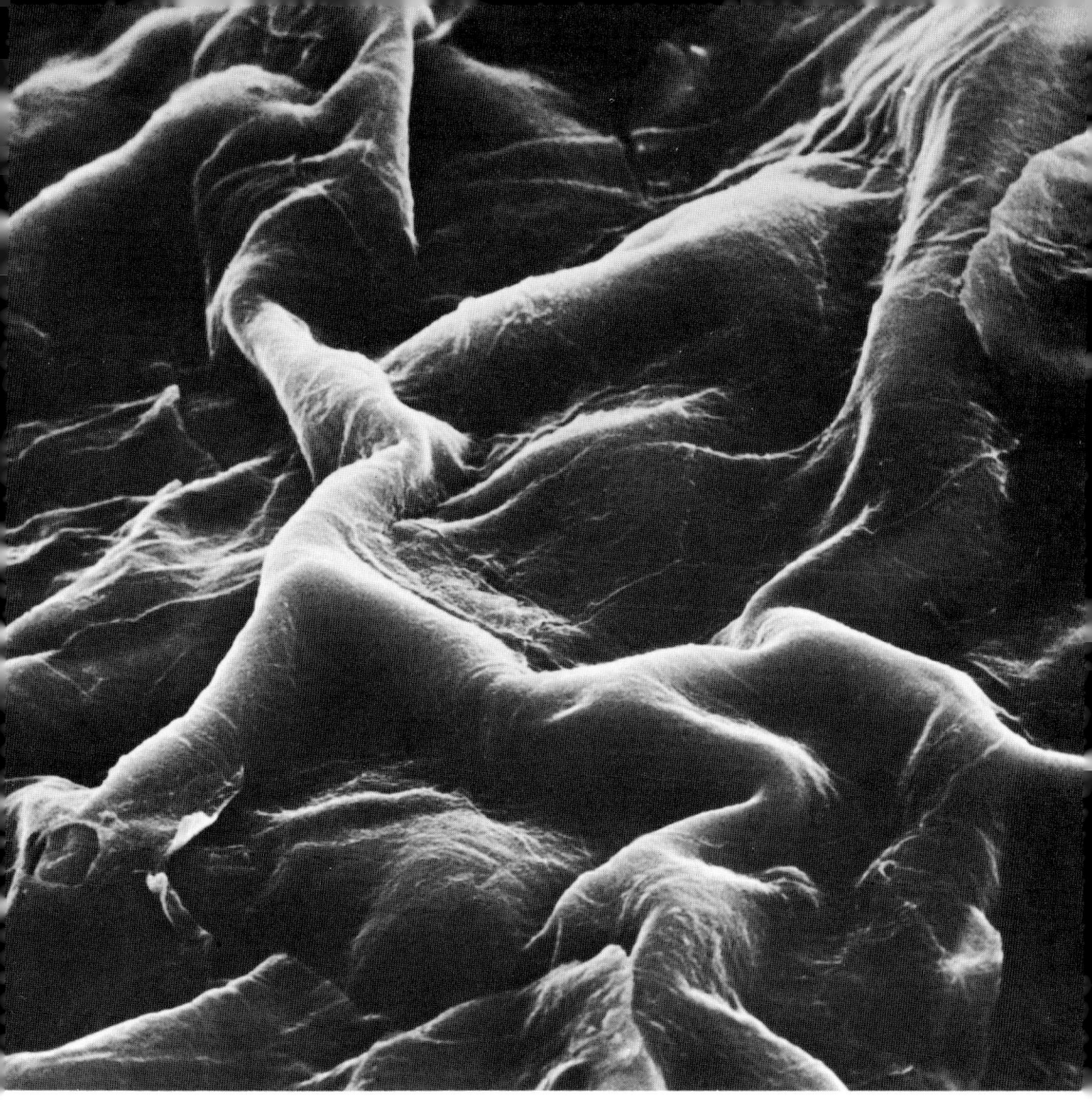

Das kann nur das Raster-Elektronenmikroskop: Was wie der Faltenwurf eines Samtstoffes aussieht, ist menschliche Haut – von ganz nah besehen. Foto dd-Archiv

Gegenstandes hinaus, deren Abstand voneinander kleiner als zwei zehntausendstel Millimeter ist. Dennoch lassen sich auf diese Weise immerhin schon zwei- bis dreitausend Atomabstände (ungefähr gleichzusetzen mit 2000–3000 Ångström-Einheiten) breite Ausschnitte sichtbar machen.

Auf der Suche nach einer Strahlung mit noch erheblich kürzerer Wellenlänge als der des Lichts stießen die Wissenschaftler in den zwanziger und dreißiger Jahren unseres Jahrhunderts auf die Elektronen. Mit Elektronenstrahlen lassen sich theoretisch sogar Atome und noch kleinere – subatomare – Gefüge abbilden. So erschlossen die Elektronenmikroskope der Wissenschaft die Welt der Viren, die Träger der als Erbinformation dienenden Zellkernsubstanzen und sogar einzelne Moleküle und Atomgruppen. Bei den besten dieser Geräte, die die Probe, das Objekt, durchstrahlen, liegt heute die Auflösung bei 10 bis 1,5 Ångström; sie gestatten damit eine förderliche Vergrößerung, die zwischen dem 700 000fachen und 3,5 Millionenfachen liegt.

Daß sich Elektronen für Mikroskop-Zwecke eignen, war für die Forscher keineswegs selbstverständlich. Das ergab sich erst, als man erkannte, daß sich Elektronenstrahlen, ähnlich wie Lichtwellen durch Linsen, sammeln und bündeln lassen. Sind es bei Licht in besonderer Weise gekrümmte Optiken aus Glas, so sorgen bei Elektronenstrahlen Spulen, in denen elektrische Ströme kreisen – oder genauer, die von ihnen ausgehenden magnetischen Kraftfelder – dafür, daß die zum Auseinanderstreben neigenden Strahlenkegel entsprechend verdichtet werden.

Die Strahlen werden zwar in der »Elektronenkanone« aus einem auf mehrere tausend Grad Celsius erhitzten Wolframdraht abgefeuert und durch ein riesiges Spannungsgefälle auf Geschwindigkeiten bis zu 200 000 km/s beschleunigt, dennoch sind Elektronenstrahlen längst nicht so durchdringend wie Lichtwellen. Schon in Luft würden sie steckenbleiben. Deshalb muß in Elektronenmikroskopen der Strahlengang luftleer gepumpt, evakuiert, werden. Aus dem gleichen Grund können Elektronen nur äußerst dünn präparierte Proben durchstrahlen und abbilden. Die Seiten in diesem Buch sind zum Beispiel gut tausendmal zu dick, um ihr »Innenleben« elektronenmikroskopisch sichtbar zu machen.

An der Dicke zahlreicher Objekte scheitert daher oft der Wunsch, sie in einem Durchstrahlungs-Elektronenmikroskop abzubilden. Andererseits gibt es viele Proben, bei denen die Beschaffenheit der Oberfläche aus wissenschaftlichen oder technischen Gründen sehr viel mehr Aufmerksamkeit findet als ihr inneres Gefüge. Lichtmikroskope lassen sich auch in »Auflichttechnik«, also unter Beleuchtung des Objekts benutzen, so daß ein vergrößertes Abbild der äußeren Erscheinung der Probe entsteht. In Elektronenmikroskopen geht das nicht so ohne weiteres.

Zwar werfen auch von Elektronenstrahlen beleuchtete Präparate das »Auflicht« zurück, das heißt, sie reflektieren Elektronen. Aber zum einen treten Elektronen – anders als Lichtwellen – in eine Wechselwirkung mit den Oberflächenatomen der Probe; einige Atome bremsen die Elektronen, andere beschleunigen sie, und obendrein verändern sie auch noch den Rückstrahlwinkel der Elektronen. Zum anderen dringen manche Elektronen des Strahlenbündels in das Objekt ein; dort lösen sie unvorhersehbare Gegenwirkungen aus, bei denen probeneigene Elektronen – sogenannte Sekundärelektronen – aus dem Präparat herausgelöst werden und sich dann unter die reflektierten Elektronen mischen.

Kurzum: Die von der bestrahlten Probe zurückgeworfenen Elektronen sind so kunterbunt zusammengesetzt, daß sie kein sinnvolles Muster der Probenoberfläche abgeben; es entstehen vielmehr Abbildungsfehler, die selbst mit technischen Tricks nicht zu beheben sind.

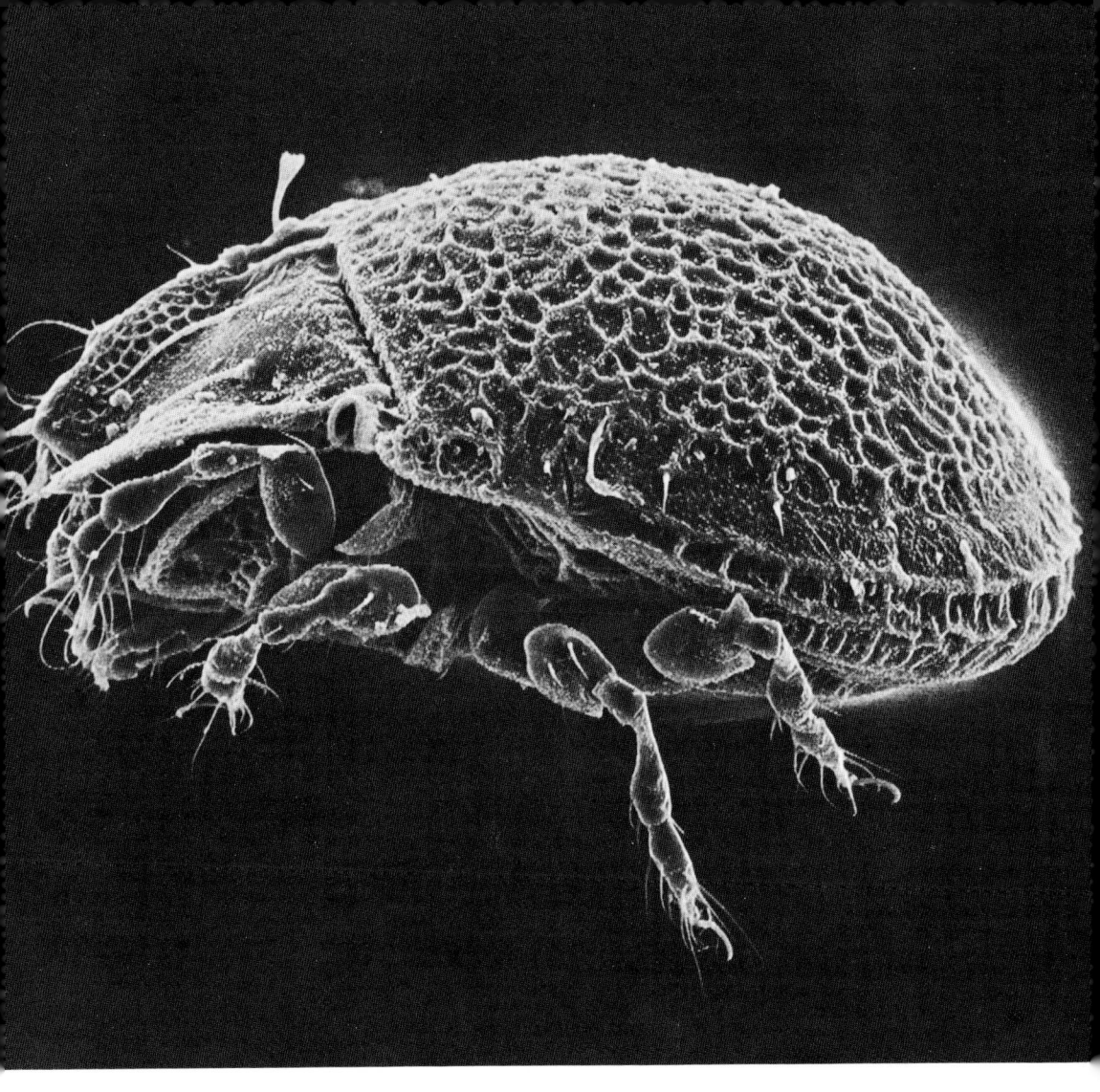

Eine Schildkröte im Insektenreich: Das Rasterbild einer Milbe – 300fach vergrößert. Punkt für Punkt tastet der Elektronenstrahl das Präparat ab und zaubert das »Untier« wirklichkeitsnah auf den Bildschirm des Fernsehmonitors.

Es mußte ein anderer Weg eingeschlagen werden, um mit der Elektronenmikroskopie dennoch zu Oberflächenaufnahmen zu gelangen. Dieser Ausweg war leicht zu finden: Es durfte nicht die ganze Probe auf einmal mit einem Elektronenstrahl beleuchtet werden, sondern jeweils nur ein winziger, möglichst punktförmiger Ausschnitt aus dem ohnehin schon winzigen Objekt. In diesem Fall war zu erwarten, daß die kunterbunte Elektronen-Rückstreuung nicht mehr bildverfälschend ins Gewicht fällt. Begehbar wurde dieser Weg allerdings erst, nachdem die extreme Bündelung von Elektronenstrahlen mit Hilfe sogenannter Elektronensonden, die immer nur einen kleinen Fleck auf dem Objekt beleuchten, erfunden worden war.

Ein solcher Fleck, dessen Durchmesser im Bereich von millionstel Millimetern liegt, und die von ihm zurückgeworfenen Elektronen liefern selbstredend noch kein Bild des gesamten Präparats. Dazu muß der Fleck die Probe Punkt für Punkt und Zeile um Zeile abwandern; elektromagnetische Ablenksysteme steuern den Strahl der Sonde nach diesem vorgegebenen Raster über die Probe, oder genauer, über den zu vergrößernden Probenausschnitt – daraus erklärt sich auch der Name des Raster-Elektronenmikroskops.

Die Abbildung entsteht in diesen Mikroskopen zwar durch die an den Aufprallstellen des Sondenstrahls reflektierten Elektronen, aber sie geschieht auf elektronischen Umwegen. Dazu werden die zurückgeworfenen Elektronen von einem Detektorsystem eingefangen. Es besteht hauptsächlich aus Vorrichtungen, die die Elektronen sammeln, ihre Häufigkeit festhalten, ihre Kraftwirkung verstärken und sie schließlich in entsprechende elektronische Impulse umwandeln, die auf einem Fernsehschirm wiedergegeben werden können, und zwar auch wieder Punkt für Punkt und Zeile um Zeile. Bewirkt wird das, indem man die Ablenkung des Sondenstrahls im Raster-Mikroskop mit dem Elektronenstrahl in der Fernsehbildröhre gleichschaltet, also synchronisiert. Dank dieser starren Koppelung erscheinen auf dem Monitor um so hellere Bildpunkte, je mehr Elektronen an der vom Sondenstrahl getroffenen Stelle des Objekts zurückgeworfen wurden. Umgekehrt bleibt der Bildschirm um so schwärzer an den Stellen, wo von der Probe nur wenige Elektronen reflektiert wurden. Auf diese Weise entsteht aus unterschiedlich hellen Bildpunkten ein Muster, das voll der Oberflächenbeschaffenheit des Präparats entspricht – eben das Bild.

Die Vergrößerung kommt im Raster-Elektronenmikroskop dadurch zustande, daß das zu rasternde Feld auf der Probe nahezu beliebig klein gewählt werden kann (beispielsweise mit einer Kantenlänge von einem zehntel Millimeter), während für die Wiedergabe des Rasterfeldes stets der Bildschirm des Fernsehmonitors in voller Größe zur Verfügung steht. Die Vergrößerung fällt also um so stärker aus, je kleiner das Rasterfeld auf der Probe ist. Die besten Raster-Elektronenmikroskope bringen es inzwischen auf eine millionenfache Vergrößerung bei einer Auflösung von 100 Ångström. Damit kommt die elektronenmikroskopische Oberflächenabbildung fast schon an die Durchstrahlungsabbildung heran.

Übrigens wird die Rastertechnik, also die punkt- und zeilenweise Abtastung, heute vielfach auch in der Durchstrahlungs-Elektronenmikroskopie angewendet – mit dem Vorteil, daß man sehr genaue Abbildungen erhält und gleichzeitig die dünnen, für Elektronenbeschuß empfindlichen Objektschnitte schont; allerdings ohne die plastische Wirkung, die für die Oberflächenabbildung der Raster-Elektronenmikroskopie so kennzeichnend ist.

Diese Plastizität rührt nicht etwa von der Schärfentiefe her, also der Fähigkeit, zwei verschieden hohe Einzelheiten eines Objekts gleich deutlich erscheinen zu lassen. Die Schärfentiefe ist vielmehr bei allen Elektronen-

Oben: Das bizarre Bild blühender Gräser? Die an Pflanzen erinnernden Formen entstammen dem Tierreich: Behaarung einer Käferlarve. 2000fach vergrößert.

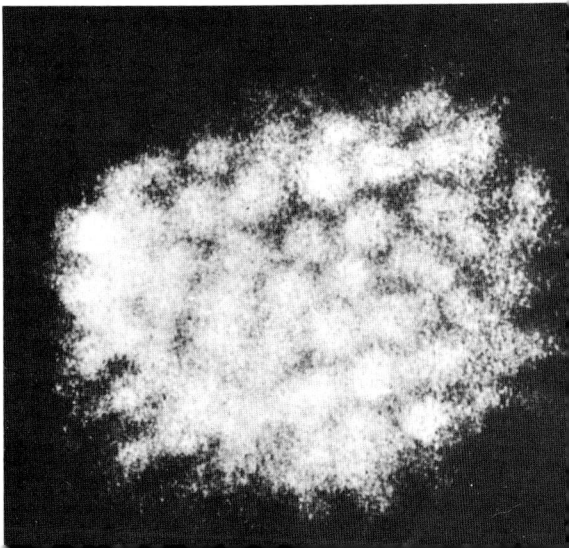

Rechts: Dieser Virus, Erreger von Augenentzündungen, hat einen Durchmesser von 50 nm (0,00005 mm). Im neuentwickelten Durchstrahlungs-Raster-Elektronenmikroskop »Elmiskop« ist sogar der Aufbau aus geometrisch abgegrenzten Untereinheiten zu erkennen. Foto Siemens

mikroskop-Typen aus technischen Gegebenheiten ungefähr gleich gut, und zwar rund hundertmal besser als in der Lichtmikroskopie. Dennoch ist die Schärfentiefe durchaus nicht ohne Einfluß auf die Rasterfotos: Sie bringt diesen Eindruck scheinbarer Räumlichkeit erst richtig zur Geltung.

In erster Linie ist die räumliche Bildwirkung bei der Raster-Elektronenmikroskopie weitgehend eine Frage des Bildkontrastes. Normalerweise werden die Proben im Gerät von der Elektronensonde unter einem schrägen Winkel angestrahlt. Dadurch werden mehr Elektronen zurückgeworfen als bei senkrechter Beleuchtung des Objekts. Das gleiche passiert, wenn wir mit einem Gartenschlauch bei gleichbleibender Entfernung einen Wasserstrahl mal steil von oben, mal schräg von der Seite auf lockeren Sand halten: In der Schrägstellung wirbelt viel mehr Sand auf.

Je mehr Elektronen aber von der Probe zurückgeworfen werden, desto besser ist der Bildkontrast und somit der plastische Eindruck. Auch hierfür gibt es entsprechende Alltagserfahrungen: Auf Fotos, die mittags im Sommer gemacht werden, wenn die Sonne am höchsten steht, wirken Landschaften und Personen oft flau und eintönig; eindrucksvoller im Sinne von plastischer fallen die gleichen Motive aus, wenn die Schatten länger werden, also an Sommerabenden oder an Wintertagen.

Für fast alle Bereiche der Wissenschaft, Technik und Medizin ist die räumliche Wirkung der Raster-Elektronenmikroskopie von großem Wert: Die Forscher sehen durch sie vom Mikrokosmos mehr als je zuvor. So erlebten diese Mikroskope denn auch binnen des letzten Jahrzehnts auf allen Arbeitsgebieten einen Siegeszug ohnegleichen. Heute gibt es Hunderte von Raster-Elektronenmikroskopen allein in Europa. Es fällt schwer, den Anteil zu wägen, den diese Technik an dem Zuwachs an wissenschaftlicher Erkenntnis einnimmt. Die Einsichten, die solche Bilder vermitteln, fließen meist ein in wissenschaftliche Schlußfolgerungen, die ihrerseits zu Verbesserungen, Fortschritten oder Forschungserfolgen führen, ohne daß der Außenstehende einen Zusammenhang mit der Raster-Elektronenmikroskopie sofort erkennen könnte.

Wenn zum Beispiel die selbsttragenden Autokarosserien bruch- und verwindungssteifer sind als noch vor zehn Jahren, so nicht zuletzt deshalb, weil sich die Schwachstellen, an denen Bruchlinien oder Ermüdungserscheinungen des Werkstoffs vorzugsweise auftraten, im Raster-Elektronenmikroskop bestmöglich auffinden ließen. Wenn der Zahnarzt heute Bohrer verwendet, die so saubere Löcher bohren, daß sich darin nicht von neuem Karies bilden kann und auch die Plomben nicht mehr herausfallen, dann ist auch dies der Rastertechnik zuzuschreiben. Mit ihr ließ sich die Schliffgüte der Bohrer am Zahnmaterial zuverlässig nachweisen, so daß man besser geeignete Instrumente entwickeln konnte. Und ein letztes Beispiel: Hauterkrankungen kann der Arzt leichter erkennen und wirksamer behandeln, seit sich Ausbreitung und Angriffsflächen der Erreger auf der Haut im Raster-Elektronenmikroskop genau erfassen lassen.

Riesenvögel und Urpferdchen

HARALD STEINERT

Die Ölschiefergrube Messel – ein einzigartiger Fundplatz von Fossilien

Eine der bekanntesten Fossilfundstätten der Welt: die Messel-Grube. Die Tiere, deren Reste hier geborgen werden, haben vor etwa 50 Millionen Jahren gelebt, im Mittel-Eozän, der »Morgenröte« des Tertiärs. Jetzt soll sie zur Mülldeponie werden. Foto Dr. Franzen

Die Gesteinsplatte, die den Fund birgt, wird an Ort und Stelle mit einem Holzrahmen umgeben und dann mit Polyurethan eingeschäumt. Foto Dr. Franzen

Das freigelegte Fossil konserviert der Präparator mit flüssigem Kunstharz. Die kostbaren Funde würden an der Luft innerhalb von Stunden zerfallen. Foto Starck

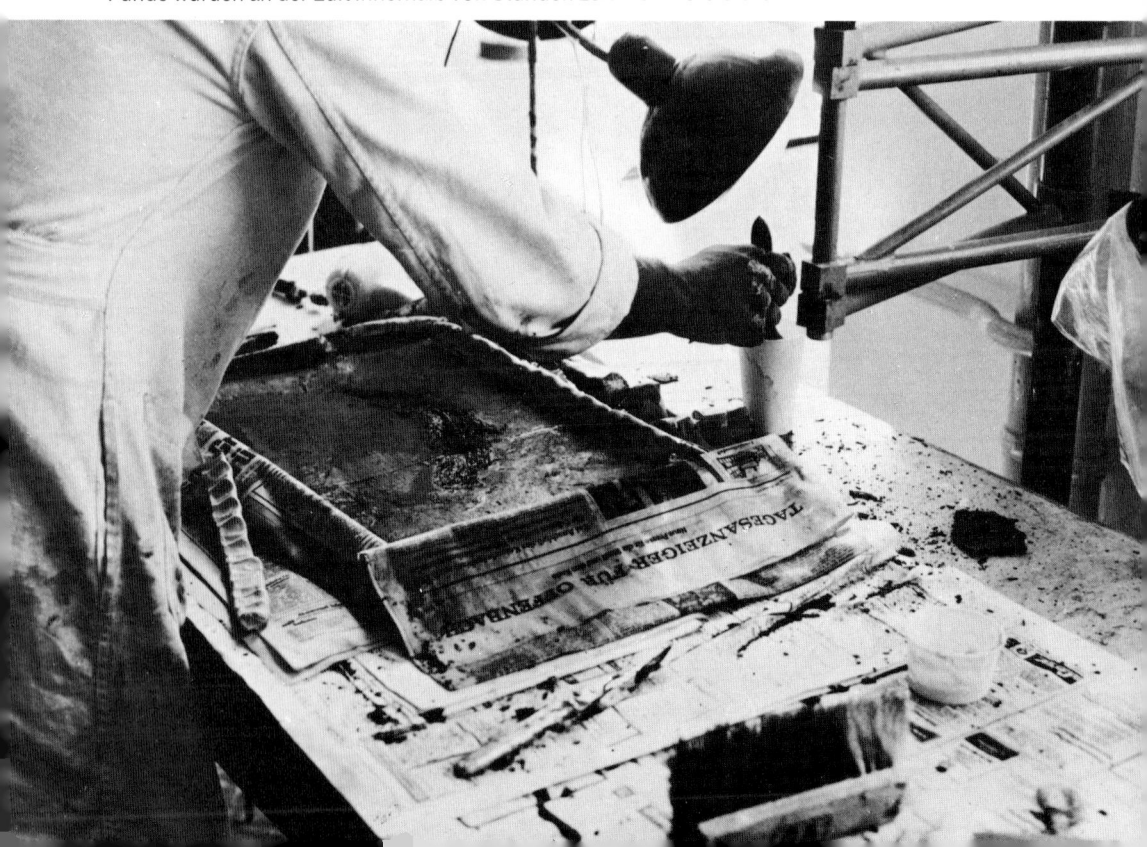

Deutschland ist eines der klassischen Länder der Erdgeschichtsforschung. Dazu haben nicht wenig einige Fossilfundplätze beigetragen, die Weltberühmtheit erlangten – Plätze, wo Gesteine erschlossen sind, die in reicher Zahl besonders schön erhaltene, versteinerte Lebewesen der Vorzeit bergen. Das ist vor allem das Geiseltal bei Halle, wo Professor Johannes Weigelt die Tierwelt eines frühtertiären Tropenmoores auf deutschem Boden fand, konserviert in Braunkohle; das sind die jurazeitlichen Schiefer von Holzmaden in Württemberg, in denen Schwimmsaurier (vor allem die Ichthyosaurier) mit Umrissen der Haut, mit Embryonen – die Tiere waren lebendgebärend – und Mageninhalt gefunden wurden; und das sind die »Lithographischen Schiefer« des Altmühltals: Hier hat der Schlammgrund einer Lagune des späten Jura die Lebewelt in wunderbarer Weise eingeschlossen und bewahrt. Selbst so zarte Gebilde wie Quallen haben über mehr als hundert Jahrmillionen hinweg Abdrücke hinterlassen. Darüber hinaus wurde dort der älteste Vogel der Welt, gewissermaßen ein Reptil mit Federn, »Archäopteryx«, gefunden.

Diese Stätten sind nicht mehr aktuell: Die Braunkohlen des Geiseltals sind längst abgebaut, die Schiefergruben von Württemberg und die Lithographenschiefer Frankens werden nicht mehr benutzt, weil die Technik über diese Naturwerkstoffe hinweg weitergegangen ist. Der Fossilstrom ist versiegt. Ichthyosaurier von Holzmaden werden nur noch zu horrenden Preisen aus alten Beständen gehandelt.

Dafür tauchte in den letzten Jahren ein Ersatz auf. Geologen und Paläontologen sind auf eine neue Fossilfundstätte gestoßen, ebenfalls aus dem Frühtertiär (Stufe des Eozän), ebenfalls mit dem Leben eines Tropenurwalds und eines Sees darin, reicher noch an Fossilien als die anderen Fundplätze: die Ölschiefergrube Messel bei Darmstadt. Hier, vor den Toren der Weltstadt Frankfurt am Main, glitten vor rund 50 Jahrmillionen Krokodile durch stille Wasser, Riesenschlangen sonnten sich, kasuarartige Laufvögel brachen durch das Unterholz eines feuchten Urwalds mit Palmen und Feigenbäumen, urzeitliche Fledermäuse flatterten umher und Urpferdchen trotteten zur Tränke.

Der Fundplatz ist schon lange bekannt: Bereits seit dem Jahre 1886 baut man in dieser Grube Ölschiefer ab. Bis 1971 wurden rund 1 Million Tonnen Öl, 350 000 Tonnen Schwelkoks, rund 60 000 Tonnen Paraffin und erhebliche Mengen von Chemierohstoffen für die Farbstoffindustrie, die Pharmazieindustrie und andere Chemiebereiche gewonnen. Dazu mußte im Tagebau eine rund 1 Kilometer breite, 700 Meter lange und 60 Meter tiefe Grube geschürft werden. Aus dem Schiefer wurde der Ölgehalt von rund acht Prozent durch Schwelen herausgelöst und der Rest auf riesige Halden geworfen, die man dann ab 1952 für die Gasbetonherstellung nutzte.

Dieses Loch von Messel ist der Boden eines Sees, der vor 50 Jahrmillionen hier in tropischer Wärme blaute. Es war ein stiller See – das heißt, daß die Zu- und Abflüsse, wenn es solche gab, nicht ausreichten, sein Wasser ständig aufzufrischen. In seinem Bodenschlamm mangelte es an Sauerstoff; tote Tiere und Pflanzen, die zu Boden sanken, wurden nicht durch Fäulnisbakterien und Würmer abgebaut, sondern ohne Luft, »anaerob«, teilzersetzt. So blieben in diesem Faulschlamm Weichteile, Haare und Schuppen sowie Knochen der in dem See gestorbenen, ertrunkenen oder in den See eingeschwemmten Tiere großenteils erhalten. Erhalten blieben auch die Fett- und Wachssubstanzen von einzelligen Algen, die in dem See lebten, von hineingewehtem Blütenstaub der Pflanzen und den Sporen der Pilze. Diese fettartigen Bestandteile verwandelten sich im Lauf der Jahrmillionen in »Öl«, das heute noch durchdringend aus dem dunklen Schiefer riecht. Durch Luftabschluß trug es entscheidend zur Konservierung der Fossilien bei. Dem Bitumen verdankte man auch, daß der Fundplatz entdeckt wurde. Schon vom ersten Betriebsjahr an hat man Fossilien gefunden und geborgen. Doch erst in den sechziger Jahren gelangte Messel zu hohem Ruhm, als man ein Verfahren ausknobelte, wonach sich die Fossilien, auch nachdem sie gehoben und damit der Luft ausgesetzt waren, konservieren ließen.

Der Ölschiefer von Messel enthält rund 40 Hundertteile Wasser. Wird er aus dem Gesteinsverband gelöst, so dauert es nur wenige Stunden, bis das gehobene Stück in kleine Brocken zerfällt und damit ein etwa eingeschlossenes Fossil zerstört wird. Das gebrochene Gestein muß deshalb ständig feuchtgehalten werden. Erst die moderne Kunstharztechnik ermöglicht es den Präparatoren, Fossilien nicht nur freizulegen, sondern auch aus dem Gestein auf Kunststoffplatten zu übertragen.

Im letzten Jahrzehnt stürzte sich, nachdem die Schieferförderung eingestellt war, ein ganzes Heer von Fossilsuchern auf die Grube und barg – meist ein wenig am Rand des Erlaubten – eine ungeahnte Fülle reichen Urzeitlebens. Von den Urpferden (es gibt deren zwei, die »Messeler Tiere« genannt, eines ist reh- und das andere fuchsgroß) über die Fledermaus mit behaarter Flughaut bis zur geschuppten Schlange, zum Käfer oder zum Fischchen ist in dem zu Schiefer erstarrten Seenschlamm der ganze Reichtum eines solchen tropischen Lebensraums mit allen Einzelheiten wiederzufinden. Viele dieser versteinerten Lebewesen sind so gut erhalten, daß man noch einzelne Körperzellen erkennen kann.

Die Suche nach diesen einzigartig schönen und »lebendig« wirkenden Fossilien ist noch in vollem Gang. Nachdem die rechtlichen Fragen inzwischen geklärt worden sind, hat vor allem das Senckenberg-Institut in Frankfurt am Main eine große Grabungskampagne durchgeführt. Kostbare Funde, besonders in dem nicht durch Rutschungen gefährdeten Nordteil, beweisen den Reichtum der Schiefergrube an Fossilien. Das Sammelfieber ist groß: Nicht mehr lange wird man hier noch nach Zeugen Jahrmillionen alten Lebens suchen können. Es ist geplant, die Grube zu einem großen Müllabladeplatz für Frankfurt und Umgebung zu machen. So nutzen die Wissenschaftler die Zeit, um Funde zu bergen, und denken weniger an deren Auswertung, die erfahrungsgemäß sehr viel länger dauert.

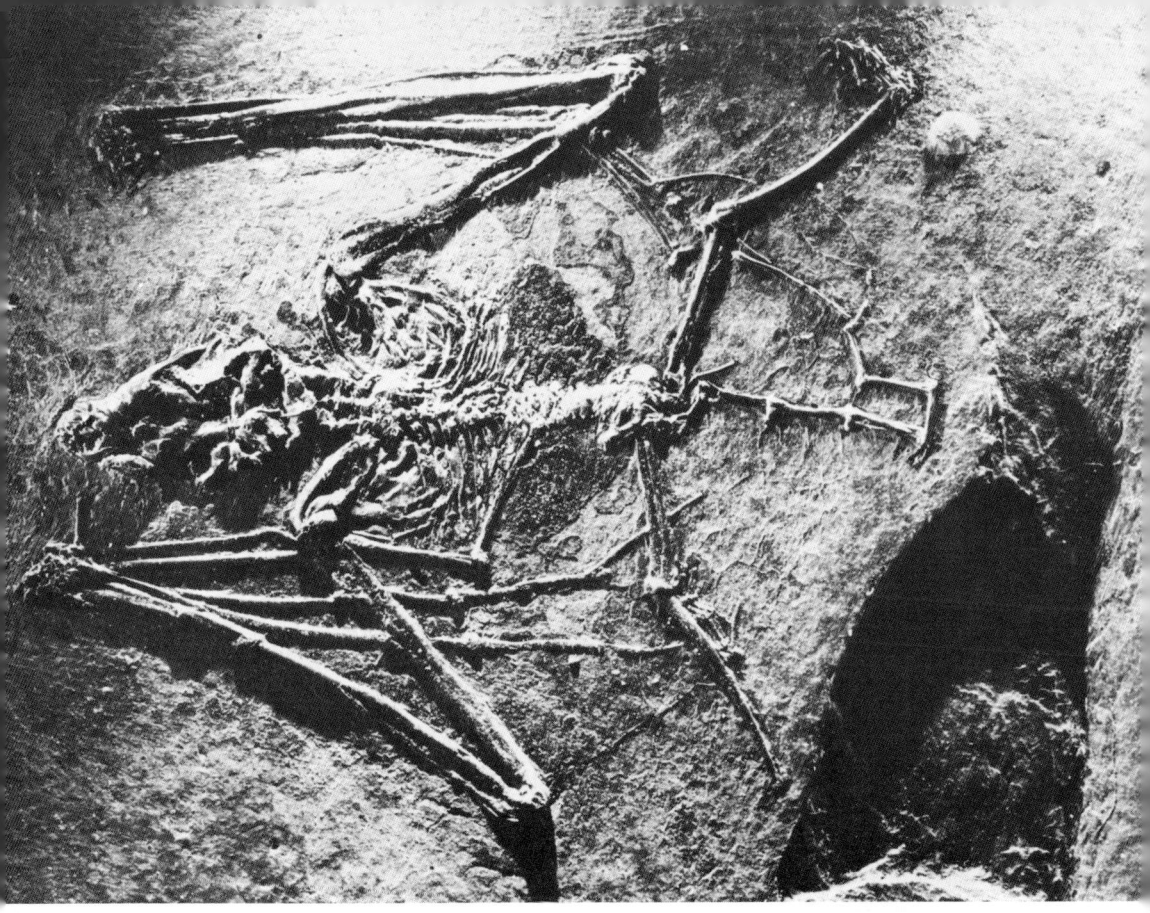

Oben: Ein Fossil je Kubikmeter Boden wird in Messel gefunden, nicht immer so gut erhalten wie hier das Skelett einer Fledermaus, bei der sogar noch einige Weichkörperteile im Rumpfbereich zu erkennen sind.

Rechts: Selbst so vergängliche Dinge wie diese 48 Millionen Jahre alte Vogelfeder haben im Ölschiefer ihren Abdruck hinterlassen. Fotos Dr. Franzen

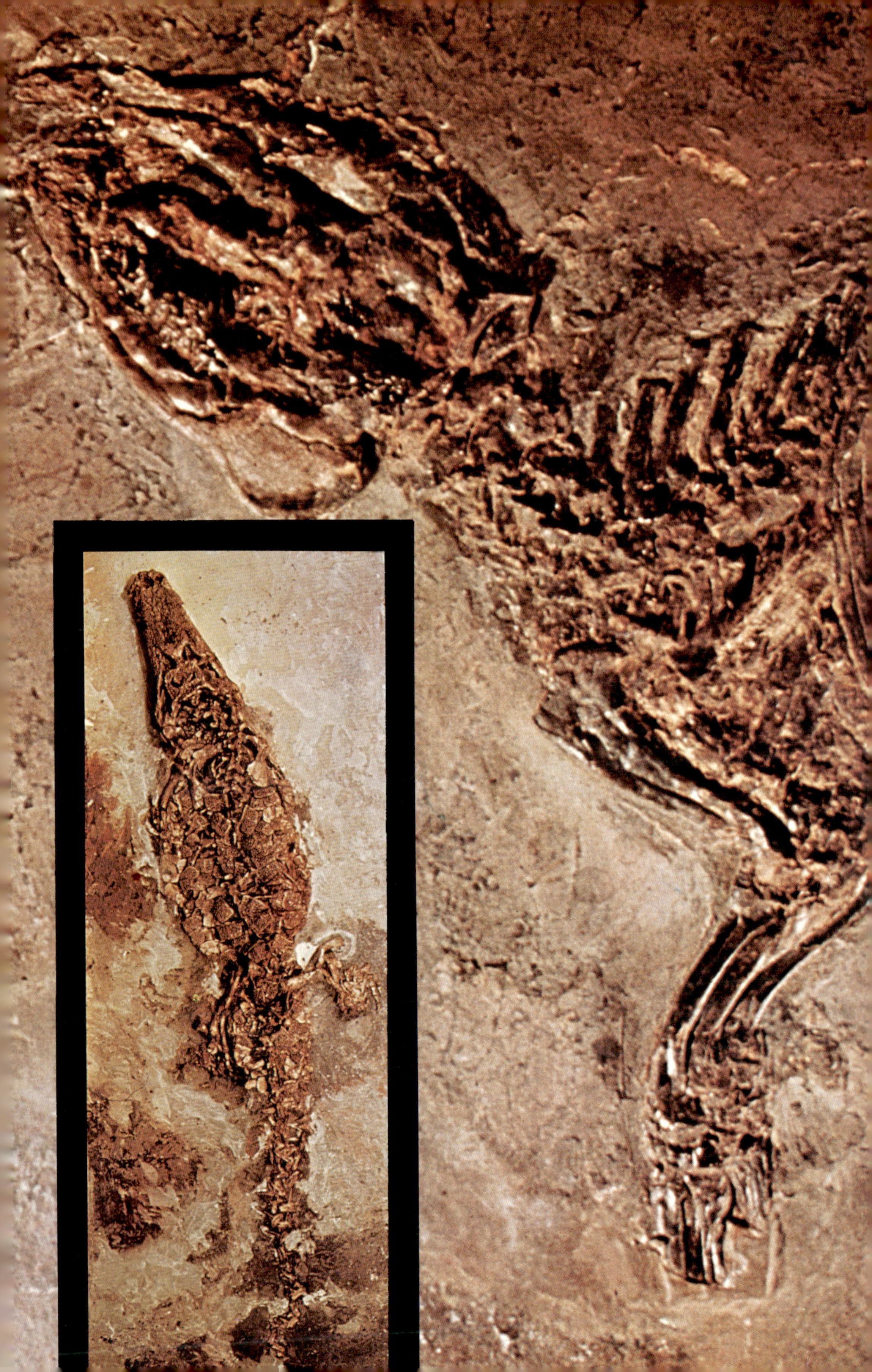

Zeugen jahrmillionenalter Vergangenheit. Dieses Urpferdchen ist ganze 50 cm lang. Das Tier ist nahezu ausgewachsen; nur die letzten Backenzähne befinden sich noch im Durchbruch (großes Bild).

Unten links: Ein Alligator der Gattung Diplocynodon. Das Tier, dem einige Schwanzwirbel fehlen, hat eine Länge von 125 cm. Es ist den heute lebenden Krokodilen vergleichbar. Fotos Dr. Franzen

Doch weiß man schon von früheren Grabungen her, daß diese Fundstätte bedeutungsvolle Botschaften über Geografie, Tierwelt und Erdkrustenbewegungen unseres Planeten vor rund 50 Jahrmillionen birgt. Sie beweist nicht nur den seltsamen Klimawandel, der sich in Westdeutschland im Lauf der Zeiten vollzogen hat, sondern zeigt vor allem auch, daß dieses Westdeutschland und damit Westeuropa damals noch sehr dicht bei Nordamerika gelegen haben muß. Der wichtigste Zeuge dafür ist ein fast zwei Meter hoher Laufvogel, »Diatryma«, der, ähnlich wie heute die Kasuare, durch den Urwald brach – seine massiven Beinknochen deuten darauf hin, daß er ein schweres, kräftiges Tier war, so etwas wie der König der Tierwelt jener Tage: Die größten Säugetiere dürften damals kaum größer als die »Messeler Tiere« gewesen sein – jedenfalls hier bei Frankfurt –, und die Saurier waren vor ein paar Jahrmillionen ausgestorben. Großreptile, wie die zahllosen Krokodile von Messel, gab es nur im Wasser. Den Groß-Laufvögeln gehörte die Welt.

Diese Riesenvögel, »Diatryma«, die ein wenig an die ausgestorbenen Moas Neuseelands erinnern, kennt man außer von Messel noch von Nordamerika – eine aufsehenerregende Entdeckung: Die Tiere in der Messeler Grube hatten vor Jahrmillionen Verwandte in Nordamerika. Fische, die in dem stillen Urwaldsee von Messel lebten, wie die seltsamen Schmelzschupper »Amia« (Flösselhecht) und andere, gehören heute noch zur Fauna Nordamerikas. Dieses Gebiet Mitteleuropas muß vor 50 Millionen Jahren eine unmittelbare Verbindung zur Neuen Welt gehabt haben – eine Verbindung, die es Süßwasserfischen möglich machte, zwischen Kontinenten, die heute durch den 5000 Kilometer breiten Nordatlantik getrennt sind, hin und her zu wandern.

Auf den ersten Blick passen diese Befunde ausgezeichnet in die Vorstellung einer Kontinentalwanderung, wie sie sich vor mehr als 50 Jahren der deutsche Geograf Alfred Wegener gemacht hat und die unter neuem Namen – als plattentektonische Kontinentaldrift – und mit neuen, vor allem geophysikalischen Beweisgründen wieder aufgegriffen wurde. Sie ist heute durch zahlreiche Untersuchungen und sogar Bohrungen in der Tiefsee des Nordatlantiks gut untermauert, und es kann kaum ein Zweifel mehr daran bestehen, daß Nordamerika und Europa einmal dicht nebeneinander lagen und der Atlantik zwischen ihnen erst nachträglich entstanden ist. Man kann sogar abschätzen, wann sich dieser Ozean bildete: Es dürfte vor 100 bis 120 Millionen Jahren gewesen sein. (Vergleiche den Aufsatz »Wenn Kontinente wandern« auf Seite 362.)

Die Sache hat nur einen Schönheitsfehler: Die Messel-Funde beweisen ja gerade, daß vor 50 Jahrmillionen die Kontinentaldrift noch nicht begonnen haben kann! Anderenfalls wäre ein Faunenaustausch zwischen Nordamerika und Europa nicht möglich gewesen. Und damit wird es spannend: Entweder sind alle bisher gemachten paläontologischen Untersuchungen der Fossilien von Messel falsch, oder die Geophysiker und Meeresgeologen haben den Zeitpunkt der Entstehung des Nordatlantiks nicht richtig berechnet – beides ist sehr unwahrscheinlich. Es gäbe noch eine dritte Möglichkeit: Es bestand trotz der Kontinentaldrift noch eine Landbrücke zwischen beiden Erdteilen, über die die Tiere, die sich auf dem Land und im Süßwasser aufhielten, ost- und westwärts wandern konnten. Nach bisherigen geologischen Vorstellungen ist dieser Gedanke fast widersinnig. Und doch – nachdem Kieler Geologen gerade nachgewiesen haben, daß es noch vor zwei Millionen Jahren eine inzwischen versunkene Landbrücke über die Ägäis gab, warum sollte da nicht auch lange vor Entstehung des Menschen eine solche Landbrücke über den Nordatlantik vorhanden gewesen sein und die Seltsamkeiten der Messel-Fauna erklären?

Annahme hin, Annahme her: Fest steht, daß dieser einzigartige Fossilfundplatz helfen kann, eines der größten Rätsel der geologischen Vorzeit und der Bewegung der Erdkruste zu lösen. Diese Tatsache macht es verständlich, daß alle deutschen Paläontologen, Umweltschützer, Geowissenschaftler aus der ganzen Welt und aller Sparten sich der Absicht entgegenstellen, die Ölschiefergrube Messel zu einer Großmüllhalde herabzuwürdigen. Allerdings wäre auch dann, wenn sie ihre Einwendungen durchsetzten, nicht viel gewonnen, denn auf die Dauer kann man die Grube nicht erhalten: Sie muß sich zwangsläufig langsam mit Grundwasser füllen und »ersaufen« – wie schnell, das hängt davon ab, wieweit die Grube durch den Bitumenschiefer und das unterliegende, granitartige Gestein gegen den Grundwasserspiegel des Rheintals abgedichtet ist.

Bergwirtschaftler weisen darauf hin, daß ein gesetzlicher Zwang besteht, Tieftagebaue wie die Grube Messel zu »rekultivieren«, und nichts anderes wolle man ja erreichen, indem man sie mit Müll zuschütte. Auf diesem Müll werde später ein Erholungsgebiet entstehen, wie auf anderen Mülldeponien auch. Außerdem habe die Wissenschaft noch rund zwanzig Jahre Zeit, in der fossilreichen Nordecke nach dem urzeitlichen Leben des Tertiärsees von Messel zu graben. Dem halten die Wissenschaftler unter Führung des Senckenberg-Instituts entgegen, daß ein Fossilfundplatz vom Rang der Messel-Grube – der nur leider zu spät erkannt wurde – kaum ein gewöhnlicher Tagebau sei. Ihn mit Müll zuzuschütten, würde in aller Welt als Kulturschande angesehen.

Die einzig vernünftige Lösung, die die Möglichkeit offen läßt, hier jederzeit zu graben, und das auch in kommenden Jahrhunderten, wenn vielleicht ganz neue Fragen an den Messeler Ölschiefer und seine Versteinerung zu stellen sein werden, wäre ein Mittelweg: Neun Zehntel der Grubenfläche werden zugeschüttet, und zum Ausgleich dafür wird der fossilträchtigste Rest der Grube vor dem Absaufen im Grundwasser bewahrt. Dort könnte weiter gegraben werden, dort ließe sich ein »Tertiärgarten« mit Museum einrichten, der das Leben in Messel vor 50 Jahrmillionen veranschaulicht, dort könnte man sogar Naturfreunden die Möglichkeit geben, aus Liebhaberei selbst nach Fossilien zu suchen, und so Verständnis für die Vergangenheit des irdischen Lebens wecken.

Rollout des Raumtransporters

WERNER BÜDELER

Der zweite Abschnitt in der bemannten Raumfahrt hat begonnen

M. Alvarez

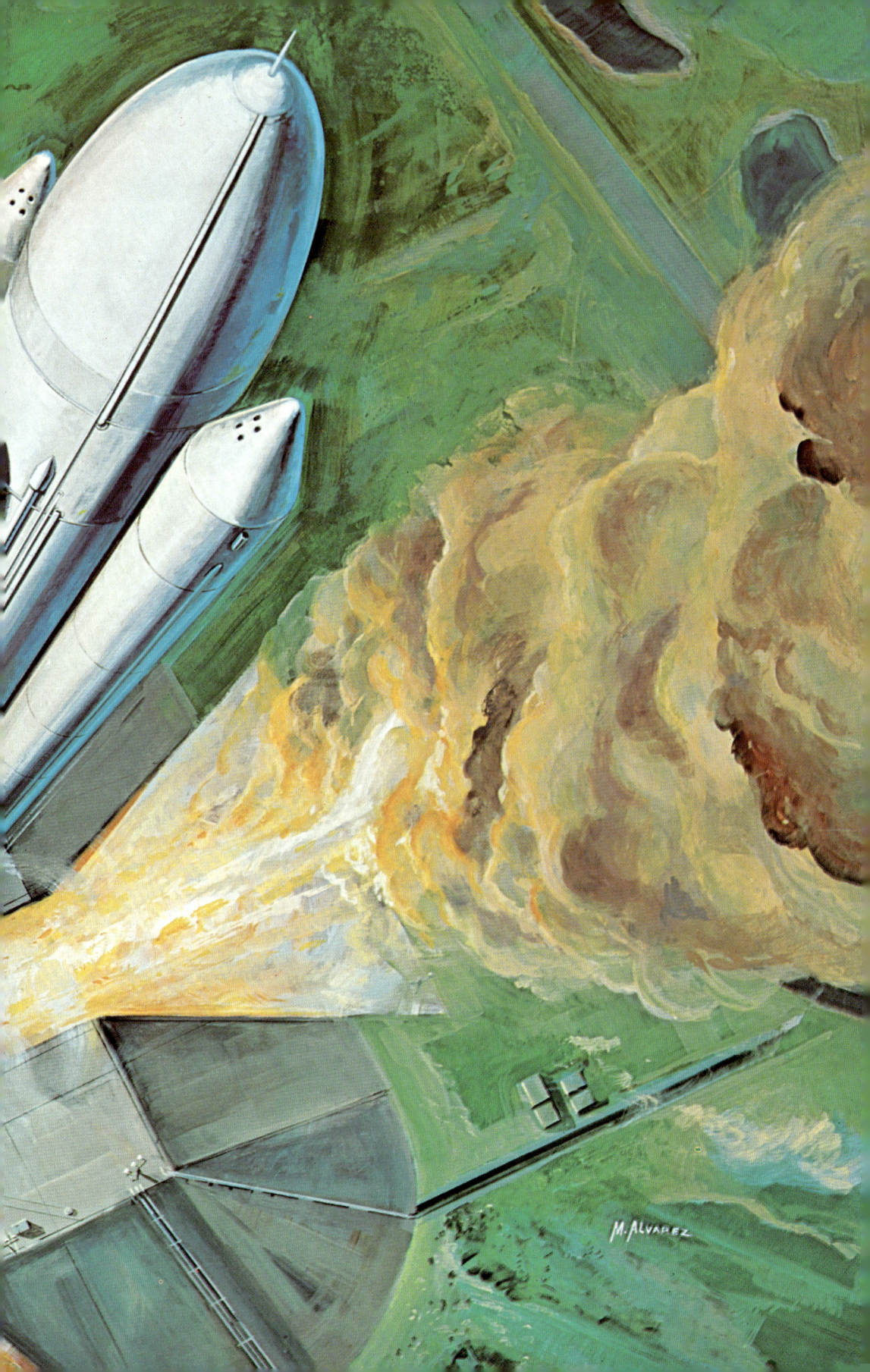

In den Vereinigten Staaten von Amerika bereitet man sich auf eine neue Form der bemannten Raumfahrt vor. Sie wird sich von den bisherigen Flügen des Menschen ins Weltall dadurch unterscheiden, daß sie weniger anstrengend und billiger ist, regelmäßiger stattfindet und einer großen Zahl von Menschen zu Reisen in die Erdumlaufbahn verhelfen kann. Das Gerät, das dies möglich machen soll, ist bereits fertig. In den Jahren 1977 und 1978 werden damit Testflüge stattfinden; im Jahr 1979 soll das zweite Exemplar flugbereit sein und zum erstenmal Menschen in eine Erdumlaufbahn bringen.

Als Raumtransporter – bisweilen auch als Raumgleiter – bezeichnet, ist das neue Raumfluggerät eine Kreuzung zwischen Trägerrakete und Flugzeug. Es startet senkrecht von einer Plattform in Cape Canaveral wie eine Rakete, wird mit Raketenmotoren in die Erdumlaufbahn geschleudert, kehrt von dort mit Raketenantrieb in die Erdatmosphäre zurück und wird dann, dank seiner Tragflächen, zu einer Art Segelflugzeug: Antriebslos gleitet es auf einen vorgegebenen Landeplatz zu, setzt auf der Landebahn auf und rollt, mit dem Fahrwerk bremsend, aus. Es wird entladen, überprüft, gewartet, betankt und steht zu einem neuen Flug bereit.

Mit dem Raumtransporter beginnt in Amerika der zweite Abschnitt der bemannten Raumfahrt. Die erste Entwicklungsstufe mit nur einmal verwendbaren Trägerraketen hat mit dem amerikanisch-sowjetischen Gemeinschaftsflug Apollo/Sojus im Juli 1975 ihr Ende gefunden. Im Grunde genommen ist Raumfahrt mit Verlust-Raketen, wie es sie bislang ausschließlich gibt, unwirtschaftlich. Deshalb haben die Amerikaner in den Jahren 1968 und 1969 frühere Überlegungen über ein mehrfach verwendbares Raumtransportgerät wieder aufgegriffen. Ein solcher Raumtransporter bietet überdies den Vorteil, daß er »sanfter« geflogen werden kann als die Raumfahrzeuge bisheriger Bauart. So sind die Menschen beim Start und beim Wiedereintritt des Raumtransporters in die Erdatmosphäre nur dem dreifachen Schwereandruck ausgesetzt. Bisher mußten Astronauten und Kosmonauten 7 bis 8 g (also das Sieben- bis Achtfache der normalen Erdenschwere) ertragen. Der Raumtransporter wird deshalb zum erstenmal in der Raumfahrt »Passagiere« an Bord haben. Die Piloten, deren Aufgabe es ist, den Raumtransporter zu fliegen, sind ausgebildete Astronauten, die Passagiere hingegen Wissenschaftler und Techniker, die mitfliegen, um in der Erdumlaufbahn Untersuchungen und Experimente vornehmen zu können. Sie brauchen nicht das jahrelange, harte körperliche Training durchzumachen, das den Astronauten bisher auferlegt wurde; die notwendige Ausbildung für den Flug mit dem Raumtransporter und die medizinischen Prüfungen können sie in wenigen Wochen oder Monaten hinter sich bringen.

Bei einer Länge von 37,2 Meter und einer Spannweite von 23,8 Meter entspricht der Raumtransporter in seinen Ausmaßen etwa der Größe des Verkehrsflugzeugs DC-9. Für den Flug in die Erdumlaufbahn muß dieser als »Orbiter« bezeichnete Teil allerdings noch mit zusätzlichen Baugruppen ausgerüstet werden: einem Treibstofftank und zwei Raketen mit festen

Die maßgetreue Holzattrappe des Orbiters vermittelt eine Vorstellung von dessen Größe. Vorn die zweistöckige Kabine mit dem Cockpit, dahinter sind die mächtigen Tore aufgeklappt und geben den Blick frei auf die Nutzlastbucht, in der das Spacelab oder andere Fracht verankert werden können. Die drei Hauptmotoren bringen den Orbiter knapp auf die Umlaufbahn, die beiden kleinen Raketen dienen dem Manövrieren.
Fotos Rockwell International's Space Division

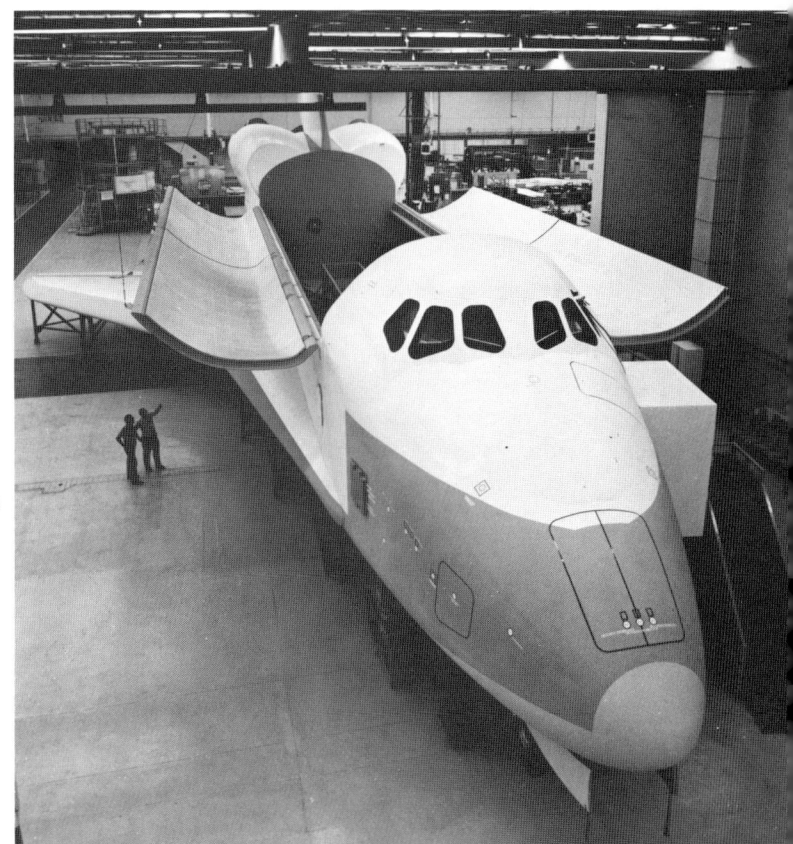

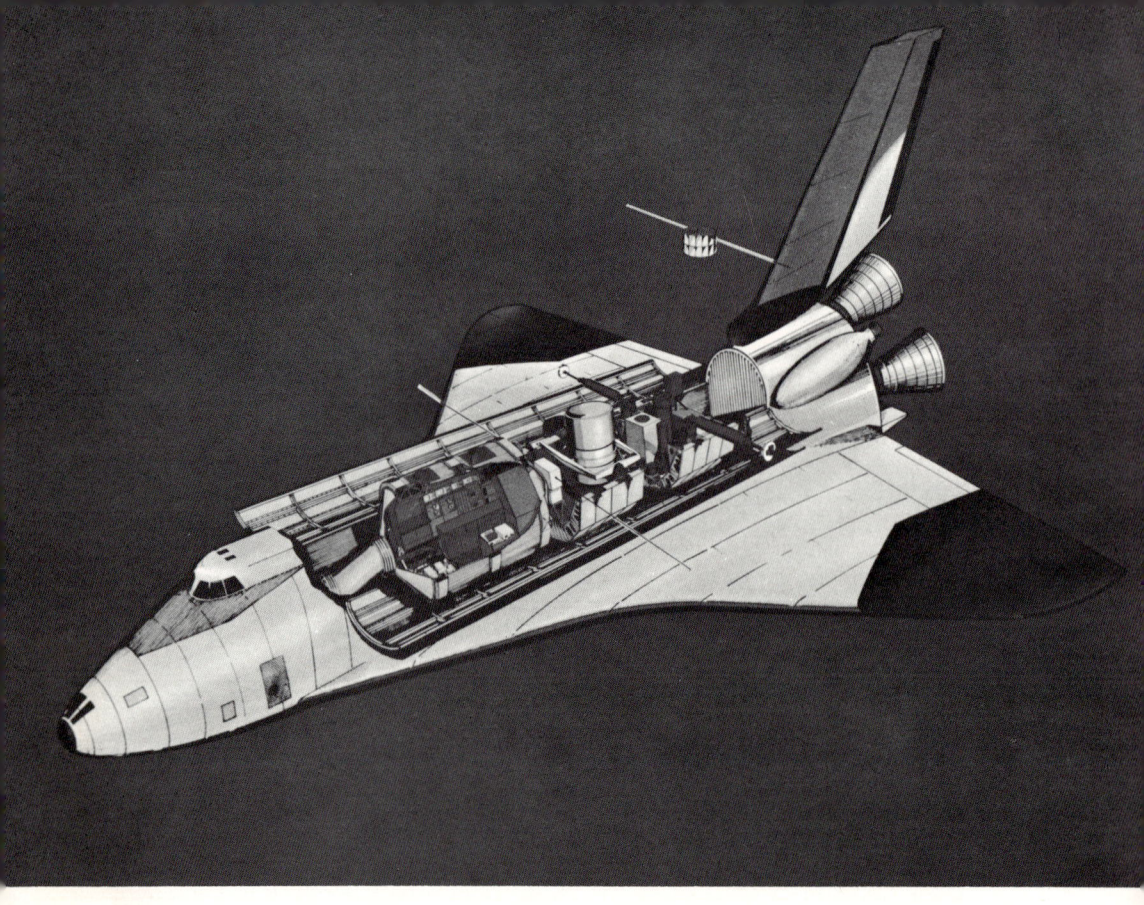

Das Weltraumlaboratorium Spacelab im geöffneten Frachtraum des Orbiters. Im Orbiter selbst findet die Besatzung Aufenthalts-, Schlaf- und Sanitärräume, Bindeglied zum Spacelab ist der Verbindungstunnel. Es besteht aus der geschlossenen Druckkabine und einer offenen Palette als Experimentierplattform. Zeichnung Erno

Brennstoffen als Starthilfe. Der Tank enthält flüssigen Wasserstoff und flüssigen Sauerstoff für die drei großen Triebwerke des Orbiters.

Doch betrachten wir zunächst den Orbiter. Er umschließt in seinem vorderen Teil eine zweistöckige Kabine. Das obere Stockwerk ist das »Cockpit«, von dem aus die Astronauten den Flug steuern und überwachen. Der untere Teil ist Aufenthalts- und Schlafraum für Piloten und Passagiere. In diesen beiden Kabinen finden bis zu sieben Personen Platz – vier Astronauten und drei Passagiere. Im Notfall aber können im Orbiter auch zehn Personen untergebracht werden. Man könnte so beispielsweise einen Orbiter, der von drei Astronauten geflogen wird, in die Erdumlaufbahn schicken, um die siebenköpfige Besatzung eines dort havarierten anderen Orbiters zur Erde zurückzuholen.

An die Kabinen schließt die Nutzlastbucht an. Sie kann Ladungen bis zu 18,3 Meter Länge und 4,5 Meter Breite aufnehmen. Riesige Tore verschließen die Bucht während des Aufstiegs in die Erdumlaufbahn. Das Gewicht der Nutzlast kann beim Aufstieg bis zu 29,5 Tonnen betragen; landen kann der Orbiter noch mit 14,5 Tonnen Last.

Der Raumtransporter soll aber nicht nur als Fluggerät für Menschen dienen, sondern auch große Lasten in der Umlaufbahn absetzen. So will man damit künstliche Erdsatelliten und Raumsonden mit eigenen Antriebsaggregaten auf einige hundert Kilometer Höhe in die Erdumlaufbahn bringen, von wo aus sie dann mit ihrem eigenen Antrieb weiterfliegen. Später einmal könnte der Raumtransporter auch Bauteile in eine Erdumlaufbahn befördern; dort würden sie Menschen zu großen Raumstationen zusammensetzen.

Eine besonders wichtige Nutzlast für den Raumtransporter wird indessen das europäische Weltraumlaboratorium »Spacelab« sein. Vom Spacelab aus, das in der Nutzlastbucht des Orbiters verankert ist, können Wissenschaftler bei geöffneter Luke Experimente und Forschungen anstellen. Dieses Labor wird von der europäischen Weltraumbehörde ESA gebaut, wobei die Bundesrepublik Deutschland den größten Anteil übernommen hat.

Das europäische Weltraumlabor besteht aus zwei Baugruppen: die unter Luftdruck stehende Kabine und eine dem freien Weltraum ausgesetzte Palette. Die Wissenschaftler begeben sich in der Erdumlaufbahn durch einen Tunnel vom Orbiter in das Weltraumlabor, wo die Meß-, Experimentier- und Forschungsgeräte untergebracht sind. Arbeiten können sie ohne Raumanzug; ein Umweltkontrollsystem ergänzt die Atemluft im Kabinenraum mit Sauerstoff, beseitigt das ausgeatmete Kohlendioxyd und hält die Temperatur je nach Wunsch auf 18 bis 27 Grad Celsius. Durch Lukenfenster können die Männer die Erdoberfläche und das Weltall beobachten. Meßinstrumente, die im luftleeren Weltraum arbeiten müssen – beispielsweise Geräte, die die kosmische Strahlung untersuchen, die Erdoberfläche fotografieren oder astronomische Informationen liefern sollen –, sind auf der Palette installiert.

Aber auch für zahlreiche technische Versuche will man die Schwerelosigkeit, die sich ja am Erdboden nicht erzeugen läßt, ausnützen. Dazu gehören das Schmelzen und Mischen von Metallen, um neuartige Legierungen und Werkstoffe herzustellen, die Züchtung von Großkristallen und die Trennung biologischer Stoffe – alles Verfahren, die auf der Erde nicht möglich sind. Erste Experimente dieser Art sind in den Jahren 1972 bis 1974 an Bord der amerikanischen Raumstation Skylab vorgenommen worden. Das Endziel ist, die Fabrikation solcher Bauteile, Werkstoffe, pharmazeutischer Produkte, Impfstoffe usw., die sich nur bei Schwerelosigkeit herstellen lassen, in Zukunft an Bord einer bemannten Raumstation zu verlegen. Man hofft, daß die Möglichkeiten, die Raumtransporter und Spacelab bieten, nicht nur von Wissenschaftlern in Amerika und Europa ausgenützt werden, sondern daß auch die Privatindustrie daran Anteil nimmt und Flüge auf ihre Kosten bestreitet. Da Spacelab ein europäisch-amerikanisches Gemeinschaftsvorhaben ist, werden an Bord dieses Labors nicht nur amerikanische, sondern auch europäische – und unter ihnen deutsche – Wissenschaftler und Techniker mitfliegen. Auswahl und Ausbildung dieser europäischen Raumfahrer dürften schon bald beginnen.

Bergung einer Nutzlast. Der Raumtransporter wird in Zukunft nicht nur unbemannte Satelliten auf ihre Umlaufbahn befördern, sondern sie auch wieder an Bord nehmen und zur Instandsetzung zur Erde zurückbringen, was die Kosten verringert.

Da der Raumtransporter die bisherigen amerikanischen Trägerraketen ersetzen soll, werden auch die unbemannten Satelliten in Zukunft überwiegend mit diesem Fluggerät gestartet werden. Die amerikanische Raumfahrtbehörde schätzt, daß in den Jahren 1979 bis 1991 578 Flüge von Raumtransportern stattfinden. So veranschlagt man für das Jahr 1980 acht, für 1981 fünfzehn, für 1982 vierundzwanzig, für 1983 achtundvierzig und von 1984 an jährlich sechzig Flüge. Ab dem Jahre 1984 werden also mehr als einmal in der Woche Raumtransporter von den Startplätzen Cape Canaveral in Florida oder Vandenberg in Kalifornien abheben! 226 der 578 Flüge werden voraussichtlich mit dem europäischen Weltraumlabor an Bord stattfinden. Die NASA unterstellt hierbei, daß nicht-amerikanische Nutzer etwa 50 Flüge kaufen.

Die Flugkosten veranschlagt die amerikanische Raumfahrtbehörde auf 10,5 Millionen Dollar je Flug, nach dem Dollarwert des Jahres 1971 gerechnet. Sofern sich diese Kosten einigermaßen einhalten lassen, würde die Raumfahrt sehr viel billiger werden als bisher. Das Verbringen von 1 Kilo-

Ein »Raumschlepper« wird auf eine erdnahe Umlaufbahn gebracht, von der aus er mit den eigenen Triebwerken zu weiter entfernten Zielen im Weltall startet. Der Raumtransporter eröffnet der Weltraumfahrt vielerlei neue Möglichkeiten.

gramm Nutzlast in die Erdumlaufbahn sänke auf die Hälfte bis ein Zehntel des heutigen Preises! Hinzu kommt, daß Satelliten und Meßgeräte billiger gebaut werden können, weil sie nicht mehr auf viele Jahre hinaus ohne Wartung und Reparatur funktionieren müssen: Mit dem Raumtransporter kann man bei einem späteren Flug zu ihnen zurückkehren und Reparaturen vornehmen.

Allerdings, der Raumtransporter erreicht nur Umlaufbahnen bis zu rund 900 Kilometer Höhe, und auch das nur bei verminderter Nutzlast und zusätzlichen Treibstoffbehältern in der Nutzlastbucht. Mit voller Nutzlast kommt der Orbiter auf rund 400 Kilometer Höhe. Alle Raumflugkörper, die auf größere Höhen gebracht werden sollen, müssen einen zusätzlichen Antrieb erhalten. Deshalb will man zunächst eine Raketenstufe entwickeln, die einige Jahre benützt werden soll, um unbemannte Nutzlasten in höhere Umlaufbahnen zu befördern oder sie in Flugbahnen zu anderen Himmelskörpern einzuschießen. Diese Zwischenstufe soll später durch einen »Raumschlepper« abgelöst werden, ein Gerät, das die Verbindung zwischen Raumtransporter und

Der nächste Erprobungsabschnitt: Mit dem Orbiter huckepack startet eine Boeing 747. In 10 000 m Höhe klinkt sie ihre Last aus. Im freien Flug testen die beiden Piloten das Flugverhalten des Orbiters und landen ihn wie ein Segelflugzeug.

höheren Bahnen oder weiter entfernten Zielen im Weltall herstellt. Des Geldmangels wegen wird die Entwicklung eines Raumschleppers kaum vor dem Jahre 1980 beginnen. Über den Raumschlepper könnte sie in den neunziger Jahren oder nach der Jahrtausendwende zu neuen Raumfahrzeugen führen, die den Menschen zum Mond oder vielleicht sogar einmal zu den anderen Planeten bringen werden. Doch diese Möglichkeiten sind Zukunftsmusik. Kehren wir zurück in die Gegenwart.

Im Kennedy-Raumflugzentrum in Cape Canaveral ist die 4,6 Kilometer lange und 91 Meter breite Landebahn für den Raumtransporter fertiggestellt. Der erste Orbiter soll im September 1976 die Montagehalle in Palmdale in Kalifornien verlassen. Er wird dann auf eine umgebaute Boeing 747, einen

Die Orbiter-Landebahn ist schon fertig. Im Cape Canaveral, dem amerikanischen Raumflugzentrum, ist die 4600 m lange und 91 m breite Piste parallel zu dem Transportweg der Saturnraketen angelegt worden. Fotos NASA/Büdeler

»Jumbo Jet«, montiert werden und mit diesem zunächst mehrere Rollversuche machen. Danach wird der »Jumbo« mit dem Orbiter huckepack starten und wieder landen. Nach einem Dutzend derartiger Flüge besteigen zwei Astronauten den Orbiter, und der »Jumbo« klinkt seine Last in rund 10 000 Meter Höhe aus. Die Astronauten landen allein mit dem Orbiter.

Elf solche Freiflüge sind vorgesehen, dann transportiert der »Jumbo« den Orbiter nach Cape Canaveral. Hier wird er für seinen ersten Flug in den Weltraum hergerichtet: Die Nutzlasten werden in der Nutzlastbucht untergebracht, der mächtige Flüssigkeitstank wird montiert, die beiden Feststoffraketen werden angebracht. Schließlich wird der Raumtransporter auf der Startplattform mit Treibstoffen und sonstigen Versorgungsstoffen

191

betankt werden. Die Startplattform ist die gleiche wie bei den Apollo-Mondflügen. Sie wird gegenwärtig für die neue Aufgabe umgebaut, ebenso das 160 Meter große Saturn-Raketen-Montagegebäude. Die Astronauten besteigen den Raumtransporter ähnlich wie früher die Apollo-Kapsel bei den Mondflügen.

Beim Start zünden die drei Haupttriebwerke des Orbiters und – 30 Sekunden später – die Feststoffraketen zu beiden Seiten des Tanks. Nach einer Flugzeit von 1 Minute und 50 Sekunden sind diese beiden Feststoffraketen leergebrannt. Der Raumtransporter befindet sich dann in 50 Kilometer Höhe und steigt mit einer Geschwindigkeit von etwa 5200 Kilometer in der Stunde nach oben. Die leergebrannten Starthilfsraketen werden nun abgetrennt. Etwa 280 Kilometer vom Startort entfernt, schweben sie an Fallschirmen auf den Atlantischen Ozean herunter. Sie werden von einem Schiff geborgen und in Cape Canaveral überholt. Mit neuem Treibstoff aufgefüllt, stehen sie dann für den nächsten Flug wieder zur Verfügung.

Der Raumtransporter steigt weiter in die Höhe, angetrieben durch seine drei Hauptmotoren. Diese Triebwerke werden aus dem großen, anhängenden Tank gespeist. Nach etwa 9 Minuten Flugzeit ist der Treibstoff aufgebraucht. Der Raumtransporter hat seine Umlaufbahn und die notwendige Umlaufgeschwindigkeit von 28000 Kilometer in der Stunde knapp erreicht. Nun wird auch der leere Treibstofftank abgestoßen. Er fällt in den Pazifischen Ozean und versinkt dort; diesen Tank zu bergen und wiederzuverwenden lohnt sich nicht. Kleinere Manövriertriebwerke, die ihren Treibstoff aus den Tanks des Orbiters selbst erhalten, bringen das Raumfahrzeug schließlich in die gewünschte Erdumlaufbahn.

Sieben Tage lang kann sich der Orbiter zunächst dort aufhalten; für spätere Flüge sind Aufenthaltszeiten bis zu 30 Tagen geplant. Nachdem die Besatzung ihre Aufgaben beendet hat, zündet der Pilot die Manövriertriebwerke, um damit den Orbiter abzubremsen und in die dichtere Erdatmosphäre eintreten zu lassen. In je dichtere Luftschichten er gelangt, um so stärker greifen die Tragflächen an. Schließlich wird der Orbiter zu einem echten Fluggerät: Ohne Antrieb gleitet er, einem Segelflugzeug gleich, seiner Landepiste entgegen, wo er schließlich mit rund 350 Kilometer Stundengeschwindigkeit aufsetzt. Bei diesem zuvor genau berechneten Landeanflug ist er innerhalb gewisser Grenzen manövrierbar; die Piloten können Kursabweichungen bis zu 2000 Kilometer nach jeder Seite ausgleichen.

Nach dem Jungfernflug des Raumtransporters sollen noch im Jahre 1979 zwei Entwicklungsflüge stattfinden, weitere drei Entwicklungsflüge folgen im Jahre 1980. Bei einem dieser Flüge wird bereits Spacelab als Nutzlast mitgenommen. Dann beginnt der Raumtransporter seinen Routinedienst als Amerikas neues Transportmittel in den Weltraum: Der zweite Abschnitt in der bemannten Raumfahrt hat begonnen. Wir können sicher sein, daß er mit ähnlichen Überraschungen aufwarten wird, wie wir sie bei den ersten Schritten in den Weltraum erlebt haben.

Der Kongreß der Blödmänner

PETER PFEFFER

Wer jetzt lacht, ist zu früh daran. Die Blödmänner haben nämlich die verdammte Eigenschaft, meistens einer mehr zu sein, als man selber vermutet. Man kann also, was die Schätzung ihrer Zahl anbelangt, nicht vorsichtig genug sein.

»Veähte Anwesende!« eröffnete der erste Vorsitzende den Kongreß der Blödmänner. »Es ist mir eine besondere Genugtuung, äh, Sie hier so zahlreich – äh – begrüßen zu dürfen. Wir sind eine weltumspannende Macht, und ich kann wohl ohne Übertreibung sagen, daß der Erdball vermutlich umkippen würde, wenn wir uns bei einem Weltkongreß alle an einem einzigen Tagungsort aufhielten...«

Der Vorsitzende nahm einen Schluck aus dem bereitstehenden Wasserglas und fuhr fort: »Darf ich Ihnen mal eine Geschichte erzählen, meine Damen und Herren. Ali ben Flick-Fleck war Oberaufseher der Gärten seines Gebieters. Noch neu im Amt, wollte er seinem Herrn zeigen, wie eifrig er seiner Pflicht oblag, und kreuzte deshalb so oft als nur möglich dessen Wege, wenn dieser zu seiner Erholung durch den Garten wandelte. So, dachte Ali ben Flick-Fleck, kann dir ein Extra-Bakschisch nicht entgehen. Und er entging ihm auch nicht. Denn als er dem Gestrengen eines Tages das elftemal in den Weg trat, rief dieser wütend: ›Ha, ich kann mich wohl nicht mehr ungestört in meinem eigenen Garten ergehen, was hat diese Jammergestalt fortwährend auf meinem Pfad zu suchen? Gebt dem Kerl fünfundzwanzig auf die Fußsohlen!‹ Und Ali ben Flick-Fleck erhielt seine fünfundzwanzig, schlich heim wie auf Eiern, ließ sich die Füße in Olivenöl setzen und kam dabei zu dem Entschluß, dem Herrn künftighin aus dem Weg zu gehen. Inschallah!

Dem Herrn aber, der gewohnt war, den Oberaufseher seiner Gärten sonst bis zum Überdruß zu sehen, fiel es auf, daß er ihm nicht mehr begegnete, und er begann ihn deshalb zu suchen. Ali aber war auf der Hut, und des Herrn Auge schaute ihn nicht mehr.

Da geriet dieser in Zorn und sandte seine Diener aus, um Ali zu holen und vor sein Antlitz zu bringen. Ali folgte hocherfreut, es konnte sich ja doch nur um das ersehnte Bakschisch handeln. – Und er wurde reichlich bedacht. ›Hundesohn!‹ schrie ihn der Gestrenge an, ›hab ich dir deshalb ein Amt gegeben, daß du es vernachlässigst, daß deines Herrn Augen dich vergeblich auf deinem Posten suchen? – Gebt dem Kerl fünfzig auf die Fußsohlen!‹

Umsonst waren alle Aufklärungsversuche. Ali ben Flick-Fleck erhielt wohlgezielte fünfzig, ging heim wie auf Nadeln und, da sich das Olivenöl als unzureichend erwies, so mußte man einen Hakim, einen Arzt, holen. Als nun der weise Mann Ali gepflegt hatte, klagte ihm dieser sein Mißgeschick. Der aber schüttelte das greise Haupt und lächelte: ›Warum, oh Ali, tatest du auch nicht, wie deine Vorgänger getan!‹ – ›Und was taten die?‹

Da sagte der weise Hakim nur ein einziges Wort, schlüpfte mit Würde in seine Pantoffeln und entschwand.«

Wie wohl hat das Wort, ein wirklich weiser Rat, geheißen? ①

*

»Sehen Sie, verehrte Anwesende«, nahm der Redner seinen Faden wieder auf, »das war ein typisches Beispiel dafür, wie recht wir haben mit unserer Lebenseinstellung. Nehmen Sie es sich bitte zu Herzen, denn nur so kann unser Erdball wieder gesunden. – Ich erteile nun das Wort unserem sehr verehrten Herrn Professor Dr. Daus-Neumann für seinen Vortrag über die passive Aktivität. Ich bitte um Ihre Aufmerksamkeit!«

Ein kleiner Mann trat schüchtern ans Rednerpult, rieb umständlich seine Brillengläser blank, schneuzte sich die Nase und begann: »Passive Aktivität, meine Damen und Herren, ist das, was wir seit eh und je anstreben, und ich darf wohl mit Recht sagen: Worin wir Meister werden möchten. Zuzusehen, wie in einer Baugrube geschuftet wird – man hat ja eigens zu diesem Zweck Gucklöcher in den Bauzaun gesägt – das ist echtes Interesse an dem Werk. Das aufmerksame Studium der Morgenzeitung mit der Meldung vom Hungertod von Tausenden im übervölkerten Indien, das ist wahre Anteilnahme am Schicksal anderer, ohne sich vom Platz zu rühren. Man könnte diese Beispiele aus der Gegenwart beliebig fortsetzen, aber mir kommt es vor allem darauf an, Ihnen zu beweisen, daß passive Aktivität tief in unserer Vergangenheit verankert ist, und ich möchte Ihnen dazu einen in der Chronik meiner Heimatstadt erwähnten Vorfall erzählen:

Man kann darüber denken wie man will, aber der Fleischermeister Schmett in Nördlingen machte wirklich keine gute Figur mehr. Er schleppte einen Riesenbauch vor sich her. Die Lausbuben der Stadt, die es natürlich damals auch schon gegeben hat, johlten laut vor Freude, wenn sie ihn durch die Straßen walzen sahen. Ja, es war schlimm mit Schmett. Sogar der Lehrer am Gymnasium dichtete einen Vers auf ihn:
›Seht, da kommt er angeschritten, vier Drittel pi mal r zur Dritten!‹

Vier Drittel pi mal r hoch drei ist nämlich der mathematisch genaue Rauminhalt der Kugel, und keiner der Nördlinger Schüler hat diese Formel jemals mehr vergessen. Das Anschauungsmaterial dazu lief ja täglich durch die Straßen.

›Schmett‹, sagte seine Frau oft zu ihm, ›Schmett, du ißt zuviel, mäßige dich.‹ Aber Schmett schmeckte es so gut und er vesperte weiter, es war rein nichts zu machen. Da nahm eines Tages die Nachbarin die Schmetten auf die Seite und redete auf sie ein: ›Ich habe gehört, daß morgen der Wunderdoktor aus Salzburg kommt, der dicke Nasen heilen kann und kranke Knie. Fragt ihn doch mal, ob er Eurem Mann nicht helfen will.‹

Nun, der Rat war nicht schlecht, und so suchte die Schmetten den Wundermann noch am Abend seines Eintreffens in der ›Goldenen Kanne‹ auf, wo er mit seinen Gehilfen Quartier genommen hatte.

Die Frau des Fleischermeisters Schmett legte zwei Goldstücke auf den Tisch und brachte ihr Anliegen oder vielmehr das ihres Mannes vor. Der Doktor hörte geduldig zu, sagte aber kein Wort. Erst als die Schmetten noch zwei Goldstücke danebenlegte, lohnte sich für ihn die Sache und er tat den Mund auf: ›Ich glaube, ich kann Ihnen helfen. Ihr Mann soll sich morgen früh um 9 Uhr hier bei mir einfinden. Ich werde alles vorbereiten!‹

Und wirklich stand der dicke Schmett pünktlich mit Glockenschlag neun vor der ›Goldenen Kanne‹. Der Doktor trat heraus, schritt zweimal schmunzelnd um die Riesenkugel herum und sprach dann voll Würde: ›Herr Schmett, das kriegen wir – besteigen Sie nur diese Sänfte hier. Einmal rund um die Stadt, das geht famos, dann seid Euer Fett bestimmt Ihr los!‹

Es hätte nicht viel gefehlt, und der dicke Schmett wäre dem Doktor um den Hals gefallen. Sich einmal rund um die Stadt tragen zu lassen und dabei sein Fett verlieren, das war eine Kur nach seinem Geschmack. So mühelos! Schmett fand dieses Heilverfahren wirklich ganz famos und stieg in die Sänfte. Das heißt, er versuchte es. Doch erst als hinten kräftig nachgeschoben wurde, gelang es ihm, sich durch die enge Türe zu zwängen. Schon hoben die beiden Sänftenträger an, da merkte Schmett zu seinem Schreck etwas Entsetzliches. ›Halt, halt!‹ brüllte er, aber niemand hörte auf ihn. Im Gegenteil, je lauter er schrie, desto schneller liefen die Träger, und sie hatten lange Beine, die beiden Gehilfen des Wunderdoktors. In wahren Bächen floß der Schweiß vom Körper des armen Schmett, es war einfach barbarisch.

Als sie mit großen Umwegen endlich einmal rund um die Stadt waren und wieder vor der ›Goldenen Kanne‹ eintrafen, ging der total erschöpfte Schmett schon durch die Sänftentür, ohne daß er sich zwängen mußte.

›Na, wie ich sehe, ist Euch der Spaziergang gut bekommen!‹ sprach der Doktor, als hätte er keine Ahnung. Schmett aber lallte: ›Zum zweitenmal bringen mich keine zehn Pferde mehr in eine Sänfte!‹

Da lachte der Doktor und meinte: ›Ich hoffe, daß Ihr das auch nicht nötig habt. Wie hätte ich Euch zeigen sollen, woran es fehlt? Jetzt wißt Ihr's!‹«

Bitte, was war eigentlich geschehen? ②

*

Ein gewaltiges Scharren mit den Füßen bewies dem Vortragenden, daß er mit seinem Bericht aus der alten Stadtchronik das Interesse der Kongreßteilnehmer gefunden hatte. Insbesondere der Begriff der passiven Aktivität schien es ihnen angetan zu haben. Nun war Fräulein Besenbruch an der Reihe. Sie legte ihren Schirm aufs Rednerpult, denn sie war eine streitbare Dame, und legte los:

»Ich bin nicht so sehr für die passive Aktivität – aktive Passivität ist besser! Nicht das gegen seinen eigenen Willen Geschobenwerden ist das Wahre, sondern die Kunst, ohne sich vom Platz zu rühren, andere für sich einzuspannen. Ich werde Ihnen das an Hand einer kleinen Geschichte erläutern.

Jonathan Swift, der Dichter von ›Gullivers Reisen‹, war nicht nur in seinen Büchern, sondern auch im Leben ein witziger Kopf, der sich zu helfen wußte. Swift liebte es, lange Spaziergänge zu machen, die ihn oft weitab von seiner Wohnung führten. Eines Tages jedoch wurde er vom berüchtigten Londoner Nebel überrascht. Er mußte froh sein, daß er ein Gasthaus in einem kleinen Landflecken fand, wo er die Nacht über zu bleiben hoffte.

›Kann ich ein Zimmer bekommen?‹, fragte er den Wirt.

›Bedaure, alles besetzt!‹

›Aber vielleicht können Sie mir ein anderes Lager herrichten?‹

›Geht leider auch nicht! Alle Betten sind vergeben, sogar schon zweimal.‹

›Was heißt das, zweimal?‹, fragte Swift erstaunt.

›Das heißt, daß sowieso schon immer zwei in einem Bett schlafen müssen. Es ist Markttag, Herr, da ist das bei uns immer so.‹

›Haben Sie denn nicht wenigstens ein Bett, in dem bis jetzt bloß einer untergebracht ist?‹

›Doch!‹, meinte der Wirt nach kurzem Besinnen. ›Aber ich mache Sie darauf aufmerksam, daß in diesem Bett schon jemand liegt, der durch seine Grobheit und Unhöflichkeit weit und breit bekannt ist.‹

›Macht nichts!‹, lachte Swift. ›Zeigen Sie mir bitte das Zimmer!‹

Eine Viertelstunde später kroch er zu dem knurrenden Mann ins Bett und sagte höflich: ›Guten Abend, Herr!‹ – Keine Antwort. ›Nun, wie waren die Geschäfte am heutigen Markttag? Gut, habe ich mir sagen lassen.‹ – Böses Schweigen. ›Ich wollte, ich könnte von mir auch sagen, meine Geschäfte gehen gut!‹ Keine Antwort.

›Seit der letzten Verhandlung habe ich erst sechs hinüberbefördert. Da kann ein ehrlicher Mensch nicht gut davon leben.‹

›Was haben Sie gemacht?‹, ließ sich nun endlich der Mann hören.

›Sechs hinüberbefördert! Leider nur sechs!‹, erwiderte Swift mit einem tiefen Seufzer.

›Ja, wer sind Sie denn eigentlich?‹

Und nun sagte Swift etwas, was den unhöflichen Mann veranlaßte, mit einem Schrei des Entsetzens aus dem Bett zu springen. Er flüchtete vor seinem unheimlichen Schlafgenossen in den Stall, wo er die Nacht über blieb. Und Swift machte es sich in seinem Bett bequem und schlief mit einem Lächeln auf dem Gesicht seelenruhig ein.« – Was hatte er wohl gesagt? ③

*

Kaum hatte Fräulein Besenbruch geendet, da stand, bevor der Kongreßleiter sich noch von seinem Stuhl erheben konnte, plötzlich ein junger Mann auf dem Podium und schrie in den Saal: »Bleiben Sie ruhig auf Ihren Plätzen, meine Herrschaften, was ich zu sagen habe, ist schnell gesagt. Da mir doch nicht das Wort erteilt wird, habe ich erst gar nicht darum gebeten. Nirgends ist man ja mit uns jungen Leuten zufrieden, im Klub der Briefmarkensammler nicht, in der Politik schon gar nicht, und auch hier nicht. Dabei sind wir so nötig wie die Hefe für den Teig!«

»Unerhört!«, protestierte ein eingeschriebenes Mitglied der Blödmänner, »uns als Teig zu bezeichnen!«

»Tut mir leid, wenn Sie sich getroffen fühlen«, lachte der junge Mann. »Es steht Ihnen frei, sich unter die Hefe zu mischen!«

Alles lachte, und der junge Mann fuhr fort: »Das Schicksal von Ali ben Flick-Fleck hat uns für die reine Passivität eingenommen. Der Fleischermeister Schmett genas durch passive Aktivität. Jonathan Swift hielt es mit der aktiven Passivität. Nur von der Aktivität allein haben wir noch nichts gehört. Ich beantrage daher, den ersten Vorsitzenden abzusetzen!«

Der Kongreß war sprachlos. Ruhig aber erhob sich der erste Vorsitzende und sagte in der Würde seiner Unantastbarkeit: »Nach § 8 unserer Statuten kann ein neuer Vorstand erst nach einer Amtsdauer von 3 Jahren aufgestellt werden!«

Der junge Mann schien von den Statuten nicht viel zu halten. Er fegte sie mit einer einzigen Handbewegung unter den Tisch: »Das ist ja alles Larifari. Nach § 1 der AAR darf man sich nicht für etwas bezahlen lassen, was man nicht zu leisten vermag.«

Betroffen fragte der Kongreßleiter: »Was ist denn AAR?«

»Habe ich mir gedacht, daß Sie die nicht kennen«, spöttelte der junge Mann. »AAR heißt Allgemeine Anstands-Regel!«

Ein ungeheurer Tumult entstand. Die Leute in den hinteren Reihen stiegen auf die Stühle, um besser sehen zu können. Der Vorsitzende versuchte vergeblich, sich mit Hilfe seiner Glocke wieder Gehör zu verschaffen. Es half nichts mehr. Der Kongreß wurde gesprengt, und seither haben wir eben die Blödmänner überall. Im Ministerium, in der Straßenbahn, in den Fabriken... Und das Dumme ist: Man erkennt sie nicht gleich. Die schönen Zeiten, da sie alle auf einem Haufen waren oder doch ein Abzeichen trugen, sind vorbei.

Lösung unserer Denkaufgaben auf Seite 480.

Brasilien – das Uranland von morgen HELMUT VÖLCKER

Modernes technisches Wissen im Tausch gegen Energie-Rohstoffe

Der im Jahr 1930 verstorbene Polarforscher und Geograf Alfred Wegener soll in naher Zukunft mit seiner Kontinentalverschiebungstheorie zu neuen Ehren kommen – diesmal bei der Uransuche in Brasilien. Nach seinen Vorstellungen schwimmen die Kontinente unserer Erde auf dem schwereren Material der Tiefseeböden und haben sich im Laufe der Erdgeschichte gegeneinander verschoben. Nord- und Südamerika haben früher mit Afrika und Europa zusammengehangen und sich durch die sogenannte Kontinentaldrift getrennt. Wer einen Globus zur Hand nimmt, vermag ohne Schwierigkeiten zu erkennen, daß sich die Westküste Afrikas und die Ostküste Südamerikas aneinanderlegen lassen. Die Küste Brasiliens paßt dann genau mit der des südlichen Afrika zusammen. Die nach Uran suchenden Geologen haben daraus bedeutsame Schlüsse gezogen:

- Brasilien und das südliche Afrika haben erdgeschichtlich eine gemeinsame Vergangenheit und sind sich damit in ihrem geologischen Aufbau sehr ähnlich.
- Im südlichen Afrika gibt es reiche Vorkommen an seltenen Mineralien, darunter auch große Uranvorräte. In Brasilien finden sich vergleichbare Erzlagerstätten; so kann man auch dort bedeutende Uranvorkommen erwarten, und es muß sich lohnen, verstärkt danach zu suchen.

Diese Überlegungen sind mehr als nur vage Berechnungen und Hoffnungen; das bewiesen die jüngsten Erfolge. Uransucher haben in Brasilien bereits die ersten Lagerstätten entdeckt, die abbauwürdig sind. Sicher werden in Zukunft noch viele folgen. Einfach ist die Suche nach solchen unterirdischen Erzvorräten allerdings nicht: Brasiliens Landfläche ist 34mal so groß wie die Bundesrepublik Deutschland; will man nutzbare Bodenschätze aufspüren, so muß man jeden Quadratkilometer sorgfältig ausforschen. Für eine erste Übersicht genügt zwar eine Erkundung aus der Luft, indem man das Gebiet mit empfindlichen Strahlungsmeßgeräten an Bord in niedriger Höhe überfliegt; wird es aufgrund dieser Voruntersuchungen aber als uranhöffig erachtet, muß es am Boden planmäßig auf Uranvererzungen abgesucht werden. Reichen die Anzeichen aus, wird das Feld erschlossen, indem man es mit einem dichten Netz von Bohrlöchern überzieht, aus denen Proben entnommen und analysiert werden.

Brasilianische Bergleute und deutsche Geologen wollen in den kommenden Jahren das grüne Superland Südamerikas gemeinschaftlich nach Uran durchkämmen. Diese Verabredung ist Teil eines Abkommens über die brasilianisch-deutsche Zusammenarbeit auf dem Gebiet der friedlichen Nutzung von Kernenergie, das im Jahr 1975 von beiden Ländern unterzeichnet worden ist. Aus Sicht der brasilianischen Regierung war dies das bedeutendste Ereignis des Jahres.

Brasilien wird sich nicht damit begnügen, die Vorkommen an Uranerz aufzuspüren und zu erschließen, sondern gleichzeitig eine moderne Industrie aufbauen, die das Natururan veredelt. Das in Brasilien gefundene Uran soll also im Lande bis zu vollständigen Brennelementen für Kernkraftwerke mit

Leichtwasserreaktoren verarbeitet werden. Das spaltbare Uranisotop mit dem Atomgewicht 235 ist nämlich nur mit einem Anteil von 0,7 Prozent im Natururan enthalten. Diese Ausgangskonzentration auf etwa 3 Prozent im Kernbrennstoff für die Leichtwasserreaktoren anzureichern, ist der wichtigste Schritt in der Veredelungskette.

Auch bei der Urananreicherung werden Brasilien und die Bundesrepublik Deutschland nach dem geschlossenen Vertrag sehr eng zusammenarbeiten. Zum ersten Mal soll dabei ein Isotopentrennverfahren großtechnisch angewendet werden, das im deutschen Kernforschungszentrum Karlsruhe entwickelt worden ist und unter dem Namen Trenndüsenverfahren bekannt wurde. Bevor wir uns näher damit beschäftigen, wie die Trenndüse für die Urananreicherung arbeitet, und uns die erste Trenndüsenanreicherungsanlage im einzelnen ansehen, wollen wir kurz überdenken, was es mit der Isotopentrennung überhaupt auf sich hat.

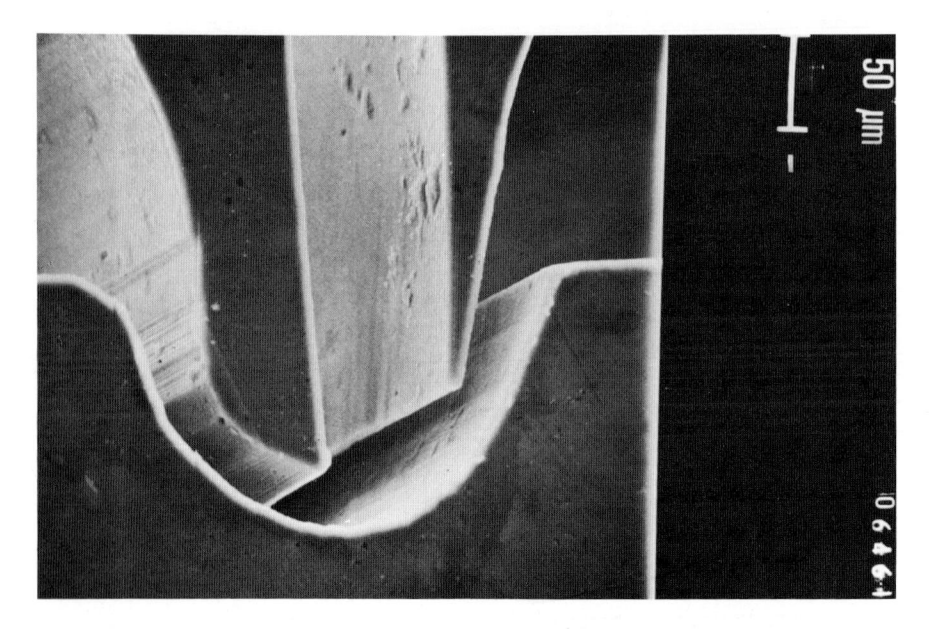

Als Isotope bezeichnet der Kernphysiker Atome des gleichen chemischen Elementes, die sich nur durch die Masse der Atomkerne, nicht aber durch ihre chemischen Eigenschaften unterscheiden. Das Natururan besteht überwiegend aus zwei solchen Atomsorten – Isotopen –, von denen das leichtere, das Uran 235, um drei neutrale Kernbausteine, sogenannte Neutronen, leichter ist als das schwerere Uran 238. Das Mischungsverhältnis im Natururan ist 1 leichtes und 140 schwere Uranisotope. Bemerkenswert am leichten Uranisotop ist seine Eigenschaft, sich zu spalten und Energie freizusetzen, sobald es von einem Neutron getroffen wird. Der Kernphysiker sagt dazu kurz, das Uranisotop Uran 235 ist spaltbar. Nach den Erfahrungen der Kerntechniker muß das Uran, damit man es als Kernbrennstoff in Leichtwasserreaktoren einsetzen kann, 2 bis 3 Prozent des spaltbaren Uranisotops enthalten. Die Aufgabe besteht also darin, den Anteil des leichten Uranisotops im Natururan von 0,7 Prozent künstlich zu erhöhen. Dabei nutzt man die geringen Massenunterschiede der Uranisotope aus, denn das Atomgewicht ist ja das einzige erkennbare physikalische Unterscheidungsmerkmal.

Um die Uranisotope räumlich voneinander trennen zu können, ist es notwendig, sie gegeneinander bewegbar zu machen. Dies ist am einfachsten dadurch möglich, daß man die Materie in gasförmigen Zustand bringt, weil sich dann die Atome und Moleküle frei bewegen. Alle Trennverfahren für Uran, die großtechnisch angewendet werden, arbeiten daher mit Gas. Die einzige gasförmige Uranverbindung im Bereich gut handhabbarer Temperaturen ist das Uranhexafluorid, das aus einem Uranatom und sechs Fluoratomen besteht.

Auch das Trenndüsenverfahren, das für Brasilien ausgewählt wurde, benützt das Uranhexafluorid, um die Isotopen zu entmischen. Der Vorgang ist dabei recht einfach. Aus einem Vorratsraum, der unter einem gewissen Überdruck steht, läßt man das gasförmige Uranhexafluorid durch eine Düse ausströmen, wie sie im nebenstehenden Bild im Schnitt gezeichnet ist. Weil die Düse gekrümmt ist, wirkt auf die ausströmenden Gasteilchen eine Zentrifugalkraft ein, deren Stärke von der Ausströmungsgeschwindigkeit und von der Masse der Teilchen abhängig ist. Beim Durchgang durch die gekrümmte Düse sammeln sich also die schwereren Teilchen vorzugsweise in der Nähe der äußeren Düsenwand an, während die leichteren Uranhexafluoridteilchen in der Nähe der inneren Düsenwand häufiger anzutreffen sind als in dem in die Düse einströmenden Gas. Trennt man nun den Gasstrom in der Düse zwischen innerer und äußerer Düsenwand in zwei Teilströme auf, wie das durch die auf der Zeichnung erkennbaren Schneide geschieht, und führt diese beiden

Das Trenndüsenverfahren zur Urananreicherung arbeitet nach einem verhältnismäßig einfachen Prinzip: Der gasförmige Uranhexafluorid-Strahl strömt von links oben in sich verengender Bahn in die wannenförmige Vertiefung nach unten und an der Wand wieder nach oben. Eine von oben in die Wanne ragende Schneide trennt den Gasstrahl in zwei Teilströme auf: in die schwere, an der Wand entlangströmende Fraktion und in die leichtere innen. Links eine einzelne Trenndüse in Mikroaufnahme, rechts das Schema.

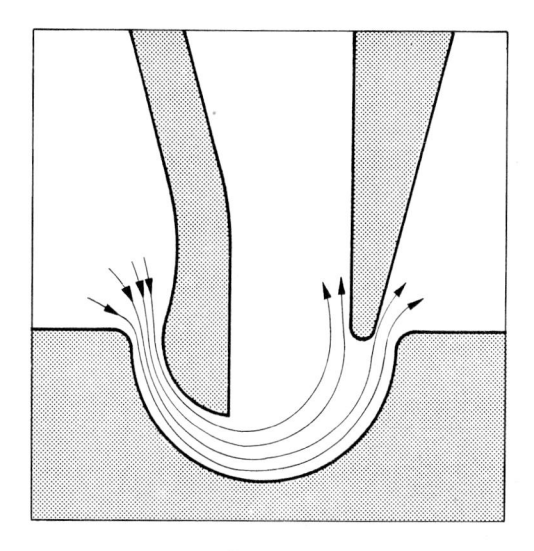

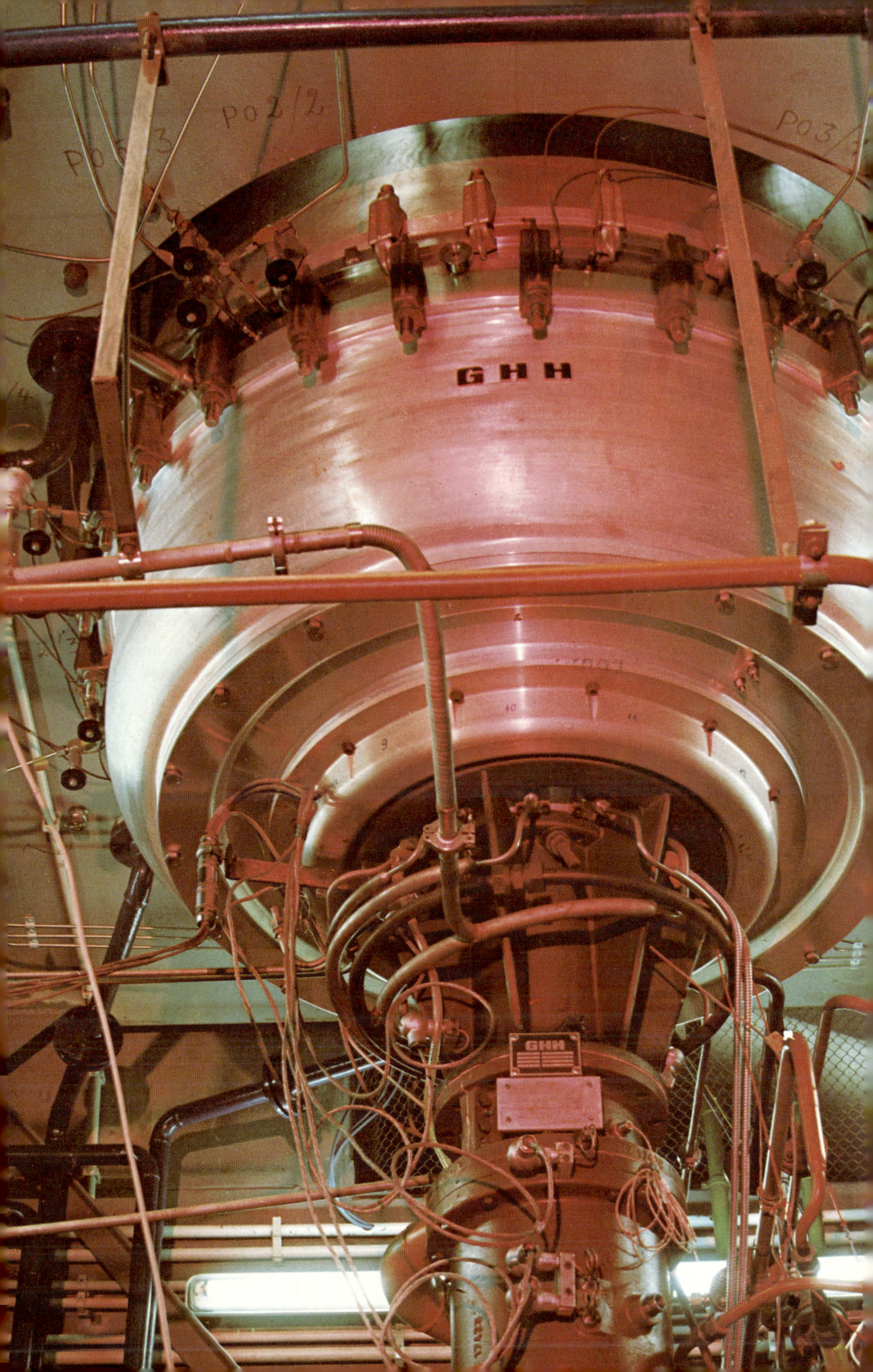
Po2/2
GHH
GHH

Links: Der Verdichter der kleinen Erprobungsstufe – Vorläufer für die erste große Trennstufenanlage in Brasilien. Das in der Natur vorkommende Uran besteht zu 99,3 Prozent aus dem Uranisotop U 238 und zu 0,7 Prozent aus dem spaltbaren Isotop U 235. In solchen Geräten wird dieses Isotop bis auf 3 Prozent angereichert.

Rechts oben: Das Einsetzen eines röhrenförmigen Trenndüsenelements in die geöffnete technische Stufe. Wie die Trenndüsen auf dem Umfang der röhrenförmigen Elemente angeordnet sind, zeigt die Schemazeichnung auf der nächsten Seite.

Rechts unten: Versuchsaufbau der großen technischen Stufe zur Entmischung der Uranisotope nach dem Trenndüsenverfahren im Kernforschungszentrum Karlsruhe. Fotos STEAG, GfK

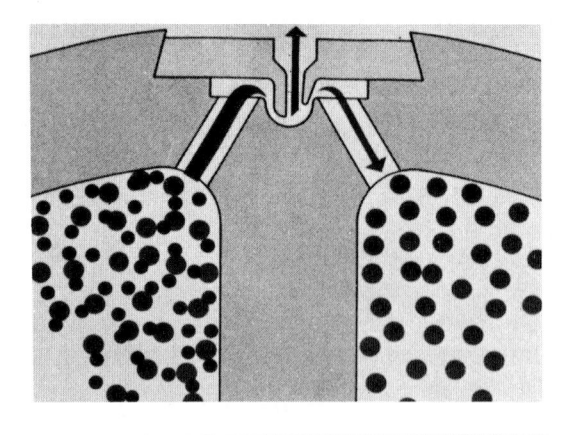

Weil die Düse gekrümmt ist, wirkt auf die ausströmenden Gasteilchen eine Zentrifugalkraft ein, wodurch die schweren und leichten Teilchen getrennt werden.

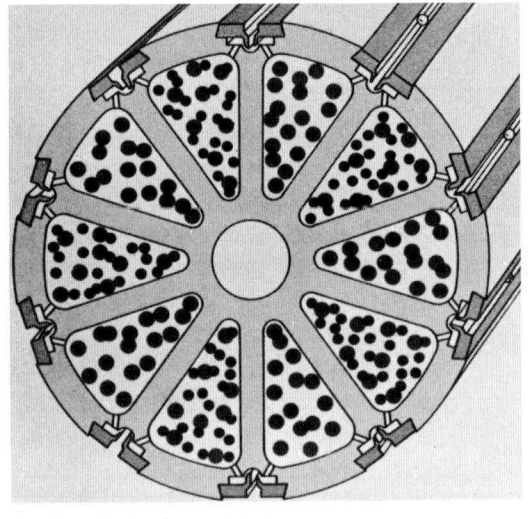

Ein Trennrohr mit zehn am Umfang verteilten Trenndüsensystemen. Indem viele Trennschritte hintereinandergeschaltet sind, wird der Anteil des spaltbaren U 235 bis zur gewünschten Zusammensetzung erhöht.

Ströme voneinander unabhängig weiter, so stellt man fest, daß im außenliegenden Teilstrom der Anteil des spaltbaren Uran 235 abgenommen hat, während sich bei dem innen liegenden Teilstrom der Spaltstoff Uran 235 gegenüber der Ausgangskonzentration erhöht hat. Freilich ist die Entmischung nur gering. Man muß deshalb viele solcher Trennschritte hintereinanderschalten, bis man zu der gewünschten Zusammensetzung des Urans mit einigen Prozent Uran 235 gelangt. Man nennt dieses Hintereinanderschalten von Trennstufen eine Trennkaskade. Beim Trenndüsenverfahren sind mehrere hundert solcher Stufen notwendig, wenn man das Natururan auf 3 Prozent Uran 235, wie das im Brennstoff für Leichtwasserreaktoren notwendig ist, anreichern will.

Obwohl das Prinzip der Trenndüse also recht einfach ist, waren einige schwierige Aufgaben zu lösen, um sie technisch verwenden zu können. Zum einen ging es darum, die Düse so klein zu machen, wie technisch möglich. Bei einem Krümmungsradius des Düsenkanals von nur $1/10$ Millimeter oder weniger mußten für die Düse ungewöhnliche Fertigungsmethoden entwickelt werden. Als einfachstes Verfahren hat sich erwiesen, Metallprofile mit Diamantschneidwerkzeugen zu bearbeiten. Die gekrümmte Düsenrille wird sozusagen in das Metall hineingekratzt. Ein anderes aussichtsreiches Fertigungsverfahren benutzt eine Fotoätztechnik, bei der gewissermaßen schichtenweise die Umrisse der Düse in dünne Metallfolien eingeätzt und die Folien anschließend zu Paketen aufeinandergestapelt werden. Für großtechnische Trennstufen werden die Trenndüsenschlitze bzw. -stapel in Rohren zu Trennelementen zusammengefaßt (siehe Titelbild).

Eine Trennstufe besteht also aus einer Vielzahl solcher Trennrohre, die in einem sogenannten Trennelementtank parallel zueinander angeordnet sind. Zu jeder Trennstufe gehört ein Gasverdichter mit eigenem Antrieb, der das Gas auf den Ausgangsdruck zusammenpreßt, bevor es durch die Trenndüsen gedrückt und in zwei Teilströme mit unterschiedlicher Spaltstoffanreicherung aufgeteilt wird. Diese Teilströme werden dann zur weiteren An- oder Abreicherung vor- oder nachgeschalteten Trennstufen einer Kaskade zugeleitet. Weil Uranhexafluorid die Werkstoffe chemisch stark angreift, müssen alle Teile der Anreicherungsanlage aus Aluminium oder Stahl mit vergüteten Oberflächen gefertigt werden.

Eine weitere Besonderheit der Trenndüse besteht darin, daß zusammen mit dem Uranhexafluorid Wasserstoff als Trägergas verwendet wird. Für Strömungsvorgänge stellt die Schallgeschwindigkeit einen gewissen Grenzwert dar. Sie liegt beim leichten Wasserstoffgas sehr hoch. Dadurch ist es möglich, daß die Düsen von der Mischung sehr schnell durchströmt werden können – was für die Trennwirkung wichtig ist –, ohne daß sie die Schallgeschwindigkeit der Mischung erreicht.

Die erste großtechnische Trennstufe, bei der industriell gefertigte Trenndüsen verwendet worden sind, wurde schon im Jahre 1972 in Karlsruhe in Betrieb genommen und arbeitet seitdem erfolgreich. Zwei Jahre darauf folgte eine zweite kleine Erprobungsstufe. Sie ist der Vorläufer für die erste große Anlage, die mit über 300 solcher Trennstufen in Brasilien errichtet werden und Anfang der achtziger Jahre in Betrieb gehen soll – gerade rechtzeitig, um das angereicherte Uran für die ersten beiden großen Kernkraftwerke mit Leichtwasserreaktoren zu liefern, die nach dem brasilianisch-deutschen Abkommen bis dahin in Brasilien gebaut werden sollen.

Die Fachleute beider Seiten hoffen, daß in naher Zukunft in Brasilien genügend Uran gefunden wird, um die brasilianischen Kernkraftwerke und vom Überschuß auch Kernkraftwerke in der Bundesrepublik Deutschland mit Brennstoff versorgen zu können. Da die Bundesrepublik Deutschland keine nennenswerten eigenen Uranvorkommen besitzt, also auf die Einfuhr von Uran angewiesen ist, bietet sich dieser Tausch von Fachwissen in Form von moderner Energietechnik gegen Energie in Form von Uran für uns als eine neue Art des Handels an. Für die Brasilianer geht es um ein großes Ziel: Mit der Verwirklichung des Kernenergieabkommens tritt Brasilien in den Kreis der modernen Industrienationen ein.

Eroberung der Tiefsee

HERMANN J. GRUHL

Die Zukunft des Menschen liegt im Meer

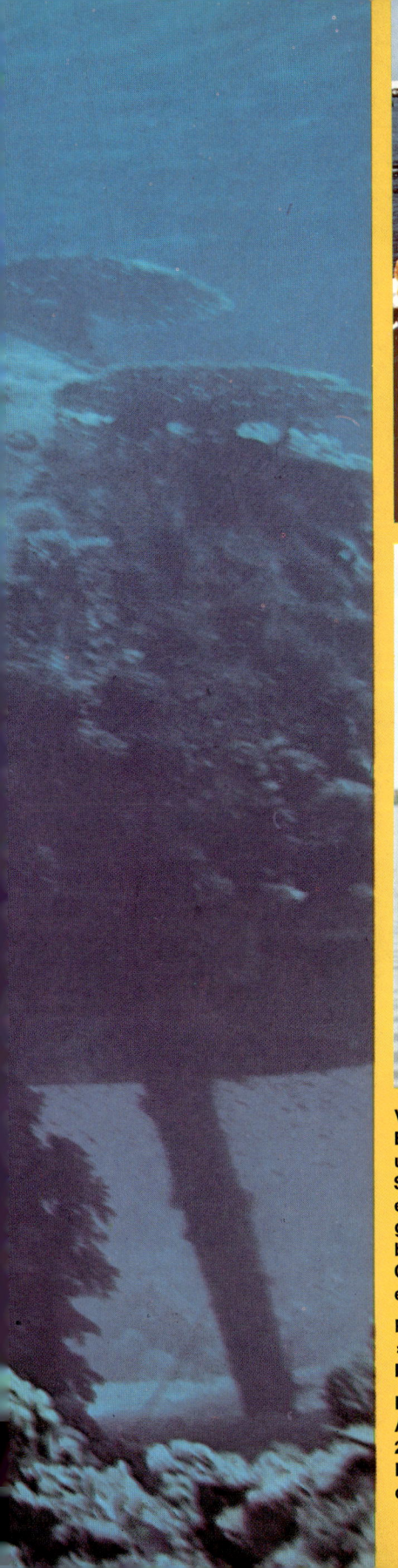

Vorstoß in den »inneren Weltraum«. Sieben Zehntel der Erdoberfläche sind von Wasser bedeckt – ein noch weitgehend unerschlossener Raum auf unserer Erde. Moderne Schwimmtaucher, unbehindert durch Helm und Bleischuhe, erkunden die Meerestiefen und ihre Schätze. Im Hintergrund die »Garage« für ein Forschungs-U-Boot, die der Besatzung bei dem Unternehmen Precontinent II von Jacques Cousteau im Roten Meer das Ein- und Aussteigen unter Wasser ermöglichte (großes Bild). Foto Gruhl

Rechts oben: Das deutsche Unterwasserlaboratorium »UWL Helgoland«, das in Lübeck entwickelt und nicht nur in der Nordsee erfolgreich eingesetzt wurde. Fotos Drägerwerke

Darunter: Berufstaucher mit Helmtauchgerät. Eine solche Ausrüstung ermöglicht längeres Arbeiten unter Wasser noch in 200 Meter Tiefe. Die Förderung von Erdöl und Erdgas in Bereichen des Kontinentalschelfs steigert die Anforderungen, die an die moderne Tauchtechnik gestellt werden.

Liftfahrt in die Tiefe. Eine Taucherglocke wird ins Meer versenkt. Auf dem Meeresboden arbeitet einer der Taucher, der andere hält sich für Notfälle in Bereitschaft. Die Arbeit unter Wasser ist gefährlich und immer wieder gibt es Unfälle.

Montag 28. Juli, Ölfeld Auk in der Mitte der Nordsee, leichte Nordwestbrise, ruhige See. Gewimmel auf den Korridoren des Büro- und Wohntrakts, Arbeiter in schmierigen Overalls drängen zur Kantine. Knatternde Dieselgeneratoren, Kreischen von Metallsägen, Telefone schrillen, Fernschreiber ticken, Lautsprecher quäken. Mit nacktem Oberkörper sind die Driller an der Arbeit, wuchten schwere Flansche, verschrauben Bohrgestänge – ein Tag wie jeder andere für die Besatzung der Bohrinsel.

Alltag auch für die Männer an Bord des Taucherschiffs »Coupler I«, das knapp eine Seemeile entfernt vor Anker liegt. Mittschiffs räkeln sich zwei Gestalten in ölverschmierten, orangefarbenen Taucheranzügen. Schwitzend liegen sie auf dem rostigen Stahldeck und lesen: die Ersatzmannschaft für die Notglocke. Hundert Meter tiefer arbeiten ihre beiden Kollegen auf dem Meeresboden. Genaugenommen arbeitet nur einer: Er verschraubt Rohrleitungen und Ventile an der Tankerbeladungsboje. Der zweite hält sich in einer Taucherglocke in Bereitschaft. Im Unterdeck des Schiffs sitzt Cheftaucher Ron am Kontrollpult. Vor Armaturen, Schaltern und einem Fernsehmonitor überwacht er die beiden Männer in der Tiefe. Aus dem Lautsprecher dringt laut und scharf hastiges Geröchel, es klingt wie der gepreßte Atem eines Gehetzten – das ist der Einsatztaucher: Die Arbeit strengt ihn an. Zehn Uhr dreißig. Plötzlich ein langgezogener, verzerrter Schrei, dem die vor Aufregung fast überschnappende Stimme des Begleiters folgt. Ron löst die Alarmsysteme aus: Die Ersatztaucher hasten zum Lift, der sie Sekunden später ins Meer versenkt. Sie werden dem verunglückten Kameraden zu Hilfe kommen.

Zwischenfälle wie dieser gehören zum kalkulierten Risiko, das jeder Unterwasser-Arbeiter hier eingeht. Der Beruf ist hart und gefährlich, aber jeder Tag bringt immerhin 700 Mark. In diesem Geschäft enden viele Unfälle tödlich: Ein falscher Handgriff, eine technische Panne oder eine plötzlich auftretende, starke Grundströmung, und schon ist alles vorbei; die Ursache wird man erst später erfahren. In den vergangenen eineinhalb Jahren sind bei der Ölsuche in der Nordsee 29 Taucher verunglückt. Trotzdem – aus der ernüchternden Erkenntnis, daß die heute genutzten Erdölvorkommen nicht unerschöpflich sind und daß auch andere Rohstoffe knapp zu werden beginnen, sahen sich alle Industrienationen gezwungen, die Reserven der Weltmeere zu erschließen.

Die größten Vorräte enthält das Meerwasser selbst; würde man sämtliche im Meer gelösten Stoffe auf dem Festland ablagern, ergäbe sich eine fünfzig Meter hohe Schicht. Fast alle Elemente sind im Seewasser vertreten, sogar Gold. Der Wert des Goldes, das in einer Kubikmeile Meerwasser enthalten ist, beziffert sich auf 100 Millionen Dollar – beachtlich, wenn man bedenkt, daß diese »nasse« Welt immerhin 330 Millionen Kubikmeilen umfaßt. Der Silbergehalt ist einhundertmal höher, der an Uran, Zinn und Kupfer fast tausendmal. Die Schwierigkeit besteht nur darin, geeignete Verfahren zu finden, um diese Reichtümer dem Wasser zu entziehen.

Meeresforschungsschiffe wie »Discovery«, »Meteor« und »Valdivia« entdeckten nicht nur unterseeische Vulkane, sondern fischten mit Tiefennetzen auch seltsame Metallknollen aus den Meeren, die je nach Fundstätte Eisen, Mangan, Kupfer, Nickel, Kobalt und Blei in unterschiedlicher Zusammensetzung enthielten. Durch Unterwasserfotografie und -fernsehen wissen wir heute, daß der Seeboden an bestimmten Stellen meilenweit mit solchen hochwertigen Erzknollen bedeckt ist. Sie sammeln sich in 3 500 bis 6 000 Meter Tiefe auf dem flachen, roten Tonboden der Tiefseebecken in geradezu ungeheuren Mengen an. Im Pazifik gibt es Flecken, wo sie dicht bei dicht lagern, bis zu 50 Kilogramm je Quadratmeter, und an den Flanken unterseeischer Erhebungen wurden sogar mehrschichtige Lager von 300 Kilogramm je Quadratmeter entdeckt. Man schätzt die gesamten Vorräte an Erzknollen auf 10 bis 100 Milliarden Tonnen (Die Welterzförderung im Jahre 1971 betrug 471,7 Millionen Tonnen). Wie diese Knollen entstanden sind, ist immer noch nicht zweifelsfrei geklärt. Im Roten Meer fanden amerikanische Wissenschaftler abbauwürdige Lagerstätten schwefelhaltiger Bunterzschlämme, und man kann heute noch beobachten, wie bei untermeerischer Vulkantätigkeit heiße Sulfide ausgeschieden werden, deren Ablagerungen am Grund jene Schlämme bilden.

Um Erz auf dem Boden der Tiefsee zu gewinnen, sind neuartige technische Verfahren notwendig. Der großen Tiefe wegen können Menschen in den nächsten Jahrzehnten nicht eingesetzt werden, Roboter müssen an ihre Stelle treten. Japan macht Versuche mit einem gewaltigen Löffelbagger, der die Erzknollen aus 1 000 Meter Tiefe emporholt; nach einem anderen Plan sollen riesige Kehrmaschinen, die automatisch arbeiten, die Knollen sammeln und mit Hilfe von Saugpumpen zur Oberfläche befördern.

Aus den kontinentalen Schelfgürteln, wo die Wassertiefen geringer sind, wird hingegen seit Jahren erfolgreich der Rohstoff Erdöl gefördert. Bei den ersten Bohrungen im Jahre 1946 im Golf von Mexiko hatte man wohl kaum erwartet, daß der Anteil der Erdölgewinnung aus den Ozeanen an der Weltförderung einmal bei 18 Prozent liegen würde; allein ab 1970 hat er sich von 364 auf 504 Millionen Tonnen gesteigert. Nach Schätzungen der Fachleute soll er sich bis zum Jahre 1980 auf 30 bis 50 Prozent der Weltförderung erhöhen.

Neben Bohrinseln, die auf festen Trägern am Grund ruhen, gibt es heute sogenannte »halbtauchende« Plattformen. Frei im Meer schwimmend, werden sie am Einsatzort geflutet, bis ihre Schwimmkörper so tief unter Wasser liegen, daß sie dem Wellengang nicht mehr ausgesetzt sind. Unbehelligt vom Rollen und Schlingern können sie ihre Arbeit daher auch bei stürmischer See fortsetzen. Eine neuartige Halbtauchbohrinsel befindet sich gegenwärtig in Halifax/Kanada im Bau. Sie soll noch bei einer Wassertiefe von 1 830 Meter Bohrungen bis zu 7 625 Meter Endtiefe ausführen. Die herkömmliche Verankerung wird hier durch ein Computersystem ersetzt, das laufend Meßdaten über Meeresströmungen, Windstärke und

-richtung auswertet und mit Hilfe von acht Antriebsaggregaten vollautomatisch durch Gegensteuern eine Abdrift verhindert. Es hält die Plattform genau über der Bohrstelle fest.

Wenn wir schon bei der Rohstoffgewinnung in immer stärkerem Maße auf die Schätze der Ozeane angewiesen sind, so gilt dies noch weit mehr bei der Versorgung mit Nahrungsmitteln. Einstmals wurden die Fischbestände für selbstverständlich angesehen; daß sie nicht unerschöpflich sind, zeigen jüngste Fangzahlen aus der Nordsee, die vor Island zu einem wahren Fischereikrieg geführt haben. Peru steht mit seinem gigantischen Anchovisfang – allein im Jahre 1970 waren es 12,6 Millionen Tonnen – an der Spitze aller Fischfang betreibenden Länder. Es folgen Japan, die Sowjetunion und China. Ein Großteil der Fänge wird zu Fischmehl verarbeitet, das als Futter und Düngemittel eine wichtige Rolle spielt. Wie lange wir uns einen solchen Raubbau allerdings noch leisten können, steht dahin.

Auch beim Fischfang wird die Technik immer mehr vervollkommnet. Seit neuestem arbeitet man mit »integrierten Fangsystemen«: Damit ist es möglich, Fischschwärme auf große Entfernung zu orten und den genauen Standort zu bestimmen, Art und Größe der Fische festzustellen und Fangschiff wie Fanggeschirr über einen Prozeßrechner vollautomatisch zu steuern. Mit dem neuen Verfahren will man auch die von Schiffen häufig georteten Schwärme der Tiefsee erreichen. Vielleicht können demnächst sogar die Riesenkraken des Meeresbodens, derzeit noch Hauptnahrung der Pottwale, unmittelbar für die menschliche Ernährung genutzt werden. Seit Mitte 1975 kreuzen Forschungsschiffe in den antarktischen Gewässern, um den Krill, jene nur wenige Millimeter großen Krebschen, von denen die Bartenwale leben, auf seine Verwendbarkeit für den Menschen zu untersuchen. Man erhofft Fangergebnisse von 200 000 Tonnen im Jahr.

Große Bedeutung bei der Ernährung der Weltbevölkerung wird dem »Seafarming« oder der Aquakultur zukommen. Schon jetzt züchtet man in vielen Teilen der Welt in Meeresbuchten und Teichen Tiere oder Algen; beispielsweise werden vor der italienischen Küste Aale aufgezogen, sie erbringen jährlich je Ar einen Ertrag von 600 Kilogramm, indonesische Weiher liefern auf der gleichen Fläche bis zu 280 Kilogramm Fisch, und Versuchszüchtungen von Garnelen erbrachten in Singapur 350 Kilogramm, in Taiwan sogar 800 Kilogramm jährlich. Farmen für Suppenschildkröten, Austern und Miesmuscheln gibt es seit langem, ebenso Algenplantagen; in Japan dienen Meeresalgen hauptsächlich als Nahrungsmittel, in anderen Gegenden gewinnt man daraus Grundstoffe für Medikamente und Düngemittel. Bereits vor 35 Jahren haben japanische Taucher Tangpflanzungen angelegt, die planmäßig abgeerntet werden. In den USA hat man sogar besondere Erntemaschinen gebaut, die von Lastkähnen aus Kelp – eine fleischige, langstielige Wasserpflanze – schneiden. Algen liefern die zehnfache Menge an Eiweiß wie Reis oder Weizen, und der amerikanische Fachmann für Aquakultur Palmer behauptet sogar, eine Algenkultur von der

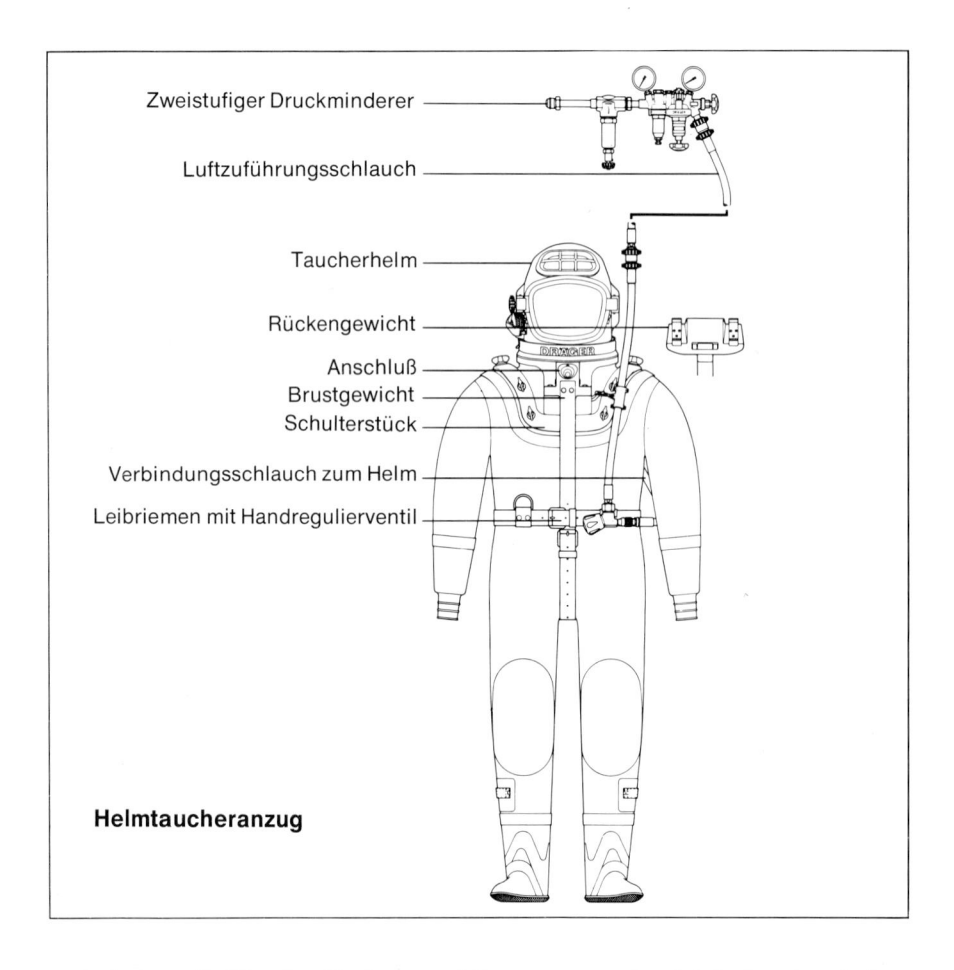

```
Zweistufiger Druckminderer
Luftzuführungsschlauch
Taucherhelm
Rückengewicht
Anschluß
Brustgewicht
Schulterstück
Verbindungsschlauch zum Helm
Leibriemen mit Handregulierventil

Helmtaucheranzug
```

sechsfachen Größe des Bodensees könne, wenn sie richtig bewirtschaftet wird, die gesamte Weltbevölkerung ernähren.

Man hat die Ozeane auch als »inneren Weltraum« bezeichnet. Auch hier mußte man, um sie zu erforschen, gänzlich neue Apparate und Hilfsmittel ersinnen. Am Anfang dieser Entwicklung stand wohl das »autonome Preßlufttauchgerät«. Damit ausgerüstet, stieß der moderne Schwimmtaucher, seinem durch Helm und Bleischuhe behinderten Kollegen an Bewegungsfreiheit weit überlegen, in Meerestiefen von 100 und mehr Meter vor. Der gewaltige Druck, der dort herrscht, zerquetscht den Menschen durchaus nicht, wie man annehmen könnte. Unser Körper besteht vorwiegend aus Wasser, das nicht zusammendrückbar ist. Auch in Tiefen von 1000 und 2000 Meter, wo bereits ein Druck von 100 bis 200 Atmosphären herrscht (je zehn Meter Wassertiefe nimmt der Druck um eine Atmosphäre zu), würde der menschliche Körper nicht nennenswert verformt. Zusammengedrückt werden lediglich luftgefüllte Hohlräume, in erster Linie Lunge und Stirnhöhlen. Ausgleich muß ein Atemgerät schaffen, das dem Taucher Luft unter dem Druck seiner jeweiligen Umgebung zuführt.

Tauchmethoden

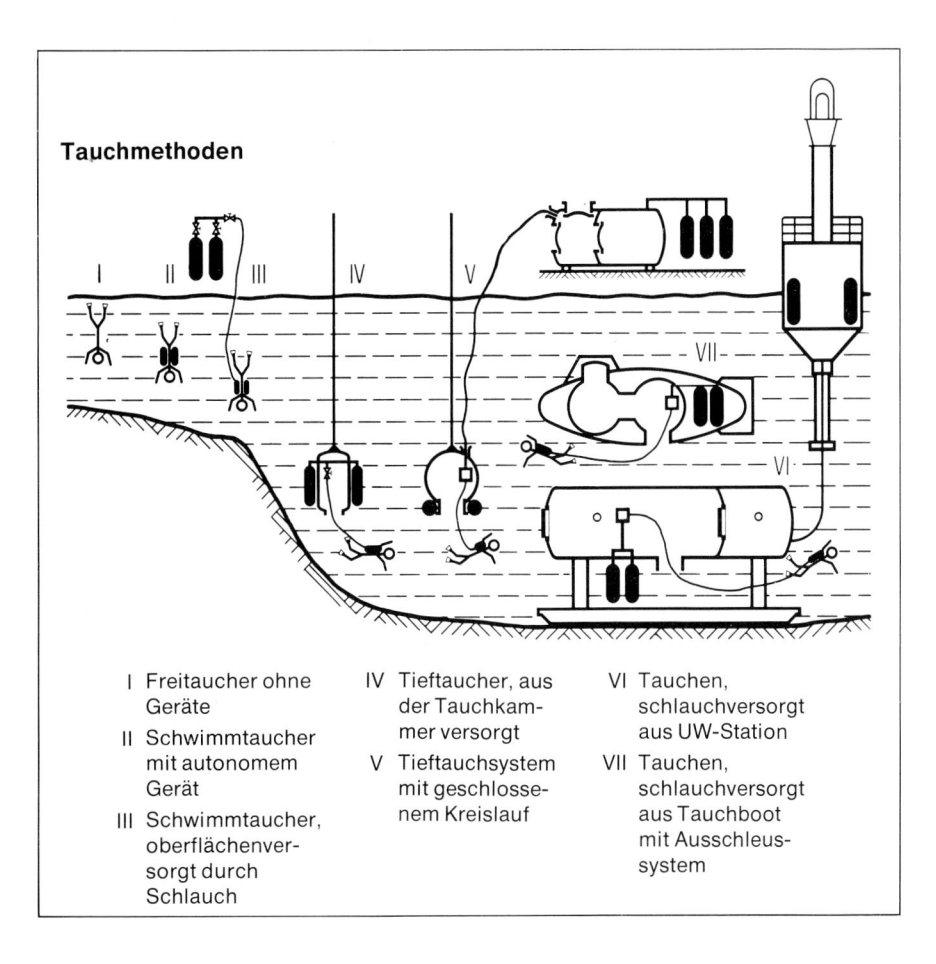

I	Freitaucher ohne Geräte
II	Schwimmtaucher mit autonomem Gerät
III	Schwimmtaucher, oberflächenversorgt durch Schlauch
IV	Tieftaucher, aus der Tauchkammer versorgt
V	Tieftauchsystem mit geschlossenem Kreislauf
VI	Tauchen, schlauchversorgt aus UW-Station
VII	Tauchen, schlauchversorgt aus Tauchboot mit Ausschleussystem

Das schwerwiegendste Problem beim Einsatz des Menschen in größerer Tiefe bilden aber stoffwechselphysiologische Vorgänge im Körperinnern: Unter steigendem Druck löst sich Atemluft – und hier besonders Stickstoff –, über die Lungenbläschen aufgenommen und durch den Blutkreislauf im Körper verteilt, auf. Je tiefer und länger man taucht, desto mehr Stickstoff geht in Lösung über. Bei der Rückkehr und der damit verbundenen Druckabnahme setzt der umgekehrte Vorgang ein, der gelöste Stickstoff wird über die Lunge wieder ausgeatmet. Dazu braucht der Organismus aber eine gewisse Zeit; erfolgt die Rückkehr an die Oberfläche zu schnell, so kann der Stickstoff nicht mehr ausgeatmet werden und bildet winzige Gasbläschen im Körper – es kommt zu einem Anfall der gefürchteten »Caisson-Krankheit«. Sie äußert sich vielgestaltig und reicht von Gliederschmerzen bis zu Lähmungserscheinungen, Sprach- und Sehstörungen, und in vielen Fällen führt sie zum Tod.

Durch Versuche in Druckkammern sind die Auftauchzeiten in Abhängigkeit von Tauchdauer und -tiefe bekannt. So ist nach einem Aufenthalt von 60 Minuten in 50 Meter Tiefe bereits eine Auftauchzeit von über zwei

Das »UWL Helgoland«, eine 14 m lange Stahlröhre auf vier Beinstützen mit einem Anbau, gilt als die fortschrittlichste Unterwasserstation der rund 50 heute bereits vorhandenen Unterwasserhäuser. Es wurde für vier Monate in die USA ausgeliehen, um Untersuchungen über das Jugendleben des Herings anzustellen. Die weite Reise von Travemünde nach Boston erfolgte an Bord eines polnischen Fischereimutterschiffes.

Stunden notwendig, bei Tiefen um 100 Meter rechnet man mit Auftauchzeiten von 24 Stunden und mehr. Solche äußerst langen Dekompressionspausen schlossen Einsätze im offenen Meer aus, hätte doch ein plötzlicher Wetterwechsel den Taucher in Lebensgefahr gebracht.

Eine künstliche Atmosphäre hingegen, in der der Stickstoffanteil durch das weitaus leichtere Helium ersetzt wurde, verkürzte bei Druckkammerversuchen die Auftauchzeit erheblich und erlaubte Tauchtiefen von 400 bis 500 Meter. Zudem gewann man die Erkenntnis des sogenannten Sättigungstauchens: Für jede Wassertiefe gibt es einen höchsten Sättigungsgrad des Körpergewebes mit Atemgas. Ist dieser Wert einmal erreicht, spielt es keine Rolle mehr, wie lange sich der Taucher in der Tiefe aufhält, die Auftauchzeit bleibt unverändert. Von solcher Erfahrung ausgehend, entstand die Idee des Unterwasserhauses: ein Raum, in dem der Taucher auf dem Meeresboden wohnt, unter dem Druck seiner Umgebung unmittelbar an der Arbeitsstätte, und den er mit dem Tauchgerät zur Arbeit verläßt.

Die Konstruktion solcher Wohnstätten auf dem Meeresgrund ist im wesentlichen stets die gleiche: ein zylinder- oder kugelförmiger Arbeits-, Wohn- und Aufenthaltsraum, auch in mehrere Einzelkabinen unterteilt, mit einer Einstiegluke im Fußboden. Der Innenraum birgt alle Einrichtungen, die für den Aufenthalt der Aquanauten lebensnotwendig sind, wie bescheidenes Mobiliar, meist eine kleine Küche mit Herd und Eisschrank, Süßwasserdusche warm und kalt, Toiletten, einen Geräteraum für die Tauchausrüstungen sowie eine elektrische Anlage für die Beleuchtung und den Betrieb der Apparate und Meßuhren. Die ganze Konstruktion ruht, mit Ballast beschwert und Standfüßen versehen, auf dem Meeresgrund. Fluttanks können ausgeblasen werden und so das Habitat schwimmfähig machen. Mit der Außenwelt ist das Haus durch eine Versorgungsleitung verbunden, über die Telefon- und Fernsehverbindung und die Stromzufuhr laufen. Über dem Einsatzort ankert meist ein Versorgungsschiff, von dem aus Wissenschaftler das gesamte Unternehmen überwachen. Der atmosphärische Druck im Innenraum entspricht dem in der jeweiligen Wassertiefe herrschenden Außendruck, jedoch kann das Atemgas unterschiedlich zusammengesetzt sein. Bei Tauchvorhaben in geringer Tiefe nimmt man normale Atemluft, die mit Hilfe von Kompressoren und Druckleitungen von der

Das Unterwasserlaboratorium »UWL Helgoland« besitzt einen klimatisierten Wohnraum, Toilette, Maschinen- und Arbeitsraum. Durch eine auf der Wasseroberfläche schwimmende Boje wird es mit dort automatisch erzeugter Elektrizität und Druckluft versorgt.

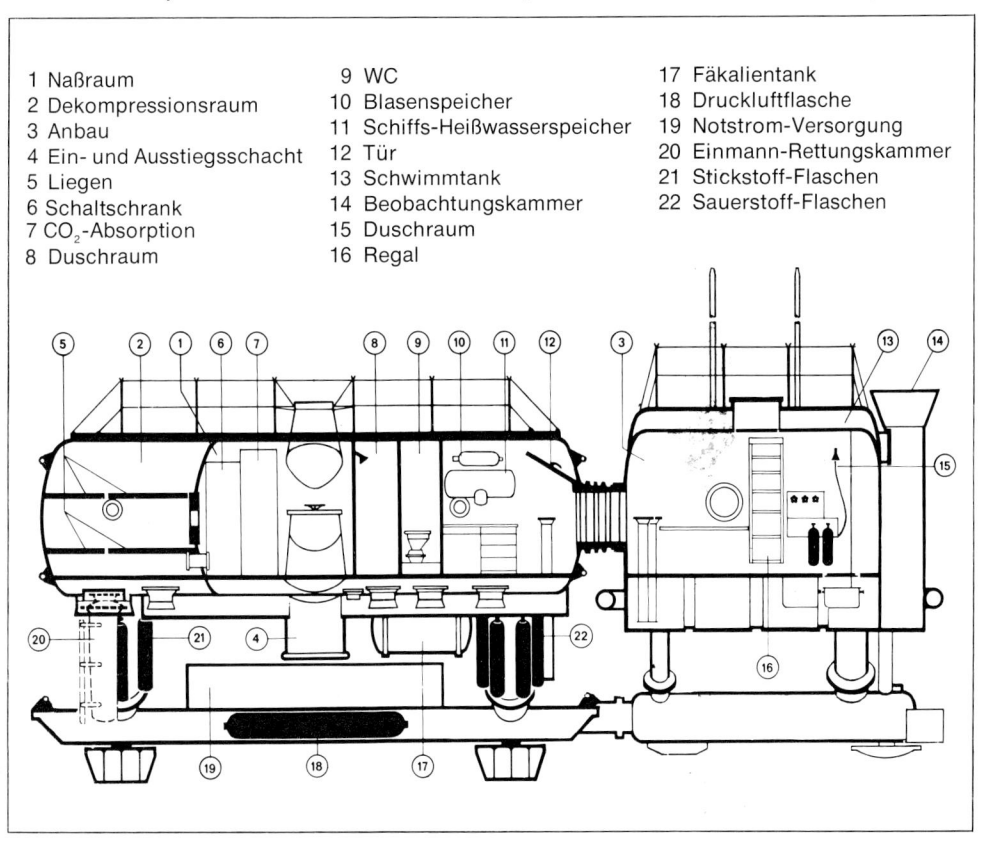

1 Naßraum
2 Dekompressionsraum
3 Anbau
4 Ein- und Ausstiegsschacht
5 Liegen
6 Schaltschrank
7 CO_2-Absorption
8 Duschraum
9 WC
10 Blasenspeicher
11 Schiffs-Heißwasserspeicher
12 Tür
13 Schwimmtank
14 Beobachtungskammer
15 Duschraum
16 Regal
17 Fäkalientank
18 Druckluftflasche
19 Notstrom-Versorgung
20 Einmann-Rettungskammer
21 Stickstoff-Flaschen
22 Sauerstoff-Flaschen

Das in Deutschland gebaute Unterwasserfahrzeug »Meermaid« ist zum Einsatz in der Off-Shore-Technik bestimmt, um größere Flächen abzusuchen. Taucher können das Klein-U-Boot über eine Schleuse kurzfristig verlassen. Foto Norbert Schuch

Oberfläche her dem Habitat stetig zugeführt wird. Eine Reinigungsanlage filtert das Kohlendioxyd chemisch heraus und sorgt in Verbindung mit einem ausreichenden Luftaustausch für beschwerdefreies Atmen. Bei größeren Tiefen ersetzt Helium den Stickstoff. Neuerdings unterscheidet man »offene« und »geschlossene« Systeme. Der erstgenannte Typ besitzt keine druckfeste Kabine, der Innendruck muß dem jeweiligen Außendruck angepaßt sein. Das deutsche Unterwasserlaboratorium »UWL Helgoland« gehört dagegen zu den geschlossenen Systemen. Seine Zelle widersteht überhöhtem

Innen- wie Außendruck und kann somit nach Verschließen der Einstiegluke wie ein U-Boot auf und ab gefahren werden.

Aus dem geschlossenen Unterwasserhaus entstanden dann moderne Tieftauchanlagen, wie man sie vor allem bei der Ölsuche im Schelfgebiet anwendet. An Bord des zugehörigen Schiffes befindet sich eine große Druckkammer, in der die Taucher für die Dauer des Einsatzes unter dem Druck der Meerestiefe ihres jeweiligen Arbeitsplatzes leben. Täglich steigen die Männer in eine kleine Druckkammer um, die sie wie ein Lift zu den Bohrstellen am Meeresboden befördert. Nach der Schicht holt man sie wieder an Bord. Dieses Verfahren hat einen großen Vorteil: Wenn sich das Wetter plötzlich verschlechtert und die Arbeit abgebrochen werden muß, kann der Taucher unter ständiger Beobachtung an Bord dekomprimieren. In rauhen Meeren wie der Nordsee kommen solche Wetterlagen nur zu häufig vor.

Neben Tauchern setzt man in der Off-Shore-Technik zunehmend auch Klein-U-Boote ein. Mit Beobachtungsfenstern versehen und ausgelegt für Tiefen von 300 bis 400 Meter, lassen sich damit gut größere Flächen absuchen. Die zwei- bis dreiköpfige Besatzung kann mit Hilfe von Greifern Bodenproben aufnehmen oder als Taucher das Boot über eine Schleuse für kurzfristige Untersuchungen verlassen.

Doch das Meer dient dem Menschen nicht nur als Arbeitsraum; seit einigen Jahren hat ein ständig steigender Touristenstrom auf den »inneren Weltraum« eingesetzt. Reisebüros, eigens für Unterwasserurlaubsreisen, haben sich niedergelassen, so etwa eine Münchner Firma, die Tauchreisen zu den Korallengärten des Roten Meeres und der Karibik anbietet, und für den stattlichen Preis von 4000 Dollar kann man in den USA sogar Unterwassersafaris zum großen Weißen Hai, dem Helden des Monsterfilms »Jaws«, buchen. 52 Tauchsportzeitschriften werden in aller Welt von Millionen begeisterten Anhängern des nassen Sports gelesen, Maler und Fotografen stellen ihre submarinen Kunstwerke in eigenen Unterwasserwettbewerben aus. Im Jahr 1973 entwarf die Architekturklasse der Technischen Hochschule Wien die ersten Unterwasserbauten mit behaglicher Inneneinrichtung und allen Bequemlichkeiten; um das Wohnen wieder menschlicher zu machen, schickte Österreichs führender Architekt Karl Schwanzer seine Schüler »ins wirklich Unmenschliche«: auf den Meeresgrund.

Der französische Meeresforscher Cousteau sah schon in den sechziger Jahren die Morgendämmerung des »Homo aquaticus« heraufziehen, eines Fischmenschen, der, ausgerüstet mit einer unmittelbar an den Blutkreislauf angeschlossenen künstlichen Kieme, in die Urheimat allen Lebens zurückkehrt, um sein Dasein in Dörfern und Städten auf dem Meeresgrund zu verbringen. Die künstliche Kieme ist bereits da: Anläßlich der ersten Internationalen Weltausstellung des Meeres, »EXPO 75« in Okinawa, wurde sie von japanischen Wissenschaftlern der Öffentlichkeit vorgestellt.

Eine neue Ölquelle wird erschlossen: Kohle HELMUT VÖLCKER

Dank moderner Abbaumethoden wird die Kohle als Energiequelle wieder wettbewerbsfähig. Jeweils 80 cm Kohle schneidet die gewaltige, mit Stahlmessern bestückte Walze aus dem Flöz. Rechts der Ausbau, der den Abbauraum gegen das Gebirge abstützt.

Städte und Dörfer ohne Autoverkehr. Pferdekutschen, Reiter und Fußgänger auf den Hauptstraßen der Großstädte, Autobahnen und Fernstraßen wie leergefegt – Zukunftsbild oder Rückschritt in längst vergangene Zeiten? Es war die Wirklichkeit einiger Sonntage im November und Dezember des Jahres 1973 in vielen europäischen Ländern. Ölkrise – das war die Schlagzeile, die diese ungewöhnliche Veränderung im Verkehrsgeschehen auf Europas Straßen erklären sollte. Was war geschehen?

Die Erdölförderländer der Erde waren sich klar darüber geworden, daß ihre Vorräte in absehbarer Zeit – bei einigen innerhalb weniger Jahrzehnte – aufgebraucht sein werden. Die ständig steigende Nachfrage aus den Industrieländern beschleunigte diesen Auszehrungsprozeß der Ölfelder des Nahen Ostens und Mittelamerikas. Die Grenzen des Wachstums, ja sogar die begrenzte Zeitdauer, für die dieser verschwenderische Verbrauch noch aufrechterhalten werden kann, wurden deutlich. Die Erdölländer reagierten auf diese Erkenntnis heftig. Drastische Preiserhöhungen, Drosselung der Produktion und Mengenbegrenzung der Öllieferungen waren ihre Antwort.

Fachleute konnte diese Entwicklung nicht überraschen. Das mußte kommen. Nur der Zeitpunkt war offen. Warum? – Die Vorräte dieser Erde an allen verwertbaren Rohstoffen sind begrenzt. Für die Energie trifft das schon für unsere nahe Zukunft zu. Die Deckung des derzeitigen Bedarfs kann nicht einmal mehr für eine Generation als gesichert angesehen werden. Das gilt besonders für das Erdöl, das wegen der Motorisierung, Ablösung der Koksheizungen durch Ölfeuerung und schließlich mit dem Bau von Ölkraftwerken anstelle von Kohlekraftwerken im Laufe weniger Jahre in der Energieversorgung Europas eine beherrschende Rolle übernommen hat.

Die Bestandsaufnahme bei den Energievorräten zeigte aber nicht nur den Engpaß, sondern auch den Ausweg: die Kohle. In Zahlen ausgedrückt heißt das: Die sicheren Kohlevorräte der Erde sind mindestens zehnmal so groß wie die Vorräte an Erdöl – einschließlich der noch nicht abbauwürdigen Ölschiefer und Ölsände – und an Erdgas zusammen. Hinzu kommt, daß wichtige Industrieländer wie die Vereinigten Staaten von Nordamerika und auch die Bundesrepublik Deutschland sehr viel größere Kohlevorkommen als Ölvorkommen besitzen. Für die Bundesrepublik Deutschland ergibt sich ein besonders einfaches Bild: Wir haben überhaupt keine nennenswerten Vorräte an Erdöl. Hingegen reichen unsere sicheren Kohlevorräte aus, selbst wenn sich der derzeitige Verbrauch verdoppelt, den Bedarf noch für mehr als 100 Jahre zu decken.

Die Ersatzenergie für den Rohstoff Erdöl heißt also Kohle. Dafür gibt es noch einen anderen Grund, der mit der chemischen Zusammensetzung von Erdöl und Kohle zusammenhängt. Eine genaue Analyse zeigt nämlich, daß die Kohle genau wie das Erdöl und das Erdgas chemisch zu den Kohlenwasserstoffen gehört. Kennzeichnend für die Gruppe der Kohlenwasserstoffe ist, daß ihre Moleküle vor allem aus Kohlenstoff- und Wasserstoffatomen gebildet werden.

```
        H
        |
  H  —  C  —  H
        |
        H
```

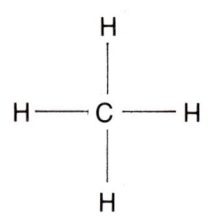

Um zu verstehen, welchen Ausweg aus der Ölkrise die Chemiker und Ingenieure der Industrieländer suchen, müssen wir uns darum kurz mit den Kohlenwasserstoffen beschäftigen. Ein Kohlenstoffatom kann vier Wasserstoffatome an sich binden. Dabei entsteht Methan, dessen chemische Formel CH_4 (C = Carbon = Kohlenstoff, H = Hydrogen = Wasserstoff) lautet und das ein leicht flüchtiges Gas und ein wichtiger Bestandteil des Erdgases ist. Größere Kohlenwasserstoffmoleküle kommen dadurch zustande, daß sich Ketten oder Ringe von Kohlenstoffatomen bilden, deren freie Bindungen wie bei Methan Wasserstoffatome festhalten. Als Beispiel betrachten wir eine Kohlenstoffkette mit acht Kohlenstoffatomen, also

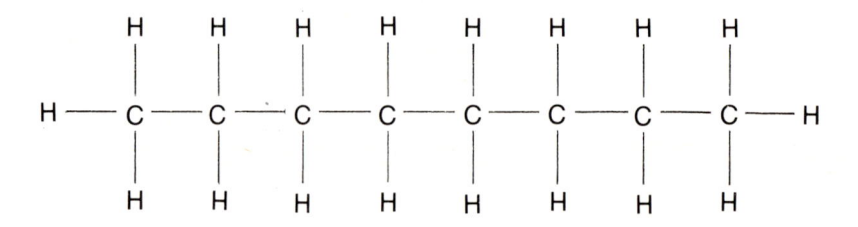

```
        H   H   H   H   H   H   H   H
        |   |   |   |   |   |   |   |
  H  —  C — C — C — C — C — C — C — C  — H
        |   |   |   |   |   |   |   |
        H   H   H   H   H   H   H   H
```

oder kurz C_8H_{18}. Es trägt die Bezeichnung Oktan und findet sich im Benzin, stellt also eine leicht flüchtige Flüssigkeit dar. Noch längere Ketten dieser Art führen zu den Paraffinen, die bei Zimmertemperatur bereits fest sind. Zwei Erkenntnisse sind hier wichtig. Je größer die Kohlenwasserstoffmoleküle werden, desto geringer ist der Wasserstoffanteil. Beim Methan ist das Atomverhältnis von Kohlenstoff zu Wasserstoff 1 : 4, beim Oktan 8 : 18 und bei den langkettigen Paraffinen annähernd 1 : 2. Je geringer aber der Wasserstoffgehalt ist, desto höher liegt die Temperatur, bei der der Kohlenwasserstoff flüssig oder gasförmig wird. Diese Merkmale treffen auch auf sogenannte ringförmige Kohlenwasserstoffverbindungen zu, die es neben den kettenförmigen gibt. Der hier wiedergegebene Kohlenwasserstoffring des Benzols (C_6H_6) ist dafür ein typisches Beispiel.

```
              H
              |
              C
             ╱ ╲╲
         H — C   C — H
             |   ||
         H — C   C — H
             ╲╲ ╱
              C
              |
              H
```

Ordnet man die in der Natur vorkommenden Kohlenwasserstoffe unter diesen Gesichtspunkten, so ergibt sich folgendes: Das im Erdgas vorhandene Methan hat als einfachster Kohlenwasserstoff das niedrigste Molekulargewicht und den höchsten Wasserstoffanteil, und Anthrazit, das heißt Steinkohle, hat das höchste Molekulargewicht und den geringsten Wasserstoffanteil. Die nachstehende Tabelle, in der der Wasserstoffanteil und das Molekulargewicht verschiedener Kohlenwasserstoffe angegeben sind, zeigt den chemischen Verwandtschaftsgrad der fossilen Energieträger.

	Gramm Wasserstoff pro 100 g Kohlenstoff	Molekulargewicht
Steinkohle	6	über 5 000
Braunkohle	8	über 5 000
Erdöl	14	etwa 400
Leichtes Heizöl	16	etwa 200
Benzin	17	etwa 100
Methan (Hauptbestandteil des Erdgases)	33	16

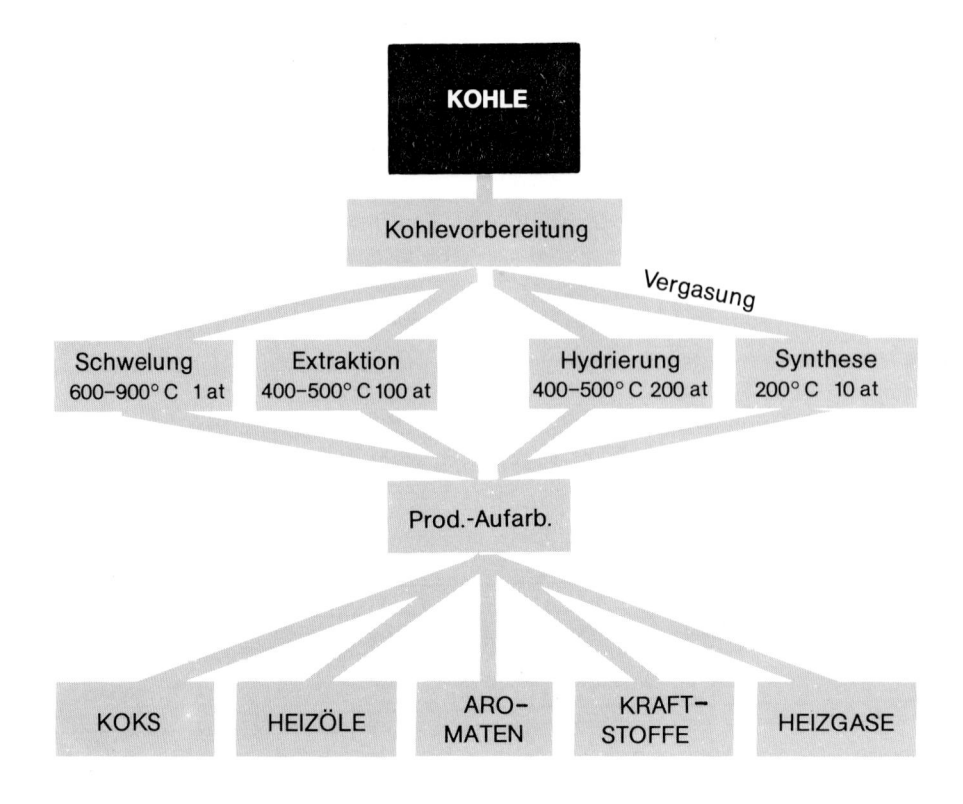

```
                    ┌─────────┐
                    │  KOHLE  │
                    └─────────┘
                         │
                  Kohlevorbereitung
                                    Vergasung
  Schwelung      Extraktion       Hydrierung      Synthese
  600–900° C 1 at 400–500° C 100 at 400–500° C 200 at 200° C 10 at

                    Prod.-Aufarb.

  KOKS    HEIZÖLE    ARO-     KRAFT-    HEIZGASE
                    MATEN    STOFFE
```

Die zusammengesetzte Form der Kohlenwasserstoffmoleküle, die die Kohle bilden, zeigt das umstehende Formelbild. Man erkennt die Benzolringe als wichtige Bausteine dieser Riesenmoleküle. In diesem inneren Bau der chemischen Verbindungen liegt das Geheimnis der Verwandtschaft von Kohle und Erdöl. Will man Kohle als Ersatz für Erdöl heranziehen, so lautet die Aufgabe für den Chemiker: Die großen Kohlemoleküle müssen zu kleinen Kohlenwasserstoffmolekülen, wie sie im Erdöl vorkommen, abgebaut werden. Gleichzeitig muß der Kohle dabei Wasserstoff zugeführt und in die kleineren Moleküle eingelagert werden, damit Flüssigkeiten entstehen. Dieser Moleküleabbau verläuft bei Temperaturen oberhalb 250 Grad Celsius.

Für den Aufschluß der Kohle zu gasförmigen und flüssigen Kohlenwasserstoffen als Ersatz für Erdgas und Mineralölprodukte (Benzin, leichtes und schweres Heizöl) sind zahlreiche Verfahren entwickelt und erprobt worden, die man entsprechend dem obenstehenden Schema in Verfahrensgruppen einteilen kann. Die Verfahren unterscheiden sich in erster Linie durch die angewandte Temperatur und den Druck, unter dem der Wasserstoff zugeführt wird. Bei den Verfahren, die über die Kohlevergasung ablaufen, ist die Kohleverflüssigung zweistufig. Zunächst werden die Kohlemoleküle in gasförmige Grundstoffe zerlegt, die in einer anschließenden Synthese zu größeren Molekülen der flüssigen Kohlenwasserstoffe wieder zusammengefügt werden. Obwohl dieser Weg bereits großtechnisch erprobt worden ist, gilt er aus Kostengründen zur Zeit in Europa und USA als wirtschaftlich nicht gangbar.

Ein einfacher, unmittelbarer Weg von der Kohle zum Öl wurde zunächst in Deutschland und seit einigen Jahren in USA und Südafrika verfolgt. Noch gibt es keine Großanlage auf der Welt, die nach diesem Verfahren arbeitet, aber diese Technik wird als sehr aussichtsreich beurteilt, und in wenigen Jahren wird in den Vereinigten Staaten eine erste »Raffinerie« arbeiten, die Öl aus Kohle liefert.

Nach unserem Schema gehört dieses Verfahren zur Gruppe der »Extraktionen«. Der Verfahrensablauf von der Kohle bis zum Öl läßt sich am einfachsten in der untenstehenden Darstellung verfolgen. Ausgangsmaterial ist Kohle, die neben Kohlenstoff und Wasserstoff Asche und einige Prozent Schwefel enthält. Die Kohle wird gemahlen und mit einem Teeröl zu einem pumpfähigen Brei gemischt, der auf 400–500 Grad Celsius vorgewärmt und unter einem Wasserstoffdruck von etwa 100 Atmosphären (bar) gesetzt wird. Dabei werden die Kohlemoleküle zu kleineren Molekülen abgebaut, gleichzeitig lagern sie Wasserstoff an. Dieser Vorgang wird als hydrierende Spaltung bezeichnet. Die dabei entstehende Lösung enthält noch die Asche aus der Kohle. Soweit der Schwefel nicht in der Asche oder an die Kohlemoleküle gebunden ist, bildet er mit dem Wasserstoff gasförmigen Schwefelwasserstoff, der aus dem Rohgas abgetrennt werden muß, bevor der gereinigte Wasserstoff dem Lösungstank wieder zugeführt wird. Aus der Lösung wird die Asche herausgefiltert und anschließend das Kohleöl vom Lösungsmittel abgetrennt. Mit dem rückgewonnenen Lösungsmittel wird neue Kohle in Lösung gebracht. Das gewonnene Kohleöl ist praktisch aschefrei und enthält nur noch Spuren von Schwefel, es kann anstelle von schwerem Heizöl bei-

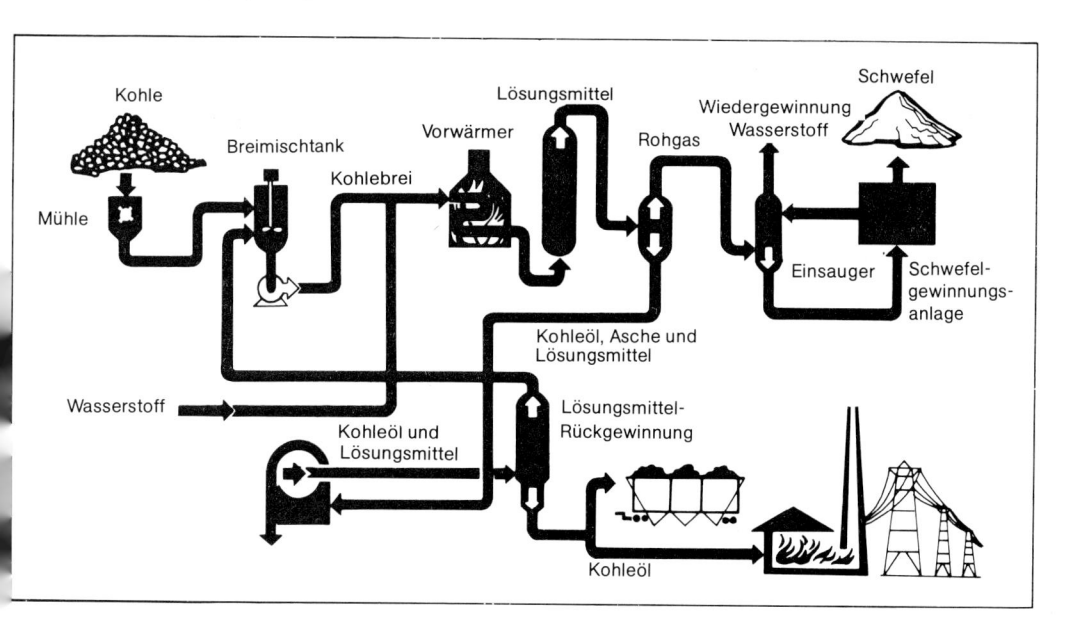

Hier wird aus Kohle Öl – das Destillationsteil einer Kohleverflüssigungsanlage. Kohle und Öl gehören chemisch beide zu den Kohlenwasserstoffen. Die großen Kohlemoleküle werden zu den kleinen Kohlenwasserstoffmolekülen des Erdöls abgebaut.

spielsweise in Ölkraftwerken oder anderen ölgefeuerten Kesseln eingesetzt werden. Für eine Tonne Kohleöl werden in dem Verfahren etwa zwei Tonnen Kohle verbraucht. Auf den Energieinhalt der Kohle bezogen, finden sich etwa zwei Drittel der Ausgangsenergie im Kohleöl wieder, der Rest wird im Aufschlußverfahren aufgezehrt.

Um das Verfahren zur technischen Reife zu bringen und in großem Maßstab auszuprobieren, hat die amerikanische Kohlegesellschaft Pittsburgh & Midway Coal Mining Company, unterstützt von der amerikanischen Regierung, in der Nähe der Stadt Seattle eine Versuchsanlage errichtet, die im Herbst 1974 den Probebetrieb aufgenommen hat. Die Anlage kann am Tag 50 Tonnen Kohle umwandeln und wird die Erfahrungen für den Bau der ersten Kohleölraffinerie der Welt liefern.

Schon haben in den USA die Planungen für diese Großanlage begonnen. Sie soll im amerikanischen Kohlenrevier am Ohio-Fluß errichtet werden und zunächst 5000 Tonnen, später wahrscheinlich 15000 Tonnen Kohle täglich umwandeln. Diese Menge wird ausreichen, ein 1000-Megawatt-Ölkraftwerk laufend mit Brennstoff zu versorgen und damit Strom für eine Millionenstadt, wie beispielsweise München, zu erzeugen.

An dieser ersten Kohleölraffinerie der Welt werden sich auch deutsche Energieunternehmen beteiligen. Die an dem Vorhaben arbeitenden amerikanischen und deutschen Chemiker und Ingenieure sind überzeugt, daß spätestens 1979 in Amerika Kohleöl aus einheimischer Quelle fließen wird.

Die Energielücke schließt sich: In dieser Großversuchsanlage in Tacoma, Washington, USA, werden schwefel- und aschearme feste und flüssige Produkte aus Kohle gewonnen. Auch die Bundesrepublik Deutschland arbeitet an diesem neuen Verfahren mit.

Cabora Bassa – der Sambesi als Entwicklungshelfer

HELLMUT DROSCHA

Cabora Bassa, früher nur die einheimische Bezeichnung einer Felsschlucht im Sambesital, heute bedeutungsgleich für die modernste Staudammanlage und das leistungsfähigste Wasserkraftwerk in Afrika. Der Sperrbereich während des Dammbaues, vom Oberstrom aus gesehen, rechts unten drei der insgesamt fünf Einlauföffnungen zum Kavernenkraftwerk.

»Cabora Bassa« ist fertig. Der gewaltige Staudamm im Sambesital mit dem neuen, riesigen See und dem gigantischen Wasserkraftwerk in der Kaverne des Uferfelsens ist für die junge Nation Mozambique zum Entwicklungshelfer Nummer eins geworden. Die Regierung des südostafrikanischen Landes, das portugiesische Kolonie war und Mitte 1975 seine Unabhängigkeit erlangte, hatte den Arbeiten, die notwendig waren, um die technische Großanlage voll in Betrieb zu nehmen, und ihrem weiteren Ausbau die höchste Dringlichkeitsstufe zuerkannt.

Den größten Teil des elektrischen Stroms, den Cabora Bassa erzeugt, wird das »schwarze« Mozambique in das benachbarte Südafrika liefern – ungeachtet seiner politischen Gegnerschaft zur »weißen« Regierung dieses Landes –, wie es noch mit dem einstigen Kolonialherrn Portugal vertraglich vereinbart worden war. Die Übertragungsleitung ist ebenfalls fertiggestellt. Der hohe Erlös dieser Stromausfuhr soll, wenn die Schulden für die Errichtung des Bauwerks abgezahlt sind, genutzt werden, um am gezähmten Sambesi eine gesicherte Landwirtschaft zu begründen und mit Hilfe der selbsterzeugten elektrischen Energie eine eigene Industrie aufzubauen. Ein Stamm von Fachleuten schwarzer Hautfarbe wurde bereits während der sechsjährigen Bauzeit von Cabora Bassa herangebildet.

Das Gesamtvorhaben Cabora Bassa ist Kernstück eines Generalplans zur Entwicklung des Sambesitals. Die ungeregelte Wasserführung des großen Flusses überschwemmte alljährlich weite Landstriche, was zu schweren Hochwasserschäden führte, während in den dazwischenliegenden Dürreperioden das Gebiet völlig austrocknete. Der gezähmte, von Cabora Bassa aus über 250 Kilometer aufgestaute Sambesi – die Gesamtfläche von 2700 Quadratkilometer ist fünfmal so groß wie der Bodensee – wird es jetzt mit zeitlich, örtlich und der Menge nach genau bemessenen Wassergaben ermöglichen, flußaufwärts fast bis zur sambisch-rhodesischen Grenze eine ausgedehnte Landwirtschaft zu entwickeln. Etwa 15 000 Quadratkilometer Boden – so groß ist etwa das deutsche Bundesland Schleswig-Holstein – werden sich bewässern und zum Anbau von Getreide, Zuckerrohr, Gemüse, Citrusfrüchten, Jute und Baumwolle nutzen lassen.

Zugleich sind nun die Voraussetzungen geschaffen, den Sambesi auch unterhalb des Staudamms auf seinem noch über 500 Kilometer langen Lauf bis zur Mündung in den Indischen Ozean schiffbar zu machen. Auf weite Sicht denkt man daran, den Strom hier dem Tourismus zu erschließen. Vor allem aber wird Mozambique mit Hilfe der sehr billigen elektrischen Energie die Bodenschätze des Landes, nämlich Kohle, Eisen, Titan, Fluorid, Mangan, Magnesit, Chrom, Bauxit und Asbest, gewinnen und verarbeiten können – der Schlüssel für seine Industrialisierung.

Bereits mit dem Bau von Cabora Bassa hatte die Verbesserung der Infrastruktur für das Sambesital begonnen. Die Beförderung des umfangreichen Materials verlangte tragfähige Straßen, die vielerorts erst angelegt werden mußten, samt Brücken und Durchlässen; größtes Bauwerk ist eine 760 Meter

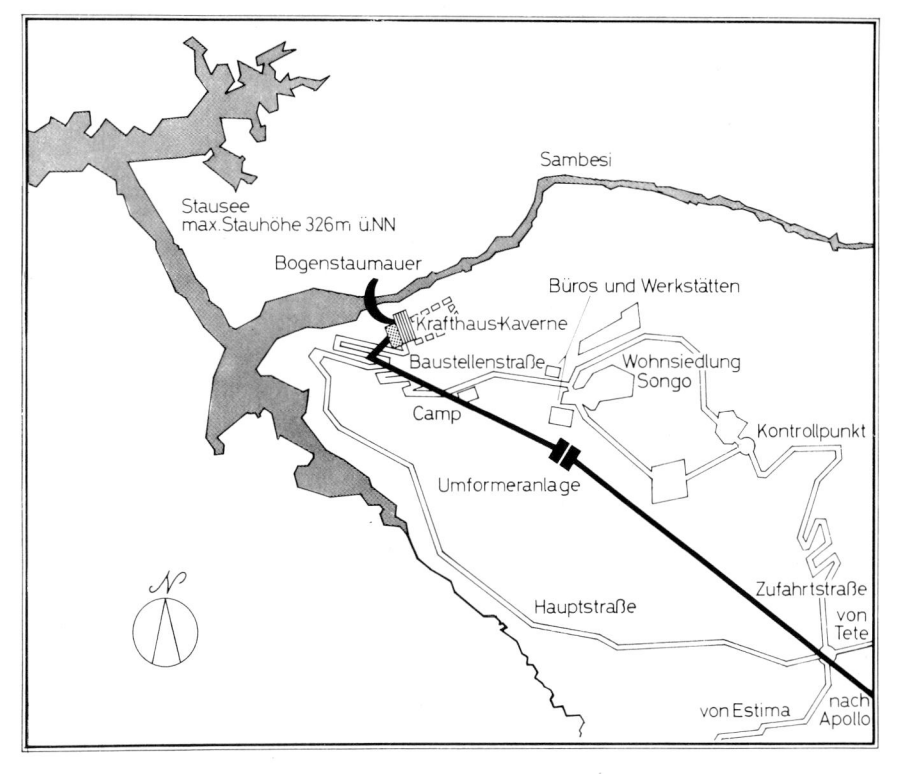

Lageplan von Cabora Bassa mit dem Sambesi, den letzten Ausläufern des 250 km langen, bis zu 30 km breiten Staubeckens und der Freileitung in Richtung Apollo (Südafrika).

lange Hängebrücke bei Tete über den Sambesi, der dort zuvor nur mit einer Fähre zu überqueren war. Außerdem sind zahlreiche Fernsprech- und Fernschreibverbindungen eingerichtet worden, die den Grundstock für ein Nachrichtennetz abgeben.

Solange der Cabora-Bassa-Staudamm im Bau war, lief das ganze Sambesiwasser – bis zu 4500 Kubikmeter in der Sekunde – durch zwei Umleitungsstollen von je einem halben Kilometer Länge, die man an beiden Ufern in den Fels getrieben hatte. Als man dann diese Stollen abriegelte, füllte sich das alte Flußbett wieder und der Aufstauvorgang begann. Topografisch und geologisch ist die Sperrstelle ideal. Es handelt sich um die letzte große Felsbarriere, die der Sambesi durchbricht, bevor er in die Ebene eintritt. Die Ufer der 250 Meter breiten Schlucht fallen nahezu senkrecht ab. Sie bestehen aus festem Gneis und Granit.

Etwa 500000 Kubikmeter Fels mußten ausgehoben werden, um die Bogenstaumauer zu gründen. Die Planer hatten sie in 22 Blöcke aufgeteilt, die in Abschnitten von jeweils zweieinhalb Meter Höhe betoniert wurden; insgesamt 580000 Kubikmeter Beton wurden vergossen. Die Mauer ragt nun an ihrer höchsten Stelle 163,5 Meter über die Felssohle empor – siebeneinhalb Meter höher als der Kölner Dom. Ihre Dicke beträgt in Talmitte ganz unten 23 Meter und nimmt bis zur Stauhöhe auf 4 Meter ab. Über die 300 Meter lange Mauerkrone führt eine 6 Meter breite Fahrstraße hinweg, mit Fußgängerstegen auf beiden Seiten.

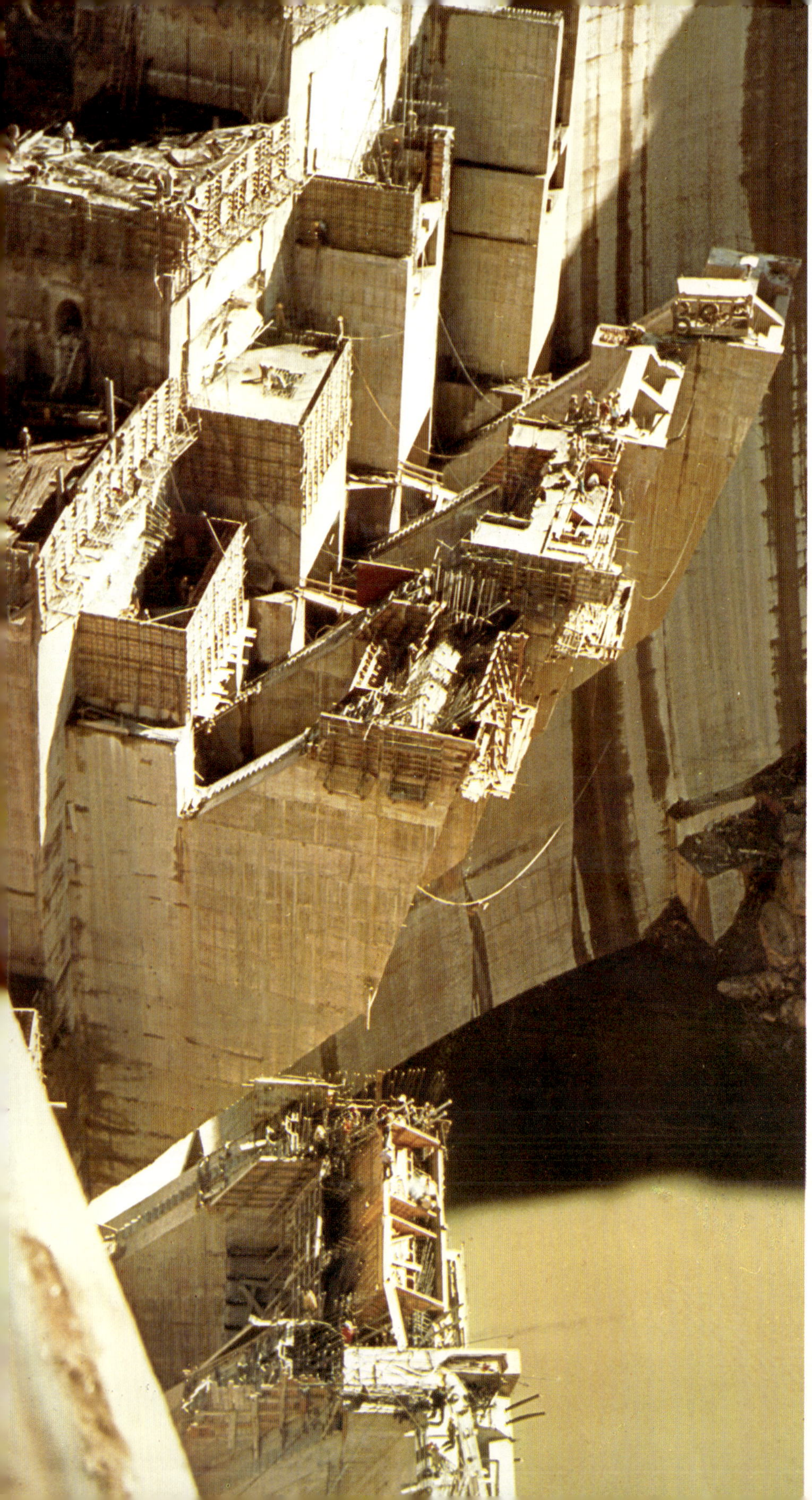
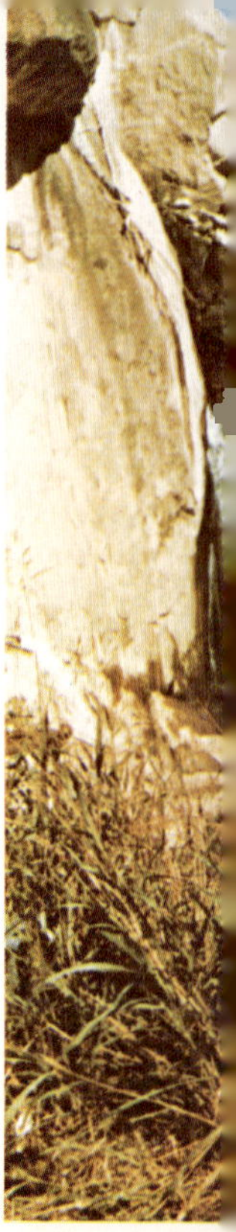
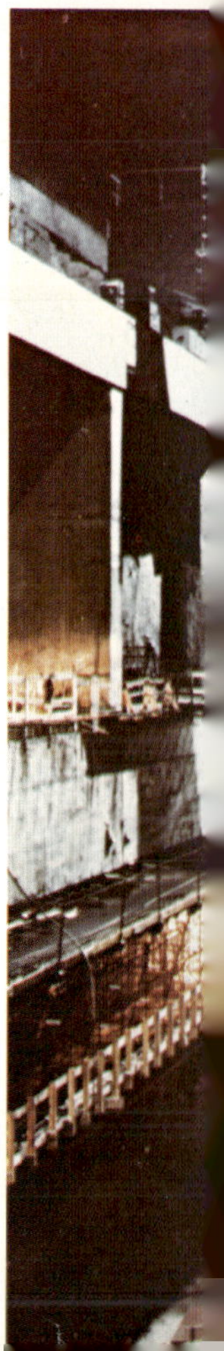

Mitte oben: Höher als der Kölner Dom – der Staudamm Cabora Bassa nach seiner Fertigstellung mit der darübergeführten Straße, vom Unterstrom aus gesehen. Donnernd schießt das Wasser durch die acht Durchlaßöffnungen zur Hochwasserentlastung.

Ganz links: Einige der Durchlässe, die den Wasserstrahl wie eine Sprungschanze nach oben ablenken, im Bau. Von der Wasserseite her lassen sich die Einläufe durch Raupenschütze schließen.

Oben: Vier von den rund 2000 Mitarbeitern aus Mozambique, die während des Baus von Cabora Bassa zu befähigten Fachkräften ausgebildet wurden.

Mitte unten: Kernstück der gesamten unterirdischen Anlagen – die Maschinenkaverne vor dem Einbau der Turbinen und Generatoren. Mit 220 m Länge, 57 m Höhe und einer Breite von 29 m gehört dieses Bauwerk zu den größten Kraftwerkskavernen der Welt.

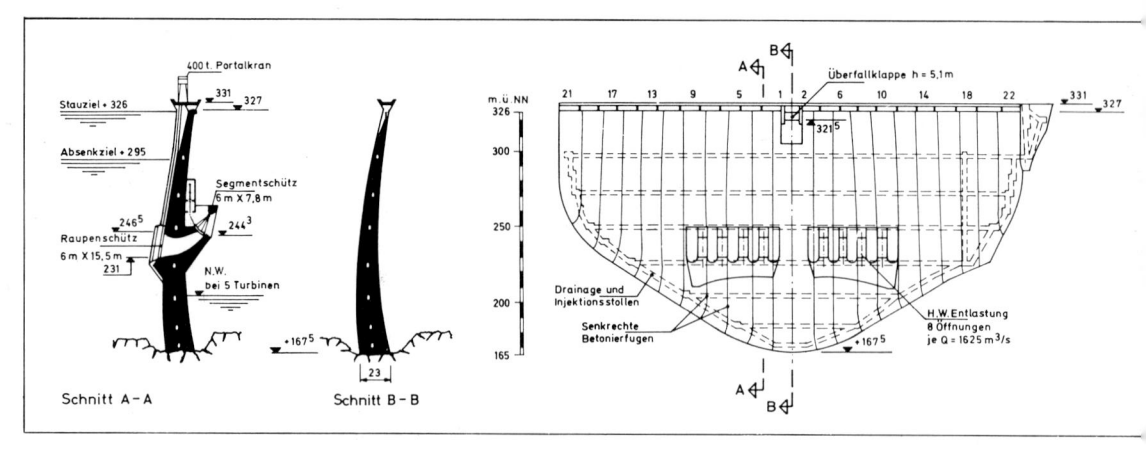

Querschnitt der Bogenstaumauer und deren Ansicht vom Oberstrom her. Ungewöhnlich ist die außerordentlich schlanke Form. Auf die Überlaufkrone ist, beidseitig auskragend, eine Fahrstraße aufgeständert.

Um die Staumauer bei Hochwasser zu entlasten, sind 80 Meter unter Stauhöhe acht stahlgepanzerte Durchlaßöffnungen nebeneinander angeordnet. Sie haben an der Wasserseite je 6 × 15,5 Meter Querschnitt und sind hier durch Raupenschütze abschließbar, die von einem auf der Mauerkrone fahrenden Portalkran mit 400 Tonnen Tragfähigkeit betätigt werden; an der Luftseite sind die Durchlässe auf 6 × 7,8 Meter verengt und durch Segmentschütze abzusperren. Da hier 13 000 Kubikmeter Wasser je Sekunde durchlaufen, ist mit Strömungsgeschwindigkeiten bis zu 35 Meter je Sekunde zu rechnen. Darum hat man die Durchlässe ähnlich ausgebildet wie eine Sprungschanze: Der nach oben abgelenkte Wasserschwall tritt in einem weiten Bogen aus und erreicht erst etwa 150 Meter hinter der Sperrmauer das Flußbett. Aufwendige Schutzbauwerke gegen »Auskolkung« des Felsuntergrundes am Mauerfuß konnten so entfallen.

Das Kavernenkraftwerk liegt auf dem rechten, südlichen Ufer des Sambesi, der hier fast genau ostwärts fließt, neben der Staumauer. Insgesamt 1,2 Millionen Kubikmeter Fels sind hierfür ausgebrochen worden. Von dem 152 Meter breiten Einlaufbauwerk, das 50 Meter unterhalb Stauhöhe auf einer Felsplattform errichtet wurde, leiten fünf parallele Druckstollen – je 180 Meter lang, unter 45 Grad geneigt und am Ende in die Horizontale übergehend – das Wasser in die Maschinenkaverne. Mit lichten Abmessungen von 220 × 29 × 57 Meter (das letzte Maß gibt die Höhe an) ist sie eine der größten Kraftwerkskavernen in der Welt, geräumig genug, zehn siebzehnstöckige Hochhäuser aufzunehmen. Die Druckstollen sind mit 9,7 Meter lichtem Durchmesser für einen Wasserdurchfluß von je 450 Kubikmeter je Sekunde ausgelegt und in ihrem Krümmungsabschnitt mit Stahl gepanzert. Am Einlauf können sie durch Raupenschütze verschlossen werden.

Die in der Kaverne aufgestellten Maschinensätze – womit man jeweils die von Turbine und Generator gebildete Einheit versteht, die die Wucht der einströmenden Wassermassen in elektrische Energie verwandelt – sind durch einige Zahlenwerte gekennzeichnet, deren Bedeutung man sich einmal »plastisch« vorstellen muß. Die Höhe, aus der das Wasser in den schon erwähnten Druckstollen schräg herunterfällt, beträgt 103,5 Meter. Jede der – stehenden – Francis-Turbinen schluckt bis zu 405 Kubikmeter Wasser in der Sekunde, und mit jeder Turbine ist ein unmittelbar über ihr angeordneter Generator gekoppelt, dessen Läufer einen Durchmesser von 13 Meter hat und 920 Tonnen wiegt. Ein einziger Maschinensatz hat eine Turbinen-Nennleistung von 415 Megawatt (also 415 000 Kilowatt) und eine Generator-Nennleistung von 480 Megavoltampere (MVA). Von den insgesamt fünf vorgesehenen Maschinensätzen sind in der ersten, vollendeten Baustufe drei eingebaut.

Die Spannung der von den Generatoren erzeugten elektrischen Energie beträgt 16 Kilovolt und wird von vorerst neun Transformatoren, drei je Generator, auf 220 Kilovolt umgeformt. Dies geschieht in einer besonderen Transformatorenkaverne, die sich in etwa 40 Meter Abstand schräg über der Maschinenkaverne befindet und parallel zu ihr verläuft.

Nach getaner Arbeit verläßt das aus den Turbinen abströmende Wasser die Maschinenkaverne. Es gelangt dann in zwei nebeneinander angeordnete, 55 Meter hohe Druckausgleichsräume, sogenannte Wasserschlösser. Diese sind in Scheitelhöhe miteinander verbunden und fassen zusammen 165 000 Kubikmeter. Von dort fließt das Wasser durch zwei Sammelstollen in das Flußbett, das es unterhalb der Staumauer wieder erreicht.

Die Maschinenkaverne enthält außer den Maschinensätzen – jeder Block ist 16,5 Meter hoch und 30 Meter lang – einen Montageplatz, Nebenräume für maschinelle und elektrische Hilfsbetriebe sowie zwei Laufkrane von je 500 Tonnen Tragfähigkeit. Öldruckkabel transportieren die Energie aus der Transformatorenkaverne zu einer oberirdisch angelegten »220-kV-Plattform« (kV = Kilovolt). Sie laufen durch einen 114 Meter hohen Schacht, der, mit Aufzug und Treppe ausgestattet, zugleich als Zugang zu den unterirdischen Anlagen dient.

Von der erwähnten Plattform an der Erdoberfläche aus führt eine etwa 6 Kilometer lange Freileitung vom Kavernenbereich auf das fast 600 Meter höher gelegene Plateau von Songo zu einer Drehstromschaltanlage und einer Stromrichterstation. Für den Ferntransport der elektrischen Energie, die in Cabora Bassa erzeugt wird, hat man Hochspannungs-Gleichstrom-Übertragung (HGÜ) gewählt. Dafür haben die drei Großunternehmen der Elektroindustrie, die zusammen mit einem Bauunternehmen und dem Turbinenhersteller als westdeutsche Partner auch am Bau des Kavernenkraftwerks maßgeblich beteiligt waren, eine neue Technik entwickelt. Der Anteil dieser fünf deutschen Unternehmen am gesamten Bauvorhaben Cabora Bassa beträgt 44 Prozent. Die übrigen 56 Prozent entfallen auf neun Unternehmen aus den Ländern Frankreich, Südafrika, Italien und Portugal, die zusammen mit den deutschen Partnern für den Komplex Cabora Bassa eine

Arbeitsgemeinschaft, das Zambeze Concorcio Hidro-Electrico Lda. (ZAMCO), gebildet haben.

In der Station auf dem Hochplateau von Songo wird der angelieferte 220-kV-Drehstrom in 533-kV-Gleichstrom umgewandelt. Die elektrische Energie wird dann in einem Bogen durch das südliche Mozambique über die südafrikanische Grenze hinweg zu der Gegenstation Apollo bei Pretoria geleitet, die rund 1400 Kilometer von Cabora Bassa entfernt und 1550 Meter über Meereshöhe liegt. Die Station hat die Aufgabe, den Gleichstrom in Drehstrom zurückzuverwandeln, jetzt aber nicht auf 220 kV, sondern auf 275 kV, und ihn in das südafrikanische Drehstromnetz, das mit dieser Spannung arbeitet, einzuspeisen.

Der entscheidende Fortschritt einer Hochspannungs-Gleichstrom-Übertragung, wie sie hier angewendet wird, liegt in ihrer Wirtschaftlichkeit. Die Übertragungskosten sind etwa um die Hälfte kleiner, als sie bei entsprechenden 500-kV- oder 750-kV-Drehstromleitungen wären. Das ist hauptsächlich auf die neue Technik in der Gleichrichteranlage von Songo und der Wechselrichteranlage von Apollo zurückzuführen, die beide mit Halbleiterventilen (ölgekühlten Thyristorventilen) arbeiten. Das Ergebnis dieser Forschungs- und Entwicklungsarbeit gilt als bedeutende Ingenieurleistung, die inzwischen auch anderweitig bereits Früchte getragen hat; in Kanada entsteht auf dieser Grundlage eine weiträumige Energieübertragungsleitung. In Cabora Bassa wird mit über einer Million Volt – zwischen beiden Leitungspolen – die bis jetzt höchste Gleichstrom-Übertragungsspannung in der Welt erreicht. Die Fernleitung von Songo nach Apollo ruht auf etwa 6400 fast 40 Meter hohen Masten.

Nach dem vollen Ausbau auf eine Leistung von 2040 Megawatt, also auf über zwei Millionen Kilowatt, wird Cabora Bassa das größte Wasserkraftwerk Afrikas und fünftgrößtes der Welt sein. Es wird jährlich 16,5 Milliarden Kilowattstunden liefern können. Die Speicherkapazität des riesigen Staubeckens, die für Energiegewinnung nutzbar gemacht werden kann, liegt bei über 50 Kubikkilometer und ließe es zu, die Gesamtleistung auf 3600 Megawatt zu steigern. Daher hat man – als Fernziel – auch schon an den Bau eines weiteren, etwas kleineren Kavernenkraftwerks gedacht, das auf dem nördlichen Flußufer, der heutigen Anlage gegenüber, errichtet werden würde. Unterdessen hat man zusätzlich eine Drehstromleitung von Cabora Bassa nach der Küstenstadt Beira, am Indischen Ozean, verlegt, um ein Industriegebiet, das dort entstehen soll, mit Strom zu versorgen.

Von den Leuten, die von Anfang an dabei waren, wird immer wieder auch auf die vorteilhaften Nebenwirkungen hingewiesen, die der große Bau erbracht hat. Etwa 2000 schwarze Afrikaner, die ohne jegliche Vorkenntnisse zur Baustelle gekommen waren, sind dort zu Bauhandwerkern, Bau- und Maschinenschlossern, Schweißern, Hilfselektrikern oder zu Fahrern von Lastkraftwagen oder schweren Erdbaugeräten ausgebildet worden. Auch diese Entwicklungshilfe wird, auf lange Zeit gesehen, ihre Wirkung haben.

Ölgekühlte Freiluft-Thyristorventile – erstmals in der Welt ausgeführt – übernehmen in der HGÜ-Station Songo die Umformung von Dreh- in Gleichstrom hoher Spannung.

Der Staudamm kurz vor der Fertigstellung, vom Unterstrom aus gesehen, mit den Hochwasserdurchlässen und erst zum Teil gefülltem Becken. Rechts unten der Auslaßstollen.

Neugier eines Roboters vom Typ Xirx

Eine reichlich konfuse Begegnung mit dem blauen Planeten WILHELM PETER HERZOG

Ich will nicht sagen, daß Rob Xirx eine Niete ist; sein Ermessensspielraum war einfach zu groß. Heute redet sich der verantwortliche Kybernetiker damit heraus, daß Xirx der erste Rob mit einprogrammierter Neugier war und daß diese Neugier höheren Orts gewünscht worden wäre. Der Roboter ist das Bordgehirn unseres Forschungsraumschiffes. Wir Wissenschaftler und Techniker an Bord leben gewissermaßen mit Scheuklappen: Wir mißachten mitunter Informationen, die mit unserer Aufgabe nicht unmittelbar zu tun haben. Wo kämen wir auch hin, wenn wir, wie beispielsweise in diesem Fall, über ein entlaufenes Pferd oder die Zeitsprünge organischer Lebewesen die korpuskulare Strahlung einer Sonne vernachlässigten? Na also! Ich, Him, hätte nie jene peinliche Verwirrung gestiftet, die allein auf die bedenklichen Verhaltensweisen unseres Xirx zurückzuführen ist.

Mein Bericht soll aber nicht dazu führen, daß unser Xirx seines Eigenlebens beraubt wird. Xirx ist zart besaitet, und niemand soll ihm unrecht tun! Den Kybernetikern, die es angeht, kann ich freilich nur raten, der Psyche unserer kreuzbraven Roboter vom Typ Xirx etwas weniger Neugier, etwas mehr Zurückhaltung zuzumessen – und einen zweiten »Fall Eifel« wird es nicht geben.

*

Der Chefarchitekt des Raumhafens Eifel, Sir James Sheffield, hielt am bewachten Übergang über das Flüßchen Sauer an und ließ das Wagenfenster heruntergleiten. Wachmann Jules Bernard verzichtete auf die üblichen Fragen und lächelte vertraut. Sir James und der Mann auf dem Beifahrersitz, Landeskonservator Walter Braun, waren ihm bekannt. Die beiden Typen im Fond akzeptierte er unbesorgt und gab die Weiterfahrt frei.

Sir James und Walter Braun befanden sich in einem ungewöhnlichen Zustand fröhlicher Gleichgültigkeit. Auch der Steuereinnehmer Mucius Domitianus und die Spenglerstochter Anna Clementine waren von dem für sie höchst merkwürdigen Wandel von Zeit und Raum kaum beeindruckt.

»Am besten, wir fahren zu mir!« sagte Walter Braun. Sir James nickte und tippte die Koordinaten der Villa Ritschlay in den Steuercomputer. Der Wagen fädelte sich gemächlich in den dichten Berufsverkehr innerhalb des Sperrbezirks Raumhafen Eifel ein. Walter drehte sich um und sagte in einem etwas holprigen Französisch: »Regen Sie sich nicht auf, Mademoiselle, es wird sich alles klären!« Das gleiche wiederholte er, zu Mucius gewandt, in einem noch holprigeren Schullatein.

Mucius rückte sein Kurzschwert zurecht, das herunterzurutschen drohte, und antwortete: »Die Gegend hier hat sich, seit ich von zu Hause weggeritten bin, merklich verändert, mein Freund. Der Fluß, der Abhang – dort, irgendwo rechts oben, liegt mein Haus. Nein, ich rege mich nicht auf. Nur der Wagen, in dem wir sitzen, kommt mir seltsam vor. Und wer ist das hübsche Mädchen neben mir?«

»Ja, wer sind Sie, Mademoiselle?« gab Walter die Frage des Steuereinnehmers gleichmütig weiter. Sir James blickte teilnahmslos durch die Windschutzscheibe.

»Ich bin Anna Clementine, Monsieur«, sagte das Mädchen gelassen. »Ich will zu meinen Verwandten nach Beaufort. Ich bin seit heute früh unterwegs.«

»Und woher kommen Sie, Mademoiselle? Waren Sie zu Pferde wie unser Freund neben Ihnen?«

Anna lachte etwas gequält. »Zu Pferde? Seit vielen Jahren besitzen wir keine Pferde mehr. Sie sind von marodierenden Truppen requiriert. Nein, Monsieur, ich bin zu Fuß und habe heute früh Prümzurlay, einen Weiler dort oben auf dem Plateau, verlassen.« Walter nickte seltsam gleichgültig.

Der Wagen glitt auf dem Leitstrahl des Höhenweges an der Ruine der sogenannten Römischen Villa vorbei. Beim Anblick der Ruine sagte der Steuereinnehmer Mucius Domitianus leicht erstaunt: »Beim Jupiter – das ist doch mein Haus! Wer hat es zerstört? Sicher waren das die Treverer. Wo werde ich heute nacht schlafen?«

»Bei mir natürlich, o mein Mucius!« sagte Walter Braun. »Mein Haus ist dein Haus, meine Freunde sind deine Freunde!« Der Wagen rollte bis vor die Garage der Villa Ritschlay und hielt automatisch. Walter wandte sich an Sir James, der vor dem Steuerbrett des Wagens einzunicken drohte. »Munter, munter, James! Wir gehen erst mal rein und machen's uns gemütlich. Kommt, Kinder!« Anna, Sir James, Mucius und Walter verließen den Wagen und betraten fast wie im Schlaf das Gebäude.

Auf seiner Umlaufbahn hatte Rob Xirx alles neugierig verfolgt. Er war mit der Entwicklung der Dinge keineswegs unzufrieden.

Als das Mädchen und die drei Männer im Partyraum der Villa Ritschlay Platz genommen hatten und Walter Braun dem Küchencomputer einen kleinen Erfrischungsauftrag gab, summte das Videophon. Walter nahm den Hörer ab, auf der Bildscheibe erschien der Kopf des Ingenieurs an der Versuchsrampe. »Irgend was besonderes los, Andreas?« fragte der Landeskonservator.

»Ist Sir James bei dir, Walter?«

»Ja. Aber wir sind sehr beschäftigt . . .!«

»Na, hör mal! In einer halben Stunde landet die Phoebos. Sir James wollte dabei sein!« Walter gab die Meldung an Sir James weiter.

»Ohne mich!« sagte Sir James milde. »Bin zu müde. Sagen Sie's ihm, Walter!«

Andreas auf dem Bildschirm machte ein verblüfftes Gesicht. »Das verstehe ich nicht«, sagte er. »Das Raumschiff ist Sir James' wegen aufgestiegen, um die neue Laderampe zu testen. Die Jungs werden meckern. Was ist los mit euch?«

»Nichts ist los, Andreas«, sagte Walter. »Sir James und ich haben Gäste. Grüß die Jungs von der Phoebos von uns. Ende!« Walter schaltete ab.

Inzwischen hatte der Getränkewagen einige Erfrischungen aus der Küche gebracht und Sir James die Drinks bereitet. »Trinken wir auf das Wohl von Anna Clementine und Mucius Domitianus!« schlug er vor. »Wenn ich auch nicht recht weiß, weswegen wir eigentlich hier sind. Na, denn Prost!« Danach fuhr Sir James in seiner Meditation fort. »Drüben in den Felsen habe ich eben mit Walter über seine verdammten archäologischen Ausgrabungen bei der Römischen Villa gesprochen, die den Bau des Rechenzentrums blockieren. Diese Villa . . .«, wandte er sich an den Steuereinnehmer, »ist das verrottete Gemäuer, an dem wir eben vorbeigekommen sind. Wenn es Ihnen gehört, wie Sie sagten, gestatten Sie, daß wir den Steinhaufen wegräumen. Sie bekommen dafür ein neues Haus mit allen Schikanen, mein Freund! Landeskonservatoren sind eine Pest!«

Mucius starrte den Chefarchitekten verständnislos an. Walter übersetzte – bis auf den letzten Satz – Sir James' Vorschlag. Mucius schüttelte den Kopf. »Das Haus liegt im Bereich der Legion; ihr müßt mit dem Centurio sprechen. Ich bin ohnehin nach Augusta Treverorum versetzt. Bin froh, daß ich von hier wegkomme!«

»Wohin ist der Kerl versetzt worden?« erkundigte sich Sir James.

»Die Römer haben Augusta Treverorum vor etwa zweitausend Jahren gegründet. Heute heißt es Trier«, sagte Walter ungeduldig. Aber dann kam ihm ein Gedanke: Vielleicht wurden sie durch Mucius, wer immer der sein mochte, gleichzeitig Anna los? Er wandte sich an Mucius: »Nimmst du Anna Clementine mit, mein Mucius? Ist sie ein Mitglied deines Haushaltes, deine Freundin oder sonst was?« Mucius betrachtete Anna wohlgefällig. »Ich kenne diese Barbarin zwar nicht«, sagte er, »aber wenn du sie mir verkaufen willst, nehme ich sie gern. Ich bin nicht knauserig, mein Freund!«

Entsetzt nahm Rob Xirx wahr, daß die Situation für die Beteiligten allzu verworren wurde. Das blitzschnelle Geschehen da unten auf der Erde drohte außer Kontrolle zu geraten. Er schaltete den Psychogenerator ein und strahlte über sein im Partyraum schwebendes Minirelais starke Beruhigungswellen aus. Anna, Mucius, Walter und Sir James sanken wie leblos in sich zusammen. Sollten sie sich erst einmal ausschlafen. Ihre Sinne wurden sozusagen schockgefroren. Während sie traumlos, tief schliefen, machte Xirx das Raumschiff für die von der Erde zurückkehrende Kapsel klar.

*

Der Sicherheitsdienst der Raumforschung hatte uns aus unerfindlichen Gründen Decknamen gegeben. Mit uns meine ich die Besatzungen aller Forschungsraumschiffe. Meinen Techniker hatten sie zum Beispiel Uru benannt, mich Him. Nun, wir tragen diese albernen Namen mit Würde. Manchmal kommen wir uns reichlich überflüssig vor: Schließlich ist die Seele vom Ganzen der Robotpilot vom Typ Xirx. Genau genommen könnte Xirx auf Uru und mich verzichten; technische Pannen hat es noch nie gegeben, und auch unsere Aufgaben sind programmierbar. Tatsächlich geht Xirx uns ziemlich auf die Nerven – vor allem mit seiner Neugier. Andererseits sind wir, was Navigation, zeitliche Anpassung und unser leibliches Wohl anbelangt, aller Sorgen enthoben. Uru sieht, wenn er nicht gerade schläft, perfekte Fahrtenschreiberprotokolle durch, und ich konzentriere mich auf meine Aufgabe. Sie besteht praktisch im Einsammeln von Müll, genauer gesagt, ich habe interstellare Materie zu sammeln und die korpuskulare Strahlung der Sonnen in entfernten Räumen der Galaxis zu messen.

Seit der Entdeckung der Antigravitationswellen und des überlichtschnellen Tachyonenantriebes haben wir uns von den engen Fesseln unseres Sonnensystems befreit und bewegen uns in Räumen von einfach unvorstellbarer Weite. Mit dieser Weite aber ist ein ganz und gar ungehemmter Zeitablauf verbunden.

Uru, an dem ein Dichter und Philosoph verloren gegangen ist, verglich ungewöhnlich geistreich unsere galaktische Heimat mit einem stillen Bergsee inmitten hoher Gebirge: Auf dem Wege in das Flachland der Galaxis, in die Räume der Spiralarme, würde aus dem stillen Zeitsee ein unglaublich schnell dahinschießender Strom. Dieses Zeitphänomen haben wir am eigenen Leibe zu spüren bekommen – Uru wohl weniger, der die paar Stunden praktisch verschlafen hat – aber ich, und vier bedauernswerte Menschen namens Anna Clementine, Mucius Domitianus, Walter Braun und Sir James Sheffield. An all dem war die übersteigerte Neugier unseres Robotpiloten schuld.

Als das Warnsignal ertönte, war ich wie der Blitz aus meinem Antigrav-Gespinst heraus. Mein erster Blick galt dem Entfernungsmesser. Nach Ortszeit, die Xirx berechnet hatte, standen wir genau 18 233,62 Lichtjahre von der Heimatsonne entfernt im Raum. Der Gravitationsmesser zeigte an, daß unsere Geschwindigkeit im Verhältnis zum nächsten Bezugssystem gleich Null war. Über 18 000 Lichtjahre – wenn auch Ortszeit – in knapp 360 Tagen Heimatzeit – das war absoluter Rekord! Ich schaltete Xirx auf Sprechverkehr. »Wo sind wir?« fragte ich ihn.

»Ich habe die vierdimensionalen Koordinaten noch nicht genau durchgerechnet. Versuche gerade Uru zu wecken«, schnarrte Xirx. »Wir befinden uns am Rande der Galaxis. Mit der subjektiven Zeit ist etwas nicht in Ordnung. Sie scheint hier schneller abzulaufen als bei uns. Hochinteressant!«

»Kümmere dich nicht um Zeit«, gab ich unwirsch zurück. »Laß mich lieber raus, damit ich meine Müllsäcke vollkriege!«

»Wir befinden uns in der Nähe eines Planeten, der unserem Heimatplaneten wie ein Ei dem anderen gleicht!« kreischte Xirx aufgeregt. »Auch diese Sonne hüllt wie unsere Sonnen ihre Planeten in einen Schutzmantel aus korpuskularer Strahlung. Alle Voraussetzungen für organisches Leben sind gegeben!«

»Na und?« konterte ich. »Wir sollen interstellare Materie sammeln und nicht auf fremde Planeten glotzen. Mach die Kapsel klar. Ich wecke inzwischen Uru.«

»Aber wir müssen uns diesen Planeten doch ansehen!« zeterte Xirx.

»Deine verdammte Neugier!« nickte ich grimmig. »Du hältst uns damit nur von der Arbeit ab.« Warum man unser Raumschiff mit einem derart hysterisch vorwitzigen Rob ausgerüstet hatte, war mir einfach schleierhaft. Andererseits würde man mir alle Fühler ausreißen, wenn ich ein interessantes Objekt links liegen ließe.

»Ist dieser verdammte Planet bewohnt?« zischte ich.

»Noch nicht«, betonte Xirx bedeutungsvoll.

»Na, dann nichts wie weg!« sagte ich erleichtert.

»Aber es kann jeden Augenblick geschehen. Wenn wir nur kurze Zeit verweilten, könnten wir das Entstehen einer Zivilisation beobachten.«

»Wahnsinnig aufregend!« sagte ich ironisch. »Nun, ich kann mir die Geschichte ja mal ansehen«, fügte ich hinzu. »Mach die Einmannsonde mit dem Zeitmodulator klar!« Ich überlegte. Gefährlich war die Expedition auf keinen Fall. Rob blieb auf stationärer Umlaufbahn und würde über eine Minirelaisstation jede meiner Bewegungen und Begegnungen verfolgen. Mit Hilfe eines ganzen Arsenals psychisch und physisch wirksamer Strahlen konnte er mich gegen jede Gefahr abschirmen. Dennoch ... »Du weißt, daß es untersagt ist, fremde Intelligenzen zu kontakten, Xirx?« gab ich zu bedenken. »Wir sammeln nur Informationen über das Entstehen einer Zivilisation«, antwortete Xirx beflissen, konnte aber nicht verhindern, daß ein kreischender Interferenzton mitschwang. »Übrigens, der Zeitablauf ist in diesem Teil der Galaxis so rasend schnell, daß die Zivilisation, die sich auf dem Planeten anbahnt, wahrscheinlich längst wieder erloschen ist, wenn wir in die Heimat zurückgekehrt sind.«

Das schien das Wagnis erheblich zu verringern. Ich strich die Segel. »Lassen wir Uru weiterschlafen. Paß aber gut auf mich auf, Xirx!«

»Klar«, sagte Xirx. »Ich werde dich von Fall zu Fall dem Zeitablauf des Planeten anpassen. Übrigens – bevor du munter wurdest, schied sich dort das Land vom Wasser. Die Landmasse teilte sich und driftete auseinander. Jetzt stampfen Ungeheuer mit Schuppenpanzern, langen Hälsen und Reißzähnen durch unentwirrbare Wälder.«

»Und da soll ich hin? Du bist wohl verrückt«, sagte ich empört.

»Bis du unten bist, sind die Monster weg; sie sterben bereits aus. Vor knapp einer Stunde ist ein viel kleinerer, harmloser Typ aufgetaucht, der Ansätze von Intelligenz verrät. Ich rechne hoch: In einer Stunde haben wir da unten den Beginn der schönsten Zivilisation!«

Diese verdammten Hochrechner! Sie glauben, alle Welt sei verrückt danach, zu wissen, was eine Stunde später geschieht. Uru in seinem Antigrav-Gespinst schlief und schnarchte, oder er tat wenigstens so. Ich zwängte mich in die Kapsel. Xirx gab das Startsignal.

Endlich wieder einmal befand ich mich allein im Raum. Hier, am Rande der Galaxis, standen die Sonnen weit voneinander entfernt – kein Vergleich zu dem Glitzermeer unserer Nächte. Das Raumschiff war zu einem Nichts zusammengeschrumpft. Aber mit Rob Xirx blieb ich störungsfrei verbunden. Irgendwo in meiner Kapsel schwebte die winzige, kaum sichtbare Relaisstation, über die der Rob alles steuern, regeln und manipulieren konnte. Ein beruhigendes Gefühl.

Steuerbords stand die einzige Sonne des Planeten. Den Planeten selbst sah ich nicht. Dagegen bemerkte ich vier oder fünf leuchtende Punkte, die sich anscheinend blitzschnell um die Sonne bewegten. »Was ist das für ein Karussell?« erkundigte ich mich.

»Planeten«, antwortete Xirx lakonisch, »die um ihre Sonne rasen. Für einen angenommenen Bewohner dieser Welten jedoch bedeutet jeder Umlauf ein volles Jahr. Der Himmelskörper, auf den wir es abgesehen haben, kommt deiner Kapsel von der Sonne her entgegen. Ich stimme eure Geschwindigkeiten aufeinander ab. Achtung – da ist er!«

Ein Geschoß kam auf mich zu, vergrößerte sich zu einer blau schimmernden Kugel. Um ein Haar wären wir zusammengeknallt – so schien es mir. Plötzlich verhielt der blaue Planet und blieb unter mir stehen. Ich lachte. Meine Kaltblütigkeit rührte von den Beruhigungswellen her, die Xirx immer dann ausstrahlt, wenn ein von ihm betreutes Lebewesen Schaden an seiner geistigen Verfassung zu nehmen droht. Der Betroffene wird apathisch.

Xirx meldete sich wieder: »Mach dich fertig zur Landung. Him! Den Zeitablauf in deiner Kapsel und den in diesem Sonnensystem kann ich nur langsam ausgleichen. Mach dich auf merkwürdige Erscheinungen gefaßt. Deinen Geisteszustand habe ich unter Kontrolle.«

»Das ist aber nett von dir!« sagte ich, wiederum ironisch. Da tauchte die Kapsel auch schon in die Atmosphäre des Planeten ein, und ich konnte Einzelheiten auf seiner Oberfläche erkennen. Weil Xirx die Kapsel zunächst über einem Punkt auf der nördlichen Halbkugel »verankerte«, drehten Planet und Kapsel sich gemeinsam um die Planetenachse, so daß ich den Wechsel von Tag und Nacht beobachten konnte. Dieser Wechsel von Hell und Dunkel ging so schnell vor sich, daß die Landschaft unter mir wie in graues Dämmerlicht getaucht erschien.

Ich landete in einem Gewirr zerklüfteter Felsen. Die Kapsel wurde sogleich von einer wild auf und ab wogenden Vegetation verschlungen, deren Farbe und Dichte unwahrscheinlich schnell wechselte; zwischendurch war die Umgebung weiß überpudert. Ich war trotz der Beruhigungswellen leicht schockiert.

»Das ist der Wechsel der Jahreszeiten, Him!« erklärte mir der Rob. »Jede Jahreszeit dauert auf dem Planeten einige Monate Ortszeit. Da ich den Zeitablauf des Kapselsystems dem des Planeten noch nicht voll angepaßt habe, wechseln sie für dich in Sekundenschnelle. Vor wenigen Minuten habe ich das Auftreten intelligenter Lebewesen festgestellt, die bereits einen beachtlichen Standard haben. Ich sammle Informationen über Informationen. Wir werden bestimmt als große Entdecker gefeiert werden!« – »Wenn schon«, knurrte ich. »Wir haben immer noch keine interstellare Materie an Bord. Wir vertrödeln nur unsere Zeit.«

»Doch nur ein paar Stunden Heimatzeit, in denen aber auf dem Planeten Jahrtausende vergehen«, schnarrte Xirx überheblich.

»Für alles hast du eine Ausrede«, murrte ich.

Plötzlich wurde mir ziemlich übel. Xirx hatte die Zeitmodulation verstärkt. Aber das hatten wir daheim gründlich trainiert. Mir tat nur das gute Frühstück leid.

»Vor allem«, sprudelte Xirx, »mußt du versuchen, ein paar Lebewesen einzufangen. Ich habe die Kapsel gleich voll angepaßt, du kannst schon den Greifer ausfahren lassen.«

»Ich bin doch nicht wahnsinnig, Xirx!« sagte ich heftig. »Jeder Kontakt mit fremden Intelligenzen ist verboten!«

»Wir geben sie doch sofort wieder frei«, entgegnete der Roboter. »Die werden gar nicht merken, was mit ihnen geschieht. Wozu haben wir denn unsere Beruhigungswellen.«

Obwohl Xirx mir vor Besteigen der Kapsel versichert hatte, daß Atmosphäre und Temperatur des Landeortes für mich verträglich waren, hatte ich vorsichtshalber den Raumanzug angelegt. Wir sehen darin zwar aus wie widerliche, weißgelbe Maden mit fühlerbewehrtem Rundkopf und Gleitbändern zur Fortbewegung, aber die sogenannten intelligenten Wesen dieser Welt mochten von mir halten was sie wollten: Ein undurchdringlicher Energieschild schützte mich gegen jeden Einfluß von außen. Ich rollte aus der Kapsel. Den ausgefahrenen Greifer konnte ich über mein Fernsteuergerät beliebig und blitzschnell bewegen.

Ich fuhr auf weichem Waldboden. Meine Umgebung wechselte nicht mehr: Der Zeitablauf war also genau abgestimmt. Die Kapsel hinter mir hob sich kaum vom Untergrund ab, und der Greifer war nur als schwaches silbriges Flimmern wahrnehmbar. Ich war drauf und dran, ein paar Pflanzen, Insekten und Vögel, die alle den unsrigen ziemlich ähnelten, einzusammeln, da sah ich das Ungeheuer!

Das Monster hatte vier Beine und zwei Köpfe! Der eine Kopf, von einem glänzenden Helm bedeckt, saß hoch oben auf einem zylindrischen Auswuchs des langgestreckten Körpers. Der andere Kopf mit Ohren, Augen und einem breiten Maul voller gefletschter gelber Zähne befand sich vorn an dem langgestreckten Körperteil. Vom hinteren Ende hingen lange Haare herab. Der Auswuchs in der Mitte war ebenfalls mit Gliedmaßen ausgestattet: Sie hielten eine Art Kabel fest, das aus dem Maul des großen Kopfes kam. Das doppelköpfige Wesen trottete geradewegs auf mich zu. Jetzt packte mich so etwas wie Jagdfieber. Gerade wollte ich den Greifer aktivieren, da bemerkte mich das Biest: Es bäumte sich wild auf, gab ein scheußliches Geräusch von sich und schlug mit den Beinen wie verrückt um sich. Plötzlich löste sich der Auswuchs mit dem behelmten Kopf vom übrigen Körper und fiel rücklings auf den weichen Waldboden. Der größere Körperteil aber jagte davon.

»Fang den Rest, rasch!« kreischte Xirx im Kopfhörer. Ich tat ihm den Gefallen; mir war jetzt alles gleich. Der Greifer brachte das Teilstück des Monsters hinüber zur Kapsel.

Xirx triumphierte: »Ich analysiere das Ding. Roll jetzt zurück in die Kapsel. Wir machen einen Zeitsprung – so um die tausend Ortsjahre. Inzwischen kann ich unseren Fang in Ruhe untersuchen. Wir probieren es gleich noch einmal.«

»Du bist übergeschnappt, Xirx!« rief ich. »Ein Wesen haben wir bereits kaputtgemacht; wir richten nur Schaden an!«

»Keine Sorge!« entgegnete Xirx. »Ich habe festgestellt, daß das eingefangene Lebewesen mit dem entkommenen in Symbiose lebt – beide Teile funktionieren selbständig.« Wortlos rollte ich in die Kapsel zurück und ruhte mich ein paar Minuten aus. Dann kam das Signal zum abermaligen Aussteigen.

Die Gegend hatte sich kaum verändert. Nur führte jetzt eine Art Pfad an den Felsen vorbei. Und wieder hatten wir Glück. Ein zweites, genauer gesagt, ein drittes Lebewesen erschien. Es sah harmloser aus als das zweiköpfige Ungeheuer: Es hatte zwei Beine, zwei Greifer und einen runden Kopf, an dem diesmal die langen Haare saßen. Der Körper war in ein graues, gegürtetes Gewand gehüllt. Bei meinem Anblick prallte das Wesen zurück und stieß einen gellenden Schrei aus. Ich forderte sofort bei Xirx Beruhigungswellen an und schaltete gleichzeitig den Telepathie-Transmitter ein, mit dem wir uns mit fremden Intelligenzen verständigen. Die Wellen wirkten augenblicklich. Das Wesen beruhigte sich und sagte: »Alle guten Geister mögen mich beschützen – was für ein dicker, häßlicher Wurm!«

»Ich heiße Him«, sagte ich. »Aber wer bist du und was tust du hier allein im Wald?«

»Ich heiße Anna Clementine und fliehe nach Beaufort. Der dreißig Jahre lange Krieg hat meinen Heimatort Prümzurlay verödet. Ich will zu meinen Verwandten. Laß mich bitte vorbei!«

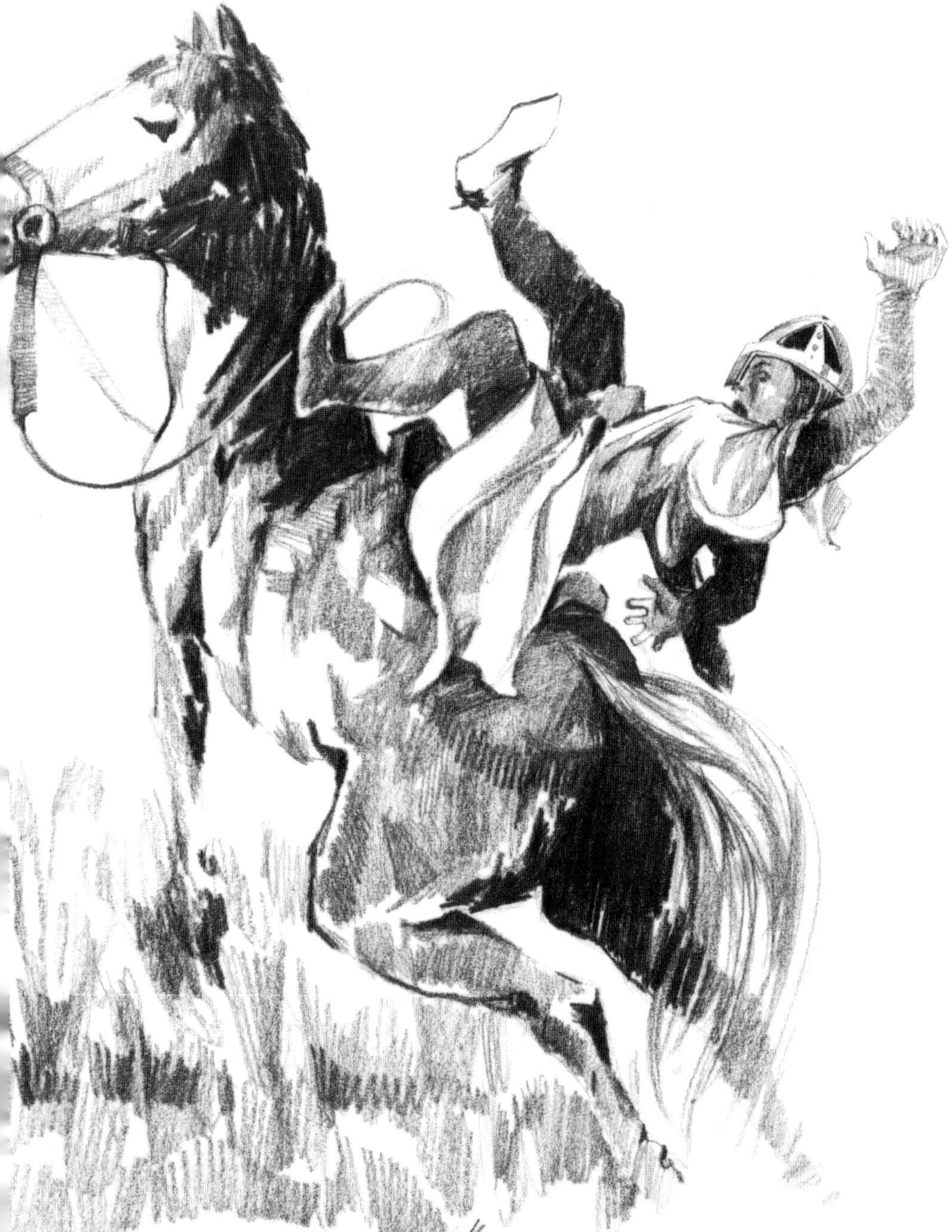

Ich dachte gar nicht daran. Jetzt war auch ich neugierig geworden. Ich betätigte den Greifer. Xirx meldete sich: »Großartig! Ich werde auch Anna Clementine analysieren. Machen wir nochmal einen Zeitsprung – so vier- bis fünfhundert Jahre Ortszeit?«

»Nur zu!« schrie ich begeistert. Als ich zum drittenmal aus der Kapsel rollte, führte statt des Trampelpfades ein breiter, befestigter Weg durch den Wald und die Felsen. Von irgendwoher drang der Lärm von Maschinen. Ein langgestrecktes Rohr stieg hinter den Baumwipfeln langsam nach oben in den Himmel.

Xirx schien etwas geschockt zu sein. »Was ist los, Xirx?« fragte ich. »Unglaublich!« säuselte er. »Da unten bauen sie einen Raumhafen. Das Ding dort ist eine Rakete. Ich gebe zu, die Sache wird jetzt brenzlig. Willst du nicht lieber...« In diesem Augenblick schaltete ich Xirx hastig ab; denn auf dem befestigten Weg bewegten sich zwei Zweibeiner auf mich zu. Wie Anna Clementine besaßen sie zwei Greifer, zwei Beine und einen runden Kopf. Sie hatten mich noch nicht gesehen und sprachen miteinander. Über den Telepathie-Transmitter verstand ich jedes Wort.

»Ich meine, wir kehren jetzt um, James?« sagte der eine. »Der Spaziergang hat uns gutgetan. Bleibt es dabei, daß die Römische Villa erhalten wird?«

»Sie sind ein Erpresser, Walter!« lachte James. »Es gibt doch genug altes Gemäuer in dieser Gegend. Ich brauche jeden Quadratmeter für das neue Rechenzentrum. Ihr Archäologen könnt einem den Nerv töten.«

Ich erschrak gewaltig. Das waren einwandfrei fortgeschrittene Intelligenzen! Hier gab es nur eins: Fühler weg! Ich schaltete wieder auf den Rob.

»Diese beiden werden wir nicht fangen, Xirx! Und gib auch die beiden anderen Typen sofort frei! Mir reißen sie sämtliche Fühler aus, wenn wir nach Hause kommen, und du wirst von Grund auf umfunktioniert!«

»Reg dich nicht auf, Him!« sagte Xirx, aber seine Stimme klang ein wenig übersteuert. »Ich habe schon unheimlich viel an Informationen gespeichert. Diese Wesen nennen sich Menschen. Unser erster Fang ist ein römischer Steuereinnehmer namens Mucius Domitianus. Zwischen seiner Zeit und der dieser Anna Clementine liegen etwa tausend Jahre; Annas Zeit nennt man das siebzehnte Jahrhundert. Es gab da so etwas wie einen dreißigjährigen Krieg. Die beiden Menschen vor dir leben im einundzwanzigsten Jahrhundert. Wir sollten sie doch schnell analysieren!«

Die beiden Menschen waren nähergekommen. Gleich mußten sie mich erblicken. »Xirx!« schrie ich. »Du läßt sofort Mucius Domitianus und Anna Clementine frei. Ich übergebe sie den Menschen Walter und James. Die werden sich schon um die beiden kümmern. Und wir machen, daß wir wegkommen!«

Xirx maulte. »Das ist ein Befehl!« sagte ich fest. Wenn's auch manchmal komisch klingt: Schließlich sind wir die Herren unserer Roboter! Xirx murmelte irgend etwas vor sich hin, setzte dann aber zuerst Mucius Domitianus und dann Anna Clementine auf dem Weg unmittelbar vor James und

Walter ab. Unaufgefordert hatte Xirx starke Beruhigungswellen auf Walter und James wirken lassen. Als sie mich erblickten, lächelten sie freundlich. Mucius und Anna nahmen sie ohne Überraschung zur Kenntnis. Durch den Telepathie-Transmitter sagte ich: »Ich übergebe Ihnen hiermit einen Steuereinnehmer aus dem vierten und eine Spenglerstochter aus dem siebzehnten Jahrhundert Ihrer Zeitrechnung. Dem Steuereinnehmer ist ein Begleitwesen entsprungen . . .«

»Sie nennen es Pferd!« flüsterte Xirx mir zu.

»– ein Pferd entsprungen«, ergänzte ich meine Ansprache, »aber das befindet sich noch im vierten Jahrhundert. Können Sie mir folgen?«

»Nicht ganz«, sagte der Mensch Walter. »Ich bin übrigens der Landeskonservator Walter Braun, und der Herr neben mir ist Sir James Sheffield, der Chefarchitekt des Raumhafens. Wer sind Sie?«

»Ich heiße Him«, sagte ich beklommen.

»Irgend so ein verdammter Raumfahrer, der sich einen Scherz mit uns macht? Das ist doch ein Raumanzug, den Sie tragen?«

»Das stimmt. Ich komme aus dem Zentrum unserer gemeinsamen Galaxis – über 18 000 Lichtjahre von hier entfernt. Das macht Ihnen doch nichts aus, oder?«

»Keineswegs«, antwortete Sir James Sheffield unter dem Einfluß der Beruhigungswellen. »Wie wär's, wenn wir erst einmal einen Drink zu uns nehmen würden? Ich kenne hier ein Lokal, ganz in der Nähe.«

»Keine Zeit, keine Zeit!« sagte ich hastig. »Wir müssen gleich wieder abschwirren. Seien Sie nett zu dem Steuereinnehmer und zu der Spenglerstochter. Entschuldigen Sie bitte das kleine Versehen!«

Mit diesen Worten machte ich mich auf meine Gleitbänder und ließ Sir James, Walter, Mucius und Anna auf dem Weg durch die Wälder und Felsen zurück.

Im Raumschiff blieben wir noch eine Weile auf Ortszeit. Xirx beobachtete, wie die vier Menschen ein Fahrzeug auf vier Rädern bestiegen und zum Hause Walter Brauns fuhren. Ununterbrochen hielt Xirx unsere unschuldigen Opfer unter Beruhigungs-Kontrolle. Dann löste er den Bann im Partyraum, und wir machten uns davon, um auftragsgemäß interstellare Materie einzusammeln.

Lager I in der Lhotse-Südwand, 6000 m Höhe, im Frühjahr 1975. Die herkömmliche Großexpedition ist schwerfällig und langsam.

Neue Wege auf die Achttausender

BRUNO MORAVETZ

Die Wiedergeburt des klassischen Bergsteigens

»Es gibt nichts mehr zu erobern, fast alle Gipfel der Berge dieser Erde sind erstiegen. Was geblieben ist, sind neue Wege auf die Gipfel, sind die höchsten Felswände, die Eisflanken!«

Der Alpinist Reinhold Messner hat das gesagt. In Sankt Magdalena im Südtiroler Villnößtal beheimatet, zieht er immer wieder aus, die neuen Wege zu den höchsten Gipfeln zu suchen, zu versuchen. Über die Rupalwand des Nanga Parbat, über jene höchste Eiswand der Welt am 8125 Meter hohen »Schicksalsberg der Deutschen«, dem westlichen Achttausender-Bollwerk des Himalaja, erreichte Reinhold Messner im Frühsommer des Jahres 1970 den Gipfel. Nahezu 5000 Meter hoch über dem Rupaltal steht diese Wand. Ohne Sauerstoffgerät, womit heutzutage die Achttausender erstürmt werden, so, wie der erste Bezwinger, der später tödlich verunglückte Tiroler Hermann Buhl, am 3. Juli 1953 den Gipfel des Nanga Parbat eroberte, so kämpfte sich Reinhold Messner durch die Rupalwand hinauf, gefolgt von seinem Bruder Günther. Beim Abstieg, als nur mehr der Weg über die westliche Diamirflanke möglich war, riß eine Eislawine Günther Messner in die Tiefe.

Erst nach Tagen, während denen Reinhold Messner verzweifelt nach seinem Bruder gesucht hatte, erreichte er das Tal. Mit erfrorenen Zehen, tagelang ohne Nahrung, fanden ihn Bergbauern aus dem Diamirtal, gaben ihm etwas zu essen, trugen den Fiebernden vom Berg weg, talauswärts – weg in diese Welt. Ein Jahr danach kehrte er zurück, um den Bergmenschen für die Rettung zu danken und – freilich vergeblich – im Eislabyrinth am Fuße des Nanga Parbat nach dem Bruder zu suchen.

Er ist Alpinist von Beruf; freiberuflicher Alpinist sozusagen. Er schreibt Bücher, Aufsätze für Zeitschriften; er fotografiert meisterhaft, wie inzwischen bekannt ist; er hält Vorträge über seine Bergfahrten und Expeditionen. Er führt Gäste und Freunde auf die Gipfel seiner Heimat und auf die Berge der Welt; ist Gründer und Leiter der Alpinschule Südtirol, bergsteigerischer Leiter von Expeditionen und von den immer beliebter werdenden »Trekking Touren«, Reiseführer zu den fernen Berggebieten der Erde.

»Ich bin«, so sagt Reinhold Messner, »ich bin Alpinist, um Bergsteiger sein zu können!«

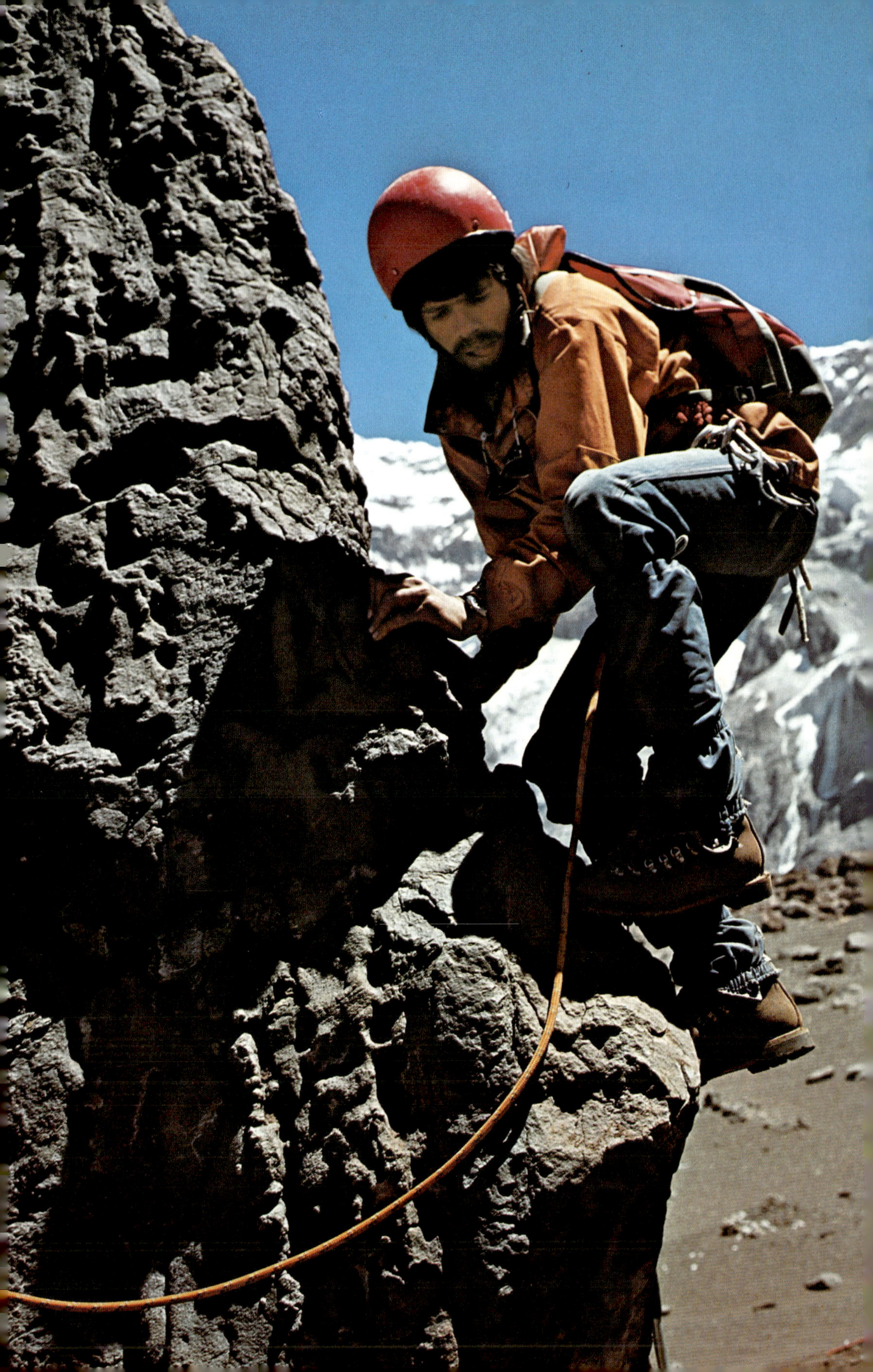

Kletterei am Aconcagua, dessen Südwand der Südtiroler Alpinist Reinhold Messner in der Direttissima, der Fallinie, bezwang. Sie gehört mit der Rupalwand und der Manasluwand zu den größten Wänden der Welt.

Oben: Aufstieg in die Todeszone der Makalu-Südwand. Viermal stieg Messners Seilschaft bis auf rund 7000 m auf, ohne den Gipfel erklettern zu können.

Darunter: Hochlager II beim – vergeblichen – Aufstieg zu dem 8481 m hohen Makalu im Jahre 1974. Für Schlechtwetterlagen hat Messner meist einige Bücher im Zelt.

Zunächst war er Architekt für Hoch- und Tiefbau, war Lehrer für Mathematik, um Geld zu verdienen zur Teilnahme an einer Expedition. Geboren und aufgewachsen ist er im Villnößtal. Der Vater Lehrer und – natürlich – Bergsteiger; die erste große Bergfahrt führte den Fünfjährigen am Seil des Vaters zum Gipfel des Sass Rigais, mehr als 3000 Meter hoch, auf jenen Felsdom, der den Kindern im Tal in die Wiege schaut.

Reinhold Messner, Jahrgang 1944, hat inzwischen etwa 1200 Touren gemacht. 20 Bergfahrten führten ihn in alle fünf Erdteile. Er war am Mount Kenya, dem zwar nicht höchsten, doch schwierigsten Berg Afrikas; er kletterte auf Neuguinea in Ozeanien im Carstensz-Gebirge umher; er bezwang die Aconcagua-Südwand in Argentinien und war – bisher – an fünf Achttausendern im Himalaja. Nach dem Nanga Parbat (8125 m) erreichte er – im Jahre 1972 – durch die Südwand den Gipfel des Manaslu (8156 m). Zwei Jahre später mißlang das Vorhaben, mit einer Expedition auch den Gipfel des Makalu (8481 m) zu betreten. Im Frühling des Jahres 1975 nahm er als Spitzenmann an einer italienischen Expedition in der Südwand des Lhotse (8511 m) teil, unter der Leitung des erfahrenen Riccardo Cassin. In dieser ungemein schwierigen Eis- und Felswand mußten er und seine Gefährten knapp unterhalb 8000 Meter umkehren: Ein Wettereinbruch verhinderte das kühne bergsteigerische Unternehmen. Zweimal waren die Zelte im Basislager von Lawinen hinweggefegt worden, zweimal grub Reinhold Messner aus den Schneemassen die Blätter eines Manuskriptes heraus, baute sein Zelt an sicherer Stelle neu auf, arbeitete, während auf gutes Wetter gewartet werden mußte, weiter an seinem Buch »Bergvölker der Erde«. Es ist für ihn, so sagt er, auch ein geistiges Training, die Wartezeiten am Fuße eines Bergriesen mit Schreiben, Lesen, Denken zu verbringen.

Hidden Peak

Drei Monate nach der Rückkehr von der vorzeitig beendeten italienischen Expedition zum Lhotse startete Reinhold Messner mit seinem Freund Peter Habeler zum kühnsten Unternehmen im Himalaja: Zu zweit, mit kleinstem Aufwand, im Stil bergsteigerischer Fahrten in den Westalpen, wollten sie die 2000 Meter hohe Nordflanke des Hidden Peak, des Gasherbrum I (8068 m), durchsteigen. Nur bis zum Basislager auf dem oberen Abruzzi-Gletscher (5100 m) ließen sie die geringe Ausrüstung – Nahrungsmittel, Zelte, Bekleidung, Filmkamera und Kassetten – von 12 Balti-Männern, Bergbauern unterhalb des Baltoro-Gletschers in Pakistan, tragen.

»Schwierig«, so Messner, »war nicht die Eis- und Felsflanke des Hidden Peak, schwierig war der Weg über den Baltoro-Gletscher hinauf, bis zu unserem Basislager . . .« Die zwei Wochen Weges von der letzten Bergbauernsiedlung Dassu durch die Schluchten und Wildflüsse, über das Eis des Baltoro- zum oberen Abruzzi-Gletscher hätten mehr an Konzentration gefordert als der Aufstieg danach durch die Eiswand des Hidden Peak, berichtet Messner. Immer wieder mußten die Träger (»Mit den Techniken des Streiks sind sie mindestens so gut vertraut wie italienische Zöllner!«) überredet, zum Weitergehen bewegt werden. Sogar einen großen Sonnenhut, der Messners Frau Uschi gehörte, mußte er als Anreiz dem Anführer des Trägertrupps überlassen ...

Nach einigen Erkundungen vom Basislager aus, allein in den kleinen Zelten am Rande des Gletschers, gelang es Reinhold Messner und Peter Habeler in zwei Tagen – vom 8. bis zum 10. August 1975 – die Eis- und Felswand an der Nordflanke des Hidden Peak zu durchsteigen. Mit zwei jeweils nur drei Kilogramm schweren Biwakzelten, mit dem bis auf das letzte Streichholz ausgetüftelten Gepäck, mit Fotoapparaten und einer 16-mm-Filmkamera, mit nur einem Seil für die gegenseitige Sicherung zwischen den Gletscherspalten am Fuße der Wand, mit nur einem Haken für den Gipfel als Zeichen der gelungenen Durchsteigung schafften die beiden hervorragenden Alpinisten ihr Vorhaben.

Dieses kühne Unternehmen, jahrelang von Reinhold Messner durchdacht, war nur erfolgreich, weil zwei gleichwertige, gründlich vorbereitete, in ihrem bergsteigerischen Können unübertroffene Alpinisten sich auch ohne Worte verstanden.

»Wir gingen wie aufeinander synchronisiert«, sagt Peter Habeler, »jeder wußte vom anderen, was in welcher Situation zu tun war ...«

Ähnlich schwierig wie der Weg durch die Nordwände von Eiger oder Matterhorn war der zum Hidden Peak; doppelt schwierig in der Höhe zwischen 6000 Meter und 8000 Meter, wo der Körper beim Atmen zu wenig Sauerstoff erhält. Jeder auf sich allein gestellt; das Zelt im Rucksack, den Kocher, die Gaspatrone; Suppenwürfel und Tee, etwas Schokolade und Tiroler Speck; einige Tabletten gegen Kopfschmerzen; Daunenanoraks und Fußsäcke – auf den Spitzen der Steigeisen schleppten sie sich und ihre Ausrüstung über die Eiswände in die Höhe. Gedanken nur an den Augenblick, an diesen Schritt und vielleicht an den nächsten: »Unser Denken verlegten wir in die Spitzen der Eisen!« sagt Messner. Überwindung, auf den Eisenspitzen in der Wand zu stehen, um aus dem Rucksack den Fotoapparat, die Filmkamera herauszuholen; kein Gurt, die Eisen am Schuh haltend, durfte sich lockern.

Wenn ein einigermaßen sicherer Standplatz gefunden war, zog Messner die Schuhe aus, kontrollierte die am Nanga Parbat zum Teil abgefrorenen Zehen, massierte die Füße. Erfrierungen würden das sichere Ende bedeuten ...

10. August 1975, Mittagsstunde. »Peter stieg über die scharfe Firnschneide über mir geradewegs in den Himmel hinein«, berichtet Reinhold Messner, »ich stieg nach – einige Schritte noch, und wir waren auf dem Gipfel des Hidden Peak – allein. Wir umarmten uns, und keiner dachte in diesem Augenblick daran, wie weit weg wir von der Welt waren: 2000 Meter hoch über einer Fels- und Eiswand; mehr als 60 Kilometer von der nächsten Ortschaft entfernt, von Menschen; 8000 Kilometer von daheim ...«

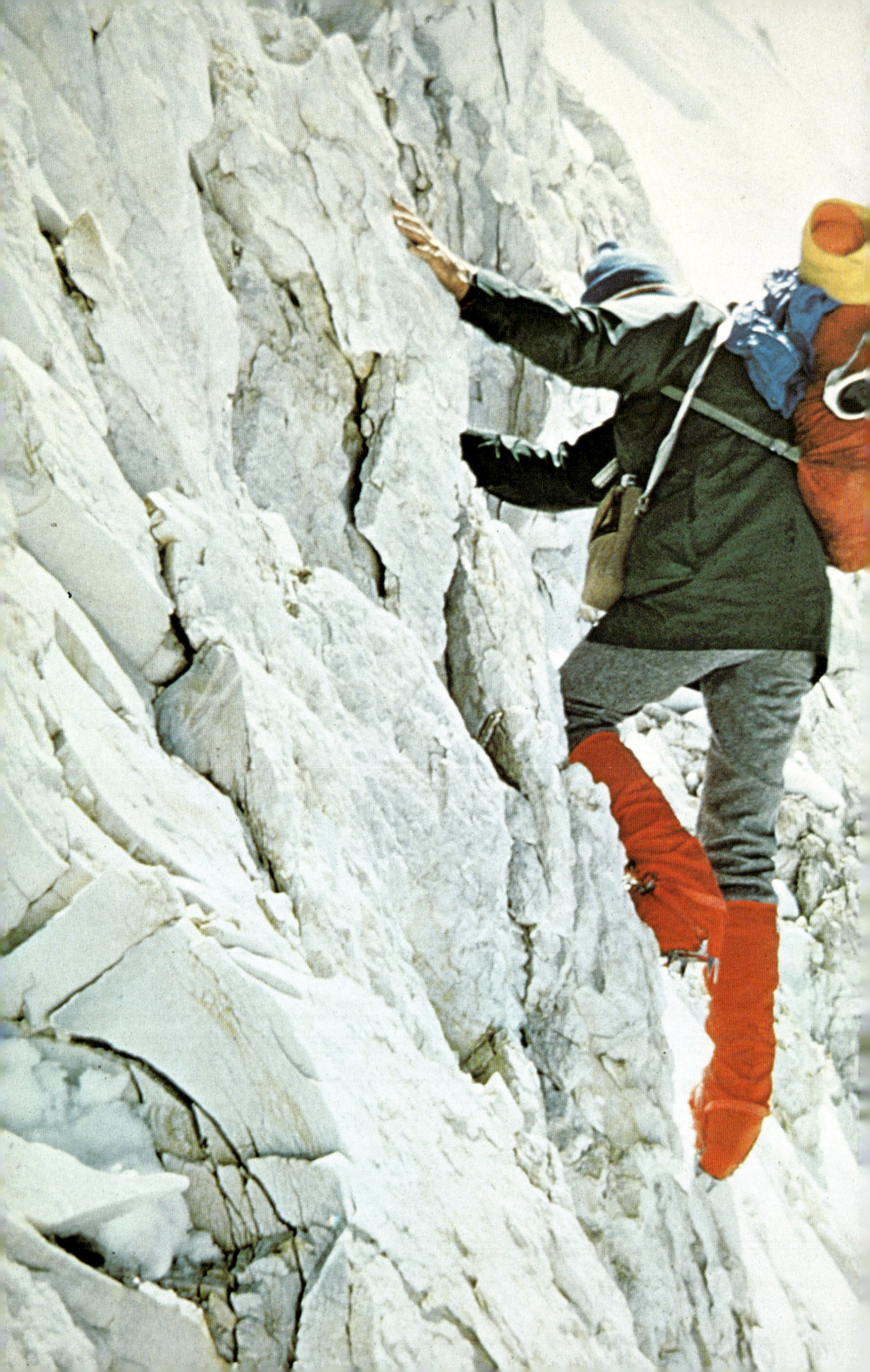

Steiles Eis im Karakorum, 6900 m hoch, am 9. 8. 1975. – Reinhold Messner beim Gipfelangriff des Hidden Peak: Ohne Seil, ohne Hochträger, ohne Sauerstoffgerät bezwang die Seilschaft Messner-Habeler die 2000 m hohe, extrem schwierige Nordwand des zweithöchsten Karakorum-Gipfels (großes Bild).

Rechts oben: 8068 m – am Gipfel des Hidden Peak, 10. 8. 1975. Ein Wendepunkt des Alpinismus?

Mitte: Das kleinste Basislager, das je unter einem Achttausender stand – 8000 km von daheim . . . Peter Habeler am Fuß des Hidden Peak.

Unten: Anmarsch über Schnee, Eis, Gletscherbäche, nackten Fels und Geröll, 160 km zu Fuß, davon mehr als 60 km Gletscher. Alle Fotos R. Messner

Zwei Tage danach waren sie wieder auf dem oberen Abruzzi-Gletscher, begeistert empfangen von polnischen Alpinistinnen und Alpinisten, die in der Nähe ihr Lager hatten.

Rund 90 Erstbegehungen enthält Reinhold Messners Bergfahrtenbuch: Wände, wie die höchste Fels- und Eiswand der Erde, die Rupalwand; Kanten, Türme; neue Routen durch große Wände, viele auch im Alleingang oder in der Zweier-Seilschaft. Amerikanische Filmleute, mit Arbeiten an einem Spionagefilm in der berühmt-berüchtigten Nordwand des Eiger beschäftigt, staunten im Sommer 1974 nicht wenig, als zwei junge Männer diese Wand in zehn Stunden bewältigten. »Rekord am Eiger«, hieß es danach. Reinhold Messner und Peter Habeler lachten darüber. Sie hatten gute äußere Bedingungen vorgefunden, und sie befanden sich – zwei der besten und erfahrensten Kletterer der Welt – in glänzender körperlicher Verfassung.

Wenn Reinhold Messner in seinen Vorträgen, die er zur Herbstzeit vor vollbesetzten Sälen hält, über Erlebnisse und Ereignisse am Nanga Parbat, am Manaslu, am Aconcagua, am Hidden Peak spricht, dramatisiert er nicht. Er berichtet; neben ihm, auf der Projektionswand, die Bilder. Ab und zu nur packt ihn das Gewesene; er ist wieder mitten drin, erzählt.

»Ich weiß«, sagt er, »daß vom Publikum der urige Typ erwartet wird, wenn von Bergfahrten die Rede ist. Ich trete bewußt nicht als uriger Typ auf, denn ich bin es nicht. Und ich möchte ihn auch nicht spielen. Mein Beruf ist Alpinist. Ich will Distanz; will den Menschen den Berg vermitteln, das, was ich dort erlebt habe, was einige, was viele dort suchen . . .«

Was ist es? Was sucht er? Was die anderen?

Abenteuer? Wagnis? Ist es Geltungsdrang? Erfolgserlebnis?

»Ich habe«, sagt er, »mit dem Bergsteigen angefangen und dabei so viele Erlebnisse gehabt, romantischer Art, vielleicht auch visionärer Art. Und nicht zuletzt das Erlebnis der Leistung, der Höchstleistung am Berg!«

Reinhold Messner fühlt sich als Vertreter des modernen sportlichen Schwierigkeits-Alpinismus. Die Eroberung um jeden Preis lehnt er ab, die Eroberung mit jedem denkbaren technischen Hilfsmittel.

Faire Höchstleistung am Berg

»Die Begegnung Berg – Mensch hat eine feste Grenze«, schreibt Reinhold Messner, »und diese Grenze wird mehr und mehr festgelegt. Im höchsten Schwierigkeitsbereich gingen nicht nur die Probleme aus, wenn man grenzenlos technische Hilfsmittel einsetzte . . .«

Fünfzig Jahre alt ist die Einteilung der Schwierigkeitsgrade von I bis VI beim Klettern am Berg. Messner forderte – und das haben manche Bergsteiger nicht gern gehört – den »Siebenten Grad«: »Die Schwierigkeitsskala muß nach oben hin geöffnet werden, sie muß unbegrenzt offen sein . . .!«

Er kann, so sehen es die Fachleute, diese Forderung erheben. Seit Jahren bemüht er sich, möglichst ohne technische Hilfsmittel auszukommen. Der sportliche Schwierigkeits-Alpinismus, der jetzt erreichte Abschnitt in der Entwicklung des Bergsteigens, soll die faire Höchstleistung anstreben. »Das Höchste«, sagt Messner, »ist eine schöne, eine schwierige Route, die ein reifer Alpinist frei, ohne technische Hilfsmittel, zu bewältigen vermag!«

Junge Amerikaner haben an den jähen Granitwänden im Yosemite-Park in Kalifornien damit begonnen. Sie versuchten sich an Routen, die zuvor unter Zuhilfenahme unzähliger Haken durch diese Wände gelegt wurden; sie versuchten, diese Routen frei kletternd und nur gelegentlich zur Sicherung Haken benützend zu bewältigen. Im Alleingang, einige. Zur gleichen Zeit etwa, Ende der sechziger Jahre, begann in Europa die Kritik an der »Supertechnik in den Wänden«. Der Ehrgeiz, klassische Wände in der Direttissima, in der Fallinie, also »dem fallenden Tropfen entgegen« zu durchklettern, brachte geradezu groteske Auswüchse. Tagelang hingen die gewiß tüchtigen Kletterer in den Wänden, bohrten, meißelten, schlugen Haken um Haken und hangelten sich Zentimeter um Zentimeter empor. In die Wildnis Patagoniens schleppten Italiener gar Kompressorbohrmaschinen mit, um einen der kühnsten Fels- und Eistürme, den Cerro Torre, zu bezwingen.

Sicherheit für sich und andere

»Die besten jungen Bergsteiger«, so Reinhold Messner, »lächeln darüber. Sie haben den sportlich-klassischen Weg gefunden!« Er darf solche Worte wohl sagen. Er ist schon seit Jahren einer der sichersten freien, sportlichen Kletterer. Durchtrainiert wie ein Höchstleistungsathlet, umsichtig, klug. Jederzeit ist er bereit, ein Vorhaben abzubrechen, umzukehren, wenn die Schwierigkeiten unüberwindbar sind, wenn Wettersturz droht, wenn Gefahr für ihn selbst, für die Gefährten besteht. Sein Grundsatz lautet: »Disziplin des Risikos!« – »An einer Wand«, sagt er, »muß so emporgeklettert werden, daß jederzeit ein Abstieg möglich ist, eine Umkehr.«

»Es ist ein Genuß, diesen Messner am Fels zu sehen«, sagt ein erfahrener Alpinist. Höchste athletische Voraussetzungen, bestes klettertechnisches Können, kluge Umsicht, viel Erfahrung, das Gespür für die Route – so summiert sich in ihm das, was Walter Bonatti, den bedeutendsten Alpinisten der fünfziger und sechziger Jahre überhaupt, dazu veranlaßte, seinem letzten Bergbuch die Widmung voranzustellen: »Für Reinhold Messner, die junge und letzte Hoffnung des klassischen Bergsteigens!«

Eroberung der Berge

Vor nahezu zwei Jahrhunderten, am 8. August 1786, standen der Bauer Jacques Balmat und der junge Arzt Michel Paccard als erste Menschen auf dem Gipfel des Montblanc. Der Genfer Gelehrte Horace Bénédicte de Saussure hatte jenem 20 Louisdor versprochen, der diesen höchsten Berg Europas als erster besteigen würde. Ein Jahr später wurde Saussure von Balmat und einer Schar von Helfern selbst auf den Montblanc geführt. Es war der Beginn der Eroberungsphase im Alpinismus. »Hätte Saussure einen Helikopter gehabt, er wäre damit auf den Montblanc geflogen«, sagt Messner, »denn es galt, den Gipfel zu erobern!« Acht Jahrzehnte später, am 14. Juni 1865, erreichten acht Männer den Gipfel des Matterhorns. Der Engländer Edward Whymper hatte mit Freunden und tüchtigen Zermatter Bergmenschen, wie den Führern Michel Croz und den Taugwalders, Vater und zwei Söhne, einen Wettlauf gegen zur gleichen Zeit sich zum Gipfel dieses Felsdomes mühende Italiener gewonnen.

Der unglückliche Absturz Michel Croz' und der Engländer Hadow, Hudson und Lord Douglas beim Abstieg löste den ersten Prozeß um Schuld oder Unschuld bei einem Bergunglück aus. Noch mancher Prozeß sollte sich in dem seither vergangenen Jahrhundert abspielen. Gerichtsverfahren um Leichtsinn, Oberflächlichkeit, um Anschuldigungen, Behauptungen. Da machten sich gar Männer nach kühnsten Bergfahrten voller Entbehrungen gegenseitig Vorwürfe, trafen sich vor Richtern wieder. Auch Reinhold Messner wurde, nachdem er mit seinem Bruder im Jahre 1970 den Nanga Parbat über die Rupalwand bezwungen hatte und sein Bruder in einer Eislawine zu Tode gekommen war, vom Expeditionsleiter vor den Richter gestellt. Er wurde verurteilt, Behauptungen, die er nach der Expedition erhoben hatte und erhoben haben sollte, in aller Öffentlichkeit zu widerrufen. Es ging, so meinen unbeteiligte Beobachter, im Grunde eigentlich um Dinge, die ein Gespräch unter Männern hätte klären und ausräumen können. »Verträge, die von einer Expeditionsleitung jedem einzelnen Teilnehmer vorgelegt werden«, erläutert Messner, »solche Verträge unterschreibe ich nicht mehr. Denn sie verwehren zumeist eine freie Meinungsäußerung über eine solche Expedition!«

In den meisten Fällen müssen die Teilnehmer an einer Expedition zu den höchsten Bergen der Welt einen erheblichen Teil der Kosten selbst tragen. Mit Veröffentlichungen und Vorträgen, so ist es Brauch seit Jahrzehnten, kann wenigstens ein Teil dieses Geldes wieder hereingebracht werden.

Die neue Idee

Dem Gebirge, dem Berg sich fair zu nähern, den Gipfel nicht um jeden Preis und mit jedem denkbaren technischen Mittel erobern zu wollen, ist die Idee der jungen Männer des gegenwärtigen sportlichen Schwierigkeits-Alpinismus. So wie früher, als eben keine technischen Hilfsmittel vorhanden waren. Es ist eine Renaissance des klassischen Bergsteigens.

»Die Möglichkeit, mit einfachen Mitteln über schwierige Wege auf die größten Berge zu steigen – das ist, was zum Kräftemessen mit sich selbst am Berg lockt«, sagt Reinhold Messner. »Die Zeit der großen Bergfahrten, der Herausforderung am Berg, ist nicht vorbei. Die Herausforderung ist mindestens so groß wie zur Zeit Edward Whympers. Es gibt die großen Wände, im Himalaja, in den Anden Südamerikas. Es gibt die schwierigen Wände in den

Alpen – Ziele, die immer noch locken!« Auf den Eiger-Gipfel zu gelangen, ist bei günstiger Witterung für einen geübten Bergsteiger mit kundigem Führer vergleichsweise einfach. Durch die Nordwand, 1800 Meter hoch, Fels, zum Teil brüchig, oft vereist, vielfach von Nebel und Wolken eingehüllt, mit Steinschlag und Lawinen – das war und ist es, was die jungen Männer herausfordert.

Reinhold Messner berichtet: »Immer wieder kommen junge Leute zu mir. Wir können das und das, sagen sie, und wir möchten eine Erstbegehung, eine schwierige Bergfahrt machen – sag uns, zeig uns eine Möglichkeit! Ist das nicht Zeichen dafür, daß die Berge immer noch Ziele sind für die Auseinandersetzung, für das Tasten nach der eigenen Leistungsfähigkeit, auch nach der eigenen Grenze?«

Andere kämen auch, solche, die das Gebirge auf einfacheren Wegen erobern wollen. Es sei merkwürdig, meint Messner, daß von allen seinen Büchern am meisten die Wanderbücher gefragt sind, jenes über die Klettersteige in den Dolomiten etwa. »Die Menschen scheinen immer mehr Sehnsucht nach den Bergen zu haben . . .!«

Und er? Sein Streben nach Höchstleistungen am Berg?

»Dort fühle ich mich als mich selbst, fühle mich frei. Dort kann ich alles vergessen, Geschäfte, Widerwärtigkeiten des Alltags. Dort, am Berg, habe ich gelernt, wie schwach der Mensch eigentlich ist. Die Technik, Flugzeuge, Mondraketen, alles das, was der Mensch erdacht, geschaffen hat, läßt uns glauben, wir seien Herr über alles. Der Mensch stark? Zum Lachen! Am Berg kann jeder erkennen, wie winzig er ist. Eine Witzfigur . . .!«

Am Gartenzaun flattern tibetische Gebetsfahnen. In seinem Haus auf der Anhöhe, neben der Kirche von Sankt Magdalena, verwahrt er jenen japanischen Haken, den er aus dem Gipfelfels des Manaslu herausgeschlagen hat.

Ein Abenteurer, dieser Reinhold Messner?

»Abenteurer? Vielleicht in dem Sinn, wie ihn der junge Münchner Bergsteiger Dr. Leo Maduschka, der im Jahre 1932 in der großen Civetta-Wand erfroren ist, verstanden haben wollte: Im heutigen Bergsteiger schlägt das Herz der einstigen Fahrenden; er ist des gleichen Geistes Kind wie die Argonauten, die mit kühnen, glühenden Herzen in See stachen, das Goldene Vlies zu erobern. Der Bergsteiger ist ihr späterer Bruder, und das Goldene Vlies seines Sehnens leuchtet ihm von allen Gipfeln . . . Das Abenteuer ist immer da, es will nur ergriffen sein!«

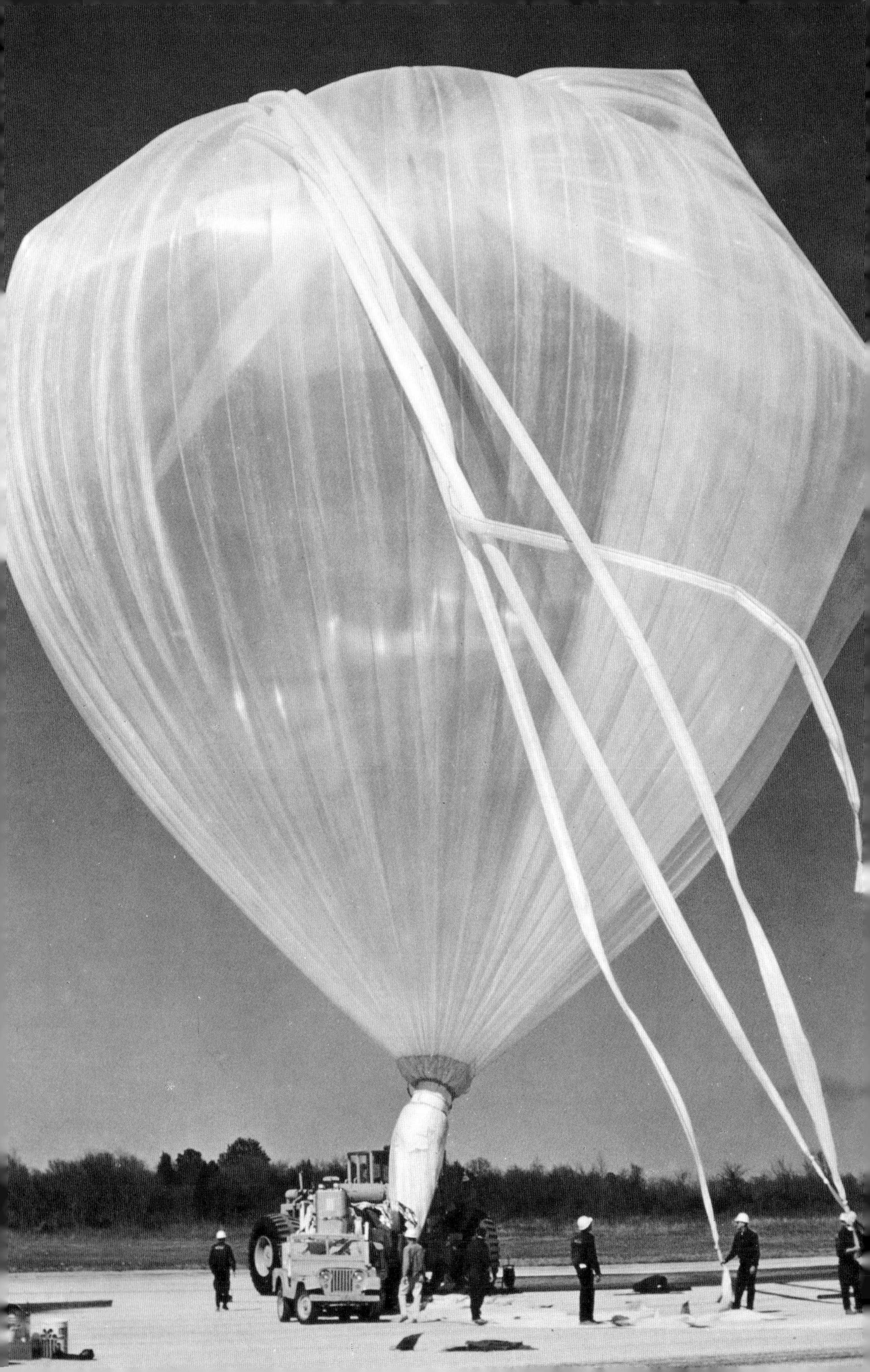

Der Satellit des Kleinen Mannes

HANS GERHARD MEYER

Weltraumballone – die aufgeblasene Konkurrenz der Raketen

In dem Land, in dem alles größer ist als anderswo, das die größten Kartoffeln hat, die schwersten Schweine, die größten Steaks, wo die Männer die größten Hüte tragen und wo die reichsten Ölmillionäre Amerikas wohnen, in Texas, da liegt auch die Fabrik, die die größten Ballone der Welt baut, Ballone, die höher fliegen als alle anderen. Sie steigen bis an den Rand des Weltraums, und ihr Erbauer nennt sie deshalb keck »die Satelliten des Kleinen Mannes«. Weltraumforscher und Astronomen stimmen zu: Riesenballone, deren durchsichtig dünne Haut, prall aufgebläht, mehr Traggas einschließt als manches Luftschiff, tragen tonnenschweres wissenschaftliches Forschungsgerät so hoch hinauf in die Atmosphäre, daß der Weltraum fast frei vor ihnen liegt. Für ein Zehntel der Kosten sammeln sie wissenschaftliche Erkenntnisse, wie sie sonst nur mit Satelliten gewonnen werden. Zu den aufregendsten Entdeckungen der Weltraumforschung vom Ballon aus gehört ein Stern im Gebiet des Sternbildes Cassiopeia, der nur im Infrarot zu erkennen ist und sich noch in einem so frühen Stadium der Sternengeburt befindet, wie es bisher noch nie beobachtet worden ist. Die Astronomen nennen diesen Stern daher bereits »das fehlende Glied«, das »missing link« in der Geschichte der Sternentstehung.

Noch am Ende des Zweiten Weltkrieges hatten es viele für unmöglich gehalten, mit Ballonen höher als 30 Kilometer zu kommen. Wie groß, wie leicht, aus welchem Material sie auch immer waren, mit welchem Gas sie auch gefüllt wurden, sämtliche Ballone zerplatzten aus unbekannten Gründen etwa in dieser Höhe. Schon glaubte man an eine magische Grenze, die mit dem Ballon nicht zu überwinden wäre.

Der Deutsch-Amerikaner Otto C. Winzen, der in Minnesota eine Ballonfabrik besaß, hatte schon im Jahre 1945 erkannt, daß die geheimnisvolle Barriere nur mit einem Ballonmaterial bezwungen werden konnte, das leichter, fester und dehnbarer war als alle bis dahin bekannten Ballonhüllen. Ein solcher Stoff war das damals noch wenig verbreitete Polyäthylen. Winzen ließ sich daraus die dünnsten Folien ziehen, die es bis dahin gab. Und im Jahr 1947 trug ein wenn auch erst 6000 Kubikmeter fassender Ballon aus diesen neuen Folien 30 Kilogramm in 30 Kilometer Höhe. Damals ein einsamer Rekord.

Als am 2. Juni 1957 der amerikanische Luftwaffenpilot Kittinger in der luftdicht geschlossenen Gondel des 60 000 Kubikmeter fassenden Ballons »Manhigh I« der US-Luftwaffe in siebenstündigem Flug auf die Rekordhöhe von 29 260 Meter stieg, stand dieser erste bemannte Flug bereits im Dienste der Raumfahrt. Die geschlossene Gondel war als Vorläufer künftiger Weltraumkapseln entwickelt und gebaut worden.

Für Otto C. Winzen war es jedoch klar, daß mit 3 Tonnen Nutzlast auf 30 Kilometer Höhe, die seine Ballone nun trugen, keineswegs das Ende der Ballonentwicklung, wohl aber die Grenzen seines neuen Materials abzusehen waren. Eine ebenso fieberhafte wie planvolle Suche nach noch besseren Kunstharzwerkstoffen begann. Man fand sie in den Polyolefinen. Folien daraus – wenige tausendstel Millimeter dick – waren reißfest, gasdicht und kältebeständig genug, um die Vorhaben zu verwirklichen, die nun bereits in Arbeit waren: im »Stratolab«-Programm der amerikanischen Marine zwei Männer bis in die Ozonschicht in etwa 34 bis 35 Kilometer Höhe hinaufzuschicken.

Die Aufgaben, die es dabei zu lösen galt, waren schwierig. Man bedenke: Eine Hülle von nur einigen tausendstel Millimeter Dicke umspannt, voll entfaltet, ein Gasvolumen von mehr als 100 000 Kubikmeter! Die hauchdünne, äußerst gleichmäßig gezogene Folie – jede Fehlstelle würde zu gefährlichen Spannungen führen – muß in lange Dreiecksbahnen geschnitten und vollkommen glatt, gleichmäßig und gasdicht verschweißt werden. Bis zu 40 Kilometer Schweißnaht, die Millimeter für Millimeter genauestens geprüft sein müssen, sind für einen großen Ballon erforderlich. Tatsächlich tritt, falls die Hülle einmal reißen sollte, der Riß eher in der Folie als an den Säumen auf.

Aber darf ein Ballon überhaupt reißen? Bei bemannten Flügen auf keinen Fall! Mit dem neuen, hochfesten Hüllenmaterial »Stratofilm« wird für alle Ballonstarts – kleine und große, Instrumenten- und bemannte Flüge – eine Zuverlässigkeit von 96 Prozent erreicht. Dabei müssen die Ballone schon beim Aufblasen am Boden oft unvorhersehbare, unberechenbare Spannungen aushalten. Sie steigen mit 200 bis 400 Meter in der Minute durch die rasch wechselnden Atmosphäreschichten. Sie geraten zwischen 8 und 12 Kilometer Höhe in die Strahlstürme, in denen sie Windwirbel mit bis zu 400 Kilometer Stundengeschwindigkeit mit sich reißen. Und sie müssen schließlich der scharfen Ultraviolettstrahlung der Sonne, den Schauern der kosmischen Partikelstrahlung, der Höhenkälte und den chemischen Attacken des aggressiven dreiatomigen Sauerstoffs Ozon in etwa 35 Kilometer Höhe standhalten.

Um diese Anforderungen zu erfüllen, baute die Winzen Research Inc. in Texas eine neue Fabrik nach modernsten Gesichtspunkten. Eine Fabrik von 250 Meter Frontlänge mit vollklimatisierten, völlig staubfreien Werkhallen und höchstentwickelten Meßeinrichtungen für eine peinlich genaue Gütekontrolle. So konnten die Ballonbauer schließlich für ihren »Stratofilm«

Oben: Weltraumforschung vom Ballon aus. Dieser 300 000-m³-Ballon wurde im Norden Kanadas aufgelassen, um die kosmische Strahlung nahe dem magnetischen Nordpol zu messen.

Rechts: Die Ballonhülle für »Stratoskop II« wird ausgelegt. Die äußerst reißfeste Folie ist nur wenige tausendstel Millimeter dick.
Fotos NASA

Startvorbereitungen für »Stratoskop II«. Der birnenförmige Ballon trug das 3 Tonnen schwere Zeiss-

Maßstäbe anlegen, die strenger waren als die behördlichen Vorschriften. Das Stratofilm-Material war doppelt so zugfest und weit dehnbarer als gefordert. Es war kältefest nicht nur bis auf −80 Grad Celsius wie vorgeschrieben, sondern bis auf −87 Grad Celsius; das ist ein Grad mehr als die größte Kälte, die in tropischen Breiten in jenen Höhen je gemessen worden ist.

Hatten die ersten Ballone für luftdicht geschlossene Zweimanngondeln im Stratolab-Programm der Navy noch 100 000 Kubikmeter Fassungsraum gehabt, so betrug der Gasinhalt des Rekordballons »Stratolab High V«, der eine offene Gondel hatte und am 5. Mai 1961 zwei Ballonfahrer der Navy

Fernrohr auf fast 25 000 m Höhe, wo es frei von Dunst und Staub astronomische Aufnahmen machte.

als Vorläufer der amerikanischen Astronauten in ihren Raumanzügen auf 34 688 Meter trug, bereits 300 000 Kubikmeter. Die Folien für diese Rekord-Höhenballone waren schließlich nur noch sieben tausendstel Millimeter dick!

Man fragt sich, wie ein solcher Hauch von Haut den Druck des Gases aushalten und dann auch noch eine Last tragen kann, da die Ballone doch nicht wie normale Freiballone in ein Netz oder eine andere Verschnürung gespannt sind. Die Kappe dieser Ballone ist doppelt oder dreifach verstärkt. Längs der Schweißnähte, die die langen Bahnen der Folie zusammenhalten, sind Verstärkungsbänder eingeschweißt. Sie tragen die Plattform oder Gondel und

Mitten in einem Wald ist die Plattform mit dem Teleskop niedergegangen. Wissenschaftler bergen die Filmkassetten mit Aufnahmen von den Planeten Jupiter und Uranus, Galaxien sowie interstellaren Staub- und Gaswolken. Das Teleskop, das nur geringe Schäden aufwies, wurde zur Instandsetzung abtransportiert. Fotos Archiv Büdeler

nehmen somit die gesamte Last auf. Die Folie ist nur dem eigentlichen Gasdruck ausgesetzt, der aber dank der birnen- oder herzförmigen Gestalt erheblich niedriger ist als bei den früheren Kugelballonen. Überdies fliegen die Kunststoffballone mit offenem Ventil und entfalten sich erst in Gipfelhöhe zu ihrem vollen, prallen Umfang.

Inzwischen haben viele Länder eigene Ballonflugzentren eingerichtet. Zahlreiche Wissenschaftsballone sind in allen Teilen der westlichen Welt, in Amerika wie in Europa, in Indien, Afrika, Australien, in der Arktis und Antarktis gestartet worden. Einer der bekanntesten Startplätze liegt beim Städtchen Palestine in Texas. Hier sind auch die wichtigsten deutschen Ballonstarts durchgeführt worden, so die beiden Flüge mit dem 32-Zoll-Zeiss-Spektrostratoskop für die Sonnenforschung des Fraunhofer-Instituts in Freiburg und mehr als zehn Flüge im »Thisbe«-Programm des Max-Planck-Instituts für Astronomie in Heidelberg. Es untersuchte mit Spektralteleskopen den interplanetaren Staub, der das geheimnisvolle Nachtleuchten am dunklen Himmel, das Zodiakallicht, hervorruft.

Die größten Ballone aus der dünnen Kunststoffolie sind heute Ungetüme von anderthalb Millionen Kubikmeter Rauminhalt. Sie haben weit über 100 Meter Durchmesser und sind 250 Meter lang. Das entspricht der Länge der größten Luftschiffe, übertrifft aber deren Fassungsraum erheblich. Selbst das Luftschiff Hindenburg hatte nur 230 000 Kubikmeter Gasvolumen.

Mit solchen Ballonen wurde die Rekordhöhe von 52 Kilometer erreicht, in der bereits 99,9 Prozent der Atmosphäre unter der schwebenden Gasblase liegen. Die größte Nutzlast, die Ballone je über die Stratosphäre hinausgehoben haben, beträgt über 4 Tonnen.

Die Liste der wissenschaftlichen Leistungen und Entdeckungen, die mit Ballonen vollbracht wurden, ist endlos: Kleinere Ballone haben schon vielmals die Erde umflogen. Im Jahre 1968 flog ein Ballon von 20 Meter Durchmesser mit 5 Kilogramm Nutzlast in 25 Kilometer Höhe von England nach Kanada. Ein Ballon von fast 40 000 Kubikmeter Inhalt mit einer Nutzlast von 30 Kilogramm umrundete, ständig in 20 Kilometer Höhe bleibend, zweimal die Erde; er konnte, nur 15 Kilometer von seiner Startstelle entfernt, geborgen werden. Ein Riesenballon von 600 000 Kubikmeter Fassungsraum blieb zwei Wochen in 30 Kilometer Höhe. Ein anderer, gleich großer Ballon hat auf einem fünfeinhalb Tage langen Flug eine Tonne wissenschaftliche Nutzlast in der ständig gleichen Druckhöhe von 3 Millibar, das entspricht etwa 40 Kilometer Höhe, gehalten. Ballone, die mit etwa 300 Kilogramm Nutzlast die Erde zwei Monate lang ständig in 42 bis 43 Kilometer Höhe umkreisen können, sind in Vorbereitung.

Auf solchen Flügen wurde die merkwürdige Erscheinung der stetigen Höhenwinde zwischen 30 und 40 Kilometer Höhe aufgedeckt, die verblüffenderweise jahreszeitlich die Richtung wechseln, gleichsam mit dem Gang der Sonne. Mit 150 Kilometer Stundengeschwindigkeit jagen in diesen Höhen auf der nördlichen Halbkugel die Luftströmungen im Sommer in Ostrichtung dahin, flauen zum Jahreszeitenwechsel – im Frühjahr und Herbst – bis nahezu Windstille ab, leben wieder auf und blasen schließlich mit der gleichen Geschwindigkeit, nun aber in entgegengesetzter Richtung.

Mit Ballonen hat man auch zum erstenmal Röntgenstrahlquellen im Weltall entdeckt. Sie wurden später bei den sehr viel teureren Raketen- und Satellitenflügen als Röntgenstrahlsterne erkannt. Bei den Ballonaufstiegen mit dem Zeiss-Spektrostratoskop wurden neue Erkenntnisse über die Granulation – die feinkörnige Struktur – der Sonnenoberfläche gewonnen, und bei den »Thisbe«-Starts der Max-Planck-Gesellschaft Heidelberg erkannte man, daß der interplanetare Staub, der das Zodiakallicht verursacht, so dünn ist, daß in einem Kubikkilometer nur 10 Staubkörner enthalten sind.

Der »Satellit des Kleinen Mannes« hat seine Rolle noch lange nicht ausgespielt. Im Gegenteil: Trotz Raketen und Satelliten wird für lange Jahre der Ballon Werkzeug der Weltraumforschung bleiben.

»Helios« in der Sonnenglut

WERNER BÜDELER

Unser Heimatstern, die Erde, ist ein Glücksplanet. In einmaliger Weise vereint sie in sich die Voraussetzungen dafür, daß das heutige, üppige, hochentwickelte Leben auf ihrer Oberfläche entstehen konnte.

Eine dieser Voraussetzungen ist ihr Abstand von der Sonne. Im Gegensatz etwa zum sonnennächsten Planeten Merkur, dessen trockene Oberfläche unter bis zu 400 Grad Celsius Hitze verdörrt, oder zum sonnenfernen Jupiter, von dem aus die Sonne nur noch wie ein heller Stern erscheint und dem sie kaum mehr Wärme spendet, befindet sich die Erde in einer Entfernung vom Tagesgestirn, wo sich Pflanzen und Tiere, eine sauerstoffhaltige Atmosphäre und schließlich der Mensch entwickeln konnten. Verlösche die Sonne plötzlich, so würde dies ebenso das Ende des Lebens auf der Erde bedeuten wie ein plötzlicher Energieausbruch des Tagesgestirns, wie wir ihn gelegentlich an Sternen im Weltall beobachten können.

Doch solche Sorgen sind umsonst. Dank der modernen Sonnenforschung wissen wir, daß der »Brennstoff« der Sonne noch für rund sechs Milliarden Jahre ausreicht, und erst dann sind erdverdörrender Energieausbruch und anschließende Abkühlung des Tagesgestirns zu erwarten. Unbestritten aber bleibt, daß die Sonne für unser Dasein der wichtigste Weltkörper im All ist; zwischen ihr, dem Weltall und der Erde spielen sich viele geheimnisvolle Vorgänge ab.

Die Sonne verschleudert aber nicht nur Energie in Form des sichtbaren Lichts und der Wärmestrahlung in das umgebende Weltall, sondern von ihr gehen auch geladene Partikel – Atombausteine nach Art der Protonen und Elektronen – aus, die sich als »Sonnenwind« über das ganze Planetensystem ausbreiten, sowie Ultraviolett- und Röntgenstrahlen, Radiowellen und Magnetfelder, ganz zu schweigen von ihrer gewaltigen Anziehungskraft, die alle Himmelskörper des Planetensystems in kreisähnlichen Bahnen um das Muttergestirn herumführt.

Seit es astronomische Forschung gibt, spürt sie diesen vielfältigen Beziehungen zwischen Sonne und Erde nach. Bis vor wenigen Jahren war dies nur dadurch möglich, daß man die Vorgänge im Weltall von der Erde aus beobachtete. Erst die Raumfahrt hat die Bedingungen dafür geschaffen, Meßgeräte ins Weltall zu bringen und Untersuchungen an Ort und Stelle vornehmen zu lassen. So wurden im Laufe der Jahre mehrere Erdsatelliten zur Erforschung der Sonne in Umlaufbahnen um die Erde gebracht und Raumsonden gestartet, die Messungen weiter draußen im Weltall vornehmen.

Das bisher weitreichendste und kühnste Unternehmen dieser Art aber ist gegenwärtig im Gange. Es begann am 10. Dezember 1974 in Cape Canaveral mit dem Start einer kraftvollen Titan-Centaur-Rakete. Unter der ausgeweiteten Nutzlast-Schutzhülle dieser nach der Saturn-Rakete schubkräftigsten amerikanischen Trägerrakete befand sich ein 370 Kilogramm schwerer, zwei Meter hoher, garnrollenförmiger Flugkörper. Er wurde zunächst von der Rakete in eine Erdumlaufbahn in 150 Kilometer Höhe befördert. Dort umflog er, mit der Centaur-Rakete verbunden, in 30 Minuten die Erde zu einem Drittel mit einer Geschwindigkeit von 28 000 Kilometer in der Stunde. Dann wurde das Raketentriebwerk der Centaur-Stufe erneut gezündet. Neun Minuten später hatte »Helios« – die Schutzhülle war bereits zuvor beim Aufstieg in die Erdumlaufbahn abgestoßen worden – eine Geschwindigkeit von 49 200 Kilometer in der Stunde erreicht. Die Nutzlast, die zuvor von der Centaur-Rakete durch einen Sprengbolzen und Druckfedern getrennt worden war, befand sich damit außerhalb des Anziehungsfeldes der Erde; ihre Bewegung wurde jetzt von der weitaus mächtigeren Anziehungskraft der Sonne dirigiert.

»Helios«, wie man die Raumsonde nach dem griechischen Sonnengott genannt hatte, befand sich nun in einer Bahn, die den Flugkörper näher an die Sonne heranführen würde als jemals zuvor ein von Menschen gebautes Gerät.

In Cape Canaveral in Florida atmeten Techniker und Wissenschaftler erleichtert auf: Die erste Schlacht war gewonnen.

Es war 5 Uhr am 10. Dezember 1974. Bei einem Empfang zu dieser frühen Morgenstunde in Cocoa Beach, Florida, konnte man neben Amerikanisch viele deutsche Laute hören: »Helios«, eine Sonde zur Erforschung der Sonne, ist ein deutsch-amerikanisches Projekt. Der Raumflugkörper wurde in Deutschland entwickelt und gebaut, sieben der zehn Untersuchungen, die mit »Helios« vorgenommen werden, stammen aus der Bundesrepublik, drei von Wissenschaftlern der Vereinigten Staaten. Amerika stellte die Trägerrakete und führte den Start durch, während die Überwachung der Sonde im Weltall und die Aufnahme der wissenschaftlichen und technischen Daten dem deutschen Satellitenkontrollzentrum in Oberpfaffenhofen bei München obliegt.

Ein Raumflugunternehmen ist ein Vorhaben des »Bangens in Raten«. Tausendmal muß man sich unbeschadet aller Berechnungen, Überprüfungen und Simulationen die Frage stellen: »Wird es gutgehen?« Mit »Helios« war dies nicht anders, denn diese Sonnensonde ist einer der anspruchsvollsten Flugkörper, die bisher konstruiert worden sind. Bis auf ein Drittel des Abstandes der Erde von der Sonne gelangt diese Raumsonde alle 191 Tage an das Tagesgestirn heran. Die Sonne strahlt dann elfmal so stark auf die Sonde ein wie auf die oberste Schicht der Erdatmosphäre. Bis auf 300 Grad Celsius werden die Außenflächen aufgeheizt, die Antennendrähte gar bis auf 400 Grad, so hatten dies die Techniker bereits zu Beginn des Vorhabens errechnet. Ausgeklügelte Verfahren und besondere Werkstoffe sind notwendig, um derart hohen Temperaturen standzuhalten. Die »Garnrollenform« der Sonde soll dieser starken Wärmeeinstrahlung ebenso entgegenwirken wie die »Kaltspiegel«, die die Konstrukteure auf der Außenfläche des Zentralkörpers und auf einem großen Teil der Sonnenzellenflächen angebracht haben. Diese Kaltspiegel – Quarzplättchen, die an der Unterseite mit einer Spiegelschicht bedampft sind, welche ihrerseits auf einem elektrisch nichtleitenden Material sitzt – werfen über 90 Prozent der auftreffenden Wärmestrahlung zurück. Zusammen mit Dämmungsfolien und automatisch gesteuerten, jalousienartigen Klappen sorgen sie dafür, daß im Inneren der Sonde auch dann keine höhere Temperatur als 20 Grad Celsius Wärme auftritt, wenn die Außenwände auf mehrere hundert Grad aufgeheizt werden. Die etwa 1 Zentimeter starken Folien, die aus 18 Kunststofflagen und 19 Lagen Nylontüll bestehen, dämmen die Wärme wie eine 15 Meter starke Mauer aus Ziegelsteinen!

Um ihre Berechnungen zu überprüfen, schleppten die Techniker im Juni 1974 den Prototyp der Raumsonde in das »Laboratorium für Strahlantriebe« der Raumfahrtbehörde NASA in Pasadena in Kalifornien. Hier befindet sich eine Vakuumkammer, in der Sonnenstrahlung bis zu 13 Solarkonstanten nachgeahmt werden kann, also bis zum Dreizehnfachen der Einstrahlung, die am Rand der irdischen Lufthülle auftritt. »Helios« bestand diese – im wahrsten Sinne des Wortes – Feuerprobe glänzend.

Diese schubgewaltige Titan-Centaur-Rakete schickte »Helios 1« auf die Reise zur Sonne. Sie verlieh der in Deutschland entwickelten Sonde die höchste Geschwindigkeit eines von Menschen gebauten Flugkörpers: mehr als 237 000 Kilometer in der Stunde. – NASA

Wenn Erde und Sonnensonde »Helios« ihre größten Entfernungen voneinander erreichen, sind sie durch nahezu 300 Millionen Kilometer Weltraum getrennt. Zu dieser Zeit sind die Funksignale von der Sonde zur Erde rund 1 000 Sekunden – das sind 16 $^1/_2$ Minuten – unterwegs. Natürlich kommen die Signale, die von »Helios« mit einer Leistung von 20 Watt abgestrahlt werden, nur noch äußerst schwach auf der Erde an. Die mächtigen Empfangsanlagen des amerikanischen Weltraum-Stationsnetzes mit ihren schüsselförmigen Antennen von 26 und 64 Meter Durchmesser und die 100-Meter-Schüsselantenne des Radioteleskops in der Eifel nehmen die Signale auf und verstärken sie. In der Nähe von Weilheim wurde eine 30-Meter-Antenne gebaut, über die der Raumsonde die notwendigen Kommandos zugestrahlt werden. Die Sendeleistung dieser Kommandostation beträgt 20 Kilowatt; bei der Sonde treffen die Signale mit einer Stärke ein, die hundertmal geringer ist als ein Signal, das von einem guten handelsüblichen Radioempfänger gerade noch aufgenommen wird. Die Empfangsapparatur der Sonde ist so ausgelegt, daß sie trotzdem von zehn Milliarden gesendeten Kommandos höchstens eines falsch deutet!

Die Raumsonde selbst kann wissenschaftliche und technische Daten über längere Zeiträume speichern und dann gesammelt abstrahlen. Diese Speicherfähigkeit, deren Höchstgrenze bei 500000 Bit, also einer halben Million Informationseinheiten liegt, ist notwendig, weil »Helios« zu bestimmten Zeiten, von der Erde aus gesehen, hinter die Sonne tritt. Dann aber ist eine Datenübertragung nicht möglich, und ebensowenig kann man vernünftige Daten aufnehmen, wenn die Sonde vor der Sonne vorbeizieht; in diesem Fall werden die Sondendaten von den Radiosignalen der Sonne überlagert.

»Helios« dreht sich in jeder Sekunde einmal um seine eigene Achse. Dadurch werden der Raumflugkörper stabilisiert und die Hitzeeinwirkung der Sonne gleichmäßig über die Sonde verteilt. An einem Ausleger in der Drehachse der Sonde jedoch sitzt eine Richtantenne; sie macht diese Drehung nicht mit, denn ihre Aufgabe ist es, ständig zur Erde zu zeigen. Das aber bedeutet, daß Antenne und übriger Flugkörper mit 60 Umdrehungen in der Minute zueinander rotieren. Diese fortwährende Drehung über Monate hin muß auch unter den extremen Bedingungen des luftleeren Weltraums störungsfrei ablaufen, eine technische Aufgabe, die den Ingenieuren nicht geringes Kopfzerbrechen bereitet hat – ein weiteres Beispiel dafür, wie kompliziert »Helios« ist.

Da nimmt es nicht wunder, daß an Entwicklung und Bau dieses Raumflugkörpers 18 Firmen in Europa und den USA beteiligt waren. Auftraggeber für das Projekt war die »Gesellschaft für Weltraumforschung« als Vertreter des deutschen Bundesministeriums für Forschung und Technologie. Hauptauftragnehmer ist die Firma Messerschmitt-Bölkow-Blohm in Ottobrunn bei München, die sich bereits durch die Entwicklung mehrerer Satelliten hervorgetan hat. Für sie waren die anderen Firmen als Zulieferer tätig. Die Forschungsgeräte, im Jargon der Wissenschaftler als »Experimente« bezeichnet, wurden an einer Reihe von Forschungsstätten (Max-Planck-Instituten, Hochschulen und der Raumfahrtbehörde NASA) entwickelt und ebenfalls zum Teil von der Industrie gebaut.

Das ganze »Helios«-Unternehmen hat etwa 650 Millionen Mark gekostet, von denen rund 450 Millionen die Bundesrepublik Deutschland und 200 Millionen die Vereinigten Staaten von Nordamerika aufgebracht haben. Dafür allerdings wurde am 15. Januar 1976 noch ein zweiter »Helios« gestartet. »Helios 1« hat den sonnennächsten Punkt seiner Bahn bereits mehrmals durchflogen. Die Sonde ist dann – diese größte Annäherung tritt alle 92 Tage ein – nur 46 Millionen Kilometer von der Sonne entfernt. Ihre Meßinstrumente und Funkeinrichtungen haben die Wärmebelastungen gut ertragen; sie arbeiten auch in dem Augenblick, da diese Zeilen geschrieben werden, noch einwandfrei. Auch »Helios 2«, die zweite Sonnensonde, die der Sonne sogar auf 0,29 astronomische Einheiten oder 43 Millionen Kilometer nahekommt, funktioniert gut.

Die Experimente des »Helios«, also die Forschungsdaten, die die Sonde gewinnt, beziehen sich nicht auf Vorgänge unmittelbar auf der Sonne, sondern auf die Wirkungen, welche die Sonne im interplanetaren Raum – dem Bereich zwischen den Planeten – auslöst. »Helios« ergänzt dabei Messungen, die bereits von anderen Raumsonden zu früheren Zeitpunkten an anderen Orten vorgenommen worden sind und zum Teil auch jetzt noch vorgenommen werden.

Betrachten wir als Beispiel den Sonnenwind, also jenen Strom geladener Partikel, der von der Sonne ausgeht und der aus Atomkernen der Elemente Wasserstoff, Helium und in geringem Umfang auch Stickstoff, Sauerstoff, Eisen usw. sowie aus Elektronen besteht. Die amerikanischen Raumsonden »Pionier 10« und »Pionier 11« messen diesen Sonnenwind in den äußeren Bereichen des Sonnensystems. Sie haben ihn beim Überfliegen der Marsbahn, im Bereich der Kleinen Planeten und in der Umgebung des Jupiters aufgezeichnet, und sie werden uns noch in diesem Jahr Daten liefern, aus denen wir ersehen können, wie sich die Partikel des Sonnenwindes noch weiter draußen im Raum, in der Gegend des Planeten Saturn, verhalten. Die Raumsonde »Mariner 10« hat den Sonnenwind an den inneren Planeten Venus und Merkur gemessen und die aufschlußreichen Wirkungen untersucht, die Venusatmosphäre und Magnetfeld des Merkur auf den Sonnenwind haben, gerade so, wie die beiden Pionier-Sonden die Wechselwirkungen zwischen dem Sonnenwind und dem mächtigen Magnetfeld des Jupiter untersuchten. (Als geladene Teilchen werden die Partikel des Sonnenwindes natürlich durch Magnetfelder in ihren Bewegungen beeinflußt.) »Mariner 10« kam bis auf 57 Millionen Kilometer an die Sonne heran. »Helios« hingegen nähert sich dem Tagesgestirn noch erheblich weiter und kann daher das Verhalten der geladenen Partikel verhältnismäßig dicht an ihrem Ursprungsort, der Sonne, untersuchen. Aus allen diesen Messungen hoffen die Wissenschaftler eine Vorstellung – ein Modell – von den Wechselwirkungen des Sonnenwindes mit Planeten zu entwickeln; außerdem versprechen sie sich neue Erkenntnisse über die Entstehung und Ausbreitung des Sonnenwindes, beides Informationen, die auch für uns auf der Erde von praktischer Bedeutung sind. Der Sonnenwind tritt ja in Wechselbeziehungen zu Magnetfeld und Atmosphäre der Erde. Wir kennen diese Beziehungen noch nicht genau genug; es kann durchaus sein, daß sich aus diesen Forschungen neue Erkenntnisse über die Einwirkung der Sonne auf das Wettergeschehen ableiten lassen. Erste Ergebnisse von »Helios« deuten bereits auf eine bisher nicht bekannte Koppelung des Sonnenwindes mit der Sonnenrotation hin. »Helios« bestimmte die Geschwindigkeit der Ionen – also der elektrisch geladenen Atomkerne – des Sonnenwindes zu rund 550 Kilometer in der Stunde und stellte ungewöhnlich rasche zeitliche Änderungen des Sonnenwindes fest.

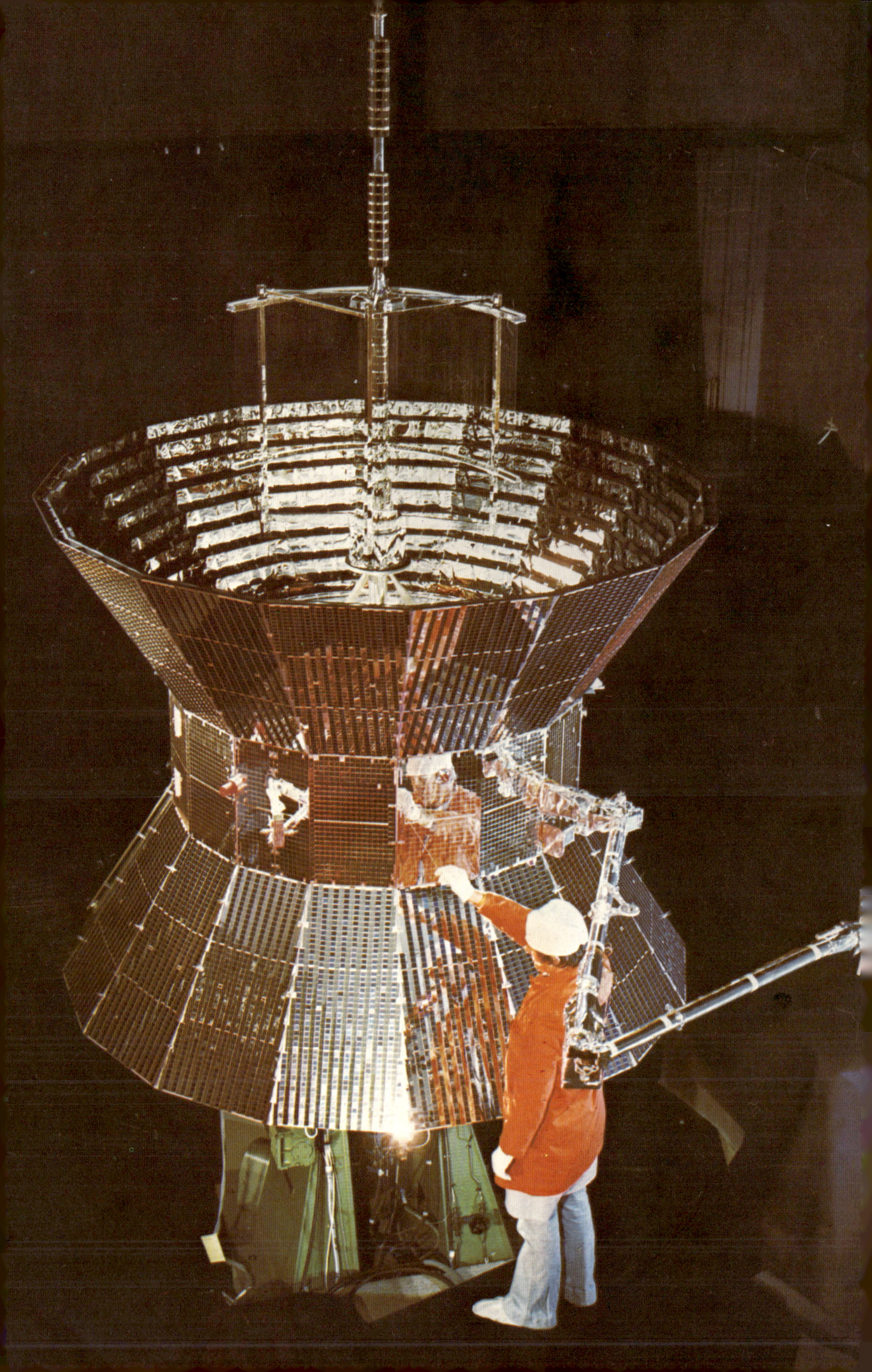

Links: Letzte technische Überprüfung von »Helios 1«. Bis auf 46 Millionen Kilometer näherte sich die am 14. 12. 74 gestartete Sonnensonde dem Zentralgestirn, das ist weniger als ein Drittel des Abstandes Erde – Sonne. So nahe ist noch kein Raumflugkörper an der Sonne vorbeigeflogen.

Oben: Alles Leben auf der Erde ist abhängig von der Energie der Sonne. Diese Tatsache rechtfertigt den Aufwand, mehr über die Quelle des Lichts und aller Wärme zu erfahren. In den Sonnensatelliten wird eines der 10 Experimente eingebaut.

Rechts: Der 370 kg schwere Sonnenspäher muß auf der Außenseite mehr als 300° C Hitze aushalten – eine Temperatur, bei der Blei schmilzt. Ein ausgeklügeltes, auf der Welt einmaliges Wärmeschutzsystem bewahrt die Raumsonde vor einem »Sonnenbrand«. Hier die Dämmungsfolien. Alle Fotos MBB

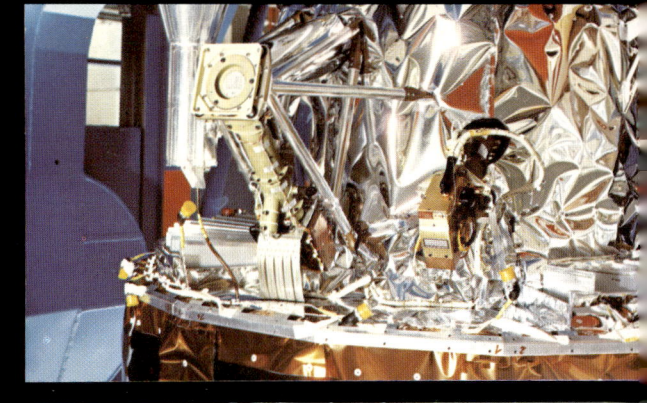

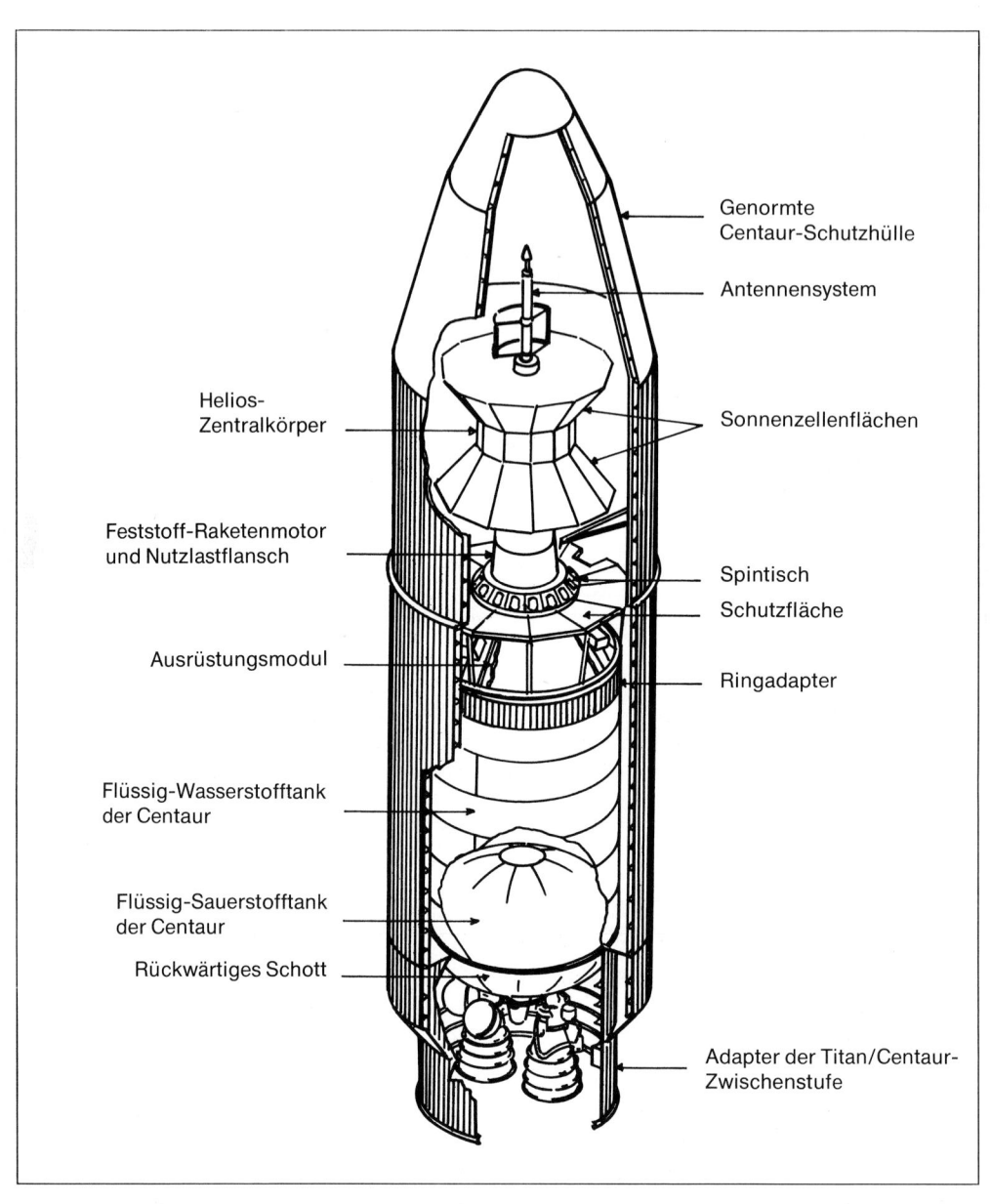

So waren die »Helios«-Sonden in der Centaur-Oberstufe untergebracht. Die zweistufigen Trägerraketen wurden von den USA bereitgestellt. Der »Helios 1« folgt die am 15. Januar 1976 gestartete »Helios 2« in »Sichtweite«, in einem für interplanetare Maßstäbe geringen Abstand von nur wenigen Millionen Kilometer.

Der Sonnenwind ist jedoch nur eine von vier Erscheinungsgruppen, die »Helios« erforscht. Die Untersuchungen über den kosmischen Staub ergaben, daß die Raumsonde täglich von rund eintausend winzigen Staubpartikeln getroffen wird, die allerdings nur wenige tausendstel Millimeter groß

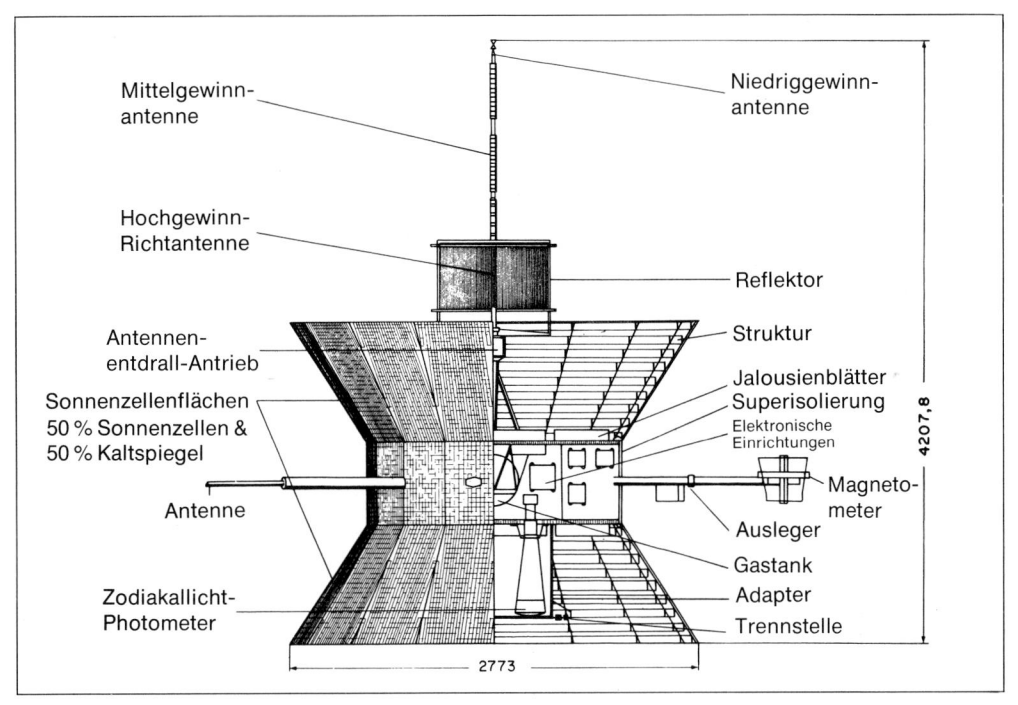

Schnittbild der Sonnensonde. Die Antennenanlage ermöglicht eine störungsfreie Datenübertragung über eine Entfernung von 300 Millionen Kilometer. Die Signallaufzeiten betragen 1 000 s, d. h. auf die Antwort – die Reaktionskontrolle – muß das Kontrollzentrum, das die Daten übermittelt, über eine halbe Stunde warten. Zeichnungen MBB

sind und somit an dem Flugkörper keinen Schaden anrichten können. Die Messungen deuten darauf hin, daß es zwei Arten von kosmischen Staubteilchen gibt.

Untersuchungen der Streuung des Sonnenlichtes an dem kosmischen Staub – ein Vorgang, der das von der Erde aus beobachtete Zodiakallicht, ein schwacher, pyramidenförmiger Lichtschein im Frühjahr am Abendhimmel und im Herbst am Morgenhimmel, hervorruft – haben ergeben, daß die Staubdichte sich in Richtung Sonne bis zum sonnennächsten Punkt der »Helios«-Bahn hin etwa verdreifacht.

Dabei sind alles dies nur erste, vorläufige Resultate. Die Ergebnisse zahlreicher anderer Erkundungen, die »Helios« vornimmt, liegen bisher noch nicht vor. Dazu gehören Untersuchungen über Magnetfelder und kosmische Strahlung sowie über die Sonnenkorona, also die mächtige, heiße, dünne Gashülle, die unsere Sonne umgibt, sowie über die Bahnbewegung des »Helios«, aus der die berühmte Relativitätstheorie Einsteins erneut bestätigt werden soll. Inzwischen ist auch »Helios 2« in der Umlaufbahn. Bis die Forscher ihre Ergebnisse genauer gedeutet haben, braucht es seine Zeit. Schon jetzt aber hat die Sonde »Helios« die in sie gesetzten Erwartungen erfüllt. Die Wissenschaftler indessen hoffen, von den beiden Flugkörpern noch viele weitere Monate lang Meßdaten zugefunkt zu bekommen . . .

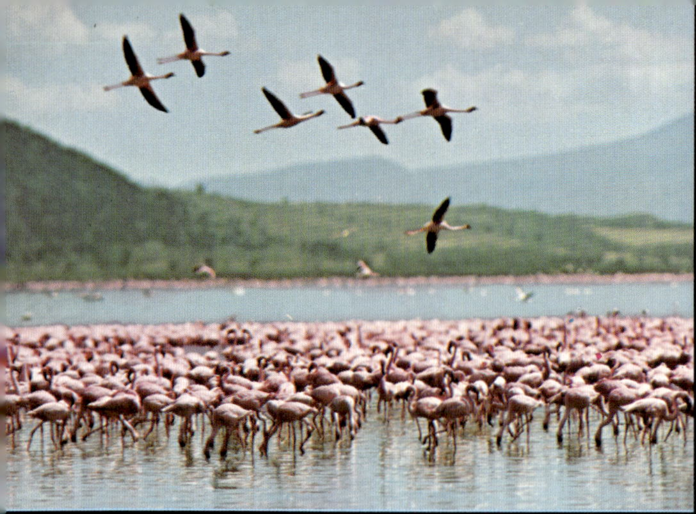
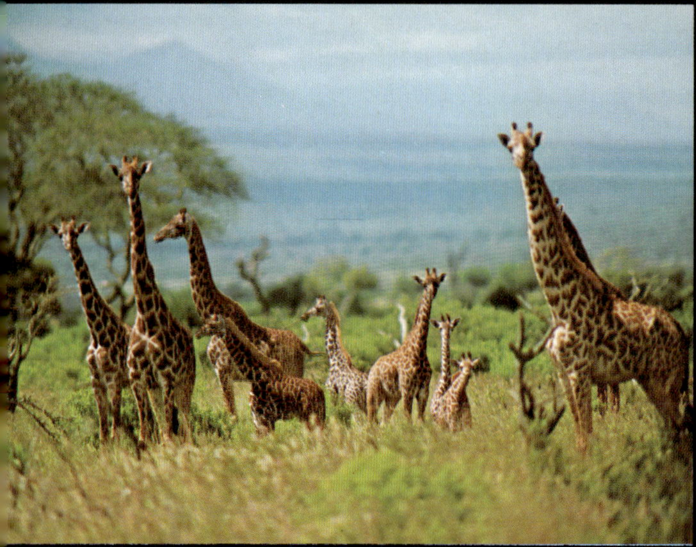
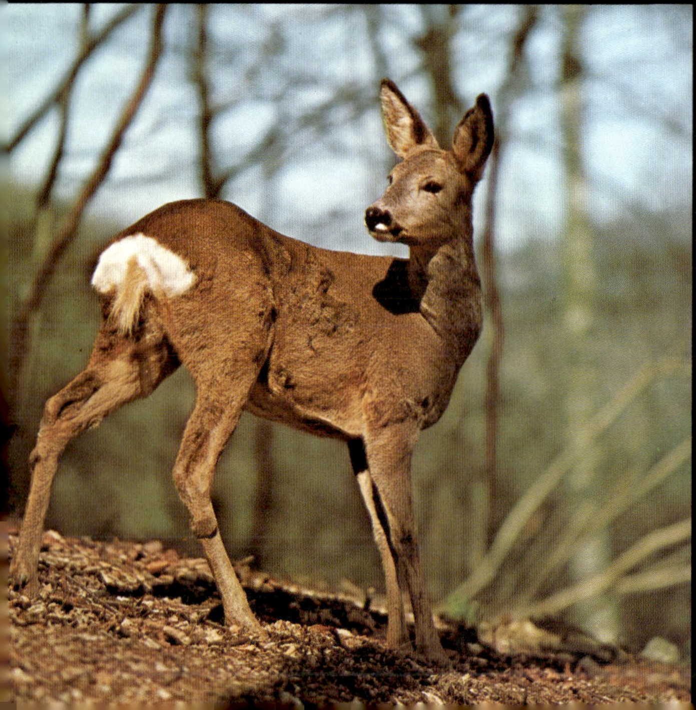
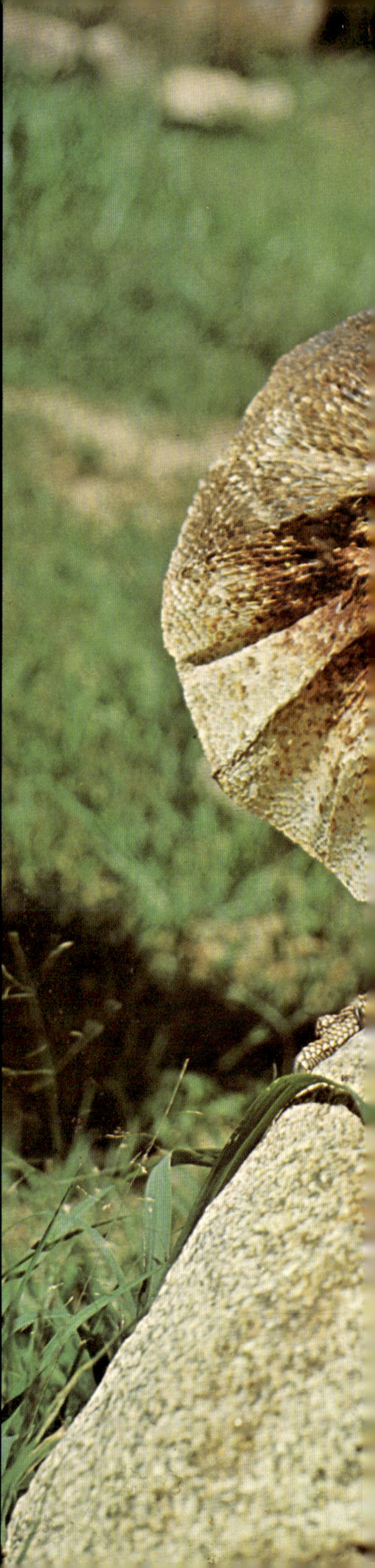

Der bessere Teil der Tapferkeit

EVA MERZ

oder über den Unterschied zwischen einem Flußpferd

Links oben: Wo Tiere in Herden beieinanderleben, verlassen sie sich auf die Wachsamkeit einzelner. Die Wachtposten am Rande des riesigen Flamingoflugs reißen beim Auffliegen die Gefährten mit.

Mitte: Giraffen sind eine Art lebendige Wachttürme. Sie sehen scharf und weit, und auch für eine jagende Großkatze ist es nicht leicht, ihrer ständigen Wachsamkeit zu entgehen. Fotos Reinhardt

Wenn eine australische Kragenechse sich zischend aufrichtet und die Hautfalte um den Hals zu doppelter Größe spreizt, erschrickt mancher, der es gar nicht nötig hätte (großes Bild). Fotos Mauritius, Okapia

Unten: Ein beunruhigtes Reh sträubt unwillkürlich die langen, hellen, spröden Haare des Spiegels. Der wird dadurch doppelt so groß und mit dem weißen Unterhaar zum Warnzeichen für das ganze Rudel.

Intelligenz ist das einzige, was auf der Welt gerecht verteilt ist: Jeder glaubt, er hätte genug davon.

Dieser Satz ist über vierhundert Jahre alt, aber auch heute noch darf man einem Menschen fast alles sagen, außer, man halte ihn für dumm. Dafür werden die begehrtesten anderen Eigenschaften geopfert. Frauen darf man als »nicht hübsch« bezeichnen, wenn das erwartete »aber gescheit« nachfolgt, und so gern fast jeder Mann ein Held wäre, er ist immer noch lieber klug und ängstlich als mutig, aber dumm. Nun ist der erwartete Zusammenhang zwischen weniger Schönheit und mehr geistigen Fähigkeiten beim besten Willen nicht aufzufinden. Es ist auch keiner schon gescheit, nur weil er sich leicht fürchtet. Aber die Fähigkeit, Angst zu haben, ist ein wichtiger Instinkt, sie einschätzen und ihre Ursachen vermeiden zu können, ein lebensnotwendiger Teil der Intelligenz bei Mensch und Tier.

Angst ist, wie auch der Schmerz, eine Art Warnlampe. Sie zeigt an, daß schleunigst alles zu unternehmen sei, um sie wieder zum Erlöschen zu bringen. Wer Warnlampen grundsätzlich unbeachtet läßt, lebt bekanntlich nicht lange. Wo sie allzu leicht aufflackern, tröstet man, wenn es sich um einen Menschen handelt, mit dem alten Satz »Zu Tod geforchten ist auch gestorben!«. Bei Tieren dürfte das wörtlich zutreffen. Denn ob solche Überängstlichkeit nun kopflos in die Fänge des Feindes führt oder, in der Gruppe, zu einem gefährdeten Leben am untersten Ende der Rangordnung, sie schließt das betreffende Tier ziemlich sicher aus der Reihe derer aus, die sich vererben werden.

Wenn Konrad Gesner in seinem »Thierbuch« von 1563 den Hasen nicht ohne Mißbilligung ein »forchtsam zag flüchtig Thier« nennt, so übersieht er, daß Fliehen und Verstecken ebensogut eine Waffe im Kampf ums Überleben sind wie jede andere. Kaum eine Tierart kann auf Fluchtverhalten ganz verzichten, und manche sind sogar Spezialisten für diesen besseren Teil der Tapferkeit. In bestimmten Affenhorden, wo die alten Männer das letzte Wort haben, entscheiden diese erfahrenen Tiere im Zweifelsfall für den Weg der Vorsicht. Als junge Unterführer haben sie bewiesen, daß sie mutig sind, und brauchen nicht zu fürchten, das Gesicht zu verlieren. Hirsche, die bis in ihre alten Tage als Helden und Ritter zu glänzen haben, überlassen die Führung gemischter Rudel einer Hirschkuh gesetzteren Alters.

Auch der sorgsamste Rudelführer, der mißtrauischste Jungbock, den ein Antilopenrudel an seine Reviergrenze stellt, warnt die anderen Tiere nicht bewußt. Er gibt, sobald seine ständig angespannte Wachsamkeit in Besorgnis umschlägt, angeborene Warnzeichen. Die anderen verstehen sie; er aber würde sich genauso verhalten, wenn er allein wäre. Der Erfolg freilich ist der gleiche, wie wenn ein Mensch andere in voller Absicht warnt. Die Ähnlichkeit zu menschlichem Verhalten geht noch weiter. So, wie bei uns jene Zeitgenossen, die jederzeit das Schlimmste erwarten und nicht verfehlen, das aller Welt mitzuteilen, bald von niemandem mehr ernst genommen werden, läßt sich in der Tiergesellschaft keiner aus der Ruhe bringen, wenn die Warnung

Durch schwarze Streifen ist der Spiegel der Impalas noch auffälliger als der unserer Rehe, entsprechend dem Herdenleben und der unheimlichen Fluchtgeschwindigkeit dieser Antilopen.

Der alte Murmeltiermann, der »Bär«, sichert aufgerichtet und mit hängenden Händen. Gleich wird er pfeifen, und so weit der Laut dringt, stürzt jedes Murmeltier in den sicheren Bau.
Fotos Reinhardt, Mauritius

von Rangniederen oder Jungvolk ausgeht, die sich ohnehin immer gleich aufregen. Warnt aber ein Wächter oder ein Tier von hohem Rang, dann geraten alle in Unruhe.

Wir wissen nicht, wie einem Tier zumute ist, das sich fürchtet. Übrigens wissen wir es vom lieben Nächsten auch nicht und kämen sogar in Verlegenheit, wenn wir die eigene Angst genau beschreiben sollten. Selbst Warnsignale und Angstgesten der Tiere müssen wir erst verstehen lernen. Manche erfassen wir unmittelbar, wohl aufgrund des uralten, gemeinsamen Erbes, aber die Gefahr von Mißverständnissen ist groß. Illustriertenbilder drohender, angriffsbereiter Bestien sind in Wirklichkeit oft Porträts äußerster Angst, ganz zu schweigen von dem, was mancher Hund sich nachsagen lassen muß, der sich einfach nur fürchtet. Tiere verstehen die Warnzeichen anderer Arten oft besser als wir, sie bedeuten ja auch meist gemeinsame Gefahr. Das Rätschen eines Eichelhähers, von den anderen übernommen, alarmiert den halben Wald. In Indien spielt diese Rolle des Markwarts der Pfau, und wer je einen hat im Zoo schreien hören, kann sich die Gefühle indischer Jäger, Tiger oder Leoparden ausmalen, wenn die Pfauen sie entdeckt haben. Pfauen schreien sonst am meisten vor Gewittern, ihr Ruf mag also beidemal Ausdruck der Beunruhigung sein. Bei uns warnen Rotkehlchen, Würger, Drossel, Rotschwanz und andere alle mit eher heiseren, oft wiederholten Lauten, die Ähnlichkeit miteinander haben und von vielen Wildtieren verstanden werden.

Der Pfiff von Murmeltier und Gemse wirkt auf Gegenseitigkeit. Der Warnlaut der kleinen Nager läßt die Gemsen mindestens aufmerken, sie selber aber fahren kopfüber in ihr Loch, wenn die größeren Tiere die Lage für bedenklich halten. Ein schwimmender Biber warnt die anderen durch eben den schallenden Schwanzschlag auf die Wasseroberfläche, mit dem er sich nach unten in Sicherheit bringt.

Ein hörbares Warnsignal nützt allem, was Ohren hat, ein sichtbares gilt für Nahwirkung und meist nur für bestimmte Leute – etwa wie Sirene und Straßenschilder. Wo dem Nebenmann die Haare zu Berge stehen, ist etwas nicht geheuer, das merkt sogar der Herr bei seinem Hund, und der Hundeartige im Rudel erst recht. Die Lautlosigkeit einer solchen Warnung ist ein Vorteil für Jäger und Gejagte. Wenn eine beunruhigte Rehgeiß die Haare ihres Spiegels sträubt, erscheinen Kehrseite und Schwanzunterseite noch einmal so groß und so weiß, und das Kitz versteht nicht nur, daß es jetzt rasch und leise der Mutter folgen muß, es hat auch so etwas wie ein gewaltiges Schlußlicht vor sich, das nicht aus den Augen zu verlieren ist. Das gleiche gilt für das Rudel, so daß sich vor den Augen des Winterwanderers ein Sprung Rehe aus kaum erkennbaren grauen Schemen plötzlich in ein ganzes Ballett davontanzender weißer Ovale verwandeln kann.

Wie wenig Absicht hinter solchen Alarmzeichen steckt, beschreibt ein Afrikareisender, bei dessen Anblick ein einzelner, freistehender Nyala-Waldbock aufgeregt seine weiße Mähne entfaltete. Fünf andere im dichten Buschwerk taten es ihm nach und verrieten so erst ihren Standort. Weiß als

Wenn ein Biber mit dem flachen Schwanz aufs Wasser schlägt, ist das zwar nur der Ausdruck seiner eigenen Aufregung, aber der halbe See versteht und beherzigt die Warnung.
Foto Mauritius

Warn- und Signalfarbe tragen auch unsere Finkenvögel an den seitlichen Schwanzfedern, die nur beim Auffliegen sichtbar werden und die anderen Mitglieder eines Schwarms zuverlässig mitreißen.

Warnungen über den Geruchssinn sind von uns Menschen schwer zu bemerken und fast leichter in alten Gruselgeschichten als in der Natur aufzufinden. Wenn bei einer ziehenden Renherde alle Tiere an derselben Stelle scheuen, so gibt es dort nicht Spuren alter Verbrechen, sondern die eines kürzlich vorbeigezogenen Rens, das erschrocken ist und dabei den Boden mit dem Duft seiner Zwischenzehendrüse markiert hat. Für das Leben unter Wasser sind Geruchsnachrichten besonders geeignet. Einem Elritzenschwarm genügt ein Wassertropfen aus dem Gefäß, in dem man einen leicht verletzten Artgenossen gehalten hat, um auseinanderzustieben und erst nach Tagen an den Ort des Schreckens zurückzukommen. Viele andere Karpfenfische und auch die Kaulquappen, die ja etwas Höheres zumindest einmal werden wollen, verhalten sich ebenso, auch wenn der Duftstoff nur ein paar Tiere am Rande des Schwarms erreicht. Angst steckt an, beim Menschen, wenn er, etwa in Panik oder großem Schrecken, sein Urteilsvermögen verliert, und beim Tier. Die Flucht des einen reißt die anderen mit, und das muß so sein. Müßte ein Tier immer erst feststellen, welche von den bedrohlichen Erscheinungen nun wirklich gefährlich ist, es geriete vermutlich schon als Baby in den Ernstfall und hätte keine Gelegenheit mehr, weitere Erfahrungen zu sammeln. Manche Dinge später als harmlos zu erkennen, ist dagegen immer noch Zeit. So verlassen sich Entenküken bei ihren Schwimmausflügen ganz auf ihre Mutter, aber wenn sie aufströmendes Wasser unter sich spüren, fahren sie entsetzt auseinander, auch wenn es nur aus dem Zulaufstutzen ihres Beckens kommt. Denn auch ein aufsteigender Hecht drückt so das Wasser vor sich her. Flucht ist die einzige Reaktion, zu der jedes freilebende Tier eigentlich immer bereit ist, was den Spruch von der Goldenen Freiheit einigermaßen verdächtig macht.

Ständige Fluchtbereitschaft könnte sogar zur Entstehung mancher Tiergestalt beigetragen haben. Nager der Steppe, wie Präriehunde oder Ziesel, heben sich auf die Hinterbeine, um über das Gras weg nach Gefahren auszuschauen. Wer nicht, wie sie, Zuflucht in einem Bau findet, sondern sein Heil in immer neuer Ausschau und schließlich Flucht suchen muß, mag in immer längeren, stärkeren Hinterläufen einen arterhaltenden Vorteil entwickelt haben. Möglicherweise sind so die Känguruhs und Springmäuse das geworden, was sie heute sind, und vielleicht ist unser Hase noch auf dem Weg dorthin. Raubtiere, die sich zweibeinig hüpfend bewegen können, gibt es nicht.

Das Fluchtverhalten ist auch den Haustieren geblieben, so viele Eigenschaften der Mensch ihnen immer an- und abgezüchtet hat. Viele von ihnen könnten in der Wildnis nicht mehr bestehen, aber von den Warnsignalen eines wilden Artgenossen lassen sie sich immer noch mitreißen. Daß man aber Eigenschaften, die ein Tier eigentlich vor seinen Feinden retten sollten, züchterisch bis an den Rand des Krankhaften steigern kann, beweisen die Tümmlerrassen unter den Haustauben. Aus der blitzschnellen Drehung, mit der die fliegende Felsentaube einmal dem Zustoß des Falken entging, ist bei ihnen ein zweckfreies Purzelbaumschlagen geworden, das ansteckend wirkt und damit auf seine alte Natur als Fluchtbewegung hinweist.

Warnlaute und Warngesten, beide ein Zeichen für eine zuerst einmal ungewisse Beunruhigung, dürften allgemeiner sein als das arteigene Patent, mit dem sich dann jeder auf seine Weise in Sicherheit bringt. Sie müssen es aber nicht. Viele Hühnervögel verfügen über zwei verschiedene Warnlaute für fliegende oder für vom Boden drohende Feinde. Ihre Küken antworten so lange auf beide mit Weglaufen und Verstecken, bis sie flügge sind und bei Bodenwarnung davonfliegen können. Junge Rabenvögel aber, die ja schon ziemlich erwachsen das Nest verlassen, versuchen auf die elterliche Warnung hin erst einmal festzustellen, was eigentlich los ist.

Häufig genug reicht das Warnen aus, um einem Feind die Jagd zu verleiden. Jeder hat schon einmal gesehen, wie betont unbeteiligt eine Katze weiterläuft, wenn die Amseln sie beim Anschleichen entdeckt und verraten haben. Muß aber ernsthaft geflohen werden, dann sucht noch lange nicht jeder das Weite. Von der Kellerassel bis zum Riesengürteltier zieht sich ins eigene Gehäuse zurück, wer das irgend kann, mit Ausnahme der afrikanischen Spaltenschildkröte, die einen weichen Panzer, aber beachtliche Renn-, Kletter- und Klammerfähigkeiten hat. Die amerikanische Hakennatter wür-

Dieser possierlich anzusehende Zwergameisenbär hält es keineswegs mit einem der drei Affen, die die buddhistische Lebensweisheit verkörpern: Böses nicht sehen, nicht hören, nicht sagen. Er folgt nur der Regel, wer klein ist, muß sich größer machen, um andere zu beeindrucken. Foto Okapia

de, als Nachttier, mit ihren Totstellkünsten die vollendete Flucht in die Unsichtbarkeit erreichen, bestünde sie nicht darauf, sich nach jeder Lageveränderung wieder so zurechtzudrehen, wie es ihr offenbar am totesten erscheint. Sogar das ganz gewöhnliche Weglaufen sieht immer wieder verschieden aus. Von zwei nahe verwandten australischen Waranen flieht der klettergewandte Buntwaran immer an irgend etwas in die Höhe, und wenn es ein zufällig herumstehender Australier ist, während sein Vetter dem Namen »Sprinterwaran« alle Ehre macht und zu ebener Erde davonrast.

Von den beiden Flußpferdgattungen wird berichtet, daß das Zwergflußpferd immer auf dem Landweg, das Nilpferd dagegen ins Wasser flüchte. Das könnte sogar der Blödelfrage nach dem Unterschied zwischen einem Nilpferd (an Land läuft es und im Wasser schwimmt es) einen Hauch von Substanz geben. Man hat aber heute Grund anzunehmen, daß sich auch das Zwergflußpferd ins Wasser zurückzieht, wenn es sich dort sicherer fühlt. Ein völlig starres Fluchtverhalten wäre bei einem Verwandten der recht intelligenten Schweine auch kaum glaubhaft gewesen. Wenn aber die Vampire, die blutsaugenden Fledermäuse Südamerikas, deren Biß Viehseuchen überträgt, gefangen werden sollen, so braucht man nur einige Unruhe in die Höhlen zu bringen, in denen sie zusammen mit anderen, nützlichen Fledermausarten leben. Dann fliegt alles harmlose Getier auf, die Vampire aber versuchen sich an der Wand entlang wegzustehlen und können getrennt eingefangen werden. Ihr besonderes Fluchtverhalten, gegen alle üblichen Fledermausfeinde wirksam, hilft ihnen nicht dem Menschen gegenüber, und es der neuen Gefahr anpassen können sie nicht.

Genau das ist vielen Tierarten zum Verhängnis geworden. Pinguine und vor allem Robben und Walrosse sind durchaus auf der Hut vor Raubfischen und Schwertwalen, aber sie wissen, daß sie von Land her keinen Feind zu fürchten haben, und das gab sie in die Gewalt der Robbenschläger. Ein Tier muß seine Angst und Fluchtbereitschaft jederzeit und völlig angepaßt verfügbar haben, wenn es überleben will. Kein noch so gesichertes Dasein bringt es zum Verschwinden. An Zootieren oder an plötzlich aus nichtigem Grund durchgehenden Pferden kann man beobachten, wie leicht aufgestaute Fluchtbereitschaft sich entlädt, wenn sie nie abgerufen wird. Wir Menschen, die wir den ständigen Bedrohungen des Tierdaseins entwachsen sind, haben dafür unsere Phantasie, unsere Geisterfurcht, unsere Dämonen bis zu den modernsten aus Technik und Medizin. Und, natürlich, unsere Gruselfilme und lebensgefährlichen Sportarten. Der Satz »Wer keine Sorgen hat, macht sich welche« ist, bei Licht besehen, eine naturwissenschaftliche Feststellung.

Ein Flußpferdkind wird geboren, wo sich die Mutter gut aufgehoben fühlt: im Wasser. Erst wenn es einigermaßen gekräftigt ist, darf es mit an Land. Trotz ihrer Größe und der sprichwörtlichen dicken Haut geht auch bei Flußpferden Sicherheit vor. Foto Pölking

Glanzstück der Schweizerischen Bundesbahnen: die 10 600 PS starke Universal-Lok Re 6/6.

Mit der Superlok durch den Sankt Gotthard

KARL GRIEDER

Die neuen Re 6/6 SBB-Berglokomotiven

Abfahrtsbereit wartet die Re 6/6 Prototyp-Lokomotive, Nummer 11 603, auf dem Bahnhof von Luzern, hinter sich einen aus 15 Wagen bestehenden Schnellzug. Es gilt, ihn über den Gotthard in den sonnigen Süden nach Lugano zu bringen. Ich muß den Bahnsteig entlang weit nach vorn gehen, um zur Spitze des Zuges zu gelangen; habe ich doch heute Gelegenheit, auf dem Führerstand des 19,3 Meter langen und 120 Tonnen schweren Paradepferdes der Schweizerischen Bundesbahnen mitzufahren. Im Innern der Lokomotive

Sozusagen die kleinen Brüder der neuen Superlok sind die Lokomotiven vom Typ Re 4/4 II und Re 4/4 III. Beide sehen äußerlich gleich aus, nur hat die letztgenannte eine Bergübersetzung. Es handelt sich um Maschinen mit zwei zweiachsigen Drehgestellen.

schlummern in sechs Hochleistungsmotoren zusammen 10 600 PS. Die gesamte Zugschlange mißt rund 350 Meter, und das der Lokomotive angekuppelte Gewicht beträgt 700 Tonnen. Pünktlich gibt das Signal die vor uns liegende Fahrstrecke frei, und der Zug, der direkte Wagen nach Rom führt, setzt sich rasch in Bewegung. Ja, man spürt bereits etwas von der geballten Kraft, die sich in den hinter uns liegenden Motoren entfaltet, und in flotter Fahrt geht es Arth-Goldau, einem wichtigen Eisenbahnknotenpunkt, entgegen, wo die Gotthardzüge einerseits aus Richtung Basel, Luzern und andererseits aus Zürich eintreffen, um von da aus die eigentliche Gotthardlinie zu befahren.

Im Pflichtenheft, mit dem die Bahn den Lokomotivbauern die Leistungswerte vorschreibt, steht unter anderem, daß die Lok imstande sein müsse, eine Anhängelast von 800 Tonnen ohne Vorspann- oder Zwischenlok mit einer Geschwindigkeit von 80 Kilometer in der Stunde bei Steigungen von 26 Promille über die Rampen zu bringen (26 Promille bedeutet 26 m Steigung auf 1000 m Streckenlänge). Das Gewicht von 800 Tonnen entspricht ungefähr 18 Reisezugwagen. Im Flachland beträgt die Höchstgeschwindigkeit 140 Kilometer in der Stunde. Die Re 6/6 ist eine Universallokomotive, sie wird im schweren Schnellzug- wie im schweren Güterzugdienst eingesetzt.

Die Gotthardlokomotive Ae 6/6 besitzt zwei dreiachsige Drehgestelle. Sie ist nur etwa halb so stark wie die Re 6/6, die über drei zweiachsige Drehgestelle verfügt und damit die engen Kurvenradien der Gotthardstrecke schneller durchfahren kann. Fotos SBB

Bald zeigt sich zur Rechten der Urnersee, ein Arm des Vierwaldstätter Sees, und malerisch bieten sich Urirotstock und Bristenstock dar.

Bei der serienmäßigen Bestellung von 45 solcher Lokomotiven, Typ Re 6/6, mit deren Ablieferung bereits im Jahre 1975 begonnen wurde, hat man der Bauart mit einteiligem Lokomotivkasten den Vorzug gegeben. Bei dem Prototyp mit geteiltem Lokkasten hat sich nämlich im Betrieb gezeigt, daß die gelenkige Ausführung – Kastengelenke, Kabelverbindungen usw. – eine aufwendige Wartung verlangt, was beim einteiligen Kasten entfällt.

In der Gesamtauslegung und der Bauart vieler Aggregate gleicht die Re 6/6 – von der größeren Leistung, die sie auf die Schienen bringt, abgesehen – den Lokomotiven der Baureihe Re 4/4 II und Re 4/4 III (6320 PS), wobei die Re 4/4 III eine besondere Bergübersetzung aufweist. Bei diesen Maschinen handelt es sich um Typen mit zwei zweiachsigen Drehgestellen. Im Gegensatz dazu verfügt die Re 6/6 über drei zweiachsige Drehgestelle, also über sechs Achsen, wie die Ae 6/6; dort sind sie jedoch in zwei dreiachsigen Drehgestellen untergebracht. Man verspricht sich von der neuen Achsenanordnung der Re 6/6 bei den 300-Meter-Radien am Gotthard einen geringeren Schienenverschleiß.

Es steckt schon allerhand an Ingenieurwissen und Konstruktionskenntnis-

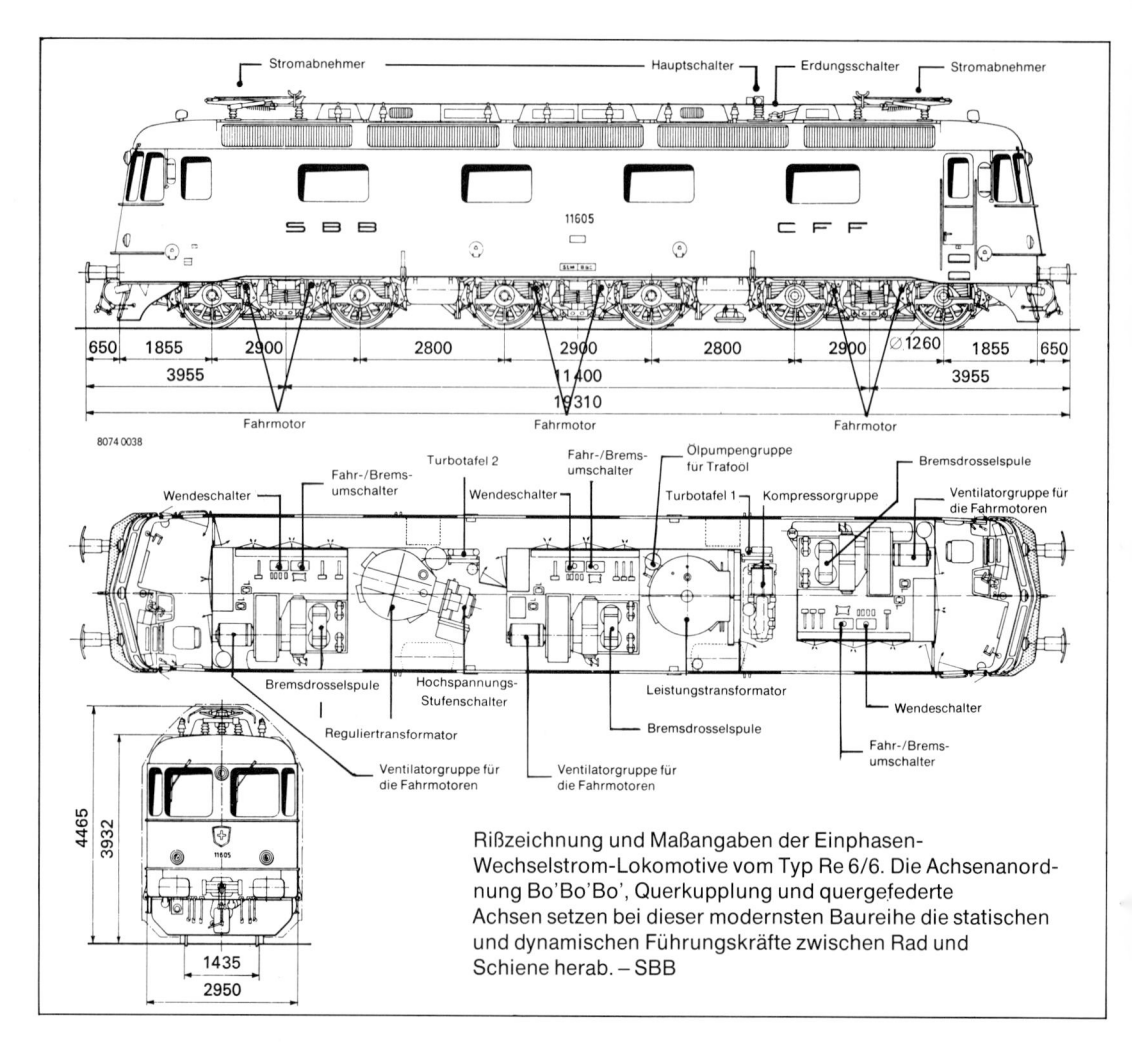

Rißzeichnung und Maßangaben der Einphasen-Wechselstrom-Lokomotive vom Typ Re 6/6. Die Achsenanordnung Bo'Bo'Bo', Querkupplung und quergefederte Achsen setzen bei dieser modernsten Baureihe die statischen und dynamischen Führungskräfte zwischen Rad und Schiene herab. – SBB

sen hinter den Hochleistungs-Fahrmotoren, mit denen die Re 6/6 ausgestattet ist. Es handelt sich dabei um 12polige Einphasen-Serienmotoren von je 1819 PS Leistung. Sie besitzen, wie alle Wechselstrom-Bahnmotoren, eine Wendepol- und Kompensationswicklung, was sich auf die Kommutierung günstig auswirkt und Funkenbildung an den Bürsten vermeidet.

Die Wicklungen entsprechen der Isolationsklasse H. Das bedeutet, die Feldwicklung (Stator) darf eine Übertemperatur von höchstens 180 Grad Celsius und die Ankerwicklung (Rotor) eine solche von höchstens 160 Grad Celsius erreichen. Unter Übertemperatur ist die Temperatur einer Wicklung gegenüber der ihrer Umgebung zu verstehen. Beträgt also zum Beispiel die Umgebungstemperatur (Lufttemperatur) 20 Grad Celsius, so dürfte sich eine Feldwicklung auf 200 Grad Celsius erwärmen.

Gebläse führen den Fahrmotoren in der Minute 200 Kubikmeter Frischluft zu oder 12 000 Kubikmeter in der Stunde. Dabei wird durch besondere

Die Kehrtunnels der Gotthardbahn

Bezeichnung der Tunnels		Länge m	Höhenunterschied m	Höhe Eingang m	Höhe Ausgang m
Nordrampe:	Pfaffensprung	1476	34	771	805
	Wattinger	1084	24	892	916
	Leggistein	1090	25	961	986
Südrampe:	Freggio	1568	36	875	911
	Prato	1560	36	793	829
	Pianotondo	1508	35	518	553
	Travi	1547	26	476	493

Hauptdaten der BBC – Fahrmotoren der Re 6/6

Spannung dauernd	560 V
einstündig	560 V
maximal zulässig	620 V
Stromstärke dauernd	2400 A
einstündig	2600 A
maximal	3440 A
Leistung an der Welle dauernd	1239 kW
einstündig	1338 kW
Drehzahl bei Dauerleistung	1265 U/min
bei Stundenleistung	1205 U/min
bei Höchstgeschwindigkeit	1600 U/min
Schleuderdrehzahl	2000 U/min
Gewicht ohne Ritzel	3880 kg

Vergleich der Gotthardlokomotiven

Typ	Ae 6/6	Re 4/4 II	Re 4/4 III	Re 6/6
Inbetriebnahme	1952	1964	1971	1972
Achsfolge	Co'Co'	Bo'Bo'	Bo'Bo'	Bo'Bo'Bo'
Dienstgewicht (Adhäsionsgewicht) (t)	120	80	80	120
Max. Geschwindigkeit Vmax (km/h)	125	140	125	140
Stundenleistung am Rad (PS)	5830	6320	6320	10600
Stundenzugkraft (t)	22,5	17	20,1	27
Anfahrzugkraft (t)	40	26	28,5	40,2
Zugkraft bei Vmax (t)	10,6	9,3	10	20
Leistung bei Vmax (PS)	4900	4800	4650	10400
Leistung bei 120 km/h (PS)	5330	5710	4950	12200
				während 30 min.
Zugkraft bei 120 km/h (t)	12	13	11	27,5

Aus der Pionierzeit der Gotthardbahn – eine A 3/5 Dampflok mit Schnellzug in Göschenen. Bei Steigungen bis zu 26 Promille mußte der Heizer ganz schön schwitzen, um den Zug über die Rampen zu bringen. Foto SBB

Leitbleche die Kühlluft so gelenkt, daß vor allem der sehr wärmebelastete Kollektor ausreichend gekühlt wird. Moderne Hochleistungstraktionsmotoren, deren Einbaugröße ja durch die Abmessungen der Lokomotive begrenzt ist, sind nur dank neuer, hochwertiger Isolationsmaterialien und kräftiger Frischluftkühlung möglich.

Schwyz und Altdorf sind bereits passiert, und gleich nach Erstfeld, dem Ort, wo früher die meisten Züge Vorspann erhielten und wo noch eine stolze Dampflokomotive vom Typ C 5/6 als bleibendes Denkmal an die Zeit der Gotthardbahn-Dampfromantik erinnert, fahren wir mit 80 Kilometer Stundengeschwindigkeit in die 26 Promille Steigung ein. Damit der schwere Zug auf gleicher Geschwindigkeit bleibt, schaltet der Lokführer einfach den Steuerkontroller etwas höher, dadurch werden die Fahrmotoren an eine höhere Spannung gelegt, und die Lok stürmt mit unverminderter Eile bergan.

Nachdem die drei berühmten Kehrtunnels Pfaffensprung, Wattinger- und Leggisteintunnel – von dort sieht man die Kirche von Wassen dreimal, einmal von unten, einmal aus gleicher Höhe und einmal von oben – passiert sind, überqueren wir auf der oberen Maienreußbrücke den Fluß gleichen Namens. Das sich zwischen den Felswänden hindurchquälende Bächlein sieht recht harmlos aus. Wehe aber, wenn ein heftiges Berggewitter niedergeht, dann können alle diese Bäche, ja selbst die kleinsten, zu reißenden Flüssen werden.

Als Denkmal-Lok in Erstfeld aufgestellt: C 5/6, die letzte und stärkste Heißdampfmaschine, die auf der Gotthardstrecke eingesetzt wurde. Ihr Durst war so groß, daß sie unterwegs mehrmals Wasser fassen mußte. Foto K. Grieder

Als ob eine Anhängelast von 700 Tonnen eine Kleinigkeit wäre, saust die Re 6/6, 11603, das wildromantische Reußtal hinauf. Jeder der sechs Fahrmotoren nimmt bei der Bergfahrt einen Strom von 2300 Ampere auf, was bei sechs Motoren einem Gesamtstrom von 13800 Ampere gleichkommt.

Aus Gewichts- und Platzgründen ist der Transformator in zwei Einheiten zwischen den Drehgestellen aufgestellt worden. Erstmals liegt bei der Re 6/6 die Oberspannung höher als die Fahrleitungsspannung von 15 Kilovolt. Sie wird zuerst von 15 Kilovolt (15000 Volt) auf eine Spannung zwischen 0 und 25 Kilovolt (25000 Volt) hinauftransformiert, ehe sie jenseits des Stufenschalters auf die Fahrmotorenspannung, die zwischen 0 und 600 Volt variiert, herabtransformiert wird. Dies wird deshalb so gemacht, weil bei gleichbleibender Leistung und hoher Spannung die Stromstärke kleiner wird. Eine geringere Stromstärke bedeutet aber, daß auch der Funken zwischen den Schaltkontakten kleiner ist.

Eben sausen wir an Göschenen vorbei, dann verschwinden wir schon im Gotthardtunnel. Gleichmäßig singen Fahr- und Ventilatormotoren, die auch die Kühlluft für die Transformatoren erzeugen, ihr monotones Lied. Zwei Streckenwärter begegnen uns. Sie durchwandern täglich in achtstündigem Fußmarsch durch die Finsternis den Tunnel wechselweise einmal von Nord nach Süd und umgekehrt. Der Zeiger des grünlich beleuchteten Geschwindigkeitsmessers klettert schnell in die Höhe und bleibt bei der Markierung 125 km/h stehen. Wie feurige Augen leuchten jeweils die drei Stirnlampen uns entgegenkommender Züge auf. Vielleicht später einmal wird ein 45 Kilometer langer Gotthard-Basis-Tunnel die Fahrt über die Rampe erübrigen.

Ausgangs des Gotthardtunnels, bei der am Südportal gelegenen Station Airolo, beginnt die Talfahrt Richtung Süden. Dabei zeigt sich die Wirksamkeit der elektrischen Bremse. Bei der Re 6/6 sind bei der Talfahrt alle sechs Fahrmotoren als Generatoren (Stromerzeuger) geschaltet. Der Bremsvorgang entsteht dadurch, daß die als Generatoren arbeitenden Fahrmotoren den erzeugten Strom über den Transformator in die Fahrleitung einspeisen und so belastet werden. Bei unserem Zug mit rund 700 Tonnen Anhängelast werden etwa 70 Prozent der Bremsarbeit während der Talfahrt durch die elektrische Bremse erbracht. Der Rest entfällt auf die Druckluftbremse, mit der bei Bedarf jederzeit die Bremswirkung verstärkt werden kann. Die Lokomotiven sind sowohl mit der induktiven Zugsicherung als auch mit Totmannpedal und einer wegabhängigen Wachsamkeitskontrolle ausgerüstet.

Am Ende der Talfahrt, nachdem das letzte Hindernis, der Monte Ceneri, passiert ist, nähern wir uns Lugano, einem der schönsten Flecken des Schweizerlandes.

Ende 1969 hatten die Schweizerischen Bundesbahnen (SBB) bei der Schweizerischen Lokomotiv- und Maschinenfabrik in Winterthur (SLM) und der AG Brown Boveri & Cie in Baden (BBC) vier Prototyp-Lokomotiven der sechsachsigen Baureihe Re 6/6 in Auftrag gegeben. Erstmals ist damit in der Schweiz eine Lokomotive mit drei zweiachsigen Drehgestellen gebaut worden. Die Lokomotiven der Numerierung 11 601 und 11 602 erhielten einen zweiteiligen Lokomotivkasten. Dagegen sind die Maschinen 11 603 und 11 604 einteiliger Bauart. Zur Zeit sind dieselben Lieferfirmen dabei, nach und nach die erste Serie auszuliefern. Weitere 40 solche modernen Lokomotiven sind von der SBB kürzlich in Auftrag gegeben worden.

Nach und nach werden die neuen Re 6/6 die ursprünglich ebenfalls als Universalmaschinen eingesetzten Ae 6/6 ablösen. Die Ae 6/6 sind heute noch im Güterzugdienst am Gotthard tätig, werden aber immer mehr ins Flachland verdrängt. Dasselbe trifft auf die Re 4/4 II zu, ein verhältnismäßig neuer Loktyp, der fürs Flachland entworfen worden ist.

Man schrieb den 29. Februar 1880, als um 11.15 Uhr nach mehrjähriger Bauzeit der Durchschlag des 15 Kilometer langen Gotthardtunnels erfolgte. Erstmals gab die zunächst noch kleine Öffnung den Weg von Nord nach Süd und umgekehrt frei. Die Abweichung der von beiden Seiten vorgetriebenen Tunnelstollen betrug seitlich nur 33 Zentimeter, in der Höhe sogar nur 5 Zentimeter. Schnell verbreiteten Telegrafenapparate die Botschaft in alle Welt: »Durchschlag am Gotthard«; über Rundfunk und Fernsehen verfügte man noch nicht. Am 24. Dezember 1881 fuhr der erste Dienstzug durch den Tunnel. Von Baubeginn am 19. September 1872 bis zur feierlichen Eröffnung der Gotthardstrecke am 1. Juli 1882 waren fast zehn Jahre verstrichen. Ja,

Die erste, auf den Namen »Marianne« getaufte Lokomotive für Einphasen-Wechselstrom von 15 000 Volt Spannung und einer Frequenz von 15 Hertz aus dem Jahre 1904 erreichte auf der Versuchsstrecke Seebach – Wettingen eine Höchstgeschwindigkeit von 60 km/h. Das Dienstgewicht betrug 40 t. Foto SBB

sehr lange dauerte der Kampf gegen die Naturgewalten – Gebirgsdruck, gebräches Gestein und Wassereinbrüche – im Tunnel.

Früher, zur Zeit der Dampfzüge am Gotthard, war es ein hartes Stück Arbeit für die Heizer, eine oder mehrere gekuppelte Loks über den Berg zu bringen. Schaufel um Schaufel der glänzenden Ruhrkohlen verschwanden im großen Feuerschlund der riesigen Lokomotiven, damit stets genügend Dampfdruck für die beschwerliche Bergfahrt vorhanden war. Der Leitspruch aller Heizer der Gotthardbahn lautete: »Von der Stirne heiß, rinnen muß der Schweiß . . . « Rechnet man die allerersten kleinen Pionierlokomotiven dazu, so ergibt sich für die Dampftraktion ein Leistungsbereich von 93 bis 1580 PS. Auf einer Fahrt von Erstfeld nach Biasca und zurück, eine einstündige Anheizzeit inbegriffen, schluckte eine D 4/4 (Lokomotive mit 4 Kuppelachsen) rund 4,5 Tonnen Kohlen. Während in der Regel der Kohlenvorrat auf dem Tender ausreichte, war der Durst der Lokomotiven auf der klassischen Bergstrecke so groß, daß unterwegs mehrmals Wasser gefaßt werden mußte.

Am schlimmsten war immer die Fahrt durch den Pfaffensprung-Kehrtunnel, erzählt Alt-Lokführer Hans Wullschleger aus Erstfeld. Aus der gekrümmten Tunnelröhre verzog sich der Rauch nur sehr langsam. Lokführer und Heizer behalfen sich dadurch, daß sie sich einen mit Wasser getränkten Schwamm vor Mund und Nase hielten. Die letzte und stärkste Dampflok, die am Gotthard eingesetzt wurde, war eine C 5/6 (5 Kuppelachsen und 1 Laufachse) mit Schlepptender. Sie leistete rund 1580 PS.

In der Schweiz, dem Land der »weißen Kohle«, hatte der Siegeszug des elektrischen Bahnbetriebes bereits vor rund 70 Jahren begonnen. In der Zeit von 1905 bis 1909 wurden von der damaligen Maschinenfabrik Oerlikon, heute BBC, auf der Strecke Seebach – Wettingen Versuchsfahrten mit einer kleinen elektrischen Lokomotive vorgenommen. Zuerst wurde Einphasen-Wechselstrom 15 kV 50 Hz verwendet, der auf der Lok mit Hilfe eines rotierenden Umformers in Gleichstrom umgewandelt wurde, später Einphasen-Wechselstrom von 15 Kilovolt Spannung und einer Frequenz von 15 Hertz. Die erste mit Einphasen-Wechselstrom betriebene Lokomotive, die den Namen »Marianne« trug, leistete 250 PS und wog 42 Tonnen. Am 13.

Ein Bild aus früheren Tagen. Zwei der heute fast schon legendären Ce 6/8 II »Krokodil«-Loks ziehen einen schweren Güterzug das Reußtal hinauf. Ohne Vorspann war die schwere Bergstrecke damals nicht zu bewältigen. Heute sieht man diese Loks zuweilen noch im Rangierdienst. Foto SBB

September 1920 war es dann soweit, daß am Gotthard der elektrische Bahnbetrieb Göschenen–(Gotthardtunnel)–Ambri aufgenommen werden konnte.

Als Schnell- und Personenzuglokomotiven dienten anfänglich Maschinen von rund 2040 PS Leistung, es war dies die Be 4/6 Stangenlokomotive – Stangenlokomotive deshalb, weil der Antrieb vom Motor aus über ein Vorgelege und von dort über Triebstangen auf die Triebachsen erfolgte.

Stangenlokomotiven sind auch die Typen Ce 6/8 und Be 6/8, genannt »Krokodil«, die schwere Güterzüge über den Berg schleppten. Oft sah man zwei, ja sogar drei solche legendäre Bergloks das Reußtal hinauffahren. Von diesen beiden Typen stehen auch heute noch einige Maschinen im Rangierdienst oder sind im Flachland eingesetzt.

Vergleicht man die im Jahr 1905 erbaute Pionierlok »Marianne« mit der Re 6/6, so ergibt sich bei nur 2,85fach höherem Gewicht der Re 6/6 eine Leistungssteigerung um das 42,2fache.

297

Wilde Tiere sind ganz anders

WALTER SACHS

Feldstudien, ein neues Forschungsmittel der Zoologen

Obwohl Paviane und Schimpansen geradezu freundschaftlich zusammenleben, sind diese arglosen Tiere vor einem Überfall der Schimpansen niemals sicher.

Schimpansen in der Freiheit zeigen ein ausgesprochen soziales Verhalten: Sie verteilen ihre Beute an die eigene Sippe. Oft organisieren sie regelrechte Jagdzüge (großes Bild).
Fotos H. Albrecht, A. J. Deane

Es ist schon merkwürdig, daß man den Löwen zwar von jeher als den König der Tiere bezeichnete, über sein Leben in der Freiheit aber verhältnismäßig wenig wußte. Man sah in ihm, besonders im männlichen Löwen mit seinem majestätischen Erscheinungsbild, das Oberhaupt der Tierwelt, dem an Mut und Stärke kein anderes Lebewesen gleichkommt. Erst in neuerer Zeit machten sich die Forscher daran, in sogenannten Feldstudien die Lebensgewohnheiten dieses Raubtieres näher zu untersuchen. Dabei kamen ganz neue Tatsachen heraus, insbesondere was das Zusammenleben in Gruppen und die Jagdweise angeht. Das Ergebnis war einigermaßen verblüffend.

Was man bisher an den in zoologischen Gärten gehaltenen Löwen beobachtet hatte, gab nur wenig Aufschluß darüber, wie sich diese Tiere in freier Wildbahn verhalten. Amerikanische Wissenschaftler wie Georg Schaller verfolgten drei Jahre lang in der als Wildschutzgebiet bekannt gewordenen Serengetisteppe verschiedene Löwenrudel. Sie richteten ihr Augenmerk sowohl auf die Entwicklung der einzelnen Tiere, und zwar vom Tag der Geburt an, als auch auf deren Zusammenleben. Es war eine mühselige Arbeit. Teils zu Fuß, teils mit geländegängigen Wagen legten sie nahezu 150 000 Kilometer zurück, und mit der Zeit kannten sie jedes Tier und seine Eigenheiten. Im Verlauf der Ausforschung wurde es immer klarer, daß der männliche Löwe keineswegs der Herrscher aller Tiere ist; die Tatkräftigeren unter den Löwen sind die Weibchen. Meist schlossen sich die Löwinnen zu einer Gruppe zusammen, die für das ganze Leben eng zusammenhielt. Sie waren, so stellte man fest, fast immer miteinander verwandt: Schwestern und Kusinen. Ihnen oblag es, Beute zu machen. Bei kaum einem Säugetier sonst hat man dabei eine derart einträchtige Zusammenarbeit festgestellt. Die Löwinnen schwärmten zur Jagd, nachdem sie ein Beutetier ausgewählt hatten, fast militärisch aus, um sich dann plötzlich von allen Seiten her auf ihr Opfer zu stürzen. Die männlichen Löwen trabten indessen gemächlich hinterdrein. Erst nachdem die Jagd zu Ende war, kamen sie heran, um sich vermöge ihrer Stärke den »Löwenanteil« an der Beute zu sichern. Nur wenn es galt, andere Männchen vom Rudel zu vertreiben, demonstrierte der König der Tiere seine Macht und ging mit Fauchen und Gebrüll auf die Nebenbuhler los. Es besteht also eine soziale Gemeinschaft unter diesen Raubkatzen, in der das Weibchen der führende Teil ist. Wahrscheinlich hat sich der Zusammenschluß daraus entwickelt, daß es in der weiten Savanne für eine Gruppe leichter ist, Beute zu machen, als wenn jedes Tier für sich jagt. Besonders mit einem größeren Tier, etwa einem wehrhaften Büffel oder einer riesigen Giraffe, werden mehrere Löwen leichter fertig als Einzelgänger.

Neben diesen Großfamilien gab es unter beiderlei Geschlechtern aber auch Löwen, die sich nicht in einem von den Eltern ererbten Gebiet aufhielten, sondern ähnlich wie Nomaden ruhelos umherstreiften. Wie die Forscher feststellten, erjagten Löwenrudel fast doppelt soviel Beutetiere als solche Einzelgänger. Auch für die Nachzucht, für die Jungen, ist es einfacher, in einer Art Kommune aufzuwachsen. Jede Löwin bevorzugt zwar ihre eigenen

Löwen sind die größten Landraubtiere und die einzigen Katzen, die in Rudeln leben und jagen. Aber es sind nicht die männlichen Löwen, die sich dabei hervortun, sondern die Weibchen dieser Raubkatzen.

Die Löwinnen schwärmen regelrecht aus und kreisen ihr Opfer ein, um sich dann von allen Seiten daraufzustürzen. Der Löwe trabt erst heran, wenn die Jagd beendet ist, und sichert sich dann seinen Anteil. Fotos Okapia

Oben: Beim »König« der Tiere herrscht keineswegs Monarchie: Nicht ein männlicher Löwe allein regiert das Rudel, sondern mehrere zusammen übernehmen die Herrschaft – eine im Tierreich beispiellose Art der sozialen Ordnung.

Darunter: Beim Verteilen der Beute gilt durchaus das Recht des Stärkeren, wobei auch die Löwenmütter wenig Rücksicht nehmen. Löwenjunge haben ein für soziale Tiere ungewöhnlich gefährliches Leben.   Fotos Gronefeld

Auch bei den Gnus hat man recht unerwartete Verhaltensweisen beobachtet. In großen Herden zusammenlebend, beschlagnahmen einzelne männliche Tiere ein Stück des Weidegrundes für sich. von dem sie alle Rivalen vertreiben (großes Bild). Foto Toni Angermayer

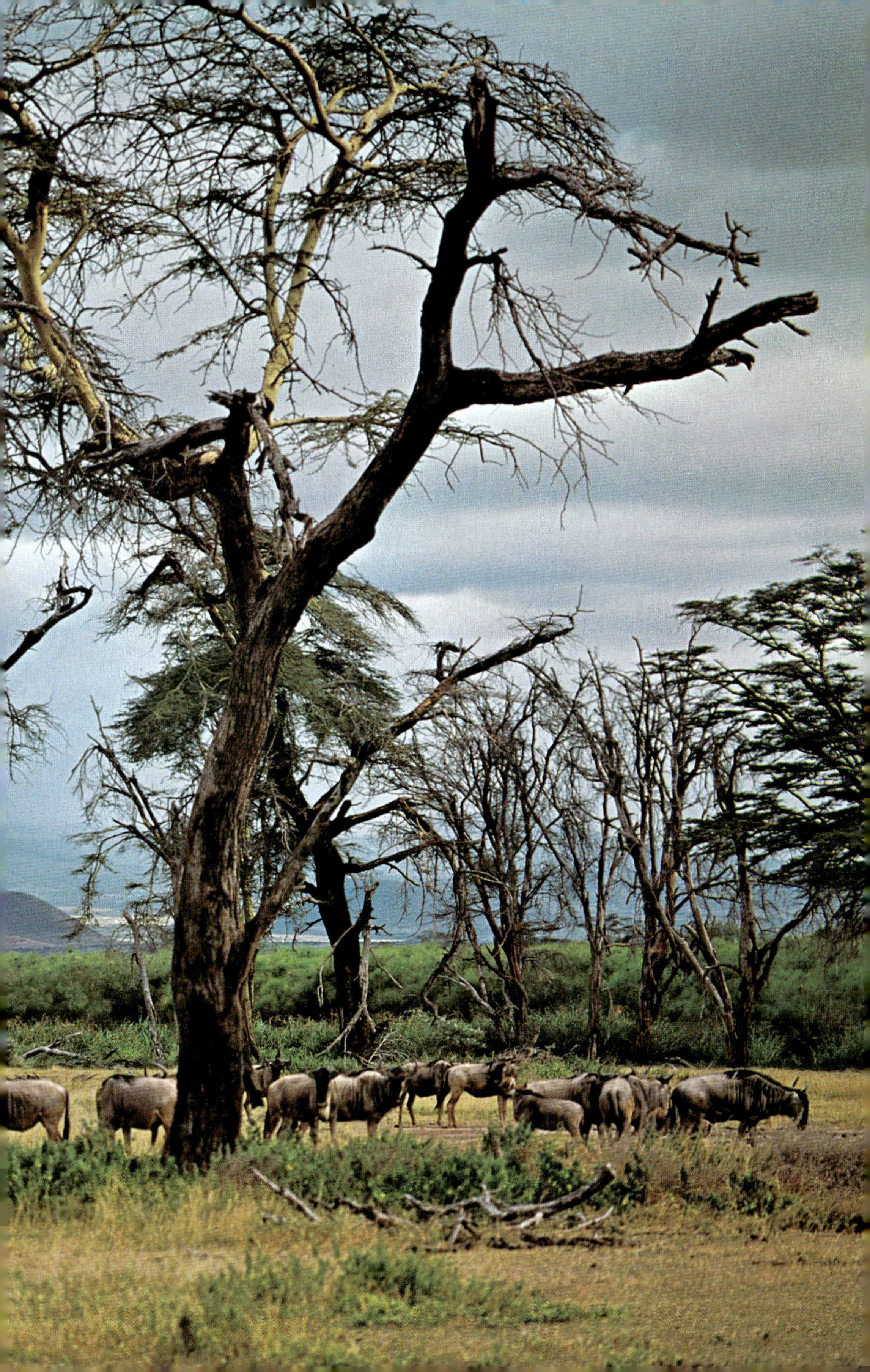

Kinder, aber es macht ihr gar nichts aus, wenn sich andere Löwenbabys bei ihr sättigen, sofern sie genügend Milch hat. Die männlichen Junglöwen – so wurde beobachtet – sonderten sich, sobald sie heranwuchsen, von ihren Müttern ab und schlossen sich zu Junggesellenklubs zusammen. Aber bis sie soweit waren, lebten sie in der Gemeinschaft der weiblichen Tiere, die sie beschützte – etwa wenn ein Leopard versuchte, ein Junges zu erbeuten. Genaue Zählungen ergaben, daß in Löwenrudeln viel mehr Junge großgezogen wurden als bei Einzelgängerinnen, die allein für ihre Kinder sorgten.

Und noch ein anderes Verhalten wurde bei der Feldforschung erkannt. Wir wissen, daß sich männliche Tiere zwar oft gegenseitig bekämpfen, doch ein Instinkt ihnen verbietet, den Rivalen zu töten. Dies galt bislang als feststehende Tatsache. Mitunter versagt jedoch dieser Angriffsschutz: In Freiheit bringen sich Löwen gegenseitig um, und das gar nicht so selten! Schaller hat das mehrfach mit eigenen Augen gesehen. Die Tötungshemmung, die der Erhaltung der Art dienen soll, ist offenbar mangelhaft. Solche Tragödien kommen übrigens nicht nur bei Raubkatzen immer wieder vor, sondern auch bei anderen Tieren wie Nilpferden und Hyänen. Es scheint sogar, als ob »Morde« unter der eigenen Verwandtschaft im Tierreich häufiger sind als beim Menschengeschlecht.

Und wiederum zeigen manche Tiere – fast möchte man sagen, menschliche Züge. Wer ein Grundstück erworben hat, das er als sein Eigentum besitzt und bebaut, stellt etwas dar. Er ist eine Persönlichkeit. Fast genauso ist es bei den Gnus, wie kürzlich Dr. R. D. Estes berichtete. In dem riesigen Ngorongoro-Krater in Ostafrika leben Gnus noch immer in großer Anzahl. Zunächst bleiben die männlichen Gnus Junggesellen und schließen sich zu Herden zusammen, die bis zu 500 Tiere umfassen können. Fast drei Jahre lang weiden sie friedlich, beinahe stumpfsinnig nebeneinander. Keiner stört den Nachbarn, und sie halten nur ein wenig Abstand, ohne miteinander zu streiten. Dazwischen aber gibt es einzelne männliche Tiere, die ein Stück des Weidegrunds für sich beschlagnahmt haben. Ein solches, meist älteres, starkes Tier ist sozusagen Grundbesitzer. Scheu drücken sich die anderen im Bogen um den Gebietskern herum und lassen sich von dem im Rang Höherstehenden widerstandslos auf schlechtere Weidegründe abdrängen. Dort leben sie recht kümmerlich; denn nicht nur die Nahrung ist knapp, sie werden auch viel häufiger von Löwen angegriffen. Die ständige Furcht macht diese Herden-Gnus zeugungsunfähig. Nur die »Herren Grundbesitzer« nehmen Imponierhaltung ein, mit der sie die schwächeren Artgenossen verjagen, und nur sie werden von den weiblichen Tieren aufgesucht, um sich zu paaren. Merkwürdigerweise wechselt dieses Bild zuweilen sehr schnell. Wenn aus irgendeinem Grunde so ein Revierinhaber von seinem Grundstück vertrieben wird, dann ist es mit seiner Macht und seinem Ansehen vorbei. Der Rivale, dem jetzt der Weidegrund gehört, nimmt Imponierhaltung ein und vergnügt sich mit den Weibchen, die jetzt ihn aufsuchen. Der Vertriebene jedoch mischt sich gedemütigt unter die ansehnliche Schar der anderen Junggesellen.

Fast eine Familienidylle – friedlich leben diese Paviane zusammen. Doch der Schein trügt, mit ihrem kräftigen Gebiß verteidigen sich die wehrhaften Tiere sogar gegen Leoparden. Trotzdem werden einzelne zuweilen das Opfer von Schimpansen. Foto Gronefeld

Er leidet sozusagen plötzlich an Minderwertigkeitskomplexen, unter denen auch der Geschlechtstrieb erlischt.

Die Forscherin Dr. Jane van Lawick-Goodall beobachtete mit einigen Mitarbeitern im Combe National Park eine bestimmte Gruppe von Schimpansen, die dort in völliger Freiheit leben, und gab dabei besonders auf den Nahrungserwerb dieser Menschenaffen acht. Bis dahin war man der Meinung gewesen, daß sich der primitive Urmensch dadurch von den Affen unterschied, daß er sich als erster nicht mehr ausschließlich von Pflanzen, wie Früchten, Blatttrieben und Pilzen, ernährte, sondern Jagd auf Tiere machte und dabei einen Stein oder Stock zu Hilfe nahm. Der Gebrauch einfacher Werkzeuge, die der Jagd dienten, sollte Mensch und Tier voneinander trennen. Die Feldstudien ergaben ein ganz neues Bild. Während die meisten Raubtiere die geschlagene Beute einem anderen gegenüber eigensüchtig verteidigen, verhielten sich die beobachteten Schimpansen anders. Sie verteilten ihren Fang an die eigene Sippe. Nicht nur, daß dieser Menschenaffe durchaus kein reiner Vegetarier ist, sondern er unternimmt auch klug organisierte Jagdzüge auf alle möglichen anderen Tiere und zeigt dabei ein soziales Verhalten, das sich in keiner Weise von dem des Menschen abhebt.

Die Schimpansen in dem überwachten Gebiet leben scheinbar friedlich mit den dort ebenfalls beheimateten Pavianen zusammen. Beide Arten suchen gemeinsam nach pflanzlicher Nahrung, spielen miteinander und »lausen« sich gegenseitig das Fell. Paviane sind äußerst wehrhafte Tiere mit einem sehr kräftigen Gebiß und verteidigen sich selbst gegen einen Leoparden. Infolge des engen Zusammenlebens sind die Paviane Schimpansen gegenüber jedoch so arglos, daß sie sich bei einem plötzlichen Überfall kaum wehren. Gelegentlich kommt es nämlich vor, daß kräftige Schimpansenmännchen Gelüste auf Affenfleisch haben. Dann packen sie sich unvermittelt einen Pavian, töten ihn durch Genickbiß oder erwürgen ihn und schleppen dann ihre Beute weg. Fast hundert solche erfolgreichen Schimpansenüberfälle konnten die Forscher mit eigenen Augen ansehen. Dabei war die Jagdweise der Schimpansen jedesmal anders. Einmal packten sie plötzlich zu, ein andermal schlichen sie das Opfer an. Eines Tages kreisten fünf erwachsene Schimpansen einen Baum regelrecht ein, auf dem sich gerade drei Paviane aufhielten, die sie als Beute ausersehen hatten.

Verblüfft schon das Verhalten der Schimpansen als Jäger, so zeigten sie nach dem Beutezug noch weitere, geradezu urmenschliche Züge. Der erfolgreiche Affenjäger beanspruchte, wie gesagt, das Fleisch nicht für sich allein, sondern teilte es mit den anderen Schimpansen. Dabei stibitzten die Gefährten es ihm nicht etwa heimlich und rannten damit weg, sondern sie setzten sich um den Jäger herum und bettelten. Unter merkwürdigen, sich wiederholenden Lauten streckten sie bittend die Hand aus, streichelten das Gesicht des Beutemachers und blickten dann auf das verlockende Fleischstück. Und großmütig ließ es der Jäger zu, daß sich seine Verwandten und andere bekannte Affen Stück für Stück von der Beute nahmen. Die Forscher haben niemals beobachtet, daß es dabei einen Streit gegeben hätte. Nur das Gehirn fraß der Jagdschimpanse selbst.

Wenn man diese Beobachtungen liest, dann gewinnt man durchaus den Eindruck, daß zwischen dem Verhalten des Menschenaffen, der großmütig seine Beute verteilt, und dem des Vormenschen keine sehr großen Unterschiede bestanden haben.

»Hallo Joan, wie geht's Dir?«

W. J. GIBBS

Rays »Kampf« gegen den Taifun TRACY – Ein Tag im Leben eines Meteorologen

Aus dem Englischen übersetzt und bearbeitet von Heinz Panzram

Am 20. Dezember 1974 bildete sich über der Arafura-See (nördlich von Australien) ein Wolkenwirbel aus. Die Störung zog zunächst südwestwärts und entwickelte sich am 22. Dezember zum Sturm. Ganz langsam, »mit etwa 3 Knoten Marschfahrt«, umrundete der nun TRACY genannte Wirbel die Insel Bathurst und nahm dann Kurs auf die Stadt Darwin. In der Nacht zum ersten Weihnachtsfeiertag überquerte das Auge des Orkans den Flughafen von Darwin, wobei der Luftdruck auf 950 Millibar fiel – zuletzt um 23 Millibar in einer Stunde.

Als vier Stunden später der Wind und der wolkenbruchartige Regen nachließen, war das Wohngebiet der Stadt mit seinen meist im Bungalowstil gebauten Häusern weitgehend zerstört; 49 Tote waren zu beklagen, viele Menschen waren verletzt, Tausende obdachlos.

Seit 1937 hatte kein so schwerer tropischer Wirbelsturm Darwin getroffen.

Wir wollen den Ablauf eines Tages in dem Leben des australischen Meteorologen William Raymond Wilkie verfolgen. Ray Wilkie ist fünfzig Jahre alt, verheiratet und hat zwei erwachsene Kinder. Er ist groß, liebenswert, aufgeschlossen, ein vielseitig begabter Musikliebhaber, repariert sein Auto, wenn irgend möglich, selbst und ist begeisterter Segler.

Ray Wilkie lebt in Darwin, einer Stadt mit 48 000 Einwohnern im äußersten Nordwesten Australiens. Er leitet dort das in der Mitte der Stadt liegende regionale Wetteramt. Das Personal stellt Wetterbeobachtungen an, gibt Vorhersagen und Warnungen heraus, außerdem Wetterberatungen für die Landwirtschaft, den Luftverkehr, das Baugewerbe, die Stadtplanung und die Schiffahrt. Aber zweifellos hängen die wichtigsten Aufgaben des Stabes von Ray Wilkie mit den tropischen Wirbelstürmen zusammen. Diese unberechenbaren Orkane treten im indonesischen Seegebiet vor allem im Sommer auf, also dann, wenn auf der nördlichen Halbkugel Winter ist. Im Atlantik und Mittelamerika heißen sie »Hurrikane«, die Philippinos, Chinesen und Japaner nennen die mächtigen Wettererscheinungen, die die meisten Verwüstungen verursachen, »Taifune«.

Rund um das nahezu windstille und wolkenlose »Auge« der Wirbelstürme herrschen orkanartige Winde, die gut und gern Windgeschwindigkeiten von 300 Kilometer in der Stunde erreichen können. Alles, was nicht niet- und nagelfest ist, fliegt gleich einem raketenartigen Geschoß durch die Luft, trifft auf andere Gegenstände, die ihrerseits wieder zu Raketen werden, und nach kurzer Zeit ist die Luft voll fliegender Holzstücke, Haushaltsgeräte, Steine, Zweige, voll anderer Trümmer und Sand.

Die Reichweite eines Wirbelsturms wollen wir an einem Beispiel verdeutlichen. Nehmen wir einmal an, die Mitte eines Orkanauges läge über der City von Frankfurt, dann wäre es im benachbarten Offenbach und anderen Orten im Großraum Frankfurt noch fast windstill und wolkenlos. Rund um das Auge aber tobten sehr starke, alles zerstörende Stürme bis an die Stadtgrenzen und Vororte von Wiesbaden, Mainz, Darmstadt und Hanau. Die Auswirkungen der etwas schwächeren Winde, die immer noch 100 Kilometer Stundengeschwindigkeit und mehr erreichen können, bekämen die Bewohner des Harzes und des Ruhrgebietes, Luxemburgs, Mittelfrankens und der Schwäbischen Alb zu spüren. Zum Glück liegen Frankfurt und Deutschland nicht im Bereich tropischer Wirbelstürme.

Wir kennen jetzt die »Bühne«, auf der Ray Wilkie auftreten soll. 24 Stunden lang begleiten wir ihn und schildern, was er an jenem Heiligen Abend des Jahres 1974 erlebt hat, als er um 9 Uhr morgens seinen Dienst im Wetteramt antrat. Sein erster Gedanke galt der Entwicklung des Wirbelsturms TRACY, der am 21. Dezember 470 Kilometer nordöstlich von Darwin auf Satellitenaufnahmen entdeckt worden war. Seit dieser Zeit hatte Rays Wetteramt vier Sturmalarme und vierzehn Warnungen über den Rundfunk, die Fernsehstationen und andere Nachrichtenmittel an die Einwohner von Darwin übermittelt sowie an die auf See befindlichen Schiffe.

Das »Auge« des tropischen Wirbelsturms befindet sich genau über dem Radargerät des Wetteramtes. So zeichnete sich TRACY am 25. Dez. 1974 um 4.15 Uhr auf dem Bildschirm ab. Der große Kreis markiert eine Entfernung von 111 km.

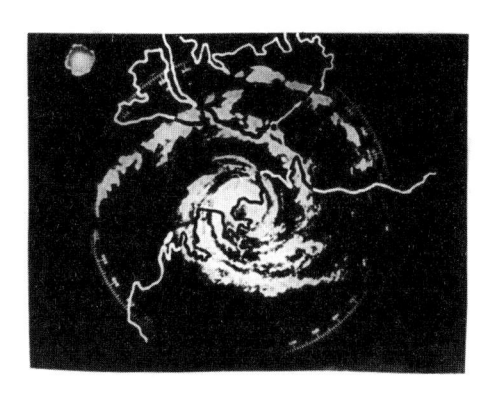

Beobachtungen des Wetter-Radargerätes auf dem Flughafen Darwin und Meldungen der automatischen Wetterstation auf der Insel Bathurst ließen erkennen, daß der Wirbelsturm klein, aber kräftig war. Zu dieser Zeit konnte man noch nicht vorhersagen, wie nahe bei Darwin der Wirbelsturm über die Küste hinweg auf das Festland von Australien übertreten würde; ziemlich klar war jedoch, daß Darwin in der Gefahrenzone liegen würde. Ray Wilkie und sein Vertreter Geoff Crane gaben um 10 Uhr morgens Warnung Nr. 15 heraus: TRACY zieht wahrscheinlich über Darwin hinweg.

Gegen Mittag stellte Ray auf dem Radarschirm eine »Kursänderung« von TRACY nach Ostsüdost fest, durch die Darwin in die unmittelbare Gefahrenzone geriet. Um 12.30 Uhr gab er Wirbelsturmwarnung Nr. 16 heraus. Darin wies er auf die Gefahren hin, die der Stadt drohten. Von dieser Zeit an wurden die Rundfunk- und Fernsehwarnungen von einem akustischen Signal eingeleitet, das die Aufmerksamkeit »zufälliger« Hörer erregen sollte.

Ray hatte schon am frühen Morgen mit den Rundfunk- und Radiostationen, dem Bürgermeister, dem Militär und dem Technischen Notdienst Verbindung aufgenommen. Jetzt rief er sie der Reihe nach alle noch einmal an, um diese Stellen auf den Ernst der Situation aufmerksam zu machen. Etwa zur selben Zeit traf der Meteorologe Jim Arthur in der Sendezentrale die letzten Vorbereitungen für die wöchentliche Wetterübersicht. Geoff Crane übermittelte ihm fernmündlich die neuesten Nachrichten über TRACY. So konnte Jim seine Zuhörer vor dem Wirbelsturm warnen.

Viele Einwohner von Darwin hörten und beachteten diese Warnungen. Einige hörten sie und vergaßen sie wieder. Andere hatten die Rundfunkempfänger nicht eingestellt und hörten sie nicht. Um diese Zeit begannen die weihnachtlichen Partys in den Büroräumen, Geschäften und Behörden. Auch in Rays Wetteramt waren alle Vorbereitungen für die Party getroffen, stattfinden sollte sie allerdings nie.

Das Wetter in Darwin blieb so, wie es schon in den frühen Morgenstunden war: feucht; schwache, umlaufende Winde, Sonnenschein und leichte Schauer wechselten einander ab. Nichts ließ darauf schließen, daß 120 Kilometer entfernt in westnordwestlicher Richtung ein kräftiger tropischer Wirbelsturm zum Sprung ansetzte.

Warnung Nr. 17 wurde um 16 Uhr nachmittags herausgegeben. Nach dem Radarschirmbild lag TRACY ungefähr 75 Kilometer Westnordwest von Darwin und zog nach Ostsüdost. Im Wetter von Darwin deutete noch nichts darauf hin, daß sich TRACY der Stadt näherte.

Da Ray ziemlich sicher war, daß er die Nacht im Wetteramt würde verbringen müssen, fuhr er schnell zu seiner Wohnung in einem Vorort von Darwin und sah nach seiner Familie. Er und seine Mitarbeiter hatten ihre Angehörigen bereits telefonisch über den neuesten Stand von TRACY unterrichtet. Die Freunde von Rays Frau Joan wußten, daß sie immer die nötigen Vorbereitungen traf, wenn ein Wirbelsturm nahte. Sie nützte jede Gelegenheit, ihren Bekannten die Gefährlichkeit der Wirbelstürme zu schildern und ihnen zu sagen, wie man sich gegen sie schützen konnte. Auch als sie am Morgen des Heiligen Abends 1974 im Supermarkt einkaufte, »predigte sie ihr Evangelium« und war erfreut festzustellen, daß die meisten Leute von TRACYs Existenz wußten.

Ray war bei seinem Besuch zu Hause deshalb auch nicht überrascht, daß Joan alle Punkte der »Checklist« abgehakt hatte, die sein Wetteramt vor Monatsfrist an die Einwohner von Darwin verteilt hatte. Nahrungsmittel- und Wasservorräte, Kerzen, frische Batterien für Taschenlampen und Transistorgeräte lagen griffbereit; aus dem Garten waren alle Abfälle, Holzstücke und Steine entfernt. Ray aß eine Kleinigkeit, trank eine Tasse Kaffee und fuhr, als die Abenddämmerung einsetzte, wieder in das Wetteramt.

Die Dämmerung war an diesem Abend noch kürzer, als das ohnehin in tropischen Breiten schon der Fall ist. Plötzlich zogen schwarze, schwere Wolken am Himmel auf, und die leichten Schauer gingen in ziemlich kräftige Regengüsse über. Aber die mittlere Windgeschwindigkeit lag weiterhin bei 26 Kilometer in der Stunde mit gelegentlichen Böen von etwa 40 Kilometer in der Stunde. Kein Grund zur Beunruhigung?

Im Wetteramt hatte der Meteorologe John Dear seinen Kollegen Geoff Crane abgelöst; um 19 Uhr gab er Warnung Nr. 18 heraus. Jetzt hatte das Wetteramt TRACY seit fünfzig Stunden unter ständiger Beobachtung.

Die Telefone klingelten immer häufiger. Ray und John Dear mußten viele Fragen der Technischen Nothilfe, des Militärs, der Fluggesellschaften und besorgter Bürger beantworten, die genauere Informationen haben wollten. Die Angestellten der Rundfunk- und Fernsehstationen bestätigten, daß sie die ganze Nacht über im Dienst bleiben und jede Warnung des Wetteramtes weitergeben würden.

Gegen 20.30 Uhr brachte Geoff Crane seine Frau und seine Kinder im Schutzraum des Wetteramtes unter; er war überzeugt, daß TRACY Darwin erreichen und schwere Verwüstungen anrichten würde.

Eine halbe Stunde später war TRACY in westnordwestlicher Richtung nur noch 45 Kilometer von Darwin entfernt. Die Stadt lag immer noch nicht im Bereich seines Starkwindfeldes. 40 Kilometer in der Stunde, gelegentlich auch 60, zeigte der Windgeschwindigkeitsmesser an, mehr nicht.

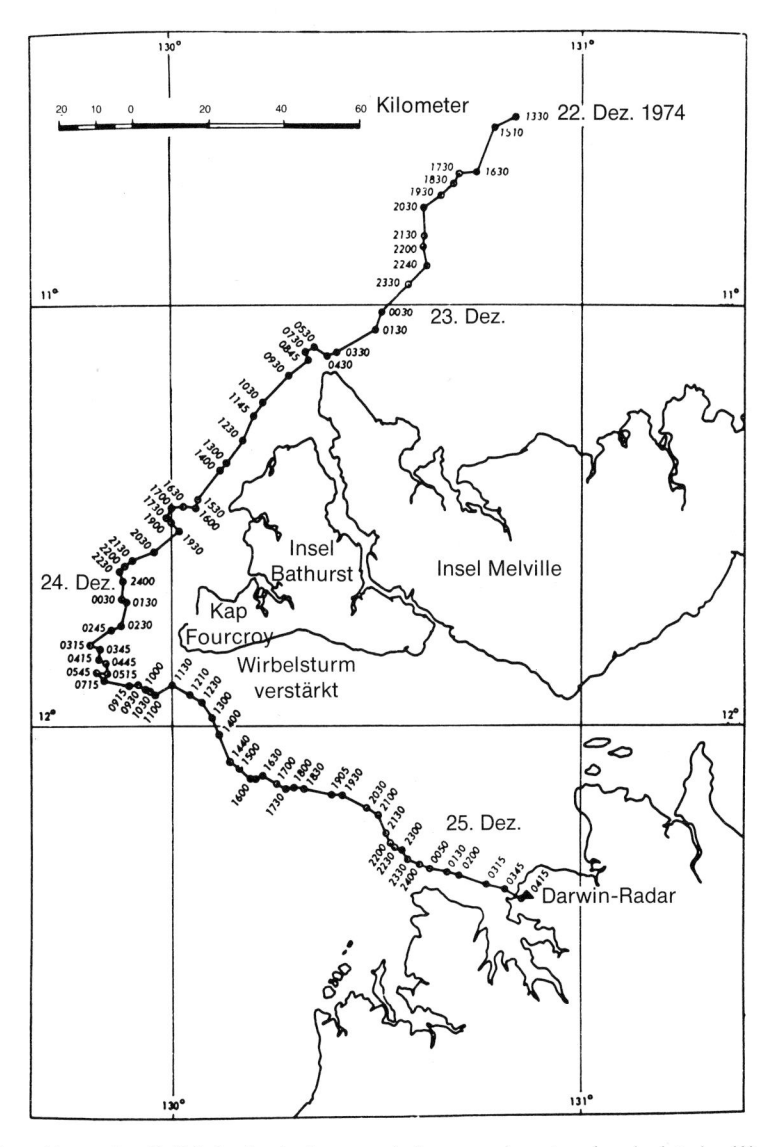

In diese Karte der Ostküste Australiens und der vorgelagerten Inseln ist der Weg des Wirbelsturms bis zum Standort des Radargerätes mit den Uhrzeiten eingetragen. Die Einwohner von Darwin, die Behörden und auf See befindliche Schiffe erhielten vom Wetteramt laufend Warnungen auf dem Funkweg.

Ray veranlaßte, daß die Rundfunk- und Fernsehstationen ab jetzt in halbstündlichem Abstand Berichte über die Bahn von TRACY verbreiteten. Allmählich frischte der Wind immer mehr auf, vom Wetteramt im achten Stock eines Hochhauses aus war jedoch noch kein Anzeichen eines herannahenden Wirbelsturms zu bemerken. Karten und Telefone nahmen Ray und seine Mitarbeiter so sehr in Anspruch, daß sie kaum Zeit hatten, aus dem Fenster zu sehen; sie hätten auch nichts weiter entdecken können als die normale

Dunkelheit einer tropischen Nacht. Nach 22 Uhr ließen die sich jetzt noch mehr verstärkenden Winde ein prächtiges Feuerwerk entstehen: Die oberirdischen elektrischen Stromleitungen wurden gegeneinander getrieben. Im Licht der Kurzschlußblitze und der Scheinwerferbündel der Autos konnte man erkennen, daß draußen ununterbrochen schwere Regenfälle niedergingen.

Der schon etwas ältere Wetterbeobachter Charlie Caird mußte seinen Dienst um Mitternacht antreten. Nachdem er sich überzeugt hatte, daß seine Frau auf das Schlimmste vorbereitet war, was TRACY bringen konnte, machte er sich in dem starken, alle Konturen verwischenden, wolkenbruchartigen Regen auf den Weg in das nur 200 Meter entfernte Wetteramt. Er war erst wenige Schritte gegangen, als ihn eine Böe erfaßte, vom Boden hob und über die Straße schleuderte. Er richtete sich wieder auf und kämpfte sich auf Händen und Knien gegen den Sturm in das Amt, wo er mit ein paar Kratzern und Schrammen ankam. Ray war jetzt mehr denn je davon überzeugt, daß TRACY große Verheerungen in Darwin anrichten würde.

Kurz nach Mitternacht fiel die Stromversorgung in der Stadt aus. Das Notstromaggregat des Wetteramtes wurde eingeschaltet, Ray und seine Mitarbeiter gaben Warnungen heraus und beantworteten Fragen. Etwas später konnte man den Wind auch durch die Doppelglas-Fensterscheiben des Wetteramtes toben hören. Um 1 Uhr nachts des ersten Weihnachtsfeiertages betrug die mittlere Windgeschwindigkeit 75 Kilometer in der Stunde, und in Böen wurden 130 Kilometer in der Stunde erreicht – das war Orkanstärke! Das Heulen des Sturmes klang wie eine schauerliche Totenklage, als Warnung Nr. 20 hinausging.

Es war ein Wunder, daß die Telefone noch klingelten; so konnte Ray mit den Rundfunk- und Fernsehstationen, mit der Technischen Nothilfe und der Polizei in Verbindung bleiben. Ängstlich werdende Mitarbeiter Rays riefen ihre nicht weniger ängstlichen Frauen an, die ersten Nachrichten über von TRACY angerichtete Schäden trafen im Wetteramt ein. Pat, die Frau des Meteorologen John Dear, allein mit drei Kindern (das älteste sieben Jahre, das jüngste sechs Monate), konnte noch berichten, daß eine Böe das Dach ihres Hauses weggefegt hatte – dann war die Telefonleitung plötzlich tot.

Die Streifenwagen der Polizei wurden 30 Minuten später angewiesen, den nächsten geschützten Parkplatz anzufahren; aber hin und wieder sah man auch danach noch Scheinwerfer von Autos, gelenkt von tollkühnen – oder soll man sagen: verrückten – Fahrern.

Gegen 3 Uhr traf TRACY die Stadt Darwin mit all seiner verheerenden Gewalt. Eine Böe von 217 Kilometer in der Stunde registrierte das Windmeßgerät auf dem Flughafen Darwin noch, bevor es durch die Luft fliegende Trümmer zerstörten. Das Tosen des Sturmes wurde immer mächtiger, und am achten Stock des Hochhauses rüttelte es, als ob ein Schnellzug über die Schienen donnerte. Von Zeit zu Zeit erbebten die Wände in den unteren Stockwerken mit einem gewaltigen Krach. Nach dem vierten Alarm und der

Das war einmal Wagarman, eine Vorstadt Darwins. So wie hier hinterließ der Wirbelsturm TRACY überall Trümmer und Verwüstungen von unvorstellbarem Ausmaß. Foto AP

20. Warnung wurden die Rundfunk- und Fernsehstationen gegen 2.30 Uhr nachts von TRACY außer Gefecht gesetzt. Das ganze örtliche Telefonnetz war jetzt zusammengebrochen; Ferngespräche ließen sich eigenartigerweise bis 5.30 Uhr führen. Die Fernschreibleitungen blieben sogar noch knapp zwei Stunden länger intakt.

Der Orkan setzte sein grausames Zerstörungswerk in Darwin noch bis 5.30 Uhr fort, dann verebbte seine Gewalt allmählich. Als die Morgendämmerung den Horizont rot färbte, sahen Ray und seine Männer, daß die Stadt Darwin wie unter einer gespenstisch wirkenden, flachen Nebeldecke begraben lag. Mit der höhersteigenden Sonne löste sich der Nebel auf und ließ düster wirkende Gerippe von Bäumen zurück, ohne Rinde und Blätter. Die meisten öffentlichen Gebäude standen noch, aber alle Veranden und Geschäftsvorbauten waren weggerissen. Die Masten der elektrischen Leitungen waren abgeknickt oder zu Boden gebogen, die Straßen übersät mit abgerissenen Zweigen, Teilen von Wellblechdächern, zersplitterten Bauhölzern und anderen zerstörten Gegenständen.

Rays Männer stellten fest, daß alle Türen im Erdgeschoß des Hochhauses verschlossen waren oder klemmten; sie brauchten einige Zeit, bis sie einen Weg nach draußen fanden. Gegen 9 Uhr hatte der Wind so weit nachgelassen, daß Ray die zwölf Kilometer zu seinem Haus fahren konnte. Zunächst schien das gar nicht so schwierig. Die zweispurige Hauptstraße war so breit, daß Ray querliegenden Masten, elektrischen Leitungen und allen möglichen Resten von Häusern und Bäumen ausweichen konnte. Auf fast jedem Haus fehlten die Dachziegel, bei vielen war von der Außenverkleidung der Hausmauern nichts mehr zu sehen, nur hin und wieder hatte der Orkan ein Haus vollkommen zerstört.

Als Ray von der Hauptstraße abbog und sich dem Vorort näherte, in dem er wohnte, wurden die Schäden schlimmer. In manchen Straßen waren alle Häuser aus ihren Fundamenten gerissen worden. Oft mußte Ray über Äcker oder durch Vorgärten fahren, weil zu viel Trümmer auf den Straßen den Weg versperrten. Schließlich bog er in die eigene Straße ein. Sie bot ein einziges Durcheinander von um die eigene Achse verdrehten Telefonmasten und heruntergerissenen elektrischen Leitungen. Wellblech, Teile von Dachstuhlgebälk und Mauerbrocken lagen über die Landschaft verstreut, wie in einem Gemälde von Salvadore Dali, gezeichnet mit der wild-wuchernden Phantasie dieses surrealistischen Malers.

Als Ray sich seinem Haus näherte, sah er, daß das Obergeschoß mit den Schlafräumen von TRACY über den trennenden Zaun in den Garten des Nachbarn geweht worden war. Das Erdgeschoß mit der Diele, dem Wohnzimmer und der Küche schien unversehrt.

Er klopfte an die Flurtür. Die Antwort ließ zunächst auf sich warten, dann öffnete sich die Tür und Joan stand vor ihm.

Ray sagte: »Hallo Joan, wie geht's Dir?«

Sie antwortete: »Danke gut, und Dir, Ray?«

Nepal – ein Zwerg zwischen »Drachen« und »Tiger« FRANK BERGMANN

Die Maschine zieht höher. Hinter uns versinkt Kalkutta, dieses Inferno des Elends, im Dunst. Die Beklemmung vieler Passagiere weicht erwartungsfroher Spannung. Bergsteiger schnüren ihre Stiefel fester. Mein Sitznachbar zitiert aus einem Kulturmagazin, daß Nepal ein Märchenland sei: »In den Bergtälern trägt jeder Baum einen Kragen aus Orchideen – rote und blaue Fasanen flattern wie Feuervögel durch die Wälder ... In den Dörfern stehen Häuser, die manchmal wie aus Cassata gemacht wirken, die Dächer aus Schokolade, die Mauern aus Erdbeereis ...«

Fröhliche Menschen tummeln sich auf den Bildern vor Häusern im Tessiner Stil, weiße Zähne blitzen in den lachenden, braunen Gesichtern. Schwere Goldgehänge funkeln. Bunte Saris, weiße Nepalihemden, Bergvölkertrachten mischen sich in malerisch-verwinkelten Gassen, Mädchen mit ebenmäßigen, indischen Gesichtern, fein modellierten Nasen, nußbraune Tamangs und Sherpas dazwischen, einige skurrile Hippies. Über den Dächern der Königsstädte Katmandu, Patan und Bhatgaon funkeln die vergoldeten Spitzen der Tempelpagoden, des Hanuman Dhoka, des Palasttempels von Katmandu, des 2500jährigen Bergheiligtums Svayambhunath und tausend anderer. Um die Städte wogen tiefgrüne, dichte Reisfelder. Die Berghänge blühen in ungezählten Farben, und in der Ferne leuchten die schnee- und eisbedeckten Himalajagipfel. Ein glückliches Schweizerland zwischen Tropenglut und ewigem Eis, doch asiatisch, indisch-tibetisch, geheimnisvoll; so habe ich Nepal in Erinnerung – so auch, aber nicht nur. Ich darf nicht träumen. In meinem Aktenkoffer liegt eine Untersuchung der Weltbank. Dort heißt es: »Das Image Nepals ist das einer asiatischen Schweiz. Doch die Wirklichkeit hinter der Fassade ist anders. Die meisten seiner 11 Millionen Bewohner leben in bitterstem Elend . . .«

Statt Bergstiefel und Kamera habe ich eine elektronische Rechenmaschine im Gepäck. Zwei Kunden meiner Bank wollen in Nepal investieren, Zweigbetriebe errichten, ein Hotel und eine Schuhfabrik, und dafür Kredite haben. Als wir die Kreditanträge bearbeiteten, sammelten wir Informationen über Nepal. Doch keine zwei Statistiken stimmten überein. Hatten unsere Kunden richtig gerechnet und vernünftig geschätzt – Baukosten, ausgebildete Arbeitskräfte, Verkehrsverhältnisse, Touristenzahlen? Oder hatten sie sich von Begeisterung für dieses faszinierende Land hinreißen lassen? Und welchen Weg wird das kleine Bergkönigreich zwischen dem »Drachen« und dem »Tiger«, den Giganten China und Indien, gehen? Auf solche Fragen soll ich Antworten finden. Daneben quälen mich persönliche Zweifel: Werden diese beiden modernen Betriebe nicht eine Welt weiter zerstören, die unendlich viel glücklicher ist als unsere Zivilisation?

Die Berge unter uns wachsen empor. Wir fliegen über die Mahabharat-Kette, die zwei- bis zweieinhalbtausend Meter hohen Himalaja-Vorberge. Jetzt sind jedes einsame Bauernhaus, jeder Baum zu sehen. Aber da sind nicht viele Bäume. Das Wachstum der Bevölkerung, die sich in 30 Jahren verdoppelte und immer mehr Ackerland, Bau- und Brennholz braucht, und der Holzschmuggel nach Indien haben die Wälder aufgefressen. Auch droben in den Hauptketten des Himalaja sind die Äxte der Landsuchenden vorgedrungen, bis auf 4000 Meter Höhe. Die kahlen Berge können nun die Wassermassen der gewaltigen Schneeschmelzen und Monsunregen nicht mehr aufsaugen und langsam zu Tal rinnen lassen. Jeden Sommer stürzen sie heftiger die Himalajaberge hinunter, waschen fruchtbare Ackerterrassen fort, werden zu Strömen, deren erdbebenhafte Kraft Berghänge mit Menschen und Häusern in die Tiefe reißt. Was denn diese Bauern auf den Bergäckern täten, wenn sie ernstlich krank würden, fragt mich besorgt mein Nachbar, wie denn der Landarzt zu ihnen käme? Gar nicht käme er, sage ich ihm. Die Leute holten den Zauber-Schamanen und stürben. In Nepal gebe es fast keine und außerhalb der Städte gar keine Ärzte. Die durchschnittliche Lebenserwartung eines Nepalesen sei etwa dieselbe wie die eines Neandertalers, dreißig Jahre rund.

Wir schweben ins Katmandutal. Einer der letzten Monsunregen hat die Luft geklärt. Sonnenstrahlen brechen durch die aufgetürmten Monsunwolken. Laubfrosch- bis moosgrün leuchten die Reisterrassen, die sich vom Talgrund bis auf die Berghänge hinaufziehen. Einst erstreckte sich hier ein ovaler See, 600 Quadratkilometer groß. Ein vorzeitlicher Riese spaltete mit einem gewaltigen Schwerthieb bei Chobar das Gebirge zur Schlucht. Der abfließende See ließ fette, schwarze Erde zurück und den das Tal entwässernden Fluß Baghmati. Sein Wasser ist so heilig wie das des Ganges, des heiligen Flusses der Hindus. Zwei üppige Reisernten trägt dieser Boden im Jahr. Vor dreitausend Jahren oder noch früher entdeckten Einwanderer aus Indien, daß dieses Tal so fruchtbar ist wie der Nilschlamm Ägyptens, und schufen eines der ersten Hochkulturgebiete der Menschheit. Immer neue Einwanderer kamen, flüchtend vor Hunger und Krieg, aus Indien, Südost-, Ost- und Innerasien.

So entstand eine Ansammlung von über 50 Stämmen. Sie siedelten im Katmandutal, in anderen, kleineren Hochtälern und in den Bergen. Das größte, indische Volk der Nepalesen, Nachkommen der Rajputen, die vor den Moslems in Indien flohen, ist selbst wieder ein Völkergemisch und zählt fünf Millionen Menschen, der kleinste Stamm nur wenige Hundert.

Berühmt geworden sind die »Sherpas« und die »Gurkhas«. Die Sherpas sind ein kleiner tibetischer Bergstamm, der im Hochgebirge siedelte. Ihre Bergführer waren bei der Erstürmung der höchsten Gipfel des Himalaja dabei. Gurkhas, kleine, schlitzäugige, krummbeinige Bergkrieger, fechten seit dem 19. Jahrhundert in den britischen Kolonialarmeen. Sie sind Söhne der tibetoburmesischen Bergstämme der Limbu, Rai und Gurung und ließen sich, getrieben von der Not in ihren kargen Bergregionen, in denen die Menschen immer mehr und das Ackerland immer knapper wurden, und dem Befehl ihrer Landesherren gehorchend, rekrutieren und an die Briten verkaufen. Im Ersten und Zweiten Weltkrieg kämpften Hunderttausende mit kurzschwertartigen, krummen Haumessern, den Kukris, und Infanteriegewehren auf alliierter Seite. Und keiner hat noch einen lebenden Gurkha dem Feind den Rücken zukehren sehen. Die Herren des Landes aber waren und sind die echten Gurkhas, die Rajputen des Rajas von Gorkha, Prithvi Narayan Shah, der im Jahre 1768 über die zerstrittenen Stadt- und Dorfkönigreiche des Katmandutales herfiel und sich zum König von Nepal ausrief. Er setzte sich die Kronen der Gottkönige von Katmandu, Patan und Bhatgaon auf und ließ sich als lebender Gott verehren, von den Hindus als Wiedergeburt des Hindugottes Schiwa, des Schöpfers und Zerstörers –

als Wiedergeburt Buddhas, als Bodhisattwa, von seinen buddhistischen und lamaistischen Untertanen.

Die tausend mit steinernen, hölzernen und bronzenen Bildwerken geschmückten Tempel, Pagoden und Paläste, die mehrstöckigen Fachwerkhäuser, die Reisterrassenkulturen, Handelswege bis Tibet, das hat das rätselhafte Volk der Nevara geschaffen. Im 7. Jahrhundert befreiten die Nevara das Katmandutal von indischer Herrschaft und gründeten kleine Königreiche, in denen, frei von der Düsterheit des Hinduismus, unter der heiteren Ruhe des Buddhismus Landwirtschaft, Handel, Handwerk, Kunst- und Wissenschaft blühten. Das Jahr 1207 brachte wieder Eindringlinge aus Indien an die Macht, die Mallas. Sie kamen als hinduistische Eiferer und führten straffe Kastenregeln ein. Doch ihr Fanatismus brach sich an der Weisheit des nepalesischen Buddhismus. Beide Religionen flossen ineinander wie Öl und Wasser. Der Hinduismus konnte den Nevara nicht ganz ihre Fröhlichkeit rauben. Trotz vieler Fehden und Kriege blühte Nepal weiter, bis die Gurkhas den Einfluß der Brahmanen stärkten, die Engländer den Handel zwischen Indien und Tibet-China an sich rissen, die Tyrannenherrschaft der Rana-Sippe Nepal für ein Jahrhundert zum verbotenen Land machte und schließlich die Menschen und die heiligen Kühe immer mehr, das Ackerland immer knapper wurden.

Träger in zerlumpten europäischen Kleidern verstauen meine Koffer. Der Toyota flitzt über den Highway. Nevara, die Frauen noch in schwarzen, rotgesäumten Trachten, sicheln Reis. Daneben graben andere mit kurzstieligen Hacken den schweren, schlammigen Boden für die zweite Saat um. Warum nehmen sie keinen Pflug? Die groben Pflugscharen könnten kleine Tiere zerstückeln, was in Sichtweite des Heiligtums auf dem Felskegel Svayambhunath nicht geschehen darf. Kein Tier darf man töten. Alle sind heilig. An einem Tag des Jahres haben die Hunde Geburtstag, an einem anderen die Raben, an einem dritten die Kühe. Kein Tier darf getötet werden – und doch . . . Ich denke an die geschächteten Schafe und Ziegen, aus deren aufgeschlitzten Kehlen jeden Samstag und Dienstag in Dakshinkali Blut zu Ehren der schwarzen Kali spritzt. Ich denke an den zuckenden Wasserbüffel, aus dessen Adern rasende, maskierte Tänzer in Bhatgaon Blut saugten, eine ekstatische tantrische Szene, ein Durchbrechen magischer Urkulte.

Die Baghmati-Brücke, solider Beton. Wie viele Straßen – Lebensadern, die durch fast unpassierbares Gebirge getrennte Landesteile zusammenwachsen lassen – ist sie Entwicklungshilfe der Volksrepublik China. Auf der Brücke steht eine heilige Kuh. Die Kuh wohnt auf der Brücke und lebt vom Gras am Flußufer. Kühe dürfen alles. Nepal ist ein Hindu-Königreich. Vier Millionen Kühe, zu degeneriert und klapprig, um Milch zu geben, fressen nutzlos dahin. Kühe zu töten ist bei härtester Kerkerstrafe verboten: Die »Mutter Kuh« ist eine tragende Säule des Hinduismus. Und der Hinduismus trägt die Ordnung der Gesellschaft und das Königtum. »Was Jahrtausende gewachsen ist, kann man nicht an einem Tag ändern. Sonst haben wir das

Reges Treiben herrscht vor dieser prächtigen Tempelpagode, die einen kleinen Platz in Bhatgaon, einer der drei altertümlichen Städte im Katmandutal, ziert. Foto Camera Press

Chaos. Wenn nur eine Seuche über unsere Kühe käme! – Wir denken nun an Antibabypillen für sie ...«, sagte mir vor zwei Jahren ein hoher Landwirtschaftsbeamter. »Blödsinn, das ist alles hoffnungslos erstarrt, es gibt nur eine Rettung: Mao. Alles wegfegen, heilige Kühe, König, Großgrundbesitzer – alles ...«, sagte ein Student und wies auf die Straße, die, von Chinesen erbaut, über Lhasa nach Peking führt. »Sie verläuft über 4000 Meter hohe Pässe, durch ein enges Flußtal, eine einzige Landmine kann sie sperren«,

319

entgegnete ich. »Ideen brauchen keine Räder«, sagte er. »Sieh dir unseren König an. Noch fünf Jahre seiner ›fortschrittlichen‹ Herrschaft, und das Land ist revolutionsreif.«

Mahendra, der König, ist tot. Sein Nachfolger, Birendra Bir Bikram Shah, hat in England studiert. Kann er Jahrhunderte in Jahren aufholen? Womit wird er die Kosten einer Entwicklung des Landes bezahlen können? Werden Nepals Freunde helfen?

»Nepal ist ein Armenhaus«, fällt mir ein. Das hat ein Journalist geschrieben, der eigentlich über das Paradies der Hippies berichten wollte. Für sie ist Nepal ein Garten Eden. Leute mit Aufträgen, wie ich einen habe, sind Zerstörer. Doch verstehen die Hippies das Land der Götter und Dämonen unter den »Schneebergen«? Irren sie nicht ebenso wie die Touristen mit Kamera und Bergstiefel? Leben die Menschen in diesem Land, in dem die Zeit stillzustehen scheint, wirklich in glücklich-harmonischer Armut?

Einst herrschte in Nepal die Lehre Siddhartas, des Gautama Buddha, weder dem Genuß nachzujagen noch sich asketisch selbst zu peinigen, immer den »mittleren Weg« zu gehen. Doch in den Bergen Nepals und im »Schneeland« Tibet haben sich die Zauberer-Lamas der Lehre Buddhas bemächtigt und sie in ihre magischen Kulte gefügt. Klosterburgen ragten von den Himalajahängen bis Innerasien auf, von denen aus die Kaste der Lamas der »Roten« und der »Gelben Kirche« mit schwarzer Kunst, mit Verbreitung von Dämonenfurcht, mit Gift und Schwert über Leibeigene und Sklaven herrschten. Im Katmandutal gewannen magisch-tantrische Kulte Indiens Anhang, und immer stärker regierten die Brahmanen. Erstarrung trat an die Stelle des »mittleren Weges«. Die Zeit kam zum Stillstand – doch nur zum Schein.

Es ist Samstag, nach dem nepalesischen Kalender Sonntag, Ruhetag für Ämter und Banken. Mit Soorya, einem alten Freund, wandere ich durch Bhatgaon, die kleinste der drei Königsstädte, durch enge, gepflasterte Straßen, vorbei an den fein verzierten Nevara-Fachwerkhäusern. Wir haben unsere Hosenbeine hochgekrempelt, denn auf den behauenen Pflastersteinen liegen Schmutz und Kot. Soorya weist auf einige verschobene Platten. »Das ist die alte Kanalisation. Sie reinigte die Stadt schon, als in Europas Städten noch die Unrathaufen vor den Häusern lagen – ohne moderne Technik. Unsere Baumeister waren so geschickte Wasserkünstler wie die alten Römer. Jetzt ist alles zusammengebrochen. Ein Erdbeben gab unseren Städten den letzten Stoß. Einst waren sie reich, jetzt sind sie verarmt. Die Zahl der Menschen ist gewachsen, das Reisland nicht. Unsere Technik hat sich nicht fortentwickelt.«

Wir weichen großen, geflochtenen Strohmatten aus, auf denen Pfefferschoten und von Wasserbüffeln ausgedroschener Reis in der Sonne trocknen, und kommen zum Brunnen. Er gleicht einem viereckigen Teich. Steinerne Stufen führen zum Wasser. Bronzene Wasserspeier füllen ihn. Frauen spülen Wäsche, andere tragen Bronzekrüge mit Trinkwasser weg . . . Wasser ist gut, rein – und sei es noch so schmutzig. »Meine Landsleute wissen noch nichts

Am Heiligen Fluß in Katmandu. An den zum Wasser hin gelegenen Tempelstufen nehmen Frauen das heilige Bad, während eine Kuh, das heilige Tier der Hindus, in den Abfällen nach Nahrung sucht. In diesem Land scheint die Zeit stehengeblieben. Foto Visum

über Ansteckung. Krankheiten sind das Werk böser Geister«, erklärt mir Soorya. »Jetzt bringen wir den Kindern in der Schule Hygiene bei. Doch den Aberglauben zu bekämpfen ist schwer.« Er weist auf ein heiliges Kind, das, in seltsame Gewänder gehüllt, mit Glöckchen behängt, das Gesicht maskenhaft geschminkt, in der Hand den dreizackigen Schiwaspeer, vorbeizieht. Während der Schwangerschaft hatte seine Mutter einen mystischen Traum. Die Traumdeuter erkannten, daß das Kind ein Guru werden sollte, ein Heiliger, eine Inkarnation des Gottes Schiwa.

Katmandu. Wir drängen uns vorbei an Rikschas, heiligen Kühen, Bergbewohnern. Sie tragen Goldringe in den Ohren. In den Gürteln ihrer selbstgewebten sackleinernen Gewänder steckt der Kukri. Mit großen Augen sehen sie zum erstenmal Autos. Nun stehen wir vor der steinernen Statue des Affengottes Hanuman, der den Hauptpalast von Katmandu bewacht, den Hanuman Dhoka. Der Gott trägt eine Maske, Pilger beschmieren sie zur Verehrung mit roter Henna-Erde. Pagodentürme überragen den Palasthof. Wachen verwehren mir den Zugang zu den Geheimnissen der inneren Heiligtümer. Noch nie hat sie ein Ausländer gesehen. Soorya weist auf den Palasthof. »Der Ort des Massakers von 1846, das eine für uns tragische Geschichtsepoche einleitete.«

Oben: Ein Flugplatz auf dem Dach der Welt. Unter den wachsamen Augen des Annapurna schleppen Männer, Frauen und Kinder das Baumaterial in Körben heran.

Links: Patan, die älteste Königsstadt des Katmandutales. Der Palast-Platz mit Tempeln und Steinsäule.

Rechts: Eine Krischna-Statue in Patan – Inkarnation des Gottes Wischnu.

Links: Bunt gekleidet gehen die Frauen Katmandus im Herbst zum Heiligen Fluß nach Paschupatinat, um das Tij Brata-Fest zu feiern.

Rechts: Ein nepalesischer Bergbauer. Mehr als 50 verschiedene Stämme siedelten im Laufe der Geschichte im Katmandutal und anderen, kleineren Hochtälern. Fotos Visum, Camera Press

Damals ließ Jang Bahadur Rana, der Befehlshaber der Palastgarde, den zum Reichstag zusammengetretenen Adel niedermetzeln und nahm den König in Haft. Rana ließ sich vom gefangenen König zum Ministerpräsidenten ernennen und machte die Ministerpräsidentschaft in seiner Familie erblich. Die Könige von Nepal durften künftig ihren Palast nicht mehr verlassen. Nun mußte Jang Bahadur Rana eine Dynastie schaffen. Wo seine Späher schöne Mädchen entdeckten, wurden sie eingefangen und in seinen Harem verschleppt. Seine Nachfolger hielten es ebenso. Im Jahre 1903 ließ sich Chandra Shamser Rana einen neuen Palast erbauen, ein düsteres, kafkaeskes Schloß mit 1 600 Räumen. Ähnliche Schlösser wuchsen für Angehörige der Sippe um die Altstadt Katmandus empor. Die Bewohner ringsum mußten die Fenster vermauern, durch die man auf die Rana-Schlösser hätte blicken können. Allen Bewohnern des Katmandutales war es verboten, zwischen Sonnenuntergang und -aufgang ihre Häuser zu verlassen. Polizeiposten an den Paßwegen achteten darauf, daß kein Nepalese, der nicht von den Ranas dazu privilegiert war, Nepal mehr verließ, kein Fremder das »verbotene Land« betrat, kein Buch ins Tal gelangte. Die Ranas lebten in panischer Angst vor Verschwörungen der gefangenen Gottkönige. Im Jahre 1951 entkam ihnen König Tribhuvan. Er flüchtete in die indische Botschaft, ging unter dem Schutz indischer Truppen ins Exil, stürzte von dort aus das Rana-Regime und öffnete das »verbotene Land«.

Nun erkannte man, daß die Zeit in Nepal nur scheinbar stillgestanden war. Trotz Krankheit und frühem Tod hatte sich die Bevölkerung stark vermehrt. Bald sollte es je Kopf nur noch ein Fünftel Hektar Ackerland geben. Tribhuvan war ein König der Elenden und Bettler. Er mußte seinen Frieden mit den Ranas machen, der inzwischen auf 10 000 Menschen angewachsenen Sippe. Denn sie waren die einzigen, die lesen und schreiben und das Land verwalten konnten. Tribhuvan hätte statt dessen die Inder rufen können. Doch er mißtraute seinen indischen Freunden. Würde nicht Indien die Gelegenheit nutzen, das kleine Nepal zu schlucken? Und wie würde das China Maos reagieren, dessen »Volksbefreiungsarmee« im Herbst 1950 Tibet eingenommen hatte, wenn Indien bis an den Mount Everest vorrückte? Würde Nepal nicht zum Schlachtfeld und schließlich aufgeteilt werden zwischen »Drachen« und »Tiger«?

»Zwischen Rotem Drachen und indischem Tiger, der allmählich immer mehr moskaurot geworden ist«, sagt Soorya, »da sitzen wir immer noch. Und vielleicht ist es gut so – wir halten die beiden auseinander.«

Wir tauchen weiter in die Altstadt ein. Ein mit prachtvollen Schnitzereien verziertes Haus, um einen Innenhof erbaut, zieht uns an. Feine Holzgitter schließen die Fenster in der ersten Etage ab. Ein Fenster ist offen. Hin und wieder kann man spielende Kinder erkennen. Soorya ruft hinauf. Ein kleines Mädchen zeigt sich, in Seide gekleidet, puppenhaft geschminkt. Es ist die Kumari, die lebende Göttin Katmandus, eine Wiedergeburt Parwatis, der Gemahlin Schiwas. Ein Orakelpriester hat sie in Trance unter den Töchtern der Goldschmiedekaste, der Vanras, erkannt und in den goldenen Käfig dieses Hauses, des »Kumari Chowk« geführt. Am Fest Indra Jatra wird sie im Tempelwagen durch Katmandu gezogen und bestätigt den König in seiner Herrschaft.

»Mittelalterlich, nicht?« sagt Soorya. »Gewiß glaubt der König nicht an die Göttlichkeit dieses kleinen Mädchens. Und doch stützt es seinen Thron. Die Leute brauchen dies – sie brauchen es noch. Wenn die alten Überlieferungen zu schnell fallen, verlieren die einfachen Menschen die Orientierung. Sie wissen nicht mehr, nach was sie sich richten sollen. Statt Entwicklung ergeben sich Entwurzelung, Slums, Unruhen.«

Es dämmert. Die Händler schlagen die Holzladen in den Basargassen zu. Ratten huschen über den Reismarkt. Träger eilen an uns vorbei, auf Bambusstangen eine mit einem Tuch eingehüllte Gestalt. Sie ziehen hinaus an den Baghmatifluß. Noch bevor der nächste Abend dämmert, muß der Tote auf den Flußterrassen verbrannt sein, die Seele befreit von ihrem irdischen Gefängnis. Aus dem Vorraum eines Tempels tönen Trommeln, Zimbeln, Bambusflöten, Saiteninstrumente. Wir treten näher und sehen die Haschischpfeife unter den Musikanten kreisen. Rauch steigt auf. Die Trance nimmt zu. Die Musik wird milder – die Dämonen entfliehen.

Der Tempelschrein selbst ist geschlossen, bis Sonnenaufgang, wenn die Brahmanen mit Wasser, Feuer und Reis die Morgenmesse zelebrieren. Zur selben Stunde blasen die gelbmützigen Zauberer-Lamas an den Hängen der Schneeberge die gewaltigen Tuben, die »schrecklichen Henker« und andere Dämonen zu vertreiben. Wie Alphörner dröhnt es dumpf bis zu den Höhen um Katmandu. Auf dem heiligen Berg Svayambhunath beginnen Mönche, in safrangelbe Kutten gehüllt, mit der Verehrung Buddhas, des Erleuchteten. In den Gassen Katmandus trotten die ersten Holz- und Reisträger, husten den Schleim der kalten, von beizenden Dungfeuern durchzogenen Nacht aus ihren tuberkulosekranken Lungen. Draußen, auf dem Appellplatz, exerziert die Armee nach britisch-indischem Reglement. Die Schüler beginnen den Tag mit einem Gelöbnis auf König, Religion und Vaterland und mit Morgengymnastik – nach den Regeln Mao Tse-tungs. König Mahendra hat das Ritual des »Roten Kaisers« in Peking übernommen, und freilich seinen eigenen Namen eingesetzt.

Für mich beginnt ein Tag mit Statistiken und Wirtschaftsberichten: »Nepal, 142 000 Quadratkilometer, an der Grenze Süd- und Innerasiens ... bis jetzt keine Bodenschätze gefunden ... soviel für Elektroenergie nutzbare Wasserkraft wie die USA, Kanada und Mexiko zusammen ...« Wer wird Nepal genügend Entwicklungshilfekredite geben, damit es dieses »weiße Gold« heben kann? Aber noch wichtiger für die Zukunft dieses Landes ist, ob es sich allmählich aus dem Bannkreis erstarrter Kulte lösen, sie reformieren kann und ob es gelingt, die Reishacke durch den Pflug, die »heilige Kuh« durch die Milchkuh und Gehorsam und Schicksalsergebenheit durch Tatkraft und Einfallsreichtum zu ersetzen.

Einem Kiesel täuschend ähnlich sehen die kleinen Gesellen, und man muß schon ein gutes Auge haben, um sie im Gestein aufzufinden. Ihr Name Pleiospilos optatus bedeutet »Steinhaufen«. Die Wachstumsperiode dieser merkwürdigen Pflanzen, die in der Wüste zu Hause sind, fällt in die Zeit von Mai bis Juli, in der übrigen Zeit wollen die schönen Blüher trockengehalten werden (großes Bild).

Oben: Große rosa Blütensterne, wie man sie dem unscheinbaren Pflänzchen gar nicht zutrauen möchte, entfaltet Conophytum ernianum. Diese Gattung braucht von Juli bis November Feuchtigkeit.

Darunter: Conophytum flavum. Das dritte aus der über 2000 Arten zählenden Familie der Mittagsblumengewächse blüht vom Herbst bis in den Winter hinein. Alle Fotos Apel

Lebende Steine

WALTER SACHS

Die Wüsten Südafrikas gehören zu den trockensten Gebieten der Erde. Regenbringende Winde aus Osten überqueren zwar den Kontinent, laden ihr Naß aber erst über dem südafrikanischen Hochplateau ab. Von Westen her läßt die kalte Luft des Benguelastromes keine Regenwolken aufkommen. Nur durch den Nebel an der Küste dringt feuchte Luft in die Wüsten. Und dort, inmitten eines unwirtlichen Quarzfeldes, in dem weithin Gesteinsbrokken jeder Größe den Boden bedecken, suchte der Botaniker Burchell nach Pflanzen. Man schrieb das Jahr 1822. Mühselig trottete ein Maultier hinter dem Forscher her. Der Gelehrte maß die Bodentemperatur: fast 50 Grad Celsius. Als er sich nach dem Thermometer bückte, sah er einen seltsamen Stein vor sich. Später berichtete er darüber: »Als ich das Gebilde, das ich zunächst für einen eigenartig geformten Kieselstein hielt, von dem steinigen Boden aufhob, entdeckte ich, daß es sich um eine Pflanze handelte. Aber in Farbe und Erscheinung war sie den Steinen, zwischen denen sie wuchs, außerordentlich ähnlich.« Mit welcher Begeisterung mag der Forscher durch seine nickelumrandete Brille die Pflanze immer wieder betrachtet haben. Er hatte den ersten der »lebenden Steine« gefunden! Später erhielt das kaum markstückgroße Pflänzchen den Namen Lithops turbiniformis. Rotbraun gefärbt, lebt es auf rotem Sand inmitten von Steinbrocken.

Diese Blattsukkulenten haben sich an die ungewöhnlichen Bedingungen des Wüstenlebens ganz hervorragend angepaßt: Sie bestehen aus nur zwei dicken Blättern, die bis auf einen engen Spalt so miteinander verwachsen sind, daß sie nur ihre Oberkante dem grellen Licht zuwenden. Der Körper steckt bis zur Spitze im trockenen Boden. An der Blattoberfläche haben sie Fenster ausgebildet, die meist durchsichtig wie Glas sind. Nur durch diese Fenster, die wie ein Filter wirken, können die Sonnenstrahlen bis zur Chlorophyllschicht eindringen; sie verlieren dadurch an lebensbedrohender Kraft. Bei anderen Arten sind die Fenster nur noch als kleine Flecken oder Punkte vorhanden, so daß sie mehr Kieselsteinen ähneln als einer Pflanze. Kein Wunder, daß Forscher auf der Suche nach solchen lebenden Steinen mit einem Handbesen arbeiteten, um die Pflanzen zwischen dem Gestein überhaupt aufzufinden. Und als sie mehr und mehr neue Arten dieser seltsamen Fettgewächse entdeckten, wurden zugleich die verschiedensten Meinungen unter den Gelehrten ausgetauscht. Natürlich dienen solche Wuchsformen der Anpassung an ihre trockene Umgebung, sagten die einen. Man verglich sie mit einer Schutzfärbung, der Mimikry. Genauso, wie viele Tiere der Wüste sich in Form und Farbe ihrem Lebensbezirk angepaßt haben, um sich gegen ihre Feinde unsichtbar zu machen, habe sich dieselbe Erscheinung auch bei Pflanzen ausgebildet. Der Wüstenfuchs Fennek ist ebenso sandfarben wie die kleine Wüstenspringmaus, und einige Feldheuschrecken in Südafrika sehen ihrer Umgebung so ähnlich, daß sie überhaupt erst bemerkt werden, wenn sie bei Gefahr davonspringen. Man spricht von »springenden Steinen« der Tierwelt. Die »lebenden Steine« sollten sich auf die gleiche Weise tarnen. Gegen diese Behauptung erhoben sich Zweifel;

Jedes sonnige Plätzchen ist ihnen recht. Die zwei dicken Blätter, die bis auf einen Spalt miteinander verwachsen sind, haben auf der Oberfläche kleine Fenster, die wie ein Filter wirken und durch die das Sonnenlicht eindringt. Lithops spezies. Foto W. Schacht

denn trotz Mimikry werden diese Pflanzen von allen möglichen Tieren, wie Schildkröten, Antilopen, Hasen und anderen, gesucht und gefressen. So bleibt die Frage offen, warum die große Mutter Natur so viele Entwicklungsmöglichkeiten gerade in diese kleinen Pflanzenwunder gelegt hat, um sie zu schützen. Waren die Wüstentiere wirklich so ungeschickt, daß sie sich unendliche Zeiträume lang von den Pflanzen täuschen ließen? Vielleicht haben sich einfach im Laufe der Entwicklung zufällig Formen gefunden, die sich an die ungewöhnlichen Verhältnisse besser anpaßten, deshalb häufiger am Leben blieben und so den Kampf ums Dasein bis zum heutigen Tage überstanden? So tragen diese Wüstenkinder Geheimnisse mit sich herum, die man noch nicht enträtseln konnte.

Unsere lebenden Steine gehören zu der großen Familie der Mittagsblumengewächse, von denen man heute über 2000 Arten kennt. Sie sind nur in Süd- und Südwestafrika zu Hause. Der Name ist leicht zu erklären: Ihre Blüten öffnen sich gerade um die Mittagszeit. Ausnahmen sind einige Nachtblüher. Unter den vielen Arten gibt es strauchförmige und stammförmige; die Kostbarkeiten unter ihnen bilden aber jene kleinen Pflänzchen, die in Form und Aussehen einem Steinbrocken ähneln. Kein Wunder, daß sie bei den Liebhabern ganz besonders begehrt sind. Die Mittagsblumen zählen nicht, wie man meinen könnte, zu den Kakteen, die als Cactaceae-Familie eine Pflanzengruppe für sich darstellen, sondern eben zu den Sukkulenten, also Pflanzen mit fleischigen Blättern oder Sprossen aus verschiedenen Pflanzenfamilien, zu denen beispielsweise auch die Wolfsmilchgewächse (Euphorbien) gehören. Als ausgesprochene Trockenheitspflanzen haben sich die Sukkulenten ihren besonderen Lebensbedingungen angepaßt, das heißt, ein sich langhin erstreckendes Wurzelsystem ermöglicht eine schnelle Wasseraufnahme, und die fleischigen Blätter verleihen ihnen die Fähigkeit, Wasser zu speichern.

Die Pflege der lebenden Steine ist einfach, wenn wir das Klima ihrer Herkunft, also Trockenheit und viel Sonne, berücksichtigen. Jedes sonnige Plätzchen, am besten ein Südfenster, ist ihnen recht. Die meisten Arten haben ihre Treibzeit in den Sommermonaten und entfalten die reizenden gelben, rosa und weißen Blütensterne etwa im Herbst. So können wir sie im Sommer auch ins Freie stellen, wenn sie durch eine Glasscheibe vor plötzlichen Regenfällen geschützt werden. Als Erde – sofern wir sie nicht schon von der Gärtnerei mitbekommen – mischen wir ein Drittel Laub- oder Heideerde, ein Drittel Kies und ein Drittel Lehm. Das Ganze vermengen wir dann mit feinem Bims- oder Tonziegelstaub. Am besten topfen wir die Pflanzen in kleine, 50 Zentimeter lange Blumenkästen aus Styropor um, in denen man leicht eine kleine Landschaft nachbilden kann. Dabei werden die Pflanzen so tief in den Boden eingegraben, daß nur der oberste Teil des Körpers herausragt.

Und nun beginnt eine reizvolle Arbeit: die Gestaltung ihrer Landschaft. Dazu suchen wir auf Spaziergängen nach passenden Kieseln. Für Bewohner von Quarzfeldern – dort wachsen die schon genannten Lithops, Conophytum, Titanopsis – wählen wir kleine Quarzbrocken, die wir auch bei einem Steinmetz finden können; andere, die Kieseln täuschend ähnlich sehen – einige Vertreter heißen Fenestraria, Gibbaeum usw. –, lieben roten Sand. Zwischen Kalkgestein fühlt sich Pleiospilos, die selbst wie ein Steinhaufen aussieht, besonders wohl. Man sammelt also viele verschiedene Kieselsteine, die in Form und Farbe den erworbenen Pflänzchen am meisten gleichen, und sortiert sie daheim um die Pflanzen herum. In jedem botanischen Garten finden wir sicher eine Landschaft mit diesen Wüstenkindern, die als Vorbild dienen kann.

Beim Gießen müssen wir sparsam sein, selbst wenn bei Arten wie Lithops oder Conophytum die Blätter einschrumpfen. Das ist ein ganz natürlicher Vorgang und keine Krankheit. In einfacher Weise ahmt der Liebhaber die Natur nach, wenn er morgens oder abends seine Pfleglinge mit möglichst weichem Wasser fein überbraust, um damit einen Nebel zu erzeugen.

Wenn sie im Winter kühl stehen, kommen die kleinen Kostbarkeiten vom Herbst bis tief in das Frühjahr hinein ohne Wasser aus. Nur wenige Gattungen, wie Conophytum und Gibbaeum, die seltsamerweise ihren natürlichen jahreszeitlichen Rhythmus eisern beibehalten, ruhen bei uns im Sommer und wachsen vom Herbst bis zum nächsten Frühjahr. Sie müssen also im Sommer trocken und im Winter warm und feucht gehalten werden.

Sammler und Liebhaber dieser Fettpflanzen richten sich für die Kultur der lebenden Steine am besten zwei oder sogar drei kleine Blumenkästen her, um Sommerblüher von im Winter wachsenden Arten zu trennen. In jedem Fall macht so ein halbmeterlanges Kästchen mit Wüstenkindern viel Freude.

Der Poonek   LIM BENG HAP

Eine Geschichte aus Sarawak

Aus dem Englischen übersetzt von Hanns-Wolf Rackl

Als wir 1972 den Rejang und dann den Balai hinaufgefahren waren, legten wir mit dem Einbaum an, machten Kotau vor den Schädeln, die vor dem Longhouse baumelten, begrüßten den Häuptling, gaben ihm süßen chinesischen Wein als Gastgeschenk, ließen einen Karton Coca-Cola ausladen und erfuhren: Der Kühlschrank ist leider defekt, und der Elektriker läßt schon eine Woche auf sich warten. In diese Welt, in der man Sago für den Weltmarkt erzeugt, die Söhne 10 Jahre in die Schule schickt – und trotzdem immer noch an Geister glaubt, führt diese Geschichte. Christ werden oder Moslem, oder »Heide« bleiben? Auch diese Situation ist typisch in Asien.

Das Schrillen der Glocke signalisierte langsame Fahrt, als die Barkasse von der See her in die Flußmündung einlief. Das Dröhnen des Diesels wurde zu einem leisen Summen, und die Stimme des Matrosen, der das Senkblei warf und dem Steuermann zurief, war zu hören.

»Vier Fuß Wasserstand.« – »Vier Fuß.« – »Drei Fuß!« –

Das Wasser bildete Wirbel, die das Schiff umherstießen. Rollend und knirschend schob es über die Sandbank. Der Kiel lief mehrere Male auf. Brecher schlugen über Deck, durchnäßten die Passagiere und vergrößerten den Jammer derer, die schon seekrank waren.

»Dreieinhalb Fuß.« – »Vier Fuß.« – Dann ein triumphierendes »Sechs Fuß!«. Die Barkasse war über die Sandbank weg. Sie glitt in das braune Flußwasser. Ein junger Mann, Mahsen genannt, war einer der Passagiere. Er war ein Melanau, Angehöriger eines Seefahrervolks, und die Fahrt hatte ihm nichts ausgemacht. Nach zehn Jahren Schule kehrte er nach Hause zurück. Doch sein Elternhaus lag noch zwei Stunden flußaufwärts. So setzte er sich auf einige Kisten und besah die Landschaft ringsum.

Nichts hat sich verändert, stellte er fest. Wie an den Mündungen der meisten Flüsse an diesem Teil der Küste Sarawaks säumte ein Gürtel von Casuarina-Bäumen beide Ufer. Ihre nadelspitzen Blätter raschelten in der Seebrise. Die Barkasse glitt über die plätschernden Wellen, bis die Sandufer dunklem Schlamm wichen und Mangrovenbäume über beide Ufer hingen. Krabben guckten scheu aus ihren Schlammlöchern auf die vorüberfahrende Barkasse, während ein Rudel Affen zwischen den gewundenen Mangrovenwurzeln nach Schaltieren fischte. Auf einem Baum saß ein Seeadler und beobachtete die Wasseroberfläche. Der salzige Tanggeruch wich dem säuerlichen Geruch verrottender Palmwedel, als an den Ufern endlose Reihen schlanker Nipahpalmen auftauchten, Palmen mit langblättrigen Wedeln, die in der Flußbrise raschelten. Königsfischer mit buntem Gefieder huschten aus den Schatten und zurück. Noch einige Meilen flußaufwärts säumten diese sich wiegenden und schwankenden Palmen die Flußufer und gaben manchmal, vom Wind geschüttelt, den Blick auf einige Hütten dahinter frei.

Dann wurden die Palmenreihen dünner, und der üppige Dschungel drang bis an die Ufer vor. Dort, in einer Flußbiegung, war eine unordentliche Ansammlung von Hütten. Mahsen hatte sein Heimatdorf erreicht. Die Barkasse machte an einer schwimmenden Mole fest, hinter der ein kleiner Basar sichtbar wurde, wie es ihn hier überall gab. Mahsen bahnte sich den Weg durch das Gedränge von Menschen, die auf die Matrosen einredeten, um die für sie bestimmten Güter zu finden. Mahsens Mutter wartete auf ihn, zusammen mit ihren zwei Brüdern. Sie nahm seine Hände zwischen ihre und küßte sie zum Gruß. Er schüttelte seinen Onkeln stürmisch die Hand und vergaß dabei ganz, daß der Brauch seines Volks forderte, nur kurz die Hand zu reichen und dann die eigene Hand schnell aufs Herz zu legen. Er ließ zu, daß seine Onkel sein Gepäck trugen, und führte seine Mutter über das kurze Hauptsträßchen zum gewundenen Dorfpfad, zum Haus seiner Familie, das zwischen einer Reihe anderer Hütten am Flußufer stand. Diese Nacht fühlte Mahsen sich ganz zu Hause.

Zusammen mit den Verwandten und Freunden saß er im kahlen Wohnraum mit untergeschlagenen, gekreuzten Beinen am Boden, während seine Besucher um ihn lagerten. Einige sprachen, doch die meisten verhielten sich still, aus Respekt vor dem heimgekehrten Gebildeten. Seine Schwester, Boonsu, wuselte geschäftig um ihn herum, brachte Kaffee und Teller, gefüllt mit Kuchen, für die Besucher. Die älteren Frauen schwatzten hinter einem Wandschirm mit seiner Mutter. In der Küche halfen die jungen Mädchen seiner Schwester beim Kaffeekochen und Backen von Sagokuchen.

Ein Gezwitscher von Stimmen und Gelächter aus der Küche erregte Mahsens Aufmerksamkeit. Vom Küchengang her prüfte ihn eine ganze Gruppe Gesichter. Unter ihnen konnte er das Louisas erkennen, einer sehr entfernten Kusine, die seine Spielgefährtin gewesen war, als sie noch in Kinderröcken unter den Häusern umhergetollt hatten. Nun war sie zu einem schönen Mädchen herangewachsen, mit langen, schwarzen Haaren, die bis zur Taille reichten. Ihre Lippen leuchteten rot von Betelsaft; eine kleine Nase und zwei helle Augen betonten die Schönheit ihres Gesichtes. Ihre Haut war hell und hatte die sanfte Glätte von Porzellan. Ihr Körper war gerundet, doch kräftig durch harte Arbeit in der Sagotenne, die zu jedem Melanau-Haus gehörte. Aus dem Kichern und Quieken der anderen Mädchen schloß Mahsen, daß Louisa seinetwegen geneckt wurde.

Sein Verdacht sollte sich bestätigen. Als sich die Aufregung über seine

Heimkehr gelegt hatte, rief ihn eines Nachmittags seine Mutter an ihren Stammplatz im Haus. Hier pflegte sie seit Jahren zu sitzen und das Rohr zu schneiden und geschmeidig zu machen, aus dem sie Körbe und Taschen flocht, um sie an Händler zu verkaufen und das Geld zu verdienen, das Mahsens Schulbesuch ermöglichte. Mahsen saß vor ihr und sah respektvoll ihren gewandten Fingern zu, die aus farbigen Rohrstreifen das kunstvolle Muster für ein Nähkörbchen woben. Sie begann unvermittelt.

»Louisas Vater will, daß du sie heiratest. Er mag dich und verlangt nur eine symbolische Mitgift. Doch du mußt Christ werden, um sie heiraten zu können. Ich habe Louisa gern, deine Schwester Boonsu auch.«

Mahsen saß eine Weile schweigend da und dachte nach. Dann sagte er: »Ich mag Louisa auch. Aber sie ist für mich wie eine Schwester, nicht wie eine Frau. Ich will noch nicht heiraten. Ich will die Gummiplantage und den Sagopalmenhain verbessern, die uns Vater hinterlassen hat. – Das ist es. Ich denke auch nicht an ein anderes Mädchen, weder in der Stadt noch hier. Ich weiß noch nicht recht, ob ich Christ werden soll oder Moslem, oder Heide bleiben. In diesem Dorf leben wir alle, welche Religion wir auch haben, glücklich zusammen, denn wir sind alle Melanaus.«

»Aber Louisas Vater will dir seine Tochter geben. Du weißt, was das bedeutet. Ich habe nicht viel Geld im Haus und besitze nur wenig Krüge und eigenes Porzellan, unsere Familienerbstücke. Ich kann keine große Mitgift aufbringen.«

»Doch was denkt Louisa darüber?« fragte Mahsen.

»Sie sagte, sie wolle tun, was ihre Eltern wünschen«, warf Boonsu von der Küche her ein.

»Da haben wir's«, sagte Mahsen triumphierend. »Sie liebt mich nicht genug, um es zu sagen. Wie kann ich sie heiraten?«

»Du Dummkopf«, rief Boonsu. »Sie hat auf altmodische Weise ›Ja‹ gesagt.«

»Aber das heißt doch, daß sie mich nicht liebt. Altmodisch, hm? Sag' ihrem Vater, daß ich sie nicht heiraten will«, antwortete Mahsen mit einer Miene endgültiger Entschlossenheit und streifte ein Hemd über, um ausgehen und jeder weiteren Diskussion entkommen zu können.

»Nun bist du ein Poonek«, sagte Boonsu ernst.

»Was? Poonek? Blödsinn! Ihr seid voller Aberglauben, wie unser Nachbar, der eine Zauberin rief, um die Teufel aus seinem Körper treiben zu lassen, obwohl er sich nur bei nächtelangem Krabbenfischen im kalten Flußwasser eine Erkältung geholt hat. Das alte Weib, das die Zeremonie durchführte, kreischte blödsinniges Zeug, schlug die ganze Nacht die Trommel und raubte damit jedermann den Schlaf. Wenn unser Nachbar so weitermacht, wird er noch an Erschöpfung sterben, wegen Schlaflosigkeit, und nicht an seiner Krankheit, die einige Pillen aus dem Basar heilen könnten.«

»Sohn«, sagte Mahsens Mutter. »Ich glaube nicht an die Babyoh-Zeremonie wie unser Nachbar, doch unsere Ahnen haben uns einige Regeln gelehrt: Wenn uns etwas Gutes angeboten wird, so müssen wir es annehmen, wenigstens symbolisch, sonst kränken wir den Geber, der sein Gut, sein Essen oder sein Getränk mit uns teilen will. Und das ist, so glauben wir, schlechtes Benehmen, das Unglück bringt.«

»Und wer dies tut«, fiel Mahsen seiner Mutter ins Wort, »ist ein Poonek. Ein Skorpion wird ihn stechen, oder ein Tausendfüßler oder eine Giftschlange beißen, oder, noch schlimmer, ein Blitz erschlagen. Was für ein dummer Aberglaube! Ich kann nicht einsehen, warum jemand Unrecht tun sollte, nur weil er ›nein danke‹ sagt, wenn ihn ein Freund zum Essen einlädt.«

»Sich zu bedanken ist nicht genug, Sohn. Da ist immer noch die Ablehnung. Du mußt das Essen oder Getränk, das dir angeboten wird, wenigstens leicht mit den Fingern berühren, um vor dem Poonek-Fluch bewahrt zu bleiben – vor allem, wenn du anschließend in den Dschungel oder auf den Fluß willst.«

»Buh«, spottete Mahsen. »Was muß ich denn jetzt tun, nachdem ich Louisa abgelehnt habe? Vielleicht zu ihr gehen und sie küssen, um kein Poonek zu werden?« Mahsen lachte.

»Du bist sehr grob zur Mutter«, protestierte Boonsu. Mahsen sagte, er habe ja nur scherzen wollen und ging aus dem Haus, um die Diskussion zu beenden.

Er war erst einige Schritte gegangen, als er Louisa zwischen den Hibiskushecken um ein Nachbarhaus kommen sah. Sie wartete, als sie Mahsen erblickte, und pflückte eine der roten Blüten, um sie ins Haar zu stecken, das sie zu einem Knoten geschlungen hatte. Sie trug eine lange, blaue Jacke über einem schwarzen Sarong. Einen zweiten Sarong, einen javanischen, hatte sie über die Schulter geworfen, um sich damit vor den Blicken neugieriger Fremder oder der heißen Sonne schützen zu können.

»Wie stolz du geworden bist«, sagte sie zu Mahsen, als er neben ihr stand. »Du hast uns nicht einmal besucht, seit du zurückgekehrt bist. Meine Mutter sprach diesen Morgen über dich und sagte, du hättest uns alle vergessen.«

»Wie denn! Euch besuchen, das hatte ich eben vor. Ich bin auf dem Weg zu eurem Haus«, schwindelte Mahsen. »Mich zieht es zu dir wie eine Ameise zum süßen Honig, um in der Süße zu sterben.«

»Du machst immer Spaß, Mahsen«, sagte sie, halb geschmeichelt, halb ärgerlich. »Komm, gehen wir zusammen, wie wir es früher taten.«

Mahsen bemerkte überrascht, daß er zusammen mit ihr so glücklich war wie früher. Er sang die Lieder, mit denen er sie zu necken pflegte, und sie scherzten, als seien sie noch in ihren Kindertagen. So gingen sie, völlig miteinander beschäftigt, dahin und hielten nur hin und wieder an, um die Grüße von Freunden zu erwidern. Bei einigen Sagotennen am Flußufer wuschen Mädchen in nassen Kleidern, die ihnen am Körper klebten, Sago. Sie hielten inne und winkten dem Paar zu. Der Wind schüttelte die Kokospalmen. Hühner und Enten scharrten und wühlten unter den Tennen.

Als Louisas Haus in Sicht kam, bemerkte Mahsen plötzlich, daß er nichts mitgebracht hatte, und es wäre unhöflich gewesen, so alte Freunde ohne ein kleines Geschenk zu besuchen. Er sah sich im Dorf nach einem Laden um. Er fand keinen Laden, doch er entdeckte ein langes Hausboot im Schlamm am Flußufer. Es war ein schwimmender Laden mit blechernem Nummernschild an der Bootswandung. Mahsen führte Louisa zu der Lichtung, die als allgemeiner Landeplatz diente. Er sagte ihr, sie solle warten, stieg über einige kleine Boote und watete durch den Schlamm.

Am Flußufer wurde Louisa auf zwei reife Guavenfrüchte an einem nahen Baum aufmerksam. Der Baum war nicht schwer zu erklettern. Sie stieg hinauf, bis sie die höchsten Äste erreichen konnte, rastete und genoß die leichte Brise, die die nahende Flut ankündigte, und sah Mahsen zu. Der Händler kauerte im Schlamm, hatte einiges Werkzeug in der Hand und kalfaterte sein Boot mit Werg. Er suchte nach dünnen Rissen, die Wasser durchließen.

»Ah Pek Ah Pong«, rief Mahsen, »hast du etwas Schokolade?«

Der Mann sah auf. Er war alt und trieb seinen Handel flußauf, flußab, seit sich Mahsen erinnern konnte. »Aiya!« rief er. »Mahsen, ein großer Junge, jetzt! Huh! Komm, hilf Ah Pek diese kleinen Risse zu finden!« Mahsen kauerte nieder, tastete mit seinen Fingern die lackierte Bootswand ab. Er wischte etwas Schlamm weg.

»Vorsicht, Mahsen, Vorsicht!« Mahsen wandte sich Louisa zu. Sie saß noch auf dem Baum, doch sie deutete aufs Wasser.

»Buaya!« schrie sie. »Ein Krokodil!« Mahsen sah auf den Fluß. Das Wasser war still. Kaum ein Kräuseln. Die Gezeiten wechselten eben. Die Bootsschraube glänzte in der Sonne. Ah Pek Ah Pong sprang auf, um zum Bug zu gehen. Das ist ein schlechter Scherz Louisas, dachte Mahsen. Wie konnte sie wissen, daß ihn seine Familie für einen Poonek hielt?

»Nein, nein!« rief Louisa. »Nicht dorthin. Das Krokodil ist auf der anderen Bootsseite. Es kommt die Schlammbank hoch!« Mahsen erfaßte die Situation blitzschnell. Das schlaue Tier wollte sie aus dem Hinterhalt angreifen! Die Spitze der Schnauze erschien am Bug.

»Aiya! Aiya! Mati-lah, mati! Tua Pek Kong, tolong, tolong!« heulte Ah Pek Ah Pong und starrte auf die schwarze Schnauze, die immer größer wurde. Mahsen faßte den alten Mann, stieß ihn zum Heck, hob ihn hoch und schob ihn, bis Ah Pek Ah Pong über die Bootswand purzelte und im Boot verschwand. Mahsen sah wieder auf. Das Krokodil stand ihm fast gegenüber, mit einem Rachen, groß genug, ihn ganz zu verschlingen!

Wie ein Pfeil schnellte sich das Tier vorwärts, groß wie ein Baumstamm. Es sprang, pflügte schwarzen Schlamm auf, schleuderte ihn in die Luft. Doch Mahsen war auch schnell. Er schwang sich um den Bug des Bootes und rannte die Uferbank hoch. Sein Herz klopfte, als wolle es zerspringen. Er hörte das Krokodil wie einen Kanonenschuß ins Wasser klatschen. Erschöpft erreichte er die Böschung. Louisa wartete auf ihn, mit bleichem Gesicht. Am liebsten hätte er sich vor ihr niedergeworfen und ihre Füße geküßt.

Die Stille des Nachmittags war zerbrochen. Hunderte von Gesichtern zeigten sich nun. Männer kamen mit Speeren und Gewehren. Ah Pek Ah Pong zündete ein Feuerwerk und Räucherstäbchen an, um dem Himmlischen, Tua Pek Kong, zu danken.

Drei Monate später waren Mahsen und Louisa auf dem Weg nach Kuching, in etwas verspätete Flitterwochen. Ein freundlicher Bootsmann hatte im Bug der Barkasse Platz gemacht, damit sie ihr Lager ausbreiten konnten. Vor ihnen tauchte die Flußmündung auf, eine lange Reihe von Brechern zeigte das Meer an. Louisa fuhr zum ersten Mal über die Sandbank. Ihre Augen leuchteten, als sie den Matrosen hörte.

»Drei Fuß.« – »Dreieinhalb Fuß.« – »Vier Fuß.« Dann ein triumphierendes »Sechs Fuß!« Sie waren über die Sandbank hinweg. Das Schiff schlingerte und rollte. Louisa stöhnte, sie fühlte die ersten Anzeichen von Seekrankheit. Ihr Gesicht war bleich, aber dennoch schön. Mahsen küßte sie. »Scht«, sagte sie. »Jemand könnte uns sehen.«

»Ich will nicht als Poonek aufs Meer fahren«, flüsterte Mahsen.

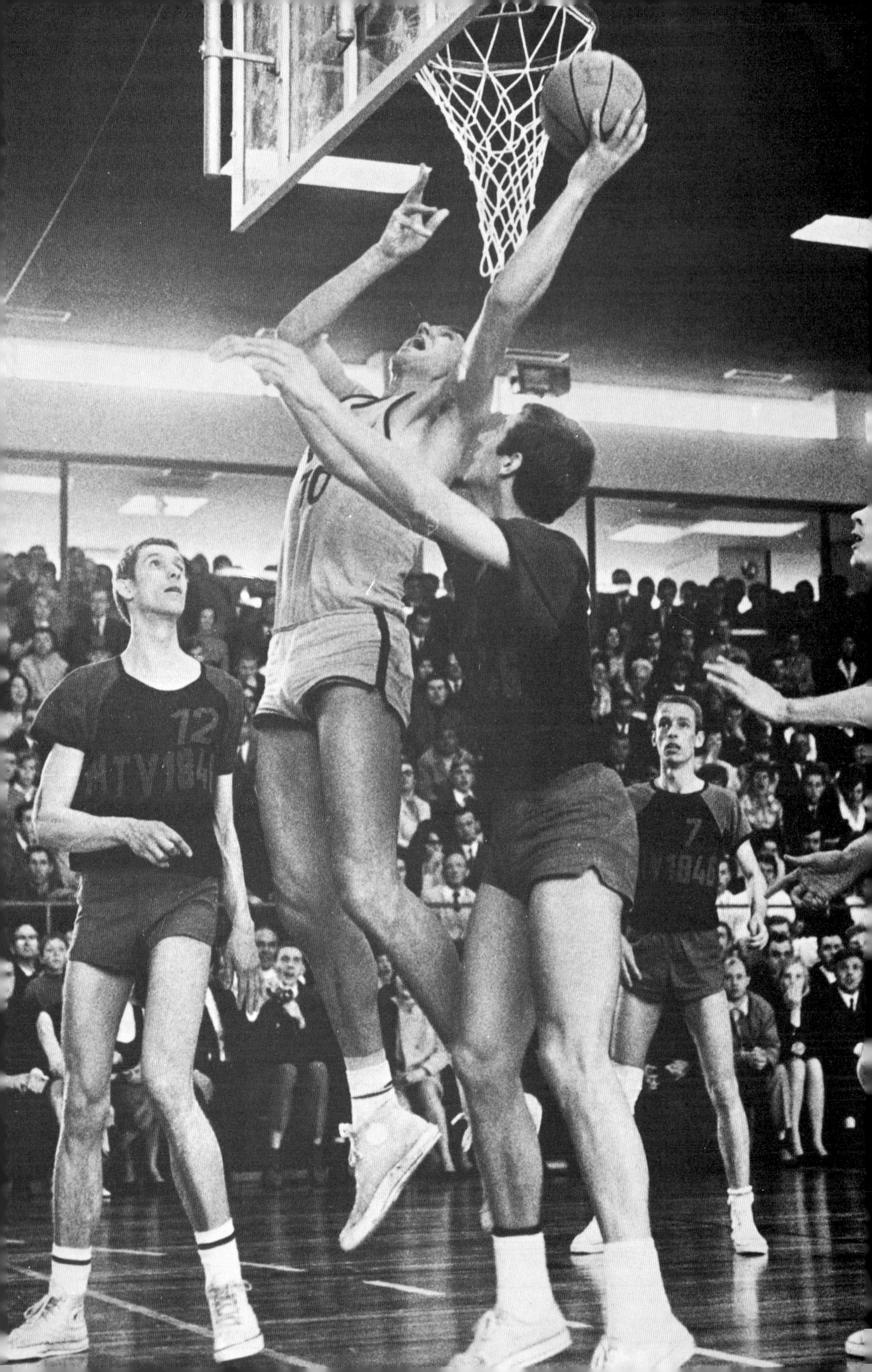
12
7

Welche Sportart ist die richtige?

Körperbau und Leistung   FROHWALT HEISS

Wenn bei den Olympischen Spielen die verschiedenen Nationen einmarschieren, ist trotz bunter Fahnen und farbenfroher Kleidung das Bild der einzelnen Mannschaften ziemlich gleichmäßig: Vorn marschieren in jedem Block die langen, schmalen Sportler, in der Mitte folgen mittelgroße Athleten, sowohl schlank als auch untersetzt, am Schluß des Blockes kommen die Kleinen unter den Wettkämpfern, wieder von gedrungener oder schlanker Gestalt. Mit jeder Körperform also kann man zu den Erfolgreichen zählen, die im sportlichen Wettkampf ihre Nation vertreten. Allerdings kommt es darauf an, daß man die Sportart gewählt hat, die der Veranlagung und dem Körperbau entspricht.

Die Leistungsfähigkeit eines Sportlers wird von vielen Umständen bestimmt. Erst der Gleichklang von Aufgabe, Körperbau und Wille zur Leistung führen zum Erfolg. Sportärztliche Beobachtungen, wie sie in den letzten 50 Jahren vorgenommen wurden, haben gezeigt, daß in den meisten Fällen ganz bestimmte Körperformen die Voraussetzung für einen Erfolg sind, daß aber auch ein Zusammenhang von Körperbau und Charakter besteht. Das Schema auf der nächsten Seite zeigt, wie die Menschen in breitwüchsige, athletische und schmalwüchsige eingeteilt werden können. In eine dieser Gruppen läßt sich praktisch jeder einordnen.

Der breitwüchsige Typ – auch Pykniker genannt – zeichnet sich durch starke Umfangmaße aus. Am Kopf wie am Rumpf wird von oben nach unten alles breiter. Er neigt dazu, Fett anzusetzen – vor allem im Alter an Bauch und Nacken –, hat dabei aber grazile Muskeln; alles ist bei ihm abgerundet. Was seinen Charakter anbelangt, so ist er behäbig und humorvoll, häufig erweist er sich als geschickter Geschäftsmann, der gut zu verhandeln versteht.

Ganz anders veranlagt ist der Schmalwüchsige – auch Leptosomer genannt. Alles an ihm wird von oben nach unten schmäler. Er hat meistens ein längliches, eiförmiges Gesicht; der Brustkorb ist flach, die Muskulatur dünn. Vom Charakter her ist er oft zäh, ja verbissen – er verfolgt seine Pläne mit großer Ausdauer. Ist zum Beispiel einmal ein Mensch solchen Typs zum Verbrecher geworden, kann man damit rechnen, daß er es bis ins hohe Alter bleibt. Bei einem breitwüchsigen dagegen darf man erwarten, daß er reu-

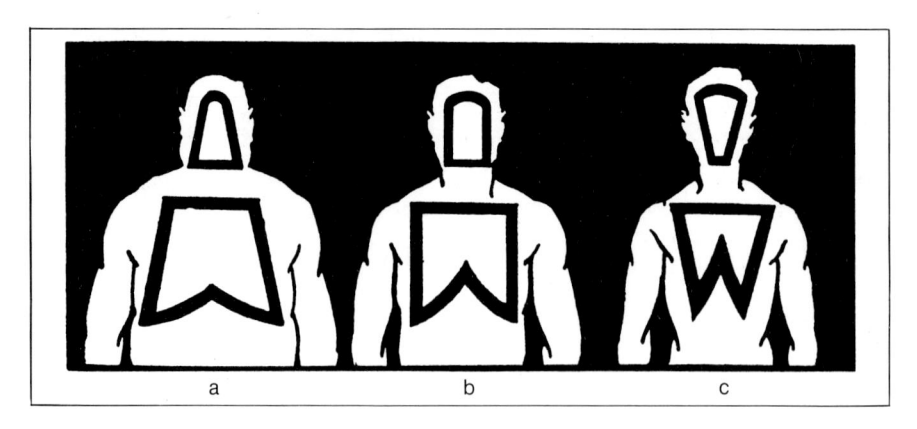

Jeder Mensch läßt sich seiner Körperform nach einem dieser drei Typen zuordnen: a) breitwüchsig, b) athletisch, c) schmalwüchsig. Neben Muskulatur und Knochenbau unterscheiden sie sich auch im Fassungsvermögen der Lunge. Schlankwüchsige Menschen erschlaffen bei plötzlicher Anstrengung schnell, während sie Dauerleistungen mit geringerem Sauerstoffverbrauch in der Minute besser durchhalten können.

mütig und anständig wird, wenn er mal das 60. Lebensjahr überschritten hat. Natürlich bestätigen auch bei dieser Theorie Ausnahmen die Regel.

Der athletische Typ steht in der Mitte zwischen diesen beiden Extremen. Sein Körper ist harmonisch mit breiten Schultern, einem stattlichen Brustkorb, und meistens hat er auch einen starken Knochenbau. Von zehn Sportlern gehören neun zu diesem Typ oder stellen eine Mischung mit einem der beiden anderen Typen dar. Einen jungen Menschen kann man freilich erst nach der Pubertät einem dieser Körperbautypen zuordnen. Es läßt sich beobachten, daß besonders dicke Kinder oft nach dem 11. Lebensjahr abnehmen und sich zu schmalwüchsigen Menschen entwickeln, während die später breitwüchsigen bis dahin mitunter wenig Gewicht hatten.

Unser Schema der Körperformen stellt gewissermaßen den »Bilderrahmen« dar, aus dem die einzelnen Typen herausschauen. Es gibt also ein Hochformat = schmalwüchsig, ein quadratisches Format = athletisch und ein Breitformat = breitwüchsig. Diese »Bilderrahmen« sind vererbt, und durch keine Maßnahme gelingt es, die Grundfigur des Körpers zu ändern – damit auch den veranlagten Charakter. Manche Eltern möchten aus einem schmalwüchsigen Kind durch schwerathletische Übungen zumindest ein athletisches oder einen dicken, breitwüchsigen jungen Menschen durch Langstreckenläufe schlanker machen. Aber das geht nur in beschränktem Maße – eben so weit, wie es der ererbte Körpertyp zuläßt.

Die Körpergröße ist bei vielen Sportarten ausschlaggebend für den Erfolg. Basketballspieler sind meistens besonders groß, oft messen sie zwei Meter oder darüber. Sie können dadurch leichter in den hohen Korb treffen als kleinere. Ferner finden wir besonders große Menschen unter Springern, Werfern, Mittelstreckenläufern und Mehrkämpfern. Auch erfolgreiche Ruderer sind meistens über 1,80 Meter groß. Es liegt auf der Hand, daß bei einem großen Hochspringer der Schwerpunkt seines Körpers – man muß ihn in der Nabelgegend suchen – höher liegt als bei einem kleinen; so kann er mit derselben Schwungkraft leichter über die Latte kommen. Wenn zwei Werfer gleich gut werfen, so wird derjenige gewinnen, der den höheren Abwurf hat, also größer ist. Beim Springer spielt für den Erfolg außerdem die Länge der Beine – vor allem der Oberschenkel – eine Rolle. Dabei muß man wissen, daß bei den wenigsten Menschen beide Beine gleich lang sind. Im Durchschnitt besteht ein Unterschied von 0,8 Zentimeter, aber selbst Abweichungen bis 1,5 Zentimeter merkt der einzelne gar nicht. Trotzdem wählen die meisten Springer unbewußt das längere Bein als Absprungbein – also den günstigeren Hebelarm. Da zwei Drittel der Menschen links das längere Bein haben, beobachten wir, daß auch die meisten Springer mit dem linken Bein abspringen. Bei Fußballspielern ist es umgekehrt. Um einen schnellen Schlag ausführen zu können, gebraucht der Kicker das kürzere Bein; das längere wird dann zum Standbein. Deshalb ist es so schwierig, einen guten »Linksaußen« zu bekommen: Er muß ja ein kurzes linkes Bein besitzen, um erfolgreich einflanken zu können. Spitzenspieler haben allerdings gelernt, mit beiden Beinen fast gleich gut zu spielen.

Auch im Gewicht unterscheiden sich die Sportler stark. Wer einem Wurfgerät wie Kugel oder Hammer den notwendigen Impuls für einen weiten Flug geben will, muß selbst über einen schweren Körper verfügen. Beim leichteren Speer spielt dagegen das Körpergewicht keine so große Rolle. Andererseits finden wir ausgesprochene Leichtgewichte bei Langstreckenläufern und Springern. Sie sind gleichgroßen, aber schweren Sportlern überlegen, weil sie weniger Masse in Bewegung bringen müssen.

Während sich der Leichtathlet im allgemeinen durch einen breiten Schultergürtel bei schmalen Hüften auszeichnet, ist das bei Schwerathleten anders. Sie benötigen für ihren Sport eine breite Unterstützungsfläche und damit einen breiten Beckengürtel, sowohl beim Gewichtheben als auch beim Ringen. Die Schwimmer brauchen ein niedriges spezifisches Gewicht; sie müssen also einen leichten Knochenbau haben sowie weiche, aber kräftige Muskeln. Meistens ist bei ihnen auch das Unterhaut-Fettgewebe stärker ausgebildet als bei anderen Sportlern. Dieses Fettpolster erhöht den Auftrieb im Wasser und schützt zugleich gegen die Kälte. Oft bildet es sich während des Schwimmtrainings von selbst. Ausschlaggebend für eine gute Schwimmleistung ist aber die Atmung und damit die gute Form des Brustkorbes. Viele gute Schwimmer haben einen Körper, der einer Tropfenform nahekommt und so den Widerstand des Wassers gut überwinden kann. Die Körpergröße ist für den Erfolg beim Schwimmen nicht wichtig.

Wenn man die einzelnen Körpermaße des Sportlers feststellt, so erhält man ein »anthropometrisches Bild« (Abb. Seite 345). Man kann nun die einzelnen Körperabschnitte in Beziehung setzen zur Körpergröße. Nimmt man die Körpergröße = 100, so wird die Länge der Arme und Beine in Prozenten ausgedrückt. Mit einem Blick kann man erkennen, daß der

Links: Im Gewichtheben wird nur Erfolg haben, wer über einen breiten Beckengürtel und eine gut entwickelte Muskulatur verfügt. Einen solchen Körperbau können wir bei allen Schwerathleten beobachten, wie hier bei dem deutschen Rekordheber Rudolf Mang.
Foto Rupert Leser

Schwerathlet im rechten Bild über größere Breitenmaße verfügt als der »Normalmensch«. Bei den Schwerathleten sind innerhalb einer Gewichtsklasse die kleineren, untersetzten Menschen im Vorteil, weil sie das Gewicht nicht so hoch heben müssen wie ein großer.

Der Geräteturner besitzt meistens einen verhältnismäßig langen Rumpf und kurze Beine. Dadurch ist sein Schwerpunkt nach oben verlagert, was sich besonders bei Schwungübungen günstig auswirkt. Dabei sind die Geräteturner mit durchschnittlich 169,60 Zentimeter klein, haben einen breiten Schultergürtel und ein schmales Becken. Die Japaner – sie hatten erst in den zwanziger Jahren dieses Jahrhunderts das Geräteturnen (und auch das Skifahren) als Studenten der Deutschen Hochschule für Leibesübungen in Berlin kennengelernt – sind durch ihre Körperform für das Turnen besonders gut veranlagt. Bei uns bildet der verhältnismäßig große Eberhard Gienger

Schmalwüchsige Menschen finden sich vorwiegend unter den Langstreckenläufern. Meist haben die auch einen leichten Knochenbau (rechts), während Hammerwerfer einen schweren Körper und breiten Schultergürtel besitzen (Mitte). Klaus Addicks und Uwe Beyer. Fotos Schirner, Erich Baumann

wieder mal eine Ausnahme von der Regel, aber sein Mitkämpfer Günter Spiess zum Beispiel entspricht genau dem Typ des Geräteturners. Nacken- und Rückenmuskeln sind besonders gut entwickelt, aber auch Brust- und Bauchmuskeln müssen vollkommen ausgebildet sein, um Erfolg zu haben. Dagegen sind die Beinmuskeln meistens weniger kräftig.

Der Fußballspieler ist im allgemeinen gedrungen mit verhältnismäßig breitem Becken, was seine Standsicherheit erhöht. Er besitzt stark entwickelte Oberschenkelmuskeln, die Schulterpartie ist dagegen recht schmal.

Durch eine sportärztliche Untersuchung, wie sie in den meisten Städten möglich ist, kann jeder seine Körperform bestimmen lassen. Dabei wird er auch Hinweise bekommen, welche Stellen des Körpers noch besser ausgebildet werden müssen und welche Sportart er wählen soll. Schließlich sind bei dieser Auswahl noch andere Umstände von Bedeutung, wie der Zustand des Kreis-

Zwei Weltklasse-Turner am Reck: der Japaner Eizo Kenmotsu und Eberhard Gienger, Deutschland, in der gleichen Übungsphase. Die Bilder zeigen deutlich, daß Hebelverhältnisse und Schwerpunktlage bei dem Japaner günstiger sind – Weltmeister Gienger ist unter den Geräteturnern eine Ausnahme von der Regel. Fotos Rupert Leser

laufs und der Atmungsorgane, psychische Eignung und Reaktionsvermögen. Aber auch ein geschickter Trainer wird aus der Körperform und dem Bewegungsablauf erkennen können, für welche Sportart sich sein Schützling eignet. Hierfür ein Beispiel, das sich am Anfang des deutschen Leistungssportes zugetragen hat: Im Jahre 1916 sollten die Olympischen Spiele der Neuzeit erstmals in Berlin stattfinden. Der Erste Weltkrieg machte ihre Austragung unmöglich. Aber schon drei Jahre vorher hatte man den bekannten amerikanischen Zehnkämpfer Kraenzlein – er stammte aus Österreich – als Trainer für die deutschen Leichtathleten verpflichtet. Als er ins Berliner Stadion kam, sah er einige Zeit lang einem Weitspringer zu, bis er ihm sagte: »Sie sind von Natur aus Hochspringer, Sie sollten Hoch- statt Weitsprung trainieren.« Der Springer war über diesen Hinweis empört und entgegnete, daß er doch Deutscher Meister im Weitsprung sei. Aber Kraenzlein blieb bei seiner Auffassung, und unter seiner Anleitung erreichte Paseman eine für die damaligen Verhältnisse ungewöhnliche Höhe von 1,92 Meter – ein Rekord, der mehrere Jahrzehnte nicht gebrochen wurde.

Dem Heranwachsenden stellt sich die Frage, ob er die Sportart wählen soll, in der er auf Grund seiner Körperform und Veranlagung besonders leicht Erfolge erringen kann, oder zunächst einen Sport treiben soll, der seine

Schwächen ausgleicht. Erfahrungsgemäß betreibt man nur den Sport richtig, der einem Freude macht und in dem man auch Aussicht auf Erfolg hat. Eine sportliche Betätigung nur aus gesundheitlichen Gründen hält meistens nicht lange vor. Auch wird sich dann kaum jemand einem längeren, schweren Training unterziehen. Der moderne Leistungssport verlangt eine allseitige körperliche Durchbildung. Auch für die Kreislauf- und Atmungsorgane ist eine dauernde Steigerung des Trainings nötig, wenn man eine gute Leistung erreichen will. Mit reinen Kraftübungen für die Muskeln zum Beispiel kommt selbst ein Schwerathlet nicht mehr aus. Auch er muß Ausgleichsübungen betreiben. Es ist eine bekannte Tatsache, daß ein nach dem »Body-building-System« gekräftigter Körper bei längeren Anstrengungen versagt, weil sein Kreislauf zu wenig trainiert ist. Um Herz und Lunge zu stärken, muß man täglich seinen Puls durch entsprechende Übungen – vor allem Laufen – mindestens für 3 Minuten auf 150 Schläge bringen. Leistungen, die darunter liegen, haben auf den Kreislauf keinen Einfluß. Bei richtigem Training kann man Dauerläufe bis ins hohe Alter erfolgreich durchführen, wie 70jährige Marathonläufer beweisen.

Um gute Leistungen zu erreichen, benötigt man ein »Intervalltraining«, das den Körper allseitig beansprucht. Vor allem ist es dabei wichtig, den Mangel an Bewegung, wie er uns von der Zivilisation aufgezwungen wird, durch gezielte Übungen auszugleichen. Wer sich zu einem solchen Training entschließt – am besten mit Kameraden in einem Verein –, der kann gleich die Sportart wählen, die ihm besonders liegt und die ihm Freude bereitet. So wird er am schnellsten zu sportlichen Erfolgen gelangen.

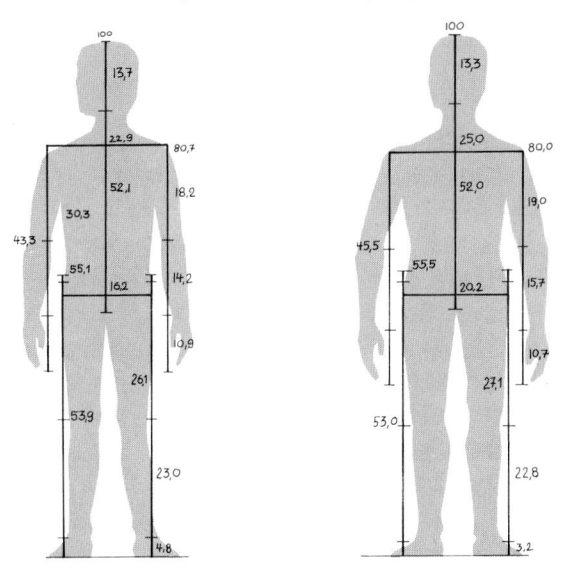

Die Körperproportionen bei einem normalen jungen Mann (links) und einem Schwerathleten (rechts). Um die verschiedene Körpergröße zu berücksichtigen, sind die absoluten Maße auf Prozent der Körpergröße umgerechnet. Solche Proportionsfiguren machen die unterschiedliche körperliche Veranlagung deutlich.

Skizauber aus der Trickkiste

OSSI BRUCKER

»Hot dog«, neue Form des Skisports — Freistil-Skilauf auch in Europa

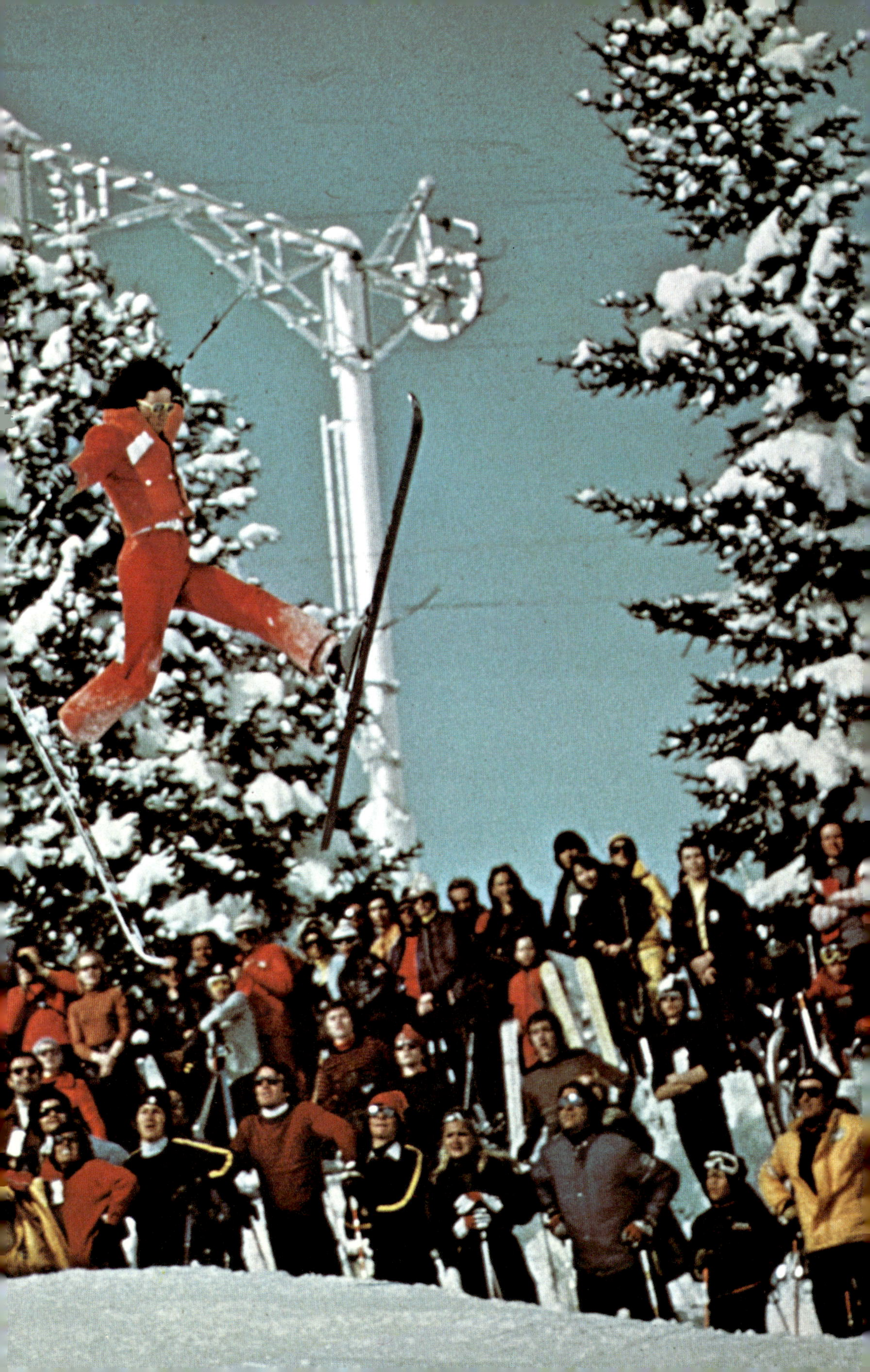

Auf Europas Skipisten ist es heiß geworden. »Hot dog«, die amerikanische Form der Skiakrobatik und des Trick-Skifahrens, hat jetzt auch bei uns den Skisport um eine neue Glanznummer bereichert.

Ungeduldig harren die Zuschauer entlang der Piste auf die erste Vorführung der Skiartisten. Popmusik dröhnt aus Lautsprechern. Dann rasen Rennläufer wagemutig den Steilhang herab, tanzen leichtfüßig mit Pirouetten und Überschlägen wie Eiskunstläufer über die Piste, schnellen in doppelten Saltos von der kleinen Schanze, und das sogar rückwärts! Schraubensalto, Rückwärtssalto mit Grätsche, waghalsige Sprünge durch Feuerreifen, Radsalto, bei dem zwei Springer sich gegenseitig festhalten - eine verwegene Darbietung jagt die andere. All diese tollkühnen Schwünge und Sprünge sind nur möglich durch einen besonders gebauten, vor allem kurzen Ski.

Die Unterhaltung ist vollkommen, angereichert durch den Reiz der Gefahr, und nicht selten gibt es Knochenbrüche. Eine Windbö kann den Saltokünstler mit seinen Ski in die eisharte Aufsprungbahn schlagen. Ob Berufsläufer oder Anfänger, eines ist allen Skiartisten gemein: Die Abfahrts- und Slalomrennen sind ihnen zu langweilig geworden. Das ständige Warten auf einen Läufer, den man in Sekundenbruchteilen vorbeischießen und dann um eine Kurve entschwinden sieht, das Ausharren, bis die gelaufene Zeit angegeben und der nächste Teilnehmer angekündigt wird – diese Art von Rennen scheint den »Hot doggers« nicht mehr anziehend genug. Wo aber das Programm in einem ungeheuren Tempo abläuft, ein halsbrecherischer Skitrick und ein abenteuerliches Steilhangrennen dem anderen folgen, da strömen die Schaulustigen von weither.

Hot dog – der Begriff hat eine nicht alltägliche Wandlung durchgemacht. So, wie er heute in Amerika unter Skiläufern verwendet wird, hat er mit »Heißen Hunden«, den heißen Würstchen in einem Brötchen mit viel scharfem Senf, nicht mehr das geringste zu tun. Sinngemäß bedeutet der Ausdruck soviel wie »warme Pause«, »Grund zum Pause machen« oder ganz einfach »Zeitvertreib«. Das Hot dog skiing, das genauso amerikanisch ist wie das Würstchen-Sandwich, dessen Name es trägt, läßt sich am ehesten mit »Freistil-Skifahren für Fortgeschrittene« umreißen. Hot dogging diente früher in den USA dazu, die Pausen zwischen den einzelnen Skirennen zu überbrücken. Heute versteht man darunter die Darbietung von Skifahrern, die ihre Bretter aus dem Effeff beherrschen, in bester körperlicher Verfassung sind, über Selbstvertrauen und gute Nerven verfügen – und sich nicht scheuen, ihr Können vor einem großen Publikum zur Schau zu stellen. Die neue Sportart geht von der Überlegung aus, daß ein Skifahrer, der seine Bretter so meistert, daß er schwierige Abfahrten sturzlos übersteht, seiner Phantasie freien Lauf lassen sollte – in akrobatischer, tänzerischer oder auch komischer Kür. Erlaubt ist dabei, was dem Fahrer und den Zuschauern gefällt und was Aufsehen erregt. Je mehr Aufsehen, desto besser – das ist der Hot-dog-Wahlspruch.

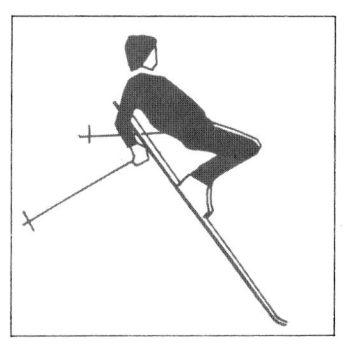

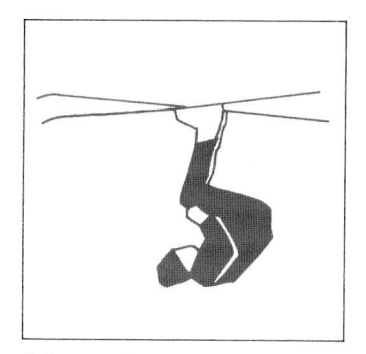

Möwe   Salto vorwärts, gebückt

Dieses »freie Skifahren« durchbricht den Rahmen des üblichen Skilaufs. Die jungen Männer und Mädchen suchen Ausdrucksmöglichkeiten, die ihnen der Slalom und der Abfahrtslauf nicht bieten können. »Es ist ein tolles Gefühl, die Grenzen des herkömmlichen Skilaufs zu durchbrechen und das zu tun, was dir gerade gefällt. Ich finde, hier hat man auf ganz besondere Weise die Möglichkeit, sich als Individuum auszudrücken«, meinte einmal Suzy Chaffee, die früher in der Olympiamannschaft der USA stand und die jetzt als heißestes Hot-dog-Mädchen der Welt gilt.

Zu den Vätern dieses aufsehenerregenden Sports gehört der Norweger Stein Eriksen, Olympiasieger und Weltmeister im Riesenslalom 1952 in Oslo sowie Weltmeister im Slalom, im Riesenslalom und in der alpinen Kombination 1954 in Aare (Schweden). Als dieser »alpine Nordländer« in den fünfziger Jahren nach Amerika auswanderte, baute er in Aspen Highlands in Colorado eine ganz im norwegischen Baustil gehaltene Ski Lodge (Skihütte) mit eigenem Skigelände und eröffnete dort eine Skischule. Doch die ewigen, schnurgeraden Abfahrten wurden ihm zu langweilig, und er begann zum Entzücken der anderen Skifahrer und der Zuschauer, in der Luft Purzelbäume zu schlagen, natürlich mit Ski an den Füßen. Zu einer der besten Vorführungen gehörte der Stein-Eriksen-Salto, bei der der Norweger auf einer 150 Meter langen Anlaufspur mit hoher Geschwindigkeit auf einen kleinen Absprung-Schneehügel zuraste, von dem er sich blitzschnell 6 bis 8 Meter hoch in die Luft schnellte. Im Scheitelpunkt der Drehung hing er mit dem Kopf nach unten, und es schien einen Augenblick lang, als würde er, die Ski oben, senkrecht abstürzen. Aber dann landete er doch wieder sicher auf den Brettern und ließ sich lächelnd noch ein paar Meter vom Schwung treiben. Dieser Salto war so etwas wie ein Köder, die Zugnummer für ein sportlich-ungezwungenes und etwas naives Skipublikum. Die Menschen nahmen Hunderte von Kilometern Autofahrt auf sich, um auch mal »dabei gewesen zu sein«.

Was die Zuschauer bei Stein Eriksen zu sehen bekamen, machte ihnen Spaß, und so dauerte es nicht lange, bis sich die Tollkühnen unter ihnen ebenfalls in dieser Luftakrobatik auf Ski versuchten. Sein Salto ist längst nicht

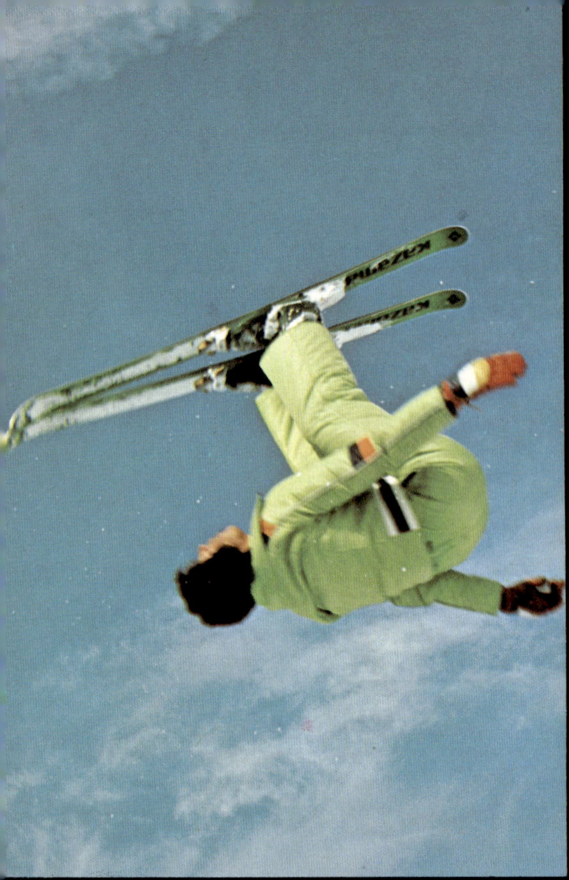
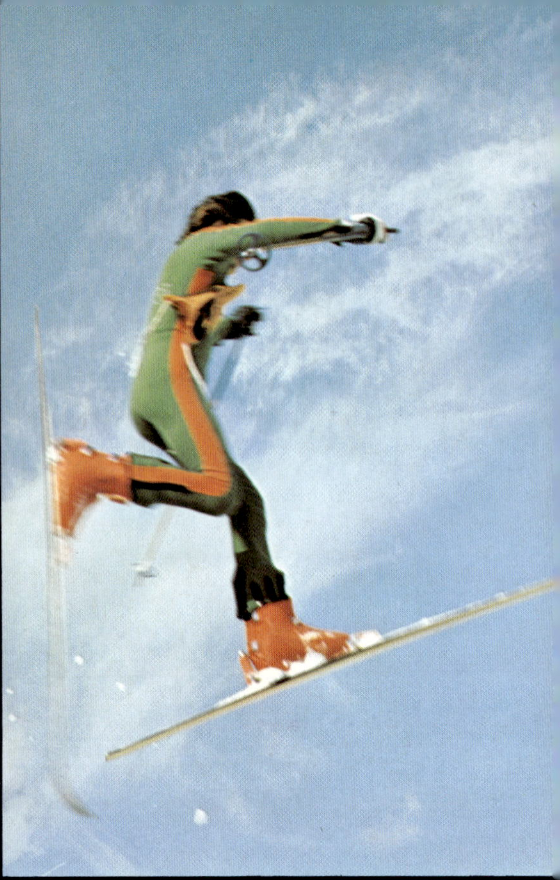
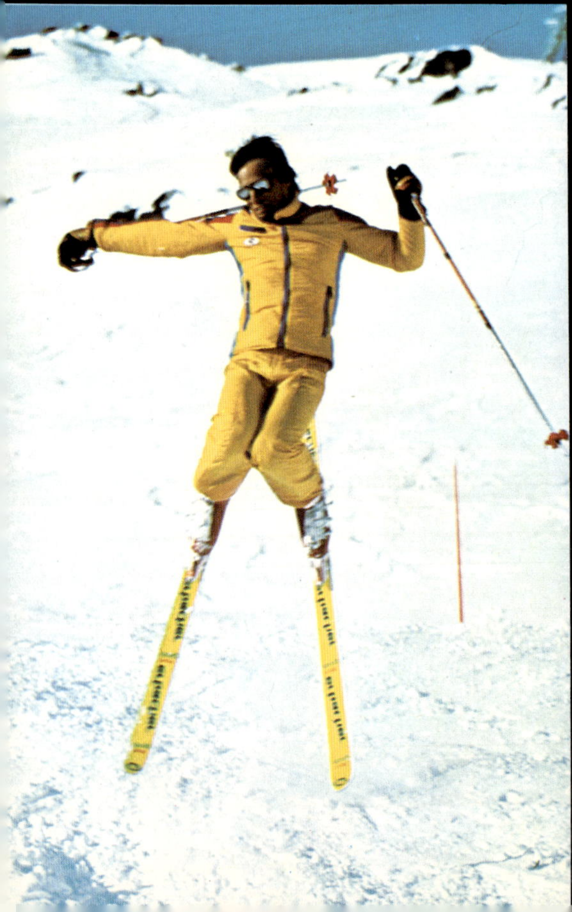
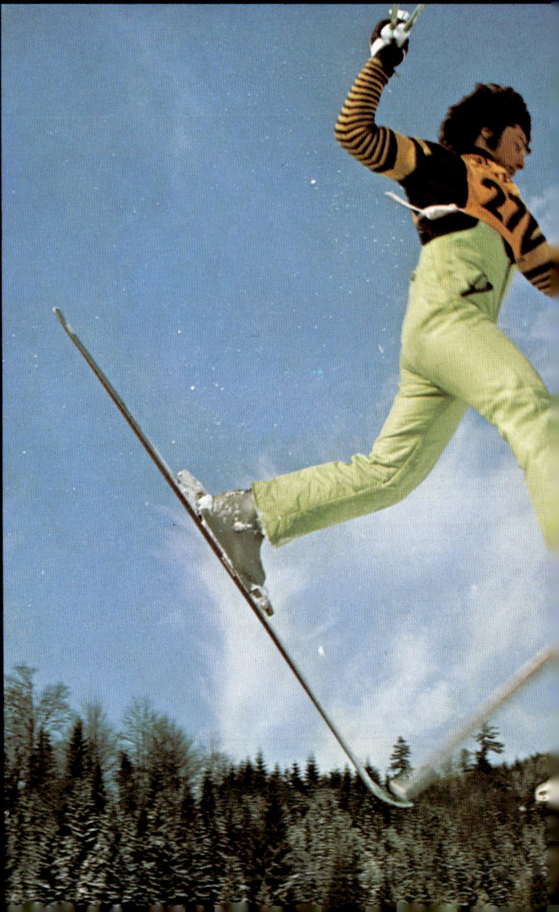

In tollkühnen Kapriolen wirbeln die Hot doggers durch die Luft – über sich den Himmel, unter sich die eisharte Skipiste. Wer hier mithalten will, muß Bretter wie Körper gleichermaßen beherrschen. Saltos vorwärts gebückt (links oben) und rückwärts gestreckt (rechts), Spagat in der Luft (Mitte), die Möwe (links unten) und andere Kunstsprünge gehören ebenso zum sportlichen Wettkampf im Freistil-Skilauf wie elegante Schwünge beim Ballett-Skifahren und akrobatische Abfahrten auf der Buckelpiste. Ein Sport für ganze Kerle. Fotos E. Hehl, M. Uselmann

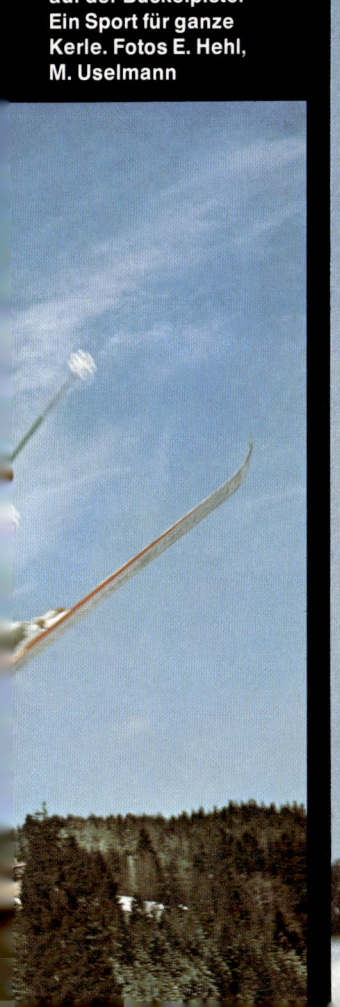

Daffy – Spagat in der Luft

Eisernes Kreuz

mehr einmalig, er hat überall in der Welt Nachahmer gefunden. Aber Kenner behaupten: Keiner springt den Skisalto so elegant wie Stein Eriksen.

Fast zu gleicher Zeit konnte man in verschiedenen Wintersportorten Europas den Franzosen Jean Tournier, Sohn eines Hoteliers in Chamonix, bewundern, der auf Stelzen Ski lief und mit Miniski Saltos schlug. Noch bekannter aber war ein junger Schweizer Skifahrer, der zunächst ganz für sich allein, nur so zum Vergnügen, ein paar Mutproben ausführte, Arthur Furrer von der Riederalp ob Mörel (Wallis). Er wurde zum Pionier des Hot dogging. Bei der Hohen Schule, die Arthur Furrer lehrt, handelt es sich nicht um die extremen Formen wie Salto vorwärts und rückwärts, Saltospirale und Doppelsalto vorwärts und rückwärts, sondern um eine Skiakrobatik für jedermann.

Arthur Furrer beginnt mit ganz einfachen Übungen wie »das Aufrichten von der Rücklage zur Vorlage«, um die Beinmuskulatur zu stärken, den Körper für die bevorstehende Abfahrt aufzuwärmen und die Bindungseinstellung zu prüfen. Da gibt es die Spitzkehre für Fortgeschrittene, den Skiwalzer, das Tunnelfahren, den Art-Furrer-Schwung, den Charleston, den Skitwist, den Royal-Schwung, den Royal-Switch, das Pfauenrad, den Step-over, den Skispitzentanz, das Wedeln mit gekreuzten Ski, Geländesprünge und nicht zuletzt eine Show auf Skienden. In Amerika fahren bereits Tausende die Hohe Schule und haben dadurch noch mehr Freude am Skilauf bekommen. Das war nicht immer so, denn noch im Jahre 1959 wurde der damals 22jährige Arthur Furrer in Arosa (Schweiz) aus der Expertenkommission des Interverbands für Skilauf ausgeschlossen. Skiakrobatik sei eines Schweizer Skilehrers unwürdig – sagten die Verbandsoberen.

Amerika verbot sie ihm nicht. Amerika bewunderte sie, und »Mister Trick Skiing from Switzerland« eroberte die Yankees im Flug. Er veranstaltete berühmte Ski-Shows. Art Furrer machte die Skiakrobatik groß, und die Skiakrobatik machte Furrer groß. Wenn es Arthur Furrer selbst erzählt, klingt alles sehr einfach: »Weil ich am Anfang kein Wort Englisch sprach, mußte ich versuchen, mich so durchzusetzen. Ich führte den Amerikanern eine Clown-Nummer auf Ski vor. Diese Einlage wurde oft fotografiert. Ich

Salto rückwärts, gestreckt

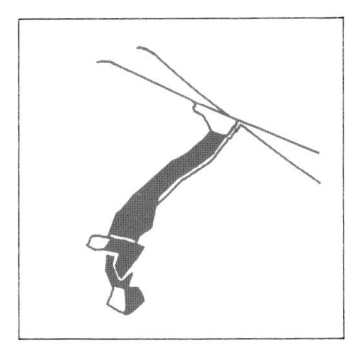

Royal-Christy-Schwung

verlangte kein Honorar, forderte aber, daß im Falle einer Veröffentlichung mein Name genannt würde. Die Aufnahmen machten die Runde durch die Presse der Vereinigten Staaten. Das war mein Start.«

Erfolg reihte sich an Erfolg: zuerst als Skiclown, dann als Showbusinessman und Fernsehstar mit ungefähr fünfzig Fernsehauftritten im Jahr vor Millionen Amerikanern. Später arbeitete er als Public-Relations-Manager und Quizmaster, als Skipädagoge, als Vertreter von Ski- und Schuhfabriken und des berühmten amerikanischen »Ski Magazin«. Wer so viel Dinge gleichzeitig tut, kann nicht alles recht machen, oder er muß eine Ausnahmeerscheinung sein. Der Skilehrer und diplomierte Bergführer, der der Entwicklung im Skisport seit 1959 stets um eine Nasenlänge voraus war, ist eine Ausnahmeerscheinung.

Die Skiakrobatik – so wie sie Art Furrer verstanden haben möchte – richtet sich an zwei verschiedene Gruppen von Skifahrern: Zur ersten zählen die Mittelklasse-Skifahrer, zur zweiten die Skirennfahrer. Für den einen ist sie eine Art Fortbildungsunterricht, für den anderen schafft sie die Voraussetzungen für höchste sportliche Erfolge. Daß es ausgerechnet die Nordamerikaner waren, die zuerst der Skiakrobatik eine breite Grundlage gaben, ist kein Zufall. Es ist beste amerikanische Tradition, unbekümmert und vorurteilsfrei neue Entwicklungen aufzugreifen, sie zu prüfen und sie gegebenenfalls anzunehmen, während die Europäer oft aus historisch bedingten Gründen befangen sind und lange zögern.

In den folgenden Jahren erweiterten die amerikanischen Hot doggers Art Furrers Skiakrobatik. Heute ist dabei alles erlaubt. Ob sich einer auf den Ski, die nicht kürzer sein dürfen als »Körpergröße minus zehn Zentimeter«, dreht oder windet, vor- oder rückwärtsschnellt, ob er Schußfahrten auf einem Bein oder rückwärts wagt oder gar akrobatische Sprünge unternimmt – alles hat Platz in der Hot-dog-Trickkiste. Trick ist schick! Ja, zusammen mit diesem neuen Wintersport ist sogar eine neue Sprache entstanden: Figuren wie ein Spagat in der Luft heißen »Daffy«, »Helikopter« sind Stockroller, einmal um die eigene Achse gesprungen, ein »Outrigger« ist eine Art Schwung, bei dem der Skiläufer den Talski belastet, während er den Bergski vom Boden

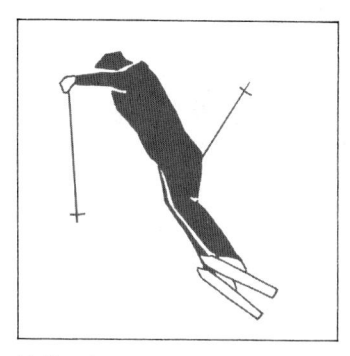

Helikopter   Fliegender Adler

abhebt, und von einem »Back scratcher« oder einer »Möwe« spricht man, wenn die Ski fast senkrecht nach unten zeigen und der Läufer sich mit gebeugten Knien nach hinten legt. Es gibt noch viele andere mehr.

Wer diesen neuen Sport richtig beherrschen will, muß mit Hingabe üben, zuerst ohne Ski auf Trampolinen und Sprungbrettern und dann auf der Piste. Wer sich firm fühlt, kann an einer Freistil-Meisterschaft teilnehmen, die wie ein Schauspiel auf der Bühne in drei Akten abläuft: Beim *Ballett-Skifahren*, dem Trickfahren, müssen die Teilnehmer auf einer leicht geneigten, glattgewalzten Piste, die mindestens 30 Meter breit und 200 Meter lang ist, tänzerische Schritte und akrobatische Schwünge mit oder ohne musikalische Begleitung ausführen, wobei sechs verschiedene Übungen in den Lauf einzubauen sind. Der Ballettlauf muß auf der Startlinie begonnen und vor der Ziellinie im Stillstand beendet werden. Als Trickfiguren gelten dabei Walzer, Schulterrolle vorwärts oder rückwärts, Rolle mit gespreizten Ski vorwärts, Spitzenstand, Schlittschuhschritte, Charleston, Salto auf Skistöcken, Übereinandersetzen der Ski während der Fahrt und anderes. Punktrichter werten Stil, Rhythmus, Eleganz, Choreografie, Präzision, Einfallsreichtum, Schwierigkeitsgrad und Flüssigkeit des Laufes.

Die *Luftakrobatik* als zweiter Teil umfaßt das Skikunstspringen auf mehreren, bis zu 1,5 Meter hohen Kleinschanzen, die verschiedene Formen und Neigungen haben. Es geht weniger um weite Sprünge als vielmehr um akrobatische Leistungen. Gezeigt werden können Vorwärtssaltos, Rückwärtssaltos, Sprünge mit gespreizten Beinen, Wedeln in der Luft, Ski geschlossen rechts oder links vom Körper. Ein Schanzentisch ist für Sprünge mit Drehung vorwärts gebaut, ein anderer für solche mit Drehung rückwärts und ein dritter für Sprünge in aufrechter Haltung und mit Drehungen um die Körperlängsachse. Saltos dürfen nur auf der dafür vorgesehenen Schanze, Sprünge in aufrechter Körperhaltung dagegen auf jeder Schanze gesprungen werden.

Bei der Ausführung der Sprünge ist es wichtig, daß kein Körperteil den Schnee berührt; wenn der Läufer nur mit den Fingerspitzen in den Schnee tippt, bringt das bereits erhebliche Punktabzüge. Bewertet werden bei diesem

Fliegender Adler in Rückenlage

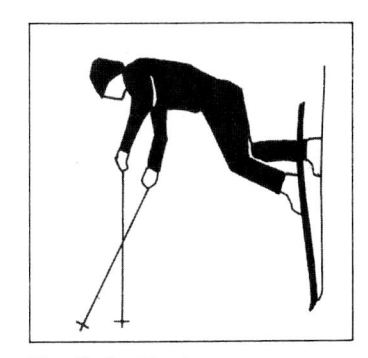

Tipp Roll – Stockumsprung

akrobatischen Übungsteil Stil, Eleganz, Präzision, Gleichgewicht, Sprungkraft, Vielfalt, Schwierigkeitsgrad und Originalität.

Der dritte Übungsteil besteht aus dem *Buckelpistenfahren*, einem harten Abfahrtslauf auf einem sehr steilen und mit präparierten Buckeln gespickten Hang von 250 bis 350 Meter Länge. Der Lauf muß möglichst schnell, spannungsgeladen und beherrscht sein. Bei diesem schnellsten Wettbewerb gibt es für Stürze Punktabzug. Wenn es jedoch gelingt, sie in den Fahrrhythmus einzubauen, vermindert sich der Abzug, und zusätzliche Sprünge, wie Saltos, Grätschen, Spreizschritte oder Wedeln in der Luft, bringen Pluspunkte. Bewertet werden außerdem Schnelligkeit, Dynamik, Geländeausnutzung, Technik, Eleganz und Flüssigkeit des Laufs.

Sieger wird bei dieser phantasievollen Art des Skilaufs also nicht, wer am schnellsten fährt, sondern wer am mutigsten über mehrere Schanzen jagt und dabei die besten Sprünge zeigt, wer am draufgängerischsten und geschicktesten eine steile Buckelpiste meistert und wer die elegantesten Figuren auf den flachen Trickskihang zaubert. Es werten bei allen drei Übungsteilen jeweils fünf Punktrichter, wobei die höchste und niedrigste Punktzahl gestrichen werden.

Am Rande solcher sportlicher Wettkämpfe lassen sich immer wieder Phantasiefahrer bewundern, die durch brennende Reifen springen, Adlersprünge, Luftkapriolen und andere selbstdachte Figuren zeigen. Wie volkstümlich die neue Art des Skifahrens bereits ist, zeigte sich darin, daß in einem amerikanischen Wintersportort an einem einzigen Wochenende 10 000 Zuschauer einem Wettkampf dieser Tausendsassa begeistert zuschauten. So phantasievoll und verwegen wie die Sprünge der Hot doggers ist auch ihr Äußeres. Die braungebrannten Skiakrobaten putzen sich nicht mit eleganten Skianzügen heraus, ihr Dreß sind Jeans, abgewetzte Anoraks und das nach Indianerart gebundene Stirnband.

Bei den ersten Weltmeisterschaften im »Freistil-Skilauf« im April 1975 in Cervinia (Italien) waren auf den ersten zehn Plätzen acht Amerikaner, ein Schweizer und der Deutsche Fuzzy Garhammer (München) zu finden. Nichts macht deutlicher, wie überlegen die Amerikaner in diesem Sport sind.

Rund um die Zahl Pi S. RÖSCH

π = 3,14159 26535 89793 23846 26433 83279 50288 41971 . . .

Es wird überraschen, wenn wir unsere kleine mathematische Betrachtung mit einem Bibelzitat beginnen. Wir lesen bei der Beschreibung von Salomos Tempelbau in Jerusalem im 7. Kapitel des 1. Buches der Könige die Mitteilung: »Und er machte ein Meer, gegossen, zehn Ellen weit von einem Rand zum andern, rund umher, und fünf Ellen hoch, und eine Schnur dreißig Ellen lang war das Maß ringsum.« Es wird also fast als ein Kuriosum gepriesen, daß der Künstler es fertigbrachte, dem ehernen Wasserbecken einen Umfang zu geben, der das Dreifache des Durchmessers betrug. Uns ist es heute selbstverständlich, daß bei jedem Kreis, groß oder klein, das Verhältnis Umfang zu Durchmesser eine unveränderliche Zahl ist. Wir nennen sie π = Pi nach dem griechischen Anfangsbuchstaben des Wortes »Peripherie«; der Mathematiker L. Euler hat das Zeichen eingeführt. Wir wissen aber auch, daß diese Verhältniszahl keineswegs = 3 ist, daß sie überhaupt keine »natürliche« (ganze) Zahl ist, sondern sowohl irrational als auch transzendent, das heißt, sie läßt sich weder als Bruch zweier ganzer Zahlen noch als Lösung einer algebraischen Gleichung darstellen. Ihr Wert ist ein unendlicher nichtperiodischer Dezimalbruch, dessen erste Stellen 3,14159 lauten. Ihre große Bedeutung in zahlreichen Gebieten der Mathematik, der Physik und der Technik wird jedem Schüler hinreichend eingebleut.

Verständlich, daß man sich bemühte, diese wichtige Zahl recht genau kennenzulernen. Obige Bibelstelle ist keineswegs so zu verstehen, als ob die damaligen Techniker so wenig meßkundig gewesen wären, daß sie den Unterschied zwischen 3,00 und 3,14 übersehen hätten. Wenn wir die mathematisch-astronomischen Überraschungen, die man über den Bau der Cheopspyramide gefunden zu haben glaubt, ernst nehmen, wußten die Gelehrten und Priester des Altertums schon eine ganze Menge. Ein um 400 v. Chr. lebender chinesischer Astronom kannte mit dem Wert 355 : 113 = 3,141592 9 bereits sechs richtige Dezimalstellen unserer Zahl.

Wir wollen hier gleich eine kleine Überlegung über den praktischen Sinn von vielen oder wenigen Dezimalen anstellen. Wenn eine Tageszeitung bei einem Bankraub in der Überschrift von 2 Millionen Mark Beute berichtet, während aus dem Text die Zahl mit 1,875 Millionen hervorgeht, so findet niemand etwas dabei. Was jedoch technisch-wissenschaftliche Angaben betrifft, so hatte ein früherer Heidelberger Professor den einprägsamen Satz an einem Deckenbalken seines Instituts angebracht: »Exakte Forschung bleibt innerhalb der methodisch zulässigen Fehlergrenzen.« Es hat ebensowenig Sinn, das spezifische Gewicht der Erde mit 5,526381 gcm^3 anzugeben, wie von einem Brillanten zu sagen, er sei so schwer wie eine Erbse. Man soll so viele Stellen nennen, wie man zuverlässig verantworten kann. Um beim Kreis zu bleiben, so genügt es, bei einem solchen von 1 m Durchmesser von einem Umfang von 3,1416 m zu sprechen, denn die letzte Ziffer bedeutet $^1/_{10}$ mm, und so groß sind die kleinsten, dem Auge gerade noch erkennbaren Gegenstände. Wollte man mit gleicher Genauigkeit die Länge des Erdäquators angeben (was wegen seiner »Rauhigkeit« wenig Sinn hätte), so müßte man den Erddurchmesser mit 3,14159265359 multiplizieren, also π auf elf Stellen genau kennen. Die größte, längs eines Kreises geometrisch deutbare Maßzahl, die überhaupt als existierend denkbar ist, erhalten wir, wenn wir den »Peripheriekreis« des Weltalls (dem wir nach unserem heutigen Weltbild etwa 10^{22} km = 10^{28} mm Durchmesser geben) dicht mit den kleinsten Materie-Elementarteilchen von 10^{-12} mm »Dicke« belegen. Dieser Kreisumfang ist $\pi \times 10^{40}$ Teilchendurchmesser. Es interessieren den Naturforscher also linear äußerstenfalls 40 Stellen der Zahl π, und dies ist die Überschrift unseres Berichts. Der Praktiker kommt mit nur wenigen Stellen aus, mit fünf bis höchstens zehn. Mit Vergnügen wird sich mancher Ältere an Merkverse erinnern, die man früher erfand, um eine Anzahl von Stellen auswendig parat zu haben. Bei diesen niedlichen »Verselein« hat jedes Wort so viele Buchstaben, als dem Stellenwert zukommen. Am bekanntesten ist, von P. Weinmeister vor etwa 100 Jahren »gedichtet«:

»Wie, o dies π macht ernstlich so vielen viele Müh?
Lernt immerhin, Jünglinge, leichte Verselein,
Wie so zum Beispiel dies dürfte zu merken sein!«

Liefert dieser Vers die ersten 23 Dezimalstellen, so ging ein französischer Dichter bis zum 30. Wort:

»Que j'aime à faire apprendre
Un nombre utile aux sages!
Illustre Archimède, artiste ingénieur,
Qui de ton jugement peut priser la valeur?
Pour moi, ton problème eut de pareils avantages.«

Er tat gut daran, hier aufzuhören, denn bis dahin hatte er das Glück, auf keine Null zu stoßen, die etwas Sorge verursacht. Ein Mutiger hat (mit 35 Wörtern) auch diese Schwierigkeit gelöst, indem er die 32. Ziffer (die Null) durch ein Wort mit zwölf Buchstaben ersetzte:

»Dir, o Held, o edler Philosoph!
Du hehrer Geist, den viele Tausende bewundern,
Dauernd erstrahlt, was du uns beschert.
Noch klarer in Fernen wird das uns leuchten,
Was du erdacht, Erzdenker!
Stets unerschoepft – du edelster Erfinder!«

Trotz der »Aussichtslosigkeit« hat die Zahl π die Menschen in ihren Bann gezogen und im Lauf der Geschichte immer wieder angeregt, sie möglichst genau zu berechnen. Zeitweise hoffte man, vielleicht doch ein Ende oder eine

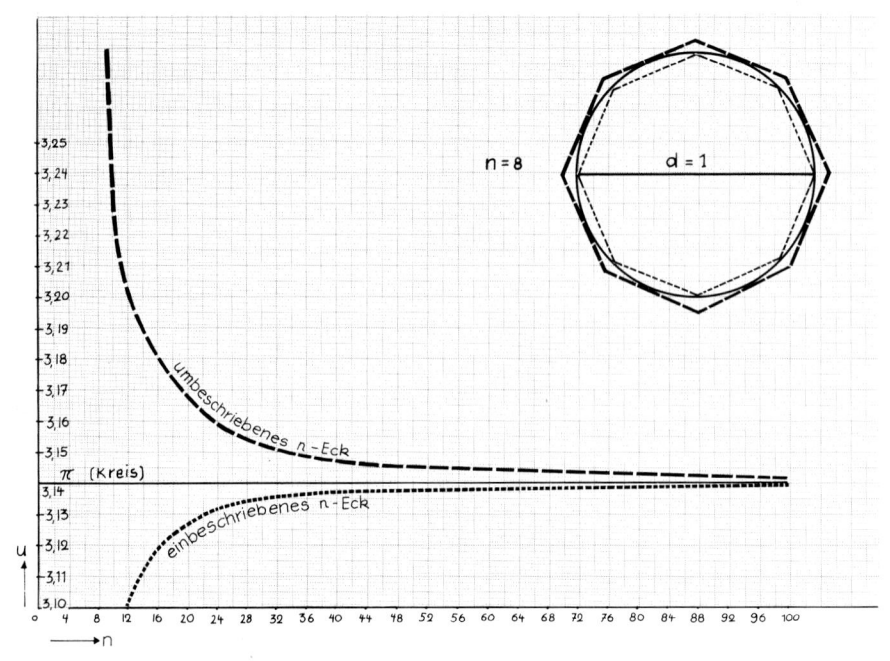

Die beiden Kurven zeigen, wie der Umfang n des dem Kreis mit dem Durchmesser d = 1 umbeschriebenen (obere Kurve) und einbeschriebenen (untere Kurve) n-Ecks bei wachsender Eckenzahl dem Kreisumfang immer näher kommt, ihn aber nur langsam erreicht.

Periodizität bei ihren Stellen zu finden. Schließlich wurde die Rechnerei zu einer Art Jagdsport, ja sogar zu einem Wettkampf zwischen Nationen – zuerst ein Wettrennen der Gehirne, zuletzt der Computer. Lange Zeit bestand das Verfahren darin, daß man einen Kreis außen und innen mit berührenden regelmäßigen Vielecken (n-Ecken) versah. Deren Umfang ist leicht zu berechnen und wird bei wachsender Eckenzahl dem des Kreises immer ähnlicher (siehe Abbildung oben). Die Annäherung geht aber sehr langsam vor sich. So ist zum Beispiel für n = 100 erst die zweite Dezimale von π sicher richtig. Als Kuriosum sei hier erwähnt, daß in Göttingen noch heute im mathematischen Universitätsinstitut ein Koffer gezeigt wird, der das Manuskript einer Berechnung über das regelmäßige 65537-Eck enthält ($65537 = 2^{16} + 1$). Später fand man mit Hilfe sogenannter mathematischer Reihen Formeln zur Berechnung von π, und mit ihnen fütterte man auch die modernen Rechenautomaten. Höchster Triumph war, als es im Jahr 1961 den Amerikanern D. Shanks und J. W. Wrench jr. gelang, mit Hilfe zweier voneinander unabhängiger Formeln auf einer sehr schnellen Maschine π auf mehr als 100 000 Stellen zu berechnen, wobei beide Ergebnisse völlig übereinstimmten! Die Rechenzeit betrug nur fünf beziehungsweise neun Stunden. Um Druckfehler zu vermeiden, wurde diese Riesenzahl auf fotografischem Weg veröffentlicht; sie füllt in einer Zeitschrift 20 Seiten mit je 50 Zeilen, so daß jede Zeile 100 Dezimalstellen enthält. Die Überschrift unseres Aufsatzes gibt also noch nicht einmal die Hälfte der ersten dieser 1 000 Zeilen wieder! Inzwischen soll man bereits mehr als eine Million Stellen kennen.

Sofort drängt sich die Frage auf: Welchen Sinn und Zweck mag es wohl haben, eine solche Zahl zu errechnen? Wie wir gesehen haben, kommt man in der Technik und Wissenschaft mit nur wenigen Stellen aus, und auch die theoretische Mathematik dürfte mit der längst festgestellten Tatsache zufrieden sein, daß die Stellenzahl von π weder ein Ende hat noch eine irgendwie geartete Ordnung in Form von Symmetrie oder Perioden. Die Zuverlässigkeit von Großrechnern aber ist durch andere Ergebnisse, beispielsweise die Leistungen der Raumfahrttechnik, erwiesen. Wenn trotzdem Gelehrte mit einer kostspieligen Maschine diese Arbeit durchgeführt haben, wird es sich wohl kaum um bloße Rekordsucht handeln. Nun, die Autoren haben sich über den »Zweck« ihrer Arbeit nicht geäußert. Man darf aber annehmen, daß gerade der Umstand, daß die Ziffernfolge völlig ungeordnet ist, den Anreiz gegeben hat. Denn damit steht eine echte, von aller Willkür und von Zufällen freie Menge von Elementen für vielerlei statistische Studien zur Verfügung, was gar nicht so häufig ist, wie man denken möchte.

Als ich vom Vorhandensein dieses Zahlenbandwurms erfuhr, hatte ich den ketzerischen Wunsch, den Amerikanern zuvorzukommen: Ich wollte zeigen, daß auch der »kleine Mann ohne Bewaffnung«, nur mit Kopf und Hand (und mit sehr viel Geduld!), eine brauchbare Statistik aufbauen kann.

Zunächst sind es die Verteilung der Ziffern 0 bis 9 und die Häufigkeit ihres Vorkommens in der 100 000er Stellenzahl, die zu Betrachtungen anregen. Dabei muß man sich im klaren sein, daß die Ergebnisse nur im Rahmen des von uns zufällig benutzten dezimalen Zählsystems gültig sind. Es ist aber anzunehmen, daß Besonderheiten, die sich etwa ergeben sollten, ebenso oder ähnlich in jedem anderen System, etwa einem Zwölfer- oder Sechziger-System oder auch im Dualsystem, auftreten würden.

Da bei völlig ungeordneter Folge jede der 10 Ziffern für jede folgende Dezimalstelle die gleiche Chance hat, ist zu erwarten, daß bei zehn einander folgenden Dezimalstellen jede Ziffer durchschnittlich einmal vertreten ist. Wie groß die Abweichungen sind, zeigt bereits ein Blick auf unsere 40 Stellen im Titel: Während 1 bis 9 bereits in den ersten 13 Stellen alle ihren Antrittsbesuch gemacht haben, wartet die Null damit bis zum Platz 32! Dann aber benimmt sie sich so normal wie alle anderen neun Ziffern auch.

Welche Vorsicht man bei solchen Aussagen wahren muß, dafür ein lehrreiches Beispiel: W. Lietzmann, der verdienstvolle Göttinger Schriftsteller auf dem Gebiet populärer Mathematik, schrieb im Jahr 1947 in einem Büchlein über »Sonderlinge im Reich der Zahlen« die bereits seit dem Jahre 1873 bekannten, aber nie nachgeprüften 707 Dezimalstellen für π aus. Er betonte, daß die Ziffer 7 gegenüber den anderen »sich sehr rar mache«. Ich habe auf dem nachstehenden Diagramm unten die Häufigkeit der 10 Ziffern in den ersten 100 π-Dezimalen dargestellt, in weiteren Linienzügen darüber die entsprechenden Werte für die ersten 200, 300 ... 1000 Dezimalen. Dabei sind die Linien mit den Lietzmannschen Zahlen, welche die 600 und 700 Dezimalen zusammenfassen, punktiert gezeichnet. Lietzmann wußte zu dieser

359

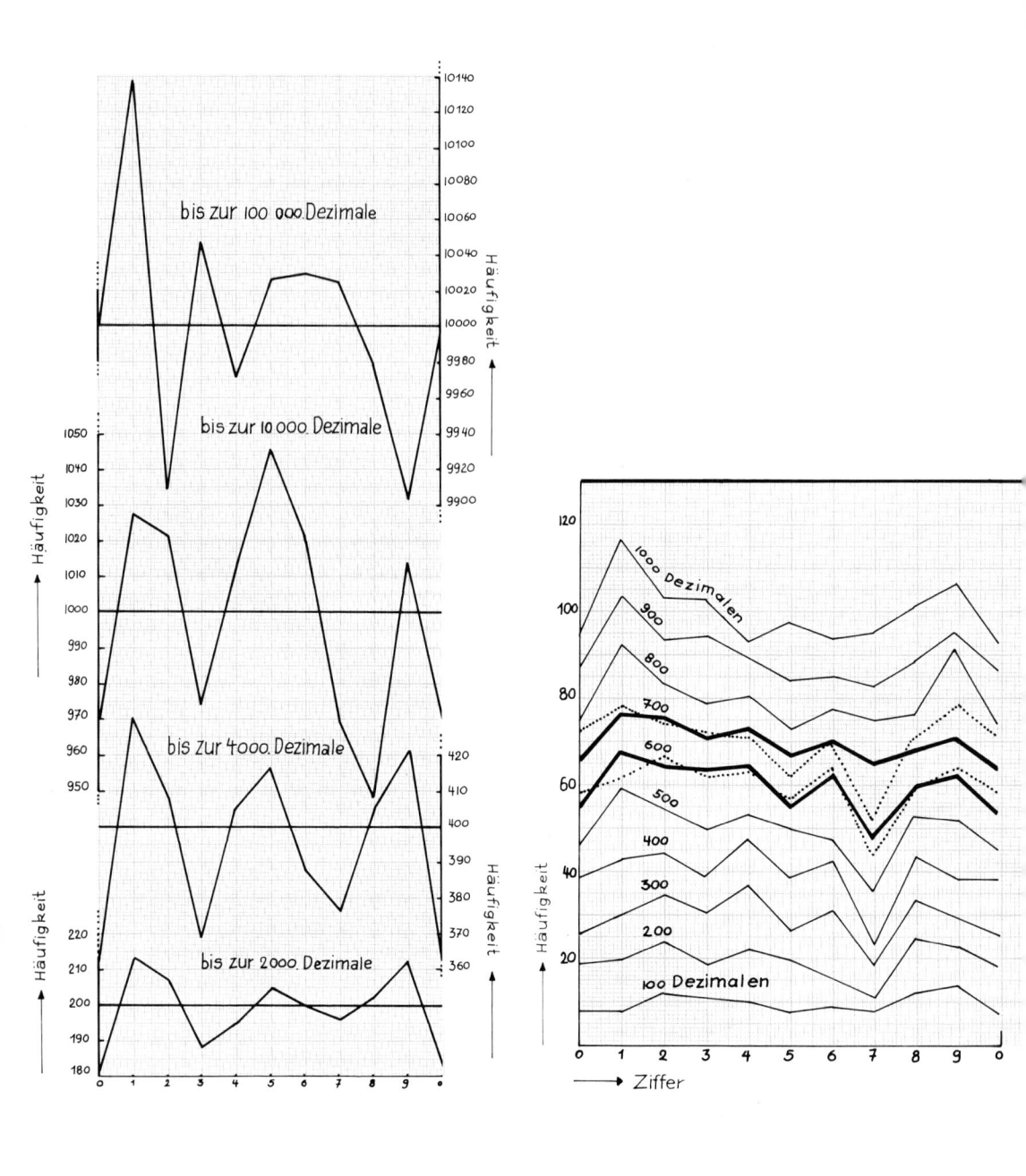

Häufigkeit der Ziffern
0 bis 9 bis zur 2000., 4000.,
10000. und 100000. Stelle
nach dem Komma für π.
Die Maxima und Minima
im Vorkommen der
einzelnen Ziffern
verschieben sich.

Die Häufigkeit der
zehn Ziffern in den ersten
100 π-Dezimalen bis
zu den ersten 1000. Punktiert
gezeichnet die Linienzüge
für die Lietzmannschen
Zahlen, fett gezeichnet
die beiden richtigen Zahlen
mit 600 und 700 Dezimalen.

Zeit noch nicht, daß im Jahr zuvor ein Engländer und ein Amerikaner erkannt hatten, daß die 707er-Zahl von der 528. Stelle an falsch ist und daß beide eine neue, richtige Zahl mit 808 Stellen berechnet hatten. Auf unserer Abbildung sind die beiden richtigen Zeilen 600 und 700 mit fetten Linien eingetragen und aufgrund neuerer Ergebnisse bis zur 1000. Stelle weitergeführt. Man sieht, daß Lietzmanns Beobachtung von seiner Kenntnis her richtig war, daß sich aber nun das »Siebenerloch« rasch auffüllt und bei 1000 Stellen ganz verschwunden ist. Das Zahlenmaterial von Shanks und Wrench bot die Möglichkeit weiterzuzählen, und da ergab sich eine neue Überraschung: Je mehr die Stellenzahl wuchs, desto deutlicher hoben sich die ungeraden Ziffern heraus: 1, 5 und 9 als Maxima, 3 und 7 als Minima, wozu allerdings noch ein besonders tiefes Minimum für die Null kommt! Die beiden unteren Linienzüge der nächsten Abbildung geben diesen Tatbestand wieder. Das war überraschend, weil eine Beziehung zum Dezimalsystem nicht zu erwarten war. Im Jahr 1963 veröffentlichte ich diesen seltsamen Befund bis zur Zahl l = 2000. Als ich dann weiterzählte, ergab der Linienzug für l = 10000 und vollends der für die ganze 100000er-Zahl, daß auch ich durch eine Scheinregel genarrt worden war und in Wahrheit nur ein zufälliges Hin- und Herwogen der Maxima und Minima sein Spiel treibt.

Eine andere Art von statistischer Zählung beweist die völlig ungeordnete Verteilung der Ziffern. Es ist die Suche nach gleichartigen Ziffern, die paarweise oder zu mehreren nebeneinander auftreten. Ich habe sie Zwillinge, Drillinge – allgemein Mehrlinge genannt. Fälle höchster Ordnung wären eine ständige Wiederholung der Ziffernfolge 12345 67890 12345 ..., wobei gar kein Mehrling aufträte, und die höchsterreichbare Mehrlingsanzahl bei 10000facher Wiederholung der Ziffer 1, dann ebenso der Ziffern 2, 3, 4, 5, 6, 7, 8, 9, 0. Unschwer läßt sich beweisen, daß in einer völlig ordnungsfreien Folge sich die Anzahl der vorkommenden Einzelzahlen zu der der Zwillinge, Drillinge, Vierlinge und so weiter wie 81 : 8,1 : 0,81 : 0,081 und so weiter verhalten muß. (Dies hängt zusammen mit der kuriosen Eigenschaft der Zahl 81, daß sie = 100 : 1,234 567 901 234 ... ist!) Unter Beachtung des Stellenwerts ergibt sich die prozentuale Stellenanzahl zu 81 + 2 × 8,1 + 3 × 0,81 + 4 × 0,081 + ... = 100%. Die tatsächliche Auszählung unserer π-Zahlenfolge ergab, daß in den ersten 100 Stellen 6 Zwillinge neben 88 Einzelzahlen vorkommen, in den ersten 1000 Stellen gibt es 813 Einzelzahlen, 83 Zwillinge, 5 Drillinge und 1 Sechsling (die Stellen 762 bis 767 heißen 999999!), in den ersten 10000 Stellen 8208 Einzelgänger, 774 Zwillinge, 70 Drillinge, 7 Vierlinge und den obigen Sechsling, und für alle 100000 Stellen schließlich wurden 81166 Einsame, 8024 Zwillinge, 802 Drillinge, 81 Vierlinge, 10 Fünflinge und 1 Sechsling gezählt. Höhere Mehrlinge fanden sich nicht. Die erwarteten Zahlenverhältnisse sind also weitgehend angenähert, und man darf bei noch mehr bekannten Stellen (etwa 1 Million) ein gutes Übereinstimmen erwarten, womit die Ungeordnetheit der Ziffernfolge von π erwiesen wäre.

Wenn Kontinente wandern ERNST W. BAUER

Warum die Erde bebt

Erdbeben in China, Italien und in Guatemala. Vulkanausbrüche in Island, auf den Azoren, in Hawaii. Bergstürze in den Anden und im Himalaja. Katastrophen. Irgendwo in der Welt. Ohne Zusammenhang. Oder vielleicht doch? Sind diese sprunghaften Veränderungen der Erdkruste am Ende Ausdruck weltumspannender Vorgänge? Vieles spricht dafür.

In einem Puzzlespiel lassen sich die Erdteile zu einem »Einheitskontinent« zusammenfügen, vor allem, wenn man statt der heutigen Küstenlinie die 1000-Meter-Tiefenlinie zugrunde legt. Auffällig gut passen dann der Westrand Afrikas und der Ostrand Südamerikas zusammen. Aber auch Australien und die Antarktis lassen sich miteinander und auch mit dem Ostrand Afrikas und Indien zusammenfügen. Die Ostküste Nordamerikas stimmt mit der Nordwestküste Afrikas überein.

Daß diese »Paßform« der Kontinentalränder zufällig entstanden ist, erscheint höchst unwahrscheinlich. Der deutsche Geophysiker Alfred Wegener legte um das Jahr 1915 in seinem Buch »Die Entstehung der Kontinente und Ozeane« viele Hinweise für seine »Theorie der Kontinentalverschiebung« vor: So gab es in der Permzeit, vor etwa 280 Millionen Jahren, eine Eiszeit. Ihre Spuren findet man im südlichen Südamerika, in Südafrika, in Indien und in Australien – weit verstreut also und in den warmen Gebieten der Erde. Das ist am ehesten zu erklären, wenn man annimmt, daß diese Kontinente damals näher beieinander lagen und dazu noch ein gutes Stück weiter südlich. Auch die Tatsache, daß man Diamanten zwar in Südamerika, Afrika, Indien und Australien findet, aber nur in Afrika die Vulkanschlote, aus denen diese Edelsteine stammen, ist am ehesten zu verstehen, wenn man davon ausgeht, daß die genannten Erdteile früher gemeinsam einen größeren Kontinent gebildet haben. Flüsse, die längst verschwunden sind, haben die Diamanten damals zu den Lagerstätten befördert, die heute durch Ozeane voneinander getrennt sind.

Auch an der Verbreitung vieler Pflanzen und Tierarten über die heutige Erde läßt sich erkennen, wie sich die Kontinente allmählich voneinander gelöst haben. So leben im früh abgetrennten Australien und auch in Südamerika, das lange isoliert war, Beuteltiere und andere urtümliche Säugetierformen. Selbst die Stammesgeschichte des Menschen sieht man heute im Zusammenhang mit dem Auseinanderreißen der Kontinente. Die gemeinsamen Vorfahren des Menschen und der Menschenaffen lebten in Afrika.

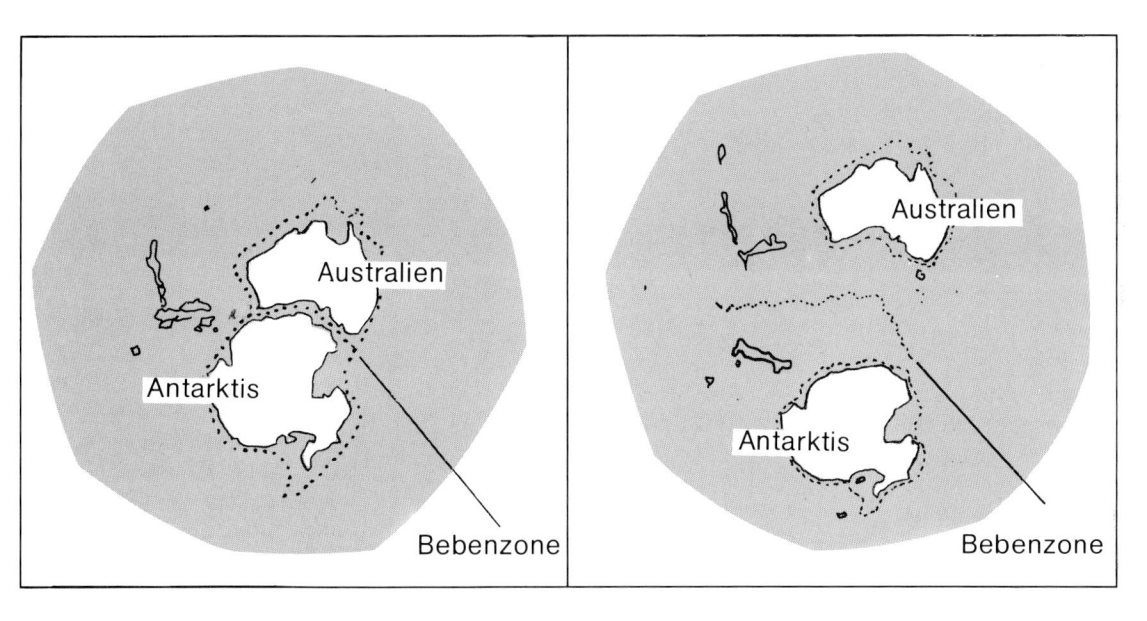

Oben: Links die Lage von Australien und der Antarktis vor ihrer Trennung in den Urzeiten der Erdgeschichte, rechts die heutige Lage dieser beiden Erdteile. In der Mitte zwischen den Kontinenten eine Erdbebenzone. Sie entspricht dem Verlauf des Mittelozeanischen Rückens.

Unten, links: Die Übereinstimmung zwischen Südamerika und Afrika beschränkt sich nicht auf die »Paßform«, die für die 1000-m-Tiefenlinie besonders genau ist. Sie gilt für geologische Strukturen und selbst Bodenschätze, wobei Diamanten, die offenbar in Afrika entstanden sind, von Flüssen nach Südamerika befördert wurden.

Rechts: Auch der Ostrand Nordamerikas und der Nordwestrand Afrikas passen gut zusammen. Ebenso fügt sich der Verlauf des 600–370 Millionen Jahre alten Kaledonischen Gebirges und des 370–260 Millionen Jahre alten Variskischen Gebirges harmonisch zu einem großen Ganzen zusammen.

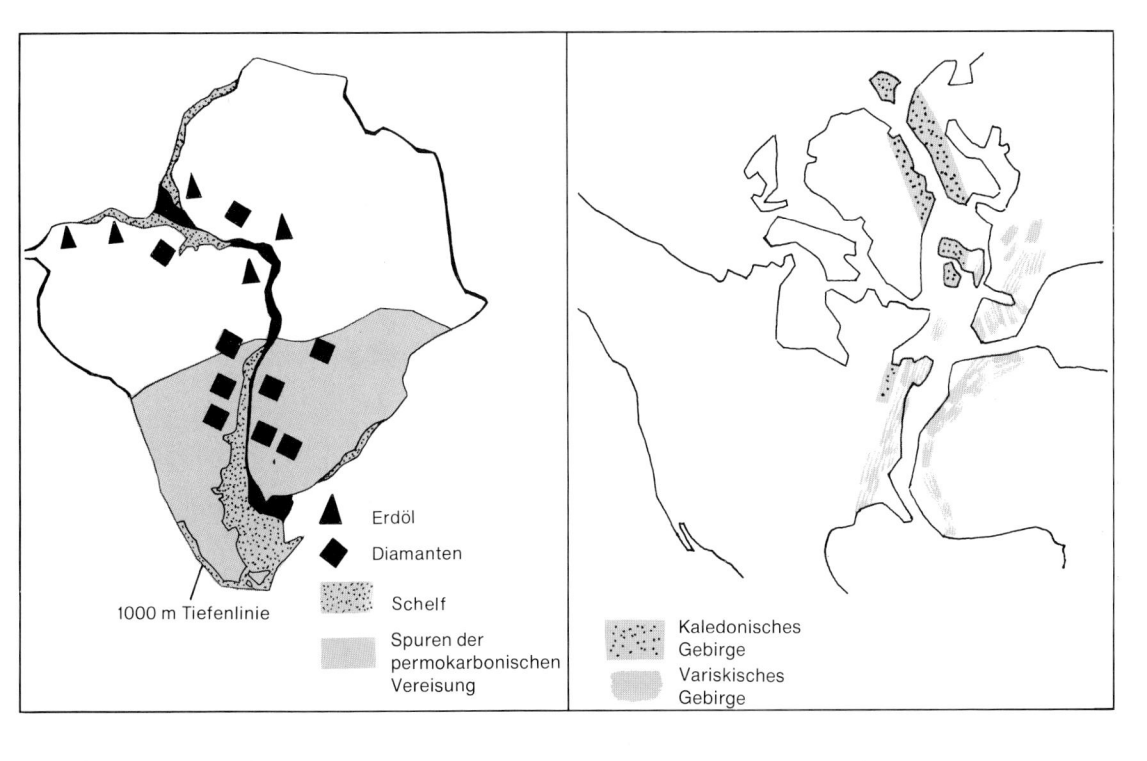

Schon früh löste sich aber eine Gruppe reiner Baumbewohner, die Stammform der heutigen Orang-Utans, ab. Diese Tiere sind heute, weit entfernt von den Menschenaffen Afrikas, auf den Inseln Indonesiens zu Hause. Das aber bedeutet, daß damals ein geschlossener, tropischer Regenwaldgürtel von Zentralafrika bis nach Südostasien gereicht haben muß. In der Erdgeschichte gab es dies nur einmal, nämlich vor etwa 15 Millionen Jahren, bevor der Riß zwischen Afrika und Arabien, das Rote Meer, entstand.

Heute kann man berechnen, daß dieser Riß Jahr für Jahr etwa 5 Zentimeter breiter wird. Der Angelpunkt seiner Drehbewegung liegt im Bereich der Golanhöhen zwischen Israel und Syrien. Der tiefe Graben, der den Golf von Akaba, das Tote Meer und das Jordantal einschließt, ist ebenfalls ein Teil dieser zusammenhängenden Spalten. Moderne Forschungsmethoden lieferten neue, entscheidende Beweise für diese »Drift der Kontinente«.

Seit den fünfziger Jahren befahren Forschungsschiffe die Meere, die mit einem ohne Unterbrechung arbeitenden Echolot ausgerüstet sind. Auf diese Weise lassen sich sehr genaue Karten herstellen. Die Meereskarte des Atlantiks brachte eine große Überraschung. Seit der Arbeit des deutschen Forschungsschiffes »Meteor« in den zwanziger Jahren weiß man, daß der Ozeanboden in der Mitte zwischen Afrika und Südamerika einen gewaltigen, untermeerischen Gebirgszug bildet – so hoch wie die Alpen und bis zu 1 000 Kilometer breit. Die Auswertung der Echolotmessungen, wie sie vor allem das amerikanische Forschungsschiff »Atlantis« lieferte, ergab, daß dieser Mittelatlantische Rücken auf seiner ganzen Länge in der Mitte einen tiefen Graben aufweist. Außerdem zeigte sich, daß sich sowohl der Gebirgszug als auch sein Zentralgrabensystem in die anderen Ozeane hinein fortsetzen. Zusammengenommen stellen diese Mittelozeanischen Rücken das längste Gebirge der Welt dar. Es ist mit allen Verzweigungen nahezu 72 000 Kilometer lang und wird als »Welt-Rift-System« bezeichnet.

In Island tritt der Mittelatlantische Rücken auf einer Länge von 360 Kilometer bis auf 2 000 Meter Höhe über den Meeresspiegel heraus. Durch die Mitte der Insel erstreckt sich eine etwa 40 Kilometer breite, aktive Vulkanzone.

Fliegt man über die Mitte Islands hinweg, so kann man zahlreiche offene Spalten erkennen, die in der Längsrichtung der Vulkanzone, also in der Hauptrichtung des Mittelatlantischen Rückens, aufgerissen sind. Zwar klaffen die meisten Spalten nicht besonders weit, meist nur 1 bis 2 Meter. Da sich aber auf die gesamte Breite der Vulkanzone 500 bis 1 000 solcher Spalten verteilen, ergeben sie, zusammengenommen, eine Zerrung um etwa 2 Kilometer. Aus der Tiefe dringt in alle diese Spalten Glutfluß ein. Erreicht er die Erdoberfläche, bemerken wir dies als Vulkanausbruch.

Daß sich die Ostküste und die Westküste Islands auf diese Weise voneinander entfernen, leuchtet ein. Es zeigt sich auch, daß die Temperatur im Untergrund von der Mitte aus sowohl nach Westen als auch nach Osten abnimmt. So gesehen ist es schon nicht mehr verwunderlich, daß die älte-

Uratlantik

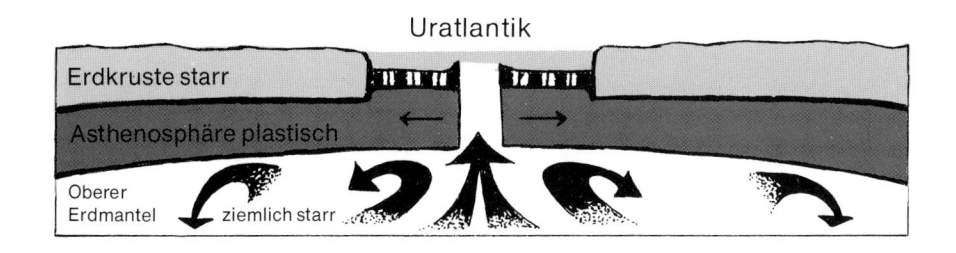

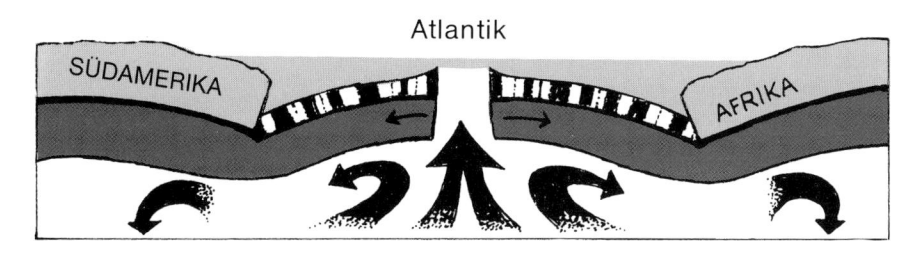

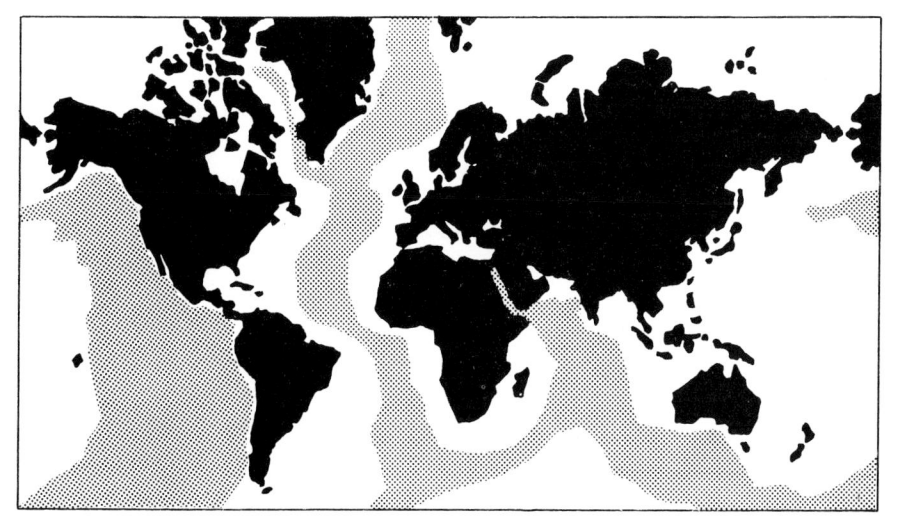

Erdkruste starr
Asthenosphäre plastisch
Oberer Erdmantel — ziemlich starr

Atlantik

SÜDAMERIKA — AFRIKA

Oben: Der Atlantik ist entstanden, indem sich der Meeresboden im Bereich der Mittelatlantischen Schwelle durch aus dem Erdmantel aufsteigenden Glutfluß ausgebreitet hat.

Darunter: Weite Gebiete des Meeresbodens der Ozeanbecken haben sich erst in den letzten 75 Millionen Jahren gebildet (schraffiert). Während der gleichen Zeit sind nur kleine Kontinentalflächen entstanden, die Großteile der Kontinente (schwarz) sind älter als 1 Milliarde Jahre.

sten Gesteine in Island – es handelt sich ebenfalls um basaltische Glutflußgesteine – im äußersten Westen und äußersten Osten zu finden sind. Sie sind etwa 16 Millionen Jahre alt. Am Rand der Vulkanzone haben die Basalte »nur« ein Alter von etwa 4 Millionen Jahren. Am jüngsten sind sie innerhalb der Vulkanzone selbst. Auf der Insel Heimaey sind es 3 Jahre!

Dieselbe spiegelbildliche Altersverteilung der Gesteine um die Mittelachse Islands, die Dehnung der Vulkanzone durch Spaltenbildung und Glutfluß, der in die offenen Spalten eindringt, lassen sich nördlich und südlich der Insel im Bereich des Mittelatlantischen Rücken nachweisen.

Das amerikanische Forschungsschiff »Glomar challenger« verfügt über eine Bohreinrichtung, die es erlaubt, Bohrkerne aus dem Meeresboden herauszuholen. Bohrreihen quer zum Mittelatlantischen Rücken ergaben, daß im mittleren Bereich nahezu ausschließlich vulkanisches Gestein angetroffen wird, und zwar Basalt, wie er auch in Island vorkommt. Ablagerungen von Schlamm und abgestorbenen Meerestieren sind hier sehr dünn und stammen aus jüngster Zeit. Je weiter außen am Atlantischen Rücken man jedoch bohrt, um so mächtiger werden die Meeresablagerungen; zwar sind die obersten Schichten auch nicht älter als die im inneren Teil des Rückens, die Schichten darunter jedoch werden um so älter, je weiter man sich von der Mitte des Rückens entfernt.

Daraus läßt sich schließen, daß die Mitte des Mittelatlantischen Rückens am jüngsten ist. Diese Entdeckung wird aber nur verständlich, wenn man davon ausgeht, daß sich auch hier – wie die Vulkanzone in Island – der Meeresboden durch Spaltenbildung und eindringenden Glutfluß verbreitert. Die Geologen Dietz und Hess nannten diesen Vorgang »Ocean-Floor-Spreading«, was soviel wie »Meeresbodenausdehnung« heißt. Die Geschwindigkeit, mit der dies geschieht, liegt bei 30 bis 50 Zentimeter im Jahr. Diese Bewegung läßt sich zwar nicht unmittelbar messen, eine mittelbare Methode hilft aber weiter. Ausgangspunkt ist wieder Island.

Bei großen Ausbrüchen überfließt die isländische Lava viele Quadratkilometer. Kommt es in der gleichen Gegend in zeitlichen Abständen zu neuen Vulkanausbrüchen, dann schiebt sich die jüngere über die ältere Lava. Das hat sich mehrfach wiederholt. Mit modernen geophysikalischen Methoden lassen sich nicht nur die Altersunterschiede, sondern auch das tatsächliche Alter der einzelnen Lavadecken bestimmen. Beim Erkalten bilden sich nämlich in der glühenden Lava Kristalle, unter ihnen Magneteisenstein (Fe_3O_4), auch Magnetit genannt. Diese Magnetitkristalle stellen sich während des Erkaltens auf das Magnetfeld der Erde ein, dasselbe Magnetfeld, das auch die Kompaßnadel einregelt. Doch was hat das mit der Altersbestimmung zu tun?

Daß der magnetische Nordpol der Erde nicht genau mit dem geographischen Nordpol zusammenfällt, ist bekannt. Längst weiß man auch, daß sich seine Lage im Laufe der Zeit ändert. Auf die Magnetitkriställchen in der abkühlenden Lava bezogen, heißt dies, daß sie sich auf die jeweilige Lage des magnetischen Pols einstellen.

Als man begann, die Magnetrichtung verschieden alter Lavadecken einzumessen, war das Erstaunen groß: In Island und auch an anderen Plätzen der Erde stellte man fest, daß die Magnetrichtung der verschiedenen Basaltdecken zum Teil außerordentlich stark voneinander abweicht. Es muß offenbar Zeiten gegeben haben, in denen der magnetische Nordpol nicht in der Nähe des geographischen Nordpols, sondern in der Nähe des

Oben: Die mittelisländische Vulkanzone läßt sich auf dem Reykjanesrücken, einem Abschnitt des Mittelatlantischen Rückens, weiterverfolgen.

Askja 1961
Grimsvöth 1972
Hekla 1970
Katla 1918
Kirkjufell 1973
Surtsey 1970

Das Bild darunter zeigt das Magnetmuster des basaltischen Meeresbodens. Da sich die Lage des magnetischen Pols ändert, besitzen verschieden alte Lavadecken unterschiedlich eingeregelten Magnetit. Diese »Einregelungsrichtung« wird dann auf die Dauer beibehalten. Dunkel sind alle Basalte eingetragen, bei denen die Magnetisierung der derzeitigen entspricht, hell sind Basalte mit umgekehrter Magnetisierung. Eine auffällige Symmetrie um die Mittelachse ist erkennbar.

Unten: Stark vereinfacht, ein Schnitt von West nach Ost durch den Mittelatlantischen Rücken. Schwarz die Basalte, deren Magnetisierung der heutigen entspricht. Trägt man dazu das Alter der Basalte ein, liegen die jüngsten in der Mitte, die ältesten am weitesten von der Mittellinie des Rückens entfernt.

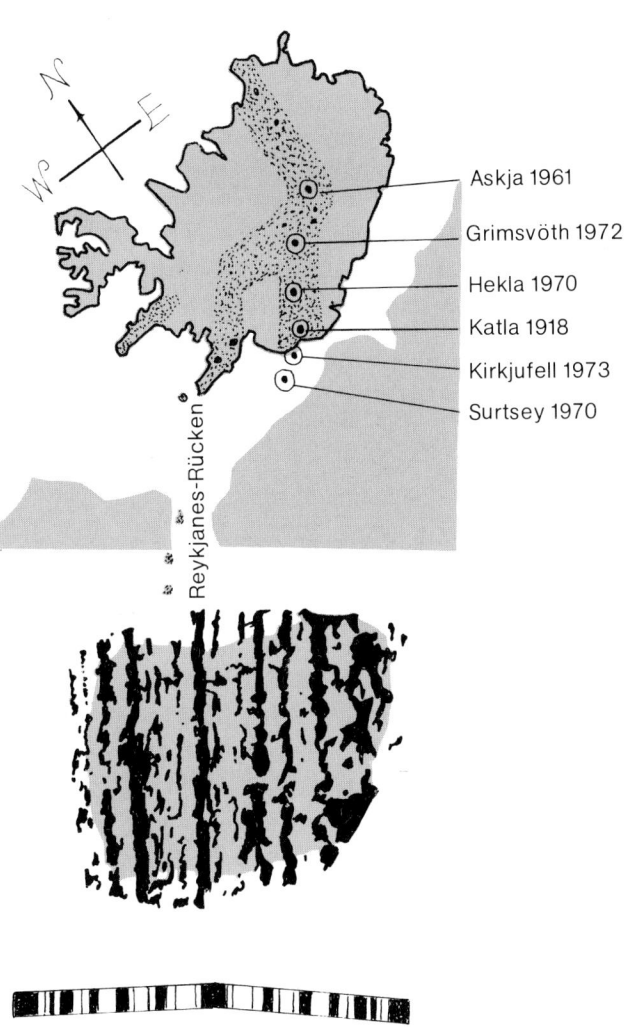

10 8 6 4 2 0 2 4 6 8 10 Millionen Jahre alt

geographischen Südpols lag. Demnach muß eine regelrechte Umpolung des Erdmagnetfelds stattgefunden haben, und dies nicht nur einmal, sondern mehrfach.

Diese Beobachtung gewann große Bedeutung für die Theorie der Kontinentalverschiebung, als man mit hochempfindlichen Meßgeräten in der Lage war, auch die Magnetrichtung der Lavaergüsse im Mittelatlantischen Rücken aufzuzeichnen. Dabei kam man zu einem überraschenden Ergebnis. Fährt man nämlich mit einem Vermessungsschiff von der Mitte des Rückens nach Osten, dann wechseln Streifen mit »normaler« Magnetrichtung mit Streifen »umgepolter« Magnetrichtung ab. Das Erregende daran ist aber, daß sich ziemlich genau dasselbe Streifenmuster ergibt, wenn man

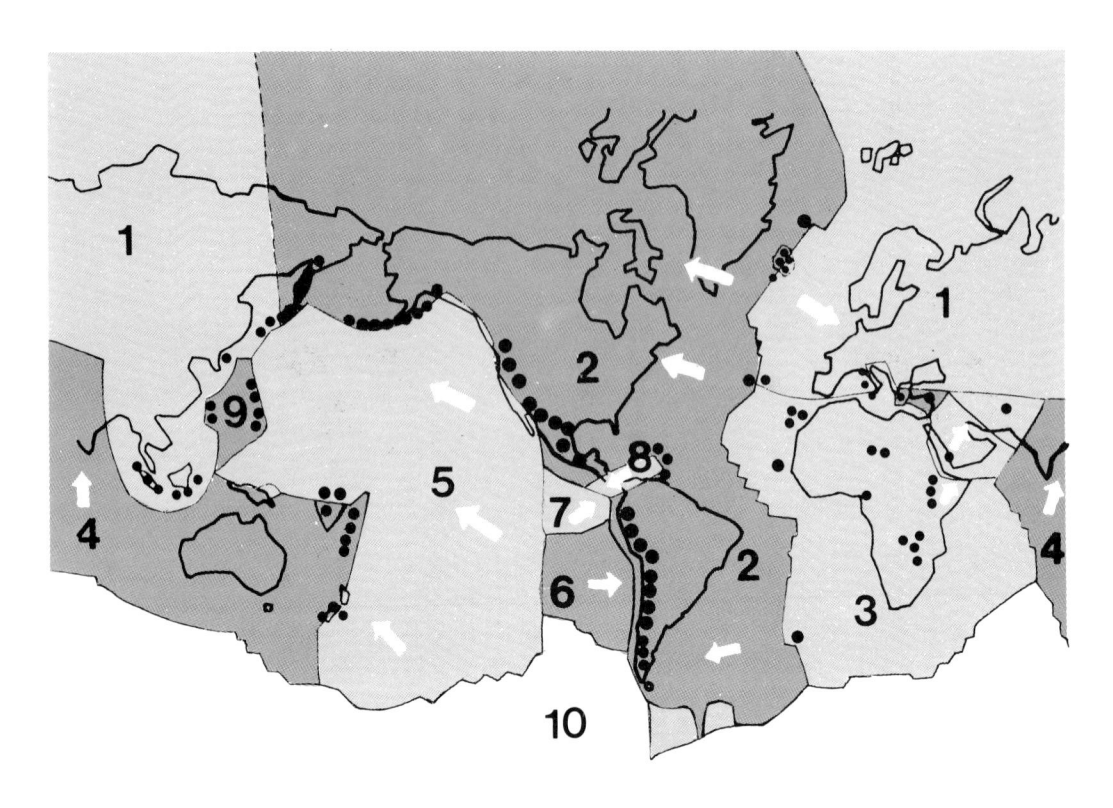

Die Kruste unserer Erde besteht aus einer Reihe größerer und kleinerer starrer Platten, die sich gegeneinander verschieben. Die Pfeile geben die Bewegungsrichtung an. Entlang der Plattengrenzen häufen sich die Vulkane. Es bedeuten ● Vulkane, – Plattengrenze, 1 Eurasische Platte, 2 Amerikanische Platte, 3 Afrikanische Platte, 4 Indisch-Austrasische Platte, 5 Pazifische Platte, 6 Nasca-Platte, 7 Cocos-Platte, 8 Karibische Platte, 9 Philippinen-Platte, 10 Antarktische Platte.

von der Mitte des Rückens aus nach Westen fährt. In seiner Mitte sind die Lavaergüsse auf den heutigen Nordpol eingestellt. Sie sind auch die jüngsten. In Island findet man diese Magnetrichtung bei allen Lavadecken, die jünger sind als 1 Million Jahre. Das ist nicht nur dort so, sondern überall, wo entsprechende Messungen vorgenommen wurden: in Europa, in Afrika, in Nordamerika, in Hawaii. Die weiter außen liegenden, umgekehrt magnetisierten Lavaergüsse entsprechen älteren Lavadecken, die zwischen 1 Million und 2,5 Millionen Jahre alt sind.

Was aber für vulkanische Deckenergüsse ohne weiteres einleuchtet – daß nämlich die obersten Lagen die jüngsten und die untersten die ältesten sind –, wird für die Mittelatlantische Schwelle erst verständlich, wenn man annimmt, daß diese Schwelle in ihrer Mittelzone immer wieder aufreißt, daß der nachdrängende Glutfluß aus dem Erdinnern diese Spalten füllt und somit die älteren Spaltenergüsse durch jüngere voneinander trennt, nach außen abdrängt.

Das magnetische Streifenmuster des Mittelatlantischen Rückens ist also ein Altersmuster, wobei – spiegelbildlich verteilt – die ältesten Teile außen, die jüngsten innen liegen. Als der 75 Millionen Jahre alte Streifen im Westen und der entsprechende im Osten des Mittelatlantischen Rückens gemeinsam die Mitte des Atlantiks bildeten, war dieser Ozean noch um die Hälfte schmaler als heute.

Heißt dies nun, daß sich die Erde seither ausgedehnt hat, daß sie also größer geworden ist? Oder ist für jeden Streifen Ozeanboden, der sich neu gebildet hat, an anderer Stelle genausoviel Ozeanboden verschwunden? Diese Vorstellung mag uns abenteuerlich erscheinen, aber alles spricht dafür, daß dies so ist.

Seit dem Ende der fünfziger Jahre stehen außerordentlich leistungsfähige Erdbebenmeßgeräte zur Verfügung. Sie sind in der Lage, die Herde von Beben rings um die Erde sehr genau einzumessen und so aufzuzeichnen, daß sie sich miteinander vergleichen lassen. Seither kann man sich ein genaues Bild von der Verteilung der Erdbebenherde in der Erdkruste machen. Nimmt man alle Beben mit einer Herdtiefe von mehr als 100 Kilometer auf, so häufen sich diese Erdbewegungen im Bereich der Mittelozeanischen Rücken und unter den Hochgebirgen, dem Westrand Nordamerikas und den Tiefseegräben. Schwer betroffen sind auch die girlandenartigen Inselbögen, von Alaska über die Aleuten, die Kurilen, Japan, die Riu-Kiu-Inseln, die Philippinen, Indonesien, die Marianen und Karolinen zu den Fidschi-Inseln bis nach Neuseeland. Vergleicht man die Tiefe der Erdbebenherde miteinander, dann zeigt es sich, daß sie vom Ozean zum Festland hin absinken und unter den Inseln oder unter den Küstengebirgen in bis zu 700 Kilometer Tiefe liegen.

Mit dieser Beobachtung kam man dem Vorgang auf die Spur, der es verständlich werden läßt, daß sich im Bereich der Mittelozeanischen Rücken neuer Ozeanboden bilden kann, ohne daß das zu katastrophalen Spannungen in der Erdkruste führt. Am besten stellen sich die Zusammenhänge an einem stark vereinfachten Schnitt dar, der sich an die Verhältnisse zwischen dem Ostpazifischen Rücken und Südamerika anlehnt.

Aus der Tiefe des Erdmantels steigt unter dem Ostpazifischen Rücken heißer Glutfluß mit einer Geschwindigkeit von einigen Zentimetern im Jahr langsam, aber stetig auf. Unter der starren und kühleren Erdkruste biegt die Strömung ungefähr zu gleichen Teilen nach Osten und nach Westen um. Dabei schleppt sie die, gemessen am Erddurchmesser, hauchdünne Erdkruste mit. Unter diesem Zug treten im Mittelozeanischen Rücken Spannungen auf, Spalten entstehen, Glutfluß tritt aus. Mit zunehmender Entfernung vom Rücken wird die Erdkruste unter dem Ozean kälter, dicker und schwerer. Das führt schließlich dazu, daß die etwa 5 bis 10 Kilometer mächtige Erdkruste – Basalt plus Meeressedimente – zusammen mit einer etwa 100 Kilometer mächtigen Zone des oberen Erdmantels in den tieferen Erdmantel abtaucht. Im Meeresboden ist diese Abtauchzone

Vulkanos Feuerschlund. Mit Urgewalt steigt der Glutfluß aus der Tiefe des Erdmantels auf. Die Lava des Ätna, einer der noch immer lebendigen Mittelmeervulkane, ist basaltisch (großes Bild). Foto Franz Lazi

Rechts oben: Unruhig ist die Erde auch unter den vulkanischen Inselbögen des Pazifiks. Krater des Aso auf Kiuschu, der drittgrößten Insel Japans.

Mitte: Die Azoren liegen auf dem Mittelatlantischen Rücken. Zahlreiche Krater, die sich im Lauf der Zeit mit Wasser füllten, weisen auf ihren vulkanischen Ursprung hin.

Unten: Ein Riß in der Erdkruste. Die Vulkanzone Islands ist von vielen solcher Zerrungsspalten durchzogen. Meist nur 1–2 m breit, ergeben sie zusammengenommen eine Zerrung um 2–3 km. Fotos Prof. Dr. Ernst W. Bauer

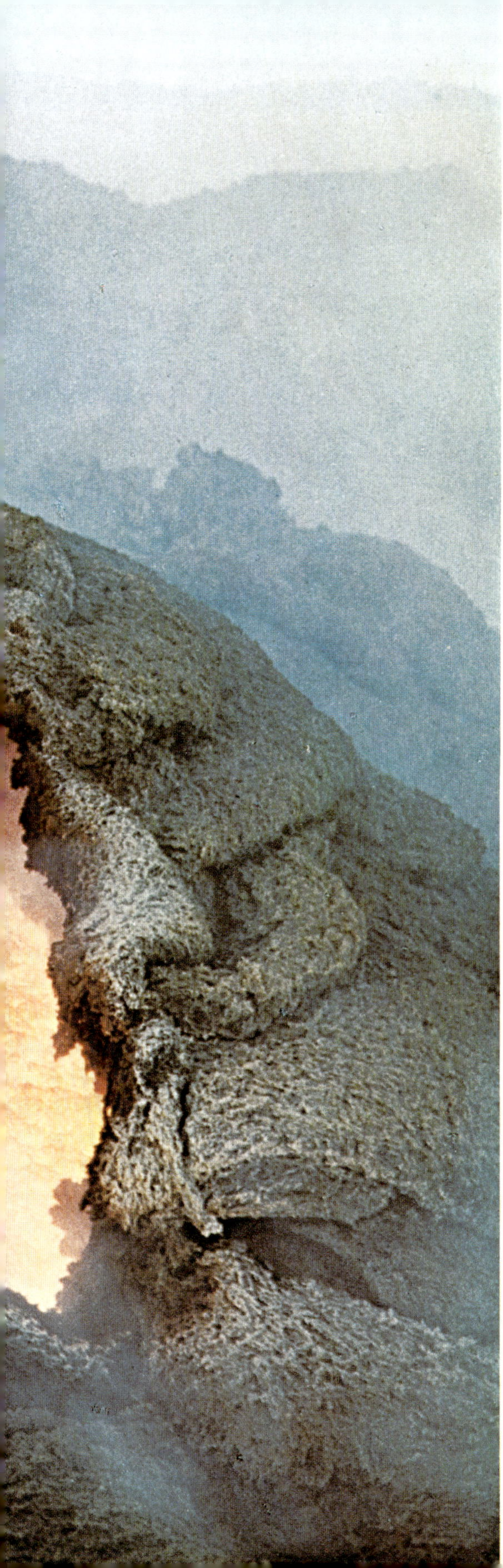
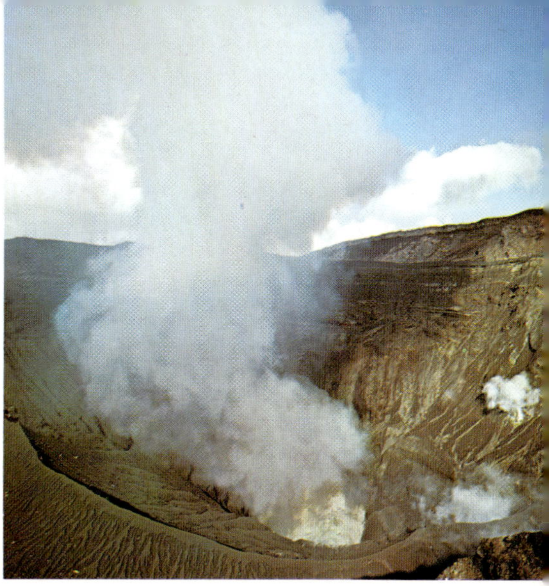
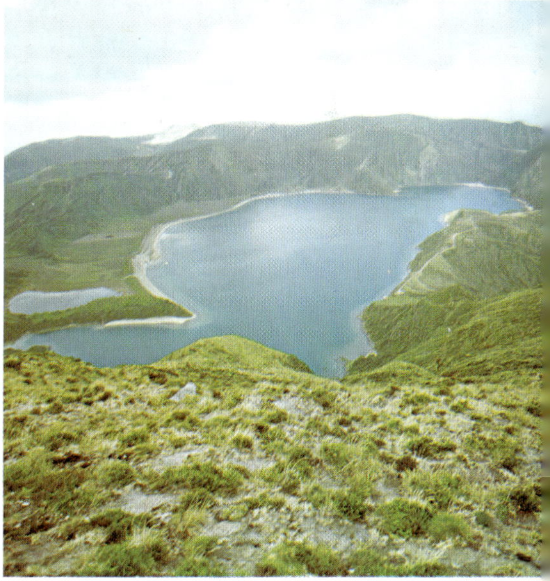
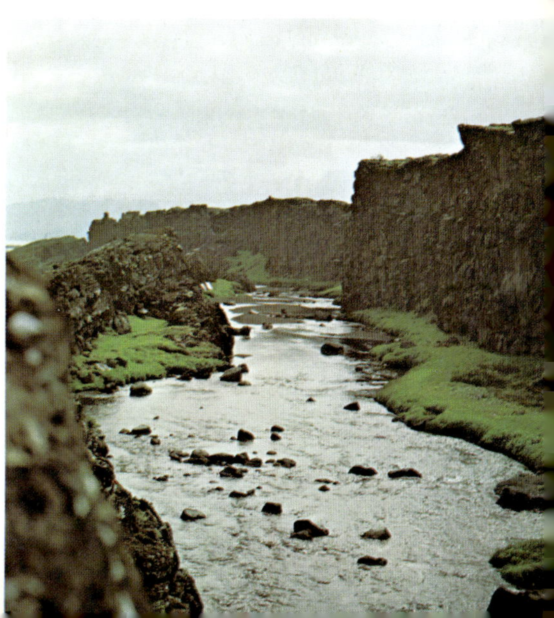

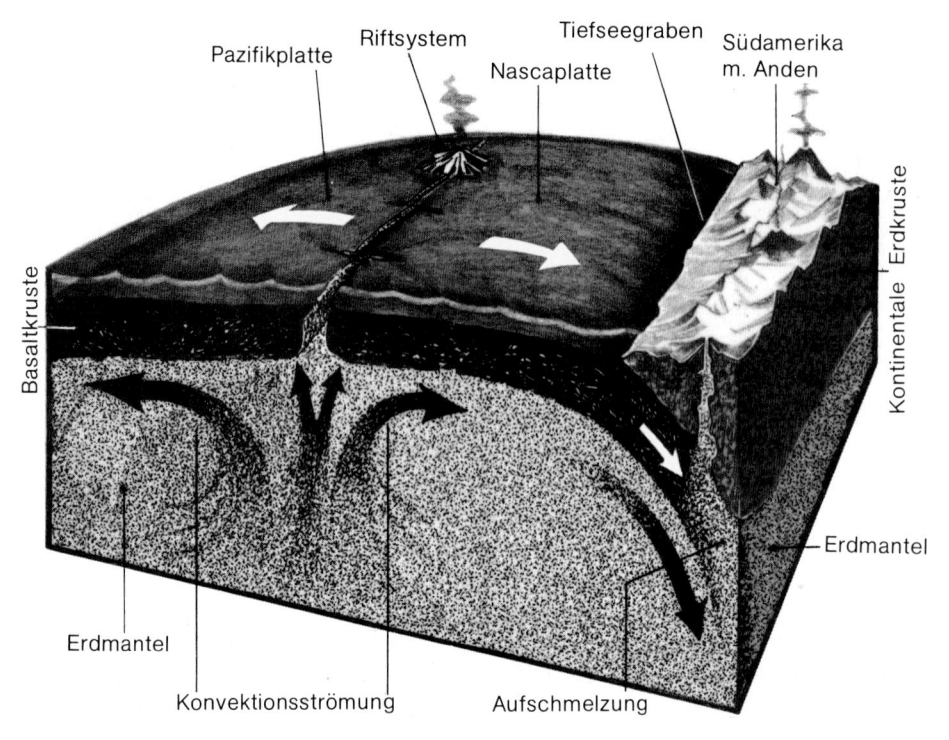

Schematische Darstellung der Zusammenhänge von Riftsystem, Plattenbewegung und Kontinentalrand. Die furchtbaren Erdbeben in Italien und Guatemala, die Vulkane Islands und die Bergstürze in den jungen, aufsteigenden Gebirgen haben offenbar eine gemeinsame, weltumspannende Ursache: die Bewegung der Erdkruste, verursacht durch die langsamen Wärmeströmungen im Erdmantel.

als Tiefseegraben erkennbar. Gegen diese Zone wird der südamerikanische Kontinent durch die Dehnungsvorgänge im Mittelatlantischen Rücken außerdem mit einer Geschwindigkeit von einigen Zentimetern im Jahr herangeschoben.

Im Bereich der Kontinente besteht die Erdkruste hauptsächlich aus leichterem Gestein als Basalt, im großen ganzen handelt es sich um Granit und eine dünne Decke aus Schichtgesteinen. Auch Teile der Front des vom Osten heranrückenden Kontinents werden zusammen mit dem abtauchenden Ozeanboden »verschluckt«. Unter den Anden »gleitet« dieses Material, von Erdbeben begleitet, nach Osten bis 700 Kilometer tief ab. Dabei bilden sich am Kontinentalrand Brüche, es kommt zur Stauchung und Faltung: Ein Gebirge entsteht. In etwa 700 Kilometer Tiefe – unter den Anden – schmelzen sowohl der basaltische Ozeanboden als auch die mitgeschleppten Gesteine des Kontinentalrands. Die leichteren Massen der Schmelze steigen in der kontinentalen Kruste als Glutfluß auf und erreichen gelegentlich die Erdoberfläche. Dort machen sie sich unter dem Druck gespannter Gase als Vulkane Luft.

Die Kruste unserer Erde besteht also nicht aus Kontinentalschollen und Ozeanböden, die nichts oder nur wenig miteinander zu tun haben, sondern aus einer verhältnismäßig kleinen Zahl ziemlich starrer Platten, deren Grenze

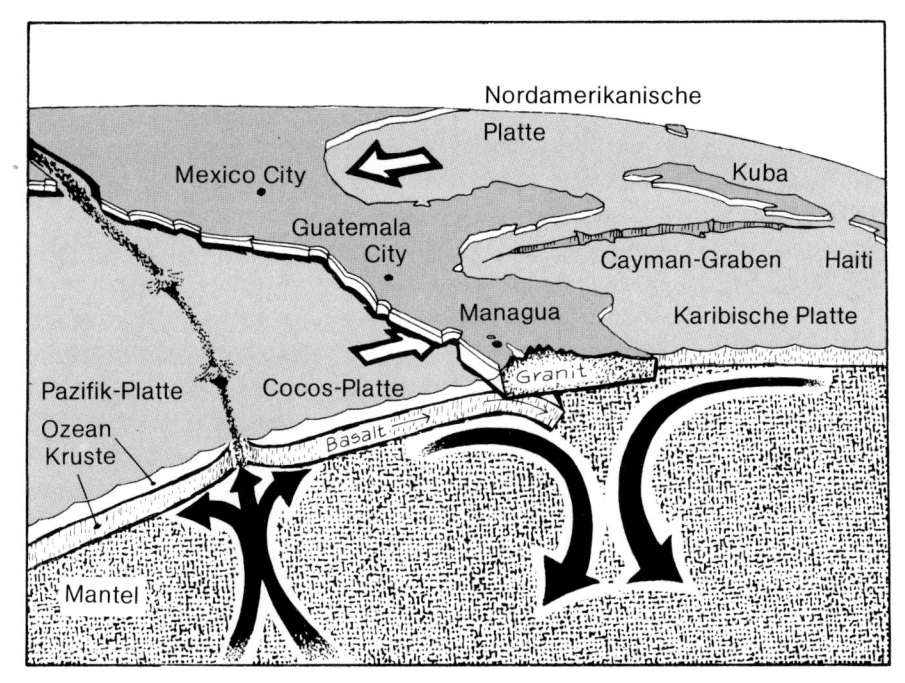

Die starken Erdbeben Mittelamerikas werden durch die gegensinnige Bewegung der Cocos-Platte und der Karibischen Platte ausgelöst. Die Cocos-Platte schiebt sich unter die leichtere Karibische Platte. Die Verhältnisse sind stark vereinfacht dargestellt. In ähnlicher Weise wird die Afrikanische Platte gegen Europa gepreßt, was unter anderem die jüngste Erdbebenkatastrophe bei Udine zur Folge hatte.

durch die Mittelozeanischen Rücken einerseits und durch die Abtauchzonen andererseits gekennzeichnet ist. Etwas genauer gesagt handelt es sich um »Kugelkappen«, die sich gegeneinander schieben, aneinander entlang wetzen und sich sogar untereinander und übereinander schieben.

Der Atlas im Norden Afrikas, die Pyrenäen, die Alpen und die Gebirge Südosteuropas sind entstanden, wo die Afrikanische Platte nach Norden gegen Europa gepreßt wurde. Ihr nördlichster Ausläufer ist der Ozeanboden unter dem Mittelmeer. Er taucht unter Italien und die Alpen hinab. Die Mittelmeervulkane untermalen diese Kollisionszone. Im Bereich der östlichen Ägäis geht die Gebirgsbildung unter oftmals verheerenden Beben bis in unsere Tage weiter. Die Pazifische Tafel schiebt sich nach Nordosten unter die vulkanischen Inselbögen der Philippinen, Japans und der Aleuten. Die Tiefseegräben vor diesen Inselbögen machen deutlich, wo der basaltische Ozeanboden abtaucht. Daß die Pazifische Platte auch den westlichsten Teil Nordamerikas umfaßt, ist allen Menschen Kaliforniens schmerzlich bewußt. Der Westrand Kaliforniens schrappt nämlich zusammen mit der Pazifischen Platte ruckweise an der Amerikanischen Platte entlang nach Norden. Diese Reibungszone, die »St.-Andreas-Spalte«, ist eine der gefährlichsten Erdbebenzonen der Welt.

Eine Insel aus Asche geboren...
HARALD STEINERT

»Surtsey« erwacht zum Leben

Das Leben ergreift Besitz von dem neuen Land. Zaghaft fast senkt hier eine Blütenpflanze ihre Wurzeln in die Vulkanasche, krallt sich dort ein Moospolster förmlich fest in diesem unwirtlichen Stück Erde. Einsam in der Lava blühende Cochlearia (großes Bild).

Oben: Möwenschwarm am Nordstrand von Surtsey. Vogelarten, die sich von Krabben und Kleinfischen ernähren, waren die ersten »höheren Bewohner«, die sich die im Jahr 1963 aus dem Meer aufgetauchte isländische Vulkaninsel als Nistplatz auswählten. 1971 setzte ein schwerer Sturm die Nester unter Wasser und ertränkte die Brut.

Darunter: Das Eiland, das eine Fläche von 2,5 km^2 bedeckt und dessen Kratergipfel 154 m hoch aufgeschüttet wurden, ist ein einzigartiges Experimentierfeld für die Biologen. Die Hütte, Stützpunkt der Wissenschaftler, in geschützter Lage an der Nordostküste. Alle Fotos Dr. G. H. Schwabe

Es war am 14. November 1963, als es ungefähr 30 Kilometer vor der Südküste Islands zu rumoren begann. Aus rund 120 Meter Wassertiefe schüttete ein Unterwasservulkan eine Insel auf. Vier Jahre lang förderten aus ihrem Krater immer neue Ausbrüche Lava und Asche zutage. Für die Wissenschaft war diese Inselgeburt ein aufsehenerregendes Ereignis, vollzog sie sich doch unter den Augen des Menschen, durch Film, Fernsehen und dem Satelliten »Nimbus II« im Bild festgehalten und von Gelehrten aller Fachrichtungen aufmerksam verfolgt. Dabei war das Entstehen einer Insel an dieser Stelle erdgeschichtlich durchaus nicht ungewöhnlich: Der Geburtsort liegt im Bereich der Westmänner-Inseln, die alle erst in den letzten Jahrzehntausend durch unterseeische Vulkanausbrüche über die Meeresoberfläche herausgehoben worden sind – z. T. weit größere Inseln als »Surtsey«. So nämlich wurde der Nachkömmling nach dem schwarzen Riesen der Unterwelt in den isländischen Sagas, Surtur, getauft. Wie lebendig die Vulkane noch sind, bewies die Eruption auf der Insel Heimaey, der größten des Westmänner-Archipels, am 23. Januar 1973.

Surtsey machte wissenschaftliche Karriere nicht der geologischen Vorgänge wegen, sondern als einzigartiges biologisches Experimentierfeld: Man erkundete auf ihr, wie sich ein solcher Lava- und Aschehaufen zu beleben beginnt. Bereits im Jahr 1965 wurde von isländischen Forschern die »Surtsey Research Society« gegründet, die planmäßige Beobachtungen einleitete und dafür sorgte, daß das Eiland von Staats wegen vor allen fremden Einflüssen geschützt wurde. In ihrem Rahmen waren auch schwedische, norwegische und deutsche Geowissenschaftler und Biologen tätig.

Leben hatte sich auf Surtsey bereits während der Vulkaneruption niedergelassen, als die Insel noch zu ihrer Endgröße von 2,5 Quadratkilometer mit dem 154 Meter hohen Krater heranwuchs, also noch bevor die Wissenschaft sie in Besitz nehmen konnte: Am 14. Mai 1964 hatte ein Isländer auf ihr das erste Lebewesen – eine verirrte Zuckmücke – entdeckt, und etwa zur gleichen Zeit besiedelten grüne Algen die Felsbrocken in der Brandungszone. Aber auch Menschen brachten damals biologische Stoffe in die durch Lavaschüttungen standfest gemachte Einöde aus Vulkanasche: Touristen

Mit dem Flugzeug treffen immer wieder Forschergruppen auf dem Schauplatz des spektakulären Vulkanausbruchs ein, um zu beobachten, wie totes Land von der lebenden Natur erobert wird. Alles, was auf die Insel kommt, muß keimfrei sein.

und Neugierige hinterließen Speisereste und Abfall, als sie aus Abenteuerlust über das neugeborene Land wanderten. Doch diese fragwürdigen Anfänge wurden glücklicherweise ausgelöscht, als im Mai 1965, nur 600 Meter von Surtsey entfernt, ein neuer Unterwasserkrater – »Syrtlingur« – ausbrach und seine glühende Asche auf Surtsey schleuderte. Die junge Insel wurde noch einmal völlig sterilisiert, und das große Spiel der Neulanderoberung durch das Leben konnte erneut beginnen – diesmal unter strenger Aufsicht der Forschung. Die Wissenschaftler mußten sich zwar einen Stützpunkt schaffen: eine kleine Hütte, die zugleich als Schutzhütte für Schiffbrüchige dienen konnte. Aber das Baumaterial dazu wurde völlig keimfrei gemacht, ehe es auf die Insel kam. Besucher wie Bewohner müssen, wenn sie Surtsey betreten, ihr Schuhzeug wechseln, um zu vermeiden, daß sie Mikroben einschleppen. Mahlzeiten außerhalb der Hütte einzunehmen, wobei Brotkrumen

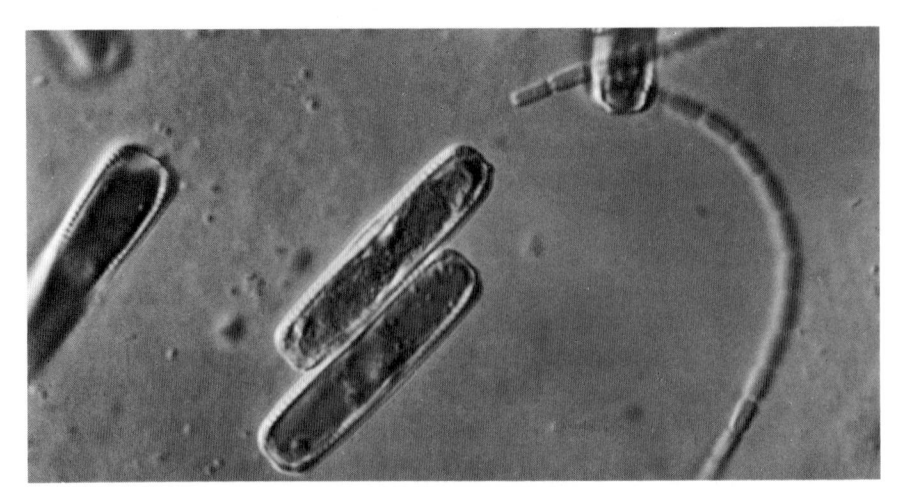

Durch die Luft sind die Sporen der Bodendiatomeen, Blau- und Grünalgen von Island herübergekommen. Der blaugrüne Algenbelag reicht meist bis zu den Dampflöchern, die sich zu Keimzonen des Lebens herausbilden. Hantzschia amphioxys und Schizothrix, die gemeinsten Kiesel- und Blaualgenarten auf Surtsey.

oder Papierreste zurückbleiben könnten, ist streng verboten. Zum Kummer der Forscher tauchte in der Hütte doch einmal ein nicht natürlich zugewandertes Insekt auf, eine Fruchtfliege, die mit Obst oder frischem Gemüse auf die Insel gelangt sein mußte.

Die Eroberung Surtseys setzte schon wenige Monate nach Ausbruch des Syrtlingur im Sommer 1965 ein, und zwar ganz massiv: An der Küste tauchte eine Blütenpflanze auf, der Meersenf, der dort im schwarzen Vulkansand Wurzel faßte. Es waren rund 30 Exemplare. Wie sie dorthin gelangt waren, klärte ein Versuch auf. Die Wissenschaftler schütteten auf Island rund zehn Millionen kleiner, gelber Plastikperlen, etwa so groß wie die Samen des Meersenfs, in den Atlantik, und zwar dort, wo eine Strömung vom Land her in Richtung auf Surtsey vorhanden war. Das Experiment gab schlüssig Auskunft: Schon sieben Tage, nachdem die Meersenf-Samenmodelle ins Wasser geschüttet worden waren, tauchten an der Küste Surtseys die ersten gelben Plastikkügelchen auf.

Doch die meisten der Pflanzen und Tiere, die bald danach auf der Insel beobachtet wurden, kamen nicht über See, sondern durch die Luft: Die Sporen der Bodendiatomeen (Kieselalgen) wurden ebenso verdriftet wie die Blau- und Grünalgen des Landes, durch die Luft kamen die meisten Insekten, von denen im Jahr 1968 schon 70 Arten gezählt wurden (1975 waren es schon über 150 Arten), und zum sicher größeren Teil auch die Moose, Pilze und Algen. Denn die meisten dieser Landnehmer auf Surtsey sind meerwasserempfindlich.

Wie die Luft als Transportmittler dazu beiträgt, Neuland zu besäen, beweist ein anderer Versuch: Man brachte auf Island Platten mit Nährböden, wie sie für die Anlagen von Bakterienkulturen verwendet werden, auf der

Spitze eines Kirchturmes an. Schon nach wenigen Stunden waren die Nährböden mit der typischen Surtsey-Mikroflora besiedelt – die Lebenskeime wanderten also mit dem Luftstaub.

In Sonderfällen allerdings kamen ganze Kolonien von Neusiedlern über das Meer: Treibholz und angeschwemmte Gras- und Torfbüschel führten lebende Fracht mit, die sich als erstaunlich reichhaltig erwies: Ein einziges Stück Treibholz beherbergte elf Milben verschiedener Art, und ein Grasbüschel, das man untersuchte, landete nicht weniger als 658 Kleintiere auf einmal an, überwiegend Milben und Bodeninsekten.

Heute leben auf Surtsey einige hundert Arten niederer Pflanzen wie Moose, Algen und Flechten – allein zwei Drittel der Bodendiatomeenarten, die auf Island heimisch sind, sind schon eingewandert – und man findet dort einige Dutzend einzelliger Tiere (Protozoen) und niederer Mehrzeller, ein halbes Dutzend Arten von Blütenpflanzen und die erwähnte reiche Insektenfauna. Die Wirbeltiere sind durch Sturmvögel und Gryllteiste – schwarze Seevögel, die sich von Fischen und Krabben nähren – vertreten. Sie benutzten Surtsey schon in den sechziger Jahren als Start- und Rastplatz auf ihren Fischzügen. Seit 1970 haben sie sich angesiedelt: Die ersten drei Nester wurden entdeckt. Und ein Jahr darauf nisteten schon 18 Paare auf dem neugeborenen Vulkan. Doch für einen Teil endete das mit einer Katastrophe: Ein schwerer Sturm setzte die Nester der Gryllteiste, die alle auf einem flachen Lavakliff angelegt waren, unter Wasser und schwemmte die schon ausgeschlüpften Jungen, die in Lavalöchern hockten, fort. Doch im nächsten Jahr tauchten die Nestbauer unverdrossen wieder auf der Insel auf.

Dieser Reichtum an eingewandertem Leben darf nicht den Eindruck erwecken, als sei Surtsey schon ein sicherer Platz für Landleben im kalten Nordmeer. Die Insel ist noch immer eine Vulkanwüste, in der die Lebewesen nur Oasen bewohnen und sich Jahr für Jahr einige Quadratzentimeter Vulkanasche oder Lavafels neu erobern. Die Blütenpflanzen zählen nur gerade über 500 Individuen – immerhin so viel, daß man nicht mehr jede einzelne von ihnen markiert und kartiert, um ihre Ausbreitung zu verfolgen.

Vulkanasche ist außerordentlich reich an Mineralnährstoffen (man weiß das beispielsweise von den reichen Gärten an den Hängen des Vesuvs oder Ätnas), und den anfangs vorhandenen Gehalt an lebensfeindlicher Schwefelsäure hat der reichliche Regen Islands ausgewaschen. Doch hemmt ein hoher Gehalt an Schwermetallen, wie Kupfer, noch die Entwicklung vieler Pflanzen. Den meisten fehlt das wichtige Nährelement Stickstoff, das in älteren Böden vorhanden ist, wo es aus der Zersetzung von toten Pflanzenresten und durch stickstoffsammelnde Blaualgen entsteht; auf Surtsey haben sie mit ihrer Tätigkeit ja erst begonnen. Und schließlich mangelt es an dauernder Süßwasserversorgung: Es gibt kein Grundwasser, keine stehenden Gewässer außer Pfützen in Lavalöchern, keine Quellen.

So sind die Oasen, in denen Pflanzen eine verläßliche Grundlage für ganze Lebensgemeinschaften bilden, verhältnismäßig klein. Ausgangsgebiete für das Leben sind ausgerechnet die noch vulkanisch lebendigen Dampflöcher und Dampfspalten, in denen die Lava eingesickertes Regenwasser erhitzt und wieder »aushaucht«. Diese Dampfquellen halten feinen Mineralstaub fest, der sich über ihnen aufhäuft, oft einige Dezimeter hoch, wie Maulwurfshügel, die sich olivgrau vom dunklen Boden abheben.

Diese hellen Maulwurfshügel sind die wichtigsten »ökogenetischen Oasen« der Insel, beständige Grundlagen im Spiel der Lebenseinwanderung. Ihr feiner Aschenstaub ist benetzt vom Dampf und hält die Feuchtigkeit. Außerdem ist es in diesen Hügelchen immer warm: 20, 30 und sogar 50 Grad Celsius. So sind sie bis in die Höhe hinauf, wo der Dampf austritt, mit einem Belag von bläulich-grünen Algen bedeckt; es handelt sich zum Teil um Arten, die ausgesprochen wärmeliebend, thermophil, sind und äußerst hohe Temperaturen vertragen, bis zu 55 Grad Celsius. In einigen Handbreiten Abstand wächst um die dampfhauchenden Löcher ein Kranz von Laubmoosen. In diesem geschlossenen Pflanzenbestand – die Flecken und Polster sind mitunter viele Quadratdezimeter groß – finden einzellige Tiere, wie Amöben und Rädertiere, ein geschütztes Heim.

Oasen anderer Beschaffenheit sind noch lebensreicher, doch auch vergänglicher: Es sind die Kadaver von Fischen und Vögeln, die, vom Meer angetrieben, langsam auf dem schwarzen Vulkansand oder den Lavafelsen vergehen. Die sich zersetzenden Leiber düngen den Untergrund mit Stickstoff, um sie herum siedeln sich Blütenpflanzen, etwa Rotschwingelgras, an. Diese Grasbüschel werden zur Brutstätte und zum Nahrungsplatz für ein ganzes Heer von Parasiten, wie Fliegen, und damit auch Wohnplätze für die Parasiten der Parasiten, wie Milben, die auf den Fliegen wohnen. Doch mit dem Verwesen der Kadaver schwindet auch das Nahrungsangebot und damit ihre Anziehungskraft, so daß sich diese Art Oasen meist innerhalb eines Jahres verliert, ohne Spuren hinterlassen und ohne einen Beitrag zur Dauerbesiedlung der Insel und zum Entstehen einer geschlossenen Lebensgemeinschaft geleistet zu haben.

Diese Lebensgemeinschaft wird sich – wenn nichts Unvorhergesehenes geschieht – mit der Zeit entwickeln, und die Surtsey-Forscher sind überzeugt, daß die Insel eines Tages das gleiche Bild wie Island bieten wird. Wie schnell das geht, hängt vor allem von den Blaualgen ab, die in dem biologisch keimfreien Boden so etwas wie eine Humusschicht aufbauen.

Mit Sicherheit müssen noch Jahrzehnte vergehen, bis man von Surtsey als von einer belebten Insel sprechen kann, und nicht von einer toten Insel mit handtellergroßen Lebensoasen. Die Frage ist freilich, ob Surtsey dann nicht längst verschwunden ist. Denn ihr lockeres Fundament, nur durch Lavaschichten zusammengehalten, wird durch Strömungen und Brandungen merkbar abgetragen, und der Tag ist abzusehen, an dem die Wellen wieder ungehemmt über diesen Platz brausen, der einst wissenschaftliches Experimentierfeld war, um die Strategie des Lebens bei der Eroberung von Neuland im Urzustand zu erkunden.

Zahlenzauberei

ERWIN KRONBERGER

Viele werden es nicht für möglich halten: Mit Zahlen kann man zaubern. Auch in der Zahlenwelt läßt sich das scheinbar Unmögliche möglich machen, und solche Kunststücke verblüffen oft mehr, als Tauben und Kaninchen aus einem Zylinderhut hervorzuholen. Wir wollen es auf einer kleinen Party beweisen, wo wir mit dieser Art von Hokuspokus zur Unterhaltung beitragen können – ohne große Vorbereitung, einfach so aus dem Stegreif.

Zunächst verabreichen wir eine kleine Kostprobe unserer Hexerei, um die Versammelten auf den Geschmack zu bringen. Mit Biedermannsmiene fragen wir scheinheilig: »Wie kann man das Alter eines Menschen erraten? Auf das Jahr genau, versteht sich.«

Natürlich ist bei Zahlenkunststücken immer eine kleine Rechnerei im Spiel. Also bitten wir einen der Anwesenden, denen wir uns als Zahlenjongleur präsentieren wollen, folgende Rechnung vorzunehmen: Er möge seine Lebensjahre in Gedanken verdoppeln, dem Ergebnis 5 hinzuzählen und die Gesamtsumme mit 5 multiplizieren. Das Resultat lassen wir uns ansagen. Jetzt geht es ruckzuck. Wir streichen im Kopf die letzte Ziffer weg, ziehen von der verbliebenen Zahl 2 ab, und übrig bleibt das Alter unseres Partners. Na, wenn wir damit nicht Eindruck geschunden haben!

Wer es nicht glaubt, kann es an einem Beispiel nachrechnen: Das Alter des Freundes sei 16 Jahre. 16 verdoppelt macht 32. Wenn man 5 hinzuzählt, ergibt das 37. Die Zahl 37 mit 5 multipliziert, macht 185. Davon streicht man die letzte Ziffer, das ist in unserem Fall 5, weg. Von der verbleibenden Zahl 18 zieht man 2 ab, und es bleibt 16. Das Alter des Freundes.

Das Ganze im Blitztempo: $(16 + 16 + 5) \times 5 = 185$. Die letzte Ziffer weggestrichen ergibt 18. $18 - 2 = 16$.

Angeber werden vielleicht höhnen: Das ist ein alter Hut. Damit haben wir uns schon in der Grundschule vergnügt. Nun, dann greifen wir eben tiefer in die Trickkiste.

Den nächsten Zahlenzauber kennt unser kritisches Publikum bestimmt nicht. Es ist eines der sensationellsten Zahlenkunststücke im Reiche der Unterhaltungsmathematik. Schon vor vielen Jahren hat es ein berühmter Mathematiker ausgetüftelt. Er überlegte sich nämlich, wie man nicht nur das Geburtsjahr, sondern auch den Geburtstag und den Monat erraten kann. Das ist gar nicht so leicht, aber wir kennen uns ja aus und verkünden großspurig unsere einmaligen mathematischen Fähigkeiten. Alles lächelt ungläubig.

Selbstsicher wenden wir uns an Thomas, der so herausfordernd dreinschaut, und bitten ihn: »Schreibe die Zahl des Tages, an dem du geboren bist, auf einen Zettel. Multipliziere sie mit 20 und addiere zu dem Ergebnis 3. Die Summe multiplizierst du dann mit 5. Zu dem Resultat zähle die Zahl deines Geburtsmonats dazu, multipliziere das Ergebnis mit 20 und addiere 3. Multipliziere das Ganze mit 5 und zähle schließlich die beiden letzten Ziffern deines Geburtsjahres hinzu.«

Thomas gibt bekannt, was er als Endsumme herausbekommen hat. Wir runzeln die Stirn, tun so, als ob wir angestrengt nachdächten, ziehen im Kopf von der genannten Summe 1515 ab und sagen dann triumphierend: »Du bist am 5. Mai 1961 geboren.«

Die Runde ist sprachlos. Alle wollen wissen, wie wir das herausbekommen haben. Aber ein echter Magier ist verschwiegen, er behält das Geheimnis für sich. Und das tun wir auch; wir wollen doch noch öfters glänzen.

Nur hier gehen wir der Sache ausnahmsweise auf den Grund. Wenn Thomas am 5. Mai 1961 geboren ist, ergibt sich folgende Rechnung: $5 \times 20 = 100$, $100 + 3 = 103$, $103 \times 5 = 515$, $515 + 5 = 520$, $520 \times 20 = 10400$, $10400 + 3 = 10403$, $10403 \times 5 = 52015$, $52015 + 61 = 52076$, $52076 - 1515 = 50561$.

Das Ergebnis ist immer eine fünf- oder sechsstellige Zahl. Die erste Ziffer – bei sechsstelligen Zahlen die beiden ersten Ziffern – nennen den Tag, die folgenden zwei Ziffern den Monat und die letzten zwei das Jahr der Geburt. In unserem Beispiel 5/05/61 = 5. 5. 61.

Und nun zu dem eigentlichen Rechengeheimnis: Zu den Ziffern des unbekannten Geburtsdatums werden 3 dazugezählt und mit 5 multipliziert. $3 \times 5 = 15$. Dann wird mit 20 multipliziert, 3 dazugezählt und mit 5 multipliziert. Das Ergebnis ist 1515, eine vom Geburtsdatum unabhängige Zahl. Man kann sie daher vom Gesamtergebnis abziehen. Die Zahl des Geburtstages wird, um unsere Zuhörer etwas zu verwirren, zuerst mit 20, dann mit 5, 20 und nochmals mit 5 multipliziert. Das ergibt zusammen 10000, also das 10000fache der Zahl des Geburtstages. Im Endergebnis steht daher der Tag auf der Zehntausenderstelle; oder auf der Hunderttausender- und Zehntausenderstelle, wenn es sich um eine zweistellige Zahl handelt. Die Zahl der Monate wird mit 20 und 5 multipliziert. $20 \times 5 = 100$. Im Ergebnis steht daher die Monatszahl auf der Hunderterstelle; bei einer zweistelligen Zahl auf der Tausender- und Hunderterstelle. Bei den ersten 9 Monaten steht auf der Tausenderstelle eine Null. Die Jahreszahl tritt schließlich im Endergebnis auf der Einer- und Zehnerstelle auf.

Bleiben wir noch auf der Party.

Auf dem Tisch liegen drei Spielwürfel. Wir sind jetzt so richtig in Form: »Einer von euch möge mit den drei Spielwürfeln einen Wurf machen und ich werde die geworfenen Augen jedes einzelnen Würfels sagen, ohne daß ich sie vorher gesehen habe!«

Da es sich um eine Zahlenzauberei handelt, lassen wir den Würfelspieler wieder eine kleine Rechenaufgabe lösen. Er muß die Augen des links liegenden Würfels mit 2 multiplizieren und zu dem Produkt 5 dazuzählen, das Ganze dann mit 5 multiplizieren und zu dem Ergebnis die Augenzahl des mittleren Würfels dazuzählen. Nun lassen wir ihn noch die Summe mit 10 malnehmen und zu dem Ergebnis die Augenzahl des rechten Würfels addieren. Das Endresultat gibt er bekannt.

Als großes »Rechengenie« ziehen wir von der genannten Zahl 250 ab. Die verbleibende Zahl nennt dann die geworfenen Augen der drei Würfel. Hat das Resultat zum Beispiel 326 geheißen, dann hatte der linke Würfel 3 Augen, der mittlere 2 und der rechte 6 Augen.

Um den Rechengang aufzuklären, wieder ein Beispiel: Unser Würfelspieler hat 4, 3 und 5 gewürfelt. Die Augenzahl des linken Würfels wird mit 2 multipliziert. $4 \times 2 = 8$. Zu dem Resultat wird 5 dazugezählt und das Ganze mit 5 malgenommen. $(8 + 5) \times 5 = 65$. Nun werden die Augen des mittleren Würfels addiert und das Ergebnis mit 10 multipliziert. $(65 + 3) \times 10 = 680$. Schließlich kommen noch die Augen des rechten Würfels hinzu. $680 + 5 = 685$. Von diesem Endergebnis haben wir im Kopf 250 abgezogen. $685 - 250 = 435$. Die Ziffern dieser Zahl entsprechen den gewürfelten Augen der drei Würfel: 4, 3 und 5.

Schnell noch die Rechenformel: Augenzahl des linken Würfels $\times$ 2 + 5 $\times$ 5 + Augenzahl des mittleren Würfels $\times$ 10 + Augenzahl des rechten Würfels $-$ 250. Jetzt sieht die Sache schon weniger verzwickt aus. Natürlich müssen wir die Formel auswendig lernen, wenn wir bei der Vorführung Beifall ernten wollen.

Haben wir keine drei Spielwürfel zur Hand, können wir das Experiment auch mit einem Würfel machen. Wir lassen dann eben dreimal würfeln und erraten in diesem Fall den ersten, zweiten und dritten Wurf.

Damit auch bestimmt niemand unseren übersinnlichen Fähigkeiten mißtraut, machen wir das gleiche Zahlenkunststück noch einmal mit zwei Würfeln: Die Augen des einen Würfels werden mit 2 multipliziert. Dann werden 5 dazugezählt und die Summe mit 5 multipliziert. Zu dem Ergebnis werden die Augen des zweiten Würfels addiert. Vom Endergebnis sind dann 25 abzuziehen. Von der verbleibenden Zahl ist die eine Ziffer die Augenzahl des ersten Würfels, während die andere Ziffer der Augenzahl des zweiten Würfels entspricht.

Wurde beispielsweise 3 und 6 gewürfelt, ergibt sich folgende Rechnung: $(3 \times 2 + 5) \times 5 + 6 - 25 = 36$. Also 3 Augen für den ersten und 6 Augen für den zweiten Würfel.

Und weil es in der Runde gerade so lustig ist und alle aufmerksam zuhören, geben wir noch ein weiteres Rechenkunststück zum besten.

Wir bitten Hans, er möge eine dreistellige Zahl mit verschiedenen Ziffern aufschreiben, beispielsweise 816, darunter dieselbe Zahl in umgekehrter Ziffernfolge, also 618, und dann die kleinere Zahl von der größeren abziehen.

So, und nun treten wir wieder als Rechenmeister in Aktion. Wir lassen uns die letzte Ziffer des Resultates sagen, und – Simsalabim – nennen wir das ganze Ergebnis.

Die zweite Ziffer ist immer 9, und die erste Ziffer ist die Differenz von der zweiten und dritten Ziffer. Das ist das ganze Geheimnis.

Wer es nicht glaubt, mag es selbst nachprüfen. Wurde zum Beispiel 356 aufgeschrieben, ergibt die verkehrte Ziffernfolge 653. Die Differenz von 356 und 653 ist 297. Das ist die Zahl, die zu erraten ist. Die letzte Ziffer, also 7, läßt man sich nennen. Die mittlere Ziffer ist immer 9 und die Differenz von der zweiten und dritten Ziffer ist 2. – Bei der Zahl von Hans war das Ergebnis 198, nämlich genannt 8, mittlere Ziffer 9, 9 – 8 = 1, also 198.

Zum Schluß unserer kleinen Partyeinlage glänzen wir mit dem berühmten Kalendertrick: »Inge, schreibe bitte eine beliebige Zahl auf«, wenden wir uns an eine der anwesenden jungen Damen, »egal wie groß. Nun multipliziere diese Zahl mit 4 und halbiere das Ergebnis. Das Ganze bitte mit 8 malnehmen und das Produkt verdoppeln. So, und jetzt wird das Ergebnis durch die zuerst gewählte Zahl geteilt.«

Wir erkundigen uns, ob Inge auch alles richtig gerechnet hat, und fahren fort: »Du hast eine zweistellige Zahl erhalten. Nimm einen Kalender zur Hand und streiche, am 1. Januar beginnend, so viele Tage ab, wie der gefundenen Zahl entsprechen. Wenn du es richtig gemacht hast, hat an diesem Tag BRIGITTA Namenstag. Es ist nämlich der 32. Tag im Jahr, also der 1. Februar.«

Und hier das Beispiel: Inge wählte die Zahl 521. 521 × 4 = 2084, 2084 : 2 = 1042, 1042 × 8 = 8336, 8336 × 2 = 16672, 16672 : 521 = 32. Das Rätsel dieser verblüffenden Zahlenmanipulation: Es ist ganz gleich, welche Zahl anfangs aufgeschrieben wird, das Resultat ist immer 32. Wollen wir den Trick mehrmals vorführen, können wir das Zwischenergebnis statt mit 8 auch mit 16 oder 4 multiplizieren lassen. Das Endergebnis wäre dann der 64. beziehungsweise 16. Tag.

Ein guter Rat zum Abschluß: Das Geheimnis der Zahlenkunststücke sollten wir unter keinen Umständen verraten. Unter Magiern ist das ein ungeschriebenes Gesetz. Der ganze Zauber der Zauberei wäre sonst beim Teufel. Und das will doch niemand.

Und nun viel Vergnügen bei der nächsten Party!

»Nach Norden, junger Mann!«

Abenteuer ohne Waffen   VITALIS PANTENBURG

Die menschenleeren Weiten Nordkanadas, bis in die jüngste Vergangenheit allenfalls für Abenteurer und kauzige Glückssucher verlockend, erleben einen beispiellosen Einbruch. Modernste technische Hilfsmittel und neueste ingenieurwissenschaftliche Methoden werden in Bewegung gesetzt, um Amerikas »Sibirien« zu erschließen, das sich als Rohstoff-Reservoir durchaus mit dem sowjetrussischen Gegenstück jenseits des Pols messen kann.

»Well, man kann wirklich nicht sagen, daß Gott die unermeßlichen Schätze im Great North einem armen Mann geschenkt hat. Wir brauchen sie nur noch aufzuspüren.« Wer mochte das sein, der in all dem Hafenlärm solche Weisheit mit metallener Stimme einem etwas bedeutungslos aussehenden jungen Mann weitergab? Ich schaute in ein echtes Irengesicht, wie aus dem Bilderbuch: schmal, sommersprossig, sonnenbraun gedörrt, mit verkniffenen, wasserblauen Augen, sicherlich daran gewöhnt, alles in seiner Umgebung scharf zu registrieren. Die Langschirmkappe bedeckte nur unvollkommen den dichten Haarschopf, fuchsrot natürlich, eben typisch für Iren. Doch seine Insel hätte ihm schwerlich gleich günstige Aussichten bieten können wie Kanada, ein Riese, gemessen an jener.

Hay River heißt dieser im kurzen Nordsommer hektisch betriebsame Umschlaghafen an der Südwestküste des Großen Sklavensees. Er bekam in den sechziger Jahren Anschluß an den vorerst nördlichsten kanadischen Schienenstrang. Die kleine Indianersiedlung an der Mündung des Hay-Flusses wurde Pforte zum wohl größten Erschließungsraum, der den westlichen Industriestaaten unbestritten offensteht. Meinen Abstecher zum Hafen verdankte ich einer unplanmäßigen Zwischenlandung. Am Kai setzten spinnenartige Kräne mit ihren gelenkigen Greiferarmen die schweren, sperrigen Lasten maßgerecht auf flachgehende Flußprähme ab, die gar nicht schnell genug anderen, schon wartenden Schleppkähnen Platz machen konnten. Insgeheim sah ich mich gepackt, gezwungen, einmal auf einem solchen Schiff mitzufahren, statt durch die Luft zu reisen. Eine reizvolle Vorstellung, wochenlang auf dem breit dahinziehenden Mackenzie River »down north« zu schwimmen; doch auch für mich war »time money«. Zudem bietet das Fliegen unbestreitbar anschaulichere topografische Übersicht. Mein Ziel: arktisches Land am Eismeer, wo der technik-erfüllte Mensch eben dabei ist, Regionen, die gestern noch als lebensfeindlich verschrieen waren, seinen Atem einzuhauchen.

Die tiefgründige Bemerkung des Irisch-Kanadiers galt Ted, einem viel Jüngeren, ebenfalls in strapazierfähiger, für moderne Schatzsucher im Norden typischer Kluft. »Ja, ja, mein Lieber, es ist wie immer – die Reichen kriegen noch mehr dazu. Nun hat unser Land schon so viel Überfluß im Süden. Das alles aber ist ein Pappenstiel gegen die Gaben des Nordens; der ist ja dreimal so groß«, setzte Dan Campbell seine Belehrung hinter mir fort. Sein Namensschildchen wies ihn als »Superintendant« aus. Er hatte hier also die Verantwortung für den Transport umfänglicher Erkundungs- und Bohrausrüstungen. Das Fehlen eines einzigen Ersatzteils für geophysikalische Instrumente, Raupenschlepper, Bohr- und Sprenggeräte, Antriebsmotoren oder dergleichen könnte schwerwiegende Ausfälle zur Folge haben. In der knapp viermonatigen Schiffahrtsperiode auf dem Flußriesen Mackenzie müssen alle Transporte auf ohnehin viel zu knappem Schiffsraum die 2 000-Kilometer-Wasserstraße Hay River–Inuvik (Mackenziedelta) hinter sich bringen. Andernfalls ist es für dieses Jahr schon wieder zu spät.

Zum modernen Schatzsucher gehört auch heute noch der Geologenhammer, trotz Geigerzähler und anderer feinfühliger Instrumente. Junge, ein wenig abenteuerfrohe Leute sind die »frontiermen« auf dem friedlichen Eroberungszug in Kanadas »Great North«.

Dan gehörte zu den kanadischen Geologen, die um die fünfziger Jahre das Mineralschürfen wissenschaftlich untermauerten, indem sie geophysikalische Methoden und feinfühlige Instrumente einführten. Diese modernen Prospektoren wußten, daß alles, was man bisher im Norden an Mineralien – Uran, Nickel und Titan, Kupfer, Blei und Zink, Wolfram, Asbest und Molybdän –, aber auch an Erdöl und Naturgas aufgespürt hatte, und das war schon überraschend viel, nicht mehr bedeutete als ein zufälliger Blick durchs Schlüsselloch in einen der reichsten Rohstofftresore der Erde.

Seit den aufsehenerregenden Ölfunden im Prudhoe Field an Alaskas Eismeerküste gleicht die arktische Mineraljagd im nördlichsten Amerika einem wahren »rush«, gegen den der Goldrausch von Klondike am Yukon um die Jahrhundertwende ein Kinderspiel gewesen ist. »This is a big challenge!« kennzeichnete Dan diesen Zug in die hochnordische Schatzkammer treffend in seiner einsilbigen Art. Ted, frischgebackener Ingenieurgeologe, hatte sich nicht ungern für dieses Abenteuer, verbunden mit einer echten Aufgabe, verpflichtet. Es galt, alles Land nördlich der schmalen, kaum 300 Kilometer breiten Siedlungszone entlang der Grenze mit den USA, also einen menschenleeren Raum von 7 bis 8 Millionen Quadratkilometer, friedlich zu erobern.

Vorsommerliche Sonne rasch länger werdender Tage, von den Rockies herfegende Winde hatten den Winterpanzer des Sees aufgesprengt; das Eis türmte sich in den Buchten. Wo die katzenköpfig windgerauhten blauen Wasser mit dem blanken Frühsommerhimmel eins wurden, konnte man die Gegenküste des mit seinem über 30 000 Quadratkilometern wahrlich »Großen« Sklavensees nur ahnen. Nun weithin offen, spornte er die Flußkapitäne an, ihre Schubeinheiten in den nicht leicht zu befahrenden Mackenzie einzusteuern.

Bis in die jüngste Vergangenheit arbeiteten nur vereinzelt Geologenteams im Norden dieses zweitgrößten Staatsgefüges der Erde. Sie prophezeiten schon lange Öl- und Erdgasvorkommen, manche sogar einen »Oilrush«, vergleichbar dem von Texas in den zwanziger Jahren. Bedeutende Erzfunde nördlich des Großen Sklavensees, im Nord-Baffinland und im Yukon-Territory ermutigten zu größerer Forschungstätigkeit, vornehmlich auf Öl und Naturgas. Sir Alexander Mackenzie hatte im Jahr 1789 auf seiner Forschungsreise an den Ufern des von ihm entdeckten, nach ihm benannten Stromriesen frei austretendes Öl gefunden, das er »petroleum« nannte. Es sind die inzwischen weltberühmt gewordenen Ölsände. Infolge ständig steigender Preise für flüssiges Erdöl lohnt es, sie abzubauen und in riesigen Anlagen zu extrahieren. In feine Sände eingebettet, enthält ein Gebiet von der Größe ganz Niedersachsens Öl genug, um den derzeitigen Weltbedarf für mindestens zwei Jahrzehnte decken zu können! Die geologischen Formationen des Riesenraumes zwischen dem Mackenzietal und den Rockies, von den westlichen kanadischen Großprovinzen Alberta und British Columbia bis hinauf zu den polnächsten Inselländern im Arktisarchipel, sind der Unterbau für die Vorhersagen der Fachleute, die zu verstärktem Aufspüren von flüssiger wie gasförmiger Energie im Erdmantel anspornten. Neue Aufschlußbohrungen sind Teile eines weitgespannten Forschungs- und Erschließungsprogramms, das sich in einem breiten Streifen über das ganze arktische Rund, von Alaska bis Grönland, erstreckt, und auch die polwärts vorgelagerte Inselwelt einbezieht. Wer kann sich im kleinräumigen Europa schon vorstellen, was es heißt, einen Raum von der dreißigfachen Größe der Bundesrepublik Deutschland, also rund vier Millionen Quadratkilometer mit kaum 50 000 Einwohnern, zu erschließen? Hierzu gehören Kapital, doch

Geländegänger auf superbreiten Raupen – in Kanada entwickelt und bewährt – pflügen sich durch unwegsamen »muskeg«, das Moor- und Sumpfland in nördlichem, bereits schütterem Wald. Auch halbmetertiefer Morast ist für diese Gefährte kein Hindernis.

auch »brains«, wie Kanadier sagen, Fachleute, um die verborgenen Schätze aufzuspüren, zu fördern und, möglichst veredelt, zahlungsfähigen Märkten zuzuführen.

In Yellowknife, mit rund 4000 Einwohnern vorerst größte Town in Kanadas arktisch-subarktischen Territories, blieb uns eben Zeit zum Auftanken und während der Schleife über der fast völlig wassergesäumten Stadt nur die Vogelschau. Als zukunftweisende Dominante dieser im Jahre 1934 auf Goldbergbau gegründete Siedlung hebt sich aus breitflächiger Schachbrettanlage mit ein-, zweistöckigen Häusern der im Norden bislang höchste Bürobau heraus, das Verwaltungsgebäude für die Northwest Territories.

Ein sommerbuntes Bukett junger, charmanter, sicherlich auch ein wenig abenteuerfroher Damen, die mit unserer Maschine mitgeflogen waren, wurde von Kolleginnen herzlich empfangen, sämtliche »female clerks« im Dienst der zügig wachsenden Verwaltung. Sie brauchen vor dem – heute mehr aus Unkenntnis als rauh verschrieenen – Northerner-Leben keine Scheu zu haben. Die Annehmlichkeiten aus dem Zauberkasten technischer Zivilisation finden beinahe mühelos ihren Weg selbst zu diesem vorläufigen »Ende der

Uranium City mit seiner großen Start- und Landebahn ist meist nur mit dem Flugzeug und nur gelegentlich auf dem Wasserweg zu erreichen. Hier wird Uranerz abgebaut. Alle Fotos Pantenburg

Welt«. Die leergewordenen Sitze im Flugzeug nahmen nun überwiegend Geologen, Ingenieure, Techniker, Oildriller ein, die sich in die Coppermine Region, eines der aussichtsreichsten Mineralprospecting-Areale in den Territories, verpflichtet hatten.

Unter den leicht zitternden Schwingen unseres Silbervogels rollte die immergrüne, grenzenlose Urwaldzone ab. Auf mindestens 1500 Kilometer erfüllt der mächtige Mackenzie, Wegweiser und Schlagader zugleich, sie mit Leben. Mir klang Dan Campbells Auffassung von »Gods own country« in den Ohren – ein Erdteil im Ursprungszustand, der darauf wartet, überlegt-planvoll genutzt zu werden.

Die Mammutbulldozer und Raupenschlepper dieser »frontiermen«, an zuvor aus der Luft erkundeten Stellen über Flachprähme auf Land gesetzt, hatten – Wegbereiter unserer Zeit – irgendwo eine erste linealgerade Schneise in den Busch gebrochen. An ihrer hellen Schnur, deren vorläufiger Sappenkopf sich irgendwo in der Ferne verlor, standen aufgereiht Gittermasten von Bohrtürmen. In diesem Südwestwinkel der Northwest Territories liefern inzwischen angezapfte Quellen über eine Stichpipeline verheißungsvoll Naturgas in das immer dichter gesponnene, alsbald auch polwärts vorschnellende Rohrnetz bis weit hinunter in die States.

Wie verloren schmiegte sich zuweilen eine winzige, oasenhafte Siedlung, »Fort« genannt – einst Posten der Hudson's Bay Company, gegründet als Stützpunkt für Pelztauschhandel mit Indianern –, an den River. Gelegentlich überflogen wir eine Schubeinheit, deren aneinandergekoppelte Prähme anscheinend bis zur Grenze ihrer Leistungsfähigkeit beladen waren. Silbriggleißend kündigte sich schon weit voraus die Imperial Oil/Esso-Raffinerie Norman Wells an, sprechender Beweis für Ölhöffigkeit dieser fernnordischen Welt. Seit nun schon mehr als vier Jahrzehnten liefert sie für einen Riesenraum Mineralölerzeugnisse, ohne die man die Grenze zum Weißen Nichts der Arktis nie hätte überschreiten können. Am Fluß übernahmen Tankerkähne ihre Füllungen. Weitere lagen, ihre Order wohl mit Ungeduld erwartend, im Strom vor Anker.

»Logistik«, entnommen militärischer Begriffswelt, ist der Zauberschlüssel zur Erschließung dieser bisher als lebensfeindlich angesehenen Gebiete. Der Zug aus dem schmalen Kulturstreifen längs der USA-Grenze in den an Naturschätzen so reichen »Far North« wird nunmehr getragen von überlegener Technik. Im Vokabular der »frontiermen« dieses Erdteils zwischen dem nordamerikanischen Lebens- und Siedlungsraum und dem Pol finden sich Begriffe wie »unzugänglich« oder »unmöglich« nicht mehr. Nichts ist mehr aus dem Stegreif; Planung und Organisation sind lange vor dem Start bis in kleinste Einzelheiten mit generalstabsmäßiger Genauigkeit vorbereitet.

Vor jeder – in diesen Breiten überaus kostspieligen – Aufschlußbohrung haben Vortrupps Luftfarbbilder erflogen, Registrierstreifen und Daten mitgeführter, hochempfindlicher Geräte ausgewertet. Luftbilderkundung ist für zentralarktische Gebiete jenseits der Baumgrenze ergiebiger; Wald hindert sie stark. Neuerdings sind mit Luftaufnahmen stets Aufzeichnungen eines Aeromagnetometers verbunden, das vom Flugzeug an Kabeln mitgeschleppt wird, um die Stärke des örtlichen Erdmagnetfeldes zu messen. Es liefert magnetische Profile, Grundlage für geomagnetische Karten. Hieraus wieder lassen sich Schlüsse auf den petrografischen Aufbau der überflogenen geologischen Formation ziehen, auf die Mächtigkeit überlagernder Deckschichten. Ergeben sich auffallende Abweichungen vom Normalen (hohe Gradienten), so liegen hier magnetische Störkörper, was auf Eisenlagerstätten hindeutet. Für Erdöl führende Sedimente sind dagegen niedrige Gradienten kennzeichnend. Zur Luftbilderkundung wird neuerdings nur noch Farbfilmmaterial verwendet. Es gibt den in schwierigem Gelände arbeitenden Geologen und Mineralogen sehr gute Informationen über Aufschlüsse und die besten Anmarschwege, liefert Analysen über das innere

Gefüge der Gesteinskörper und von wichtigen petrografischen Merkmalen (Schieferung, Fließgefüge und dergleichen). Ermutigen diese – nur groben – Vorprüfungen, werden Bodenteams zur Feldforschungsarbeit angesetzt. Um die Vermutungen zu erhärten, messen die Männer mit geophysikalischen Geräten die Schwerkraft, Geigerzähler und Szintillometer dienen dazu, Uran aufzuspüren. Schließlich treiben sie Sprenglöcher in die permafrostharte, obere Bodenschicht, um den Erdmantel reflexionsseismisch zu erforschen. Erst kostspielige Probebohrungen aber geben letzten Aufschluß, ob eine wirklich große Öltasche georted worden ist, ob der Metallanteil im Erz einer Lagerstätte großtechnische Förderung lohnt. Zuguterletzt bestimmen Transportmöglichkeit, Kapitalbeschaffung und Absatzlage auf dem Weltmarkt den Entschluß eines Unternehmens, ein Vorkommen zu nutzen.

Am Ostarm des Mackenziedeltas, schon auf der Nordgrenze hochstämmigen Waldes, liegt Inuvik. Vor fünfzehn Jahren war hier buchstäblich nichts. Dann wuchs an sorgsam gewählter Stelle aus der felsbrockengespickten Tundra die erste von der Regierung geplante arktische Modellstadt als Verwaltungsmittelpunkt für den Distrikt Mackenzie in den Polarhimmel. Dank dem Flußriesen ist dieses Gebiet der am besten zugängliche Teil von Kanadas Festlandarktis. Nun spielt der »Gute Ort für freundliche Menschen« (eskimoische Bezeichnung für Inuvik) die Rolle des Startplatzes für den Griff nach den Schätzen im ewig tiefgefrorenen Boden der Barren Grounds, im Permafrost dieser »Öden Gründe«.

Vom Landhafen Inuvik starten die Flugzeuge, Helikopter und Lufttransporter zum Explorieren, zur modernen Schatzsuche vornehmlich im Raum zwischen Amundsen Golf und Großem Bärensee, auch westwärts im Yukon Territory. Von den Depots am Fluß gleiten Traktorschlittenzüge mit Tiefbohrausrüstungen, die nur auf den Naturbahnen winterlicher Gefrornis vorankommen, in die für Aufschlußbohrungen bestimmten Felder. Im arktischen Sommer schrauben sich aus dem breiten Flußarm Schwimmerflugzeuge hoch, zum Flug in eines der Camps, irgendwo an einem der zahllosen, noch namenlosen Seen gelegen. Am Kai löschen Flußleichter, die vom Hay River kommen, ihre Frachten für Lufttransporte und zum vorläufigen Einlagern für den Schlittentransport im Winter, füllen Prähme von Norman Wells die Tanks mit Kraftstoff und Heizöl.

Ein großes Mineralölunternehmen ließ sich seinen Ehrgeiz, als erster das Öl aus Kanadas arktischer Tundra zu erschließen, einiges kosten. Auf sechzehn Flügen in rollendem »round-the-clock«-Einsatz wurde, erste private Luftbrücke dieser Art, ein vollständiges Explorationscamp samt Ausrüstung in den Barrens abgesetzt. Die Ölleute unter unseren Fahrgästen hatten es offenbar nicht minder eilig, ihre hochbezahlte Aufspürtätigkeit für den kurzen, lichten Polarsommer aufzunehmen. Ihre Zubringerflugzeuge standen startbereit. Es galt, das Reich des Weißen Nichts, gestern noch für ewig verschlossen gehalten, in eine weitoffene Schatzkammer der Freien Welt zu verwandeln.

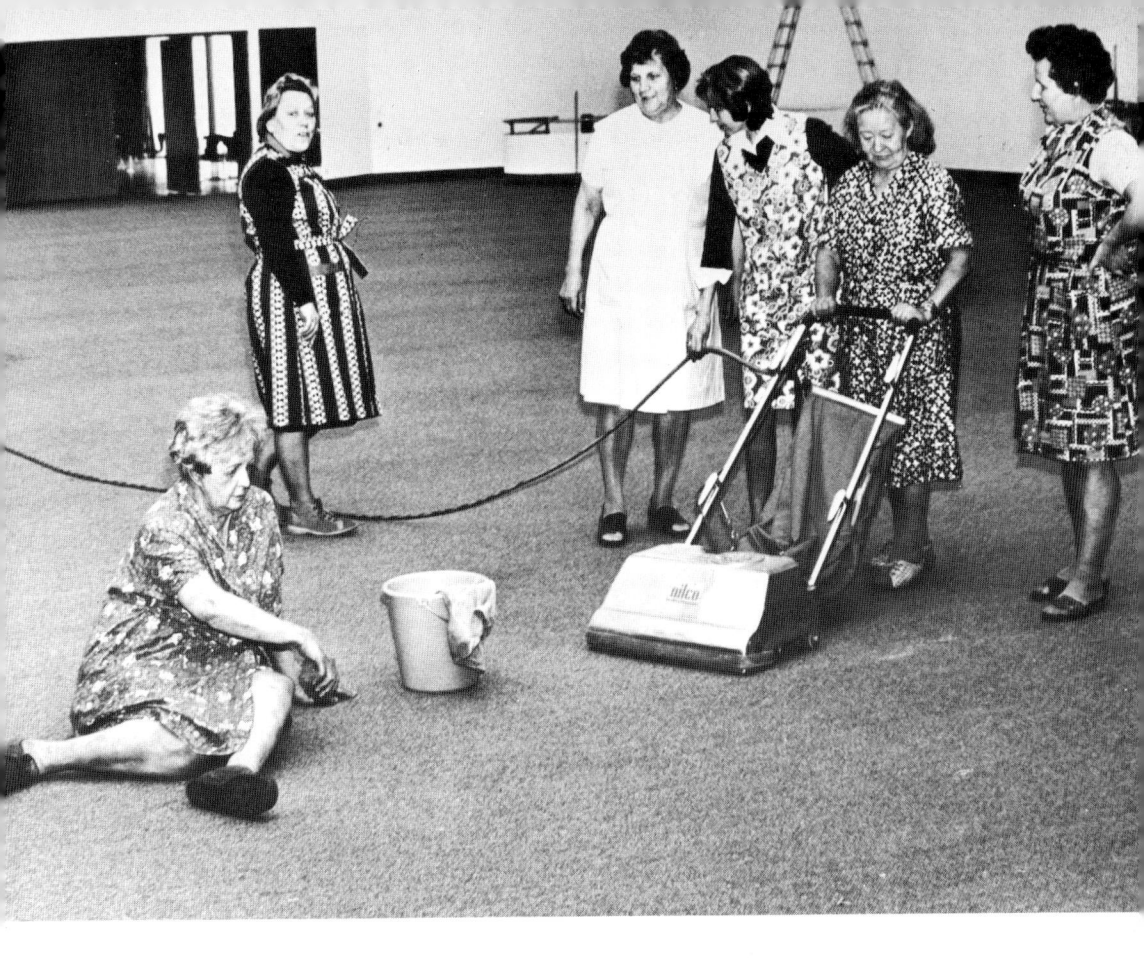

Hautnah an der Wirklichkeit KARL DIEMER

Der amerikanische Bildhauer Duane Hanson oder eine Lektion darüber, wie uns das Nächste am fernsten liegt

Mit dem ersten Transport traf die »Putzfrau« ein. Sie kam aus der Nähe, hatte keine allzu umständliche Anfahrt mit Umsteigen, Zollkontrolle und dergleichen Dinge. Ein Stuttgarter Privatsammler hatte sie in der progressiven Stuttgarter Galerie Müller angeheuert. Jetzt lieh er sie freundlicherweise dem Württembergischen Kunstverein aus. Ansonsten bekommt man ja Putzfrauen (pardon: Raumpflegerinnen) nicht so leicht von jemandem ausgeliehen. Aber Kunstsammler und Kunstverein halten schon zusammen.

Links: Wer hat ihn nicht schon gesehen, den jungen Mann mit dem Rucksack, den Blue Jeans, dem Fotoapparat? Es ist der moderne Globetrotter, der per Anhalter reist. An jeder Autobahn könnte er so stehen, wie ihn Duane Hanson beobachtet hat. Sammlung Daniel Hechter, Paris

Rechts oben: Die Frau mit dem Wäschekorb und der verdrossene kleine Junge, der dem Heulen nahe ist, gehören eigentlich nicht zusammen. Sobald aber die Einzelfiguren Duane Hansons – zum Beispiel auf Ausstellungen – in Nachbarschaft zueinander treten, stellen sich auch innere Beziehungen her. Die Frau könnte die Mutter sein. Sammlung The Art Galerie of South Australie, Adelaide, und Sammlung Boymanns-van-Boininger-Museum, Rotterdam

Rechts unten: Duane Hanson konfrontiert uns mit einem Querschnitt durch die Massengesellschaft der modernen Industriestaaten, besonders Amerikas. Er konfrontiert uns schockierend auch mit den Randerscheinungen, den Ausgeflippten, den Gescheiterten, den sogenannten Asozialen. Nichts wird beschönigt. Die Frau in der Gosse (»Derelict Women«, Sammlung Hedendaagse Kunstmuseum, Utrecht) stellt er in all ihrem Elend dar. Sie liegt auf unserem Foto freilich in einer Kunsthalle, in einer Kunstausstellung, und nicht ganz in ihrer richtigen Umgebung, um ihren Rausch auszuschlafen. – Hansons »Putzfrau« (Titelbild) übrigens hat ihren Platz als langfristige Leihgabe des Stuttgarter Privatsammlers Scharpff in der Stuttgarter Staatsgalerie erhalten. Alle Fotos Galerie de Gestlo, Hamburg

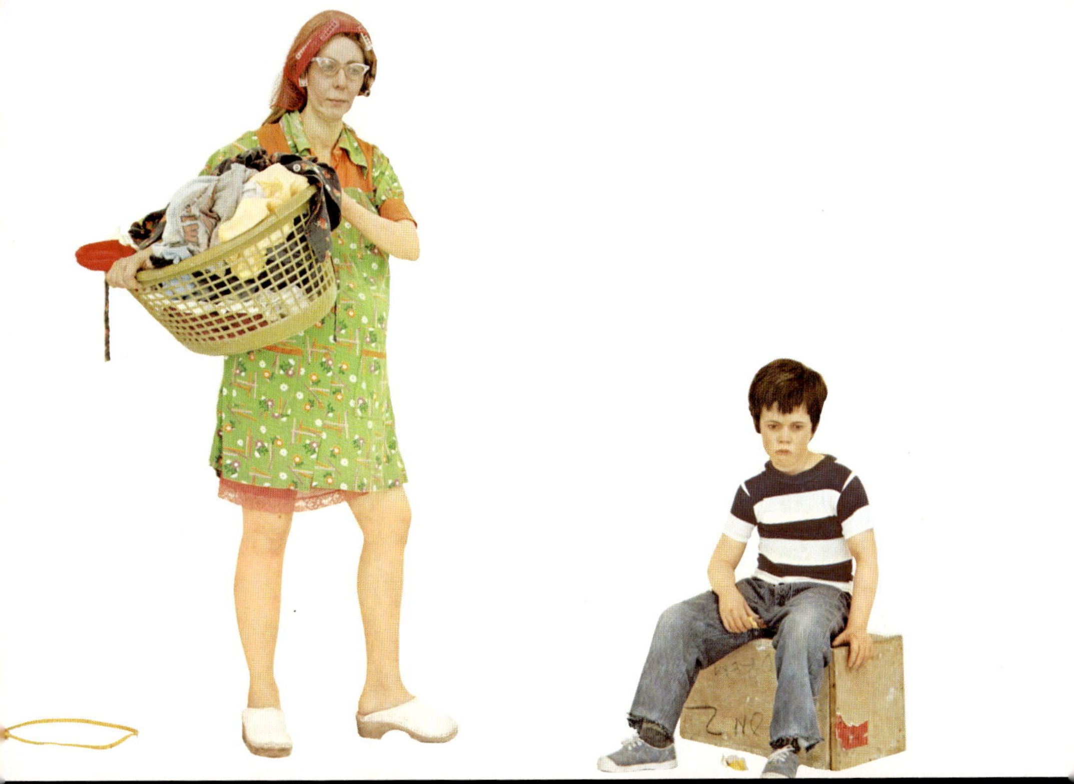

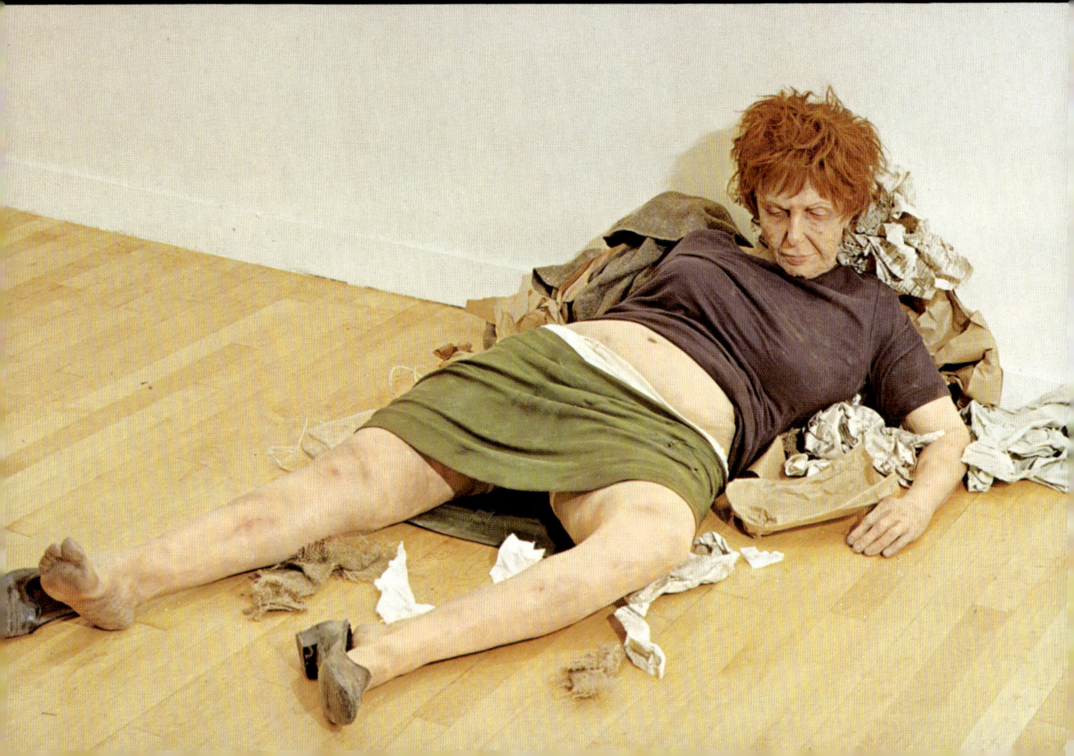

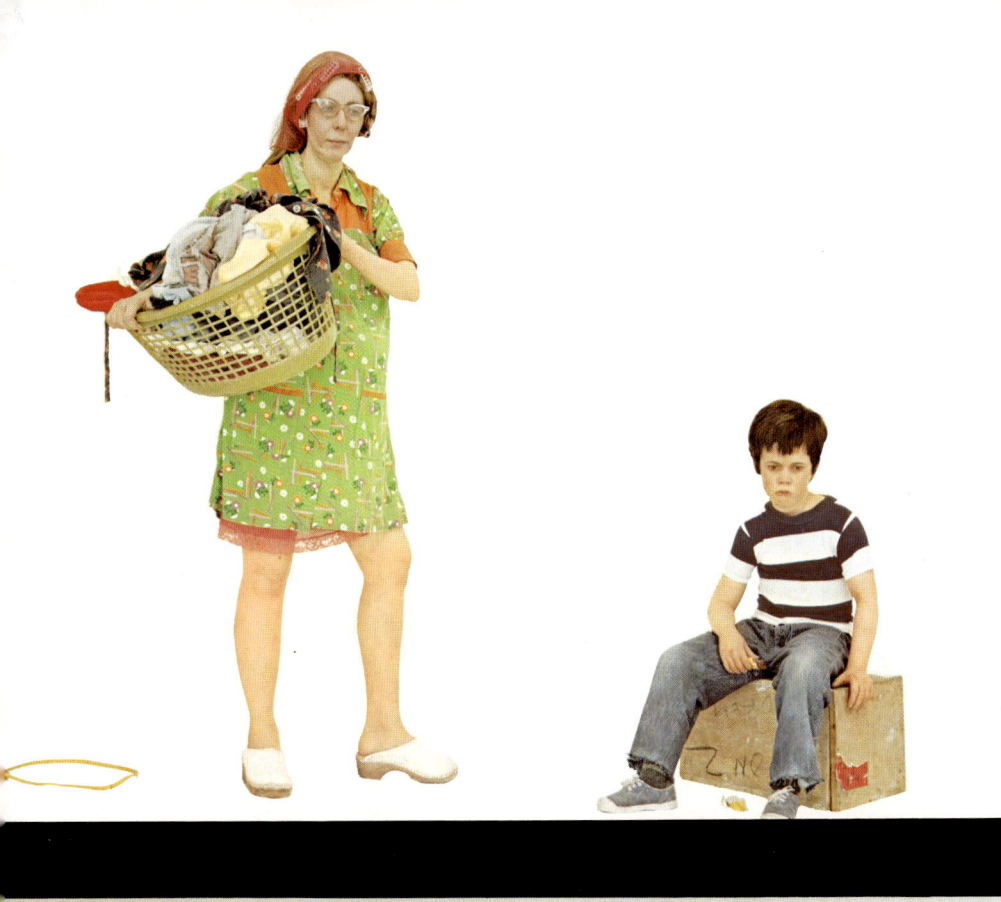

Die neue Putzfrau, wie gesagt, war als erste da. In der leeren Weite des großen Vierecksaals im Stuttgarter Kunstgebäude ging sie mit ihrem Eimer schier verloren. Mutterseelenallein machte sie sich in der hintersten Ecke ans Werk, indem sie sich, Schwamm in der Hand, auf den Teppichboden setzte.

Der Kunstvereinsdirektor hielt es für angebracht, seine gewohnte Schar von fünf Raumpflegerinnen, als die pünktlich anrückten, auf die Neue schonend vorzubereiten. Sie sollten sie nur ja nicht erschrecken, sondern bitte recht nett zu ihr sein. Schließlich komme die Kollegin nicht von irgendwo, sondern aus der in aller Welt angesehenen Galerie Müller. Und in Amerika sei sie auch schon gewesen. Ein Prachtstück. Überaus begehrt . . .

Mit skeptischer Neugier pirschte sich das Raumpflegerinnen-Quintett heran an die starr daliegende Neue, die auch nicht mehr gerade die jüngste war mit ihren schlaffen Gesichtszügen, den herunterhängenden Backen, mit ihren geschwollenen, unter dem Nylonstrumpf blau angelaufenen Waden und dem Pickel auf der Stirn. Mitte Fünfzig mochte sie sein. Deutlich hatte sie schon etwas mitgemacht in ihrem Leben. Reichlich abgeschafft sah sie aus.

Und dann noch dieser auffallende Starrkrampf. Wie versteinert sitzt sie da. Hat sie etwa Angst vor den Kolleginnen? Ist die Neue menschenscheu? – »Die ist ja krank! Der fehlt ja was!« entfährt es voll Sorge der mitleidvollsten Seele unter den anrückenden fünfen.

Als sie heran sind, folgt keine Begrüßungsszene. Die Kollegin erhebt sich nicht einmal vom Boden. So, wie sie ist, bleibt sie sitzen. Schwamm in der Hand. Jetzt geht den anderen ein Licht auf. Die Neue ist nicht einmal bloß leichenstarr. Sie hat überhaupt nie gelebt, nie existiert. Sie ist schlicht eine waschechte Puppe, kein Mensch, sondern etwas Künstliches, ein Ding. Oder Kunst?

Von Kunstsammlern bekommt man halt doch keine richtigen Scheuerfrauen, sondern eben immer bloß – Kunst. Und was für welche!

Aber die Raumpflegerinnen des Kunstvereins, die ja keineswegs völlig ahnungslos sind, finden ihr hypernaturalistisches, getreu der Wirklichkeit nachmodelliertes Ebenbild von Duane Hanson, dem amerikanischen Bildhauer des Jahrgangs 1925, der im Württembergischen Kunstverein Stuttgart im Jahr 1974 Weltpremiere hatte mit seiner ersten großen Einzelausstellung, im Vergleich mit anderem, was sie im Haus gesehen haben, überaus »menschlich«. Wenn sie auch auf Unterschiede Wert legen; denn die »Neue« ist eben »doch sehr amerikanisch mit ihren nachgezogenen Augenbrauen und geschminkten Lippen. Das gibt es bei uns nicht. Schon gar nicht bei der Arbeit.«

Duane Hanson kann seinen ersten Sieg verzeichnen. Wer hat sich im Kunstverein je um die Raumpflegerinnen gekümmert? Schon stehen sie im Mittelpunkt. Und um solche Auseinandersetzungen mit psychologischem Überraschungserfolg geht es ihm bei seiner Arbeit. Er nimmt Menschen mitten aus dem Alltag, Menschen wie du und ich, und stellt sie, wie sie sind, ohne Abstrich, ohne Veränderung, Idealisierung oder Überhöhung auf die Bühne und ins Rampenlicht einer Kunsthalle, dorthin also, wo wir gerade nicht Menschen wie du und ich in ihren alltäglichen Gewohnheiten und Verrichtungen, sondern etwas Besonderes, etwas Unalltägliches zu sehen gewohnt sind. Er bildet sie – mit lebendem Modell – in Kunststoff und in Farbe nach, im Maßstab 1 : 1. Daß es sich um ganz gewöhnliche Menschen handelt, das unterscheidet Hanson vom berühmten Wachsfigurenkabinett der Madame Tussaud in London. Dort begegnen uns – auf den Olymp entrückt – nur Nachbildungen der großen Ausnahmen des Menschengeschlechts. Wenn einer deutscher Bundeskanzler oder amerikanischer Präsident wird, dann zieht er dort ein. Madame Tussaud macht sich sofort an die Arbeit, sein Bild zu bewahren. Sie kümmert sich um die Elite in Politik, Kunst, Wissenschaft, Gesellschaft und gerade nicht um den kleinen Mann auf der Straße. Der gehört aber genauso in die Weltgeschichte, wenn man sich seinen Namen auch nicht merkt. Und er prägt mit seinem Gesicht das Gesicht einer Epoche. Darauf stößt uns Duane Hanson hin. Er ist ein ungemein scharfer Menschenbeobachter. Und eine Raumpflegerin, eine Hausfrau, die im Supermarkt ihr Einkaufswägelchen vor sich her schiebt, ein Handwerker, der kurz bei der Arbeit innehält, gilt ihm als ebenso beachtenswert und vielleicht noch beachtenswerter, weil menschlicher, als so ein geschniegelter und gebügelter Präsident auf dem politischen oder gesellschaftlichen Parkett, der sich weit weniger natürlich gibt, schon deshalb, weil wir ihn von vornherein wie ein »Kunstwerk« ansehen.

Duane Hanson verwendet nicht Wachs, sondern Polyester, Fiberglas und Ölfarbe. Er malt jede Pore in ein Gesicht hinein, und nicht nur die Farbe, sondern darüber auch noch die Schminke. Er macht alles so echt wie möglich. Nimmt man einer seiner Figuren den Hut ab, so findet man richtiges Kopfhaar darunter. Oder aber eine richtige Glatze. Die Puppen stecken in richtigen Kleidern, sind buchstäblich angezogen und stehen auch in ihrer wahren Umgebung. Jede dieser Plastiken verwechselt man einen Moment lang mit lebenden Menschen. Und erst in dem Augenblick, wo man sie als Plastiken, als Kunstwerke erkennt, stutzt man und wird aufmerksam. Man fühlt sich unbehaglich, ist peinlich berührt, weil sich dieses Gegenüber, das eigentlich umgänglich und ansprechbar sein müßte, bei aller Hautnähe restlos entzieht. Das kommt einer kleinen Schockwirkung gleich.

Die Hausfrau mit den Lockenwicklern und dem elektrischen Haartrockner auf dem Kopf, die, lässig Zeitung lesend, zur Morgenstunde in ihrem Boudoirsessel sitzt, ein nacktes Bein über der Lehne, das andere auf einem Wäschesack, raucht eine Marlboro, hat aber vor sich bei der Kaffeetasse mit der Asche und den ausgedrückten Stummeln ein Päckchen »Ernte« liegen. Duane Hanson entdeckt den Fehler beim letzten prüfenden Rundgang vor der Ausstellungseröffnung und läßt das »Ernte«-Päckchen verschwinden. Er legt allergrößten Wert auf Stimmigkeit. Es zeigt sich, daß es gar nicht so einfach ist, Realität – die Wirklichkeit – mitten aus dem Alltag aufzugreifen

Links: Ganz einfache Menschen, wie sie sind, nicht wie sie der Künstler sich vorstellt, wie er sie interpretiert und sonst gerne haben möchte, bildet der Amerikaner Hanson in Lebensgröße und aller Genauigkeit nach. Hier ein Bauarbeiter (»Cement Worker«, OK Harris, New York), der im Begriff ist, Pause zu machen. Sein Schutzhelm liegt am Boden

Wie brutal es im Sport zugehen kann, das demonstriert Duane Hanson bei seiner Dreiergruppe »Football Players« (Fußballspieler). Im amerikanischen Football mit eiförmigem Ball sind alle Mittel – alle Aggressionen – erlaubt. Neue Galerie Aachen, Foto Münchow

und in einem Kunstverein wiederentstehen zu lassen. Da will an vieles gedacht sein. Jede Figur schafft sich ihren genauen Umraum mit ihren jeweiligen Requisiten.

Die »Hausfrau« mit ihrer Marlboro und ihren fürchterlich gefiederten Schlappen an den Füßen kommt dem nahe, was wir eine Schlampe nennen. Man kann sich ein Bild machen von dieser Wohnung, von dieser ganzen Familie. Man konnte sich in dieser Ausstellung von so manchem ein Bild machen – unmittelbar und mittelbar. An einem jedenfalls litten die rund zwanzig im Hauptsaal des Stuttgarter Kunstgebäudes versammelten und mit Bedacht arrangierten, meist an die Wand gedrückten, lebensgroßen und bis zum äußersten lebensnahen Hanson-Figuren nicht: an irgendwelcher Profilneurose, an übertriebener Bemühung um ausgeprägte Eigenart. Sie pflegten kein Image. Sie spielten keine Rolle und wurden gerade darin zur »großen Rolle«.

Die Marlboro-Raucherin denkt keinen Augenblick daran, daß wir ihr bei ihren morgendlichen Lässigkeiten einen Besuch abstatten. Eigentlich müßte sie es merken. Sie ist ja so hautnah gegenwärtig, daß man sich, peinvoll berührt, geradezu eine Entschuldigung überlegt – oder zum Gegenangriff übergehen möchte, etwa mit der Frage, was sie, so wie sie ist, eigentlich in einem Kunstgebäude und vor einem seriösen, anspruchsvollen Publikum zu suchen habe. Sie nimmt nicht Notiz von uns. Wir ganz allein sind hier die Irritierten, die mit sich und einer neuen Skulptur und Kunst zurechtkommen müssen, die das Prinzip »realistischer Naturalismus« – wobei realistisch die antiidealistische, keinerlei Überhöhung duldende Haltung und Naturalismus die strikt wirklichkeitsgetreu verwendeten Mittel (Kunststoff, Malfarbe) meint – auf die bislang in der Kunstgeschichte höchste Spitze treibt. Eine Figur in Marmor oder Bronze, wie sie in der herkömmlichen Bildhauerei an der Tagesordnung ist, verwechseln wir ja nie auch nur einen Augenblick lang mit einem lebendigen Menschen.

Es waren zeitnahe Erlebnisse, Menschenerlebnisse, Auseinandersetzungen mit sozialer Wirklichkeit, die den Amerikaner Duane Hanson im Punkte Tradition völlig aus der Bahn warfen. Es gibt Wirklichkeiten, die jeder herkömmlichen künstlerischen Darstellung spotten und gerade deshalb doppelt unter den Nägeln brennen. Ein Stück Vietnam-Schlachtfeld beispielsweise. Man halte sich dazu bitte einmal die in allen Ländern üblichen Soldaten-»Darstellungen« auf Kriegerdenkmälern in ihrem sentimentalen Patriotismus vor Augen! Man stellt sich Soldaten ja so gerne als Helden vor! – Bei Hanson, mitten im Kunstgebäude, hat hinterrücks ein Überfall stattgefunden; eine Bombe oder Granate schlug ein. Fixiert ist der Moment danach: Vier GIs liegen weggefetzt, halb übereinander, im Kot. Einer richtet sich blutüberströmt auf. Die anderen sind toter als tot – verschüttet, verbrannt, verkohlt, ohne Gesicht. Auch noch ein Stahlhelm liegt herum – als eitle, lächerliche Hülse. Unmöglich, daß sich ein amerikanisches Museum während des Vietnam-Krieges für diese Gruppe »War« (Krieg), entstanden im Jahr 1967, interessiert hätte. Dafür kam sie 1973 ins Wilhelm-Lehmbruck-Museum in Duisburg. Es war der erste öffentliche Ankauf für Duane Hanson. Erst neuerdings wird man auch in Amerika auf diesen Künstler der »harten Realität« aufmerksam.

Hanson fing an mit Gruppendarstellungen. »War« war eine der frühesten Arbeiten in der Stuttgarter Ausstellung, die anschließend auch noch in Berlin gezeigt wurde. Danach wandte sich der amerikanische Bildhauer verstärkt der treffend in ihren Eigenheiten dargestellten Einzelfigur zu. Beispiel: »Frau mit Handtasche, 1974«. Vorher waren es die typischen Randfiguren der Gesellschaft, die seine Aufmerksamkeit weckten: Ausgeflippte, Abgeschlaffte; ein Rauschgiftsüchtiger dämmert in einer Ecke, die Injektionsspritze in der Hand; Großstadtstrandgut wird gezeigt. Inmitten der Stuttgarter Ausstellung saß ein verdrossener kleiner Junge – kurz vor einem Weinkrampf.

Menschen bei der Arbeit werden fixiert und abmodelliert – Müdigkeit, Überdruß in den leeren Gesichtern. Eine hochdramatische Footballszene türmt sich auf. Dieser Menschenknäuel müßte ja sofort wieder auseinanderlaufen. Hier ist er festgehalten, »eingefroren«, der Dauerbesichtigung preisgegeben – und steigert sich dabei zur Groteske, zum fremdartigsten Unding, das sich vorstellen läßt. Wirklichkeit, so hautnah wiedergegeben und doch – Kunst, unwirklicher Trug, dabei unvermittelt, ohne »Stil« und ästhetische Norm. Gesetzmäßigkeit, die Erwartungen erfüllen würde, schlägt in der Begegnung um in das denkbar Irrealste, Unter- oder Überwirklichste und Phantastischste, wie man will. Das ist die Grunderfahrung, die wir vor dieser hyperrealistischen Art von Skulptur machen. Der Direktor des Stuttgarter Kunstvereins nennt es im Ausstellungskatalog »Verfremdung durch Annäherung«. Duane Hanson bedeutet eine Lektion darüber, wie uns das Nächste das Fernste ist. Aber dieses Fernste, Fremdeste zugleich auch wieder das Nächste.

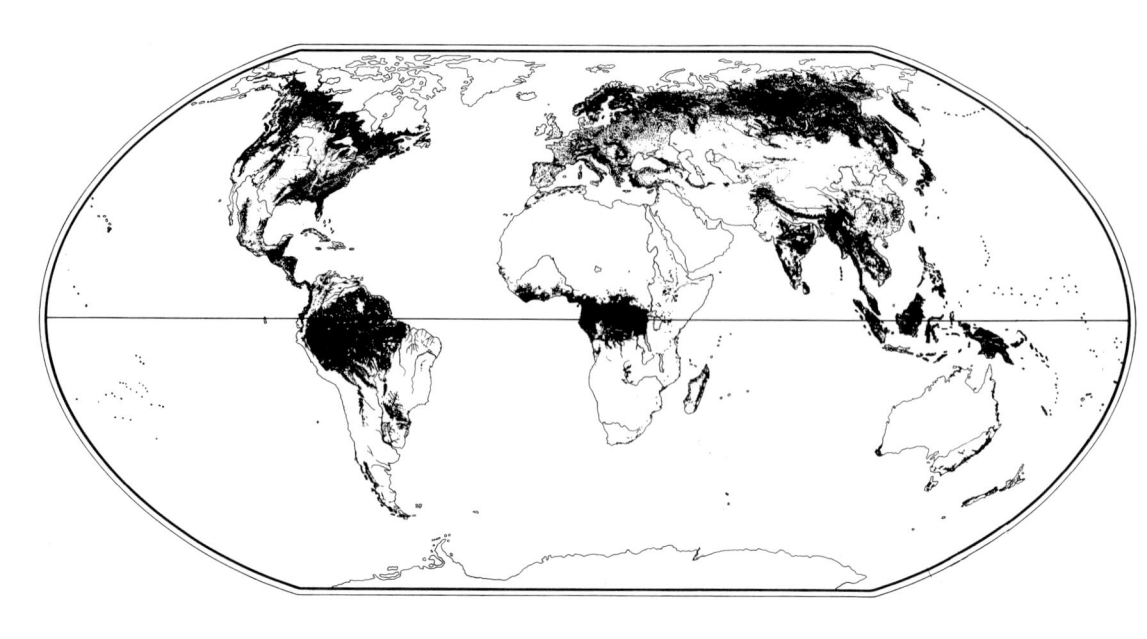

Transamazonica – Eldorado oder Sackgasse? EBERHARD BRÜNIG

Der tropische Regenwald Südamerikas soll erschlossen werden

Steil hebt die Caravelle von der Startbahn ab, schwingt im Bogen über Belem nach Süden. Nach etwa einer Stunde überfliegen wir den Rio Tocantins in 10000 Meter Höhe. Das Zielgebiet am Rio Araguaia ist erreicht. Tief unten liegt der amazonische Regenwald, fast unsichtbar unter Dunst und Wolken. Hier und da ist der Durchblick auf das »Meer von Grün« offen. Ein haardünner Riß erscheint im Blickfeld: die Transamazonica – eine Straße quer durch den südamerikanischen Erdteil, durch den größten Urwald der Welt. Die Maschine schwenkt auf Westkurs. Sendung und Empfang beginnen. Kurzwellige Radarstrahlen durchdringen Wolken und Dunst, greifen tief unten in das Kronendach des Regenwaldes, werden zurückgeworfen und tragen das Bild von der Oberfläche der »Grünen Hölle« zurück zum Flugzeug. In dem großen Abenteuer der Eroberung des Erdballs durch den Menschen hat der letzte Abschnitt begonnen. RADAM lüftet den Schleier des Geheimnisses, der über der größten zusammenhängenden Naturlandschaft der Erde liegt.

Die Riesenschüssel des Amazonas-Orinoco-Beckens – sie umfaßt ein Gebiet von etwa 4 Millionen Quadratkilometer, wovon 2,3 Millionen Quadratkilometer auf Brasilien entfallen – enthält die größte zusammenhängende Waldfläche (Karte 1) und die größte Zusammenballung von Lebensmasse (»Biomasse«) auf der Erde. Fast ein Fünftel ihres Holzvorrates steht in diesen Wäldern. Nach den Plänen der brasilianischen Regierung soll die Waldfläche in Brasilien bis zum Ende unseres Jahrhunderts weitgehend in Ackerland, Weide und Wirtschaftswald umgewandelt werden. Ähnliche Pläne bestehen in allen Anrainerstaaten. PRORADAM in Kolumbien und RADAM (Radar na Amazônica) in Brasilien sollen die hierfür nötigen Planungsunterlagen liefern. RADAM ist das wohl ehrgeizigste und großartigste Vorhaben einer Landesaufnahme, das je in Angriff genommen worden ist. Eine Gruppe von etwa 100 Fachleuten (Geologen, Bodenkundlern, Biologen, Land- und Forstwirten, Ökologen und Kartografen) hat im Jahre 1970 damit begonnen, die Nutzungsmöglichkeiten des brasilianischen

Über dem Titel: Verbreitung der geschlossenen Wälder auf der Erde. Der Regenwald des Amazonas-, Orinoko-, Guyanagebietes ist die größte geschlossene Waldlandschaft. – Quelle: Weltforstatlas, Bundesforschungsanstalt für Forst- und Holzwirtschaft.

Das Netz der großen Autostraßen im brasilianischen Amazonasbecken. Gepunktet: Ausdehnung des Regenwaldes. M = Manaus an der Mündung des Rio Negro in den Amazonas, B = Belem, SC = San Carlos de Rio Negro in Venezuela. Gestrichelt: Staatsgrenzen.

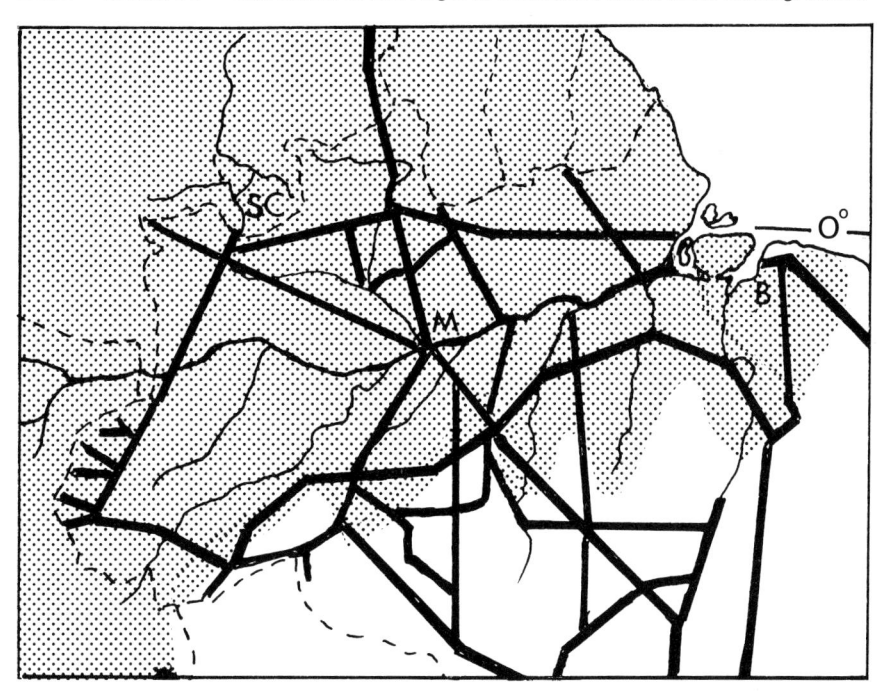

Soweit das Auge reicht, dehnt sich der immergrüne Regenwald – eine fast unberührte Landschaft, in der die indianische Urbevölkerung lebt, ohne das ökologische Gleichgewicht zu zerstören. Die Mündung des Casiqiuare in den Rio Negro.

Amazonasgebietes zu erkunden. Diese riesige Aufgabe soll noch in diesem Jahr gelöst werden. Es scheint, daß das Ziel erreicht wird. Doch bis dahin wird auch das amazonische Straßennetz weitgehend ausgebaut sein. Die wichtigste Voraussetzung für eine umweltgerechte, wirtschaftlich sinnvolle Erschließung ist die Trassenführung der Straßen. Sie wird unabänderlich entschieden sein (Karte 2), bevor die notwendigen Unterlagen für eine sinnvolle Planung der Landnutzung verfügbar sind.

In Belem werten Kartografen die Radarluftbilder aus und setzen daraus Luftbildkarten zusammen. Anschließend studieren Wissenschaftler von niedrig fliegenden Propellerflugzeugen aus Waldtypen und geologische Einzelheiten und fotografieren sie. Dann beginnt der abenteuerlichste Abschnitt des Vorhabens.

Hubschrauber lassen »Pfadfinder« mit der Seilwinde an ausgesuchten Stellen in den dichten Urwald hinab. Diese Vortrupps schlagen einen kleinen Hubschrauberlandeplatz in den Wald, auf dem Fachleute abgesetzt werden können, die im Umkreis der Landestelle Boden- und Gesteinsproben entnehmen, Pflanzen aller Art und Holzproben sammeln und den Waldbestand abschätzen. In den ersten drei Jahren sind hierbei sechs Hubschrauber ver-

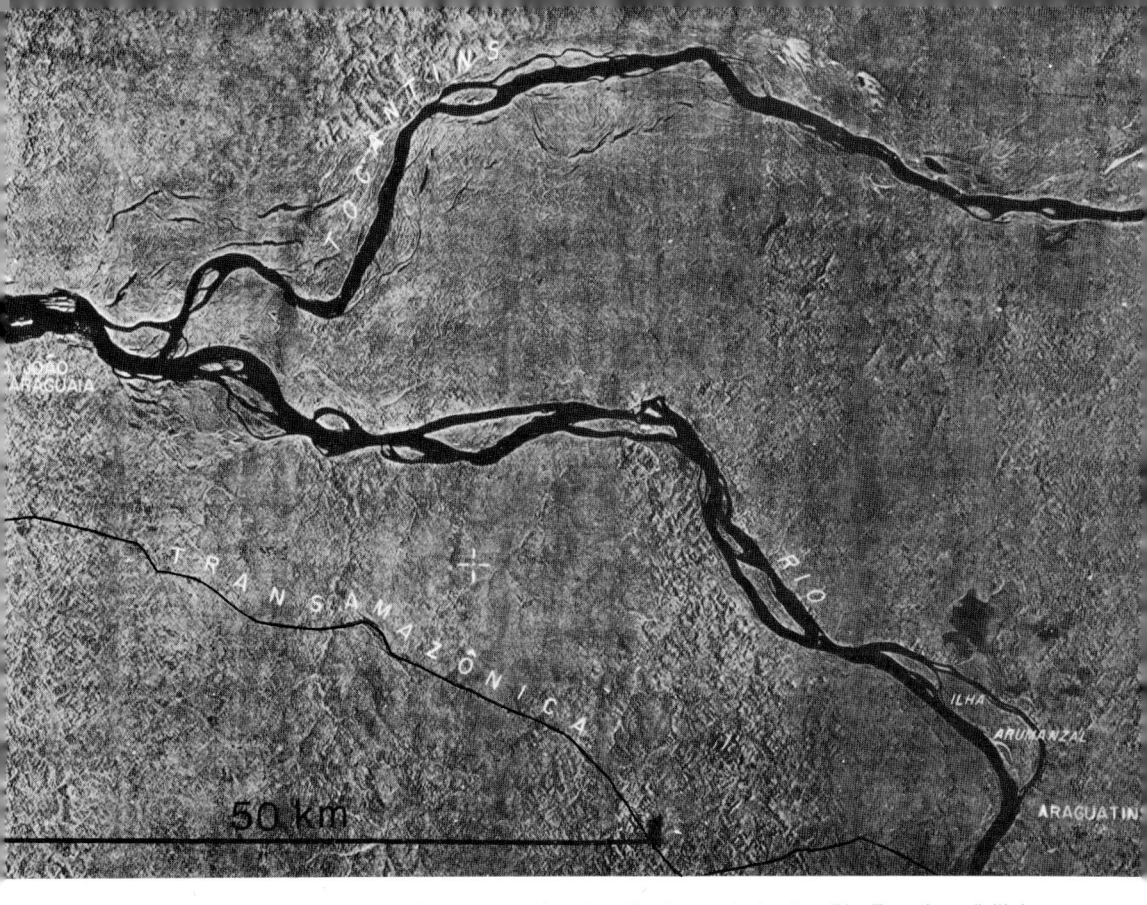

Radar-Luftbildkarte im Mündungsgebiet des Rio Araguaia in den Rio Tocatins südlich Belem. Das Gebiet ist fast völlig mit Urwald bedeckt. Die Transamazonica ist als haarfeiner Strich zu erkennen. Zu beiden Seiten soll der Wald 100 km weit gerodet werden.

lorengegangen. Bei zwei Flugzeugabstürzen verunglückten 13 Menschen tödlich.

Nachdem die Feldarbeit beendet ist, werden die Radarluftbilder, die Fotos, die Feldaufnahmen und die mitgebrachten und im Labor untersuchten Proben zusammen ausgewertet. Das Ergebnis ist ein Kartenwerk aus sechs Karten, das Angaben über Geologie, Geomorphologie, Bodenarten, Vegetation, Eignung für landwirtschaftliche und anderweitige Nutzung macht. Ein Textband beschreibt die Grenzen, die der Landnutzung durch die Beziehung der Lebewesen zu ihrer Umwelt gesetzt sind.

Ursprünglich war es das Ziel des gigantischen Unternehmens, durch den Bau der Transamazonica-Straße die Landflucht aus den Notstandsgebieten des Nordostens in die großen Städte aufzuhalten. Die von Dürre und Bodenzerstörung vertriebenen Bauern sollten in Amazonas eine neue Lebensgrundlage finden. Die Bevölkerungsdichte im Amazonas-Orinoco-Becken ist eine der niedrigsten auf der Erde. Im Staat Amazonas ohne die Stadt Manaus kommen etwa 0,3 Einwohner auf jeden Quadratkilometer, im Territorium Amazonas in Venezuela ist es 1 Einwohner auf zehn Quadratkilometer. Die wenigen Menschen leben an den Ufern der großen Ströme. Die Wälder

Schnurgerade frißt sich die Transamazonica durch die »Grüne Hölle«. Immer wieder machen die Regenfälle die rote Lateritdecke unbefahrbar, waschen die Straße weg. Typisch die geringe Landnutzung in dem gerade erst erschlossenen Gebiet.

zwischen den Strömen und die Oberläufe der Flüsse sind fast menschenleer. Die ursprüngliche Indianerbevölkerung, durch Menschenjagd und Seuchen stark vermindert, ist auf weniger als 100 000 Seelen zurückgegangen und lebt unstet und ungesichert, ständig auf dem Rückzug.

In dieses menschenleere Gebiet stoßen seit dem Jahr 1970 die Ingenieurbataillone der brasilianischen Armee vor, um die Natur mit Maschinen zu besiegen und den alten Traum vom Eldorado, vom sagenhaften Goldland, zu erfüllen. Über riesige Entfernungen wurden unter den schwierigsten Bedingungen Straßen gebaut. Die nördliche Autostraße von Macapa im Osten bis Mitu an der kolumbianischen Grenze ist 3430 Kilometer lang, die Autostraße von Brasilia über Manaus nach Caracas 5700 Kilometer. Das Hauptnetz des transamazonischen Straßenbauvorhabens hat eine Gesamtlänge von 13 000 Kilometer. Aber der Traum vom Eldorado ging nicht in Erfüllung. Der amazonische Regen wusch die Straßen so schnell weg, wie sie entstanden. Die mit dem Regenwald nicht vertrauten Siedler gaben den Kampf gegen Erosion, Unkraut, Ungeziefer und Krankheit auf. Selbst Bodenspekulanten und »internationale Multis«, die großen Konzerne, verzogen sich schließlich in die südlichen Randgebiete des Amazonasbeckens. Es blieb die Hoffnung auf Öl, Eisen, Bauxit und Schwermetalle.

Den Ursachen für diesen Mißerfolg wollen wir nachspüren, indem wir dem internationalen ökologischen Forschungsprojekt in San Carlos de Rio Negro, Territoria Amazonas, Venezuela, einen Besuch abstatten. Seit dem Jahr 1975 erforscht dort eine Gruppe venezolanischer, US-amerikanischer und deutscher Naturwissenschaftler mit geldlicher Unterstützung der Deutschen Forschungsgemeinschaft den Aufbau und den Haushalt des amazonischen Urwaldes. Sie möchte herausfinden, wie dieses verwickeltste aller Ökosysteme funktioniert.

Schon auf dem Flug nach San Carlos wird uns die große Vielfalt des tropischen Regenwaldes deutlich. Verschiedene Waldformen wechseln in rascher Folge. Buntheit und Rauhigkeit des Kronendachs deuten auf Artenreichtum und vielschichtigen Aufbau hin. Von San Carlos aus, mit 500 Einwohnern Kreisstadt eines Kreises von der Größe Baden-Württembergs, fahren wir im einzigen Jeep des Ortes über eine erst kürzlich fertiggestellte Erdstraße zur Versuchsfläche. Entlang der Straße wechseln sich weiße, sandige Podsolböden mit tiefroten Lateriten in rascher Folge ab. Mit dem an der Sonne verhärtenden Laterit ist auch die Straße gedeckt. Alle diese Böden sind außerordentlich arm an Nährstoffen. 4 Meter Regen im Jahr und hohe Temperaturen haben sie rasch ausgelaugt und altern lassen. Aber gerade diese Armut der Böden steht mit der großen Mannigfaltigkeit des Pflanzenwuchses in engem Zusammenhang. Es wird angenommen, daß der amazonische Regenurwald etwa 2500 Baumarten enthält. Allein in unserem Versuchswald von 28 Hektar haben wir im Jahr 1975 etwa 500 Baumarten gefunden. Diese Baumarten unterscheiden sich voneinander in den Ansprüchen, die sie an die Versorgung mit Licht, Wasser und Nährstoffen stellen.

Entlang dem Pfad, der in unsere Versuchsfläche führt, sehen wir, daß die verschiedenen Baumarten in Schichten angeordnet sind. Lichtbaumarten bilden die oberen Kronenschichten, schattenertragende Baumarten den Unterstand. Solch vielschichtiger Wald ist in der Lage, das hohe Angebot an Niederschlagswasser und Sonnenenergie und den geringen Nährstoffvorrat bestmöglich zu nutzen. Jeder verfügbare Raum wird mit Blättern und Wurzeln in vielfältiger Weise erfüllt. Die Lichtbaumarten im oberen Kronendach sind durch ihre Blattformen der hohen Strahlungsbelastung besonders angepaßt. Unterhalb des lichtdurchfluteten Kronendaches folgen Baumschichten, die sich auf die geringen durchscheinenden und im Tagesverlauf stark wechselnden Lichtmengen eingestellt haben. Diese Schichten haben eine wichtige ökologische Aufgabe. Sie bremsen wirksam den durch das Kronendach fallenden Regen und schützen so den Boden vor Abwaschung (Erosion). Die unregelmäßige Oberfläche des Waldes, das tiefgegliederte Kronendach und das reiche Blattwerk erhöhen die Aufnahme von Sonnenenergie und die Verdunstung bis zum äußersten. Das hat zur Folge, daß die Pflanzen dem Boden mehr Wasser entziehen, damit mehr Nährstoffe aufnehmen und üppiger gedeihen. Auf diese Weise werden die Nährstoffe in der großen und vielfältig gegliederten Biomasse gespeichert. Dieser Umstand und die Tatsache, daß Mikroorganismen, Epiphyten, Bäume und Tiere eng in ihren Bedürfnis-

Links: Der Wald ändert sich mit den Bodenverhältnissen. Bei diesem Bestand auf dürregefährdetem Standort wird das obere Kronendach aus harten, graugrünen, steilgestellten Blättern gebildet. Die Blätter im Unterstand sind frischgrün, stehen flach und filtern Sonnenlicht und Niederschlag in bestmöglicher Weise (MAD-Projekt, San Carlos de Rio Negro). Alle Fotos Prof. Dr. E. F. Brünig

sen verflochten sind, sorgen für einen ausgeglichenen Haushalt der Lebensgemeinschaft und verhindern vor allem, daß Nährstoffe verlorengehen.

Nach einigen hundert Metern ändert sich das Waldbild. Das Kronendach ist niedriger und glatter, die Blätter sind kleiner und härter, mehr Licht dringt in den Unterstand ein, trotzdem ist auch er weniger üppig. Wir bemerken, daß die Baumarten wechseln und der Artenreichtum abnimmt. Wenn wir mit der Machete in die Rinde der Bäume hauen, so quillt bei fast allen

Mitte: Die Mannigfaltigkeit der Lebensformen und der Artenzusammensetzung erhält das ökologische Gleichgewicht. – Rechts: Zellstoffholzplantage am Irarifluß. Das hohe Kronendach und die geringe Blattmasse im Unterstand setzen den Boden starkem Regenschlag aus. Die einseitige Nährstoffaufnahme und Erzeugung von Spreu der Monokultur läßt den Boden chemisch und biologisch verarmen.

Arten dickflüssiger Milchsaft oder zähes Harz heraus. Das Holz unter der Rinde ist hart und dunkel. Wir befinden uns hier auf flachgründigen, äußerst nährstoffarmen Böden, die gelegentlich austrocknen. Die Baumarten hier können starke Sonneneinstrahlung ertragen, auch ohne daß sie zur Kühlung Wasserdampf durch die Spaltöffnungen der Blätter abgeben. Durch langsames Wachstum und Langlebigkeit werden die Nährstoffverluste verringert, die beim Abbau absterbender Bäume unweigerlich eintreten.

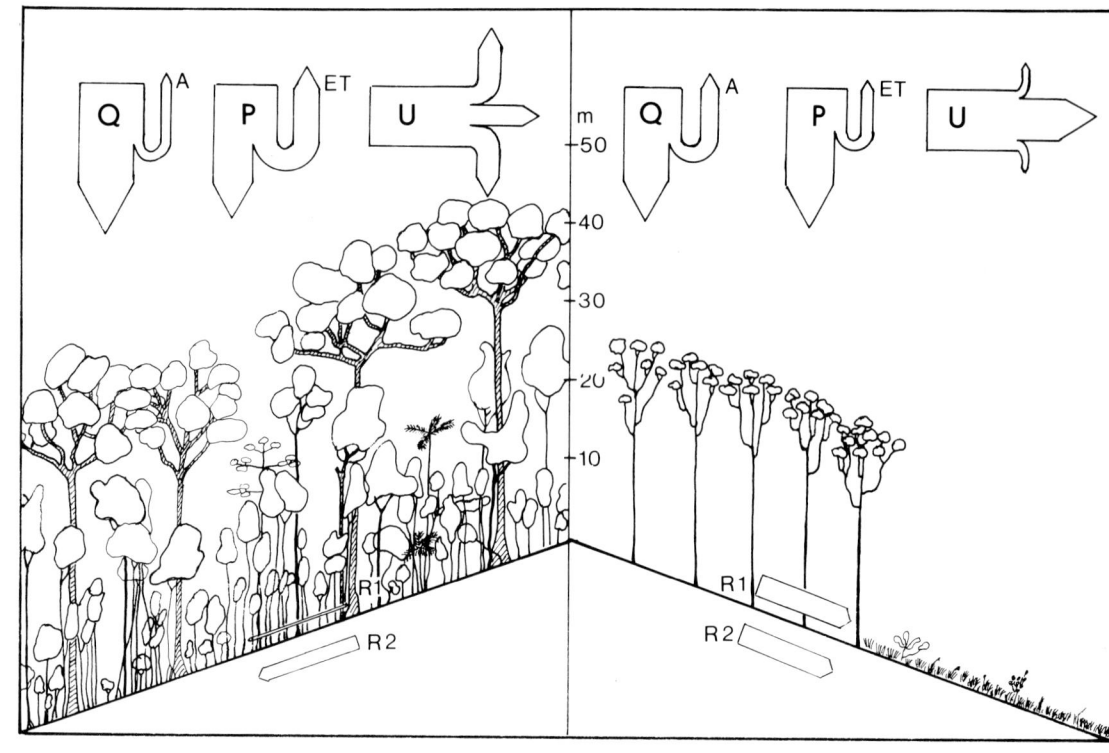

Die Darstellung zeigt, in welchem Verhältnis sich Strahlungseinwirkung, Wasserhaushalt und Windfeld nach Rodung und Ersatz des Urwalds durch Plantagen, Weiden oder Äcker verändern. Q = Lichteinstrahlung, A = Albedo (reflektierender Anteil des einstrahlenden Lichtes), P = Niederschlag, ET = Verdunstung, U = Wind, R_1 = Wasserabfluß auf der Bodenoberfläche, R_2 = Wasserabfluß im Boden. Die Breite der Pfeile entspricht dem jeweiligen Anteil am Eingangswert.

Schließlich führt uns der schmale Urwaldpfad zu einem Teil des Versuchswaldes, wo auf zehn 50 mal 100 Meter großen Parzellen der gesamte Baumbestand gefällt worden ist. Hier soll über viele Jahre hin untersucht werden, was geschieht, wenn auf größeren Flächen der Wald vernichtet und durch Baumplantagen oder landwirtschaftliche Kulturen ersetzt wird. Wir können heute schon voraussagen, daß sich derartige Eingriffe vor allem auf das örtliche Klima und den Bodenhaushalt auswirken werden, wie die Zeichnung oben zeigt. Die Aufnahme von Sonnenstrahlung nimmt ab, die Rückstrahlung zu. Es verdunstet weniger Wasser, Oberflächenabfluß, Erosion, Bodendurchwaschung und Nährstoffverluste steigen drastisch an. Die Folgen bleiben nicht auf den Ort des Kahlschlages beschränkt. Urwaldrodungen, wie sie die Pläne der brasilianischen Regierung vorsehen, werden das ganze Amazonasflußgebiet verändern, die Fischerei beeinträchtigen und die Strömungen im Amazonasdelta und an der Küste bis in die Karibik hinein umgestalten. Die Änderung des Strahlungshaushaltes wird das Klima der ganzen Erde beeinflussen. Simulationsrechnungen an Modellen der Erdatmosphäre deuten darauf hin, daß infolge der Rodung der Amazonaswälder Niederschläge und Temperaturen auf der ganzen Welt sinken werden. Die Vernichtung der Wälder setzt je Hektar etwa 800 Tonnen Kohlendioxyd (CO_2) frei, von denen etwa 300 Tonnen für längere Zeit in der Atmosphäre verweilen werden. Würde der Plan der brasilianischen Regierung, die Hälfte der amazonischen Wälder zu roden, tatsächlich verwirklicht, so stiege der CO_2-Gehalt der Erdatmosphäre um etwa 7 Prozent. Die Auswirkungen auf das Klima sind heute noch gar nicht abzuschätzen. Das Ergebnis des Transamazonica-Programms wäre: zerstörte Böden, verschlechtertes Zusammenwirken von Umwelt und Lebewesen und vergeudete Leistung der Siedler in Amazonien, und das alles für den Preis eines gestörten Weltklimas und unabsehbarer Folgen in den Wechselbeziehungen des Klima- und Wasserhaushaltes von Amazonas und Karibik.

Die Ernährung und die Rohstoffversorgung der Weltbevölkerung wird immer schwieriger. Im Regenwaldgebiet liegt die größte Reserve der Erde an nutzbarer Landfläche. Der Regenwald ist umgeben von Notstandsgebieten. Er muß genutzt werden. Die Frage ist nur, wie und in welchem Umfang.

Das UNESCO-Programm »Der Mensch und die Biosphäre« (MAB) hat die Untersuchung, wie das Regenwaldgebiet genutzt werden könnte, an die Spitze ihrer Liste gestellt. Das Vorhaben in San Carlos ist das erste dieser Art, das im Rahmen des UNESCO-Programms angelaufen ist. In den nächsten Jahren werden deutsche, venezolanische und US-amerikanische Wissenschaftler die langfristigen Folgen untersuchen, die bei der Umwandlung des Urwaldes in verschiedene Wirtschaftsformen mit unterschiedlichem Aufbau der Pflanzendecke zu erwarten sind. Wir können die Ergebnisse nicht vorausschätzen. So viel ist aber heute schon mit Sicherheit zu sagen: Die Lösung wird nicht in Richtung des ursprünglichen Transamazonica-Programms liegen. Der massive Einsatz importierter Technologie und gebietsfremder bäuerlicher Einwanderer und die großflächigen Rodungen zur Viehzucht in großem Maßstab sind aus umweltbedingten Gründen zum Scheitern verurteilt. Daran wird auch eine bessere Kenntnis des Zusammenspiels der Lebensvorgänge im Regenwald wenig ändern. Die Antwort wird eher in der Richtung liegen, die schon heute von der venezolanischen Regierung eingeschlagen wird.

Statt des früheren Programms der »Conpuista del Sur«, der Eroberung des amazonischen Südens, lautet heute die Parole: behutsame Entwicklung des Gebietes, indem man die am jeweiligen Ort vorhandene natürliche und menschliche Leistungsfähigkeit schrittweise mobilisiert. Statt die natürlichen Waldgemeinschaften und die in sie eingefügten Menschen zu vernichten, sollen an ausgewählten Plätzen land- und forstwirtschaftliche kommunale Entwicklungsvorhaben entstehen, die den örtlichen Bedingungen und den Bedürfnissen der Bevölkerung angepaßt sind. Einförmige, großflächige Holzplantagen und riesige Weideflächen, auf denen Vieh für Fleischfabriken gezüchtet wird, passen nicht in den Regenwald, sondern gehören in die ihn umgebenden Savannen.

Kunst im Alltag

Die Tunnelbahn von Stockholm   FRITZ-DIETER KEGEL

Am 31. August 1975, 25 Jahre nachdem in der schwedischen Hauptstadt Stockholm die erste Teilstrecke der »Tunnelbana« eröffnet worden war, weihte der König der Schweden, Carl XVI. Gustav, in Anwesenheit von zahlreichen geladenen Gästen eine neue Linie feierlich ein. Tunnelbana oder kurz T-Bana heißt wörtlich Tunnelbahn; sinngemäß ins Deutsche übertragen ist das die U-Bahn. Stockholm hat damit eine einmalige Leistung finanzieller und technischer Art vollbracht, aber auch die Gestaltung der Anlagen dieser Bahn ist außergewöhnlich.

Beim Bau der ersten Strecke hat man es geschickt verstanden, mit dem U-Bahnvorhaben Stadtteile zu sanieren, völlig neu anzulegen und zugleich auch die neuen Wohnsiedlungen am Stadtrand an die City anzuschließen. Heute ist die T-Bana fast 90 Kilometer lang und hat 87 Bahnhöfe. Keine andere europäische Stadt konnte innerhalb eines Vierteljahrhunderts ein zusammenhängendes U-Bahnnetz solcher Länge in Betrieb nehmen. In Stockholm wohnen rund 700 000 Einwohner; in Groß-Stockholm, wenn man die umliegenden Wohnstädte und Gemeinden also mitrechnet, sind es unge-

Linke Seite: Eine vorbildliche Idee: Die Stockholmer haben auf den Neubaustrecken ihrer Tunnelbahn die Stationen in einmaliger Weise künstlerisch gestaltet. Wie natürliche Felsklippen erscheinen die Wände der Station Fridhemsplan, Schiffsmodelle und nautische Symbole verstärken den Eindruck einer Küstenlandschaft noch.

Oben: Jeder Bahnhof hat seinen eigenen Charakter – die Station Hollonbergen, was soviel wie Himbeergebirge heißt. Die Künstler haben hier Kinderzeichnungen als Vorlage genommen und die lustigen Malereien und Kritzeleien stilgetreu übertragen.

fähr 1,1 Millionen Menschen. Obwohl die Einwohnerzahl Hamburgs beispielsweise um die Hälfte größer ist, ist die Hamburger U-Bahn nicht länger als die von Stockholm.

Dreh- und Angelpunkt des gesamten Tunnelbahnsystems ist die Station T-Centralen. Hier kreuzen sich die drei Strecken Tb 1, Tb 2 und Tb 3, und zudem besteht die Möglichkeit, in die Vorort- und Fernzüge der Staatsbahn umzusteigen, da T-Centralen und der Hauptbahnhof dicht beieinanderliegen. Das Umsteigen von den Zügen der Tb 1 auf die Züge der Tb 2 ist vorbildlich gelöst. In einem zweistöckigen, unterirdischen Bahnhof halten die Züge jeweils einer Strecke in entgegengesetzter Fahrtrichtung an einem gemeinsamen Mittelbahnsteig. Beide Züge fahren immer zugleich ein, so daß ein Umsteigen »über Ecke« durch ein paar Schritte quer über den Bahnsteig rasch und bequem vonstatten geht. Das Umsteigen in gleicher Fahrtrichtung erfolgt auf dieselbe Weise an der nächsten Station, nur mit dem Unterschied, daß hier in einem viergleisigen Bahnhof die Züge in gleicher Fahrtrichtung nebeneinander halten. Will man auf der Station T-Centralen zur Tb 3 umsteigen, muß man sich über Rolltreppen oder Aufzüge noch ein Stockwerk tiefer begeben. Der Bahnhofsteil der Tb 3 liegt unter dem Bahnhofsteil der Tb 1/ Tb 2, schräg dazu, tief im Fels.

Die Strecke Tb 1 bestand anfangs aus zwei Abschnitten: einer alten, ausgebauten Vorort-Straßenbahnlinie im Süden und einem neueren Abschnitt zwischen Stadtmitte und der Vorstadt Vällingby im Westen. Erst später konnten diese beiden Teilstrecken mit der Eröffnung des bautechnisch schwierigen Mittelabschnitts Hötorget–Slussen zu einer durchgehenden Linie zusammengeschlossen werden. Der teilweise parallel verlaufende Tunnel für die spätere Tb 2 wurde einschließlich der Umsteigestationen gleich mitgebaut.

Tb 2 verläuft zum großen Teil in Felstunneln, die aus dem Berg herausgesprengt wurden. Der felsige Untergrund, auf dem weite Teile von Stockholm errichtet sind, läßt eine verhältnismäßig einfache Tunnelbauweise zu, ähnlich wie in einem Bergwerk. Beim Bau der Tb 2 wurde diese Tunnelbautechnik durch neue Sprengmethoden weiter verbessert und der Ausbruch so weit mechanisiert, daß die Strecke teilweise billiger kam als eine oberirdisch verlaufende Bahn. Weder fielen Grundstückskosten an noch wurde der Straßenverkehr während der Bauarbeiten gestört, noch mußten Versorgungsleitungen und Kanalisationen verlegt werden. Die Verlängerung der Tb 2 im Norden von Stockholm im Jahr 1973 bis zur Technischen Hochschule und Anfang 1975 weiter bis zur Universität war besonders bedeutungsvoll. Die drei neuen Bahnhöfe der Strecke, die ganz durch Felstunnel führt, waren in einer neuen, ungewöhnlich künstlerischen Art ausgestaltet worden. Diese Stationen markieren den Beginn eines modernen Abschnitts in der Stockholmer U-Bahn-Architektur.

Die Tb 3, die wenig später, an jenem 31. August, eröffnet werden konnte, war bereits in ihrer gesamten Länge in der neuen Art gebaut worden. Waren es anfangs die schnelle und folgerichtige Entwicklung des U-Bahnnetzes mit seinen zweckmäßig gestalteten Verknüpfungspunkten und die einfallsreichen Baumethoden gewesen, die nicht nur die Fachleute beeindruckt hatten, so bewunderte man bei der Tb 3 in erster Linie die einmalige künstlerische Ausschmückung der Bahnhofsanlagen. Die gesamte 13,7 Kilometer lange Strecke mit elf Bahnhöfen einschließlich eines mehrgleisigen Abstellbahnhofs liegt in Felstunneln. Bei einer so langen unterirdischen Bahn mußte jede der Stationen, wollte man eine Eintönigkeit vermeiden, ihr eigenes Gesicht bekommen. Chefarchitekt Michael Granit (ein bezugsvoller Name zu den Felstunneln, denn Granit heißt Granit auf deutsch und schwedisch) sagt: »Um ein abwechselndes Milieu als Ausgleich für den Verlust der Landschaft, die man unterfährt, zu bekommen, ist die künstlerische Gestaltung von großer Bedeutung. Sie gibt jeder Station ihr besonderes Aussehen und erleichtert das Zurechtfinden.«

Hatte man früher in den Stationen die Felswände und die Decke mit glatten Betonwänden und Gewölben verkleidet, so verwendete man jetzt zum ersten Mal Spritzbeton. Dabei wird ein Gemisch aus grobem Sand, Zement und Wasser mit hohem Druck aus einem Schlauch über eine Düse an den rauhen Fels gespritzt. In mehreren Lagen wird eine durchschnittlich sieben Zentimeter dicke Schicht, die mit Stahlgeflecht durchsetzt ist, aufgetragen. Sorgt man noch für eine ausreichende Entwässerung, wird das Felsgestein auf solche Weise standfest. »Diese Wand bildet«, meint Michael Granit, »ein Gegengewicht zu der glatten und leicht zu pflegenden Oberfläche der Terrazzosockel und -böden.« Eine mit Spritzbeton ausgekleidete Station läßt sich mit einer Grotte vergleichen, die jetzt gemütlich und menschenwürdig gemacht werden muß.

Dafür gibt es in Schweden viele engagierte Künstler und sogar einen Verkehrs-Kunstausschuß. Dieser Ausschuß bildete für jede T-Bana-Station eine Arbeitsgruppe und forderte drei bis vier Künstler auf, Gestaltungsideen zu skizzieren. Die örtlichen Gegebenheiten berücksichtigend, wurden dann mehrere Entwürfe angefertigt. Sie gaben die Grundlage für den endgültigen Auftrag an den Künstler ab. Der Vorsitzende des Kunstausschusses meint: »Eine solch eigentümliche Umwelt wie die Tunnelbahn stellt große Anforderungen an die Künstler. Es gibt Grenzen gestalterischer wie technischer Art. Die Ausschmückung muß dem Bahnbetrieb gerecht werden, und ihr Inhalt darf niemanden abstoßen. Sonst haben wir den Künstlern keinerlei Vorschriften gemacht, ihnen vielmehr soweit wie möglich freie Hand gelassen. Es hat sich gezeigt, daß Künstler geradezu wunderbare Fähigkeiten haben, sich in die Aufgabe hineinzudenken und sie zu meistern.«

Das, was die Künstler und Maler untertags in den elf jeweils 180 Meter langen Grotten der Järvabahn, wie die Tb 3 auch genannt wird, sowie in den neueren Stationen der Tb 2 geschaffen haben, läßt sich in Worten nur unvollkommen beschreiben. Die Bilder drücken es viel besser aus. Trotzdem wollen wir hier einige der Bahnhofs-Kunstwerke ein wenig erklären. Nicht nur das Spiel der Formen und Farben soll beeindrucken; es ist genauso fesselnd zu erfahren, wie sie entstanden sind und was der Künstler sich bei seinem Werk gedacht hat – was er seinen Mitmenschen, den täglichen U-Bahn-Benutzern, sagen will.

Der neue Bahnhofsteil von T-Centralen ist ganz in blauen und weißen Farbtönen gehalten, großflächig sind Pflanzen und Blumen auf die Wände und an die Decke gemalt. Die Motive hat der Künstler P. O. Ultvedt den Malereien in einer nordischen Landkirche nachempfunden. Er sagt: »Ich habe deren weißgetünchte Wände mit ihren Motiven schon immer bewundert und gedacht, daß es sehr aufregend sein müßte, in einer solchen Kirche zu malen.« Und tatsächlich, die Quertunnel zwischen den beiden Bahnsteighälften wirken wie Kirchengewölbe. Ultvedt hat in der Tunnelbahn die gleiche Technik und die gleichen Gesetze angewendet wie seinerzeit die Kirchenmaler. Die Abmessungen waren jetzt allerdings gewaltiger. Mit zwei Malern und einigen Akademie-Schülern zusammen hat der Künstler mit großen Zimmermannsbleistiften die Motive vorgezeichnet und dabei acht

Die Station Stadshagen steht unter dem Leitmotiv des Sports. Die Bilder, die hier als Wandschmuck dienen, zeigen Szenen aus den verschiedensten Sportarten. Sie sind auf große Aluminiumtafeln gemalt und können ausgetauscht werden.

Kilometer Bleistiftstriche gezogen. In 28 Tagen war die ganze Arbeit getan. »Wir haben eine Gesamtumgebung geschaffen; ich wollte nicht mich verewigen, sondern es war meine Absicht, möglichst viel Schmuck und weniger, fragwürdige und schwierige Kunst hervorzubringen«, meint Maler Ultvedt zu seinem Werk.

Die folgende Station Rådhuset wirkt, wenn man von einer langen Rolltreppe oder dem parallellaufenden Schrägaufzug in eine Tiefe von 30 Meter hinunter befördert worden ist, wie ein Museum. Die Tunnelbahnstation liegt auf geschichtlichem Boden, in dem die Bebauung des alten Stadtteils Kungsholmen versunken ist. Beim Ausschachten der Stationstunnel stieß man hier und dort auf Überreste, Zeugen der Vergangenheit, die man, wenn möglich, an Ort und Stelle beließ. An dem einen Bahnsteigende fand man die Grundmauern eines alten Fabrikschornsteins und am anderen Ende einen fast schon

Bei den Ausschachtungsarbeiten für die Station Rådhuset stieß man auf das Fundament eines alten Fabrikschornsteins. Man ließ es stehen und bezog das Mauerwerk mit in die architektonische Gestaltung des Bahnsteigs ein. Eine besonders originelle Lösung.

versteinerten Holzstapel. Man hat sie an ihrem Platz belassen. Ein außergewöhnlicher Zufall wollte es, daß der Tunnel, durch den das nördliche Gleis führt, in einem ornamentreichen Portal aus dem 17. Jahrhundert mündet. Alle diese Überreste sind dabei zu versteinern und haben schon die schwachrosa Färbung des Berges angenommen. In dieser übrigens schwer zu mischenden Farbe ist auch der neue Spritzbeton gestrichen.

Die Station Fridhemsplan wurde von Ingegerd Möller und Torsten Renqvist gestaltet. Die Künstler waren traurig darüber, daß der Spritzbeton den natürlichen Felsen verkleisterte, vergleichbar mit einem Theaterberg aus Papiermaché. Sie wollten den Eindruck von richtigem Stein wiederherstellen, allerdings in einer vom Dinglichen gelösten, übertreibenden Form. Auf den Untergrund aus Beton- und Silikatfarbe wurden mit Latexfarbe helle und dunkle Zonen aufgetragen, die den Bohuslänska-Klippen,

Anziehend und menschlich wirken die tagtäglich von vielen Tausenden benutzten U-Bahnstationen in Stockholm, bei denen man die Tatsache, daß die Stadt auf Granitgestein steht, geschickt ausgenutzt hat. Farbenfrohe Malereien stimmen die Menschen heiter und erleichtern zugleich das Zurechtfinden. Oben links T-Centralen, das nach Art einer nordischen Dorfkirche gestaltet ist, rechts oben und unten Solna Centrum, mit seinen gleichnishaften Wandgemälden, in der Mitte die Station Alby und unten links Tensta, geschmückt mit phantasievollen Motiven aus fremden Ländern. Alle Fotos Sten Vilson

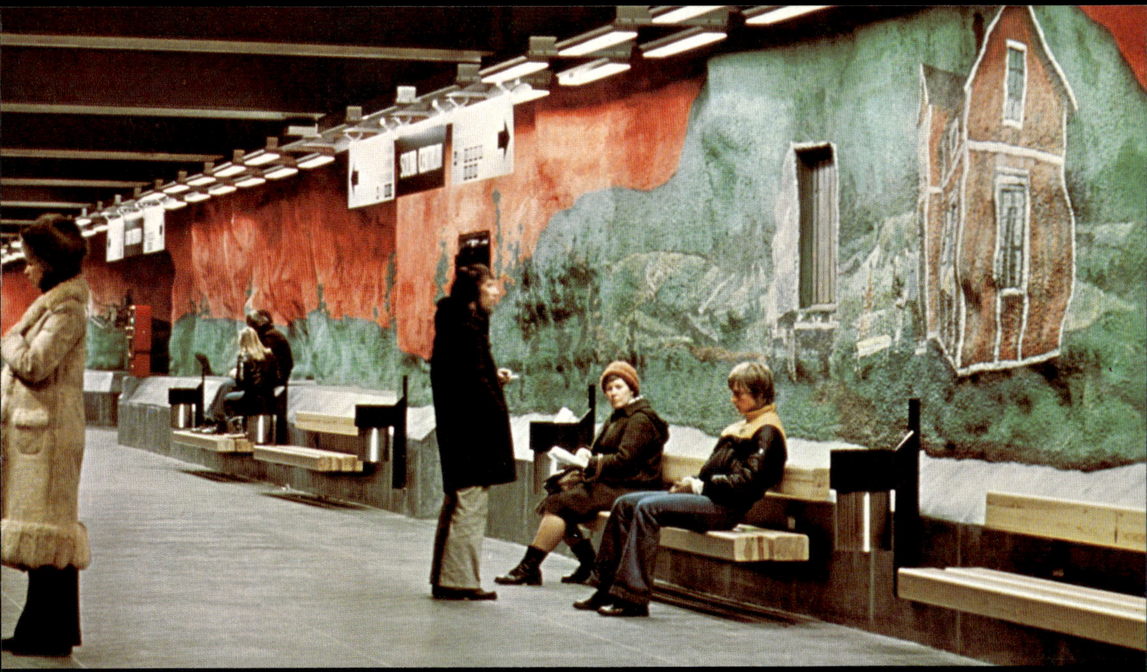

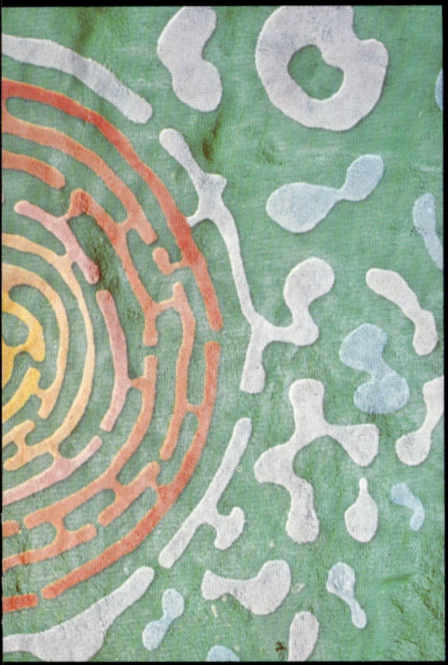

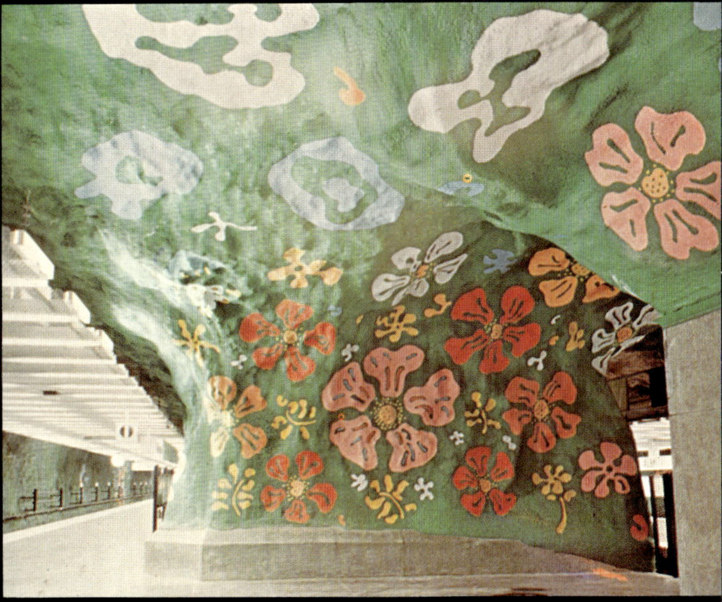

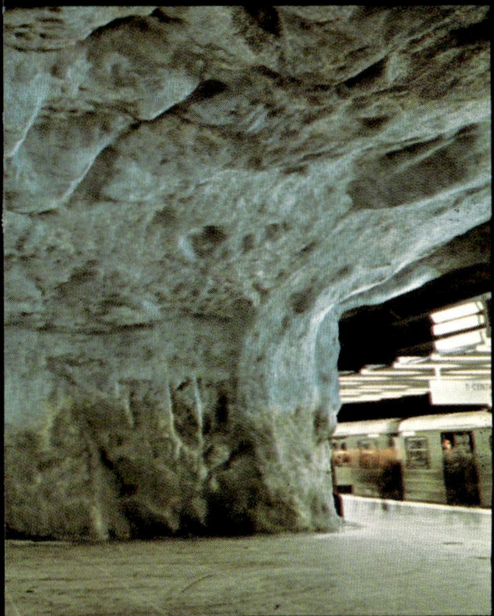

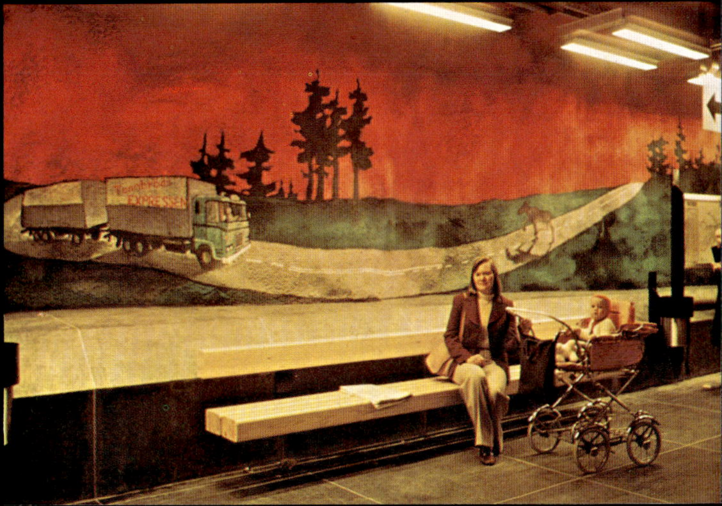

Immer wieder neue Motive entdeckt das Auge auf den Tunnelwänden von Hollonbergen. Die Beschäftigung mit den ebenso lustigen wie abstrusen Kinderzeichnungen hilft die Wartezeit bis zum Eintreffen des nächsten U-Bahnzuges verkürzen – Teil des längsten Kunstwerks der Welt, wie die Stockholmer stolz die neue U-Bahnstrecke nennen.

einer Küstenlandschaft bei Göteborg, ähneln und ein entsprechendes Gefühl erzeugen sollen.

In der Station Stadshagen, in deren Nähe sich Sportanlagen befinden, hat man Bilder mit Motiven aus dem Bereich des Sports aufgestellt. Die Bilder, auf gefalztes und einbrennlackiertes Aluminiumblech gemalt, sind austauschbar. Der Kunstausschuß wollte so eine eigene »Untergrund-Artothek« (Kunstsammlung) schaffen und die Bilder von Zeit zu Zeit auswechseln. Wie Reklametafeln sollen sie auch auf anderen Stationen aufgestellt werden. Hierfür hatte man im Jahr 1973 einen Wettbewerb veranstaltet, bei dem 27 Vorschläge prämiert wurden, sieben davon sind ausgeführt worden.

Sieben dreidimensionale, zeitkritische und märchenartige Bilder haben die Künstler Karl Olov Björk und Anders Åberg in der Station Solna

Centrum gemalt. Die Station selbst sehen sie als bullige Grotte mit rotem Himmel und grünen Bergen, worauf Motive dargestellt sind. Unter anderem haben sie einen romantischen Ausflug im Ruderboot auf einem See gemalt, bei dem die Umweltverschmutzung im Schilf lauert, und eine Szene, in der die Schrebergartenhäuser über den Zaun eines Palastes vordringen, was ein Fortschreiten der Demokratisierung versinnbildlichen soll.

Elis Eriksson und Gösta Wallmark wiederum waren der Meinung, daß beim Tunnelbahnbau zu wenig für die Kinder getan würde. Die Künstler gestalteten die Station Hollonbergen, was soviel wie Himbeergebirge bedeutet, unter diesem Gesichtspunkt. Sie hatten zuerst vor, Kritzeleien auf den Wänden älterer Stationen zu sammeln und sie in der neuen Station als Chronik zu verewigen. Das erwies sich aber wegen der zu umfangreichen Vorarbeit als unmöglich. Statt dessen haben die Künstler Kinderzeichnungen als Vorlagen genommen. Gösta Wallmark griff dabei auf Zeichnungen seiner eigenen Kinder zurück sowie auf Bilder, die er selbst als Kind gemalt und die seine Mutter aufbewahrt hatte. Die Grundidee war, die kindlichen Vorlagen möglichst nicht zu verändern. Deshalb übten die Maler auf Karton, im Stil der Kinder zu malen, bevor sie die Zeichnungen auf die Spritzbetonwände übertrugen.

Letztes Beispiel soll Tensta, die vorletzte Station der neuen Strecke, sein. »Ich will den Menschen Freude und Phantasie geben und auch das Gefühl für Zusammengehörigkeit wecken«, meint Helga Henschen, die hier als Künstlerin wirkte. In Tensta wohnen nämlich viele Zuwanderer aus anderen Ländern. So hat die Malerin Motive verwendet, die Kinder in der Schule als Erinnerung an ihre Heimatländer gemalt haben. An manchen Stellen hat sie »gute, allgemeingültige« Sprüche eingestreut. Zum Beispiel ist auf einer der Tunnelwände zu lesen: »Verdammt nicht die Dunkelheit, zündet eine Kerze an«, oder an einem anderen Platz steht auf englisch der Spruch vom Ausgangstor eines amerikanischen Gefängnisses: »Heute ist der erste Tag vom Rest deines Lebens!« – An der Gleisseite des Bahnhofs zieht sich das Wort »Gemeinschaft«, in 18 verschiedenen Sprachen auf Platten geschrieben, entlang, und zur Begrüßung der Einwanderer hat Helga Henschen eine große Rose auf eine Bahnhofsstirnseite gemalt.

Das, was Helga Henschen und alle ihre Kollegen in Stockholm geschaffen haben, ist im wahrsten Sinne des Wortes Kunst im Alltag. Sie läßt nicht nur das täglich von vielen tausend Menschen benutzte Verkehrsmittel U-Bahn freundlicher und anziehender erscheinen, sie macht es auch menschlicher, und sie kann ab und zu sogar noch etwas Sinnvolles aussagen. Jedenfalls gibt die ungewöhnliche U-Bahn von Stockholm, die bereits den Beinamen »längstes Kunstmuseum« – vielleicht sollte man richtiger Kunstwerk sagen – hat, etwas von der Lebenseinstellung nordischer Menschen wieder. Ein Schwede, der schon länger in Westeuropa lebt und Bilder von den T-Bana-Stationen sah, bestätigte das: »So etwas gibt's nur in Schweden – echt skandinavisch!« Er muß es ja wissen.

Raupen, Treppen und Sterne
PETER HAGGENMILLER

**Figurenspringen im freien Fall –
eine neue Art des Fallschirmsports**

Die 2-Mann-Basis ist bereit. Der Floater und der vierte Mann schütteln ... (großes Bild).

Oben: Dicht an dicht verlassen die Formationsspringer das Flugzeug.

Mitte: Landung. Deutlich ist die rechteckige Form des Schirms zu erkennen.

Unten: Am Boden wird jeder Handgriff geübt.

Copyright IKARUS Fallschirmwerbung GmbH, München, Fotos Peter Haggenmiller

Motorengedröhn. Im Halbdunkel der Pilatus »Turbo-Porter« sitzen zehn Springer, dicht gedrängt, am Boden. Mein Nebenmann klopft auf seinen Höhenmesser: 3000 Meter. Wir sind auf Absprunghöhe. »Noch drei Minuten!« Cocki, der Absetzer, ruft es aus dem Heck der Maschine. Erleichtertes Aufatmen. Eine halbe Stunde eingeklemmt in einem sonst sechssitzigen Flugzeug. Wiggerl hockt mit seiner schweren Schirmausrüstung auf meinen Beinen. Brillen und Helme werden aufgesetzt. Hilfreiche Hände schieben und ziehen, nacheinander stehen alle auf. Blut schießt in die prickelnden Füße, endlich wieder stehen. Es wird lauter und heller, die Absprungtür ist offen. »Fünf Grad rechts.« Cocki, sich an der Tür festklammernd, hält wieder den Kopf nach draußen. Der Fahrtwind zerrt an seinem Gesicht. Nur einer ist für den Anflug verantwortlich; wehe, wir landen nicht am richtigen Platz! »Gerade!« – der Ruf wird zum Piloten weitergegeben. Dieser nickt: keine Korrektur erforderlich; der Kurs stimmt. Handschuhe anziehen – die Außentemperatur liegt trotz des herrlichen Sommerwetters unter null Grad Celsius. Im Freifall bei 200 Kilometer Geschwindigkeit in der Stunde doch eine recht empfindliche Kälte.

»Fertigmachen!« Hinten klettert Tom aus der Tür und hängt dann außerhalb der »Porter«. In der Luke stehen sich die zwei Basisspringer gegenüber. Cocki als vierter mit dem Kopf zwischen den beiden und die weiteren Springer in Reihe dicht hintereinander. Ich bin letzter Mann. Mit beiden Händen halte ich mich am Fallschirm des Vordermannes fest.

»Cut!« Das Zeichen für den Piloten, die Maschine zu drosseln. Ich schreie das »Fertig zum Sprung« zur Türe. »Drei – zwei – eins!« Alle Springer brüllen diesen Countdown mit und schieben Richtung Luke. Je dichter alle beim Absprung zusammen sind, desto schneller kommt unser Zehn-Mann-Stern zustande. Das ist unser Ziel: schnell einen großen Stern!

»Go!« Raus – wie ein Zug trampelt, klappert und schiebt die Reihe zur Öffnung, zur Maschine hinaus. Nur nicht loslassen. Da, die Türe, ein Schlag gegen meine Schulter. Und dann gleißendes Licht. Fahrtwind, Erde und blauer Himmel. Wiggerl reißt ab, und ich bin allein; überall spüre ich Luft und Wind. Die Maschine ist unter mir? Schnell den Überschlag beenden. Rasch, nicht verschlafen – der Stern muß gebaut werden. Das Luftpolster trägt, ich sehe aus den Augenwinkeln die Crew vor mir. Eine kleine Drehung, und jetzt im Sturzflug hinterher. Das sind meine Vorteile im Team: schnell im Einholen, richtig im Anflug und leicht. Am Stern falle ich nicht so schnell vorbei!

Schräg unter mir liegen die ersten beiden Springer im Anflug zueinander. Drei Sekunden sind schon seit dem Absprung verstrichen. Da, sie haben sich, halten sich an den Händen. Für mich heißt es jetzt bremsen, nur noch dreißig Meter zum Stern. Die Arme und Beine weit auseinander, das sichert den Abstand zur Zwei-Mann-Basis. Tom, der Floater, ist beim Einfliegen: Dreier-Stern nach sechs Sekunden! Floater liegen beim Absprung tiefer als die Basisspringer; die zehn Meter steigen sie durch weites Abspreizen von

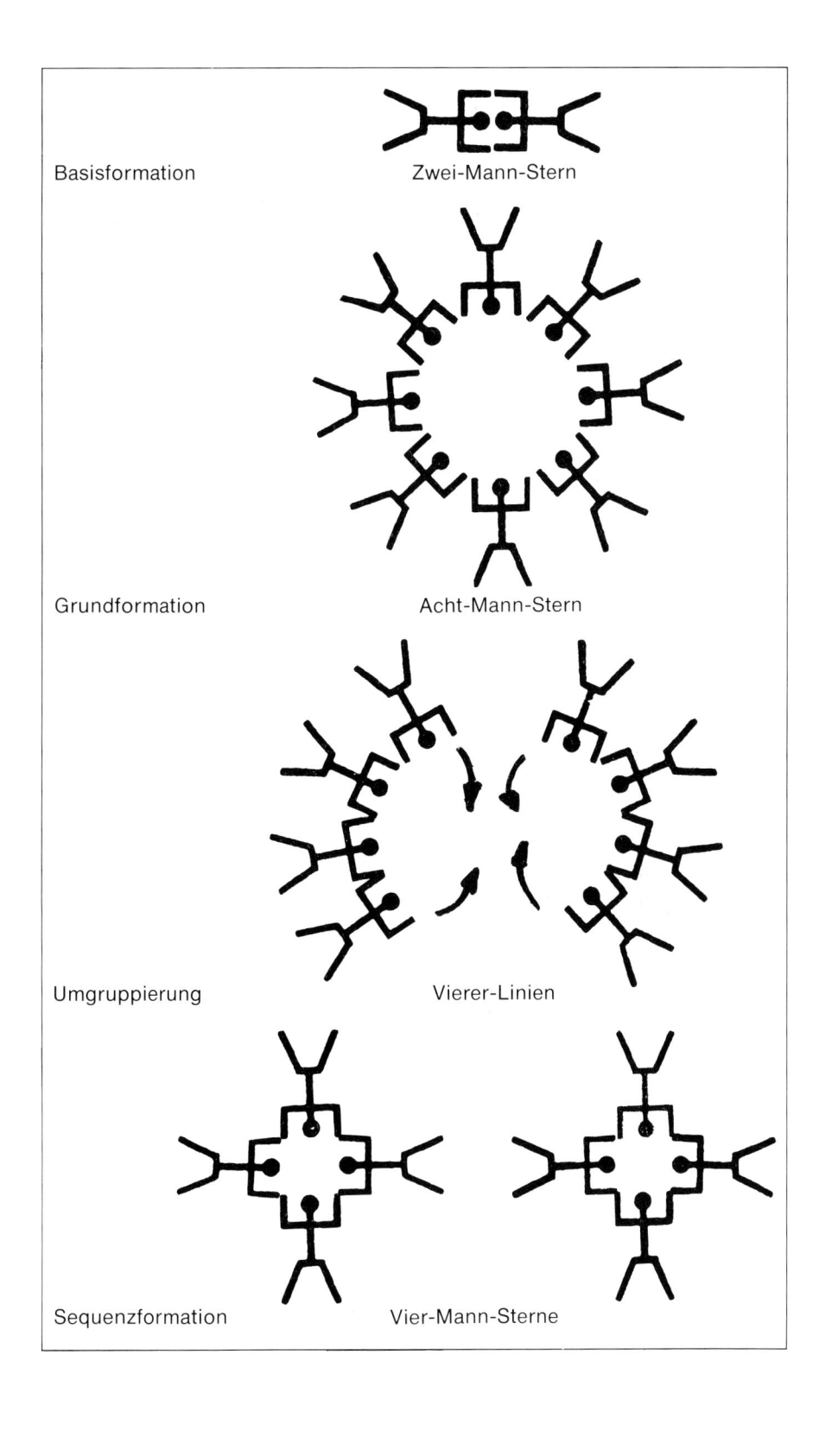

Basisformation	Zwei-Mann-Stern
Grundformation	Acht-Mann-Stern
Umgruppierung	Vierer-Linien
Sequenzformation	Vier-Mann-Sterne

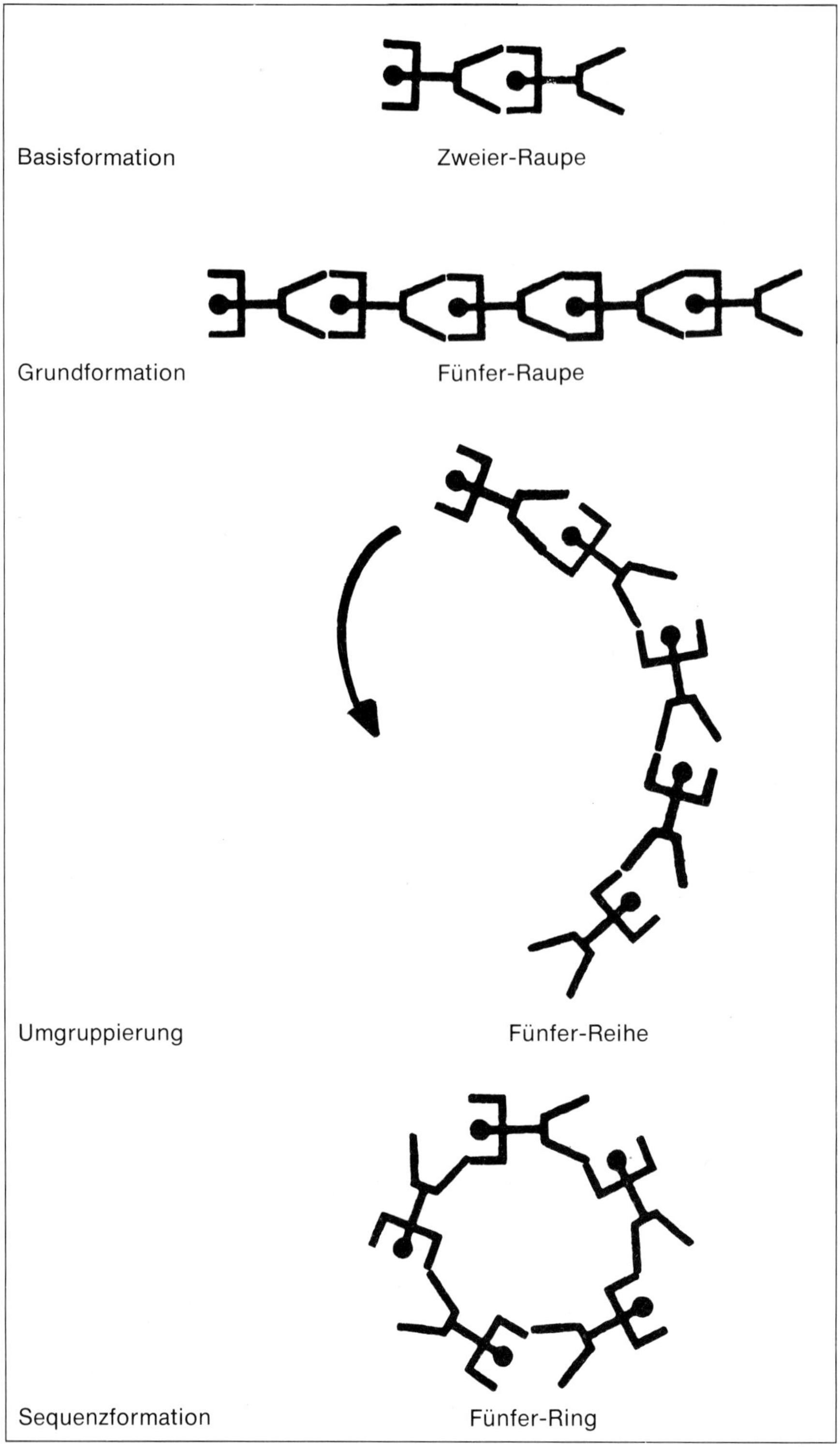

Basisformation	Zweier-Raupe
Grundformation	Fünfer-Raupe
Umgruppierung	Fünfer-Reihe
Sequenzformation	Fünfer-Ring

Armen und Beinen mühelos nach oben. Unsere Spezialkombinationen sind so gebaut, daß es keine Schwierigkeit macht, gegenüber anderen Springern langsamer oder schneller zu fallen.

Cocki und Pitter nähern sich gleichzeitig von verschiedenen Seiten der Formation. Jeder Mann hat beim Sternebauen seinen festen Platz für den Endanflug in die Figur. Pitter ist schnell, er greift zu, packt Tom und Fred an den Unterarmen, schüttelt zweimal, der Griff ihrer Hände löst sich, und Nummer vier ist drinnen. »Cocki, laß los!« Er hält sich an Toms Rückenschirm fest; er kommt in den Sog über Tom, dreht sich, stürzt nach unten. Zum Glück hat er rechtzeitig losgelassen, fast wäre der ganze Stern zerstört worden. Jetzt dreht Cocki seitwärts, streckt Arme und Beine und floatet wieder zu uns hoch. Neun Sekunden. Drei Springer gleichzeitig im Anflug. Mit den Händen als Steuerflächen regeln sie die Vorwärtsgeschwindigkeit und nähern sich schräg von oben. Zwei Meter – ein Meter – nun schon zwischen den Springern im Stern. Keine hastigen Bewegungen! Sichere Griffe durch Schütteln melden, sonst reißt der Stern und wird zur Linie.

Ich bin dran, der Neun-Mann-Stern liegt leicht drehend vor mir. Schon fünfzehn Sekunden. Meine Einflugschneise ist zwischen der roten und grüngelben Kombi. Slot heißt der Sektor. Höhe ausgleichen, mit dem Stern mitfliegen, Beine zusammen, noch mehr Höhe verlieren. Mehr Schub, ich drücke die Hände nach unten, korrigiere, sehe die Arme beider Springer zwanzig Zentimeter vor mir und berühre sie jetzt mit dem Gesicht. Vorsicht! Mit beiden Händen greife ich nach den flatternden farbigen Ärmeln, schüttle, der Griff der beiden löst sich. Geschafft, der Stern ist fertig. Ein Blick auf die Stoppuhr: 18 Sekunden. Phantastisch! Alle grinsen mich an, der Fahrtwind verzerrt die Gesichter.

Ein Blick zur Erde: Der Absetzpunkt stimmt, auf Cocki kann man sich verlassen. Über den Stern hinweg sehe ich die herrlichen Alpen. Wie hoch sind wir? Bei meinem Gegenüber blicke ich auf den Höhenmesser: Die Nadel steht schräg nach unten, also etwa 1500 Meter über Grund. Tom gleicht aus, der Stern muß rund und waagrecht fallen. 1000 Meter! Cocki nickt: Trennen! Alle lassen los, Drehung um 180 Grad. Jetzt noch ein kurzer Sturzflug, damit mir niemand beim Öffnen in den Fallschirm fällt. Jemand über mir? Nein, raus mit dem Ausziehgriff! Ich verspüre ein leichtes Ziehen, und schon straffen sich Fallschirmleinen über mir. Roter, gelber und schwarzer Nylonstoff flattert, ein kräftiger Ruck, die Gurte sitzen stramm. Die Kappe des Gleiters ist offen. Die rote Leine nicht vergessen. Ich zerre an dem Seil, bis der kleine Hilfsschirm über dem rechteckigen Schirm verschwindet. Nun noch die Kappenbremsen öffnen. Das Fluggeräusch nimmt zu. Ich hänge wieder unter meinem Schirm. Von allen Seiten Rufen und Pfeifen; wir freuen uns schon in der Luft über diese Leistung. Ich ziehe die linke Steuerleine und drehe zum Platz ein. Wie ist der Bodenwind? Mit dem »Strato-Star« muß gegen den Wind gelandet werden. Noch 100 Meter, vorbereiten zur Landung. Mit voller Fahrt gleite ich wie ein Segelflugzeug; drei Meter über dem Boden bremsen und ausgleiten lassen, gleichmäßig die Steuerknebel nach unten ziehen – noch drei, vier Schritte, dann stehe ich. Der Landefall wird nur in der Not gemacht. Die schwarz-rot-gelbe Kappe fällt über mir zusammen. Tom kommt angelaufen, er lacht und redet, wir haben es geschafft: der erste Zehn-Mann-Stern unter 20 Sekunden!

Diese Schilderung eines Formationsabsprungs zeigt, wie sehr sich der Fallschirmsport weiterentwickelt hat. Beim allgemein bekannten Zielspringen kommt es darauf an, genau im Zielkreis zu landen. Beim Stilspringen muß der Springer mit geschlossenem Fallschirm sechs vorgeschriebene Figuren (vier Drehungen, zwei Saltos) möglichst exakt und schnell ausführen. Diese beiden Sprungarten sind durch das Formationsspringen zu »klassischen« Wettbewerben geworden.

Die Technik hat mit der sportlichen Entwicklung Schritt gehalten. Aus dem großen Rundkappen-Fallschirm, der später durch Öffnungen in der Kappe lenkbar gemacht worden war, entwickelten sich die Gleiter. Das sind tragflächenförmig gestaltete Schirme aus ganz dichtem Nylon, die dem Sportspringer erstaunliche Leistungen ermöglichen. Die Schirme lassen eine hohe Vorwärtsgeschwindigkeit zu, die Springer können die Sinkgeschwindigkeit verändern, in Rückwärtsfahrt übergehen und rasche Drehungen ausführen. Bei der Landung läßt sich der Schirm so abbremsen, daß Verletzungen kaum noch vorkommen. Wie mit einem Segelflugzeug oder Drachen kann der Springer damit größere Strecken zurücklegen, Kurven fliegen und steuern.

Dabei ist die Fallschirmausrüstung kleiner und leichter geworden. Diese Schirme können in wenigen Minuten und ohne großen Aufwand gepackt werden. Trotz aller Verbesserungen ist der Preis für eine vollständige Ausrüstung, rund 3000 Mark, gleichgeblieben. Der Nachteil der Schirme zeigt sich freilich bei der Schulung: Unerfahrene Springer können damit schwerwiegende Fehler machen, ohne daß der Sprunglehrer einzugreifen vermag. Daher ist der Rundkappenfallschirm auch heute noch das geeignete Gerät für die Ausbildung.

Das Formations- oder Relativspringen ist die modernste Wettkampfart des Fallschirmsports. Während Ziel- und Stilspringen den Sportler als Einzelperson fordern, ist das Formationsspringen, das Aufbauen von »Sternen« und anderen Figuren im freien Fall mit entsprechend vielen Springerkameraden, eher als Mannschaftssport zu betrachten. Die einfachste Figur ist der Zwei-Mann-Stern. Zwei Springer verlassen dicht hintereinander das Flugzeug mit geschlossenen Schirmen. Der zweite Springer bewegt sich, indem er mit dem Körper, den Armen und Beinen eine entsprechende Haltung einnimmt, ähnlich einem Luftfahrzeug auf den anderen Mann zu, bis sich beide an den Händen halten. Bevor die Öffnungshöhe der Schirme, die bei 700 Meter liegt, erreicht ist, trennen sie sich wieder und ziehen ihre Fallschirme. In den Stern der beiden Springer können weitere Springer einfliegen. Hauptsache: Die Absprunghöhe ist ausreichend, und die Springer haben sich vorher genau über die Reihenfolge abgesprochen.

Basisformation — Akkordeon

Grundformation — Vierer-Akkordeon

Umgruppierung — (ohne Bezeichnung)

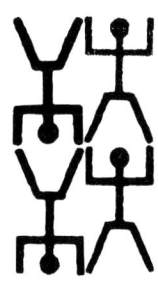

Sequenzformation — Gegenreihe

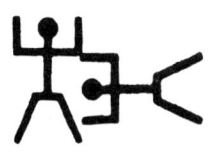

Basisformation   Winkel

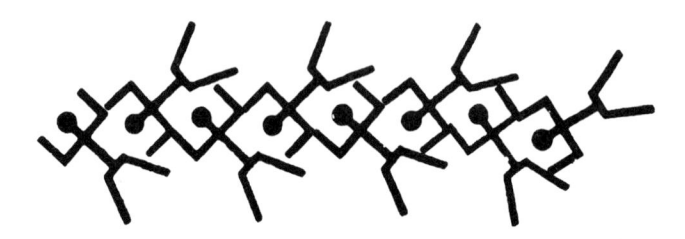

Grundformation   Acht-Mann-Reißverschluß

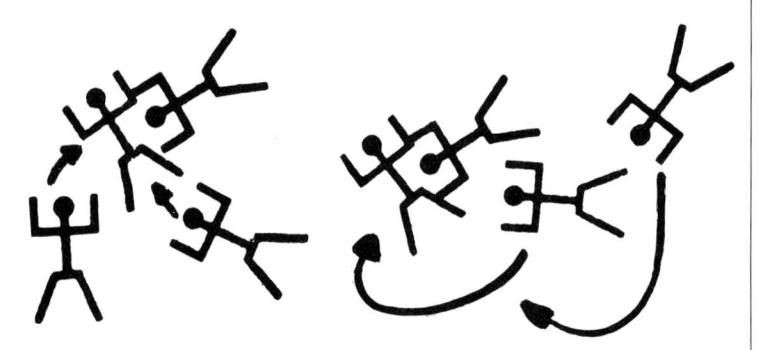

Umgruppierung   (ohne Bezeichnung)

Sequenzformation   Kreuze

Der Weltrekord im Sternspringen liegt zur Zeit bei 32 Mann, die sich gleichzeitig an den Händen halten! Wegen des hohen Leistungsstandes vor allem der amerikanischen Springer ist dieses Sternebauen nicht mehr spannend genug. So dient der Stern meist nur noch als Übungsfigur für wenig erfahrene Springer oder als Ausgangsfigur für das »Sequenz-Formationsspringen«. Das bedeutet nichts anderes, als daß bei einem Absprung nicht nur eine Figur, sondern eine ganze Figurenfolge gesprungen wird. Das Team formiert, nachdem es beispielsweise einen Stern aufgebaut hat, zu anderen Figuren um. Obwohl das Sequenz-Springen noch ziemlich jung ist, haben sich diese Figurenfolgen geradezu explosionsartig entwickelt (Beispiele zeigen unsere Abbildungen). Die Begeisterung der Springer wird verständlich, wenn man als Zuschauer vom Boden aus die bizarren Gebilde am Himmel sieht, die sich lösen und zu neuen Gruppen formieren, und das alles in meist weniger als 60 Sekunden freiem Fall!

Jeder Relativsprung beginnt immer mit einer Zweiergruppe. Stern, Raupe, Winkel, Akkordeon und Treppe sind solche Basisformationen, in die weitere Springer einfliegen können. Schwierig sind die Folgefiguren, wobei die Erstformation teilweise aufgegeben und in einzelne Bestandteile, wie Ketten, Diamanten und Raupen, aufgelöst wird, die dann zu anderen Großfiguren zusammengeflogen werden. Je größer die Figur ist, desto verwirrender die Verbindung der Springer untereinander; der richtige Formationswechsel und die Zeitabstimmung hängen davon ebensosehr ab wie das sichere Beenden der Sequenz, das Trennen der Springer und das gefahrlose Öffnen der Fallschirme.

Je schwieriger die Figuren werden, um so mehr ist es erforderlich, den Aufbau am Boden zu üben. Beim sogenannten Briefing besprechen die Springer ausführlich die Aufgaben, die jeder einzelne hat, und das Zusammenwirken aller bei den Manövern. Nach dem Sprung, beim »Debriefing«, wird der Ablauf der Sequenz in allen Einzelheiten nachgezeichnet, die Fehler der Teilnehmer werden besprochen und die Bewertung der sportlichen Leistung durch die Schiedsrichter wird erläutert.

Der Weg zum guten Fallschirmspringer ist lang, er erfordert Geduld und gute Nerven. Wer gesund ist und dies durch eine fliegerärztliche Untersuchung nachweisen kann, dem steht ab dem 16. Lebensjahr nichts mehr im Wege, diesen Sport zu wählen. Der Beginn der Ausbildung und vor allem natürlich der erste Absprung erfordern eine gewisse Überwindung, aber das ist bei anderen Sportarten auch der Fall. Sehr wichtig ist die theoretische Schulung. Neben dem Luftrecht stehen Meteorologie, Theorie des Fallschirmspringens und Erste Hilfe auf dem Stundenplan. Dann muß jeder Springer lernen, seinen Schirm ohne fremde Hilfe sicher zu packen. Die Ausbildung am Boden, wie die Nachahmung des Absprungs aus der Maschine, das Verhalten am offenen Schirm und der »Landefall«, der Verletzungen beim harten Auftreffen auf dem Boden verhindern soll, schließen sich an.

Basisformation　　　　　Treppe

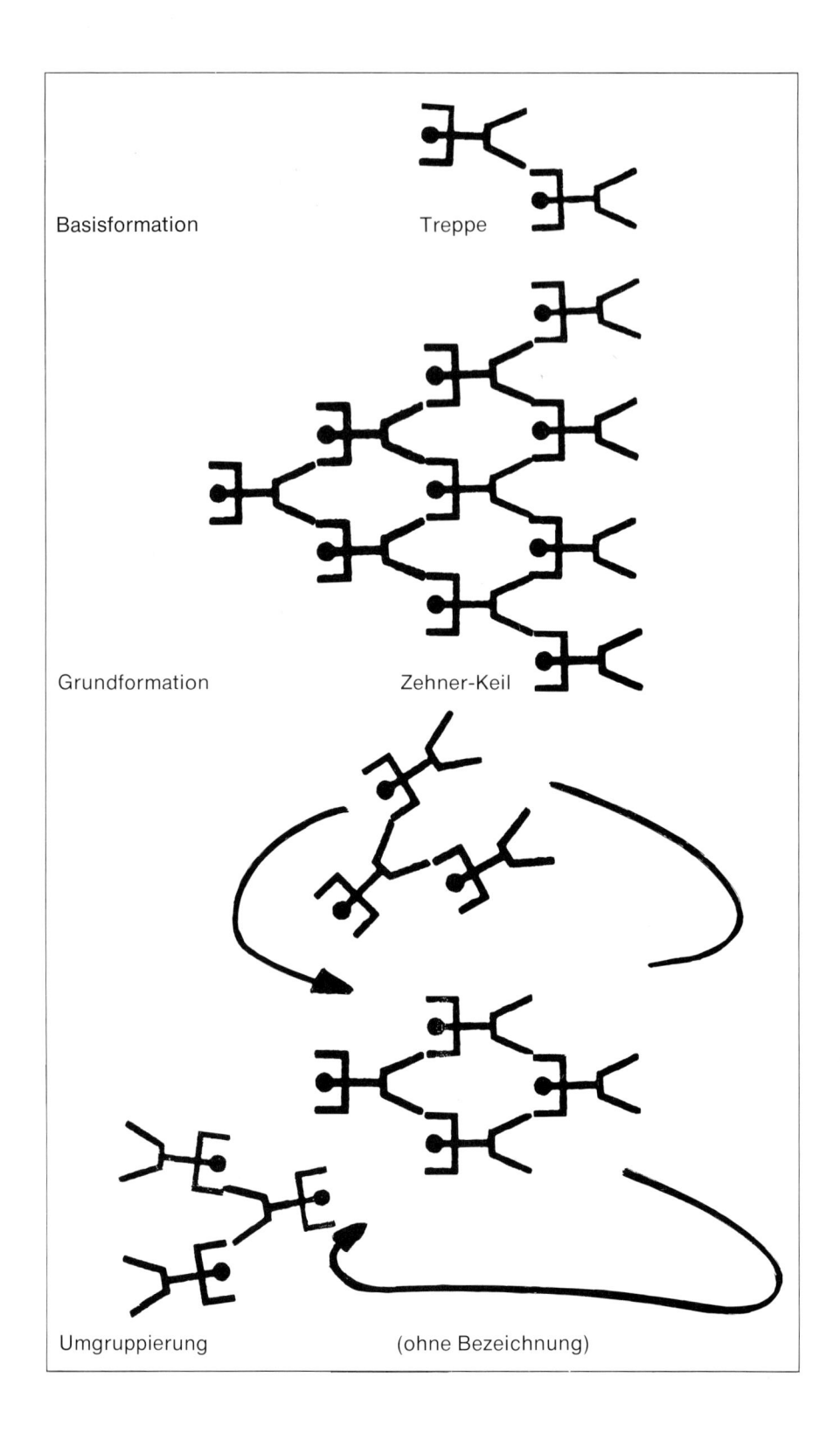

Grundformation　　　　Zehner-Keil

Umgruppierung　　　　(ohne Bezeichnung)

Sequenzformation   Gegenkeil

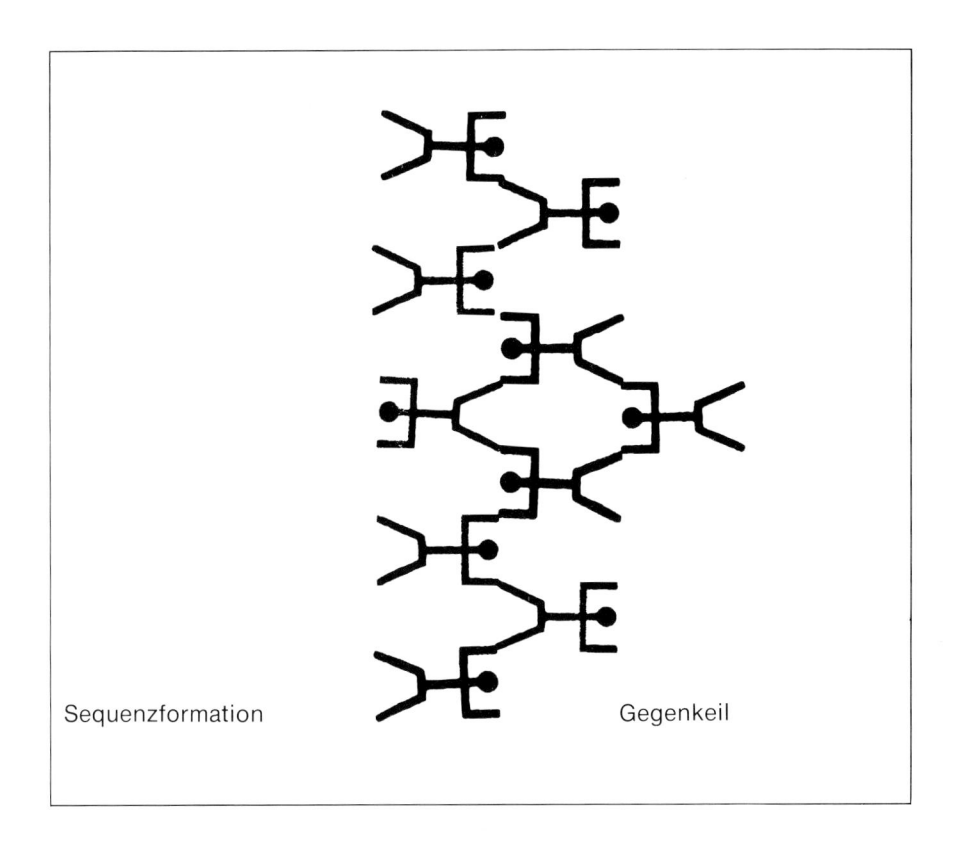

Endlich kommt der Tag des ersten Absprungs! Der Schüler springt – ebenso bei den nächsten neun Absprüngen – mit seinem automatischen Fallschirm, der sich beim Verlassen des Flugzeuges ohne Zutun des Springers öffnet, aus der in 400 Meter Höhe fliegenden Maschine. Sobald der Anfänger die nötige Sicherheit erworben hat und das automatische Sprunggerät zu handhaben versteht, beginnen Übungen im freien Fall, das heißt, er läßt sich nach dem Absprung eine längere Strecke bei geschlossenem Schirm fallen. Hält der Springer im Freifall das Gleichgewicht und öffnet er seinen Schirm sicher von Hand, kann ihn nach mindestens zehn manuellen Absprüngen der Ausbildungsleiter zur theoretischen und praktischen Prüfung dem Prüfrat vorstellen. Nachdem der Springer den Fallschirmspringer-Schein erworben hat, ist er selbst für seine Fallschirmabsprünge verantwortlich. Je nach seiner Veranlagung und seinem persönlichen Einsatz kann er schon in kurzer Zeit gute sportliche Leistungen vollbringen. Die Amerikanerin Jean Schultz, die im ersten Acht-Mädchen-Stern der Welt miteinflog, ist ein Beispiel dafür. Der Rekord war erst ihr 88. Fallschirmabsprung!

Eine Lichtkanone für den Frieden KLAUS BRUNS

Die Verleihung des Nobelpreises für Physik im Jahre 1971 an den gebürtigen Ungarn Professor Dennis Gabor überraschte die Fachwelt nicht schlecht. Gabors Arbeiten, die Erfindung und Entwicklung der »holographischen Methode«, lagen 23 Jahre zurück, als sich das schwedische Nobelpreis-Komitee zu deren Würdigung entschloß.

Gabor verdankt, ohne daß dies seine Leistung schmälern würde, die späte Ehrung einem Mann, der vielleicht nicht minder würdig gewesen wäre, die höchste wissenschaftliche Auszeichnung entgegenzunehmen. Unter Leitung von Dr. Theodore Maiman war es im Juli 1960 einer Forschergruppe der Hughes-Flugzeugwerke in Malibu (Kalifornien, USA) gelungen, »kohärente«, das heißt parallele oder fast parallele Lichtstrahlen zu erzeugen, die einfarbig und vieltausendmal heller als das Licht der Sonne waren.

Der Laser, dessen theoretische Grundlagen Albert Einstein bereits im Jahre 1917 formuliert hatte, war Wirklichkeit geworden. Mit einem Schlag

– die Maimansche Erfindung ging seinerzeit tatsächlich wie ein Paukenschlag um die Welt – verfügte die Physik über ein Gerät, das in der Lage war, Licht in seiner denkbar reinsten Form und noch dazu mit höchster Intensität – darunter versteht man die pro Zeiteinheit und pro Raumwinkel abgestrahlte Energie – zu erzeugen.

Reinheit und Intensität des neuen Lichts waren es denn auch, die das holographische Verfahren des Dennis Gabor aus dem Dunkel verstaubter Läden ans grelle Licht der Öffentlichkeit holten. Das Kunstwort »Laser«, zusammengesetzt aus den Anfangsbuchstaben seiner englischen Definition »Light amplification by stimulated emission of radiation« (Lichtverstärkung durch angeregte Strahlungsemission), war in aller Munde und mit ihm die Holographie, die optische Speicherung und Wiedergabe räumlicher Bildeindrücke in ihrer vollen dreidimensionalen Ausdehnung.

Um die Holographie – auf die in jedem Fachbuch nachzulesende Erläuterung ihrer physikalischen Grundlage sei hier verzichtet – ist es inzwischen ziemlich still, oder besser, verhältnismäßig still geworden. Denn nicht die holographische Methode hat an Bedeutung verloren, sondern die übrigen Anwendungen des Lasers haben rasant an Gewicht gewonnen.

Abgesehen von der wissenschaftlichen Forschung wird der Laser in seinen verschiedenen Abwandlungen als Schneidegerät, als Skalpell, als Schweißapparat verwendet. Bauingenieure nutzen den fein gebündelten Strahl des Lasers als Leitstrahl für schwere Baumaschinen. Vermessungstrupps peilen mit dem Lasergerät über Kilometer hinweg millimetergenau. Laser übernehmen auf Leuchttürmen die richtungsweisende Aufgabe der Scheinwerfer. Entfernungsmessungen zum Mond gelingen mit Laser bis auf Dezimeter.

Große Aussichten räumen Nachrichtentechniker dem Laser im Fernmeldewesen ein. Von haarfeinen Glasfasern geführt, kann ein einziger Laserstrahl bis zu 200 000 Telefongespräche gleichzeitig übertragen. Als Nachrichtenträger wird der Laser bereits von Geheimdiensten verwendet. Ein unsichtbarer Laserstrahl, über große Entfernung auf die Fensterscheibe eines Konferenzzimmers gerichtet, verrät dem heimlichen Lauscher jedes im Raum gesprochene Wort. Auch als »Abtastnadel« für moderne Bildplatten eignet sich der feine Lichtstrahl. Die ersten Prototypen eines Bildplattenspielers, der auf diese Weise arbeitet, funktionieren bereits fehlerlos.

Ganz große Bedeutung kommt dem Laser indes auf zwei Gebieten zu, auf denen sich vor allem die Großmächte USA und Sowjetunion ein erbittertes Wettrennen liefern. Unter dem Mantel strenger Geheimhaltung arbeiten beide Länder an Strahlenwaffen, von denen Science-fiction-Schreiber schon lange träumen. Gleichlaufend dazu suchen die Wissenschaftler beider Länder nach Wegen, mit Hilfe von Hochleistungslasern die atomare Kernfusion zu zünden, die die Menschheit einmal aller Energiesorgen entheben könnte.

Bis jetzt freilich haben weder die USA noch die Sowjetunion den großen Durchbruch auf einem dieser beiden Anwendungsgebiete geschafft. Es gibt jedoch Anzeichen dafür, daß schon im nächsten Jahr der sogenannte

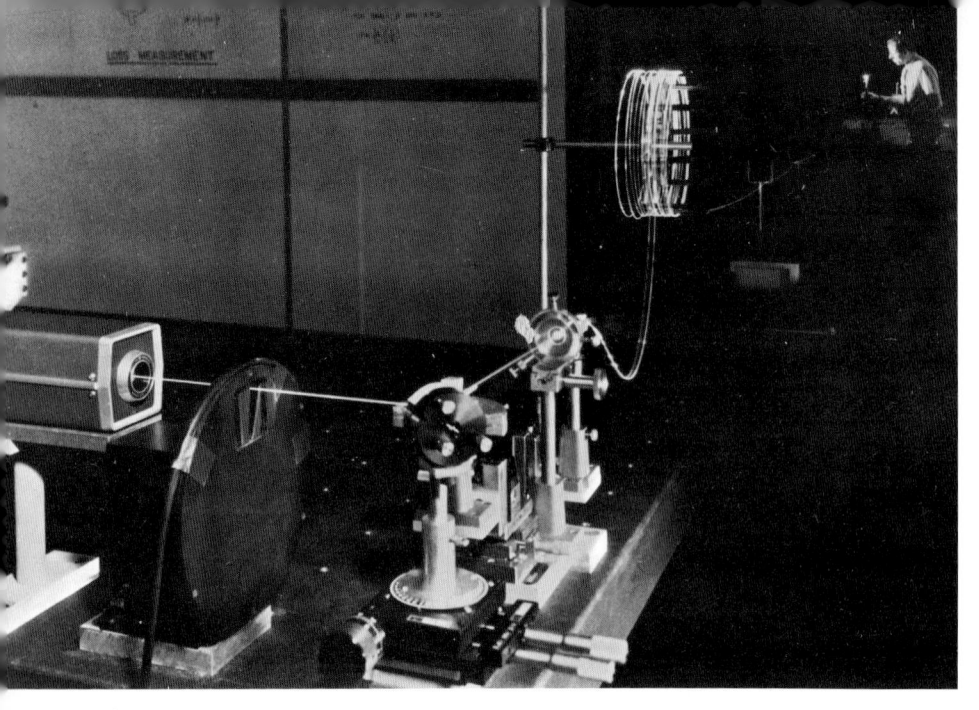

Laserstrahlen sind vielseitig anwendbar – so auch, um Informationen über ein Glasfaserkabel zu übertragen. Die Billionen Schwingungen pro cm ermöglichen es, ihnen Tausende von Ferngesprächen und auch Fernsehprogramme aufzupacken. Der Laserstrahl kommt von links, wird durch eine Segmentscheibe unterbrochen und gelangt dann an den Faserkabelanschluß. Im Hintergrund der Austritt des Laserlichts. Foto Corning

»Feasibility«-Nachweis (Durchführbarkeitsbeweis) für die Laser-Kernfusion erbracht werden wird.

Daß auch die Bundesrepublik Deutschland im Wettrennen um die Kernfusion mit Laser nicht auf verlorenem Posten steht, bewies im vergangenen Jahr »Asterix III«. Wenn Asterix sich zu Höchstleistungen aufpumpt, steht ein Urgewitter bevor. Mit Blitz und Donner schlägt er zu, daß die Wand wackelt. Für das zeitliche Nichts einer Milliardstelsekunde bringt Asterix III, der Welt größte Laseranlage ihrer Art, in München-Garching die fünffache Leistung aller Kraftwerke in der Bundesrepublik Deutschland hervor. Der 300 000-Megawatt-Blitz im Max-Planck-Institut für Plasmaforschung pocht an die Tür zur Kernfusion. Mit Hilfe eines noch mächtigeren Superlasers wird es vielleicht möglich sein, kontrolliert und nach Belieben jene unerschöpfliche Energiequelle anzuzapfen, aus der die Sonne ihre lebenserhaltende, die Wasserstoffbombe ihre lebensvernichtende Kraft schöpfen.

Kernfusion heißt Verschmelzung von Wasserstoffkernen zu Helium. Die nukleare Energie, die dabei freigesetzt wird, ist ähnlicher Natur wie die herkömmlicher Kernreaktoren. Auch bei der Kernverschmelzung wird nukleare Masse nach der weltberühmten Einsteinschen Formel »Energie ist Masse mal dem Quadrat der Lichtgeschwindigkeit« ($E = mc^2$) in Energie umgewandelt. Das »Brennstoff«-Vorratslager für einen Fusionsreaktor ist indes ungleich größer als das der heutigen Uranspalter. Fusionsreaktoren – wenn es sie einmal geben wird – »verbrennen« das Wasser der Weltmeere.

Der Hauptverstärker der Lichtkanone von Garching, »Asterix III«, ist 10 m lang – auf der Welt die größte Laseranlage ihrer Art und vielleicht ein entscheidender Schritt auf dem Weg zur gezähmten Kernverschmelzung. 64 symmetrisch zum Mittelpunkt angeordnete Hochleistungsblitzlampen liefern die Energie, die Sekundenbruchteile später als kompaktes Lichtpaket das Rohr verläßt. Foto Max-Planck-Institut für Plasmaphysik

Die Aussicht auf die Zukunft ist faszinierend, die technischen Hürden, die auf dem Weg zur gezähmten Kernverschmelzung zu überwinden sind, bereiten indes einem über die ganze Welt verteilten Heer von Top-Wissenschaftlern graue Haare. Um Wasserstoffkerne so dicht auf gegenseitige Tuchfühlung zu bringen, daß sie schließlich eins werden, müssen die stärksten Kräfte überwunden werden, die in der Natur vorkommen, die sogenannten starken Kernkräfte. Sie sind tausendmal stärker als die elektromagnetischen Kräfte, die die Atome der Materie aneinanderketten.

Auf rund 100 Millionen Grad Celsius muß ein Tröpfchen Wasserstoff aufgeheizt werden, ehe sich die elementaren Partikel für die Ehe erwärmen können. In der Wasserstoffbombe sorgt eine kleine Atombombe aus Uran für die höllische Zündtemperatur, im Fusionsreaktor könnte der Superlaser gleiches leisten.

Mit dem neuen Laser, dessen Energie und Leistung im Laufe der Zeit noch verdreifacht werden soll, hat die deutsche Laser-Fusionsforschung den Anschluß an ähnliche Entwicklungen in den USA, in der Sowjetunion und in Frankreich geschafft. Die Münchener Wissenschaftler haben sich dabei keineswegs damit begnügt, den Weg ihrer ausländischen Kollegen nachzuvollziehen. Die Achtung einflößende Lichtkanone von Garching, Asterix III, arbeitet nach einem Verfahren, bei dem die ausgesandte Laserleistung nicht allein von der vorher optisch ins Lasermedium »hineingepumpten« Lichtenergie herrührt, sondern teilweise aus energiereichen chemischen Vor-

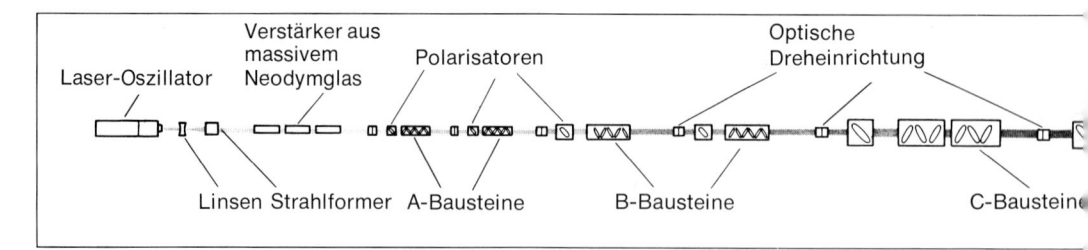

Laser-Oszillator Verstärker aus massivem Neodymglas Polarisatoren Optische Dreheinrichtung

Linsen Strahlformer A-Bausteine B-Bausteine C-Bausteine

Ein Strang des Superlasers von Livermore wird 53 m lang sein. Einem kleinen Oszillator, der den ersten Impuls liefert, sind 11 Verstärkungsstufen nachgeschaltet. Die ersten

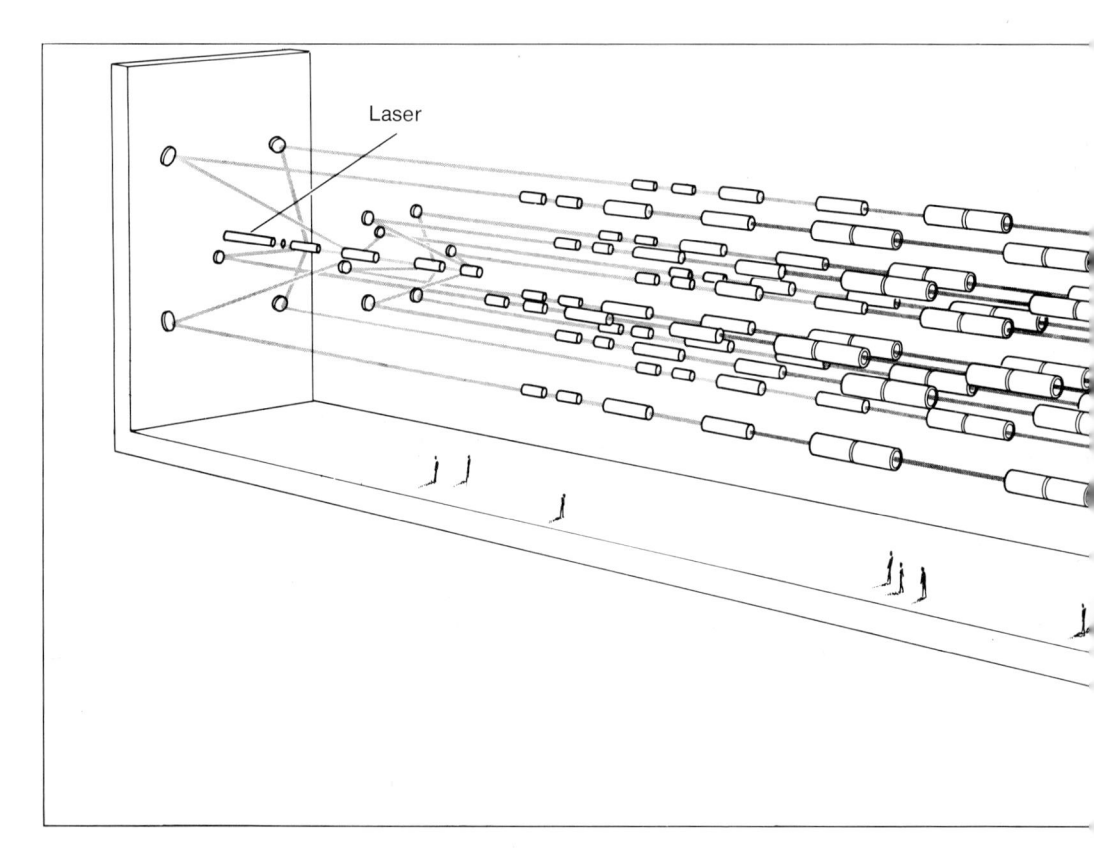

Laser

Die Mehrstrahl-Lasereinrichtung, die 1977 in Lawrence Livermore Laboratorium fertiggestellt werden soll, enthält 12 oder – bei entsprechend geringerer Leistung – 20 solcher Verstärkungsstränge. Durch ein verzwicktes Linsen- und Spiegelsystem zusammengefaßt,

gängen, die sich im Lasermedium selbst vollziehen. So ist es möglich, daß trotz verhältnismäßig geringen Aufwands Laserleistungen ausgekoppelt werden können, die jedem Vergleich mit denen anderer Staaten standhalten.

Wie sehr das Wörtchen »verhältnismäßig« berechtigt ist, zeigen schon allein die äußeren Abmessungen des Lasers. Das Kernstück der Anlage, der mit einer organischen Jodverbindung gefüllte Hauptverstärker, ist zehn Me-

Brennstofftröpfchen

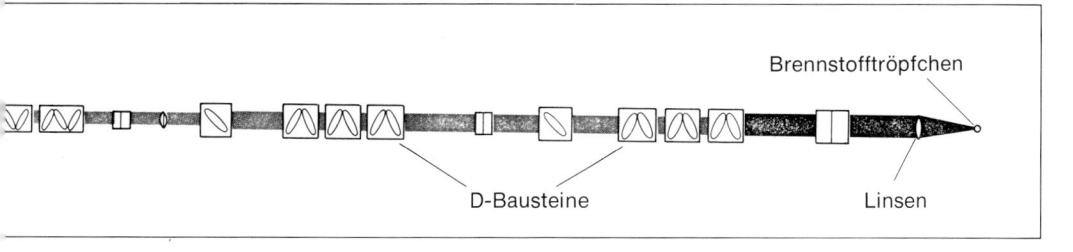

D-Bausteine   Linsen

3 Stufen bestehen aus massiven Neodymglasstangen, die folgenden aus Scheiben mit steigendem Durchmesser, einem Polarisator und einer optischen Dreheinrichtung.

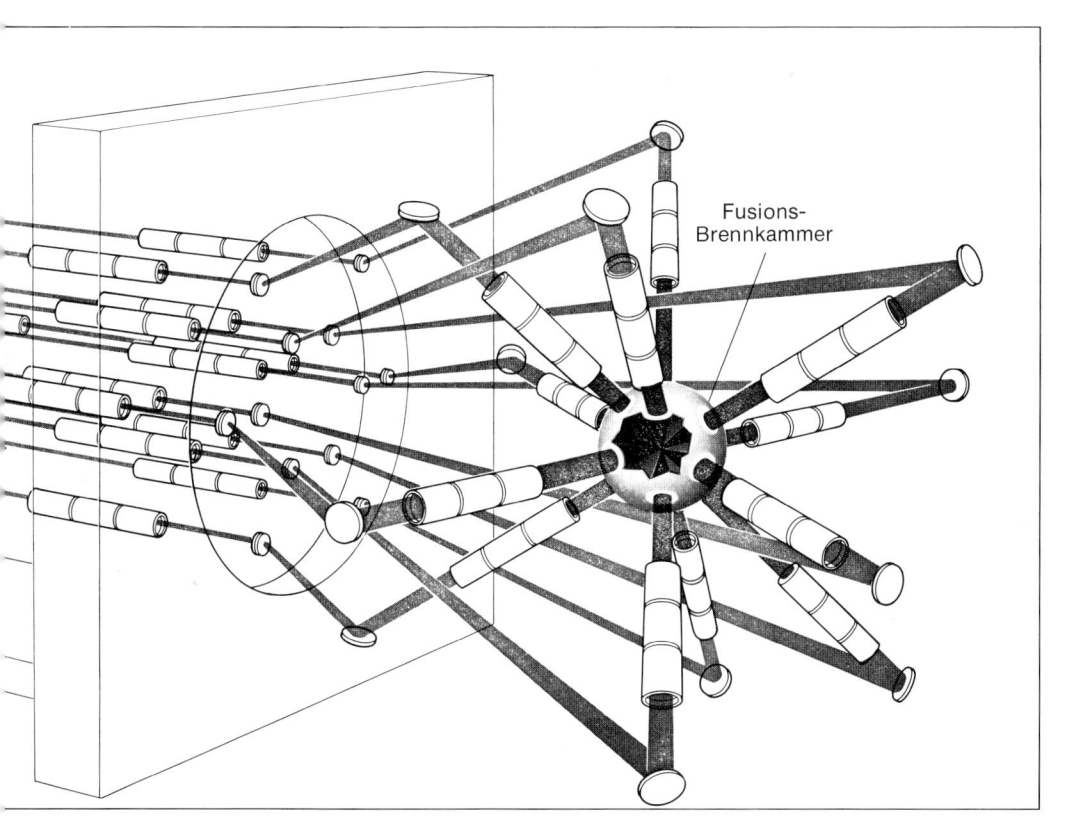

Fusions-Brennkammer

»beschießen« sie das Wasserstofftröpfchen in der Brennkammer mit einem Energiepaket von 100 Millionen Megawatt. Das Wasserstofftröpfchen wird dadurch auf die 10000fache Dichte eines normalen festen Körpers zusammengeballt.

ter lang. 64 symmetrisch zum Mittelpunkt angeordnete Hochleistungsblitzlampen liefern die Energie, die Sekundenbruchteile später als kompaktes Lichtpaket das Laserrohr verläßt. Durch optische Faltung – man läßt die entstehende Laserstrahlung zwischen 15 äußerst genau eingestellten Spiegeln hin- und herrasen – wurde die wirksame Länge des Lasers auf fast 120 Meter ausgedehnt. Entsprechend steigt die Leistung der Lichtkanone.

Trotz aller Anstrengungen und physikalischer Tricks wird auch die Leistung dieses gefalteten Riesen nicht ausreichen, um, auf ein frei fallendes Wasserstofftröpfchen gerichtet, die erforderliche Zündtemperatur von 100 Millionen Grad Celsius zu erzeugen. Zum Vergleich: Die Temperatur der Sonnenoberfläche beträgt »nur« knapp 6000 Grad Celsius, also den 15tausendsten Teil der erforderlichen Fusionstemperatur. Doch ein weiterer, von amerikanischen Theoretikern ausgetüftelter Trick soll helfen. Sie haben errechnet, daß ein gleichzeitig von allen Seiten beschossenes Wasserstoffkügelchen unter der Rückstoßwirkung der Randzonen, die explosionsartig davonstieben, so stark zusammengeballt würde, daß es im Kern die tausend- bis zehntausendfache Dichte eines normalen festen Körpers erreichte. Unter diesen Bedingungen, so versprechen es die Sachverständigen, würden schon einige Millionen Grad Celsius den Fusionsprozeß zünden.

Wie ein solches Gerät aussehen könnte, haben Physiker vom Lawrence Livermore Laboratory in den USA ausgebrütet. Zwölf Ketten zu je acht Hochleistungslasern müßten über ein verzwicktes Linsen- und Spiegelsystem die Gesamtleistung von 100 Millionen Megawatt aus zwölf Richtungen gleichzeitig auf das Wasserstofftröpfchen abfeuern. Bis zum Jahre 1977 soll das 60 Meter lange und 10 Meter hohe 20-Millionen-Dollar-Ungetüm für die ersten Versuche bereitstehen. Die Amerikaner sind sicher, daß sie mit dieser Maschine die Schwelle zur Laser-Kernfusion überschreiten werden.

Daß sie sich schon jetzt auf dem besten Wege dahin befinden, beweist eine kurze Notiz, die Ende des vergangenen Jahres aus den Sandia Laboratorien (Albuquerque/New Mexico) an die Öffentlichkeit drang. Der dortige Superlaser erzeugt Lichtblitze, in denen sich die Leistung von 200 Großkraftwerken zusammenballt. Für die Dauer von 20 Milliardstelsekunden entfesselt der nur 2,3 Meter lange und 15 Zentimeter dicke Laser die unglaubliche Leistung von 200 Milliarden Watt.

Über eines freilich dürfen diese Zahlen nicht hinwegtäuschen: Der Energie-Inhalt eines solchen Lichtblitzes ist verhältnismäßig gering. Teilt man die Leistung durch die Blitzdauer, so kommt man auf 4000 Wattsekunden, und dies wiederum ist die Energie, die eine normale 75-Watt-Glühbirne in knapp einer Minute verbraucht.

Der geringe Energieinhalt solcher Laserblitze ist es denn auch, der die Verwendbarkeit des Lasers als Strahlenwaffe fraglich macht. Im Gegensatz zur Laser-Kernfusion, wo es hauptsächlich auf die kurzzeitige Lichtleistung ankommt, liegt das Gewicht bei der Laserwaffe auf der Lichtenergie. Um auch nur ein Gramm einer Panzerplatte zu verdampfen, wäre bei bestmöglichen Bedingungen eine Laserenergie von rund 10000 Wattsekunden erforderlich. Es erscheint daher völlig undenkbar, daß es einmal eine einigermaßen handliche Strahlenwaffe geben wird, die – wie in Science-fiction-Filmen – ganze Schlachtgefährte in Sekundenbruchteilen in Dampf verwandelt.

Tatsächlich erreicht sind heute Dauerleistungen von einigen 10000 Watt. Vervielfacht man diese Zahl noch mit zehn, um etwaigen Fortschritten unter

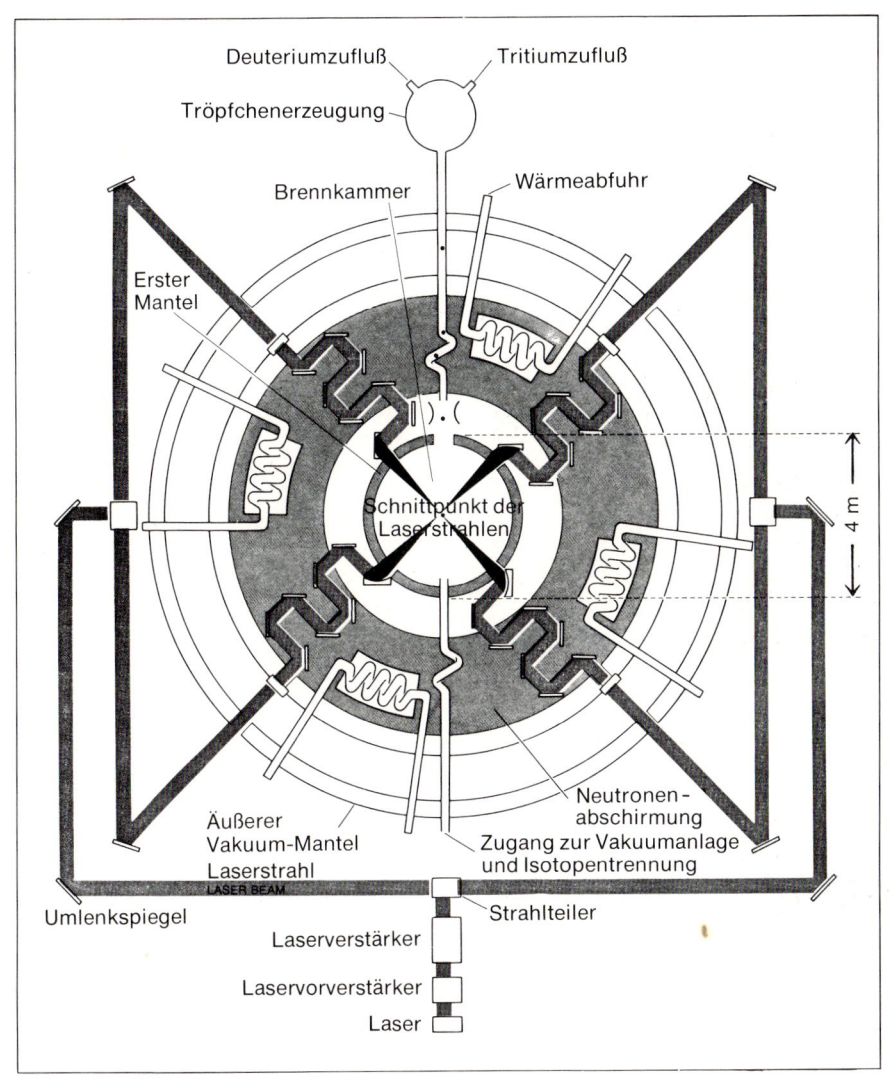

Sonnenglut auf der Erde – das Prinzip eines Laser-Fusions-Kraftwerks ist einfach. Flüssige Kügelchen aus Deuterium und Tritium von rund 1 mm Durchmesser werden elektrostatisch im Zick-Zack durch ein neutronenabschirmendes Material gelenkt, bis sie frei in die Brennkammer fallen. Dort werden die Kügelchen im Schnittpunkt der von allen Seiten zusammenlaufenden Laserstrahlen getroffen und implodieren. Wärmetauscher erzeugen den Dampf zum Antrieb von Turbogeneratoren.

der Decke der Geheimhaltung gerecht zu werden, so benötigt der so ausgelegte Laser immer noch rund eine Minute, um ein Kilogramm Stahl zu verdampfen. Damit aber wird eine zerstörerische Laserwaffe aus zweierlei Gründen wirklichkeitsfern. Einmal benötigt ein solcher Laser zur Stromversorgung ein mittleres Kernkraftwerk – er wäre damit nur ortsfest zu verwenden. Zum anderen wird es im Ernstfall kaum möglich sein, das feindliche Ziel über Minuten oder länger im Visier zu haben.

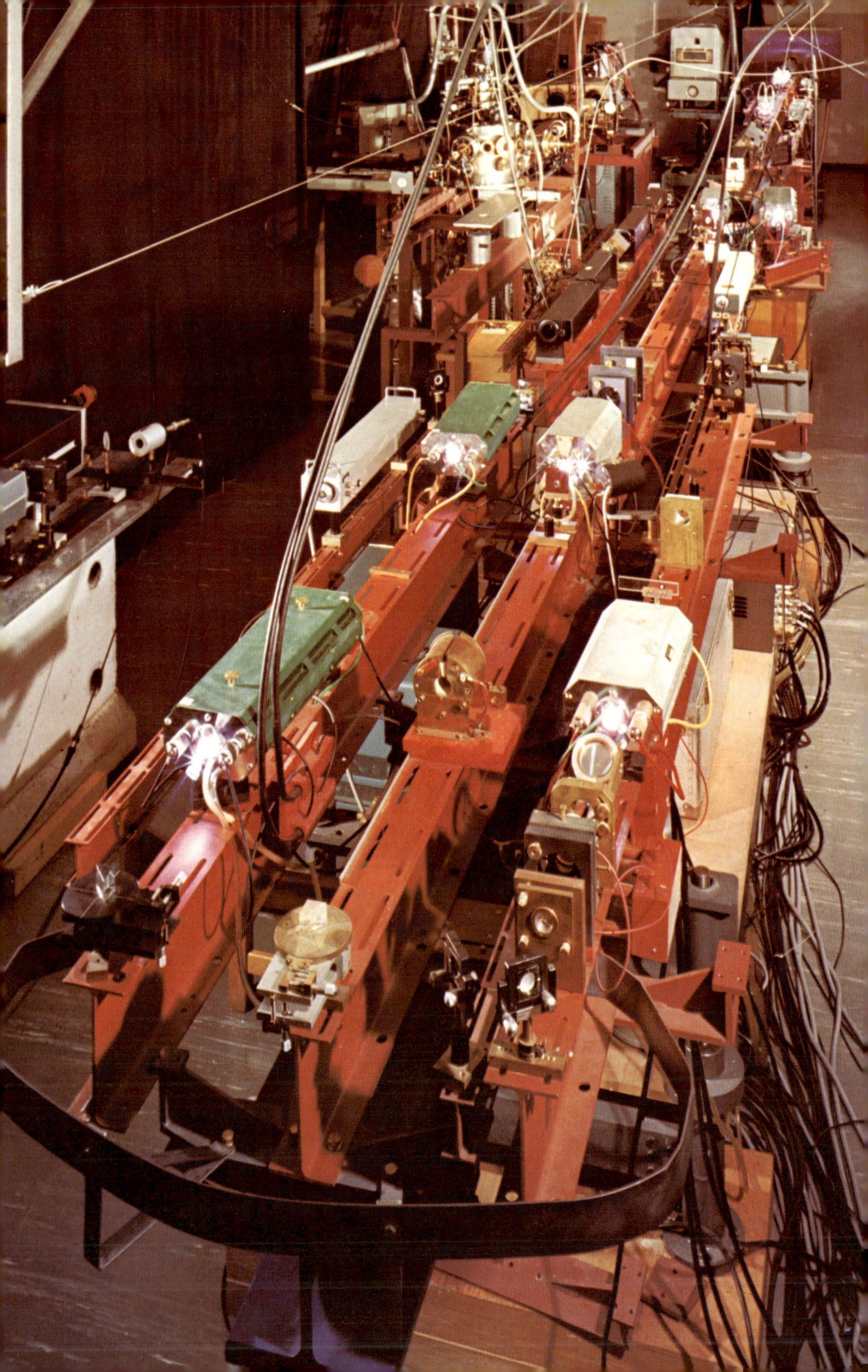

Linke Seite: Ein gefalteter Neodymglas-Laser zur Plasmaerzeugung in Garching. Indem man die Laserstrahlung mehrmals zwischen Spiegeln hin- und herrasen läßt, wird die wirksame Länge des Lasers ausgedehnt und damit die Leistung der Lichtkanone gesteigert. Neodym ist ein Metall aus der Gruppe der seltenen Erden und am besten dazu geeignet, Licht zu verstärken.

Rechts: Hier sieht man den physikalischen Trick des hin- und herlaufenden Laserstrahls besonders schön. Natürlich müssen die Spiegel äußerst genau eingestellt sein. Die wirksame Länge dieses handelsüblichen, gefalteten CO_2-Lasers beträgt 12 m. Fotos Dagmar Hailer

Wenn es bei amerikanischen und vielleicht auch sowjetischen Versuchen dennoch hin und wieder gelungen ist, unbemannte Flugkörper (sogenannte Dronen) mit Laserstrahlen abzuschießen, so liegt das an der verhältnismäßig hohen Empfindlichkeit der Flugzeuge gegenüber aerodynamischen Störungen. Bei einem Flugzeug genügt es, empfindliche Maschinenteile oder Steuereinrichtungen zu beschädigen, um es manövrierunfähig zu machen und damit zum Absturz zu bringen. Als unmittelbare Zerstörungswaffe, vergleichbar etwa einer Granate, bleibt der Laser einigermaßen ungeeignet.

Und noch etwas spricht gegen den Laser als »schwere« Waffe: Auch Laserlicht ist nur Licht. Nebel und Regen setzen den Laser durch Streuung ebenso außer Gefecht wie ein gut rückstrahlender Anstrich des Gegenstandes, der das Ziel bildet.

Nach alledem bleibt Grund zu der Hoffnung, daß sich der Laser noch für lange Zeit gegen den Mißbrauch als Waffe wehren kann, dafür aber bei der friedlichen Erschließung der kontrollierten Kernfusion erfolgreich sein wird.

Die zerstörerische Laserwaffe wird es aus vielerlei Gründen kaum geben, aber als Zielgerät wird der Laser jetzt schon benützt. Wird mit diesem Infrarot-Zielgerät, das mit einem Laser arbeitet, ein feindliches Objekt anvisiert, kann das über ihm fliegende Kampfflugzeug mit seinem Infrarotsucher das Ziel ausmachen und angreifen. Foto Hughes Aircraft

Vom Mauer- blümchen zur Riesenblume

EVA MERZ

Einem Mann wie Hercule Poirot hätte eine solche Selbstüberschätzung nicht passieren dürfen. Er, der mit Hilfe seiner vielgenannten kleinen grauen Hirnzellen die Pläne seiner verbrecherischen Widersacher durchschaute, sprach in aller Öffentlichkeit davon, im Ruhestand Kürbisse zu züchten. Man weiß, daß er seine Worte so sorgfältig wählte wie seine Kleidung, also muß er das mit dem Züchten als Zeitvertreib für Rentner wohl ernst gemeint haben. Niemand bezweifelt, daß er sich seinen Lebensabend mit besonders dicken, wohlgepflegten Kürbissen hätte vergolden können; aber züchten?

Nun wäre ein Mensch von Poirots Fähigkeiten sicher, statt Meisterdetektiv, auch ein ganz brauchbarer Pflanzenzüchter geworden. Vor seinem messerscharfen Blick wäre dann die ganze Entwicklung dieses Fachs von althergebrachten Bräuchen zur modernen Wissenschaft abgerollt, denn bei seinem kürzlich gelösten, letzten Fall muß diese beliebte Krimi-Gestalt der Agatha Christie den Kritikern zufolge einhundertsiebzehn Jahre alt gewesen sein.

In Poirots Geburtsjahr hätte dann Charles Darwin sein Buch »Über den Ursprung der Arten« herausgebracht. Mit ihm wurde die alte Vorstellung, wonach die einmal erschaffenen Arten unveränderlich sind, verlassen, wurden Zuchtwahl und Auslese als Ursachen einer Weiterentwicklung, die immer noch andauert, erkannt. Seinen ersten Zahn bekam Baby Poirot etwa zu der Zeit, als Gregor Mendel durch Kreuzungen verschiedener Erbsensorten nachwies, daß sich Eigenschaften unabhängig voneinander und gesetzmäßig vererben. Ein Lebewesen schien nun nicht mehr ein unentwirrbares Gemisch elterlicher Merkmale, sondern ein Mosaik aus Tausenden einzelner, verschiedenfarbiger Steinchen, jedes zusammengesetzt aus einer vom Vater und einer von der Mutter ererbten Hälfte, und jedes verantwortlich für eine einzige Eigenschaft. Eine unwiderstehliche Verlockung für jeden Züchter, aus solchen Steinchen ein Gebilde nach seinen eigenen Wünschen zu formen!

Aber es war ein Mosaik aus unsichtbaren Steinchen. Noch hatte niemand etwas gesehen, was man für den Träger der Erbanlagen hätte halten können, so sicher sich auch, sogar im wörtlichen Sinne, mit ihnen rechnen ließ. Und oft sah man nicht einmal das Ergebnis solcher Berechnungen an den Versuchspflanzen, weil die Erbanlage des einen Elternteils die des anderen überdeckte und der Mischling dann nur dem einen Elternteil glich. Es schien,

Eine kleine Auswahl dessen, was Züchterkunst aus den Blüten eines Wildalpenveilchens (links oben) gemacht hat, ganz abgesehen von Änderungen in Wuchsform und Laub, Blütezeit und Robustheit. Die besonderen roten Farbtöne entstanden durch Genkombinationen, gefranste Blütenblätter gehen meist auf Mutationen, die Größe auf Tetraploidie zurück. Die Stammform des Alpenveilchens (Cyclamen persicum) mit rosa, weißen oder lila Blütchen wächst von Griechenland über Kleinasien bis Tunesien.
Fotos W. Schacht

Nur über die Heterosis – das Kreuzen von Pflanzen verschiedener Rassen und Erblinien – führt der Weg vom unscheinbaren Gänseblümchen zu solchen Maßliebchen. Natürliche Inzucht, Befruchtung zwischen Blüten der gleichen Pflanze also, verhindert ein besonderes »Selbststerilitätsgen«. Das Gänseblümchen (Bellis perennis) ist in Mitteleuropa beheimatet. Fotos Wilhelm Schacht

Mit einem feinen Pinsel überträgt der Züchter den Blütenstaub auf die Narbe. Früher wählte man die Pflanzen mit den größten Blüten und kräftigsten Farben zur Weiterzucht, heute schaut man tief in das Erbgeschehen, und Kreuzungen sind zur Rechenaufgabe geworden, die viel Scharfsinn erfordert. Foto Pötschke, Marburg/Lahn

als wären die beiden Hälften eines Mosaiksteinchens zwar von gleicher, aber unterschiedlich starker Farbe, und die mattere müßte erst doppelt, also von zwei Mischlingseltern, vererbt sein, um in einem Enkel erkennbar zu werden.

Für diese ungleiche Wirkung hatte Mendel die Bezeichnung »dominant«, vorherrschend, und »rezessiv«, zurückweichend, gefunden. Später kam man überein, die Erbanlage für eine Eigenschaft, genauer für die Bildung eines bestimmten auslösenden Stoffes, ein »Gen« zu nennen und seine beiden Wirkungsweisen, die dominante und die rezessive, seine beiden »Allele«.

Es war ein mühsamer Weg zu heutigen Zuchtergebnissen wie den samtgesichtigen Riesenstiefmütterchen, deren Vorfahr mattfarbig und kaum veilchengroß als Unkraut sein Dasein fristet, oder den Becherprimeln, bei denen eine leuchtend gefärbte Einzelblüte so groß ist wie der ganze blaßlila Blütenstand, mit dem ihre Urahne im Jahr 1880 aus China kam. In den ersten Jahrzehnten behandelte man sie noch nach altem Züchterbrauch, mit dem man aus dem Emmer der Steinzeit Weizen für Weltreiche gemacht hatte, von Rom bis Großbritannien. Man vertraute darauf, daß Kinder ihren Eltern ähneln, wählte jahrelang die Pflanzen mit den größten Blüten und kräftigsten Farben zur Weiterzucht und konnte, was sich daraus ergab, noch vor der Jahrhundertwende als großblütige Zuchtform auf den Markt bringen. Was man eben damals, alle Gärtnermühe in Ehren, großblütig nannte.

Seitdem haben Primeln, Stiefmütterchen und zahllose andere Kulturpflanzen alles Erdenkliche an Züchterkunst und Züchtertricks über sich ergehen lassen müssen. Man hatte die Chromosomen gefunden, bandartige Gebilde im teilungsbereiten Zellkern, auf denen die Gene zu Tausenden hintereinandergereiht sind. Man hatte aus ihrer paarweisen Zuordnung schließen können, daß nicht einzelne Gene, sondern jeweils ganze Chromosomen von Vater oder Mutter vererbt werden. Man hatte gesehen, wie sie sich vor jeder Zellteilung der Länge nach aufspalten, damit jede neue Zelle ihren vollständigen Satz mütterlicher und väterlicher Chromosomen mitbekommt, und daß es dabei zu Unfällen – Zerbrechen, Absterben und falschem Zusammenwachsen – kommen kann. Wo aber Zellen, die der Vermehrung der Lebewesen dienen, gebildet werden, teilen sich nicht die Chromosomen, sondern die Chromosomenpaare. Je eins, nach Zufall vom Vater oder von der Mutter, wandert in eine der neuen Zellen, die so von jeder Sorte eines, aber nur die halbe Menge bekommt. Sonst würde sich bei jeder Befruchtung die Zahl der Chromosomen verdoppeln, deren Zahl und Form ist jedoch für jedes Lebewesen unveränderlich. Für Poirot wären es dreiundzwanzig, für seine Kürbisse zehn.

Das Verhalten der Chromosomen stimmte offenbar mit Mendels Theorie überein, und die Züchter zogen ihre Schlüsse daraus. Da aber Pflanzen, und bedauerlicherweise auch Züchter, nicht zaubern können, schien es vernünftig, sich an die natürlichen Möglichkeiten jeder Art zu halten. Ihre verborgenen Fähigkeiten, die es zu nutzen galt, konnten ganz offenbar nur jene Eigenschaften sein, die sie bisher rezessiv, also nur als Möglichkeit, in ihrem Erbgut mitführten. Wären die den Pflanzen nützlich gewesen, so hätten sie sich im Laufe der Artentwicklung längst durchgesetzt. So aber entstanden sie irgendwann einmal als Mutation, als zufällige Erbgutänderung, durch eine Art Fabrikationsfehler und konnten überhaupt nur beibehalten werden, solange sie rezessiv blieben. Wer sie äußerlich aufwies, starb aus, es sei denn, er geriet in eine neue Umgebung, in die die neue Eigenschaft paßte. So hat sich innerhalb von drei Milliarden Jahren die Vielfalt aller lebenden Arten entwickelt, und so entstanden neue Pflanzenarten und -sorten in der Obhut des Züchters.

Gefüllte Blüten würden einer Wildpflanze zum Aussterben verhelfen, weil ihre Blütenblätter auf Kosten von Staub- und Fruchtblättern vermehrt sind. Aber den Leuten gefallen sie, schon weil der erschwerte Fruchtansatz die Blütezeit verlängert. Eine gefüllte Levkoje hat nur noch Blütenblätter, keine Züchterkunst könnte ihr Saatgut entlocken. Poirot oder ein anderer kriminalistischer Kopf schließt also mit Recht, daß ihre Eltern ungefüllte, fruchtbare Blüten haben, mitsamt der entsprechenden Anlage, und gleichzeitig eine rezessive Anlage für Gefülltblütigkeit. Danach müßte nur ein Viertel der Levkojenkinder gefülltblühend und damit verkäuflich sein. Auf den drei Vierteln anderer, die mindestens einmal das dominante Ungefüllt-Allel geerbt haben und auch so aussehen, bliebe der Gärtner sitzen. Wo das wirklich so ist, würde ein gewitzter Gärtner versuchen, sein Viertel Verkaufsschlager durch Stecklinge und Ableger zu vermehren. Levkojen aber bringen, allen Berechnungen zum Trotz, etwa zur Hälfte gefüllte Nachkommen hervor. Ihr dominantes Allel für ungefüllte Blüten liegt nämlich auf demselben Chromosom wie ein schädliches, aber rezessives Allel für unfruchtbaren Pollen und kümmerliche Jungpflanzen. Jede Pflanze, die zwar zweimal Ungefüllt, aber damit auch zweimal den daran gekoppelten Schadfaktor geerbt hat, fällt aus. Wem das etwas verzwickt vorkommt, der kann entweder gleich vor anderer Leute Züchterscharfsinn den Hut ziehen oder vorher noch bedenken, daß es in der Pflanzenzüchtung selten nur um zwei Eigenschaften geht, daß ein Gen in mehr als zwei Allelen auftreten, aber auch mehrere Eigenschaften gleichzeitig beeinflussen kann oder zu bewirken vermag, daß die Pflanze in verschiedener Umgebung verschieden reagiert.

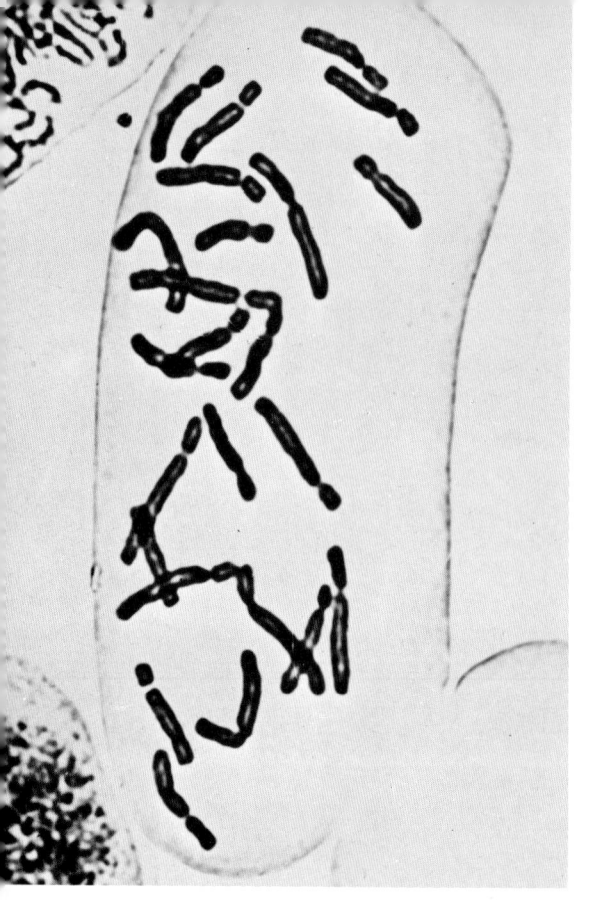

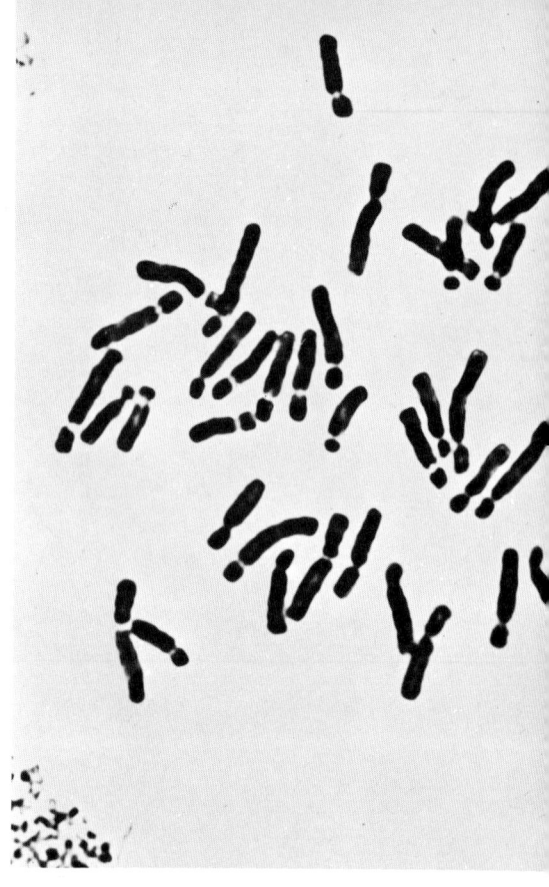

   Wo sich eine wünschenswerte rezessive Eigenschaft ohne alle Begleitumstände findet, läßt sie sich ohne geistige Unkosten auslesen, denn jede Pflanze, die sie äußerlich zeigt, muß sie ja von beiden Eltern bekommen

Linke Seite: Träger des Erbgutes sind die bandartigen Chromosomen im Zellkern. Ganz links der zweifache (diploide) Chromosomensatz der Mendeltulpe »Von der Eerden« mit 24 Kernschleifen; der Zellkern der Darwinhybrid-Tulpe »Apeldoorn« daneben ist triploid, d. h., er enthält einen 3fachen Chromosomensatz, also 36 Chromosomen. (1 400fach vergrößert)

Rechts: Die 42 Saatweizen-Chromosomen haben sich längsgespalten. Sie hängen nur noch am »Centromer« zusammen, einem Ansatzpunkt für die feinen Fasern, die die Hälften auseinander- und in die neuen Zellen ziehen.
Kulturweizen ist hexaploid, er hat den 6fachen Chromosomensatz.
(8 000fach vergrößert). Fotos Inst. für Angewandte Genetik, Technische Universität Hannover

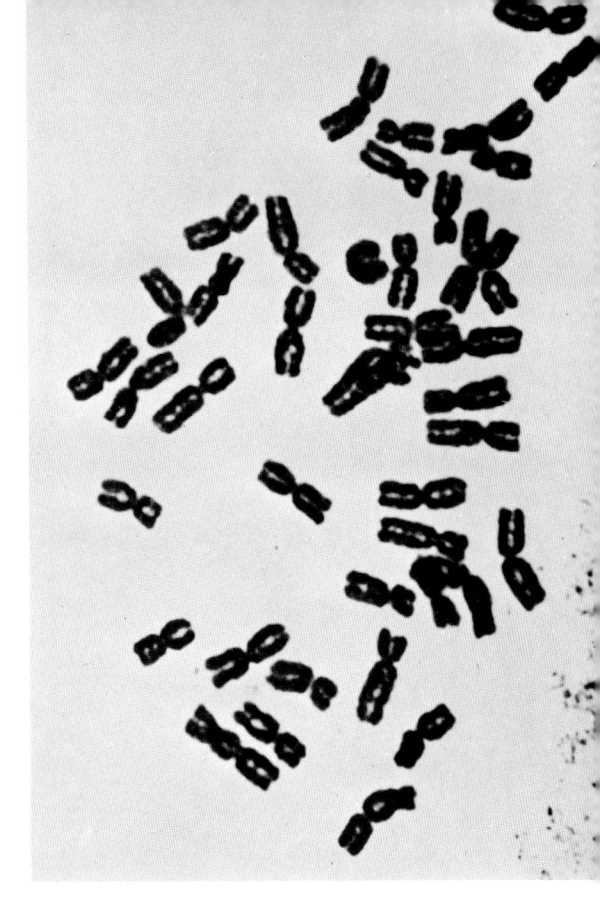

haben und auch weitergeben. Eine behütete Kulturpflanze kann sich aber auch dominante Erbänderungen leisten, die sie in der Wildnis umgebracht hätten. Unter den zahllosen Mutationsmöglichkeiten gerade die Erfüllung eines Züchterwunsches zu erwarten, hieße einen Lottoschein als solide Kapitalanlage ansehen. Es gibt jedoch Möglichkeiten, die Gewinnaussichten zu erhöhen. Röntgenstrahlen oder chemische Einwirkung auf Pollen und Samen steigern den Anteil der Mutationen, am einzelnen Gen oder am Chromosom, auf nahezu fünfzig Prozent. Darunter ist dann wohl eine brauchbare Erbänderung zu finden, nur ist dieses Finden oft eine neue Schwierigkeit. Denn wie entdeckt man eine Mutation auf Großblütigkeit beispielsweise beim Maiglöckchen, das zehn Jahre nach der Aussaat zum ersten Mal blüht?

Dominante Eigenschaften reinerbig zu bekommen ist mühevoll, aber auch nicht immer notwendig. Beim Kauf von Pflanzen oder Schnittblumen fragt kaum jemand, wie deren Kindeskinder wohl aussehen würden. Und wo immer ein Züchter befürchten muß, daß die Nachkommen einer mühsam erreichten Spezialzüchtung ihres Ahnen nicht würdig oder gar nicht erst lebensfähig sein könnten, wird er den Weg um die Vererbung herum versuchen. Er wird seine Pflanze durch Stecklinge, Teilung, Knollen oder Ähnliches zu einem »Klon« entwickeln, einer Gruppe von Pflanzen völlig gleichen Erbgutes, die alle auf eine einzige Stammpflanze zurückgehen.

Viele Wildblumen wären schon gartenwürdig, wenn sie nur größere Blüten hätten. Dazu brauchen sie nicht neue, sondern nur kräftigere Eigenschaften. Die Rechnung »mehr Chromosomen, mehr Eigenschaft« klingt sehr nach Holzhammermethode, aber sie geht auf. Die Züchter konnten das, ehe sie es wußten, denn unser jahrtausendelang nach Größe ausgelesener Weizen hat den dreifachen Chromosomensatz seiner Stammform. Heute wird mit einem Lähmungsgift die Zellteilung verhindert, wenn sich die Chromosomen schon gespalten haben. Bei jeder weiteren Teilung bekommt dann das entstehende Gewebe den vierfachen, »tetraploiden«, Chromosomensatz statt des doppelten. Das Ergebnis sind größere Blüten, festere Stiele, kräftigere Pflanzen. Unsere Riesenstiefmütterchen verdanken ihre Ausmaße sogar einem achtfachen Chromosomensatz. Arten, die man bisher nicht kreuzen konnte, weil ihre Chromosomen zu verschieden waren und sich nicht zu Paaren ordnen konnten, bringen sich als Tetraploide den passenden Partner mit und haben niegesehene Kreuzungsnachkommen mit verstärkten Eigenschaften beider Eltern. Ähnliche Prachtstücke sollte man erwarten, wenn ein normaler Chromosomensatz mit lauter ausgesucht leistungsfähigen Genen besetzt werden könnte. Auch das ist gelungen, aber wie der Austausch der Erbfaktoren vor sich geht, ist bis heute nur als Annahme zu erklären. Durch generationenlange Inzucht läßt man alle schwachen oder schädlichen Gene, die eine Pflanze rezessiv mitgeschleppt hat, zur Verdopplung und damit zur Wirksamkeit kommen. In verschiedenen Inzuchtlinien zeigen sich dann schwache Stellen. Kreuzt man nun Pflanzen, deren Schadstellen sich mit guten Anlagen des Partners ergänzen lassen, so bekommt man in der nächsten Generation lauter pflanzliche Musterkinder mit guten bis überdurchschnittlichen Eigenschaften, bekannt als Heterosiszüchtung.

Das Hübsche für den Züchter ist dabei, daß die Konkurrenz an heimlichen Nachzuchten wenig Freude haben dürfte. Denn die rezessiven Merkmale sind ja nur verdeckt und würden in der nächsten Generation als wahrer Chor der Rache auftauchen. Einen ähnlichen Vorteil haben triploide Züchtungen, entstanden aus tetraploider Mutter und diploidem Vater, die manchmal aufsehenerregende Eigenschaften, aber natürlich nie ähnliche Nachkommen haben.

Mit Futterneid und Mißgunst hat es nichts zu tun, wenn ein Züchter den Erfolg jahrelanger, mühsamer Arbeit nicht aus der Hand verlieren will. Hinter jeder Neuzüchtung stehen ja nicht nur die Entwicklungsarbeit, sondern auch ganze Felder voll verschiedener Ausgangspflanzen, die einerseits am Leben und andererseits in ihrer erblichen Zusammensetzung erhalten werden müssen, stehen Vertragsbetriebe in den Subtropen, wo die Züchtung durch drei Generationen im Jahr und mit weniger Witterungskummer vorangetrieben wird, steht eine Fülle von Kenntnissen und Betriebsaufwand, die alle den Wunsch nahelegen: Jeder Berufsberater, der all jenen den Gärtnerberuf anrät, die er sich sonst nirgends zu empfehlen traut, soll allnächtlich im Traum Zwanzig-Faktoren-Kreuzungen durchrechnen müssen mit allen zusätzlichen Erschwerungen und den scheußlichsten Genen, die es gibt.

Computer für die Westentasche
HEINRICH KLUTH

Die neuen Taschenrechner sind für alle da

Mit unseren zehn Fingern verfügen wir über eine zwar primitive, aber stets betriebsbereite Rechenmaschine. Wir benötigen dafür nicht einmal eine besondere Tasche. Um sie zu benutzen, brauchen wir die »Maschine« nur anzuschauen und – je nach Aufgabe – einzelne Finger zu beugen oder zu strecken. Sie vermittelt als wirklich kostenloses Lehr- und Lernmittel schon den kleinen Kindern sichtbar und eindrucksvoll wichtige mathematische Begriffe wie etwa Null, die Zahlen 1 bis 10 und das Zählen selbst. »Einer« und »Zehner« werden selbstverständlich und damit später zur Grundlage des Dezimalsystems, das sich auf die Zehn stützt. Bald lernen sie auf diese Weise addieren, subtrahieren, multiplizieren und – wenn auch nur auf Umwegen – sogar dividieren. Unbewußt benutzen sogar Erwachsene noch die praktische Rechenhilfe der Finger, wenn etwa die Teilnehmer einer Party nachgezählt werden sollen und die Mutter außer für sich selbst je einen Finger für die Freunde Stefan, Dietmar, Thomas sowie für Oma und Opa nach oben schnellen läßt, um auf »6« zu kommen.

Gäbe es diese einfache Handrechenmaschine nicht, hätten es sicher viele schwer gehabt, sich jene mathematischen Grundkenntnisse anzueignen, die auch heute noch unentbehrlich sind, wenn man mit den modernen, etwa postkartengroßen elektronischen Taschenrechnern arbeiten will. Diese kleinen Wundergeräte bewältigen selbst vielstellige Multiplikationen mit unglaublicher Geschwindigkeit, gerade als handele es sich um das kleine Einmaleins. Dabei spielen sich stets folgende vier Schritte ab: 1. die Aufgabe und die zu ihrer Lösung erforderlichen Informationen müssen in den Rechner eingetastet werden (EINGABE), der 2. alles in seinem »Gedächtnis« sammelt (SPEICHERN) und 3. nach logischen, von menschlichen Gehirnen erdachten und vorgegebenen Programmschritten verarbeitet (RECHNEN), um 4. schließlich das Ergebnis lesbar anzuzeigen (AUSGABE). Etwa nach der gleichen Regel verfahren auch alle bisher üblichen mechanischen Bürorechenmaschinen einschließlich der Registrierkassen. Während man aber bei ihnen sieht und sogar hört, was sich bei den verschiedenen Operationen mechanisch über Gestänge und Zahnräder abspielt, arbeiten die elektronischen Rechner völlig geräuschlos und so schnell, daß sich eigentlich nur noch – zumindest bei den Tisch- und Taschenrechnern – das Eintasten der Aufgabe, das mit dem Finger geschieht, verfolgen läßt. Diese unvorstellbare Re-

Im Ausgabeteil einer elektronischen Taschenrechenmaschine leuchten die eingetasteten oder Ergebnis-Ziffern der gestellten Aufgabe auf. Das geschieht meist in 7-Segment-Leuchtziffern wie auf diesem Bild. Weniger Batterieenergie verbrauchen sogenannte Flüssigkeitsanzeigen. Sie sind aber nur zu lesen, wenn sie – wie jede normale Schrift – beleuchtet werden.

chengeschwindigkeit in Verbindung mit einer nicht zu übertreffenden Zuverlässigkeit macht den elektronischen Rechner allen vorher bekannten anderen Verfahren so unvergleichlich überlegen.

Nicht ohne Grund haben sich in den letzten Jahren Taschenrechner überall durchgesetzt, zumal die Preise dieser Geräte dank gewaltiger verfahrenstechnischer Fortschritte in der Herstellung stark gesenkt werden konnten. Während ein Taschenrechner mit acht Stellen im Frühjahr 1971 noch 1250 Mark kostete, war ein solcher Minicomputer im Herbst 1975 schon für 27,50 Mark zu haben. Das sind nur noch 2,2 Prozent des Preises von vor viereinhalb Jahren! 1974 wurden allein im Gebiet der Bundesrepublik Deutschland über 1,5 Millionen Rechner zu Preisen zwischen 30 und 1 500 Mark verkauft. Und im Herbst 1975 verfügte bei uns fast jeder zehnte Haushalt über ein solches Gerät, das – in einfachster Form – sogar schon zum Werbeartikel wurde. Inzwischen sind elektronische Taschenrechner an vielen Schulen – wie früher Rechenschieber und Logarithmentafel – als Hilfsmittel für die Oberstufe zugelassen. Wirklich, Taschenrechner sind heute für alle da, was auch immer zu rechnen ist.

Das ist vor allem ein Ergebnis der Transistorentwicklung. Diese Bausteine wirken als masselose und damit völlig verzögerungsfreie Schnellschalter. Während man gewöhnlich zum Einschalten einer Tischlampe Sekunden benötigt, braucht ein Transistor für einen solchen Schaltvorgang wenige milliardstel Sekunden! Mit seiner Hilfe können theoretisch also in einer Sekunde viele hundert Millionen Schaltungen nacheinander ausgeführt werden. In Wirklichkeit bleibt man jedoch mit einigen hunderttausend »Takten« weit darunter, wenn es darum geht, schwierige Rechenvorgänge abzuwickeln, deren Einzelschritte ja immer logisch aufgebaut sind. Das kann durch Verknüpfen und Wiederholen so geschickt gesteigert werden, daß im Verhältnis dazu selbst wahre Gehirnakrobaten und Rechengenies stümperhaft versagen.

In allen elektronischen Rechnern sind für diese besonderen Aufgaben

Grundschaltungen aus Transistoren, Dioden und Widerständen so »verdrahtet«, daß außer »Und«- auch »Oder«-Funktionen ausgeführt werden können. Außerdem sind durch deren Umkehr (Negation) »Nicht«-Funktionen sowie besondere, kurz »Flip-Flop« genannte Kippschaltungen in vielen Spielarten möglich, wobei Schaltimpulse nacheinander zwei stabile, gegensätzliche Zustände auslösen, »Flip« oder »Flop«, »Ein« oder »Aus«.

Die zehn Finger an der Hand sind die einfachste Rechenmaschine. An ihnen lernt man die Einer und Zehner kennen und damit die Voraussetzung für das Dezimalsystem.

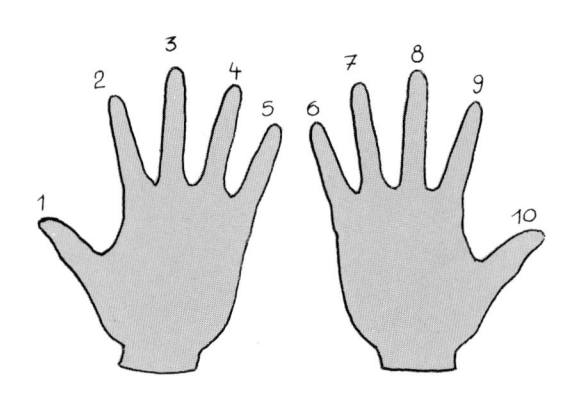

Bei dem in elektronischen Rechnern angewandten Dualsystem wird statt der Zehn die Zwei als Grundlage benutzt. Entsprechend zählen die Finger als $2^0 = 1$, $2^2 = 4$, $2^3 = 8$ usw. Mit Hilfe der zehn Finger lassen sich so alle Zahlen von 1 bis 1023 darstellen.

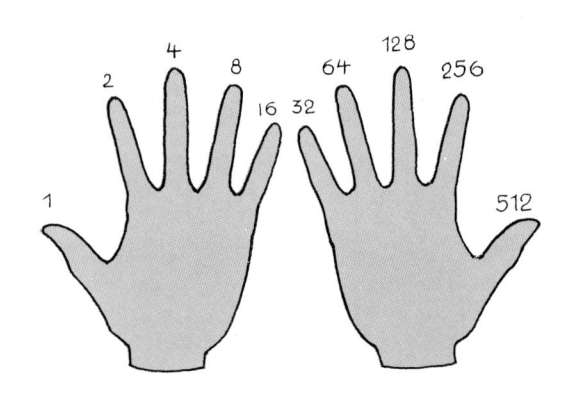

Man kann statt dessen auch »Eins« oder »Null« sagen. Diese beiden Zustände genügen tatsächlich, um nach dem sogenannten Dualsystem selbst schwierige mathematische Aufgaben zu lösen. Allerdings müssen dazu die nach dem Dezimalsystem aufgebauten Zahlenreihen zunächst binär verschlüsselt (kodiert) und vor der sichtbaren Ausgabe wieder entschlüsselt (dekodiert) werden. Dabei wird, wie schon aus den Bezeichnungen hervorgeht, statt der 10 die 2 als Grundzahl verwendet. Als niedrigste Binärstelle gilt $1 = 2^0$. Dann folgen, wie unsere Darstellung der binär zählenden Finger erkennen läßt, $2 = 2^1$, $4 = 2^2$, $8 = 2^3$, $16 = 2^4$ usw. Der Vorteil besteht darin, daß sich jede Zahl als Folge allein der Ziffern 0 und 1 schreiben läßt, zum Beispiel

$$9 = 1 + 0 \cdot 2^1 + 0 \cdot 2^2 + 1 \cdot 2^3 \quad \text{(Binärstellenwert)}$$
$$= 1 \quad 0 \quad 0 \quad 1 \quad \text{(Schaltstellung)}$$

Stark vergrößerte Darstellung eines Großschaltkreises, der 12000 Transistoren enthält und 13stellige Zahlen verarbeitet. Mit dieser Maskenvorlage werden die 5,5 × 5,5 mm kleinen MOS-Schaltkreise für die Taschenrechner hergestellt.

Das gibt freilich schon für kleine Zahlen sehr lange Ziffernfolgen, aber von alledem merkt der Benutzer des Taschenrechners überhaupt nichts. Er sieht nur die gewohnten Dezimalstellen. Die Rechenschritte im Dualsystem bleiben Geheimnis des Rechners.

Ob die Flip-Flops in der Grundstellung auf »Ein« oder »Aus« stehen, ist dem Zufall überlassen. Darum muß man bei jedem Elektronenrechner nach dem Einschalten durch Drücken der sogenannten Lösch- oder C-Taste (Clear) zunächst sämtliche Schalter und damit Speicherinhalte auf den Null-Zustand bringen. Denn die dem Gedächtnis entsprechenden Speicher bestehen lediglich aus miteinander verdrahteten Flip-Flops. Jede noch so kurze Unterbrechung der Stromversorgung bedeutet unbedingten Gedächtnisverlust. Bei fortlaufenden Kettenrechnungen ist es deshalb erforderlich, nach einer etwaigen Störung völlig neu zu beginnen. Darum ist es wichtig, daß die Batterien sehr sorgsam in den dafür vorgesehenen Raum eingesetzt werden. Nur dann ist zuverlässiger Kontakt gewährleistet.

Um die winzigen »Großschaltkreise« wirtschaftlich zu fertigen, werden sie in großen Stückzahlen auf etwa 7,5 cm großen Siliziumscheiben hergestellt und nach dem Zerschneiden auf einem Plastiksteckgehäuse mit der entsprechenden Anzahl von Anschlüssen (unten, rechts im Bild) untergebracht. Bei einer 100 Scheiben umfassenden Fertigungscharge beträgt der gleichzeitige Ausstoß 300 000 bis 1 Million Transistoren. Fotos AEG-Telefunken

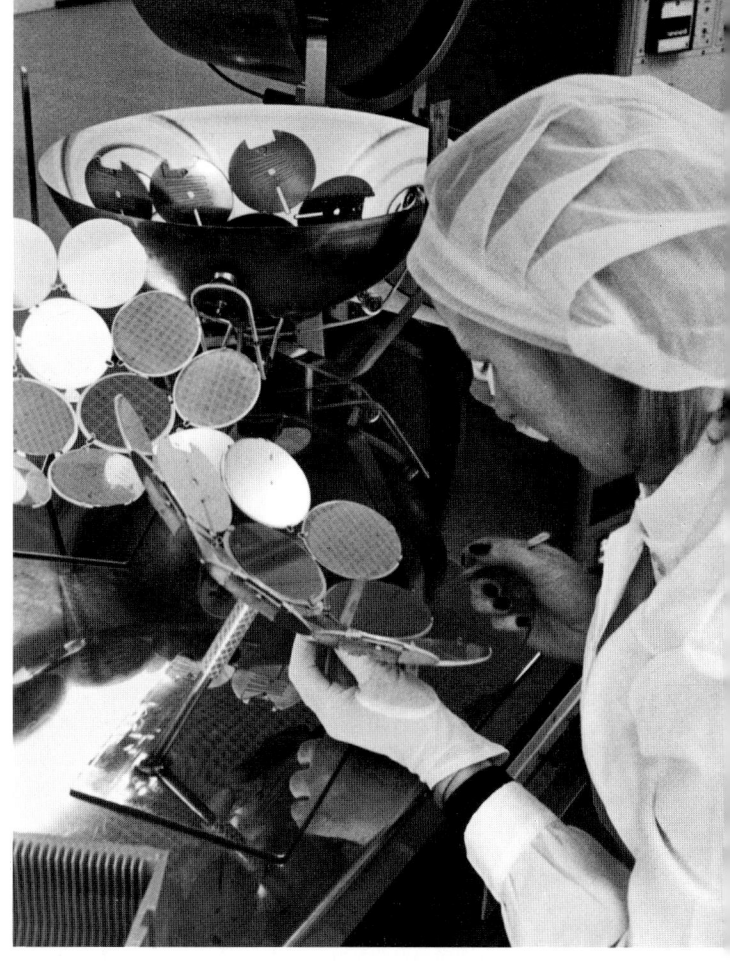

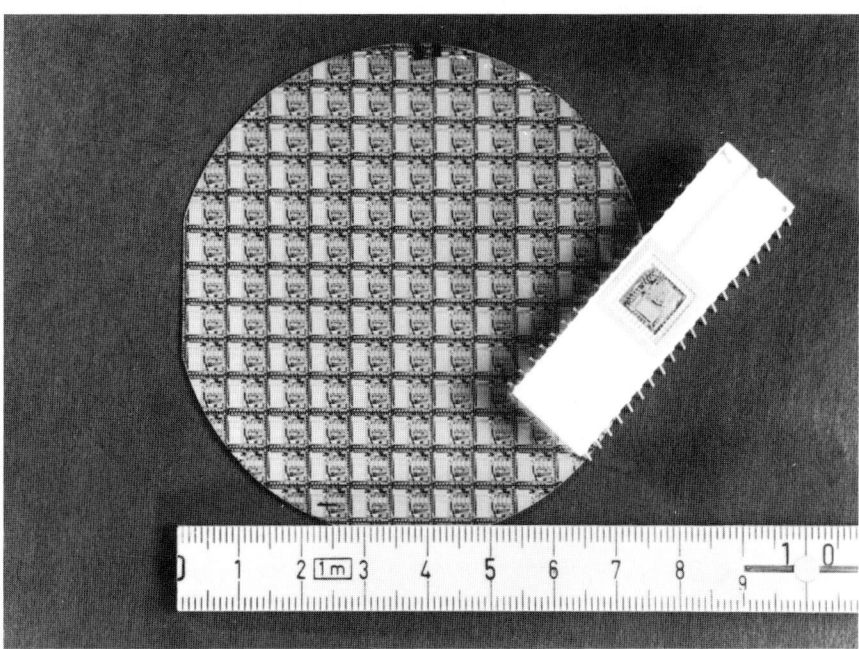

Die vor allem durch die Anforderungen der Raumfahrt ständig verbesserte Technologie der Halbleiterminiaturisierung gestattete es schließlich, nicht nur einzelne Schaltkreise, sondern sogar ganze Rechnersysteme mit klar umrissenen Aufgaben auf einer winzigen Siliziumfläche von etwa 20 Quadratmillimeter Größe gebrauchsfertig in großen Stückzahlen herzustellen. Jeweils 150 Stück mit je 15 000 Bauelementen befinden sich auf einer 3-Zoll-Siliziumscheibe. Bei dieser »MOS-Technologie« werden in jeder Fertigungscharge von 100 Scheiben etwa 200 Millionen Transistorfunktionen in einem Arbeitsablauf erzeugt. Allerdings lassen sich nicht alle diese Bauelemente verwenden. Denn wenn in einem Großschaltkreis auch nur einer der vielen tausend Transistoren defekt ist – und dafür genügt ein winziges Staubkörnchen bei der Fertigung! – ist der betreffende Großschaltkreis unbrauchbar. Aber wenigstens 15 Prozent aller erzeugten Großschaltkreise sind fehlerlos, und so werden je Fertigungscharge immerhin 30 Millionen gute Transistorfunktionen hergestellt. Entsprechend konnten die Verkaufspreise gesenkt werden. Betrug der Preis je Transistorfunktion Mitte der sechziger Jahre noch fast 1 Mark, so sank er bis 1975 auf 0,1 Pfennige. Bis zum Jahre 1980 – so rechnet man – wird er wahrscheinlich nur noch 0,005 Pfennige kosten . . .

Um auf die praktische Anwendung zurückzukommen: Der fertige, nur wenige Quadratmillimeter kleine Großschaltkreis wird, damit er sich besser handhaben läßt und um ihn gegen Beschädigung zu schützen, in einem genormten, steckbaren Plastikflachgehäuse untergebracht. Auch die Reihenfolge der Anschlüsse ist genormt, so daß sie nur noch mit einer vorbereiteten Leiterplatte verlötet zu werden brauchen. Diese Leiterplatte ist eine »gedruckte Schaltung«. Sie nimmt alle weiteren, für das Arbeiten des Taschenrechners noch zusätzlich erforderlichen Bauteile wie Tastatur, An-

Leiterplatte eines Taschenrechners mit den unter den Tasten liegenden Druckschaltern. 17 Tasten – mit den Ziffern 0 bis 9, je einer Punkt- und Ergebnistaste und den Tasten für die vier Grundrechenarten – genügen, um hausübliche Aufgaben zu lösen.

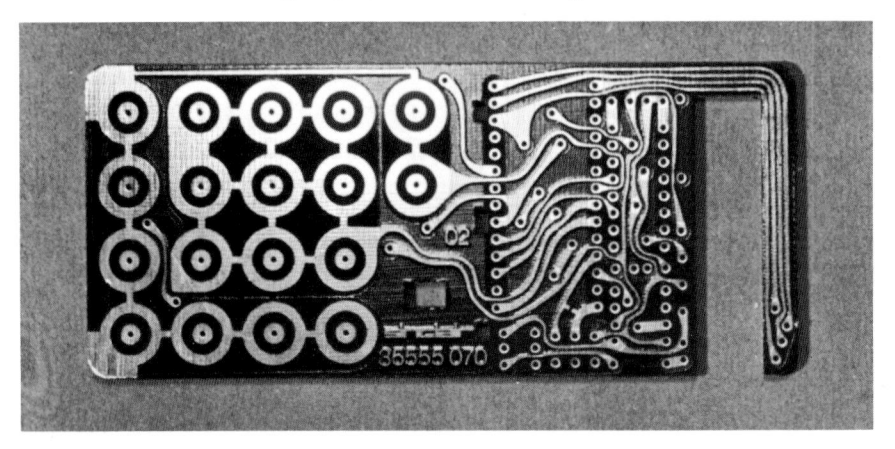

Einer der leistungsfähigsten Taschenrechner mit vorgegebener oder freier Programmsteuerung. Die in einer Tasche steckenden Magnetkarten enthalten alle Anweisungen für bestimmte Rechenabläufe, die magnetisch abgetastet werden und den Rechner entsprechend programmieren. Die ausgewählte Karte wird von der rechten Seite in einen Schlitz im Rechner eingeführt. Ein zweiter Schlitz dient dazu, eingegebene Programme auf Magnetkarten zur Wiederverwendung festzuhalten. Foto Hewlett-Packard

zeige, Kondensatoren, Widerstände und einbezogene Hilfsstufen sowie die Batterieanschlüsse auf.

Alles das ist genau abgestimmt, so daß es beim Zusammenbau kaum noch Schwierigkeiten gibt, wie ein Bausatz des Sinclair Scientific erkennen läßt. Wer Spaß daran findet, und wer glaubt, die erforderliche Geduld zu haben, feine Lötstellen herzustellen, sollte wissen, daß der überaus aufschlußreiche Zusammenbau kaum zwei Stunden Zeit kostet. Sie wird bei mathematischen Rechenaufgaben schnell wieder eingespart. Denn außer den vier Grundrechenarten (+, −, × und :) leistet dieser fertig nur 70 Gramm schwere Westentaschenrechner noch acht weitere Funktionen (lg und antilg, sin und arcsin, cos und arccos, tang und arctang), die auch in Kettenrechnungen eingesetzt werden können und so selbst wissenschaftliche und mathematische Berechnungen zusammenhängend ermöglichen.

Einfache Rechner, wie sie der Handel schon für unter 20 Mark anbietet, werden beim Hersteller sogar ohne Lötarbeit aus den Einzelteilen in knapp drei Minuten zusammengesteckt. Sie liefern bei sechs Stellenanzeigen immerhin alle vier Grundrechenarten ebenso schnell und genau wie teure Modelle. Gebraucht werden dazu lediglich 17 Tasten. Wer viel mit Geldbeträgen rechnen muß, sollte auf Fließkomma und acht Stellen nicht verzichten, wäre aber mit zusätzlicher %- und K-(Konstanten-)Taste, die es etwa bei Reihenrechnungen erspart, eine immer wieder zu benutzende Zahl wiederholt einzutasten, noch besser bedient. Skonto-, Rabatt-, Zins- oder Zinseszins sowie Wechselkursumrechnungen lassen sich damit im Nu erledigen. Auch »Gedächtnis-Speicher« (Taste »M« = Memory) haben sich als zweckmäßig erwiesen. Sie bewahren Zwischenergebnisse auf, die jederzeit als Rechengröße oder zur Erinnerung sichtbar abgerufen und in laufende Rechnungen eingesetzt werden können. Sie erübrigen handschriftliche Merkzettel. Für höhere mathematische, wissenschaftliche, statische, statistische, trigonometrische und finanztechnische, chemische oder physikalische Aufgaben gibt es Spezialrechner, die teuer sind, dafür aber auch viel Zeit einsparen.

Bei allen diesen Geräten sind die geforderten Rechengänge in dem MOS-Chip vorprogrammiert. Drücken wir die entsprechende Taste, laufen sie in Blitzesschnelle automatisch ab. Bei besonders leistungsfähigen Taschenrechnern gibt es Umschalttasten, mit denen einzelnen oder allen Tasten weitere Aufgaben zugeteilt werden. Diese Funktionen sind meistens in kleinerer oder andersfarbiger Schrift neben der Hauptfunktion angegeben. Man kann die besonderen Funktionstasten etwa mit der Umschalttaste einer Schreibmaschine vergleichen, bei der, wenn wir sie drücken, aus Klein- Großbuchstaben werden oder statt der 9 beispielsweise das §-Zeichen geschrieben wird. Wer damit noch nicht zufrieden ist und das entsprechende »Kleingeld« – rund 2500 Mark – hat, bekommt sogar Taschenrechner, denen frei ausgearbeitete Programme eingegeben werden können. Man führt zu diesem Zweck eine kleine Karte ein, auf der die Programmschritte magnetisch festgehalten sind. Motorisch angetrieben, durchläuft sie einen eingebauten Magnetkartenleser, wird dabei abgetastet und weist den Rechner entsprechend ein. Solche Programme kann man sich selbst erarbeiten und über den Leser, der dann als Schreiber wirkt, zur Wiederbenutzung auf Magnetkarten übertragen. Der Rechner wird dadurch zu einem echten Kleincomputer.

Wichtig ist, daß die Anzeige gut lesbar ist. Die jeweils aus sieben Segmenten aufgebauten Einzelziffern sollen nicht zu dunkel leuchten und nicht kleiner als 3,5 Millimeter sein. Ob als Farbe Rot, Grün oder Weiß bevorzugt wird, bleibt dem Geschmack des Benutzers überlassen. Zu achten ist darauf, daß die stromfressende Anzeige (Batteriekosten!) nicht zu viel Leistung verbraucht. Am günstigsten sind in dieser Hinsicht die sogenannten Flüssigkeitsanzeigen, die man im Dunkeln allerdings nicht ablesen kann. Wer viel rechnen muß, für den empfiehlt sich ein Netzanschlußgerät. Sehr praktisch sind statt der Batterien eingebaute Kleinakkus, die sich aufladen lassen. Sie sorgen dafür, daß man den Taschenrechner frei beweglich zu jeder beliebigen Zeit und an jedem beliebigen Ort gebrauchen kann.

Für einen Spediteur ist nichts unmöglich. Hier werden zwei Binnenmotorschiffe an Bord des Schwergutfrachters »Strahlenfels« der Bremer Reederei DDG »Hansa« genommen.

Mein Feld ist die Welt HANS H. WERNER

Spediteur — ein Beruf mit großer Zukunft

In der Oberprima gibt es in diesen Tagen nur ein Gesprächsthema: Was machen wir nach dem Abitur?

Joachim Peters will Offizier bei einem Transportgeschwader der Luftwaffe werden; Ralf Schmidt wird Tierarzt und die Praxis seines Vaters übernehmen; einige der 18-, 19jährigen warten noch auf den Bescheid, ob sie einen Studienplatz erhalten, andere haben sich beim Staat beworben. Wieder andere gehen in die Industrie.

»Ich werde Spediteur«, sagt Klaus Stephan, als die Kameraden ihn nach seinen Berufsplänen fragen.

»Spediteur?« Ralf schüttelt zweifelnd den Kopf. »Willst du mal mit 'nem Lkw Waren durch die Gegend karren? Dafür hättest du doch wahrhaftig nicht 13 Jahre lang büffeln müssen!«

Ein Gabelstapler bringt auf der Lufthansa-Frachtstation in London die einzelnen Packstücke vom Export-Zwischenlager zu einer Palettenaufbaustation. Mit solchen Paletten kann ein Passagierflugzeug in einen Frachter umgewandelt werden.

»Na, ganz so einfach ist die Arbeit eines Spediteurs nun auch wieder nicht«, erwidert Klaus ruhig. »Was meinst du, was alles nicht liefe, wenn es den Spediteur nicht gäbe ...«

»Da hat Klaus recht«, mischt sich Joachim ein. »Eigentlich werde ich ja auch so eine Art Teil der Spedition. Nur eben bei der Bundeswehr. Die Flugkapitäne der Luftfrachtmaschinen haben im Zivilleben die gleichen Aufgaben.«

Unter den Abiturienten hält die Diskussion über Nutzen und Notwendigkeit des Spediteurs noch eine ganze Weile an.

Währenddessen – es ist ein Spätherbsttag, und gegen die Scheiben des Bürohauses der größten privaten deutschen Spedition in Hamburg klatscht der Regen – gibt es in Abu Dhabi am Persischen Golf einen Knall. Im Feld 7 bricht das Gestänge eines Bohrturmes. Mit ungeheurer Wucht wirbeln Teile der Stahlkonstruktion durch die in der Wüstenhitze flimmernde Luft. Einige Arbeiter werden verletzt, und es ist ein wahres Wunder, daß keine Toten zu beklagen sind.

Stückgutumschlag im Hamburger Hafen – eine Domäne des Spediteurs. Güter, die auf dem Schienenweg gekommen sind, gehen an Bord, andere, die über See eingeführt wurden, werden von der Bahn ins Binnenland gebracht. Fotos Archiv Wölfer

Piet Randers, der leitende Ingenieur dieses Bohrvorhabens, steht vor der Frage, wie er so schnell wie möglich neues Bohrgestänge und alle anderen technischen Teile beschafft, damit die Bohrung wieder aufgenommen werden kann. Das »Schwarze Gold« muß vielleicht schon in wenigen Wochen – zu leichtem Heizöl, Benzin und anderen Produkten verarbeitet – in Hamburg dazu beitragen, die Kälte des europäischen Winters erträglicher zu machen.

Er greift zum Telefon, meldet seiner Gesellschaft den Schaden und teilt ihr mit, was dringend benötigt wird.

Nun glühen die Telefondrähte zwischen Nahost, den USA und Europa, rattern die Fernschreiber.

Das ist die Stunde des Spediteurs. Er wird dafür sorgen, daß in kürzester Zeit die benötigten Ersatzteile in Abu Dhabi eintreffen. Der kürzeste Weg und auch der schnellste ist natürlich der Luftweg.

Für den Spediteur bedeutet das: Entsprechend große Flugzeuge müssen zur richtigen Zeit am richtigen Platz zur Verfügung stehen. Sie sollen die Einzelteile übernehmen, die am Persischen Golf eilig gebraucht werden.

Das heißt weiter: alle Zeitpläne aufeinander abstimmen, die notwendigen Unterlagen für die verschiedenen Zollbehörden ausfertigen, die Umschlaggeräte zur rechten Zeit am richtigen Ort bereitstellen. Die bis zu 18 Meter langen Teile für das Bohrturmgestänge, die die Männer am Golf so heiß erwarten, nützen ihnen nichts, solange sie im Flugzeug liegen. Sie müssen ausgeladen und bis zur Bohrstelle gebracht werden.

Als Drehscheibe bestimmen die Spediteure Amsterdam: Dort soll die gesamte Ladung, deren einzelne Teile teils aus den USA, teils aus anderen Ländern kommen, zusammengestellt werden. Sie chartern eine eigens für die Luftfracht eingerichtete McDonnell-Douglas DC-10, die von Amsterdam aus die Ladung nach Abu Dhabi bringen wird. Aus den USA kommen die Teile mit »Fracht-Jumbos« vom Typ Boeing 747 F.

Verständlich, daß es in diesem Fall – er ist nur einer aus den täglichen Dienstleistungen einer großen Spedition – einer weltumspannenden Planung bedarf. Eine Speditionsfirma, die im internationalen Geschäft tätig ist, muß ihre eigenen Niederlassungen in allen Teilen der Welt haben, oder doch zumindest befreundete Firmen, mit denen sie zusammenarbeiten kann.

Verständlich auch, daß für diese Verrichtungen, die »Logistik« – so nennt man im internationalen Sprachgebrauch auch beim Militär die Versorgung mit Gütern aller Art –, Fachleute benötigt werden; ausgebildete Speditionskaufleute, die nicht nur ihr Aufgabengebiet, sondern möglichst auch mehrere Fremdsprachen beherrschen. Fachleute, die in der Lage sind, ein Paket von Dienstleistungen anzubieten – denn Spedition ist Dienstleistung im wahrsten Sinn des Wortes. Und mehr noch: Diese Fachleute müssen blitzschnell aus eigenem Ermessen handeln können, müssen das unmöglich Erscheinende möglich machen.

Und diesen Beruf will Klaus Stephan ergreifen, sobald er sein Abitur hat. Doch auch für Real- und tüchtige Hauptschüler bietet der Beruf des Speditionskaufmanns alle Aussichten eines zukunftsträchtigen Berufszweiges.

Zweieinhalb bis drei Jahre dauert die Ausbildung. Sie führt Klaus Stephan durch alle Abteilungen des Hamburger Hauses und nach Bremen, wo sich eine große Zweigniederlassung befindet. Im dritten Lehrjahr wird er darüber hinaus auch in europäischen Niederlassungen eingesetzt. Amsterdam, Rotterdam, London, Paris, Barcelona – für einen tüchtigen, jungen Spediteur keine Traumziele, die er allenfalls im Urlaub erreichen kann, sondern Stätten seiner beruflichen Tätigkeit.

Bis dahin aber ist es noch weit, wird Klaus Stephan noch eine Menge lernen müssen. Er wird erfahren, wie man Güter aller Art auf dem Schienennetz der Eisenbahnen befördert, wie Transporte auf der Straße, auf Binnenwasserstraßen oder über die Ozeane hinweg und durch die Luft vorgenommen werden. Er wird lernen, daß seine wichtigste Aufgabe zunächst die Beratung der Kunden ist; sie wollen über die schnellste, billigste und beste Möglichkeit des Transportes ihrer Erzeugnisse unterrichtet werden.

Der Spediteur muß alle diese Transportmöglichkeiten kennen, ihre Vor-

Luftfracht reist heute in alle Welt. Ein Container der American Airlines vor einem Frachtflugzeug vom Typ Boeing 707 F, das im Frachtterminal Frankfurt beladen wird. Der Speditionskaufmann bestimmt Beförderungsart und Reiseweg.

und Nachteile in jedem einzelnen Fall abwägen können, über Tarife aller Art, Beförderungs-, Zoll- und Versicherungsbestimmungen Bescheid wissen und mit der Lagerhaltung vertraut sein. Mehr noch: Von ihm wird verlangt, daß er warenkundliche Fachkenntnisse besitzt, Sinn für Organisation und Disposition hat und ein gründliches geographisches Wissen mitbringt.

»Mein Feld ist die Welt«, das war jahrhundertelang das Motto der »königlichen Kaufleute« hanseatischer Prägung. Heute ist es längst zum Leitspruch des Speditionskaufmanns geworden. Seine Zukunft ist die Welt. Die Welt mit ihren riesigen, ständig steigenden Warenströmen zwischen den Kontinenten.

Mehr als 5000 Speditionsfirmen erfüllen allein in der Bundesrepublik Deutschland die Transportanforderungen. Selbstverständlich sind das keineswegs nur Riesenunternehmen. Die Liste reicht vom Großunternehmen mit einem Netz eigener Niederlassungen im In- und Ausland bis hin zum Kleinbetrieb, der mit einigen Fahrzeugen regelmäßigen Linienverkehr auf den Straßen zwischen Berlin und dem Ruhrgebiet oder zwischen München und Frankfurt betreibt. Und in ihrem Rahmen, auf ihrem Gebiet kommt jeder dieser 5000 Speditionsfirmen eine wichtige Aufgabe zu: Sie sorgt dafür, daß Waren befördert werden – vom Erzeuger zum Verbraucher, ganz gleich, wer dieser Verbraucher ist. Hier steht der Bohringenieur Piet Randers als Verbraucher neben dem Rentner Gustav Müller, der in einem Supermarkt in Lüneburg Champignons aus Taiwan einkauft.

Hat Klaus Stephan seine Lehre beendet und seine Kaufmannsgehilfenprüfung vor der Handelskammer abgelegt, beginnt der zweite Abschnitt seiner beruflichen Laufbahn. Mit Fach- und Sprachkenntnissen ausgerüstet – Kenntnisse, die übrigens ständig erweitert und vertieft werden müssen – wird er sich seinen Teil dieser Welt erobern. Eine Eroberung, die nicht mühelos vor sich geht, die häufig mit Arbeit rund um die Uhr und mit schnellem Ortswechsel verbunden ist. Doch der Erfolg wird nicht ausbleiben.

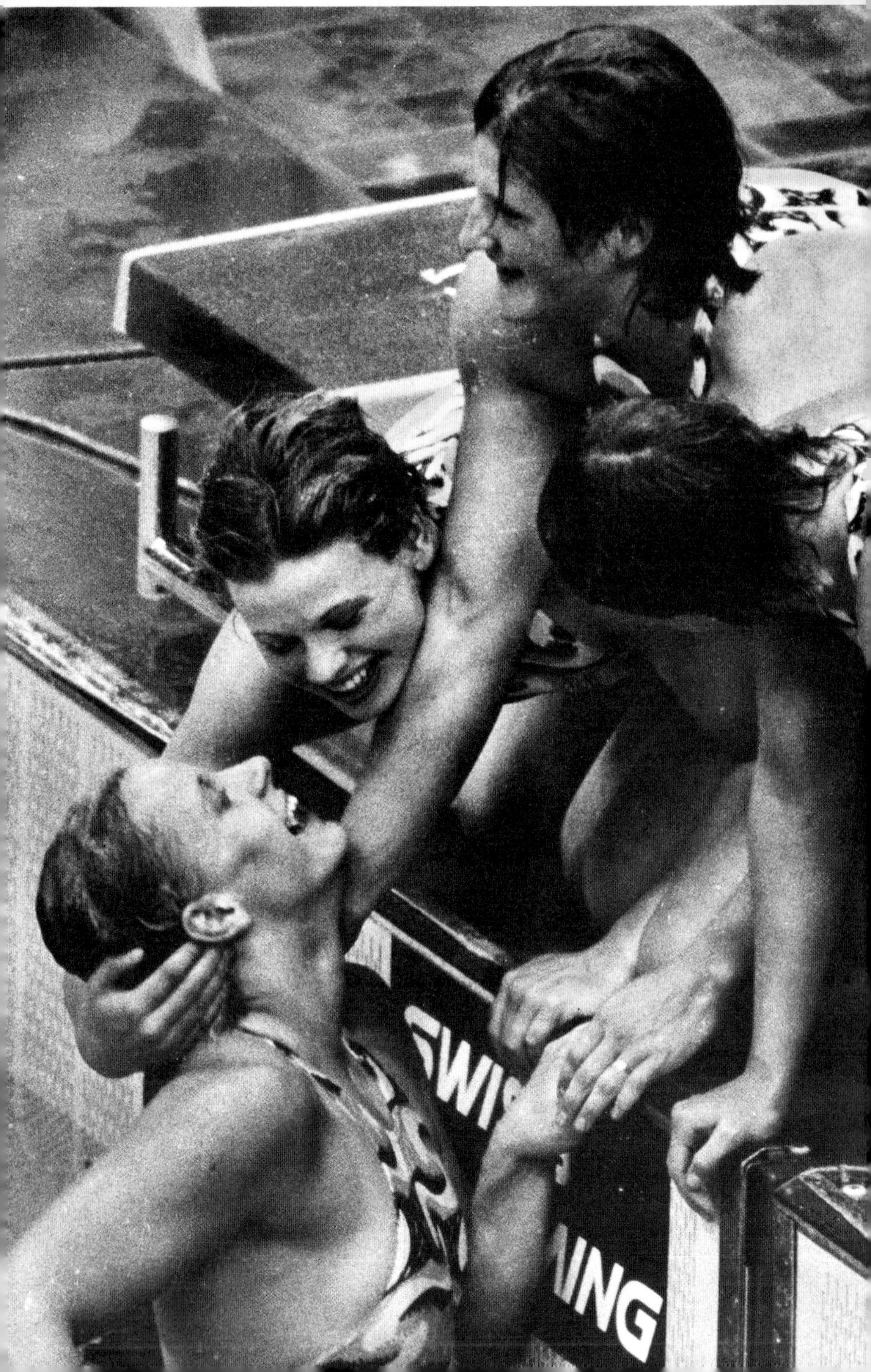

Gold, Gold und nochmals Gold

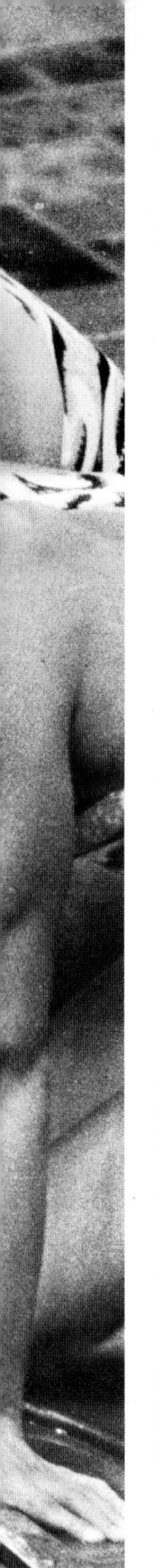

STEFFEN HAFFNER

**Supermänner oder Geheimrezepte? –
Kleine olympische Nachlese**

Das Fest ist aus, das olympische Feuer erloschen. Was bleibt von den mitreißenden Wettkämpfen, von den bewegenden Tagen am Inn und am St. Lorenz? Persönlich sind es gewiß zahllose Erinnerungen von hohem Wert. Im Echo der Massenmedien aber schrumpfen die Olympischen Spiele zu dürren Bilanzen von Erfolg und Mißerfolg. Und so triumphieren denn »die Sieger«, und »die Besiegten« stimmen ihre Klagelieder an. Lassen wir uns einmal auf das schnöde Spiel mit den Medaillenspiegeln ein, dann ist schwer zu übersehen, daß die Sportler der sogenannten sozialistischen Länder wieder am fleißigsten olympisches Edelmetall gesammelt haben. Das erregt mittlerweile kaum noch Aufsehen: Die Mitwelt empfindet die Überlegenheit der Sowjets, Kubaner, Bulgaren, Ungarn, Rumänen und vor allem der Deutschen aus der DDR als alltäglich, ja fast als naturgegeben. Warum aber turnt Nadia besser als Shirley, warum ist Wassili stärker als John, warum läuft Bärbel (Ost) schneller als Annegret (West)? Diese einfache Frage hat im Westen wundersame Gerüchte und Legenden aufkommen lassen. Von Zaubersäften aus Geheimküchen, von der Super-Muskelpille, von raffinierten Hormonen munkelten selbst Fachleute. Es schien, als hätten die Verantwortlichen für den Sport in der DDR und UdSSR die Kalmus-Wurzel des Erfolgs gefunden.

Tatsächlich geben sie zu, ein »Wundermittel« in der Tasche zu haben, das ihre Sportsiege ermöglicht. Mit Kräuterweiblein freilich hat es nichts zu tun, dagegen um so mehr mit der Zauberwirkung von Marx und Lenin. Deren in die Praxis umgesetzte Lehre bringe zwangsläufig den überlegenen Sportler hervor. Die sozialistische Gesellschaft schaffe – so behaupten die Vertreter dieser Weltanschauung – einen völlig neuen Menschentyp: Das Ziel der Erziehung, die alle Lebensbereiche durchdringt, ist die »allseitig und harmonisch entwickelte Persönlichkeit mit hohem sozialistischen Bewußtsein, deren Leistungsüberlegenheit gegenüber anderen Individuen vor allem auf der veränderten Motivation durch die ideologisch-weltanschaulichen

Geschafft! Mit einem neuen Weltrekord holten sich die Mädchen der 4 × 100-m-Lagenstaffel der DDR die Goldmedaille. Auf unserem Bild freuen sich v. l. Kornelia Ender, Ulrike Richter, Hannelore Anke und Andrea Pollack. Mit viermal Gold und einmal Silber gehörte die 17jährige Kornelia Ender zu den erfolgreichsten Athleten. Foto dpa

Der Goldachter von Montreal – auch er kommt aus der DDR, hinter der UdSSR und den USA das erfolgreichste Land der XXI. Olympischen Spiele. Sozialer Aufstieg ist der Motor, der die Medaillenmaschinerie der »großen Drei« in Schwung hält.

Grundüberzeugungen beruhen«, wie ein Kenner der DDR, Professor Voigt in Gießen, deren Auffassung wiedergibt. Einfach ausgedrückt: Der junge Sozialist weiß, wofür er so schnell rennt – für den Fortschritt seiner Gesellschaft.

In der Motivation ihrer Sportler, also in der Summe der Beweggründe, die ihr Handeln beeinflussen – und soweit haben die Ideologen des Ostens sicherlich recht – liegt das Geheimnis des »Sportwunders«. So tritt bei ein wenig Schürfen schnell zutage: Spitzensportler zu sein, lohnt sich. Der Weltmeister und Olympiasieger im Osten hat ausgesorgt. Ihm ist, solange er keine silbernen Löffel stiehlt oder sich als »politisch unzuverlässig« entpuppt, eine geachtete Stellung in der Gesellschaft sicher. Wer Erfolgssportler wird, wird etwas. Allerdings legt der Staat dem »Meister des Sports« keineswegs das berufliche Weiterkommen in den Schoß wie ein Weihnachtsgeschenk. Auch auf der Schulbank, im Hörsaal und in der Werkhalle muß der Spitzensportler Hervorragendes leisten. Nur: die Gesellschaft bringt ihm viel Verständ-

»Nur« eine Bronzemedaille brachte das Idol der DDR-Schwimmer, Roland Matthes, aus Montreal mit nach Hause. Auch der jetzt 28jährige Wunderschwimmer und Goldmedaillengewinner von Mexiko und München mußte dem Alter den Tribut zollen. Fotos dpa

nis entgegen und richtet die Anforderungen, die Schule, Beruf und Studium stellen, zeitlich wie organisatorisch ganz auf die Notwendigkeiten von Training und Wettkampf ein. Das heißt, wer viel Zeit für seinen Sport aufwendet, braucht sich deshalb noch nicht um seinen Studienplatz zu sorgen. Wer Lernstoff versäumt, erhält geballte Nachhilfe bis hin zum Einzelunterricht.

Einen hohen Anreiz für den Spitzensportler stellt die Möglichkeit dar, in den Westen zu reisen. Während die Jugendlichen etwa in der Bundesrepublik Deutschland, um in der Welt herumzukommen, nicht die Fron langjährigen Trainings und den Wettkampfstreß auf sich nehmen müssen, sondern dies mit einem Reisebüro billiger und weniger mühsam erreichen, sehen die jungen Menschen in den sozialistischen Staaten im Sport die einzige Gelegenheit, die mehr oder minder engen Grenzen zu überschreiten. Sie brauchen, wenn sie ihr sportliches Talent nutzen, nicht bis zum Rentenalter zu warten, um vielleicht einmal den Rhein zu sehen. Das ist es aber nicht allein. Die allgemeine Sportfreudigkeit erklärt sich auch durch den Mangel an Ab-

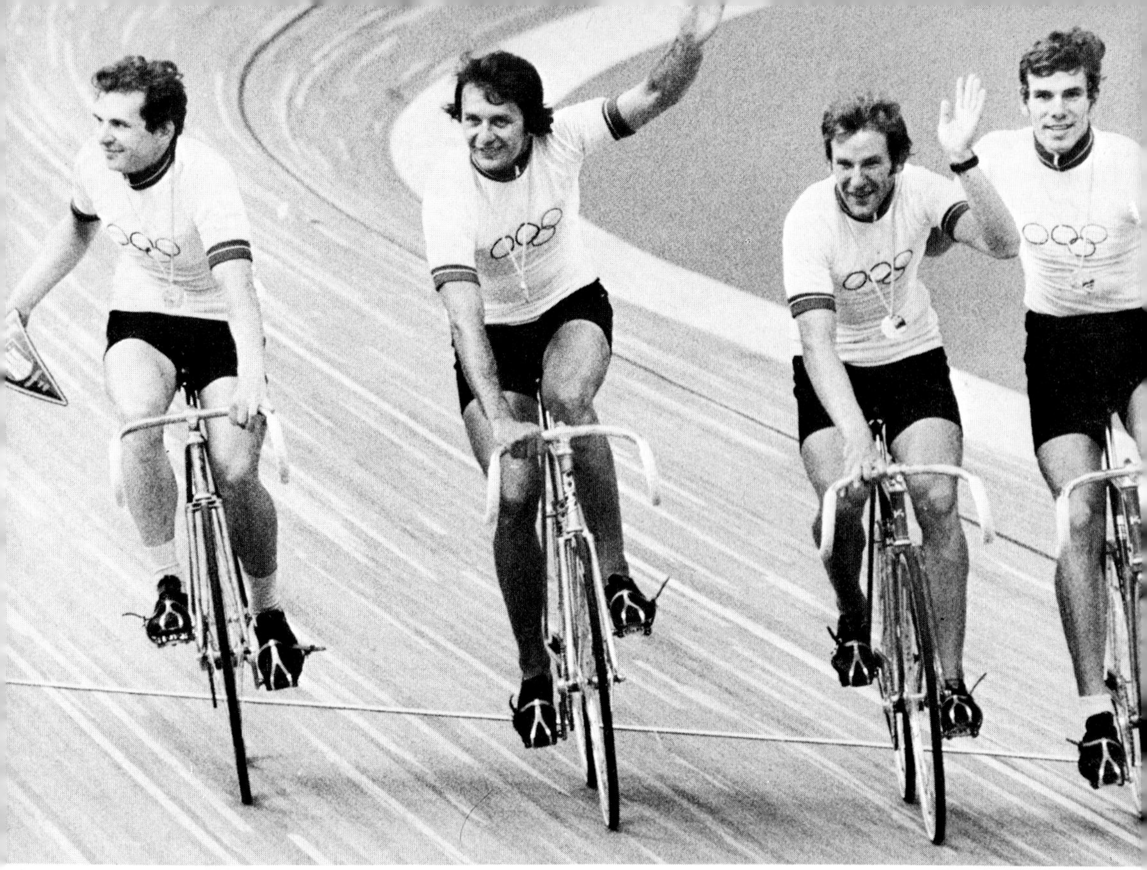

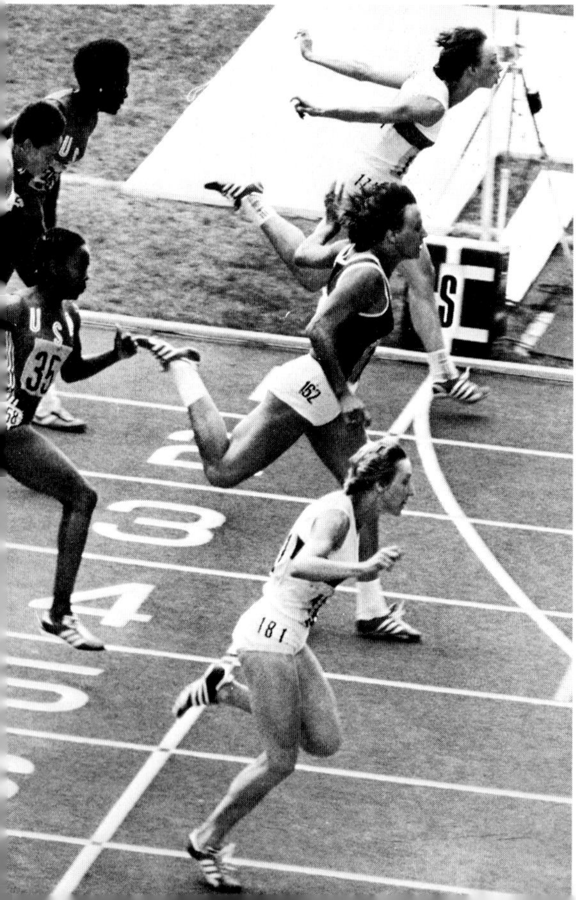
35
162
181

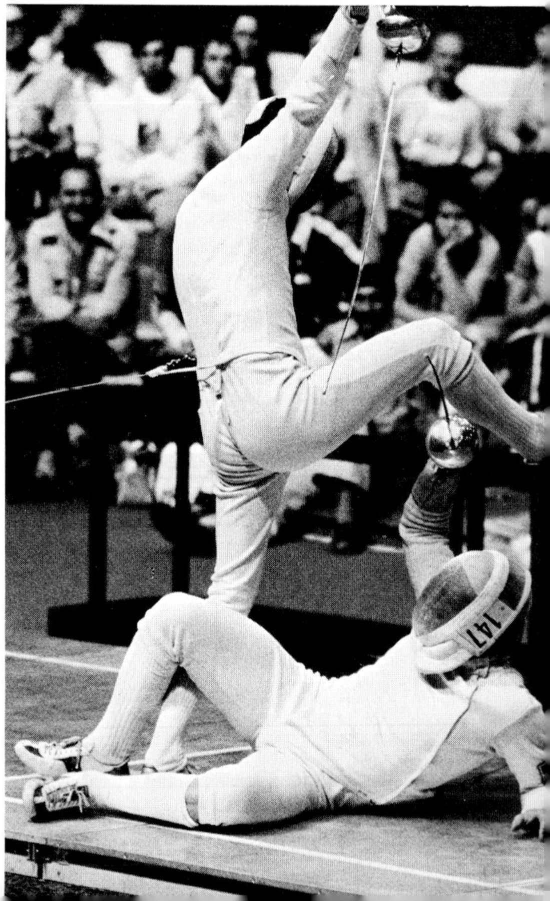
147

Strahlende Sieger der Bundesrepublik Deutschland. Oben: Der Goldvierer im Verfolgungsfahren – Vonhof, Lutz, Schumacher, Braun – und die Mannschaft der Dressurreiter – Boldt, Grillo, Dr. Klimke. Unten: Packender Zieleinlauf im 100-m-Finale, Annegret Richter vor Renate Stecher (DDR) und Inge Helten. – Mit dem Florett zwingt Pusch im letzten Gefecht den Polen Hulcsar in die Knie und gewinnt Gold. – Alwin Schockemöhle auf Warwick Rex reitet als einziger fehlerlos und siegt im Einzelspringen. – Smieszek und Lind erkämpften Gold und Silber im Kleinkaliberschießen liegend. Fotos Werek, Simon, Horstmüller

wechslungen im Alltag. Sport macht vielen einfach Spaß, und hier erhält sich noch ein wenig die Illusion eines unpolitischen Freiraums, selbst wenn in der Praxis auch im Sport die weltanschauliche Schulung keineswegs fehlt. Während auf den Karriereleitern des Berufs manch einer rasch nach oben klettert, weil er sich politisch hervortut, andere dagegen trotz Eignung auf einer Sprosse verharren müssen, weil sie nicht genügend ideologischen Eifer erkennen lassen, bestimmen im Sport alles in allem die klar meßbaren Werte von Metern und Sekunden, obwohl auch vom Spitzensportler so auslegungsfähige Begriffe wie »sozialistisches Bewußtsein« gefordert werden. Dies alles aber sind Gründe dafür, daß, wie ein Kenner der Verhältnisse, Willi Knecht, es formuliert hat, »im Sport besser als auf jedem anderen gesellschaftlichen Gebiet die Wünsche der Partei, des Staates und der Bevölkerung harmonieren«. Und damit findet die Wurzel, aus der die Sporterfolge des Ostblocks sprießen, ihren fruchtbaren Boden.

Was der Staat will, will im Sport ausnahmsweise auch sein Bürger. Und so bestellen sie zusammen mit Tatkraft das Feld. Die Ernte, die sie einbringen, fällt dabei in den einzelnen Ländern durchaus unterschiedlich aus. Die schönen Modelle, wie Erfolge zu züchten sind, fruchten nicht überall. Auch wenn die Tschechoslowakei, Ungarn, Bulgarien und neuerdings Rumänien keinen geringen Anteil an den Siegen in internationalen Wettkämpfen haben, ist das System sozialistischer Körperkultur wohl allein in der Sowjetunion und in der DDR mustergültig verwirklicht. Mag in der UdSSR zu der Ausbeute von Medaillen und Titeln die große Zahl der Sportler einer 250-Millionen-Bevölkerung erheblich beitragen, so sprechen die nicht minder bedeutenden sportlichen Erfolge in der vergleichsweise winzigen DDR für die Methode. Allen Ostblockländern aber ist eines gemeinsam: Sie sehen im Sport eine vordringliche Aufgabe und ziehen daraus die Schlußfolgerungen. Alle gesellschaftlichen Gruppen sind durch Gesetz verpflichtet, das Beste aus dem sorgfältig bereiteten Boden der Körperkultur und des Sports herauszuholen. Die Parteitage, deren Beschlüsse für jeden Bürger bindend sind, schreiben vor, was jeder für den Sport zu tun hat. So fördern die mächtigen Organisationen der Armee, der Polizei und der Jugendverbände den Sport nach besten Kräften.

An die Stelle des Vereins ist im Osten die Betriebssportgemeinschaft getreten, die vom jeweiligen größten Betrieb am Ort wirkungsvoll unterstützt wird. Die Gewerkschaften stellen Sportorganisatoren ab und tragen finanziell zum Alltagssport bei. In den Betriebssportgemeinschaften – die nichts mit Betriebssport westlicher Prägung zu tun haben – kann jeder seinem sportlichen Hobby nachgehen, vom Kegeln bis zum Skiwandern. Wer ehrgeizig

Dreimal Gold, einmal Silber, einmal Bronze errang der sowjetische Turner Nicolai Andrianow. »Ich versuchte weniger zu patzen als meine Gegner«, damit erklärt der blonde Turnkünstler das Geheimnis seines Erfolges. So einfach ist das! Foto dpa

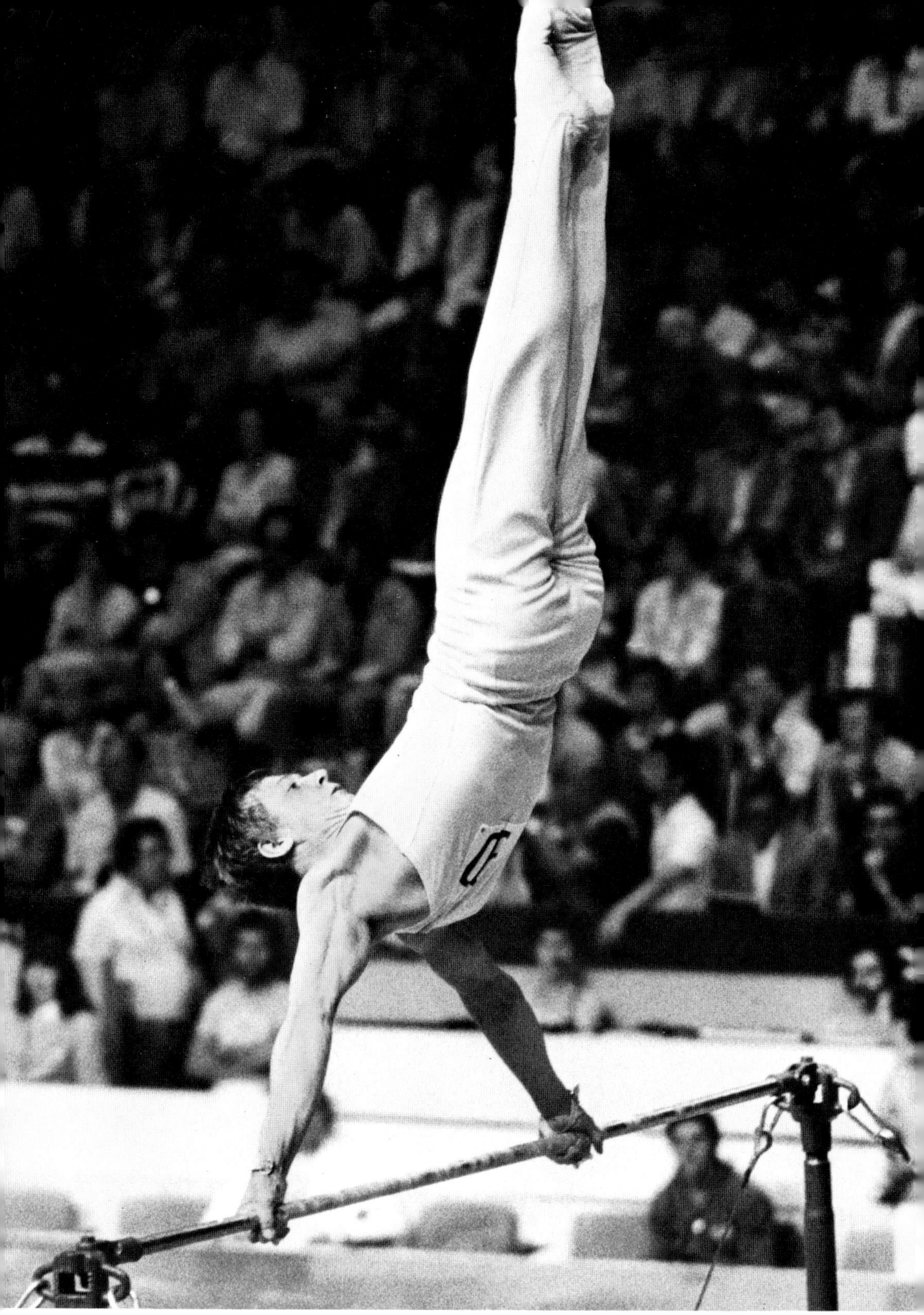

Klaus-Jürgen Grünke (DDR) reißt die Arme hoch – er hat wie erwartet das 1 000-m-Zeitfahren gewonnen. Dem bundesdeutschen Teilnehmer Klaus Michalsky platzte der Hinterreifen und damit der Traum von der Silbermedaille. – In den sozialistischen Staaten ist Sport ein Politikum; die Gesellschaft tut alles, um die Athleten zu Höchstleistungen zu führen.

ist, tritt in eine Mannschaft ein, die an Punktrunden teilnimmt. Und junge Sportler, die dabei überdurchschnittliches Talent erkennen lassen, werden zum nächsten »Sportklub« abgeordnet. Der Sportklub hat nur geringe Ähnlichkeit mit unserem Sportverein. Ihm kann niemand aus eigenem Willen als Mitglied beitreten, vielmehr werden dort Sportler mit besonderen Begabungen zusammengezogen. Diese Klubs sind in der Regel mit einem Sportzentrum gekoppelt, das auf engem Raum die verschiedensten Sportstätten bietet. Meist sind sie nicht so komfortabel ausgestattet wie die Hallen und Sportplätze in der Bundesrepublik Deutschland, sie stehen aber selten leer.

In der DDR zum Beispiel gibt es zwischen 20 und 30 solcher Schwerpunkt-

Nadia Comaneci, die Turn-Königin von Montreal, am Stufenbarren. 7mal zogen die Kampfrichter für sie die Höchstnote von 10,0 Punkten. 14 Jahre jung, 1,54 m klein und 40 kg leicht ist die Rumänin, die 6 Stunden am Tag trainiert, hart, selbstquälerisch und oft unter Tränen. Turnen, Schule, Turnen, Schlafen, das ist ihr Tagesablauf. Fotos Horstmüller

klubs. Zu jedem Sportklub gehört ein Stab von 25 bis 80 hauptamtlich tätigen Trainern, zu denen noch eine stattliche Zahl ehrenamtlicher Übungsleiter stößt.

Vorzüglich geschulte Trainer gelten als die Bürgen des Erfolgs. Sie setzen das theoretische Wissen, das ihnen an den Sporthochschulen vermittelt wird, zielstrebig in die Praxis um. Und hier liegt ein weiterer Schlüssel zur Höchstleistung: Bei den hohen wissenschaftlichen Anforderungen, die während des mehrjährigen Studiums zum Diplomsportlehrer gestellt werden, wird niemals vergessen, die Forschungsergebnisse auch am Reck oder im Schwimmbecken praktisch zu erproben. Umgekehrt werden Bewegungs-

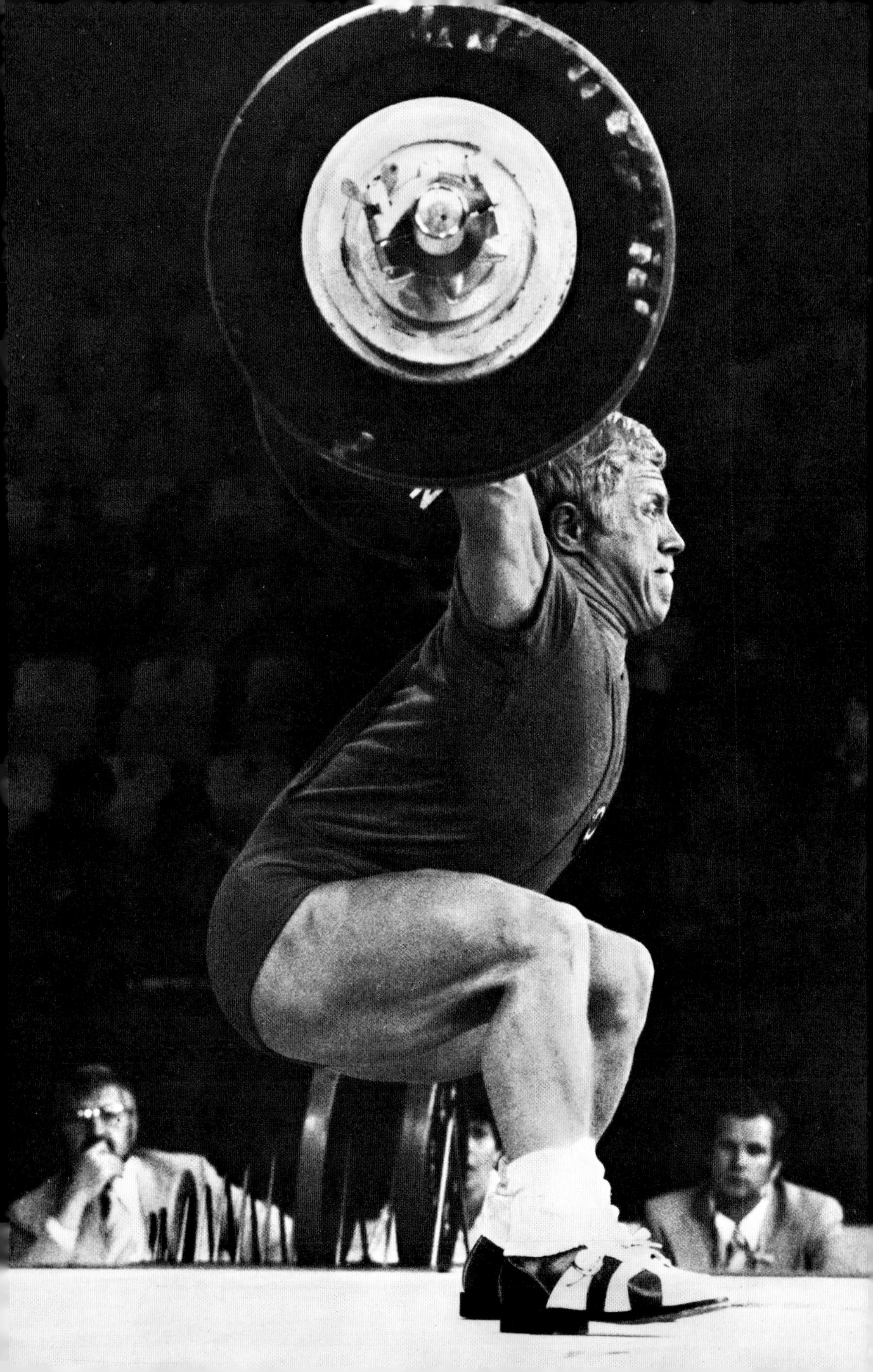

abläufe, ob beim Weitsprung oder beim Turnen, nach ihren physikalischen Möglichkeiten mathematisch errechnet und somit der Sprung oder die Übung von morgen und übermorgen im Hörsaal entwickelt.

In der Regel hat der erfolgreiche Sportler bereits im Kindesalter eine besondere Sportschule durchlaufen. In diesen Kinder- und Jugendsportschulen – wie sie etwa in der DDR heißen – werden die jungen Talente jedoch nicht etwa ausschließlich für den Sport herangezüchtet – ihnen wird in allen Lernfächern eine Menge abverlangt. Der gesamte Schulbetrieb ist jedoch so eingeteilt, daß für Training und Wettkampf die besten Bedingungen herrschen. Vielfach werden die Klassen nach Sportarten gebildet: Die Leichtathleten, Schwimmer oder Turner trainieren nicht nur, sondern sie lernen auch gemeinsam. Wer in der schulischen oder in der sportlichen Leistung hinterherhinkt, wird an die alte Schule zurückgeschickt. Diese Schulen arbeiten wiederum Hand in Hand mit dem jeweiligen »Elite-Sportklub«, so wie schon die Betriebssportgemeinschaft auf der untersten Ebene die Schulsportgemeinschaft am Ort betreut. Und so münden schließlich alle Maßnahmen, vom jeweiligen Sportbund – der dem Ministerium für Körperkultur und Sport als Abteilung untersteht – gelenkt, in ein wirkungsvolles Energiebündel.

Genügte dieser Aufbau allein schon, um dem Sport der sozialistischen Länder einen Vorsprung zu sichern, so spielen einige dieser Staaten noch zusätzlich einen Trumpf aus: Die Kinder- und Jugend-Spartakiade bringt die gesamte Jugend auf die Beine. Von Kreis- und Bezirks-Spartakiaden bis hin zum festlichen Endkampf der Besten aus dem ganzen Land wird mit diesen Sportfesten ein engmaschiges Netz ausgelegt, durch das nur wenige Talente schlüpfen können. Die Spartakiaden wecken zugleich die Begeisterung einer Jugend, die für feierliche Aufmärsche und weihevolle Ehrungen noch empfänglich ist. Manches knüpft an olympische Formen an, zum Beispiel das Feuer, das in der Flammenschale lodert, oder der Spartakiadeeid. Der Text verpflichtet den jungen Menschen, im Sport sein Bestes für den sozialistischen Staat zu geben. Gerade in der Spartakiade mit ihrem Gepränge wird aber auch die Kehrseite dieser Art von Sportbewegung deutlich. Die stramme, militärische Meldung, der zackige Morgenappell im Schulhof, die Betonung von strenger Disziplin zeigen, daß der Erfolgssportler des Ostens bereit sein muß, seine Vorrechte mit der Bereitschaft zu erkaufen, sich über Gebühr gängeln zu lassen.

Damit deutet sich an, was auf der Hand liegt: Die sozialistische Gesellschaft strebt den Triumph im Sport nicht um seiner selbst willen an, sondern sie möchte damit Politik machen und tut das auch. Sie versucht, durch Sportsiege die Überlegenheit ihrer Gesellschaftsordnung gegenüber der »kapitali-

Ein Kraftbündel ist der nur 1,42 m große sowjetische Fliegengewichts-Heber Alexander Woronin, der in seiner Klasse Olympiasieger wurde. Er brachte 242 Kilogramm zur Hochstrecke und stellte damit seinen eigenen Weltrekord im Zweikampf ein. Foto dpa

Das sind Frank Hübner und sein Vorschotmann Harro Bode aus der Bundesrepublik mit ihrer 470er Jolle. Obwohl sie am Vortag wegen Frühstarts disqualifiziert wurden und zurückfielen, errangen sie in der neuen olympischen Segelklasse doch noch Gold. Foto dpa

stischen« zu beweisen. Auch wenn sich die westliche Welt gegen diese Sicht wehrt, kommt sie doch nicht um das Wettrüsten im Spitzensport herum. Immerhin haben die Ostblockstaaten in den Arenen jenes »Weltniveau« erreicht, von dem sie in anderen Lebensbereichen nur träumen können. Außer dem Ansehen, das ihnen die Sporterfolge in der Welt einbringen, sehen sie den Nutzen, mit Hilfe des Sports die Wehrkraft der Jugend zu stärken, sie politisch in ihrem Sinne zu beeinflussen und mit den Spitzensportlern eine neue Elite für ihren Staat heranzubilden. Ob auch diese Rechnung so glatt aufgeht wie die Medaillenkalkulation, steht allerdings in den Sternen.

Wenn wir den Aufwand, den die sozialistischen Staaten im Sport treiben, neben die bescheidenen Anstrengungen westlicher Länder setzen, dann braucht die Medaillenverteilung zwischen Ost und West nicht länger zu verwundern. So gesehen, haben sich die Sportler der freien Welt in Innsbruck und Montreal durchaus achtbar geschlagen.

Gesucht und gefunden

Die im nachstehenden Sachregister hinter dem Stichwort vermerkte Seitenzahl gibt den Beginn des Aufsatzes an, in dem der betreffende Begriff vorkommt.

A Adiabatische Kompression 28
Allel 445
Allwetterlandesystem 66
Alpinismus 248
Amazonas 150, 402
Andenleuchter 140
Angstgesten 278
Aquakultur 206
Archäologie 140
Ardenne, Manfred von 162
Artentwicklung 445
Asterix III 434
Auflösungsvermögen 162
Australien 307

B Ballonaufstieg 260
Baumbestand 402
Beebe, William 106
Benzolring 218
Betontechnik 91
Binärzahlen 453
Biolumineszenz 106
Blattsukkulenten 326
Bohrinsel 206

C Caisson-Krankheit 206
Chromosom 445

D Dekompression 206
Denkmalschutz 91
Dock »Elbe 17« 132
Dopplerverschiebung 28
Dreizack von Pisco 140
Dualsystem 453

E Ecuador 150
Eisenbahn 98, 287
Elektronenbild 162
Elektronenstrahl-Mikroanalyse 122
Elektronische Rechner 453
Energieversorgung 47, 198, 218, 226, 434
Energievorräte 198, 218
Entropie 28
Erbanlagen 445
Erdbeben 362
Erdmagnetfeld 362
Erdöl 385
Erzknollen 206

F Fallschirmsport 422
Fehlergrenzen 356
Feldforschung 298
Fischfang 57, 206
Fluchtverhalten 278
Fossilfundstätte 173

G Gebirgsbildung 362
Gen 445
Gewaltbruch 122
Gravitationskräfte 28
Großschaltkreis 453
Großstadteinsamkeit 8
Gurkhas 315

H Halbleiterminiaturisierung 453
Hanson, Duane 393
Himalaja 248, 315
Hochspannungs-Gleichstrom-Übertragung 226
Holographie 434
Hubschrauber 37

I Informationstechnik 8
Instinkt 278
Inzucht 150
Island 57, 362
Isotopentrennung 198

K Kaltes Licht 106
Kanada 385
Kart-Rennsport 82
Katmandutal 315
Kavernenkraftwerk 226
Kernfusion 434
Körperbau, Typen 338
Kohleölraffinerie 218
Kohlenwasserstoff 218
Kontinentaldrift 173, 198, 362
Korrosion 122
Kosmischer Staub 268
Kreisumfang 356
Kreuzungen 445
Krill 206
Kunstkopfstereofonie 75

L Laser 434
Lebenseinwanderung 374
Lebensgemeinschaft 8
Leistungsdruck 8

479

Leistungssport 338, 478
Leuchtorgan 106
Lietzmannsche Zahlen 356
Löwen 298
Lokomotivbau 287
Luciferase, Luciferin 106

M Mackenzie River 285
Massenmedien 8
Meeresablagerung 362
Messeler Tiere 173
Mikroskop 162
Mikrosonde 122
Mimikry 326
Mittagsblumengewächse 326
Mittelozeanischer Rücken 362
Mozambique 98, 226
Mutation 445

N Nevara 315

O Ocean-Floor-Spreading 362
Ölschiefer 173
Olbersches Paradoxon 28
Olympische Spiele 466
Orbiter 182

P Pampa von Nazca 140
Pflanzenzüchtung 445
Plastiken 393
Prospektoren 385

R Raster-Elektronenmikroskop 122, 162
Rastertechnik 162
Raumfahrt 182, 268
Realistischer Naturalismus 393
Regenwald 150, 362, 402
Renn-Kart 82
Rodung 402
Rotverschiebung 28

S Sambia 98
Schadenanalyse 122
Seafarming 206
Sequenz-Formationsspringen 422
Sherpas 315

Skiakrobatik 346
Skulptur 393
Solarzellen-Kraftwerk 47
Sonnenkollektor 47
Sonnensonde, -wind 268
Spacelab 182
Spannungsrißkorrosion 122
Speditionskaufmann 461
Spektrostratoskop 260
Starr-Rotor 37
Strahlungsdichte 28
Supernova 28

T Tanker 132
Tansam-Eisenbahn 98
Tauchgerät 206
Thisbe-Programm 260
Tiefsee 106
Trenndüsenverfahren 198
Trockendock 132

U U-Bahn 412
Übervölkerung 8
Unterhaltungselektronik 75
Unterhaltungsmathematik 381
Unterwasserhaus 206
Urananreicherung 198

V Venezuela 402
Vereinsamung 8
Vererbung 445
Verhaltensforschung 8, 278, 298
Verhaltensstörungen 8
Vulkanismus 362, 374

W Wärmespeicher 47
Warnsignale 278
Wasserkraftwerk 226
Welt-Rift-System 362
Wirbelsturm 307

Z Zeitsinn 28
Zentralgrabensystem 362
Zodiakallicht 260, 268
Zweikanaltechnik 75

Die Lösungen zu unseren Denkaufgaben von Seite 193–197
Aus der Kongreß-Festschrift

① »Und was taten die?« – »Nichts!« sagte der weise Hakim, schlüpfte in seine Pantoffeln und verschwand.

② Die Sänfte hatte keinen Boden, und der arme Schmett mußte mitrennen, ob er wollte oder nicht.

③ Swift sagte: »Ich bin der Henker von London, der Henker Seiner Majestät des Königs von England!«

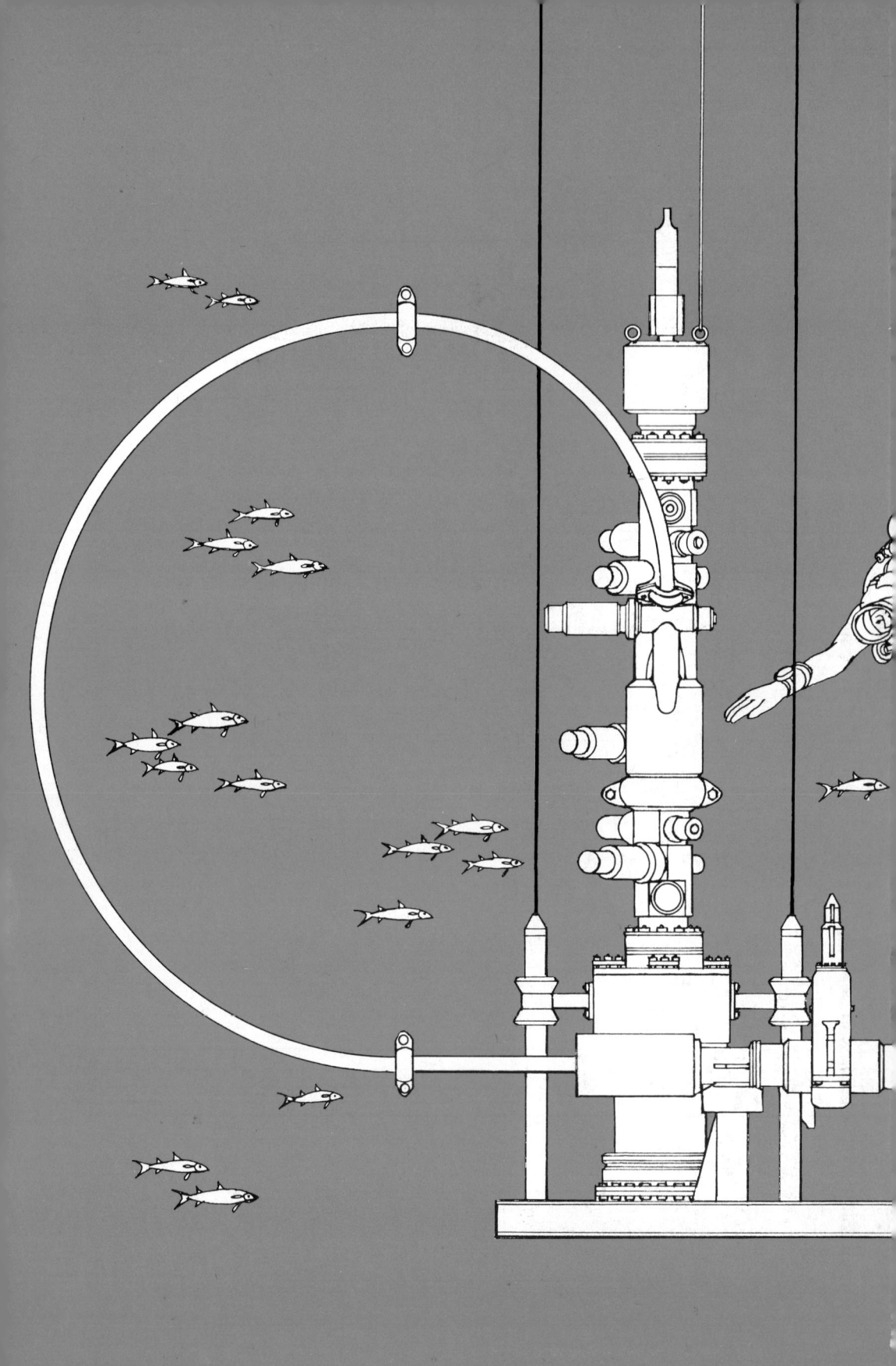